책 구입 시 드리는 혜택

❶ 전 과목 이론 동영상 강의 평생 제공
❷ CBT 시험 복원 문제 수록
❸ 우수회원 인증 후 2013년 ~ 2015년 3개년 추가 기출문제(해설 포함) 제공

2026 개정 15판

평생무료

평생 무료 동영상과 함께하는 Daum

용접산업기사

필기

이론+10개년기출문제
+필기무료강의

최갑규 저

합격

2025년 1회, 2회, 3회 복원 기출문제 수록

세진북스

전 과목 핵심 이론 동영상 강의 평생 제공 / 전 과목 이론 상세 해설
최근 기출문제 수록 및 완벽 해설 / 빠른 합격을 위한 상세한 이론 구성
문제 해설을 이해하기 쉽도록 자세히 설명

무료 동영상 강의

Daum 용접무료동영상강의 http://cafe.daum.net/kh02260117

머리말

용접은 산업현장에서 반드시 필요한 기술이며, 용접의 사용처는 무수히 많으나 그 중에서도 조선, 자동차, 플랜트 설비, 원자력, 가스 시공, 석유화학, 건축 등 아주 다양한 분야에서 사용되어지고 있다.

최근에는 용접을 배우려고 하는 사람들이 늘어나는 추세이며 용접기술을 배워 산업현장에 취업이나 자격증을 취득하려고 하는 인원 또한 늘어나고 있는 추세이다.

본서는 이러한 수험생들을 위하여 과년도 문제를 심도 있게 각 문제마다 해설함으로써 혼자서도 충분히 공부할 수 있게 하였다.

시험에 많이 나오는 핵심요약을 간결하게 정리하여 아주 쉽게 공부할 수 있도록 하였으며 수험생 여러분들이 공부하는 데 어려움이 없도록 최선을 다하였다.

본서로 시험을 보시는 모든 수험생 여러분의 합격을 기원하며 이 책이 여러분의 합격의 길잡이가 되었으면 한다.

끝으로 이 책이 나오기까지 처음부터 끝까지 도움을 주신 세진북스 홍세진 사장님과 이하 직원 여러분에게 감사의 말씀을 전한다.

저자 최갑규

1. 필 기

직무분야	재료	중직무분야	용접	자격종목	용접산업기사	적용기간	2026.01.01 ~ 2028. 12. 31

• **직무내용** : 용접절차사양서를 해독하고, 설계와 제도, 비용계산, 용접재료 준비, 작업환경 확인, 안전보호구 준비, 용접장치와 특성 이해, 용접기 설치 및 점검, 본 용접, 용접부 검사, 작업장 정리 등을 수행하고 관리하는 직무이다.

필기검정방법	객관식	문제수	60	시험시간	1시간 30분

필기과목명	문제수	주요항목	세부항목	세세항목
용접야금 및 용접설비제도	20	1. 용접부의 야금학적 특징	1. 용접야금기초	1. 금속결정구조 2. 화합물의 반응 3. 평형상태도 4. 금속조직의 종류
			2. 용접부의 야금학적 특징	1. 탈산, 탈황 및 탈인반응 2. 고온균열의 발생원인과 방지 3. 용접부 조직과 특징 4. 저온균열의 발생원인과 방지 5. 철강 및 비철재료의 열처리 6. 용접부의 열영향 및 기계적 성질
		2. 용접재료 선택 및 전후처리	1. 용접재료 선택	1. 용접재료의 분류와 기호 2. 용가제의 성분과 기능 3. 슬래그의 생성반응 4. 용접재료의 관리
			2. 용접 전후열처리	1. 예열 2. 후열처리 3. 응력풀림처리
		3. 용접 설비제도	1. KS 제도 통칙	1. 제도의 개요 2. 문자와 선 3. 도면의 분류 및 도면관리
			2. 제도의 기본	1. 평면도법 2. 투상법 3. 도형의 표시 및 치수 기입 방법 4. 기계재료의 표시법 및 스케치 5. CAD기초
			3. 용접제도	1. 용접기호 기재 방법 2. 용접기호 판독 방법 3. 용접부의 시험 기호 4. 용접 구조물의 도면해독 5. 판금, 제관의 용접도면해독
용접구조설계	20	1. 용접설계 및 시공	1. 용접설계	1. 용접 이음부의 종류 2. 용접 이음부의 강도계산 3. 용접 구조물의 설계
			2. 용접시공 및 결함	1. 용접시공, 경비 및 용착량 계산 2. 용접준비 3. 본 용접 및 후처리 4. 치수상 결함 5. 구조상 결함 6. 성질상 결함 7. 용접온도분포 8. 용접 변형 및 잔류 응력 9. 용접 결함 방지대책 10. 기타 결함
		2. 용접성 시험	1. 파괴시험	1. 인장시험 2. 굽힘시험 3. 충격시험 4. 경도시험 5. 현미경조직시험 6. 기타시험
			2. 비파괴 시험	1. 침투탐상검사 2. 자기탐상검사 3. 방사선투과검사 4. 초음파탐상검사 5. 기타검사
용접일반 및 안전관리	20	1. 용접의 기초	1. 용접의 원리와 분류	1. 용접의 개요 및 원리 2. 용접의 분류 및 용도
			2. 피복아크 용접 및 가스용접, 절단	1. 피복아크용접 설비 및 기구 2. 피복아크용접법 3. 가스용접 설비 및 기구 4. 가스용접법 5. 절단 및 가공
		2. 기타 용접	1. 기타 용접 및 용접의 자동화	1. 서브머지드아크용접 2. 가스텅스텐아크용접 3. 가스금속아크용접 4. 이산화탄소가스아크용접 5. 플라스마아크용접 6. 일렉트로슬래그용접 7. 전자빔용접 8. 저항용접 9. 납땜 10. 용접의 자동화 및 로봇용접 11. 기타용접
		3. 안전관리	1. 용접안전관리	1. 아크, 가스 및 기타 용접의 안전장치 2. 화재, 폭발, 전기, 전격사고의 원인 및 그 방지 대책 3. 용접에 의한 장해 원인과 그 방지대책 4. 산업안전보건법령에 관한 사항 5. 기계설비법령에 관한 사항

2. 실 기

직무분야	재료	중직무분야	용접	자격종목	용접산업기사	적용기간	2026.01.01 ~ 2028. 12. 31

- **직무내용** : 용접절차사양서를 해독하고, 설계와 제도, 비용계산, 용접재료 준비, 작업환경 확인, 안전보호구 준비, 용접장치와 특성 이해, 용접기 설치 및 점검, 본 용접, 용접부 검사, 작업장 정리 등을 수행하고 관리하는 직무이다.
- **수행준거** :
  1. 안전한 용접작업을 위하여 용접작업 안전수칙을 파악하고 용접작업 시 발생되는 재해로부터 예방관리하며 용접 작업장 주변 정리상태, 용접 안전보호구, 전기 및 유해가스안전에 대하여 점검할 수 있다.
  2. 용접 작업 완료 후 용접기의 전원을 차단하고, 전기설비점검 및 장비점검을 할 수 있다.
  3. 용접작업을 위한 제작도면을 파악하고 해당 용접공정의 전반적인 작업특성을 고려하여 용접절차사양서에 따라 작업 적합 여부를 검토하고 작업을 준비할 수 있다.
  4. 피복아크 용접작업을 위해서 설계 사양을 인지할 수 있는 도면을 파악하고, 용접절차사양서에 따라 작업을 준비할 수 있다.
  5. 용접 전 모재준비, 용접봉 준비 및 용접에 필요한 치공구를 준비할 수 있다.
  6. 피복아크 용접작업에 사용할 용접장비와 설비, 환기장치의 특성을 이해하고 용접작업에 적합하게 설치하며 이상 유무를 점검할 수 있다.
  7. 피복아크용접 가용접 작업은 본용접에 앞서 모재 재질 및 치수를 확인하고 용접 홈을 가공 후 가용접을 실시할 수 있다.
  8. 용접절차사양서에 따라 피복아크용접 맞대기 용접조건을 설정하고 작업에 필요한 용접부 온도관리를 하며 맞대기용접 작업을 수행할 수 있다.
  9. 용접작업을 위해서 가스텅스텐아크용접 설계 사양을 인지하고 도면을 파악하여 용접절차사양서에 따라 작업을 준비할 수 있다.
  10. 가스텅스텐아크용접 작업 정 용접절차사양서에 따라 모재, 용가재, 전극봉, 보호가스 등을 준비할 수 있다.
  11. 용접작업 정 적합한 가스텅스텐아크용접장비를 설치하고 점검할 수 있다.
  12. 본용접 전 모재 재질 및 치수를 확인하고, 가스텅스텐아크용접 가용접하여 조립상태를 확인할 수 있다.
  13. 용접절차사양서에 따라 가스텅스텐아크용접 조건을 설정하고, 용접부의 온도를 유지 관리하며 용접작업을 수행할 수 있다.
  14. CO_2용접작업에 앞서 모재, 용접와이어, 보호가스, 백킹재를 준비할 수 있다.
  15. CO_2용접작업에 앞서 사용할 용접장비를 설치하고 점검할 수 있다.
  16. CO_2본용접에 앞서 모재 재질 및 치수를 확인하고, 용접 홈을 가공한 후 가용접을 실시할 수 있다.
  17. 용접절차사양서에 따라 플럭스코어드와이어 맞대기 용접조건을 설정하고 제작에 필요한 용접부를 온도·관리하며 맞대기용접을 수행할 수 있다.

실기검정방법	작업형	시험시간	2시간 정도

실기과목명	주요항목	세부항목	세세항목
용접작업 실무	1. 작업안전 보건관리	1. 용접작업 안전수칙 파악하기	1. 산업안전보건법에 따라 용접작업의 안전수칙을 준수할 수 있다. 2. 산업안전보건법에 따라 안전보호구를 준비하고 착용할 수 있다. 3. 안전사고 행동 요령에 따라 사고 시 행동에 대비할 수 있다. 4. 용접장비의 안전수칙을 숙지하여 장비에 의한 사고에 대비할 수 있다.
		2. 용접작업장 주변 정리 상태 점검하기	1. 용접작업장 주변의 화재예방을 위해 인화성 물질을 점검하고 소화 장비를 준비할 수 있다. 2. 용접작업 시 추락 방지와 낙하물에 의한 사고를 예방하기 위하여 작업장 주변을 점검할 수 있다. 3. 용접작업장 청결을 위해 주변을 깨끗이 정리정돈할 수 있다. 4. 용접작업장의 환기를 위해 환기 시설을 확인하고 설치, 조작할 수 있다.
		3. 안전 점검하기	1. 용접 작업 전 전원장치 및 부속 설비 등의 상태를 점검할 수 있다. 2. 용접 작업 전 용접기 전원 스위치(on, off) 상태를 점검할 수 있다. 3. 용접 작업 전 용접기 접지 상태를 점검할 수 있다. 4. 용접 작업 전 전격방지기의 작동 여부를 확인할 수 있다. 5. 용접 작업 전 용접케이블의 절연 여부를 점검하고 보수할 수 있다.
		4. 물질안전보건자료 점검하기	1. 용접재료의 화학물질 특징을 파악할 수 있다. 2. 모재의 특징을 점검하고 적합한 조치를 할 수 있다. 3. 용접 용가재의 특징을 점검하고 적합한 조치를 할 수 있다. 4. 전극봉의 재질에 따른 특징을 점검하고 적합한 조치를 할 수 있다.

용접산업기사 필기
출제기준

실기과목명	주요항목	세부항목	세세항목
	2. 작업 후 정리정돈	1. 전원 차단하기	1. 용접기 본체의 전원스위치를 차단할 수 있다. 2. 용접설비 기기의 전원을 차단할 수 있다. 3. 배기환기시설의 전원을 차단할 수 있다. 4. 용접작업장에 공급되는 전체 전원을 차단할 수 있다.
		2. 보호가스 차단하기	1. 용접용 보호가스 밸브를 차단할 수 있다. 2. 보호가스 누설을 확인 및 검사할 수 있다. 3. 검사 실시 후 이상 발견 시 상황에 맞는 조치를 취할 수 있다.
		3. 작업장 정리정돈하기	1. 용접모재 및 잔여 재료를 정리정돈할 수 있다. 2. 용접용 보호구 및 작업 공구를 정리정돈할 수 있다. 3. 작업장 주변을 청결하게 청소할 수 있다.
	3. 용접절차사양서 해독	1. 용접기호 구별하기	1. 용접자세를 지시하는 용접 기본기호를 구별할 수 있다. 2. 홈의 형상을 지시하는 용접 기본기호를 구별할 수 있다. 3. 가공상태를 지시하는 용접 보호기호의 의미를 구별할 수 있다.
		2. 제작도면 파악하기	1. 용접작업을 위한 제작도면을 보고 제작물의 구조상 특성에 따른 작업 방향을 파악할 수 있다. 2. 용접작업을 위한 제작도면에 표기된 이음형상, 용접각장 등을 지시하는 용접 기본기호의 의미를 파악할 수 있다. 3. 용접작업을 위한 제작도면에 표기된 가공 상태 등을 지시하는 용접 기본기호의 의미를 파악할 수 있다.
		3. 용접절차사양서 파악하기	1. 용접절차사양서에서 요구하는 재료와 이음의 형상을 파악하여 용접작업을 준비할 수 있다. 2. 용접절차사양서에서 요구하는 용접 방법과 형태를 파악하여 용접작업을 준비할 수 있다. 3. 용접절차사양서에서 요구하는 용접조건을 파악할 수 있다. 4. 용접절차사양서에서 요구하는 용접 후처리 방법에 대하여 파악할 수 있다.
	4. 피복아크용접 도면해독	1. 용접기호 확인하기	1. 용접자세를 지시하는 용접 기본기호를 구별할 수 있다. 2. 용접 이음, 홈 형상을 지시하는 용접기호를 구별 할 수 있다. 3. 가공 상태를 지시하는 용접 보조기호의 의미를 구별할 수 있다.
		2. 도면 파악하기	1. 제작도면을 해독하여 도면에 표기된 용접 자세, 용접 이음, 용접 홈의 형상 등을 파악할 수 있다. 2. 제작도면에 표기된 용접에 필요한 기본 요구사항 등을 파악할 수 있다. 3. 제작도면을 해독하여 용접구조물 형상을 파악할 수 있다.
		3. 용접절차사양서 파악하기	1. 용접절차사양서에서 용접 일반에 관한 특정 사항 등을 파악할 수 있다. 2. 용접절차사양서에서 요구하는 이음의 형상을 파악할 수 있다. 3. 용접절차사양서에서 요구하는 용접방법에 대하여 파악할 수 있다. 4. 용접절차사양서에서 요구하는 용접조건을 파악할 수 있다. 5. 용접절차사양서에서 요구하는 용접 후처리 방법에 대하여 파악할 수 있다.
	5. 피복아크용접 재료준비	1. 모재 준비하기	1. 용접절차사양서에 따라 모재를 준비할 수 있다. 2. 용접절차사양서에 따라 용접강도와 모재 두께에 알맞은 홈 형상으로 가공할 수 있다. 3. 용접절차사양서에 따라 이음 형상으로 모재를 준비할 수 있다. 4. 용접작업에 사용할 모재를 청결하게 유지할 수 있다.

실기과목명	주요항목	세부항목	세세항목
		2. 용접봉 준비하기	1. 용접절차사양서에 따라 모재의 화학 성분, 기계적 성질에 적합한 용접봉을 선택할 수 있다. 2. 용접절차사양서에 따라 모재의 두께, 이음 형상에 적합한 용접봉을 선택할 수 있다. 3. 용접절차사양서에 따라 용접성, 작업성에 적합한 용접봉을 선택할 수 있다. 4. 용접봉 피복제 종류에 따른 적정 건조 온도와 시간, 건조 횟수를 관리할 수 있다.
		3. 용접 치공구 준비하기	1. 용접치공구의 특성을 알고 다룰 수 있다. 2. 용접 지그와 포지셔너의 특성을 알고 적용할 수 있다. 3. 용접구조물 형태에 따른 치공구 특성을 알고 배치할 수 있다. 4. 용접변형에 따른 변형 방지법과 역변형, 고정력을 치공구에 반영할 수 있다.
	6. 피복아크용접 장비설치	1. 용접장비 설치하기	1. 용접절차사양서에 따라 용접기를 설치할 수 있다. 2. 용접기의 각부 명칭을 알고 조작할 수 있다. 3. 용접기 1차, 2차 케이블과 용접 홀더, 접지 홀더를 연결할 수 있다. 4. 용접기에 접지케이블과 접지봉을 연결할 수 있다.
		2. 용접설비 점검하기	1. 용접절차사양서에 따라 설치한 용접기를 점검할 수 있다. 2. 용접설비가 작업 여건에 맞게 배치되었는지를 점검할 수 있다. 3. 용접봉 건조로와 휴대용 건조기의 용도를 알고 점검할 수 있다. 4. 용접기에 전원 케이블과 접지 케이블을 점검할 수 있다.
		3. 환기장치 설치하기	1. 환풍기의 종류를 알고 작업 여건에 따라 선택할 수 있다. 2. 작업환경에 따라 환기 방향을 선택하고 환기량을 조절할 수 있다. 3. 작업장의 환기 시설을 조작하고 이상 유무를 확인할 수 있다. 4. 이동용 환풍기를 설치할 때 이상 유무를 확인할 수 있다.
	7. 피복아크용접 가용접 작업	1. 모재치수 확인하기	1. 용접절차사양서에 따라 모재의 재질을 확인할 수 있다. 2. 용접절차사양서에 따라 모재의 치수를 확인할 수 있다. 3. 용접절차사양서에 따라 측정 공구 등을 사용하여 치수를 측정할 수 있다.
		2. 용접부 이음형상 확인하기	1. 도면에 따라 이음 형상이 조립되어 있는지 확인할 수 있다. 2. 이음 형상에 따라 치공구를 배치할 수 있다. 3. 조립부의 치수가 도면과 일치하는 지 확인할 수 있다. 4. 이음 형상에 따라 가용접 위치를 선정할 수 있다.
		3. 용접부 가용접하기	1. 도면에 따라 용접구조물 조립을 위한 순서를 파악할 수 있다. 2. 도면에 따라 용접구조물의 이음 형상에 가용접 위치 및 길이를 파악할 수 있다. 3. 도면에 따라 용접구조물의 응력 집중부를 피하여 가용접 작업을 수행할 수 있다. 4. 도면에 따라 용접구조물이 변형되지 않도록 가용접 작업을 수행할 수 있다. 5. 용접절차서에 따라 결함없이 견고하게 가용접 작업을 할 수 있다.
	8. 피복아크용접 맞대기용접	1. 용접부 온도 관리하기	1. 가용접이 결함없이 견고하게 되었는지 확인할 수 있다. 2. 용접부 형상과 모재의 종류에 따른 예열 기구를 이해하고 적용할 수 있다. 3. 용접절차사양서에 규정된 예열 온도를 준수하여 용접부를 예열할 수 있다. 4. 다층 용접인 경우 용접절차사양서에 규정된 층간온도를 준수하여 용접 작업을 할 수 있다.

실기과목명	주요항목	세부항목	세세항목
		2. 아래보기 자세 용접하기	1. 용접절차사양서에 따라 용접기의 종류를 선정하고 용접조건을 설정할 수 있다. 2. 용접절차사양서에 따라 아래보기 자세 용접작업을 수행할 수 있다. 3. 용접절차사양서에 따라 용접 전후 처리를 할 수 있다. 4. 가용접이 결함없이 견고하게 되었는지 확인할 수 있다.
		3. 수직 자세 용접하기	1. 용접절차사양서에 따라 용접기의 종류를 선정하고 용접조건을 설정할 수 있다. 2. 용접절차사양서에 따라 수직 자세 용접작업을 수행할 수 있다. 3. 용접절차사양서에 따라 용접 전후 처리를 할 수 있다. 4. 가용접이 결함없이 견고하게 되었는지 확인할 수 있다.
		4. 수평 자세 용접하기	1. 용접절차사양서에 따라 용접기의 종류를 선정하고 용접조건을 설정할 수 있다. 2. 용접절차사양서에 따라 수평 자세 용접작업을 수행할 수 있다. 3. 용접절차사양서에 따라 용접 전후 처리를 할 수 있다. 4. 가용접이 결함없이 견고하게 되었는지 확인할 수 있다.
		5. 위보기 자세 용접하기	1. 용접절차사양서에 따라 용접기의 종류를 선정하고 용접조건을 설정할 수 있다. 2. 용접절차사양서에 따라 위보기 자세 용접작업을 수행할 수 있다. 3. 용접절차사양서에 따라 용접 전후 처리를 할 수 있다. 4. 가용접이 결함없이 견고하게 되었는지 확인할 수 있다.
	9. 가스텅스텐 아크용접 도면해독	1. 도면 파악하기	1. 제작도면을 해독하여 도면에 표기된 이음 형상을 파악할 수 있다. 2. 제작도면에 표기된 용접에 필요한 기본 요구사항을 파악할 수 있다. 3. 제작도면을 해독하여 용접구조물 형상을 파악할 수 있다.
		2. 용접기호 확인하기	1. 용접자세를 지시하는 용접 기본기호를 구별할 수 있다. 2. 용접이음의 형상을 지시하는 용접 기본기호를 구별할 수 있다. 3. 용접 보조기호의 의미를 구별할 수 있다.
		3. 용접절차사양서 파악하기	1. 용접절차사양서에서 용접 일반에 관한 특정 사항 등을 파악할 수 있다. 2. 용접절차사양서에서 요구하는 이음의 형상을 파악할 수 있다. 3. 용접절차사양서에서 요구하는 용접방법에 대하여 파악할 수 있다. 4. 용접절차사양서에서 요구하는 용접조건을 파악할 수 있다. 5. 용접절차사양서에서 요구하는 용접 후처리 방법에 대하여 파악할 수 있다.
	10. 가스텅스텐 아크용접 재료준비	1. 모재준비하기	1. 용접구조물의 기계적 성질, 화학성분, 열처리 특성에 맞는 모재를 선택할 수 있다. 2. 용접구조물의 기계적, 화학적, 물리적 성질을 고려하여 이음 형상을 가공할 수 있다. 3. 용접변형을 고려하여 모재치수에 맞는 이음 형상으로 가공할 수 있다. 4. 작업에 사용될 모재를 청결하게 유지 및 관리할 수 있다.
		2. 용가재 준비하기	1. 용접절차사양서에 따라 용접조건에 맞는 용가재를 선정할 수 있다. 2. 용접절차사양서에 따라 용접모재 크기에 적합한 용가재 지름을 선택할 수 있다. 3. 용접절차사양서에 따라 용접성, 작업성에 적합한 용가재를 선택할 수 있다.

실기과목명	주요항목	세부항목	세세항목
		3. 용접 소모품 준비하기	1. 모재의 재질에 맞는 전극봉을 선정할 수 있다. 2. 전원특성에 맞는 전극봉을 연마할 수 있다. 3. 전원특성에 적합한 전극봉의 지름을 선택할 수 있다. 4. 모재치수에 적합한 전극봉의 지름을 선택할 수 있다. 5. 용접조건에 맞는 보호가스노즐을 선택할 수 있다. 6. 용접조건에 맞는 뒷댐재를 선택할 수 있다.
		4. 보호가스 준비하기	1. 용접작업에 적합한 보호가스 종류를 선택할 수 있다. 2. 아르곤과 헬륨을 용도에 따라 선택할 수 있다. 3. 토치선단에 적정 유량의 보호가스가 나오는지 확인할 수 있다. 4. 퍼징용 보호가스를 설치할 수 있다.
	11. 가스텅스텐 아크용접 장비설치	1. 용접장비 설치하기	1. 용접작업 전 가스텅스텐아크용접기 설치환경과 장소를 확인하여 선택할 수 있다. 2. 용접작업에 적합한 수동, 반자동, 자동 용접기를 선택할 수 있다. 3. 용접작업에 사용할 용접기에 1차 입력 케이블을 연결할 수 있다. 4. 용접작업에 사용할 접지 케이블을 연결할 수 있다.
		2. 보호가스 설치하기	1. 용접기의 후면 접속부 보호가스 입력부에 압력조정기를 연결할 수 있다. 2. 보호가스 용기에 압력조정기를 설치할 수 있다. 3. 보호가스의 압력과 유량을 용접작업에 알맞게 조정할 수 있다.
		3. 용접토치 설치하기	1. 용접전원 용량에 적합한 토치를 용접기에 연결할 수 있다. 2. 용접작업에 사용할 용접토치를 용접기에 연결할 수 있다. 3. 용접작업에 적합한 토치를 조립할 수 있다.
		4. 용접장비 시운전하기	1. 용접가스의 누설 여부와 보호가스가 토치의 노즐로 적정 유량이 나오는지 확인할 수 있다. 2. 용접기의 극성 등 작동상태를 확인할 수 있다. 3. 용접작업에 적합한 용접 전류를 선택할 수 있다. 4. 용접기의 정상적인 출력 상태를 확인할 수 있다.
	12. 가스텅스텐 아크용접 가용접 작업	1. 모재치수 확인하기	1. 주어진 용접조건에 맞는 모재의 물리적, 화학적, 기계적 성질을 파악할 수 있다. 2. 도면에 따라 용접조건에 맞는 모재의 치수를 파악할 수 있다. 3. 측정용 공구를 사용하여 도면과의 일치 여부를 확인할 수 있다.
		2. 홈 가공 확인하기	1. 도면에 따라 홈 가공에 사용되는 공구, 기계, 각종 수동, 반자동, 자동절단기 등을 선택하여 사용할 수 있다. 2. 홈 가공 이상 유무를 확인하여 수정할 수 있다. 3. 도면에 맞는 홈 가공이 되었는지 측정용 공구를 사용하여 측정할 수 있다.
		3. 가용접하기	1. 가용접 작업전 WPS를 검토하여 가용접 작업계획을 수립한다. 2. 도면에 따라 용접 구조물 조립을 위한 순서를 정할 수 있다. 3. 도면에 따라 용접 구조물의 이음 형상에 적합한 가용접 위치와 길이를 선정할 수 있다. 4. 도면에 따라 용접 구조물이 변형되지 않도록 각종 치공구를 활용하여 가용접 작업을 수행할 수 있다. 5. 도면에 명시되지 않은 용접 구조물에 적정한 위치를 선정하고 가용접 작업을 수행할 수 있다.
		4. 가용접 상태 확인하기	1. 도면에 따라 가용접 조립 상태를 확인할 수 있다. 2. 도면에 적합하게 가용접 조립 상태를 수정할 수 있다. 3. 도면에 따라 가용접 조립 상태 수정 시 작업방법을 알 수 있다.

실기과목명	주요항목	세부항목	세세항목
	13. 가스텅스텐 아크용접 맞대기용접	1. 용접부 온도 관리하기	1. 용접부 형상과 모재의 종류에 따른 예열 기구를 이해하고 적용할 수 있다. 2. 용접절차사양서에 규정된 예열 온도를 준수하여 용접부를 예열하고 측정할 수 있다. 3. 다층 용접인 경우 용접절차사양서에 규정된 층간 온도를 준수하여 용접 작업을 할 수 있다.
		2. 아래보기 자세 용접하기	1. 용접절차사양서에 따라 용접기의 종류를 선정하고 용접조건을 설정할 수 있다. 2. 용접절차사양서에 따라 아래보기 자세 용접작업을 수행할 수 있다. 3. 각종 용접 결함 발생을 고려하여 용접할 수 있다. 4. 용접절차사양서에 따라 용접 후처리를 할 수 있다.
		3. 수직 자세 용접하기	1. 용접절차사양서에 따라 용접기의 종류를 선정하고 용접조건을 설정할 수 있다. 2. 용접절차사양서에 따라 수직 자세 용접작업을 수행할 수 있다. 3. 각종 용접 결함 발생을 고려하여 용접할 수 있다. 4. 용접절차사양서에 따라 용접 후처리를 할 수 있다.
		4. 수평 자세 용접하기	1. 용접절차사양서에 따라 용접기의 종류를 선정하고 용접조건을 설정할 수 있다. 2. 용접절차사양서에 따라 수평 자세 용접작업을 수행할 수 있다. 3. 각종 용접 결함 발생을 고려하여 용접할 수 있다. 4. 용접절차사양서에 따라 용접 후처리를 할 수 있다.
		5. 위보기 자세 용접하기	1. 용접절차사양서에 따라 용접기의 종류를 선정하고 용접조건을 설정할 수 있다. 2. 용접절차사양서에 따라 위보기 자세 용접작업을 수행할 수 있다. 3. 각종 용접 결함 발생을 고려하여 용접할 수 있다. 4. 용접절차사양서에 따라 용접 후처리를 할 수 있다.
	14. CO_2용접 재료준비	1. 모재 준비하기	1. 용접구조물의 사용성능(기계적 성질, 화학성분, 열처리 특성)에 맞는 모재를 선택할 수 있다. 2. 용접절차사양서에서 요구하는 용접강도 및 모재 두께에 알맞은 이음 형상으로 가공할 수 있다. 3. 용접 모재를 청결하게 유지할 수 있다.
		2. 용접와이어 준비하기	1. 모재의 재질 및 작업성에 맞는 와이어를 선정할 수 있다. 2. 용접절차사양서에서 요구하는 와이어를 선택할 수 있다. 3. 용접이음 형상과 재료의 두께에 맞는 와이어 지름을 선택할 수 있다. 4. 와이어의 종류와 특성을 이해하고 선택할 수 있다.
		3. 보호가스 준비하기	1. 용접절차사양서에 따라 보호가스 종류와 사용방법을 선택할 수 있다. 2. 용접절차사양서에 따라 보호가스를 선택할 수 있다. 3. 보호가스가 토치부로 적정 유량이 나오는지 확인할 수 있다.
		4. 백킹재 준비하기	1. 용접절차사양서에 따라 적합한 백킹재를 준비할 수 있다. 2. 모재의 두께와 이음 형상에 알맞은 백킹재를 선택할 수 있다. 3. 백킹재를 모재의 홈에 맞게 부착할 수 있다.
	15. CO_2용접 장비 설치	1. 용접 장비 설치하기	1. 작업 전 CO_2용접기 설치 장소를 확인하여 정리정돈할 수 있다. 2. 작업에 사용할 용접기에 1차 입력 케이블과 접지 케이블을 연결할 수 있다. 3. 작업에 사용할 용접기의 부속장치를 조립할 수 있다.

실기과목명	주요항목	세부항목	세세항목
		2. 용접용 재료 설치하기	1. 용접기 후면 접속부의 CO_2압력 조정기에 가스 호스를 연결할 수 있다. 2. 와이어 송급장치를 용접기 전면에 연결하고, 와이어를 설치할 수 있다. 3. CO_2용기의 압력조정기와 유량계를 설치할 수 있다. 4. CO_2가스압력조정기의 히터전원을 연결할 수 있다.
		3. 용접 장비 점검하기	1. CO_2용접기의 각부 명칭을 알고 조작할 수 있다. 2. 가스 공급장치의 가스누설 점검 및 유량을 조절할 수 있다. 3. 용접기 패널의 크레이터 유/무 전환 스위치와 일원/개별 전환 스위치를 선택할 수 있다. 4. 아크를 발생시켜 용접기 이상 유/무를 확인할 수 있다.
	16. CO_2용접 가용접 작업	1. 모재치수확인하기	1. 용접절차사양서에 따라 용접조건에 맞는 모재의 재질을 파악할 수 있다. 2. 용접절차사양서에 따라 용접조건에 맞는 모재의 치수를 파악할 수 있다. 3. 용접절차사양서에 따라 길이 및 각도 측정용 공구 등을 사용하여 치수를 측정할 수 있다.
		2. 홈가공하기	1. 용접절차사양서에 따라 홈 가공에 사용되는 공구 및 기계를 선택하여 사용할 수 있다. 2. 용접절차사양서에 따라 홈 각도, 루트 면 등 용접 이음부를 가공할 수 있다 3. 용접절차사양서에 따라 가공 시 안전 수칙을 준수할 수 있다.
		3. 가용접하기	1. 용접절차사양서에 따라 용접 구조물 조립을 위한 순서를 파악할 수 있다 2. 용접절차사양서에 따라 용접 구조물의 이음 형상에 적합한 가용접 위치 및 길이를 파악할 수 있다. 3. 용접절차사양서에 따라 용접 구조물의 응력 집중부를 피하여 가용접 작업을 수행할 수 있다. 4. 용접절차사양서에 따라 용접 구조물이 변형되지 않도록 가용접 작업을 수행할 수 있다.
	17. 플럭스코어드와 이어 맞대기용접	1. 용접부 온도 관리하기	1. 용접부 형상과 모재의 종류에 따른 예열 기구를 이해하고 적용할 수 있다. 2. 용접절차사양서에 규정된 예열 온도를 준수하여 용접부를 예열할 수 있다. 3. 용접절차사양서에 규정된 층간 온도를 준수하여 다층 용접 작업을 할 수 있다.
		2. 아래보기 자세 용접하기	1. 용접절차사양서에 따라 용접기의 종류를 선정하고 용접조건을 설정할 수 있다. 2. 용접절차사양서에 따라 아래보기 자세 용접작업을 수행할 수 있다. 3. 용접절차사양서에 따라 용접 전후 처리를 할 수 있다.
		3. 수직 자세 용접하기	1. 용접절차사양서에 따라 용접기의 종류를 선정하고 용접조건을 설정할 수 있다. 2. 용접절차사양서에 따라 수직 자세 용접작업을 수행할 수 있다. 3. 용접절차사양서에 따라 용접 전후 처리를 할 수 있다.
		4. 수평 자세 용접하기	1. 용접절차사양서에 따라 용접기의 종류를 선정하고 용접조건을 설정할 수 있다. 2. 용접절차사양서에 따라 수평 자세 용접작업을 수행할 수 있다. 3. 용접절차사양서에 따라 용접 전후 처리를 할 수 있다.

용접산업기사 필기

차 례

핵심요점정리
- 제1과목　용접야금 및 용접설비제도　✽　17
- 제2과목　용접구조설계　✽　45
- 제3과목　용접일반 및 안전관리　✽　65

2016년도
- 2016년　3월　6일 시행　✽　95
- 2016년　5월　8일 시행　✽　119
- 2016년　8월　21일 시행　✽　142

2017년도
- 2017년　3월　5일 시행　✽　163
- 2017년　5월　7일 시행　✽　182
- 2017년　8월　26일 시행　✽　201

2018년도
- 2018년　3월　4일 시행　✽　225
- 2018년　4월　28일 시행　✽　244
- 2018년　8월　19일 시행　✽　266

2019년도
- 2019년　3월　3일 시행　✽　287
- 2019년　4월　27일 시행　✽　305
- 2019년　8월　4일 시행　✽　322

2020년도
- 2020년　6월　13일 시행　✽　343
- 2020년　8월　22일 시행　✽　367
- 2020년　9월　CBT 시행　✽　391

CONTENTS

2021년도
- 2021년 3월 CBT 시행 ∗ 411
- 2021년 5월 CBT 시행 ∗ 428
- 2021년 8월 CBT 시행 ∗ 445

2022년도
- 2022년 3월 CBT 시행 ∗ 465
- 2022년 5월 CBT 시행 ∗ 484
- 2022년 8월 CBT 시행 ∗ 503

2023년도
- 2023년 3월 CBT 시행 ∗ 523
- 2023년 5월 CBT 시행 ∗ 540
- 2023년 9월 CBT 시행 ∗ 558

2024년도
- 2024년 2월 CBT 시행 ∗ 579
- 2024년 5월 CBT 시행 ∗ 597
- 2024년 7월 CBT 시행 ∗ 614

2025년도
- 2025년 2월 CBT 시행 ∗ 633
- 2025년 5월 CBT 시행 ∗ 650
- 2025년 8월 CBT 시행 ∗ 667

용접산업기사 필기

핵심 요점정리

제 1 과목
용접야금 및 용접설비제도

001. 금속이 열전도나 전기전도도가 높은 이유 : 자유전자의 이동

002. 용접의 안정성에 가장 큰 영향을 미치는 것 : 노치취성

003. 연강용 피복아크용접봉의 심선재료 : 저탄소강

004. 금속조직중의 경도

① 페라이트 경도 : 70~100

② 오스테나이트 경도 : 100~200

③ 펄라이트 경도 : 240

④ 시멘타이트 경도 : 1,050~1,200

005. 금속현미경에 의한 시험편의 조직검사 순서

시료 채취 → 연마 → 부식 → 검사 → 세척

006. 후열의 목적

① 용접 후 급랭에 의한 저온 균열 방지

② 용접금속의 수소량 감소 효과

007. 선상조직이란

필릿 용접 파면에 나타나는 서리조직으로 그 원인은 수소

008. 주철의 보수용접 시 사용되는 방법

① 스터드법 : 용접경계부 바로 밑부의 모재까지 갈라지는 결점을 보강하기 위하여 스터드볼트를 사용하여 조이는 방법

② 로킹법 : 용접부 바닥면에 둥근 홈을 파고 이 부분에 걸쳐 힘을 받도록 하는 방법

③ 비녀장법 : 균열의 수리 및 가늘고 긴 용접을 할 때 용접선이 직각이 되게 6~10mm 정도의 ㄷ자형의 강봉을 받고 용접

④ 버터링법 : 처음에 모재와 잘 융합하는 용접봉을 사용하여 적당한 두께까지 융착시키고 난 후 다른 용접봉으로 용접하는 방법

009. 취성의 원인
① 적열취성원인 : 황
② 상온취성원인 : 인

010. 선의 종류와 용도
① 절단선 : 가는일점쇄선으로 끝부분 및 방향이 변하는 부분을 굵게 할 것.
② 은선(숨은선) : 가는파선 또는 굵은파선으로 그린다.
③ 특수지정선 : 굵은일점쇄선으로 그린다.
④ 가상선 무게중심선 : 가는이점쇄선으로 그린다.
⑤ 해칭 : 가는실선으로 규칙적으로 늘어 놓은것
⑥ 외형선 : 굵은실선으로 그린다.
⑦ 파단선 : 불규칙한 파형의 가는실선 또는 지그재그선으로 그린다.
⑧ 파치선, 중심선, 기준선 : 가는일점쇄선으로 그린다.

011. 설명도의 용도
① 견적내용을 나타낸 도면이다.
② 주문자 또는 기타관계자의 승인을 얻기 위한 도면
③ 지역내의 건물위치나 공장내부에 기계 등을 설치위치의 상세한 정보를 나타낸 도면이다.

012. KS규격용접기호
① 양면 V형 : ✕
② 부분용입한쪽면 V형 : Y
③ 평면형 평형 맞내기이음 : ||
④ 베벨형 : V

013. 제도의 목적을 달성하기 위한 기본요건
① 기술의 각 분야에 걸쳐 가능한 한 정확성, 보편성을 갖고 있어야 한다.
② 애매한 해석이 생기지 않도록 표현상 명확한 뜻을 갖고 있어야 한다.
③ 무역 및 기술의 국제교류의 입장에서 국제성을 갖고 있어야 한다.

014. 취성의 종류
① 적열취성 : 원인은 황이고 고온900℃이상에서 물체가 빨갛게 되어 메지는 것
② 청열취성 : 원인은 인이고 강이 200~300℃로 가열되면 강도가 최대로 되고 연신율, 단면수축률은 줄어들게 되어 메지는 것

③ 상온취성 : 원인은 인이고 충격, 피로등에 대해 깨지는 성질로 냉간취성이라고도 한다.

015. 용접기호

① 시임용접 : ⊖   ② 플러그용접 : ⊓

③ 스폿용접 : ○   ④ 서페이싱이음 : ══

016. 표제란의 척도표시에 표시된 NS란 비례척이 아님을 나타낸다.

017. 결정

물질을 구성하고 있는 원자가 규칙적으로 배열을 이루고 있는 것

018. 일반구조용 압연강재(SS)

① SS330   ② SS400   ③ SS490   ④ SS540

019. 투상법

① 제1각법 : 눈 → 물체 → 투상면
② 제3각법 : 눈 → 투상면 → 물체

020. 용접부의 표면형상

① |MR| : 제거 가능한 덮개판 사용   ② |M| : 영구적인 덮개판을 사용

③ ⌣ : 끝단부를 매끄럽게 함   ④ ─── : 동일평면으로 다듬질함.

021. 오스테나이트계 스텐레스강의 용접시 주의사항

① 용접후 급랭하여 입계 부식을 방지한다.
② 예열을 하지 않는다.
③ 크레이터를 처리한다.
④ 짧은 아크길이를 유지한다.
⑤ 낮은 전류치로 용접하여 용접입열 억제
⑥ 층간온도가 320℃이상을 넘어서는 안된다.
⑦ 용접봉은 가는 것을 사용

022. 굵은실선 : 대상물의 보이는 부분의 모양을 표시하는 데 쓰이는 선

023. 가스침탄법

침탄부품을 기밀의 가열로 속에 넣고 적당한 침탄가스를 보내면서 900~950℃에서 침탄하는 방법

024. 경금속 : 비중이 4.5 이하(마그네슘1.7, 알루미늄2.7, 티탄4.5)

025. 수소는 머리카락 모양처럼 생기는 헤어크랙과 고기 눈처럼 빛나는 은점의 원인이 된다.

026. 구리 니켈계 합금의 종류

① 콘스탄탄 : 구리(55%) + 니켈(45%)
② 모넬메탈 : 구리(35%) + 니켈(65%)
③ 큐프로니켈 : 구리(70%) + 니켈(30%)

027. 용접부 고온균열의 원인 : 모재에 유황 성분이 과다 함유

028. 탈인반응

용융슬래그 중에 FeO와 CaO이 존재하는 경우에 용융강의 반응이 일어나는 것

029. 전개도

① 입체의 표면을 평면 위에 펼쳐 그린 그림
② 전개도를 다시 접거나 감으면 그 물체의 모양이 됨.
③ 자동차 부품, 항공기 부품, 철제 책꽂이. 캐비닛, 물통, 쓰레받기

030. 선상조직

용접금속의 파면에 극히 미세한 주상정이 서리모양으로 나타낸 것으로 수소가 원인이다.

031. 문쯔메탈

구리(60%) + 아연40%를 문쯔메탈이라 하며 복수기용판, 열간단조품, 볼트, 너트 등 제조

032. 부분단면도
도면의 일부분을 잘라내고 필요한 내부모양을 도시하는 단면도

033. 가는실선으로 사용하는 것
① 치수를 기입하기 위해 쓰인다.
② 기술, 기호 등을 표시하기 위하여 도형으로부터 끌어내는데 쓰인다.
③ 치수를 기입하기 위하여 도형으로부터 끌어내는데 쓰인다.

034. KS용접기호
① 가장자리용접 : ||| ② 서페이싱 : ⌒⌒ ③ 서페이싱이음 : ══

035. 열처리에서 T.T.T곡선(Time Temperature Transformation Curve) : 항온변태곡선

036. 풀림의 목적
① 내부응력제거
② 금속결정립의 미세화
③ 냉간가공시 경화된 재료의 연화

037. 전율고용형
성분계의 평형상태도에서 액체, 고체 어떤 상태에서도 두성분이 완전히 융합하는 경우

038. 결정립
금속의 파단면을 현미경으로 보았을 때 작은 알갱이 모양으로 보이는 것

039. 자기변태점
① 큐리점이 있어 강자성체로부터 상자성체로 변화
② 원자배열은 변화가 없고 자성만 변화는 것(Fe, Ni, Co)

040. 재결정온도
① Pb(납) : $-3℃$
② Zn(아연) : $5~25℃$
③ Sn(주석) : 상온
④ Ag(은) : $150℃$
⑤ Cu(구리) : $150~240℃$
⑥ Au(금) : $200℃$
⑦ Fe(철) : $350~450℃$

041. 설파프린트법
유화물에 묽은산이 작용할 때 인화지를 착색시키는 방법으로 유황의 분포를 검출할 수 있는 결함검사법

042. 몰리브덴
합금강 용접시 본드부 부근에 뜨임취화가 일어나는 것을 방지하기 위해 첨가

043. 금속의 결정격자현상
① 전위 : 불안정하거나 결함이 있는 곳으로부터 원자이동이 일어나는 현상
② 슬립 : 금속결정형이 원자 간격이 가장 작은 방향으로 층상 이동하는 현상
③ 트윈(쌍점) : 변형전과 변형후의 위치가 어떤 면을 경계로 대칭되는 현상

044. 세로균열
맞대기 용접이음의 가접 또는 첫층에서 루트근방의 열영향부에서 발생하여 점차 비드속으로 들어가는 균열

045. 포정반응
하나의 고용체에 다른 액체가 작용하여 다른 고용체를 형성하는 반응

046. 저수소계 피복아크용접봉의 건조조건
300~350℃, 1~2시간

047. 철강용접시 열영향부
① 조직이 마텐자이트가 되면 경도가 증가한다.
② 탄소함유량이 많을수록 경화현상이 발생하기 쉽다.
③ 오스테나이트까지 가열된 조직은 급랭으로 마텐자이트조직이 된다.

048. 용접기호 중 맞대기 이음용접기호
① I : I형   ② V : V형   ③ Y : Y형

049. 도면의 보관방법 및 출고
① 원도는 도면을 변경하고자 하는 이외에는 출고하지 않으며 곧바로 생산현장에 출고할 때는 복사도를 출고한다.

② 원도는 접어서 보관하지 않고, 말거나 도면함에 보관하며 절대로 출고해서는 안된다. 복사도는 반드시 출고용 날인이 되어 있어야 하며 훼손시 폐기할 때는 관련 부서에서 하여야 한다.
③ 도면보관함에는 도면번호, 도면크기 등을 표시하여 사용을 쉽게 한다.
④ 원도는 화재나 수해로부터 안전하도록 방재처리를 한 후 도면보관함에 격리하여 보관한다.

050. 국가 및 기구에 대한 규격 기호

① 국제표준화기구 : ISO
② 스위스 : SNV
③ 일본 : JIS
④ 한국 : KS
⑤ 독일 : DIN
⑥ 프랑스 : NF
⑦ 영국 : BS
⑧ 국제전기표준 : IEC

051. H형홈

접합하는 2부재사이에서 양쪽면에 홈을 파고 용접하는 양쪽면 홈이음

052. 스텐레스강은 900~1,100℃의 고온에서 급랭시 현미경조직에 따른 3종류

① 오스테나이트계 스텐레스강(18-8 스텐레스강)
② 마텐자이트계 스텐레스강
③ 페라이트계 스텐레스강

053. 편정형

성분계의 평형상태도에서 액체 기체 어느 상태에서도 일부분밖에 녹지 않는 형

054. 용접부의 응력부식균열을 최소화 할 수 있는 방법

① 응력제거 열처리를 한다.
② 인장강도가 낮은 모재를 선정한다.
③ 오스테나이트계 스텐레스강의 경우 페라이트조직과 공존하는 조직을 가지면 효과가 있다.

055. 변형시효

상온에서 가공한 금속이 그 후의 시효에 의해 경화하는 현상이며 질소가 크게 영향을 미친다.

056. 용융슬래그의 염기도를 나타내는 공식

$$염기도 = \frac{\Sigma 염기성성분}{\Sigma 산성성분}$$

057. TIG용접으로 알루미늄을 직류 역극성으로 용접시 표면의 산화피막을 제거하는

방법 : 용접 중 청정작용에 의해 피막을 제거

>  **청정작용** : 아르곤가스의 이온이 모재표면 산화막에 충돌하여 산화막을 파괴 제거하는 작용

058. 탈황 및 탈인반응

① 탈인율(%P)은 용융슬래그가 산성일수록 크다.
② 탈황반응은 염기도가 높을수록 크다.
③ 탈황율(%S)은 산화철(%FeO)에 반비례한다.

059. 금속가공을 냉간가공시 강도 및 경도의 증가 원인

① 전위 ② 내부응력 ③ 쌍점

060. 어닐링(풀림)

재질의 연화 및 응력제거를 목적으로 노내에서 서냉하며 용접부를 어떤 온도이상으로 가열하면 재질이 연화되어 연성이 증가하고 내부응력을 제거하여 정상적인 재료의 성질로 회복되는 열처리

061. 편석

용착금속이 응고할 때 불순물이 한 곳으로 모이는 현상

062. 금속의 용접성을 지배하는 인자

① 모재의 특성 ② 용접조건
③ 용접설계 ④ 용접봉 및 그 적응성

063. 체심입방격자구조의 금속 : Cr, V

064. 스텐레스강의 종류에서 용접성이 가장 좋은 것 : 오스테나이트계 스텐레스강

065. 탄소강 : 가스절단이 가장 잘 됨

066. **뜨임** : 담금질한 강에 인성을 주기위하여 A_1점 이하의 온도로 가열

067. **용접금속의 응력제거 풀림균열에 관여하는 원소**
    ① 바나듐(V)   ② 몰리브덴(Mo)   ③ 크롬(Cr)

068. **금속의 응고과정에서 결정성장에 영향을 주는 요인**
    ① 점성 및 유동성
    ② 결정경계상에 작용하는 힘.
    ③ 금속의 표면 장력

069. **저온균열** : 300℃ 이하에서 발생

070. **숏피닝(Shot Peening)** : 용접후의 표면처리방법으로 변형을 방지

071. **Mn(망간)**
    ① 연신율증가   ② 강도증가
    ③ 결정립의 성장방해   ④ 적열취성을 제거하며 탈산제로도 쓰임.
    ⑤ 연성감소   ⑥ 인장강도, 인성, 점성, 경도증가

072. **Cr(크롬)**
    경도와 인장강도를 증가시키고 함유량의 증가에 따라 내식성과 내열성으로 커지게하며 자경성과 탄화물을 쉽게 만들고 내마멸성을 커지게 함.

073. **냉각방법 중 천천히 냉각** : 노냉(노안에서 냉각하는 것)

074. **단위격자속의 원자수**
    ① 체심입방 결정구조 : 2개
    ② 조밀육방 결정구조 : 4개
    ③ 면심입방 결정구조 : 2개

075. **저온균열에 관한 내용**
    ① 수소의 혼입이 많아지면 균열발생율이 커진다.
    ② 구속도가 커지면 균열발생율이 커진다.
    ③ 탄소당량이 큰 모재는 균열발생 위험이 커진다.

076. 탄소당량이란 : 금속의 용접성을 나타내는 것으로 이값이 크면 용접성이 저하된다.

077. 임계냉각온도범위 : 가열변태점과 냉각변태점의 온도범위

078. 강의 용접이음부의 피로강도를 증가시키는 대책
① 용접부를 적당히 열처리한다.
② 맞대기 용접시 비드접촉각을 작게한다.
③ 용접 토우부를 연마하여 평활하게 한다.

079. 용융금속의 결정을 미세화시키는 방법
① 초음파 진동에 의한 방법
② 합금원소를 첨가하는 방법
③ 자기교반에 의한 방법

080. 알루미늄의 물리적 성질
① 황산, 염산, 인산, 질산에 침식
② 비중이 가벼워 경금속에 속한다.
③ 전기 및 열의 전도율이 좋다.
④ Al_2O_3 생겨 내식성이 좋다.
⑤ 전성, 연성이 풍부하여 400~500℃에서 연신율이 최대이다.
⑥ 비중이 2.7, 용융점 650℃, 변태점이 없고 열 및 전기의 양도체이다.

081. 열처리고장력강의 후열처리온도
후열처리는 강도나 인성의 저하를 방지하기 위하여 주로 뜨임온도이하에서 행한다.

082. 용접열영향부에 경도증가에 가장 큰 영향을 주는 것 : 탄소

083. 인바(Ni 36%)
① 측량기구, 계측기의 부품, 시계추, 바이메탈 등에 사용
② 내식성이 좋고 열팽창계수가 20℃에서 $1.2\mu m/m \cdot k$ 로서 철의 $\frac{1}{10}$

084. 천이온도 : 재료가 연성파괴에서 취성파괴로 변하는 온도 범위

085. 금속재료의 냉간가공에 따른 성질변화

① 인성감소   ② 경도증가
③ 연신율감소   ④ 인장강도증가

086. 강용접부의 노치취성이 생기기 쉬운 경우

온도가 높을수록 생기기 쉽다.

087. 미세균열의 원인 : 수소

088. 예열의 목적

① 냉각속도를 느리게하여 모재의 취성을 방지한다.
② 용착금속의 수소성분이 나갈 수 있는 여유를 주어 비드밑 균열을 방지한다.
③ 용접부와 인접된 모재의 수축응력을 감소하여 균열발생을 억재한다.

089. 킬드강

① 상부에 수축공이 생기므로 응고 후에 10~20%를 잘라낸다.
② 기포 및 편석은 없으나 헤어크랙이 생기기 쉽다.
③ 강으로 재질이 균일하고 기계적 성질이 좋다.
④ 레이들(ladle)안에서 강력한 탈산제인 페로실리콘, 페로망간, 알루미늄 등을 첨가하여 충분히 탈산시킨다음 주형에 주입하여 응고시킨다.

090. 금속침탄법 : 내마멸, 내식, 내산을 목적으로 금속을 침투시키는 열처리

① 크로마이징 : Cr 침투   ② 실리코나이징 : Si 침투
③ 세라다이징 : Zn 침투   ④ 칼로라이징 : Al 침투

091. 마텐자이트 : 강의 담금질 조직중 경도가 가장 큼

092. 스팩터링 : 습기가 있는 용접봉을 사용하여 용접할 경우 가장 많이 나타나는 용접결함

① 스펙터의 발생원인
    ㉠ 아크길이가 너무 길 때   ㉡ 건조되지 않은 용접봉 사용시
    ㉢ 전류가 높을 때   ㉣ 봉각도가 부적당할 때

093. 연납의 주성분 : Pb + Sn

094. 변형시효

상온에서 가공한 금속이 그 후의 시효에 의해 경화하는 현상을 말하며 질소가 크게 영향을 미침.

095. Fe-C 평형상태도에서 탄소함량

① 아공석강 : 탄소가 0.77%이하로 페라이트와 펄라이트로 이루어짐.
② 공석강 : 탄소가 0.77%로 펄라이트로 이루어짐.
③ 과공석강 : 탄소가 0.77%로 이상으로 펄라이트와 시멘타이트로 이루어짐.

096. 고온크랙의 발생원소

① 유황   ② 니켈   ③ 규소

> 참고 수소는 저온 균열과 관계가 있다.

097. 구리 및 동합금의 일반적인 MIG용접 조건

① 후판용에 쓰인다.　　② 전극은 직류 정극성을 쓴다.
③ 심선은 탈산된 것을 쓴다.　④ 아르곤은 99.8%이상의 순도 높은 것 사용

098. 스텐레스강 : 내식성이 가장 우수한 강

099. 은점(fish eye)

① 발생원인은 수소이다.　　② 용접결함의 일종이다.
③ 속이비고 둘레에 취화부가 있는 원형의 결함이다.

100. 슬랙생성제

① 이산화망간　② 규산칼륨
③ 산화철　　　④ 산화티탄
⑤ 탄산나트륨　⑥ 석회석
⑦ 형석　　　　⑧ 일미나이트

101. 노치취성 : 재료의 취성파괴에 대한 저항력을 말한다.

① 담금질이나 시효처리는 노취성을 일으키기 쉽다.
② 노치취성에 영향을 미치는 화학성분으로 C.P.S은 유해하다.
③ 노치취성은 온도가 낮을수록, 노치가 클수록, 변형속도가 클수록 생기기 쉽다.

102. 합금과 그 성분

① 두랄루민 : Al+Cu+Mg+Mn (알구마망)
② Y합금 : Al+Cu+Mg+Ni (알구마니)
③ 실루민 : Al+Si (알소)
④ 일렉트론 : Al+Zn+Mg (알아마)
⑤ 라우탈 : Al+Cu+Si (알구소)
⑥ 탄소강 : C, Mn, S, P, Si
⑦ 황동 : Cu+Zn
⑧ 청동 : Cu+Sn
⑨ 스테인리스강 : Cr+Ni+C+Fe
⑩ 인바 : Ni(35~36%)+Mn(0.4%)+CO(1~3%)+Fe
⑪ 도우메탈 : Al+Mg
⑫ 델타메탈 : 6 : 4황동+Fe(1~2%)
⑬ 네이버 : 6 : 4황동+Sn(1~2%)
⑭ 문쯔메탈 : Cu(60%)+Zn(40%)
⑮ 모넬메탈 : Ni(65~70%)+Fe(1~3%)

103. 금속의 예열

① 연강으로 두께 25mm 이상인 경우 50~350℃로 예열한다.
② 고장력강, 저합금강은 50~350℃로 예열한다.
③ 연강으로 기온이 0℃ 이하에서는 용접할 경우 이음의 양쪽 폭 100mm 정도를 40~75℃로 예열한다.

104. 오스테나이트계 스테인리스강의 용접부에 발생하는 부식결함을 방지하기 위하여 첨가하는 화학성분

① Ti   ② Nb(niobium, 나이오븀)   ③ Ta(탈륨)

105. 철-탄화철계 공석 조직 : 펄라이트

106. 푸아송비

탄성구역에서 변형이 발생할 때 세로방향으로 증가하면 가로방향으로 수축이 생기는데 이때 세로방향 증가율과 가로방향 감소율의 비

107. 판금전개도를 그릴 때 전개방법
① 삼각형 전개법 : 꼭지점이 먼 각뿔이나 원뿔을 전개할 때 입체의 표면을 여러개의 삼각형으로 나누어 전개하는 방법
② 평행선 전개법 : 물체의 모서리가 직각으로 만나는 물체나 원통형 물체를 전개할 때 사용
③ 방사선 전개법 : 각 뿔이나 원뿔처럼 꼭지점을 중심으로 부채꼴 모양으로 전개하는 방법

108. 평면도 : 3각법에서 물체의 위에서 내려다본 모양을 도면에 표현한 투상도

109. 가는파선 : 물체의 보이지 않는 부분을 나타내는 선

110. 크리프
금속에 고온으로 장시간 동안 일정한 인장하중을 가하면 시간과 더불어 변형이 증대되는 현상

111. 오스테나이트계 스텐레스강을 용접할 때 고온 균열발생원인
① 아크길이가 길 때
② 모재가 오염되어 있을 때
③ 구속력이 가해진 상태에서 용접할 때
④ 크레이터처리를 하지 않았을 때

112. 수지상결정(덴트라이트)
녹은 금속이 응고될 때 형성되는 나뭇가지모양의 결정으로 덴트라이트라고도 한다.

113. 주상정의 발달을 억제하는 방법
① 용접직후에 롤러가공을 적용하는 방법
② 용접 중에 초음파 진동을 적용하는 방법
③ 용접 중에 공기충격을 적용하는 방법

> **참고** **주상정**
> 금속주형에서 표면의 빠른 냉각으로 중심부를 향하여 방사상으로 이루어지는 결정

114. SM : 기계구조용 탄소강관

115. 중심마크
도면을 마이크로필름에 촬영하거나 복사할 때에 편의를 위하여 윤곽선 중앙으로부터 용지의 가장자리에 이르는 굵기 0.5mm의 수직선으로 그은 선

116. 파단선
대상물의 일부를 파단한 경계 또는 일부를 떼어낸 경계를 표시하는데 사용하는 선

117. 가상선은 가는이점쇄선 사용
① 가공전 또는 가공후의 모양을 표시하는 선
② 인접부분을 참고로 표시하는 선
③ 도시된 물체의 앞면을 표시하는 선
④ 반복을 표시하는 선
⑤ 공구나 지그 등의 위치를 참고로 표시하는 선
⑥ 이동하는 부분의 이동위치를 표시하는 선

118. 해칭을 하는 경우 : 절단 단면부분을 나타내고자 할 때

119. 체심입방 격자의 원자수 : 2개
면심입방 격자의 원자수 : 4개

120. 회주철을 의미하는 기호 : GC100(Gray Cast)

121. 다음 그림이 나타내는 부분

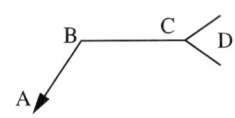

① A : 용접방향을 결정
② B : 현장용접 또는 공장용접의 기호를 표시
③ C : 용접기호
④ D : 특수한 상황

122. 용접부에서 수소가 미치는 영향
① 은점발생   ② 저온균열의 원인   ③ 언더비드크랙의 발생

123. 스텐레스강은 900~1,100℃의 고온에서 급랭시 현미경 조직에 따른 3종류
① 오스테나이트계(18-8) : ㉠ 용접성이 SUS중 가장우수
㉡ 담금질로 경화되지 않는 비자성체
㉢ 내식. 내산성이 Cr 13%보다 우수

② 페라이트계(Cr 13%) : ㉠ 용접은 가능하나, 자성체
㉡ 열처리에 의해 경화가 가능
㉢ 강인성 및 내식성이 있다.
③ 마아텐자이트계 : ㉠ 용접성이 불량
㉡ Cr 18%보다 강도가 좋다.
㉢ Cr 13%를 담금질하여 얻는다.

124. 보조투상도
경사면부가 있는 대상물에서 그 경사면의 실형을 나타낼 필요가 있는 경우 그리는 투상도

125. 뜨임
퀜칭한 강의 잔류응력을 제거하고 인성의 개선과 함께 경도를 다소 낮추기 위하여 A_1 점 이하의 온도로 가열하여 냉각하는 열처리

126. 일반적인 도면을 보관하는 방법
① 복사도를 접을 때는 A_4 크기로 접는다.
② 마이크로필름은 영구보존의 정확성을 기한다.
③ 큰도면을 접을때는 A_4 크기로 접으며 표제란이 겉으로 나오도록 한다.
④ 트레이싱도는 접어서는 안되므로 펼친 그대로 수평, 수직 또는 말아서 원통으로 보관한다.

127. KS용접기호
① ⌣ : 뒷면용접기호
② ⋁ : 뒷면용접공정이 없는 기호
③ ⋋ : 부분용입한쪽면 K형 맞대기 이음용접

128. 음향방출법(AET : Acoustic emission test) 아코스틱에미션시험
재료의 내부에서 파괴가 발생하여 새로운 파단면이 발생하는 순간에 방출하는 음향파를 말함.

129. 도면 크기의 종류
① A_0 : 841×1,189
② A_1 : 594×841
③ A_2 : 420×594
④ A_3 : 297×420
⑤ A_4 : 210×297

130. 보조투상도
경사면부가 있는 물체에서 그 경사면의 실제 모양을 전체 또는 일부분으로 표시하는 투상도

131. 도면을 철하는 부분의 경우 A_3용지의 가장 자리에서부터 최소간격 25mm을 띄워야 한다.

132. 입방격자
① 체심입방격자
　　V, Mo, Ta, W, Cr, K, Ba, Na, Nb, Rb 등
　(바나듐)(몰리브덴)　(탄탈)(텅스텐)(크롬)(칼륨)(바륨)(나트륨)(나이오븀)(루비듐)

② 면심입방격자
　　Al, Cu, Ni, Au, Ag, Pb, Ce, Pd, Pt, Ca 등(알구니금은)
　　　　　　　　(금) (은) (납) (세슘)(팔라듐)(백금)(칼슘)

133. 언더컷의 발생원인
① 용접속도가 빠를 때　　② 전류가 너무 높을 때
③ 부적당한 용접봉을 사용할 때　④ 아크길이가 길 때

134. 입방정계에 해당하는 결정격자
① 면심입방격자　② 체심입방격자　③ 단순입방격자

135. 주문도
주문하는 사람이 주문하는 물건의 크기, 형태, 정밀도, 정보 등의 주문내용을 나타내는 도면

136. 도형의 치수기입에 사용되는 기본적인 요소
① 지시선　② 치수수치　③ 치수보조선

137. 예열의 목적
① 냉각속도를 느리게 하여 모재의 취성을 방지한다.
② 용접부와 인접된 모재의 수축응력을 감소하여 균열발생을 억제
③ 용착금속의 수소성분이 나갈수 있는 여유를 주어 비드밑 균열방지

138. 주철보수 용접시 균열의 연장을 방지하기 위하여
용접전에 균열의 끝에 정지구멍을 뚫고 균열부를 깍아낸 후 홈을 만들어 재용접

139. 회전도시단면도
핸들이나 바퀴 등의 암 및 리브, 훅, 축, 구조물의 부재 등의 절단면을 표시

140. 선을 긋는 방법
① 실선과 파선이 서로 만나는 부분은 파선의 끝이 실선에 닿아야 한다.
② 1점소선은 긴쪽선으로 시각하고 끝나도록 긋는다.
③ 파선이 서로 평행할 때는 서로 엇갈리게 그린다.
④ 평행선은 선간격을 선 굵기의 3배 이상으로 하여 긋는다.

141. 면심입방격자의 슬립면
(| | |)면

142. 금속의 비중
① 철 : 7.8 ② 구리 : 8.9 ③ 마그네슘 : 1.74
④ 티탄 : 4.5 ⑤ 크롬 : 7.19 ⑥ 텅스텐 : 19.1
⑦ 알루미늄 : 2.7 ⑧ 바나듐 : 6.16 ⑨ 망간 : 7.43
⑩ 니켈 : 8.9 ⑪ 납 : 11.36 ⑫ 백금 : 21.45

143. E4313에서의 뜻
① E : 전기용접봉
② 43 : 용착금속의 최소인장강도
③ 1 : 용접자세(1 : 전자세, 2 : 아래보기, 수평필렛, 3 : 아래보기)
④ 3 : 피복제의 종류

144. 탄소함유량이 증가하면
① 경도 및 강도는 증가한다.
② 연성 및 전성은 감소한다.

145. 용접입열 구하는 공식
$$H = \frac{60EI}{V}$$
여기서, H : 용접입열(Joule/cm), E : 아크전압(V), I : 아크전류(A), V : 용접속도(cm/min)

146. 망간
① 용착 금속의 고온균열을 감소시킴. ② 황의 해를 제거
③ 결정립의 조대화 ④ 가공성 및 용접성의 저하
⑤ 연신율 및 충격값 감소

147. 용접부에 발생하는 기공의 생성 원인
① 수소 또는 일산화탄소 과잉
② 용접부의 급속한 응고

148. 용접변형을 일으키는 가장 큰 원인
금속의 수축과 팽창

149. 스케치 방법
① 프린트법 : 부품 표면에 광명단 또는 스탬프잉크를 칠한 후 용지에 찍어 실제 형상으로 모양을 뜨는 방법
② 프리핸드법 : 손으로 직접 그리는 방법
③ 사진촬영법 : 사진기로 실물을 찍어 도면을 그리는 방법
④ 본뜨기법 : 실제부품을 용지 위에 올려놓고 본을 뜨는 방법과 부품표면을 납선으로 본을 떠서 이를 용지에 옮기는 방법

150. 용접부의 비파괴검사 기본기호
① RT : 방사선투과시험 ② UT : 초음파탐상시험
③ MT : 자분탐상시험 ④ PT : 침투탐상시험
⑤ ET : 와류탐상시험 ⑥ LT : 누설시험
⑦ VT : 육안시험

151. 국부투상도
대상물의 구멍, 홈 등과 같이 한 부분의 모양을 도시하는 것으로 충분한 경우에 그 부분만을 그리는 투상도

152. 치수보조기호 용어
① R : 반지름 ② ϕ : 지름 ③ SR : 구의 반지름
④ C : 모따기 ⑤ □ : 정사각형 ⑥ t : 판의 두께
⑦ ( ) : 참고치수 ⑧ 123 : 이론적으로 정확한 치수

153. 표준규격을 제정하는 목적
① 품질 향상에 기여하고 원가를 절감할 수 있도록 하기 위하여
② 생산능률을 향상시키고 제품의 호환성 확보를 위하여
③ 설계자의 의도를 오해없이 정확하게 전달하기 위하여

154. 용접구조용 압연강재
① SM400A   ② SM490A   ③ SM490YA   ④ SM520B
⑤ SM570B   ⑥ SM490TMC   ⑦ SM520TMC   ⑧ SM570TMC

155. 자기변태
원자 배열은 변화가 없고 자성만 변화는 것으로 자기변태금속으로는 (Fe : 768℃, Ni : 358℃, Co : 1,160℃)가 있다.

156. 저융점합금이란 : Sn보다 융점이 낮은 합금

157. 강의표면경화 열처리 방법
① 고주파경화법   ② 화염경화법
③ 시안화법   ④ 질화법
⑤ 침탄법(액체, 고체 기체)   ⑥ 금속침탄법

158. 편정형
2성분계의 평형상태도에서 액체, 고체 어느 상태에서도 일부분 밖에 녹지 않는 형

159. 등각투상도
① 두 개의 평면 모서리가 수평선과 30°
② 물체의 3개의 세모서리는 각각 120°
③ 용도는 구상도나 설명도
④ 물체의 모양과 특징을 가장 잘 나타냄
⑤ 물체의 정면, 평면, 측면을 하나의 투상도에서 볼 수 있도록 그린도법

160. 브리넬경도 : 하중을 압입자국의 표면적으로 나눈값
① 공식(HS)$= \dfrac{P}{A} = \dfrac{P}{\pi Dh} = \dfrac{2P}{\pi D(D-\sqrt{D^2-d^2})}(kg/mm^2)$

여기서, W : 하중(kg), A : 오목부분의 표면적(mm), D : 강구의지름(mm),
d : 오목부분의 지름(mm), h : 오목부분의 깊이(mm)

161. 국부풀림법

용접부 제품의 응력제거 풀림을 하려고 하는데 제품이 커서 노내에 넣을 수가 없을 때 하는 열처리

162. 시멘타이트

철에 탄소가 6.67% 화합된 철의 금속간 화합물로 현미경으로 보면 휜색의 침상으로 나타나는 조직으로 경도가 높고 취성이 많으며 상온에서 강자성체이다. 1,153℃에서 빠른속도로 흑연을 분리시키는 특성을 가짐

163. 피복아크용접시 아크열온도 : 5,000℃

164. 용접 금속이 주상조직을 나타내는 경우

① 기계적 성질이 떨어진다.　② 충격치가 낮다.
③ 보통 단층용접의 경우에 나타낸다.　④ 방향성을 나타낸다.

165. 고온측정용열전대 : 콘스탄탄(Cu + Ni)

> **참고 콘스탄탄**
> ① 내산, 내열성이 좋다.
> ② 가공성도 좋다.
> ③ 철, 구리, 금 등에 대한 열기전력이 높으므로 열전쌍으로도 쓰인다.
> ④ 전기저항이 크다.
> ⑤ 온도계수가 낮다.
> ⑥ 통신기자재, 저항선, 전열선등으로 사용

166. 금속결정의 결함

① 기공 및 공공(Vacancy)　② 결정입계(grain boundaty)
③ 전위(dislocation)

167. 용접열영향부의 냉각속도를 표시하는 경우 냉각속도 값

① 저온균열과 관계있는 300℃
② 540℃, 700℃는 18-8 스텐레스강의 열영향부와 관계있음.

168. 주철용접이 곤란한 이유

① 수축이 많아 균열이 생기기 쉽다.
② 용착금속에 기공이 생기기 쉽다.

③ 흑연의 조대화 등으로 모재와의 친화력이 나쁘다.
④ 주철은 다량의 탄소함유로 균열발생우려가 있다.

169. 굵은일점쇄선
특수한 가공을 하는 부분 등 특별한 요구사항을 적용할 수 있는 범위를 표시하는데 사용하는 선

170. 주철 용접시 주의사항
① 용접봉은 가급적 지름이 작은 것으로 사용
② 비드배치는 짧게 해서 여러번의 조작으로 완료한다.
③ 용접전류는 필요이상 높이지 말고 지나치게 용입을 깊게하지 않는다.
④ 두꺼운 판의 경우에는 예열과 후열후 서냉한다.
⑤ 용접부를 필요이상 크게 하지 않는다.
⑥ 피닝작업을 하여 변형을 줄인다.

171. 규소가 탄소강에 미치는 일반적인 영향
① 탈산제로 사용
② 인장강도, 경도, 탄성한도 증가
③ 연신율, 충격값 저하
④ 결정립의 조대화, 냉간가공성 및 용접성 저하시킴.
⑤ 유동성(주조성)증가

172. 금속재료의 냉간가공에 따른 일반적인 성질 변화
① 피로강도증가   ② 인장강도증가
③ 경도증가   ④ 연신율감소

173. 합금강에 첨가한 원소의 일반적인 효과
① Cr : 경도, 인장강도증가, 내열, 내식성 커짐. 내마멸성 증가
② Ti : 내식성 향상
③ W : 고온강도 향상
④ Ni : 강인성 및 내식성향상

174. Fe-C 평형상태도에서 γ-철의 결정구조 : 면심입방격자

175. 금속의 일반적 특징

① 금속은 일반적으로 고체이며 결정체이나 수은은 액체이다.
② 금속적 광택을 가지고 있다
③ 전성 및 연성이 풍부하다.
④ 열과 전기의 좋은 양도체이다.
⑤ 이온화하면 양이온이 된다.
⑥ 소성변형이 있어 가공하기 쉽다.

176. CAD인터페이스 종류 중 소프트웨어 인터페이스

① DXF(Date Exchange File)
② GKS(Graphical Kemel System)
③ IGES(Initial Graphics Exchange Specitition)

177. 설계단계에서의 일반적인 용접변형 방지법

① 변형이 적어질 수 있는 이음부분을 배치한다.
② 용착금속을 감소시킬 수 있는 설계를 한다.
③ 용접길이가 감소될 수 있는 설계를 한다.

178. 피복배합제 종류

① 아크안정제 : 산화티탄, 석회석, 규산칼륨, 적철광, 규사, 규산나트륨, 자철광
② 슬래그생성제 : 산화철, 산화티탄, 이산화망간, 일미나이트, 장석, 형석, 석회석, 알루미나, 규사
③ 가스발생제 : 녹말, 톱밥, 석회석, 탄산바륨, 셀룰로오스
④ 합금제 : 페로망간, 페로실리콘, 페로크롬, 페로바나듐, 산화몰리브덴, 산화니켈, 몰리브덴, 구리
⑤ 탈산제 : 페로망간, 페로실리콘, 페로크롬, 페로티탄, 페로바나듐

179. 도면의 분류

① 목적에 따른 도면 분류 : 주문도, 제작도, 설명도, 계획도, 견적도, 승인도
② 내용에 따른 분류 : 부품도, 배선도, 배관도, 조립도, 기초도, 공정도

180. 허용응력

$$허용응력 = \frac{인장강도}{안전율}$$

181. 재결정온도가 낮아지는 원인
① 가공시간이 길수록
② 가공전의 결정입자가 미세할수록
③ 금속의 순도가 높을수록

> **참고** 재결정온도
> 가공에 의해 생긴응력이 적당한 온도로 가열하면 일정온도에서 응력이 없는 새로운 결정이 생기는 것

182. 경금속과 중금속은 비중으로 구분한다.
① 경금속 : 4.5 이하
② 중금속 : 4.5 이상

183. 공정반응(eutectic)
두개의 성분금속이 용융상태에서 균일한 액체를 형성하나 응고 후에는 성분금속이 각각 결정으로 분리 기계적으로 혼합된 것을 말한다.

184. 백심가단주철의 인장강도(kg/mm^2) : $34kg/mm^2$ 이상

185. 킬드강 : 일반적으로 용접성이 가장 좋음

186. 레데뷰라이트 : 철-탄소계 합금의 응고시 1,130℃에서 4.3%의 공정

187. 용접 후 열처리 효과
① 함유가스의 저하
② 용접열 영향부의 연화
③ 잔류응력 및 변형의 완화

188. 면심입방결정격자에 속하는 원소
① Au(금)   ② Al(알루미늄)   ③ Ag(은)
④ Ca(칼슘)   ⑤ Pt(백금)   ⑥ Pd(팔라듐)
⑦ Ce(세슘)   ⑧ Ni(니켈)   ⑨ Cu(구리)

189. 용접비드부근이 부식하기 가장 쉬운 이유 : 잔류응력의 증가로 변질부가 되므로

190. 청열취성

저온에서 인장시험을 하면 200~300℃의 온도범위에서 인장강도는 매우증가하고 또한 연성이 저하

191. 고셀룰로오스계 용접봉

강력한 스프레이형 아크를 발생하며 아연도금 철판의 용접에 가장 효과적이다.

192. 탈산제 : 용융금속중의 산화물을 탈산정련하는 작용

① 알루미늄   ② 페로망간   ③ 페로실리콘   ④ 페로티탄

193. γ 철의 구조 : 면심입방격자(FCC)

194. 전기전도율

Ag(은) > Cu(구리) > Au(금) > Al(알루미늄) > Mg(마그네슘) > Ni(니켈) > Fe(철) > Pb(납)

195. 크레이터균열과 비드밑균열

① 크레이터균열 : 고온균열
② 비드밑균열 : 저온균열

196. 평면도법에서 인벌류트곡선

원기둥에 감긴실의 한끝을 늦추지 않고 풀어나갈 때 이실의 끝이 그리는 곡선

197. 용접후 제품의 잔류응력을 제거하는 방법

① 노내풀림법   ② 국부풀림법   ③ 저온응력완화법

198. 질화법의 종류

① 가스질화법   ② 액체질화법   ③ 연질화법

 **질화법**
암모니아가스를 이용하여 액체침탄법을 침탄질화법

199. 도면의 작도시에 패킹, 얇은판 등을 표시하는 아주굵은선의 굵기는 가는선의 4배 정도로 함.

200. 아크용접에서 피복제의 역할
① 용착금속을 보호　　② 용착금속의 급랭방지
③ 아크의 안정　　　　④ 산화, 질화방지
⑤ 유동성증가　　　　⑥ 합금원소첨가
⑦ 전기절연작용　　　⑧ 용착금속의 탈산정련작용
⑨ 서냉으로 취성방지

201. 열영향부의 냉각속도에 영향을 미치는 용접조건
① 용접속도　　② 아크전압　　③ 용접전류

202. 고장력강 용접시 주의사항
① 용접 개시전에 용접할 부분을 청소한다.
② 용접봉은 저수소계를 사용한다.
③ 아크길이는 가능한 짧게 한다.

203. 피복아크용접봉에 습기가 많을 때 용접부에 기공이나 균열이 생기기 쉽다.

204. 투상선 : 투상법에서 시점과 대상물의 각지점을 연결하고 대상물의 형태를 투상면에 찍어내기 위한 선

205. 철강과 주철을 구분하는 탄소 함유량 : 2.1~6.67%

206. 금속간화합물 : 친화력이 큰 성분금속이 화학적으로 결합되면 각 성분금속과는 성질이 현저하게 다른 독립된 화합물을 만드는 것

207. 18 : 4 : 1의 고속도강에서 각각의 성분
① 18 : W　　　　② 4 : Cr
③ 1 : V　　　　 ④ 예열 800~900℃
⑤ 표준형 고속도강으로 일명 H.S.S라 함

208. 탄소강에서 탄소함유량이 증가가 기계적 성질에 미치는 영향
① 용접성이 떨어진다.　　② 인장강도를 높인다.
③ 경도를 높인다.　　　　④ 인성을 낮춘다.

209. 알루미늄과 알루미늄합금의 용접성이 불량한 이유
산화알루미늄의 용융온도가 알루미늄의 용융온도보다 높다.

제 1 과목 용접야금 및 용접설비제도

210. 용접분위기 중에서 발생하는 수소의 원인
① 플럭스에 흡착된 수분 ② 대기중의 수분
③ 고착제 포함한 수분

211. 힐(heel)균열
필릿용접이음부의 루트부분에 생기는 저온균열로 모재의 열팽창 및 수축에 의한 비틀림이 주원인

212. 아세틸렌의 용제
① 아세톤 ② DMF(디메틸포름아미드)

213. 결정격자중 원자의 수
① 체심입방격자 : 9개 ② 면심입방격자 : 14개
③ 조밀입방격자 : 17개

214. 기계제도에 사용하는 문자의 종류
① 한글 ② 아라비아숫자
③ 로마자

215. 인장시험을 통해 측정할 수 있는 것
① 인장강도 ② 항복강도 ③ 연신율 ④ 탄성계수

216. 서브제로처리
담금질할 때에 잔류하는 오스테나이트를 마아텐자이트화 하기 위해 보통의 담금질을 한 다음 실온이하의 온도로 냉각열 처리하는 것

217. 적열취성을 방지하는 원소 : 망간

218. 용착금속의 고온 균열을 감소시키는 원소 : 망간(Mn)
① 체심입방격자(원자수 2개) : V, Mo, W, Cr, K, Na, Ba, Ta, $\alpha-Fe$, $\delta-Fe$
(바몰텅크칼라바탈)
② 면심입방격자(원자수 4개) : Ag, Cu, Au, Al, Pb, Ni, Pt, Ce, Ca, $\gamma-Fe$
(은구금알납니백세칼)

219. 제도의 설명

① 제1각법 : 대상물을 제1상한에 두고 투상면에 정투상하여 그리는 방법
　　　　　눈 → 물체 → 투상법
② 제3각법 : 대상물을 제3상한에 두고 투상면에 정투상하여 그리는 그림
　　　　　눈 → 투상법 → 물체

220. 용도에 따른 선의 종류

명 칭	선의 용도	선의 종류
외형선	대상물이 보이는 부분의 모양 표시	굵은실선
치수선	치수기입하기 위해	가는실선
치수보조선	치수를 기입하기 위해 도형으로부터 끌어내는 선	
파단선	대상물의 일부를 파단한 경계표시	
해칭선	도형의 한정된 특정부분을 다른 부분과 구별	
중심선	도면의 중심을 표시	가는일점쇄선
기준선	위치결정의 근거가 된다는 것 명시	
피치선	되풀이하는 도형의 피치를 취하는 기호	
절단선	절단위치를 대응하는 그림에 표시	가는일점쇄선
가상선	인접부분 참고표시, 공구위치 참고표시, 가공전·후표시	가는이점쇄선
특수지정선	특수한 가공을 하는 부분 등	굵은일점쇄선

제 2 과목 용접구조설계

001. 연강의 안전율
① 정하중 : 3
② 동하중(단진응력) : 5
③ 동하중(교번응력) : 8
④ 충격하중 : 12

002. 기공
금속의 응고과정에서 방출된 기체가 빠져나가지 못하여 생긴 결함.
[원인] ㉠ 수소, 산소, 일산화탄소가 너무 많을 경우
㉡ 이음부에 기름, 페인트, 녹 등이 부착해 있을 경우
㉢ 용접봉 또는 용접부에 습기가 많을 경우
㉣ 과대전류 사용시

003. 잔류응력제거법
① 저온응력완화법 : 용접선 양측을 가스불꽃에 의하여 나비 약150mm를 150~220℃정도의 비교적 낮은 온도로 가열한 다음 곧 수냉하는 방법
② 기계적응력완화법 : 잔류응력이 있는 제품에 하중을 주어 용접부에 약간의 소성변형을 일으킨 다음 하중을 제거
③ 피닝법 : 해머로서 용접부를 연속적으로 때려 용접표면에 소성변형을 주는 방법
④ 노내풀림법 : 제품 전체를 가열로 안에 넣고 적당한 온도에서 일정시간 유지한 다음 노내에서 서냉

004. 용접지그 사용시 장점
① 작업능률이 향상된다.
② 용접작업을 용이하게 한다.
③ 공정수를 절약하므로 작업능률이 좋다.
④ 제품의 정도를 균일하게 향상시킨다.

005. 용접비용을 줄이기 위한 방법

① 용접이음부가 적은 경제적인 설계를 한다.
② 재료의 효과적인 사용계획을 세운다.
③ 용접지그를 활용한다.
④ 대기시간을 짧게 한다.

006. 용접작업

① 스켈롭(Scall lop) : 용접이 교차하는 곳에 응력집중이 생기기 쉬워 부채꼴로 오목부를 붙이는것
② 케스케이드법 : 한 부분에 대해 몇층을 용접하다가 다음부분의 층으로 연속시켜 용접
③ 빌드업법 : 용접전길이에 대해서 각층을 연속하여 용접하는 방법
   능률은 좋지만 한랭시나 구속이 클 때, 판두께가 두꺼울 때에는 첫 층에 균열발생의 우려가 있다.
④ 스킵법 : 이음의 전길이에 대해서 뛰어 넘어서 용접하는 방법으로 용접시작부분과 끝나는 부분에 결함이 생길 때가 많다.
⑤ 비석법 : 용접길이를 짧게 나누어 간격을 두면서 용접하는 방법으로 피용접물 전체에 변형이나 잔류응력이 적게 발생하도록 하는 방법
⑥ 전진법 : 이음의 한쪽 끝에서 다른쪽 끝으로 용접을 진행하는 방법
⑦ 후진법 : 용접진행방향과 용착방법이 반대로 되는 방법

007. 허용응력

$$허용응력 = \frac{인장강도}{안전율}$$

008. 용접순서 결정시 주의사항

① 수축이 큰 이음을 먼저 용접한다.
② 수축은 자유단으로 보낸다.
③ 리벳과 용접을 병용시 용접을 먼저한다.
④ 용접작업에 지장을 주지 않도록 충분한 공간을 준다.
⑤ 용접이 불가능한 곳이 없도록 한다.
⑥ 대칭으로 용접한다.

009. 자분탐상법의 자화방법

① 관통법 ② 직각통전법 ③ 축통전법 ④ 코일법 ⑤ 극간법

010. 언더컷의 발생원인
① 아크길이가 너무 길 때   ② 용접전류가 너무 높을 때
③ 부적당한 용접봉 사용시   ④ 용접속도가 부적당할 때

011. 용접전 적당한 예열을 함으로서 얻어지는 잇점
① 균열발생이 적게 된다.
② 기계적 성질이 향상된다.
③ 용접부의 변형과 잔류응력을 경감시킨다.
④ 용접부의 냉각속도가 느려진다.

012. 용접부의 냉각속도
① 열전도율이 클수록 냉각속도가 빠르다.
② 맞대기이음보다 T형이음 용접이 냉각속도가 빠르다.
③ 예열은 냉각속도를 완만하게 한다.
④ 동일입열에서 판두께가 두꺼울수록 냉각속도가 빠르다.

013. 응력구하는 식
① $\sigma = \dfrac{p}{tl}$ ② $\sigma = \dfrac{6M}{t^2 l}$ ③ $\sigma = \dfrac{p}{(h_1 + h_2)l}$

014. 용접할 때 발생하는 변형을 교정하는 방법
① 후판에 대해 가열후 압력을 가하고 수냉하는 방법으로 변형 교정
② 절단하여 정형 후 재용접하여 변형을 교정
③ 피닝법을 사용 변형 교정
④ 형재에 대한 직선 수축법
⑤ 박판에 대한 점수축법
⑥ 가열후 해머질하여 변형을 교정
⑦ 롤러에 걸어 변형을 교정

015. 용접부를 검사하는 비파괴시험
① RT : 방사선투과검사   ② MT : 자분탐상검사
③ PT : 침투탐상검사   ④ UT : 초음파 탐상검사
⑤ ET : 와류탐상검사   ⑥ LT : 누설검사
⑦ VT : 육안시험

016. 용접사의 기량과 관계 있는것

① 언더컷 ② 용입불량 ③ 슬래그잠입

이음종류에 대한 열의 확산

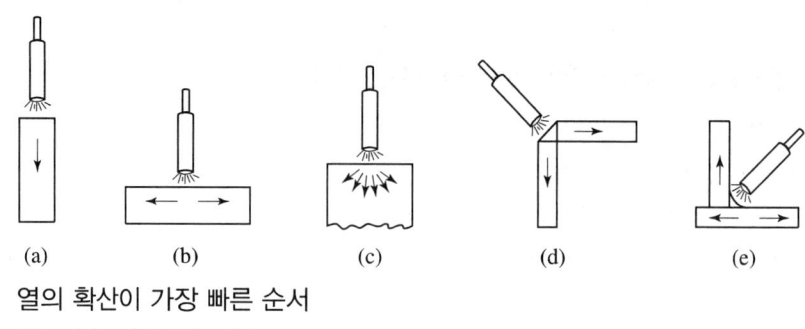

열의 확산이 가장 빠른 순서
(e) > (c) > (b), (d) > (a)

017. 용접부의 기공검사는 X선 시험으로 한다.

018. 각조직의 경도순서

마텐자이트 > 트루스타이트 > 솔바이트 > 펄라이트 > 오스테나이트계 > 페라이트

019. 인장강도

$$인장강도 = \frac{하중}{단면적}$$

020. 모재인장강도에 대한 용접시험편의 인장강도의 이음효율 : 100%

용접변형방지법
① 도열법 : 용접부 주위에 물을 적신 석면 동판을 대어 열을 흡수시키는 방법
② 역변형법 : 용접전에 변형의 크기 및 방향을 예측하여 미리 반대로 변형시키는 방법
③ 억제법 : 모재를 가접 또는 구속지그를 사용하여 변형억제

021. 피닝법

끝이 구면인 특수한 해머로서 용접부를 연속적으로 때려 용접 표면상에 소성변형을 주어 인장응력을 완화하는 방법

022. 열전도율이 클수록 냉각속도가 크다.

Ag > Cu > Au > Al > Mg > Ni > Fe > Pb
(은, 구, 금, 알, 마, 니, 철, 납)

023. 자기검사법(자분검사법)

① 축통전법 ② 관통법 ③ 직각통전법 ④ 코일법 ⑤ 극간법

> **참고** 초음파검사
> ① 펄스반사법 ② 공진법 ③ 투과법

024. 가접시 주의할 사항

① 본용접사와 동등한 기량을 가져야 한다.
② 응력이 집중하는 곳은 피한다.
③ 본용접보다 훨씬 낮은 온도에서 예열한다.
④ 시.종단에는 엔드탭을 설치하기로 한다.
⑤ 홈안에 가접은 피하고 불가피한 경우 본용접전에 갈아낸다.

025. 각 변형의 방지대책

① 역변형의 시공법을 사용하도록 한다.
② 용접개선 각도는 작업에 지장이 없는 한 작게 한다.
③ 구속지그를 활용하고 속도가 빠른 용접법을 이용한다.

026. 잔류응력의 영향

① 용접구조물에서 취성파괴의 원인이 된다.
② 용접구조물에서 응력부식의 원인이 된다.
③ 기계부품에서는 사용중에 변형이 발생한다.

027. 응력부식균열

스텐레스강이나 고장력강의 용접에서 잔류응력에 의해 결정입계에 따라 발생되는 균열

028. 취성파괴의 일반적인 특징

① 항복점이하의 평균응력에서도 발생한다.
② 파괴의 기점은 각종 용접결함 가스절단부에서 발생된 예가 많다.
③ 거시적파면 상황은 판표면에 거의 수직이고 평탄하게 연성이 작은 상태에서 파괴된다.

029. 응력제거풀림의 효과

① 크리프강도의 향상 ② 치수틀림의 방지
③ 열영향부의 템퍼링연화

030. 용융속도
단위시간당 소비되는 용접봉의 길이 또는 중량

031. 용접변형 방지법중 냉각법
① 석면포사용법 ② 수냉동판사용법 ③ 살수법

032. 용접변형교정방법
① 얇은판(박판)에 대한 점수축법 ② 형재에 대한 직선수축법
③ 가열후 해머질 하는 방법 ④ 피닝법을 사용하여 변형을 교정하는 방법
⑤ 롤러에 걸어 변형을 교정한다. ⑥ 절단하여 정형후 재용접하여 변형교정

033. 저온균열의 유형
① 토균열 : 맞대기나 필렛용접부의 비드표면과 모재와의 경계부에 발생하는 용접균열
② 루트균열 : 맞대기 용접의 가접 첫층 용접의 루트 근방의 열영향부에서 발생하는 균열
③ 힐균열 : 모재의 수축팽창에 의한 뒤틀림이 주요원인
④ 비드밑균열 : 비드 바로 밑에서 용접선에 아주가까이 비드와 거의 평형되게 모재의 열영향부에 생기는 균열
⑤ 라멜라티어균열 : T이음, 모서리이음 등에서 강의 내부에 평행하게 층상으로 발생되는 균열

034. 용접을 기계적 이음과 비교시 특징
① 이음효율이 대단히 높다. ② 수밀, 기밀을 얻기 쉽다.
③ 재료의 중량을 절약할 수 있다. ④ 작업공정이 단축되며 경제적이다.
⑤ 제품의 성능과 수명이 향상된다. ⑥ 재료의 두께에 제한이 없다.

035. 융착법의 종류
① 전진법 ② 후진법 ③ 대칭법 ④ 스킵법
⑤ 빌드업법 ⑥ 케스케이드법 ⑦ 블록법

036. 설계단계에서의 일반적인 용접변형 방지법
① 용접길이가 감소될 수 있는 설계를 한다.
② 보강재등 구속이 커지도록 구조설계를 한다.
③ 변형이 적어질 수 있는 이음부분을 배치한다.

037. 잔류응력을 경감하는 방법

① 깊은 용입을 시킨다.
② 용접부착물을 적게 한다.
③ 반대측변에 용접부착물을 만든다.

038. 기공의 발생원인

① 모재가운데 유황함유량이 많을 때
② 산소 또는 일산화탄소가 많을 때
③ 아크길이, 전류조작의 부적당
④ 용접속도가 너무 빠를 때
⑤ 용접부의 급속한 응고
⑥ 기름이나 페인트 등이 모재에 묻어있을 때

039. 용접부의 균열을 방지하기 위한 방법

① 예열을 한다.
② 냉각속도를 늦게 한다.
③ 잔류응력을 작게 한다.

040. 라멜라테어균열

용접부내부에 모재표면과 평행하게 층상으로 형성되어 있는 균열

041. 이론목두께

$h_1 = h \times \cos 45°$

042. 용접구조물의 설계요령

① 고장이 났을 때 편의성을 고려한다.
② 재료는 쉽게 구입할 수 있는 것으로 한다.
③ 가능한 표준규격의 재료를 이용한다.

043. 용접접합면에 홈을 만드는 이유

완전한 용입을 위하여

044. 크레이터(Crater)

용접봉이 짧아지거나 비드가 끊어져서 용접이 중단되었을 때 그 끝이 오목하게 되는 것

045. 용접에서 변형이 생기는 가장 큰 이유

용착금속의 팽창과 수축

046. 용접 구조상 결함
① 오우버랩 ② 용입불량 ③ 내부기공 ④ 슬래그혼입
⑤ 언더컷 ⑥ 은점 ⑦ 선상조직

047. 레이저 용접장치의 기본형
① 반도체형 ② 가스방전형 ③ 고체금속형

048. 역변형법
용접금속 및 모재의 수축에 대하여 용접전에 반대방향으로 굽혀놓고 용접 작업하는 방법

049. 용접부 결함
① 기공 및 리트의 원인
  ㉠ 수소 또는 일산화탄소의 과잉
  ㉡ 용접속도가 너무 빠를 때
  ㉢ 아크길이 전류 조작의 부적당
  ㉣ 기름, 페인트 등이 모재에 묻어있을 때
  ㉤ 용접부의 급속한 응고
  ㉥ 모재가운데 황 함유량 과대
  ㉦ 용착금속의 냉각속도가 빠를 때
② 언더컷의 원인
  ㉠ 전류가 너무 높을 때
  ㉡ 아크길이가 길 때
  ㉢ 용접속도가 너무 빠를 때
  ㉣ 부적당한 용접봉 사용시
③ 용입불량의 원인
  ㉠ 홈각도가 좁을 때
  ㉡ 용접속도가 너무 빠를 때
  ㉢ 용접전류가 낮을 때

050. 피복제의 계통
① 일미나이트계 : E4301
② 라임티탄계 : E4303
③ 고셀룰로오스계 : E4311
④ 고산화티탄계 : E4313
⑤ 저수소계 : E4316
⑥ 철분산화티탄계 : E4324
⑦ 철분저수소계 : E4326
⑧ 철분산화철계 : E4327
⑨ 특수계 : E4340

051. 각변형 = 가로변형 = 횡굴곡
모재가 용접선에 각을 이루는 변형 또는 용접에 의해 부재 또는 구조물에 생기는 가로 방향의 굽힘 변형

052. 수축변형의 종류
① 좌굴변형   ② 종굴곡   ③ 횡굴곡

053. 용접부의 부식
① 용접부의 잔류응력은 부식과 관계가 있다.
② 틈새부식은 오우버랩이나 언더컷 등의 틈사이의 부식을 말한다.
③ 용접부의 부식은 전면부식과 국부부식으로 분류된다.
④ 입계부식은 용접 열영향부의 오스테나이트계에 Cr이 석출될 때 발생

054. 레이저용접의 특징
① 좁고 깊은 용접부를 얻을 수 있다.
② 고속용접과 용접공정의 융통성을 부여할 수 있다.
③ 접합하여야 할 부품의 조건에 따라서 한방향의 용접으로 접합이 가능하다.
④ 용접장치는 반도체형, 가스방전형, 고체금속형이 있다.
⑤ 원격조작이 가능하고 육안으로 확인하면서 용접가능
⑥ 정밀용접도 가능하다.
⑦ 아르곤, 헬륨으로 냉각하여 레이져 효율을 높일 수 있다.

055. 용접부의 냉각속도
① 맞대기 이음보다 T형 이음 용접이 냉각속도가 빠르다.
② 동일 입열에서 열전도율이 클수록 냉각속도가 빠르다.
③ 동일 입열에서 판두께가 두꺼울수록 냉각속도가 빠르다.
④ 예열은 냉각속도를 완만하게 한다.

056. 변형율

$$변형율 = \frac{나중길이(l_1) - 처음길이(l_0)}{처음길이(l_0)} \times 100$$

057. 맞대기이음 용접부의 굽힘변형 방지법
① 이음부에 역각도를 주는 방법
② 주변고착
③ 스트롱백에 의한 구속

058. 엔드탭

① 엔드탭은 모재와 같은 재질을 사용한다.
② 모재를 구속시킨다.
③ 용접끝단부에서의 자기 쏠림방지 등에도 효과가 있다.
④ 용접이 불량하게 되는것 방지
물리적 시험 : 전기, 자기특성시험

059. 용접홈 형상의 종류

① U형   ② 양면U형   ③ H형   ④ I형
⑤ V형   ⑥ 양면V형(X)   ⑦ 베벨형   ⑧ 양면베벨형(K)

060. 용접이음설계

① 국부적으로 열이 집중하는 것을 방지하고 재질의 연화를 적게한다.
② 용접이음의 형식과 응력집중의 관계를 항상 고려하여 될수 있는 한 이음을 대칭으로 하여야 한다.
③ 이음부의 홈모양은 응력 및 변형을 억제하기위하여 될수 있는한 용착량이 적게할 수 있는 모양을 선택하여야 한다.
④ 수축이 큰 이음을 먼저하고 작은 이음은 나중에 한다.
⑤ 중립축에 대하여 모멘트의 합이 0이 되도록 한다.
⑥ 용접전 용접이 불가능한 곳이 없도록 충분히 검토한다.
⑦ 동일 평면재에 많은 이음이 있을 때에는 수축은 가능한 자유단으로 보낸다.

061. 비파괴 검사법

① 방사선투과검사 : RT(Radiographic Testing)
② 자분탐사검사 : MT(Magnetic Particle Testing)
③ 침투탐상검사 : PT(Penetrant Testing)
④ 초음파탐상검사 : UT(Ultrasonic Testing)
⑤ 와류탄상검사 : ET(Eddy Current Testing)
⑥ 누설검사 : LT(Leak Testing)
⑦ 육안검사 : VT(View Testing)

062. 포지셔너(positioner)

용접물을 용접하기 쉬운 상태로 위치를 자유자재로 변경하기위해 만든 지그

063. 응력부식균열

스텐레스강이나 고장력강의 용접에서 잔류응력에 의해 결정입계따라 발생되는 균열

064. 각변형(횡굴곡)

① 필릿용접에서 모재가 용접선에서 각을 이루는 경우 변형
② 구조물에 생기는 가로방향의 굽힘 변형

065. 저온균열 : 수소, 고온균열 : 황

066. 응력측정방법 : 저항선 스트레인게이지로 응력 측정

067. 천이온도 : 재료가 연성파괴에서 취성파괴로 변화는 온도범위

068. 안전율

$$안전율 = \frac{인장강도}{허용응력}$$

069. 용접모재균열 방지 대책

① 예열을 한다.　　② 후열을 한다.　　③ 저수소계 용접봉사용

070. 앤빌(anvil) : 부품을 눌러 주는 고정구

071. 스트롱백

맞대기용접시 상호간의 단차를 수정함과 동시에 각변형이나 뒤틀림을 방지하기위해 일시적으로 설치하는 지그

072. 용접부 내부결함

① 은점　　② 슬랙혼입　　③ 기공

073. 연강판의 맞대기 용접이음에서 굽힘 변형 방지법

① 이음부에 미리 역각도를 주는 방법
② 지그로 정반에 고정하는 주변고착법
③ 스트롱백에 의한 구속방법

074. 용접부의 냉각속도

① 동일입열에서 판두께가 두꺼울수록 냉각속도가 빠르다.
② 예열은 냉각속도를 완만하게 한다.
③ 맞대기 이음보다 T형 이음용접이 냉각속도가 빠르다.
④ 열전도율이 클수록 냉각속도가 빠르다.

075. 슬롯용접
슬롯용접 : 길이가 가늘고 얕은 홈(겹쳐진 2부재의 한쪽에 구멍대신에 좁고 긴 홈을 만들어 그곳을 용접하는 곳)

플러그 : 길이가 넓고 깊은 홈

076. 대형탱크 용접시 가장 이상적인 용접방법 : 비석법(스킵법)

077. 비드만들기 순서

① 직진법 : →
② 후진법(백스텝) : 5 → 4 → 3 → 2 → 1
③ 비석법(스킵법) : 1 → 4 → 2 → 5 → 3
④ 교호법 : 1 → 4 → 3 → 5 → 2
⑤ 대칭법 : 4 ← 2 ↔ 1 → 3

078. 피로강도에 영향을 주는 인자

① 용접부의 표면상태 ② 이음형상 ③ 하중상태

용착효율(%) = $\dfrac{\text{용착금속의중량}}{\text{용접봉사용중량}} \times 100$

079. 용접지그 사용효과

① 변형을 억제하는 역할을 하기 위한 것
② 용접제품의 치수를 정확하게 하기 위한 것
③ 용접물을 용접하기 쉬운 상태로 놓기 위한 것
④ 용접을 하기 쉬운 자세를 취할 수 있다.
⑤ 용접작업능률을 높이기 위하여 사용

080. 피닝법

끝이 둥근 특수해머로 용접부를 연속적으로 타격하여 용접표면에 소성변형을 주어 인장응력을 완화

081. 용접의 특성
① 잔류응력발생 ② 기밀, 수밀성을 얻을수 있다.
③ 재료가 절약된다. ④ 공정이 절감된다.

082. 용접이음

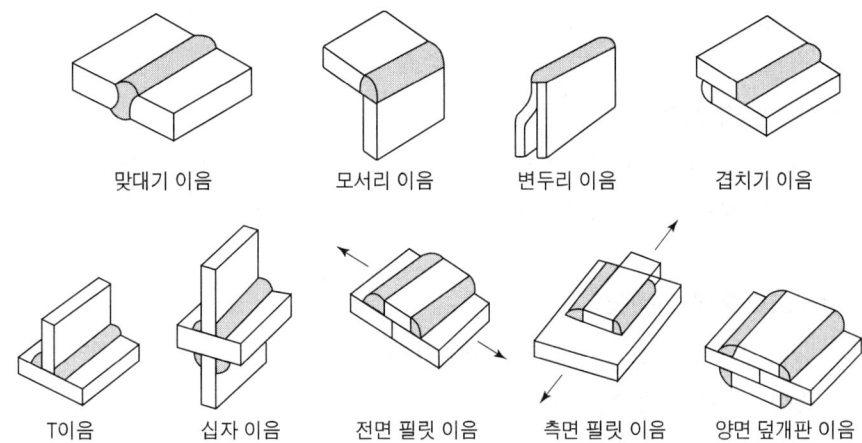

맞대기 이음   모서리 이음   변두리 이음   겹치기 이음

T이음   십자 이음   전면 필릿 이음   측면 필릿 이음   양면 덮개판 이음

083. 용접이음 설계
① 용접이음을 여러개로하고 용접부위를 접근하여 설계한다.
② 맞대기 용접을 될수 있는대로 피하고 필렛용접을 하도록 한다.
③ 판두께가 다른 경우의 용접이음을 판두께의 단면변화를 두지않고 용접한다.
④ 물품의 중심에 대하여 대칭으로 용접진행
⑤ 리벳과 같이 쓸때는 용접을 먼저한다.
⑥ 용접선에 대하여 수축력의 합이 0이 되도록 한다.
⑦ 큰구조물은 구조물중앙에서 끝으로 향하여 용접
⑧ 수축이 큰 맞대기 이음을 먼저 용접하고 다음에 필렛용접
⑨ 용접이 불가능한 곳이 없도록 한다.

084. 맞대기 홈의 형태
① H형 맞대기 이음 : 50mm 이상
② U형 맞대기 이음 : 16mm 이상 50mm 미만
③ X형, K형, 양변J형 : 12mm 이상
④ V형, 베벨형, J형 : 6mm 이상 19mm까지
⑤ I형 : 6mm 이하

085. 접촉매질

탐촉자로부터 시험편으로 진행하는 초음파의 전파율을 높이기 위하여 탐상면과 탐촉자의 면사이에 바르는 것.

086. 피복아크용접시 전류가 과대할 때 생기기 쉬운 결함

① 스패터   ② 언더컷   ③ 기공

087. 용접결함의 검출방법

① 표면결함검출 : ㉠ 자분검사(자기검사)   ㉡ 침투검사(침투탐상검사)
② 내부결함검출 : ㉠ 방사선검사   ㉡ 초음파검사

088. 일렉트로슬래그 용접

① 경제성이 좋고 능률적이며 변형이 적다.
② 두꺼운 판의 용접에 사용
③ 전기저항($Q = 0.24I^2RT$)열을 이용 용접한다.
비석법 : 대형탱크 용접시 가장 이상적인 방법

089. 용접설계시 홈의 모양을 선택할 경우 고려할 점

① 홈가공이 쉬울 것   ② 경제적일 것
③ 완전한 용접부가 얻어질 것   ④ 용착금속의 양이 적을 것

090. 기공

금속의 응고과정에서 방출된 기체 빠져나가지 못하여 생긴 결함
[원인] ① 수소 또는 일산화탄소의 과잉
       ② 용접봉에 습기가 있을 때
       ③ 용접속도가 너무 빠를 때
       ④ 용접부의 급속한 응고
       ⑤ 모재가운데 유황 함유량 과대
       ⑥ 기름, 페인트등이 모재에 묻어 있을 때
       ⑦ 아크길이 전류 조작의 부적당

091. 피로강도는 Q가 클수록 h가 작을수록

092. 유지온도, 시간, 두께

① 일반구조용 압연강재의 응력제거 방법
  ㉠ 유지온도 : 625±25℃   ㉡ 두께 : 25mm
  ㉢ 시간 : 1시간
② 배관용 탄소강관, 고압배관용 탄소강관, 보일러 및 열교환기용 탄소강관
  ㉠ 유지온도 : 725±25℃   ㉡ 두께 : 25mm
  ㉢ 시간 : 2시간

093. 엔드탭을 붙여 용접하는 이유 : 크레이터 부의 용접결함 방지

094. 수소량을 측정하는 시험

① 글리세린치환법   ② 진공가열법   ③ 수은에 의한 방법

095. 충격시험

재료의 인성과 취성을 알아보는 시험으로 시험편의 파단에 필요한 흡수에너지가 크면 클수록 인성이 크다.

096. 목의두께

① 필릿용접이음부의 강도계산시 기준으로 삼음
② 허용응력 계산시 일반적으로 얇은판 기준

097. 용접기호

098. 취성파괴를 방지하려고할 때 유의점

사용재료의 천이온도가 높은 것을 사용

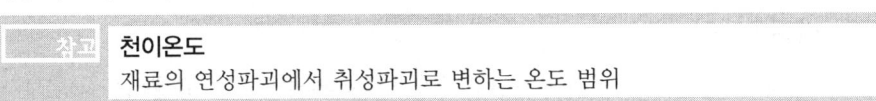

> **참고** 천이온도
> 재료의 연성파괴에서 취성파괴로 변하는 온도 범위

099. 용접비용의 계산 내용
① 기계상각비와 보수비
② 작업시간의 인건비와 전력요금
③ 용접재료비 또는 용착금속 1kg당 비용

100. 노취인성
강이저온 충격하중 또는 노치의 응력 집중 등에 대하여 견딜수 있는 성질

101. 형재에 대한 직선 수축법
가열하여 발생하는 열응력으로 소성변형을 일으키게 하여 변형을 교정하는 방법

102. 용접구조설계순서
① 구조계획 ② 이음방법 ③ 구조계산 ④ 구조설계 ⑤ 공작도 ⑥ 재료계산 ⑦ 시방서

103. 쇼어경도
시료의 시험면 위에 일정한 높이에서 낙하시킨 해머의 튀어 올라가는 높이에 비례하는 값

104. 예열방법
① 연강이라도 기온이 0℃이라도 떨어지면 저온균열을 일으키기 쉬우므로 용접이음의 양폭 100mm 나비를 40~70℃로 예열 후 용접한다.
② 연강의 경우 두께 25mm 이상의 경우나 합금성분을 포함한 합금강 등은 급랭 경화성이 크기 때문에 열영향부가 경화하여 비드균열이 생기기 쉽다 그러므로 50~350℃정도로 홈을 예열하여 준다.

105. 응력부식파괴
① 입계를 따라 전파되는 것
② 일반 T형 용접에 적당한 이음의 기본방식 : K형

106. 라멜라테어
T이음 등에서 강의 내부에 강판표면과 평행하게 층상으로 발생되는 균열로서 모재의 비금속 게재물에 의한 것

107. 저온취성파괴에 미치는 요인

① 예리한 노치　　② 인장잔류응력제거　　③ 온도의 저하

108. 맞대기이음시 초층의 용입불충분 등의 결함방지 및 제거를 위해 사용하는 방법

① 백가우징　　② 뒷받침　　③ 밑면따내기

109. 용접지그를 선택하는 기준

① 작업능률이 향상되어야 한다.
② 용접변형을 억제할 수 있는 구조이어야 한다.
③ 청소하기 쉬워야 한다.

110. 아크열효율

용접입열 몇%가 모재에 흡수되는가 하는 비열

111. 오스테나이트계(18-8) 스텐레스강의 용접시 주의사항

① 용접후 급랭하여 입계부식 방지
② 층간온도가 320℃이상을 넘어서는 안된다.
③ 예열을 하지 않는다.
④ 짧은 아크길이 유지
⑤ 크레이터를 처리한다.

[용접이음의 일반적인 장점]
① 중량을 경감시킬 수 있다.　　　　② 이종재질의 접합가능
③ 목형이나 주형이 불필요하다.　　 ④ 설계, 변경, 개조수리가 용이하다.
⑤ 이음효율이 높다.　　　　　　　　⑥ 재료의 두께에 제한이 없다.
⑦ 작업공정이 단축되며 경제적이다.　⑧ 수밀 및 기밀성이 좋다.
⑨ 제품의 성능과 수명이 향상된다.

112. 은점 : 고기의 눈같이 빛나는 부분

113. 예열

두께 30mm 이상의 연강판이라도 기온이 0℃ 이하로 떨어지면 저온 균열을 일으키기 쉬우므로 용접이음의 양쪽 100mm폭을 약 40~70℃로 가열

114. 은점(fish eye)

용착금속의 파단면에 고기 눈모양의 은백색파단면을 나타내는 것

115. 도열법
용접부 주위에 물을 적신 석면 동판을 내어 열을 흡수시켜 변형을 방지하는 방법

116. 구조상 결함
① 오우버랩 ② 용입불량 ③ 내부기공 ④ 슬래그혼입 ⑤ 언더컷

117. 자분탐상검사 분류
① 축통전법 ② 관통법 ③ 직각통전법 ④ 코일법 ⑤ 극간법

> 참고 **펄스반사법** : 초음파검사방법

118. 스킵법(비석법)
용접에 의한 변형을 적게 하기위해 띄엄띄엄 용접을 한 다음 냉각된 용접부 사이를 용접하는 방법

119. 용접입열에 미치는 중요인자
① 용접전류 ② 용접속도 ③ 아크전압

120. 굽힘응력

굽힘응력 $\sigma_b = \dfrac{굽힘모멘트(Mb)}{굽힘단면계수(wb)}$ $\therefore Mb = \sigma b \times wb$

121. 탄소당량 : 탄소당량이 커질수록 용접성이 나빠진다.

122. 용접입열공식

$$H = \dfrac{60EI}{V}$$

여기서, H : 용접입열(Joule/cm), E : 아크전압(V), I : 아크전류(A), V : 용접속도(cm/min)

123. 전진블록법
한 개의 용접봉으로 살을 붙일만한 길이로 구분해서 홈을 한 부분씩 여러층으로 쌓아올린 다음 다른 부분으로 진행하는 용착법

124. 용접작업

① 일반구조용 압연강재의 노내 및 국부풀림의 유지온도와 시간
   ㉠ 유지온도 : 625±25℃   ㉡ 유지시간 : 1시간
   ㉢ 판두께 : 25mm
② 고온배관용 탄소강관, 고압배관용 탄소강관, 보일러 열교환기용 탄소강관의 노내 및 국부풀림의 유지온도와 시간
   ㉠ 유지온도 : 725±25℃   ㉡ 유지시간 : 2시간
   ㉢ 판두께 : 25mm
∴ 용접작업
   ① 전진법 : 가장 간단한 방법으로서 이음의 한쪽 끝에서 다른쪽 끝으로 용접이 진행하는 방법으로 용접을 하면 시작부분의 수축보다 끝나는 부분의 수축이 더 커지며 잔류응력도 시작부분에 비하여 끝나는 부분쪽이 더크다.
   ② 케스케이드법 : 한부분에 대해 몇층을 용접하다가 다음부분의 층으로 연속시켜 용접하며 후진법과 병용하여 사용하며 결함은 잘 생기지 않으나 특수한경우외에 사용하지 않음.
   ③ 빌드업법 : 용접전길이에 대해서 각층을 연속하여 용접하는 방법
   ④ 블록법 : 짧은 용접길이로 표면까지 용착하는 방법

125. 용접의 장·단점

① 장점 ㉠ 이종재료도 접합할 수 있다.
        ㉡ 제품의 성능과 수면이 향상된다.
        ㉢ 이음효율이 높다.
        ㉣ 기밀, 수밀 유밀성이 우수하다.
        ㉤ 재료의 두께에 제한이 없다.
        ㉥ 작업공정이 단축되며 경제적이다.
        ㉦ 재료 절감된다.
        ㉧ 보수와 수리가 용이하다.
② 단점 ㉠ 품질검사가 곤란하다.
        ㉡ 취성이 생길 우려가 있다.
        ㉢ 변형 및 수축, 잔류응력이 발생한다.
        ㉣ 용접사의 기량에 따라 품질이 좌우한다.

126. 맞대기이음 용접부의 굽힘 변형 방지법

① 이음부에 역각도를 주는 방법   ② 주변고착
③ 스트롱백(Strong back)에 의한 구속

127. 수축변형의 종류
① 횡굴곡   ② 종굴곡   ③ 좌굴변형

128. 플러그용접
접합하는 모재 안쪽에 둥근 구멍을 뚫고 다른 쪽 모재와 겹쳐서 구멍을 완전히 용접하는 방법

129. 자분탐상검사
자성을 띤 물체의 조직내부의 절단부를 발견해내는 방법
[종류]   ① 직각통전법   ② 축통전법   ③ 극간법   ④ 관통법   ⑤ 코일법

130. 용접자에 의해 발생될 수 있는 결함
① 언더필   ② 스패터   ③ 용입불량

131. 수소시험(파괴시험)
① 진공가열법   ② 확산성수소량 측정법
③ 수은에 의한 방법   ④ 45℃글리세린치환법

132. 형틀굽힘시험
① 표면굽힘시험   ② 이면굽힘시험   ③ 측면굽힘시험

133. 박판에 대한 점 수축법
용접작업시 발생한 변형을 고정할 때 가열하여 열응력을 이용하고 소성변형을 일으키는 방법

134. 구조상결함
① 오우버랩   ② 용입불량   ③ 내부기공   ④ 슬래그혼입   ⑤ 언더컷
⑥ 균열   ⑦ 선상조직   ⑧ 은점

135. 임계냉각온도범위란 : 가열변태점과 냉각변태점의 온도범위

제 3 과목
용접일반 및 안전관리

001. MIG용접 : 용가재를 전극으로 하여 용접

> 참고 미그용접은 용극식, 티크용접은 비용극식이라 하며 전극 자체가 용접봉으로 사용한다는 의미이다.

002. 아크용접에서 자기불림현상

① 직류를 사용한다.
② 긴 아크를 사용할 때 나타난다.
③ 접지점은 용접봉에서 가까이 한다.

> 참고 **자기불림 = 아크블로우 = 아크쏠림**
> 직류 사용 시 아크 주위에 발생하는 자장이 비대칭일 때 발생

003. 마찰용접

재료를 접촉 회전시켜 발생하는 열과 가압력을 이용하여 접합하는 용접법

004. 가포화리액터형

교류 아크용접기로 용접전류의 원격조정이 가능

005. 용접봉의 피복제에 습기가 있을 때 용접 시 나타나는 결함 : 기공

006. 용접법의 분류

① 압접(Pressure welding) : 접합부분을 열간 또는 냉간상태에서 압력을 주어 접합하는 방법
　[종류] 초음파용접, 유도가열용접, 마찰용접, 가스압접, 전기저항용접, 프로젝션용접, 점용접, 심용접, 퍼커션 용접, 플래시 용접, 업셋 용접
② 융접(Fusion welding) : 접합부분을 용융 또는 반용융상태로 하고 여기에 용가재를 첨가하여 접합하는 방법

[종류] 불활성가스 아크용접, 이산화탄소 아크용접, 서브머지드용접, 피복아크용접, 가스용접, 일렉트로가스용접

③ **납땜**(Brazing and Soldering) : 모재보다 용융점이 낮은 용가재를 사용하여 모재는 녹이지 않고 용접봉만 녹여 표면장력으로 접합시키는 방법으로 450℃이하는 연납땜, 450℃이상은 경납땜이다.

007. 직류용접기와 교류용접기 특성

비 교	직 류	교 류
아크안정	안정	불안정
극성변화	가능	불가능
무부하전압	40~60V	70~80V
정격위험	적다	크다
구조	복잡	간단
고장	많다	작다
역률	우수	떨어짐

008. 감전방지에 지켜야할 사항

① 어스를 완전하게 한다.
② 개로전압이 높은 용접기는 사용하지 말아야 한다.
③ 전격 방지기를 부착시에도 보호장갑 착용
④ 홀더 케이블 및 용접기의 접속 및 전연상태에 주의해야 한다.

009. 용접자세

① H : 수평   ② V : 수직
③ F : 아래보기   ④ O : 위보기
⑤ AP : 전자세

010. 잠호용접의 장점

① 비드외관이 아름답다.
② 대전류를 사용하므로 용입이 깊다.
③ 적당한 와이어와 용제를 써서 용착금속의 모든 성질을 개선할 수 있다.

011. 용접의 장·단점

① 장점 ㉠ 중량이 가벼워진다.
      ㉡ 작업공정이 단축되며 경제적이다.

ⓒ 재료의 두께에 제한이 없다.
ⓓ 기밀, 수밀, 유밀성이 우수하다.
ⓔ 이음효율이 높다.
ⓕ 이종재료도 접합
ⓖ 보수와 수리 용이
ⓗ 제품의 성능과 수명 향상
② 단점 ㉠ 변형 및 수축 잔류응력이 발생한다.
ⓒ 취성이 생길우려가 있다.
ⓓ 품질 검사가 곤란
ⓔ 용접사의 기량에 따라 품질 좌우

012. E형팁

점용접에서 용접점이 앵글재와 같이 용접위치가 나쁠때 보통팁으로는 용접이 어려운 경우 사용하는 전극

> **참고** **전극의 종류**
> ① E형 ② C형 ③ F형 ④ P형 ⑤ R형

013. 아크용접 및 산소 – 아세틸렌가스 용접에서 작업안전에 대한 내용

① 2차무부하 전압이 낮은 용접기를 사용
② 절연형 홀더를 사용한다.
③ 아세틸렌가스 용기는 화기에 접근시키지 않는다.
④ 산소가스누설검사는 비눗물로 한다.

014. 상품명

① TIG용접상품명 : ㉠ 아르곤용접   ㉡ 헬륨–아크용접
② MIG용접상품명 : ㉠ 시그마용접법   ㉡ 에어코우메틱용접법
                  ㉢ 아르고노오트용접법 ㉣ 필러아크용접법

015. 일레트로슬랙 용접의 원리

슬래그내부에 흐르는 전류에 의해 발생되는 에너지로 모재와 와이어를 용융시키는 용접

016. 아세틸렌가스절단의 장점

① 박판 절단시 절단속도가 빠르다.
② 중성불꽃을 만들기 쉽다.

③ 점화 및 불꽃조절이 쉽다.
④ 예열시간이 짧다.
⑤ 혼합비 1 : 2.5
⑥ 표면의 녹 및 이물질 등에 영향을 덜 받는다.

017. 수하특성 : 부하전류가 증가하면 단자전압이 낮아지는 특성

018. 탄산가스 농도에 따른 인체영향

① 2% : 불쾌감 있다.
② 4% : 두통, 현기증, 귀울림, 눈의자극, 혈압상승
③ 8% : 호흡곤란
④ 9% : 구토, 감정둔화
⑤ 10% : 시력장애, 1분 이내 의식상실, 장기간노출시 사망
⑥ 20% : 중추신경마비, 단기간내사망
⑦ 30% : 인체치사량

019. 용접입열 $(H) = \dfrac{60EI}{V}$

여기서, H : 용접입열(Joule/cm), I : 아크전류(A), E : 아크전압(V), V : 용접속도(cm/min)

020. TIG용접으로 알루미늄용접시 가장 옳은 방법 : 고주파수 교류사용

021. 온도기준

450℃ 이하 : 연납, 450℃ 이상 : 경납

022. 효율과 역률 공식

① 효율 = $\dfrac{\text{아크출력(kW)}}{\text{소비전력(kW)}} \times 100$

② 역률 = $\dfrac{\text{소비전력(kW)}}{\text{전원입력(kVA)}} \times 100$

> **참고**
> **소비전력** = 아크출력 + 내부손실
> **전원입력** = 무부하전압 × 정격2차전류
> **아크출력** = 아크전압 × 정격2차전류

023. CO_2아크용접

① CO_2아크용접에서는 탈산제로 Mn 및 Si를 포함한 용접와이어 사용
② 용접장치, 용접전원 등 장치로서는 MIG용접과 같은 점이 있다.
③ CO_2아크용접은 차폐가스로서 탄산가스를 사용하는 소모전극식 용접법
④ 혼합가스법에는 CO_2+Ar법, CO_2+O_2법, CO_2+Ar+O_2법이 있다.

024. 심용접법

① 종류로는 연속통전법, 단속통전법, 맥동통전법
② 점용접에 비해 가압력은 1.2~1.6배, 용접전류는 1.5~2배증가
③ 용접방법에 따른 종류 : 맞대기심, 로울러심, 포일심. 매시심.

025. KS규격 안전색채

① 적색 : 고도위험 금지(정지), 방화금지
② 청색 : 주의, 수리중
③ 황적색 : 위험, 항공의 보안시설
④ 노랑 : 전도, 추락, 충돌 등의 주의
⑤ 녹색 : 안전, 위생, 구호

> **참고** **전류의 저항발열을 이용한 용접법** : 일렉트로슬래그용접

026. 피복제계통

① E4301(일미나이트계) : 기계적성질우수, 용접성우수
② E4303(라임티탄계) : 전자세가능, 비드의 외관이 아름답고 언더컷이 발생되어 어렵다.
③ E4311(고셀룰로오스계) : 좁은 홈의 용접, 수직상진, 수직하진 및 위보기 용접에 우수한 용접
④ E4313(고산화티탄계) : 고온크랙을 일으키기 쉽고, 비드표면이 고우며 작업성 우수, 연신율 낮고 항복점 높음.
⑤ E4316(저수소계) : 석회석($CaCo_3$), 형석(CaF_2)을 주성분으로 한 것으로 기계적 성질, 내균열성우수, 아크가 불안전하고 용접속도가 느림, 용접시점에서 기공이 생기기 쉬우므로 백스탭법 사용
⑥ E4324(철분산화티탄계) : 300~305℃에서 1~2시간 정도 건조후 사용
⑦ E4326(철분저수소계) : 용착속도가 크고, 작업능률이 좋으며 아래보기 및 수평 필렛용접에만 사용
⑧ E4327(철분산화철계) : 규산염을 많이 포함하여 산성슬래그생성, 아래보기 및 수

평 필렛용접 사용
⑨ E4340(특수계)

027. 피복아크용접봉에 탄소량을 적게하는 가장 주된 이유 : 균열방지

028. 테르밋용접
알루미늄분말과 산화철분말을 혼합한 것과 정화제의 화학반응 등에 의해 그 발열로 용접

029. 산소 – 아세틸렌 불꽃

① 불꽃의 구성

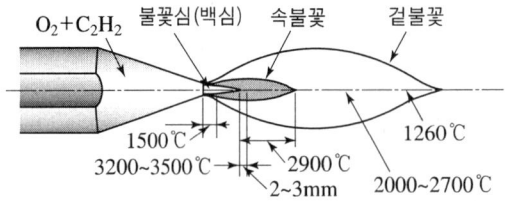

※ 불꽃심(백심), 속불꽃(내염), 겉불꽃(외염)

② 중성불꽃(중성염)

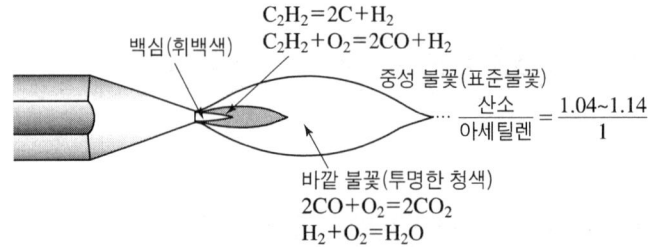

③ 불꽃의 종류 : 불꽃은 한자로 炎(불꽃 "염")이다.

㉠ 아세틸렌 불꽃

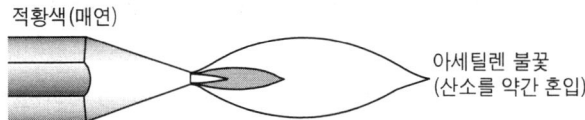

㉡ 탄화불꽃(탄화염)

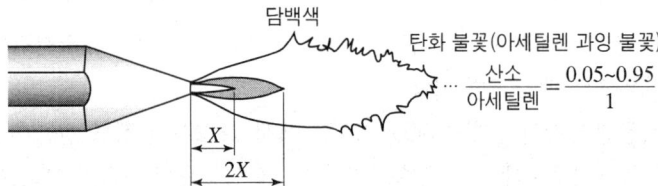

- 아세틸렌 과잉불꽃이라 하며 속불꽃과 겉불꽃사이에 백색의 제3불꽃 즉 아세틸렌페더가 있다.

* 스테인레스, 스텔라이트, 모넬메탈 등의 용접에 사용.
ⓒ 산화불꽃(산화염)

산화 불꽃(산소 과잉 불꽃)
$$\cdots \frac{산소}{아세틸렌} = \frac{1.15\sim1.70}{1}$$

* 산소 과잉불꽃이라고 한다.
* 구리, 황동용접에 사용

030. 중유탱크의 보수용접시 안전상 가장 중요한 것
용접전에 탱크를 증기 등으로 세척

031. 화재의 분류
① A급화재(일반화재) : 주수, 산, 알카리, 강화액
② B급화재(유류 및 가스) : 이산화탄소 분말, 포말소화기
③ C급화재(전기) : 이산화탄소, 분말소화기
④ D급화재(금속) : 건조사, 팽창질석 팽창진주암.

> 참고 TIG용접 : 텅스텐전극봉 사용

032. 피복제의 역할
① 전기절연작용
② 유동성증가
③ 아크를 안정시킨다.
④ 용착금속의 탈산정련작용
⑤ 산화, 질화방지
⑥ 서냉으로 취성방지
⑦ 용적을 미세화하여 용착효율향상
⑧ 합금원소첨가
⑨ 슬랙의 박리성 증대

033. 슬래그생성제(이산석일탄형)
① 이산화망간 ② 산화철 ③ 산화티탄 ④ 석회석
⑤ 일미나이트 ⑥ 탄산나트륨 ⑦ 형석 ⑧ 규산나트륨

> 참고 시임용접법 : 기밀, 수밀, 유밀성을 용접시 가장 적합

034. 횡병렬식
잠호용접법에서 다전극용접 중 두 개의 와이어를 똑같은 전원에 접속하여 비드폭이 넓고 용입이 깊은 용접부를 얻기 위한 방식

035. 직류역극성과 정극성

① **직류역극성** : 모재(−), 용접봉(+), 용입이 얕고 박판용접에 사용
　　비드폭이 넓다. 용접봉 녹음이 빠르다.
② **직류정극성** : 모재(+), 용접봉(−), 용입이 깊고 후판용접에 사용
　　비드폭이 좁다.

036. 전자빔용접법

고진공중에서 고속의 전자빔을 접합부에 대고 그 충격발열을 이용하여 행하는 용접법

037. 정류기형 직류용접기의 특징

① 보수와 점검이 쉽다.　　　　② 정류기의 파손에 주의해야 한다.
③ 직류를 얻는데 소음이 안난다.　④ 완전한 직류를 얻지 못한다.

038. 용접기의 특성

① **수하특성** : 부하전류가 증가하면 단자전압이 낮아지는 특성
② **정전류특성** : 부하전압이 변하여도 단자전류는 거의 변화하지 않는 특성
③ **정전압특성** : 부하전류가 변하여도 단자전압은 거의 변화하지 않는 특성
④ **상승특성** : 전류의 증가에 따라서 전압이 약간 높아지는 현상

039. 서브머지드 아크용접의 장점

① 용접공 기술의 차에 의한 격차가 없고 용접이음의 신뢰도가 높다.
② 수동용접에 비해 용접속도가 빠르다.
③ 적당한 와이어와 용제를 써서 용착금속의 모든 성질을 개선가능
④ 고전류 사용이 가능하여 용착속도가 빠르고 용입이 깊다.
⑤ 비드외관이 아름답다.
⑥ 기계적 성질이 우수하다.
⑦ 한번용접으로 75mm까지 용접이 가능
⑧ 용접홈의 크기가 작아도 되며 용접재료의 소비 및 용접변형이 적다.

040. 피복제의 역할

① 용착금속의 탈산정련작용　　② 유동성증가
③ 서내으로 취성방지　　　　　④ 아크안정
⑤ 산화, 질화방지　　　　　　　⑥ 용적을 미세화하여 용착효율향상
⑦ 전기절연작용　　　　　　　⑧ 슬랙의 박리선 증대

⑨ 스패터의 발생을 적게 한다.   ⑩ 용착금속을 보호한다.
⑪ 수직이나 위보기 등의 어려운 자세를 쉽게 한다.

041. 용접이나 절단에 사용되는 연료가스가 가져야 하는 성질

① 연소속도가 빠를 것
② 불꽃의 온도가 높을 것
③ 용융금속과 화학반응을 일으키지 않을 것
④ 발열량이 클 것

042. 서브머지드 아크용접

모재표면위에 전극와이어보다 앞에 미세한 입상의 용제를 살포하면서 용접봉을 연속적으로 공급하여 용접하는 방법

043. 가스용접용 가스가 갖추어야할 성질

① 발열량이 클것
② 불꽃의 온도가 높을것
③ 연소속도가 빠를것
④ 용융금속과 화학반응을 일으키지 않을것

044. 아크용접에서 전류의 세기와 관계 있는 것

① 오버랩 ② 용입불량
③ 언더컷

> **참고** **납땜** : 모재를 녹이지 않고 접합

045. CO_2 아크용접

① 솔리드와이어 혼합가스법 CO_2+O_2법, CO_2+Ar법, CO_2+Ar+O_2법이 있다.
② CO_2 아크용접에서는 탈산제로 Mn 및 Si를 포함한 용접와이어 사용
③ 용접장치 용접전원 등 장치로서는 M1G용접과 같은 점이 많다.
④ CO_2아크용접은 차폐가스로서 탄산가스를 사용하는 소모전극식 용접법이다.

046. 수냉식판의 재료 : 동판(구리판)

047. 용접기사용율

$$용접기사용율 = \frac{아크발생시간}{아크발생시간 + 휴식시간} \times 100$$

048. 스텐레스나 알루미늄합금의 납땜이 어려운 가장 큰 이유

강한산화막이 있기 때문에

049. 티그용접에서 전극을 모재에 접촉시키지 않아도 아크발생이 되는 이유

고주파 발생장치를 사용하기 때문에

050. 가스중독 : 아연도금판

051. 용접봉에 의한 중독은 망간

052. 표면경화용 피복아크용접봉으로 표면 경화시 가장 중요한 사항

균열방지

053. 가스절단되기 위한 조건

① 모재가 산화 연소하는 온도는 그 금속의 용융점보다 낮을 것
② 금속화합물 중에 연소되지 않는 물질이 적을 것
③ 생성된 산화물은 유동성이 있을 것

054. 용접

① 일렉트로 슬래그용접 : 전류의 전기저항열 이용
② 플러그용접 : 주로상·하부재의 접합을 위하여 한편의 부재에 구멍을 뚫어 이구멍 부분을 채우는 용접 방법

055. 플라즈마용접

가장 높은 열을 발생시킬 수 있는 용접방법(10,000~30,000℃)

056. E4316 – AC – 5 – 400

① 저수소계 : 4316　　② AC : 교류
③ 용접봉직경 : 5mm　④ 용접봉길이 : 400mm

057. 용접기를 설치해서는 안되는 장소 : 휘발성가스가 있는 장소

[용접기보수 및 점검시 지켜야할 사항]
① 가동부분 냉각팬을 점검하고 주유해야 한다.
② 탭전환의 전기적 접속부는 자주 샌드페이퍼 등으로 잘 닦아 준다.

③ 2차 측단자의 한쪽과 용접기케이스는 접지해야 한다.
④ 용접케이블 등의 파손된 부분은 절연테이프로 감아야 한다.
⑤ 휘발성기름이나 가스가 있는곳 유해한 부식성가스가 존재하는 장소는 용접기 설치를 피한다.

058. 아크안정제

① 산화티탄 ② 석회석 ③ 규산칼륨 ④ 규산나트륨
⑤ 산화리탄 ⑥ 자철광 ⑦ 적철광

059. TIG용접으로 Al를 사용시 가장 적합한 용접전원

ACHF(고주파 교류병용)

060. 드래그라인에 관한 설명

① 강판두께의 약 20%를 표준으로 하고 있다.
② 산소소비량을 증가시키면 드래그는 짧아진다.
③ 가스절단의 양부를 판정하는 기준
④ 절단면에 일정간격의 평형곡선모양으로 나타낸다.

061. 아크절단법

① 금속아크절단   ② 미그아크절단
③ 플라즈마제트절단 ④ 티그아크절단
⑤ 탄소아크절단

062. 교류아크용접기의 종류와 특징

종 류	특 징
가동철심형	① 현재 가장 많이 사용 ② 미세한 전류조정가능 ③ 가동철심으로 누설자속을 가감하여 전류조정
가포화리액터형	① 원격제어가 되고 가변저항의 변화로 용접전류조정 ② 조작이 간다.
탭전환형	① 주로 소형에 많이 사용 ② 탭전환으로 전류를 조정하므로 미세전류 조정이 어렵다
가동코일형	① 가격이 비싸고 현재 거의 사용하지 않음 ② 1차, 2차 코일중의 하나를 이동하여 누설자속을 변화하여 전류조정

063. 직류정극성
① 모재를 (+)극, 용접봉을 (-)극에 연결한다.
② 용접봉의 용융이 느리다.
③ 모재의 용입이 깊다.
④ 용접 비드폭이 좁다.

064. 점용접의 3대요소
① 가압력 ② 통전시간 ③ 용접전류

065. 직류아크용접기의 장점
① 아크가 안정하다.   ② 감전의 위험이 적다.
③ 극성의 변화가 가능하다.

066. 용접작업중 정전이 되었을 때 취해야 할 가장 적절한 조치
전원을 끊고 송전을 기다린다.

067. 저수소계 용접봉으로 용접전 어떻게 하는것이 가장 좋은 방법
건조로속에 넣어 일정시간(1~2시간) 일정온도(300~350℃)를 유지시킨 후 바로 용접한다.

068. 탄산가스 아크용접시 필요한 설비나 기구
① 와이어 송급장치와 제어장치   ② 용접용 토오치
③ 가스유량 조정기   ④ 가스호스
⑤ 콘텍트라이너 등
수중가스절단시 예열가스의 양은 공기중에서 보다 4~8배 필요

069. 탄산가스 아크용접
① 가시아크이므로 시공이 편리하다.
② 킬드강이나 세미킬드강은 림드강에도 완전한 용접이 된다.
③ MIG용접에 비해 용착강에 기공의 생성이 적게 발생한다.
④ 용융속도는 아크전류에 비례하여 증가한다.
⑤ 용접속도가 빠르면 모재의 입열이 감소되어 용입이 얕아진다.
⑥ 전압값이 높아지면 비드형상이 넓어진다.
⑦ 전류값이 높아지면 용입이 깊어진다.

070. 용접기 유지보수시 지켜야 할 사항
① 냉각팬(회전부)등을 점검시 주유해야 함
② 전환탭은 사포로 깨끗이 청소
③ 용기에는 철분이 쌓여서는 안된다.
④ 용접기는 습기나 먼지가 많은 곳에 설치하지 말아야 한다.

071. TIG, MIG 용접에 사용되는 가스 : 아르곤

072. 맞대기 저항용접법
① 퍼커션용접   ② 플래쉬용접   ③ 업셋용접

073. 용접전류에 고주파를 더 했을때 장점
① 아크스타트를 쉽게하고 아크안정화
② 전극을 모재에 접촉시키지 않아도 아크가 발생한다.
③ 전극을 접촉시키지 않아도 되므로 전극의 수명이 길어진다.
[땜납의 구비조건] ① 모재와 친화력이 좋을 것
② 적당한 용융온도와 유동성을 가질 것
③ 금, 은, 공예품등의 납땜에는 색조가 있을 것
④ 표면장력이 작아 모재 표면에 잘 퍼질 것
⑤ 유동성이 좋아 틈이 잘 메어질 수 있을 것

074. 가스절단
① 가스절단은 강의 절단에 널리 이용된다.
② 절단속도는 절단산소의 압력이 높고 산소소비량이 많을수록 거의 비례적으로 증가한다.
③ 다이버전트 노즐은 가스절단할 때 고속분출을 얻는데 적합하다.

075. 용접기를 전류용량으로 구분시 최대전류
① 직류 : 300A, 400A, 900A, 1200A
② 교류 : 500A, 750A, 1000A, 2000A, 4000A

076. 탈산제
① 페로실리콘(Fe-Si)   ② 페로망간(Fe-Mn)
③ 페로티탄(Fe-Ti)   ④ 알루미늄
⑤ 페로바나듐   ⑥ 페로크롬

077. 심용접
기밀을 필요로하는 용기 및 긴파이프 제작 등의 연속적인 용접작업에 주로사용

078. 테르밋용접 : 알루미늄분말과 산화철분말을 1 : 3로 혼합한 것

079. 아크절단법의 종류
① 플라즈마제트절단   ② 미그아크절단
③ TIG(티그)아크절단   ④ 금속아크절단
⑤ 탄소아크절단

080. 직류정극성
① 모재를(+)극, 용접봉을(−)극에 연결한다.
② 모재의 용입이 깊어진다.
③ 두꺼운 판의 용접에 적합
④ 용접봉의 용융이 낮다.

081. 경납땜에서 갖추어야할 조건
① 접합이 튼튼하고 모재와 친화력이 있어야 한다.
② 기계적, 물리적, 화학적 성질이 좋아야 한다.
③ 모재와의 전위차가 가능한 적어야 한다.
④ 모재와 야금적 반응이 만족스러워야 한다.
⑤ 모재보다 용융점이 낮을 것
⑥ 표면장력이 작아 모재 표면에 잘 퍼질 것

082. CO_2가스용량 : 용기내의 가스중량으로 표시

083. 매시심용접
이음부의 겹침을 판두께 정도로하고 겹쳐진 폭 전체를 가압하여 심용접

084. 용접입열공식
$$H = \frac{60EI}{V}$$

여기서, H : 용접입열(Joule/cm), E : 아크전압(V), V : 용접속도(cm/min), I : 아크전류(A)

085. **아크용접 중 방독마스크를 쓰지 않아도 되는 재료** : 주강

086. **서브머지드 아크용접**
케네디용접 또는 유니온멜트용접이라고도 하며 용제를 사용하는 용접법

087. **천연가스의 주성분** : 메탄

088. **플레쉬용접**
업셋용접과 비슷한 것으로 용접할 2개의 금속단면을 가볍게 접촉시켜 대전류를 통하여 집중적으로 접촉점을 가열하여 용접면에 강한 압력을 주어 압접하는 것

089. **가스용접의 장점**
① 열원의 온도가 아크용접에 비하여 낮다.
② 열에너지의 집중이 나쁘다.
③ 가열범위가 커서 용접응력이 크고 가열시간이 오래 걸린다.
④ 전기가 필요 없다.
⑤ 박판용접에 적당
⑥ 용접하는 금속의 응용범위가 넓다.

090. **라임티탄계 고장력강의 피복아크 용접봉** : D5003

091. **플라스틱 용접방법**
① 마찰열에 의해서 압착하는 방법
② 고주파에 의해서 가열 압착하는 방법
③ 열풍으로 가열하는 방법
④ 열기구로 용접하는 방법

092. **저수소계용접봉**
강력한 탈산작용이 있으며 고장력강의 용접에 좋고 기계적성질, 내균열성이 우수

093. **용접기의 1차선에 비하여 2차선에 굵은 도선을 사용하는 이유**
2차전류가 1차전류보다 많기 때문에

094. **피복아크용접의 보호기구**
① 앞치마 ② 헬멧 ③ 핸드시일드

095. 테르밋용접
미세한 알루미늄분말 산화철분말 등을 이용하여 주로 기차의 레일, 차축등의 용접에 사용

096. 공정저온용접
일반적으로 모재의 용융점보다 낮은온도에서 용접할 수 있고 용접봉을 모재와 같은 계통의 공정합금사용

097. 핸드실드나 헬밋의 차광유리 앞에 보통유리를 끼우는 이유
차광유리를 보호하기 위해

098. 피복아크용접에서 용접조건
① 아크길이가 길면 아크가 불안정하게 되어 용융금속의 산화나 질화가 일어나기 쉽다.
② 좋은 용접을 얻기 위해서는 짧은 아크로 용접한다.
③ 용접속도를 운봉속도 또는 아크속도라고도 한다.
④ 아크길이가 너무 짧으면 피복제나 불순물이 용융지에 섞여 들어가기 쉽다.

099. 드래그라인 : 가스절단시 절단면에 나타나는 일정간격의 평행곡선

100. 횡병렬식
잠호용접법에서 다전극 용접 중 두개의 와이어(직류와 직류, 교류와 교류)를 똑같은 전원에 접속하여 비드폭이 넓고 용입이 깊은 용접부를 얻기 위한 방식

101. 전기저항용접법의 특징
① 산화 및 변질부분이 적다.
② 가압효과로 조직이 치밀해진다.
③ 용제가 필요치 않으며 작업속도가 빠르다.
④ 용접사의 기능에 무관하다.
⑤ 용접시간이 짧고 대량생산에 적합
⑥ 용접부가 깨끗하다.
⑦ 설비가 복잡하고 가격이 비싸다.

102. 산소용기의 각인

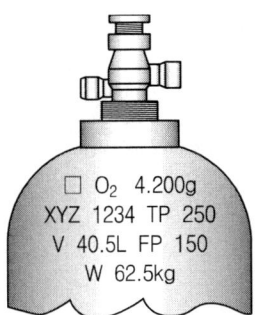

□ : 용기제작사명
O_2 : 산소(충전가스 명칭 및 화학기호)
XYZ : 제조업자의 기호 및 제조 번호
V : 내용적(실측)L
W : 용기중량 kgf
4.200g : 내압시험 연월
TP : 내압시험 압력 kgf/cm^2
FP : 최고충전 압력 kgf/cm^2

> **참고** **아세틸렌 용기**
> ① 용해 아세틸렌 용기는 15℃에서 15kgf/cm^{2}으로 충전하여 사용
> ② 15℃에서 1kgf/cm^{2}에서 1l의 아세톤은 25l의 아세틸렌 가스를 용해한다.
> ③ 15℃, 15kgf/cm^{2}에서 아세톤 1l에 아세틸렌 375l가 용해된다.
> [예] 용해 아세틸렌 용기 50l속에 아세톤 21l가 포화 흡수되어 있다면
> $21l \times 375 = 7875l$
>   이때 용기속에 들어간 아세틸렌의 무게는 905l가 1kg이 되므로
> $7875 \div 905 = 8.7$kg
>   ※ 용해 아세틸렌의 양(C) = 905(A − B)
>   A : 충전된 용기 무게 B : 빈병의 무게

103. 점용접의 특징

① 판재의 기름을 제거한 후 용접
② 장갑을 착용
③ 점용접기에 반드시 어스를 해야 한다.
④ 박판용접 및 대량 생산에 적합
⑤ 바둑알 모양처럼 생긴것을 너깃이라 한다.
⑥ 전극의 종류 : C형, E형, F형, R형, P형
⑦ 구멍을 가공할 필요가 없고 숙련을 요하지 않는다.

104. 아크에어가우징

탄소아크절단에 압축공기를 병용하여 전극홀더의 구멍에서 탄소전극봉에 나란히 분출하는 고속의 공기를 분출시켜 용융금속을 불어내어 홈을 파는 방법

105. 실제발열량

① 프로판 : 20,550kcal/m^3 ② 아세틸렌 : 12,750kcal/m^3
③ 메탄 : 8,132kcal/m^3 ④ 수소 : 2,446kcal/m^3

> **참고** 완전연소 반응식
> ① 프로판 : $C_3H_8 + 5O_2 \rightarrow 3CO_2 + 4H_2O$
> ② 아세틸렌 : $2C_2H_2 + 5O_2 \rightarrow 4CO_2 + 2H_2O$
> ③ 메탄 : $CH_4 + 2O_2 \rightarrow CO_2 + 2H_2O$
> ④ 수소 : $2H_2 + O_2 \rightarrow 2H_2O$

106. 표준 드래그의 길이

표준 드래그의 길이 $= \dfrac{1}{5} \times$ 판두께

107. 아세틸렌가스 절단의 장점

① 점화하기 쉽다.   ② 중성불꽃을 만들기 쉽다.
③ 박판절단시 절단속도가 빠르다.   ④ 예열시간짧다.
⑤ 표면의 녹 및 이물질 등에 영향을 덜 받는다.

108. 플래쉬버트용접에서 3단계과정 : 예열 플래쉬, 업셋

109. 산소용기의 취급시 주의사항

① 운반이나 취급에서 충격을 주지 않는다.
② 기름 묻은 손이나 장갑을 끼고 취급하지 않는다.
③ 운반시 가능한 운반기구를 이용
④ 산소용기는 화기로부터 5m이상거리를 두어야 한다.
⑤ 항상 40℃이하로 유지하고 직사광선은 피한다.
⑥ 산소밸브의 개폐는 천천히 한다.
⑦ 산소누설시험에는 비눗물을 사용

110. 아크용접에서 전격 및 감전방지를 위한 주의사항

① 홀더는 반드시 정해진 장소에 놓는다.
② 작업을 중지할 때는 반드시 스위치를 끈다.
③ 협소한 장소에서의 작업시 신체를 노출하지 않는다.

111. 자기쏠림을 방지하는 대책

① 접지점은 용접부에서 멀리한다.
② 짧은 아크를 사용한다.
③ 직류용접기대신 교류용접기를 사용한다.

④ 긴용접에서는 후퇴법을 사용한다.
⑤ 용접부의 시, 종단에는 엔드탭을 설치한다.

112. 차광도 번호

차광도 번호	용접봉 지름
8번	1.2~2.0
9번	1.6~2.6
10번	2.6~3.2
11번	3.2~4.0
12번	4.8~6.4
13번	4.4~9.0
14번	9.0~9.6

113. 용제

① 경납용 용제 : ㉠ 붕산 ㉡ 붕사 ㉢ 염화리튬 ㉣ 산화제1동
② 연납용 용제 : ㉠ 염산 ㉡ 염화아연 ㉢ 염화암모늄
③ 점용접의 전극의 종류 : ㉠ E형 ㉡ C형 ㉢ F형 ㉣ P형 ㉤ R형

114. 레이져용접

열원이 광선이며 진공중에서 용접이 가능하고 원격조작이 가능하며 열의 영향부가 좁은 용접법

115. 전자빔 용접의 장점

① 예열이 필요한 재료를 예열없이 국부적으로 용접할 수 있다.
② 잔류응력이 적다.
③ 용접입열이 적으므로 열영향부가 적어 용접 변형이 적다.
④ 얇은판에서 두꺼운판까지 광범위한 용접이 가능.
⑤ 고속용접이 가능하므로 열영향부가 적고 완성치수에 정밀도가 높다.
⑥ 용접부의 경화현상이 일어나기 쉽다.
⑦ 피용접물의 크기에 제한을 받으며 장치가 고가이다.

116. 일렉트로 슬래그용접의 특징

① 후판용접에 적당하다.
② 용접능률과 용접품질이 우수하다.
③ 용접진행 중 직접아크를 눈으로 관찰할 수 없다.

④ 용접 홈의 가공준비가 간단하고 각 변형이 적다.
⑤ 전극와이어의 지름은 보통 2.5~3.2mm를 주로 사용한다.
⑥ 장비설치가 복잡하여 냉각장치가 필요
⑦ 높은 입열도 기계적 성질이 저하될 수 있다.

117. 용기도색

<u>청탄산</u>   <u>산록</u>에서   <u>황아체</u>   안주삼아   <u>수주잔</u>   높이들고   <u>백암산</u>바라보니
 ①   ②   ③   ④   ⑤
<u>염소</u>는   <u>갈색</u>으로   보이고   <u>쥐</u>들은   <u>기타</u>를   치더라.
 ⑥   ⑦

① 탄산가스 : 청색   ② 산소 : 녹색   ③ 아세틸렌 : 황색   ④ 수소 : 주황
⑤ 암모니아 : 백색   ⑥ 염소 : 갈색   ⑦ 기타 : 회색(쥐색)

118. CO_2농도에 따른 인체영향

CO_2농도	인체에 미치는 영향
2%	불쾌감이 있다.
4%	두통, 현기증, 귀울림, 눈의자극, 혈압상승
8%	호흡곤란
9%	구토, 감정둔화
10%	시력장애, 1분이내 의식상실, 장기간 노출시 사망
20%	중추신경마비, 단기간내 사망
30%	인체치사량

119. 가스발생제

① 셀룰로오스   ② 석회석   ③ 녹말   ④ 톱밥   ⑤ 탄산바륨

120. 용접접합면에 경사홈을 만드는 이유

용입을 충분하게 하고 강도를 높이기 위해

121. 텅스텐 전극봉사용 : TIG용접

122. 피복배합제의 종류

① 아크안정제
  ㉠ 석회석   ㉡ 산화티탄   ㉢ 규산칼륨   ㉣ 규산나트륨
  ㉤ 자철광   ㉥ 적철광
② 슬래그생성제 : 용융점이 낮은 가벼운 슬래그를 만들어 산화나 질화방지

㉠ 이산화망간　　㉡ 산화철　　㉢ 산화티탄　　㉣ 석회석
　　㉤ 일미나이트　　㉥ 알루미나　㉦ 형석　　　　㉧ 장석
　　㉨ 규사
③ 가스발생제 : 아크열에 분해하여 일산화탄소 수증기등의 가스를 발생하며 용융금속을 대기로부터 보호
　　㉠ 녹말　　　　　㉡ 톱밥　　　㉢ 석회석　　　㉣ 탄산바륨
　　㉤ 셀룰로오스
④ 탈산제 : 용융금속중의 산화물을 탈산정련하는 작용
　　㉠ 페로망간(Fe-Mn)　　㉡ 페로티탄(Fe-Ti)
　　㉢ 페로실리콘(Fe-Si)　　㉣ 페로바나듐(Fe-V)
　　㉤ 페로크롬(Fe-Cr)
⑤ 고착제 : 심선에 피복제를 고착시키는 역할
　　㉠ 규산나트륨　　㉡ 규산칼륨　　㉢ 해초　　　　㉣ 아교
　　㉤ 카세인　　　　㉥ 당밀
⑥ 합금첨가제 : 합금제는 용접의 여러 성질을 개선하기 위해 피복제에 첨가하는 것
　　㉠ 페로망간　　　㉡ 페로실리콘　㉢ 페로크롬　　㉣ 페로바나듐
　　㉤ 산화니켈　　　㉥ 산화몰리브덴　㉦ 구리　　　　㉧ 니켈몰리브덴

123. 산소아세틸렌가스로 절단이 가장 잘되는 금속 : 연강

산소압력조정기의 압력조정나사를 오른쪽으로 돌리면 열린다.

124. 용제가 들어있는 와이어 CO_2법

① 유니언아크법　　② 아코스아크법
③ 퓨즈아크법　　　④ 버나드아크법

[전격방지를 위한 준비작업]
① 전격방지장치가 설치된 용접기를 사용한다.
② 피용접물과 용접기케이스를 접지시킨다.
③ 면장갑을 끼고 그 위에 용접용장갑을 낀다.

125. 역화의 원인

① 아세틸렌의 압력이 낮을 때
② 팁끝이 모재에 부딪혔을 때
③ 스패터가 팁의 끝부분에 덮였을 때
④ 토치에 먼지나 물방울이 들어갔을 때

126. 프로판가스의 성질

① 공기보다 무겁다. ($\frac{58}{29} = 1.52$배)
② 기화하면 체적은 250배정도 늘어난다.
③ 기화액화가 용이
④ 기화잠열(증발잠열이 크다)크다 (101.8kcal/kg)
⑤ 용해성이 있다(물에는 녹지않고, 에테르 알콜에 녹고 천연고무를 녹이므로 호스는 합성고무사용)
⑥ 연소발열량이 크다.
   $C_3H_8 + 5O_2 \rightarrow 3CO_2 + 4H_2O + 530$kcal/mal
⑦ 연소시 다량의 공기가 필요
⑧ 연소범위가 좁다.(2.1~9.5)
⑨ 발화온도가 높다.(460~520℃)
⑩ 석유정제 과정의 부산물

[용융형 용제의 특성] ① 비드외관이 아름답다.
② 용제의 화학적 균일성이 양호하다.
③ 용융시 분해되거나 산화되는 원소를 첨가할 수 있다.
④ 흡습성이 적어 보관이 편리

127. 불꽃온도

① 아세틸렌(C_2H_2) : 3,430℃
② 프로판(C_3H_8) : 2,820℃
③ 메탄(CH_4) : 2,700℃
④ 일산화탄소(CO) : 2,820℃
⑤ 수소(H_2) : 2,900℃
⑥ 부탄(C_4H_{10}) : 2,926℃

128. 용접전류의 조정범위 정격2차전류의 20~110%이다.

129. 열전도율이 클수록 냉각속도가 빠르다.

Ag > Cu > Au > Al > Mg > Ni > Fe > pb

130. 내압시험

① 산소호스 : 90kg/cm^{2}이상
② 아세틸렌호스 : 10kg/cm^{2}이상

131. 서브머지드 아크용접용 용제

① 용융형용제   ② 저온소결형용제

③ 고온소결형용제

아크에어가우징 작업시 압축공기 압력 : 6~7kg/cm²

132. 산업용로봇의 일반적인 분류
① 지능로봇　　② 시퀀스로봇　　③ 플레이백로봇

133. 용접구조물 제작에 가장 많이 사용되는 대표적인 용접이음
① 맞대기이음　　② 겹치기이음　　③ 필릿이음

134. 가스용접토치
① 토치의 구조에 따라 가변압식과 불변압식으로 구분한다.
② 불변압식토치는 분출구멍의 크기가 일정하고 팁의 능력도 일정하기 때문에 불꽃의 능력을 변경할 수 없다.
③ 토치는 손잡이, 혼합실, 팁으로 구성되어 있다.

135. 아세틸렌가스의 성질
① 각종액체에 잘 용해되며 알콜에는 6배, 아세톤에는 25배가 용해된다.
② 비중이 0.906으로 공기보다 가볍다.
③ 산소와 적당히 혼합하여 연소시키면 약 3,000~3,500℃의 높은열을 낸다.
④ 순수한 아세틸렌가스는 무색, 무취의 가스이다.
⑤ 15℃ 1kg/cm²에서의 아세틸렌 1l의 무게는 1.176g/l이다.
⑥ 인화수소, 황화수소, 암모니아 같은 불순물을 포함하고 있어 악취가 난다.

136. 플라즈마절단
① 일반적으로 아르곤+수소가스를 사용하나, 스텐레스강에는 질소+수소가스 사용
② 무부하전압이 높은 직류정극성 이용
③ 플라즈마 10,000~30,000℃를 이용하여 절단

137. 서브머지드 아크용접(잠호용접, 링컨용접, 유니온벨트용접이라고도 한다.)
① 장점
　㉠ 작업능률이 수동에 비해 두꺼운판 용접에 사용(12mm에서 2~3배, 25mm에서 5~6배, 50mm에서 8~12배정도가 높다.)
　㉡ 용융속도 및 용착속도가 빠르다.
　㉢ 용입이 깊다.

ⓔ 비드외관이 아름답다.
ⓜ 개선각을 적게하여 용접패스를 줄일수 있다.
ⓗ 기계적 성질 우수
② 단점
㉠ 장비가격이 고가이다.
㉡ 용접적용 자세에 적용을 받는다.
㉢ 용접진행상태의 양, 부를 육안식별이 불가능

138. 브레이징(경납땜)

450℃ 이상에서 저온용가제를 사용하여 모재를 녹이지 않고 용가제만 녹여 용접을 이행하는 방식

139. TIG용접(불활성가스 아크텅스텐용접)

① 상품명으로는 알곤아크, 헬륨아크, 헬리웰드라한다.
② 거의 모든 금속을 용접할 수 있으므로 응용범위가 넓다.
③ 모든 용접자세가 가능하며 특히 박판용접에서 능률이 좋다.
④ 용제를 사용하지 않으므로 슬래그제거가 불필요하다.
⑤ 연성, 강도 내식성, 기밀성이 우수하다.
⑥ 산화, 질화 등을 방지할 수 있어 아름다운 비드를 얻을 수 있다.

140. 차광번호

① 납땜작업 : NO.2번~4번사용

NO.2	연납땜
NO.3~NO.4	경납땜

② 가스용접 : NO.4번~6번사용

NO.4~NO.5	±3.2mm
NO.5~NO.6	±3.2mm~12.7mm
NO.6~NO.8	±12.7mm이상

③ 피복아크용접 : NO.10~12번사용

NO.10	용접전류(100~200A) 용접봉지름 2.6~3.2mm
NO.11	용접전류(150~250A) 용접봉지름 3.2~4.0mm

141. 솔리드와이어 혼합가스법

① CO_2+O_2법   ② CO_2+Ar법
③ CO_2+CO법   ④ CO_2+Ar+O_2법

142. 가스압접의 특징

① 반자동 자동으로 압접한다.
② 용가제 및 용제가 불필요하다.
③ 장치가 간단하여 설비비, 보수비가 싸다.
④ 이음부의 탈탄층이 전혀 없다.

143. 플러그용접 : 상하부재의 접합을 위하여 한편의 부재에 구멍을 뚫어 채우는 용접

[플래쉬용접 특징] ① 서로다른 금속의 용접가능
② 가열범위가 좁고 열영향부가 좁다.
③ 용접면을 아주정확하게 가공할 필요가 없다.
④ 용접시간이 짧고 전력소비가 적다.

144. 아세틸렌은 폭발성 화합물인 동아세틸라이드생성

① $C_2H_2 + 2Cu \rightarrow Cu_2C_2 + H_2$
② $C_2H_2 + 2Ag \rightarrow Ag_2C_2 + H_2$
③ $C_2H_2 + 2Hg \rightarrow Hg_2C_2 + H_2$

145. 아크길이가 너무 길 때 발생하는 현상

① 용융금속이 산화 및 질화되기 쉽다.
② 아크가 불안정하게 된다.
③ 용입불량이 나타난다.
④ 스패터가 심해진다.

146. 교류용접기의 역률개선용 콘덴서사용시 잇점

① 압력 KVA가 적어지므로 전력요금이 싸진다.
② 전압변동율이 적어진다.
③ 배전선이 재료가 절감된다.
④ 전원용량이 적어도 된다.
⑤ 역률이 개선된다.

147. 스터드용접법의 특징

① 철강재료외에 구리, 황동, 알루미늄, 스텐레스강에도 적용이 가능하다.
② 대체적으로 모재가 급열, 급냉되기 때문에 저탄소강에 용접하기가 좋다.
③ 아크열을 이용하여 자동적으로 단시간에 용접부를 가열 용융하여 용접하는 방법

④ 용제를 채워 탈산 및 아크를 안전화함.
⑤ 스터드주변에 페룰(가이이)를 사용함

148. TIG, MIG 탄산가스 아크용접시 사용하는 차광렌즈번호 : 12~13

149. 관절좌표로봇
아크용접용 로봇에 사용되는 것으로 동작기구가 인간의 팔꿈치나 손목, 관절에 해당하는 부분의 움직임을 갖는 것으로 회전→선회→운동하는 로봇

150. 플라즈마 아크용접장치의 구성요소
① 토치   ② 가스송급장치   ③ 제어장치

151. 압접
접합부분을 열간 또는 냉간상태에서 압력을 주어 접합
[종류] 전기저항용접(점용접, 심용접, 프로젝션용접, 플래쉬용접, 퍼커션용접, 업셋용접), 유도가열용접, 마찰용접, 초음파용접, 가스압접

152. 아크용접시 작업자에게 가장 위험한 부분 : 용접봉 홀더노출부

153. 산소절단법
① 수동절단법에서 토치를 너무 세게 잡지 말고 전, 후좌우로 자유롭게 움직일수 있도록 한다.
② 자동절단법에서 절단에 앞서 먼저 레일을 강판의 절단선에 따라 평형하게 놓고 팁이 똑바로 절단선위로 주행할 수 있도록 한다.
③ 예열불꽃이 강할때는 슬래그중의 철성분의 박리가 어려워진다.

154. 전격방지기 : 작업중에 감전의 위험을 방지한다. 2차무부하 전압을 20~30V로 유지

155. 가스용접 토치팁재료 : 동합금

156. 일렉트로 슬래그용접
① 판두께가 두꺼울수록 경제적이다.
② 용접홈의 기계가공이 필요하다.
③ 수동용접에 비하여 약 4~5배의 용융속도를 가지며 용착금속량은 10배이상 된다.
④ 용접속도는 자동으로 조절된다.

⑤ 판두께에 관계없이 단층으로 상진 용접한다.
⑥ 이동용 냉각동판에 급수장치가 필요
⑦ 전기저항열을 이용 용접(주울의 법칙적용) : $Q = 0.24I^2RT$

157. CO_2 농도에 따른 인체영향

CO_2농도	인체에 미치는 영향
2%	불쾌감이 있다.
4%	두통, 현기증, 귀울림, 눈의 자극, 혈압상승
8%	호흡곤란
9%	구토, 감정둔화
10%	시력장애, 1분 이내 의식상실, 장기간 노출시 사망
20%	중추신경마비, 단기간내 사망
30%	인체치사량

158. 고주파 전류 사용시 특징

① 전극의 수명이 길다.
② 아크는 전극을 모재에 접촉시키지 않아도 발생된다.
③ 일정지름의 전극에 대해 광범위한 전류의 사용이 가능

[산소용기의 취급상 주의사항]
① 용기는 항상 40℃이하를 유지해야 한다.
② 충격을 주지 않아야 한다.
③ 유지류, 석유류, 글리세린유 금지
④ 직사광선을 피할 것
⑤ 누설검사는 비눗물로 한다.
⑥ 저장실에 보관시 다른 가연성가스와 함께 보관금지.

159. AW300 : 아크용접에서 정격2차전류가 300A임을 나타낸다.

160. 용착법

① 빌드업법 : 용접전길이에 대해서 각층을 연속하여 용접하는 방법, 한랭시나 구속이 클때, 판두께가 두꺼울 때에는 첫층에 균열이 생길 우려가 있다.
② 스킵법(비석법) : 이음전길이에 대해서 띄엄띄엄 용접하는 방법, 잔류응력을 균일하게 하지만 능률이 좋지 않고 용접시작부분과 끝나는 부분에 결함이 생길 때가 많다.
③ 케스케이드법 : 한 부분에 대해 몇 층을 용접하다가 다음부분의 층으로 연속시켜 용접

161. 아세틸렌가스

① 동(구리) 및 동합금62%이하사용 초과시 폭발위험
② 인화수소, 화학수소, 암모니아와 같은 불순물을 포함하고 있어 악취가 난다.
③ 비중은 0.906 · 15℃ 1kg/cm^{2}에서의 아세틸렌 1l의 무게는 1.176g이다.
④ 여러 가지 액체에 잘 용해된다.
  ㉠ 물에 대해서는 같은 양   ㉡ 석유에는 2배
  ㉢ 벤젠에는 4배   ㉣ 알콜에는 6배
  ㉤ 아세톤에는 25배가 용해
⑤ 폭발성
  ㉠ 온도 : 406~408℃ : 자연발화   ㉡ 온도 : 505~515℃ : 폭발
  ㉢ 온도 : 780℃ : 산소가 없더라도 폭발
⑥ 압력 : 아세틸렌가스는 15℃ 2기압 이상으로 압축하면 분해 폭발위험이 있으므로, 1.5기압 이상으로 압축하면 충격이나 가열에 의해 분해 폭발의 위험이 있으므로 1.2~1.3kg/cm^2 이하에서 사용

162. TIG용접으로 알루미늄 용접시 옳은 방법 : 고주파수 교류(ACHF) 사용

163. 교류용접기 부속장치

① 핫스타트장치(아크부스터) : 순간적인 대전류를 흘려서 아크의 초기안정을 도모하는 장치
② 전격방지기 : 감전의 위험으로부터 작업자를 보호하기 위하여 2차 무부하전압을 20~30로 유지하는 장치
③ 고주파발생장치 : 아크의 안정율 확보하기위해 고전압 3,000~4,000V를 발생하여 용접전류를 중첩시키는 방식

용접산업기사 필기

2016

2016년 3월 6일 시행

제 1 과목 용접야금 및 용접설비제도

문제 01 용융슬래그의 염기도 식은?

① $\dfrac{\sum 산성성분(\%)}{\sum 염기성성분(\%)}$ ② $\dfrac{\sum 염기성성분(\%)}{\sum 산성성분(\%)}$

③ $\dfrac{\sum 중성성분(\%)}{\sum 염기성성분(\%)}$ ④ $\dfrac{\sum 염기성성분(\%)}{\sum 중성성분(\%)}$

해설 용융슬래그의 염기도식 = $\dfrac{\sum 염기성성분(\%)}{\sum 산성성분(\%)}$

문제 02 용접부 응력제거 풀림의 효과 중 틀린 것은?

① 치수 오차 방지   ② 크리프강도 감소
③ 용접 잔류 응력 제거   ④ 응력부식에 대한 저항력 증가

해설 용접부 응력제거 풀림 효과
① 크리프강도 증가
② 치수 오차 방지
③ 응력부식에 대한 저항력 증가
④ 용접 잔류 응력 제거

문제 03 동합금의 용접성에 대한 설명으로 틀린 것은?

① 순동은 좋은 용입을 얻기 위해서 반드시 예열이 필요하다.
② 알루미늄 청동은 열간에서 강도나 연성이 우수하다.
③ 인청동은 열간취성의 경향이 없으며, 용융점이 낮아 편석에 의한 균열 발생이 없다.
④ 황동에는 아연이 다량 함유되어 있어 용접시 증발에 의해 기포가 발생하기 쉽다.

 01. ② 02. ② 03. ③

해설 청동의 종류와 용도

종류	성분	특징 및 용도
포금 (gun metal)	Sn 8~12% + Zn 1% 내외	① 유동성이 좋고 내수압, 내식, 내마멸성이 우수하다. ② 기어, 부시, 밸브의 콕, 피스톤, 프로펠러, 플랜지에 쓰임
인청동 (C 5102)	Sn 9% + P 0.35%(탈산제)	① 내마모성, 인장강도, 내열성, 탄성한계가 크다. ② 스프링제, 베어링, 밸브시트, 주물재료
납청동	Pb 4~16% + Sn 10%	베어링 재료에 쓰임 (Pb은 Cu와 합금되지 않고 윤활작용)
켈밋 (kelmet)	Cu+Pb 30~40%	① 열전도, 내압, 내열성이 크다. ② 마찰계수가 작다. ③ 고속, 고하중 베어링에 사용
알루미늄 청동 (aluminium bronze)	Al 6~10.5%	① 기계적 성질, 내식성, 내열성, 내마모성 우수 ② 인장강도 Al 10%, 연율 6% 정도가 우수, 경도 8%부터 증가 ③ 화학공업기계, 선박, 항공기, 차량용 부품베어링에 사용 ④ 대표적인 것으로 Fe, Mn, Ni, Zn을 첨가한 아암스청동, 다이나모청동 등이 있다.
베릴륨 청동 (beryllium bronze)	Be 2~3% Co, Ni 또는 Ag, Be 2~3%	① 내식성, 내피로성, 내열성, 뜨임 시효 경화성, 도전성, 스프링 특성 우수 ② 인장강도 133kgf/mm^2(특수강) ③ 고급 스프링, 베어링, 전기접점, 전극
코슨합금 (탄소합금)	Cu+Ni 4% + Si 1%	금속간 화합물, Ni_2S에 의하여 인장강도 크다. (105kgf/mm^2)전선, 스프링용
쿠니알 청동 (kunial)	Cu+Ni 4~16% + Al 1.5~7%	뜨임경화성이 크다.
오일리스 베어링 (oilless bearing)	Cu분말+Sn 8~12% + 흑연분말 4~5%	① 구리, 주석, 흑연분말 혼합 가압성형, 700~790℃ 수소기류 중에서 소결, 기름에서 가열시 무게로 20~30% 기름 흡수, 기름 급유가 곤란한 곳의 베어링 사용 ② 너무 큰 하중이나 고속회전부에는 부적합하다.
망간청동	Cu+Mn 15%	① 고온강도가 크고 전기저항이 적다. ② 표준저항, 정밀한 계기 부품에 사용

문제 04

Fe–C계 평형상태도의 조직과 결정구조에 대한 연결이 옳은 것은?

① δ – 페라이트 : 면심입방격자
② 펄라이트 : δ + Fe_3C의 혼합물
③ γ – 오스테나이트 : 체심입방격자
④ 레데뷰라이트 : γ + Fe_3C의 혼합물

해설 체심입방격자(FCC) : V, Mo, W, Cr, K, Na, Ba, Ta, α–Fe, δ–Fe
면심입방격자(BCC) : Ag, Cu, Au, Al, Pb, Ni, Pt, Ce, γ–Fe
조밀육방격자(HCP) : Ti, Mg, Zn, Co, Zr, Be

04. ④

펄라이트(Fe₃C) + 펄라이트
Fe-C계 평형상태도
Fe-C계 평형상태도는 철과 탄소량에 따른 조직을 표시한 것으로서 그림 중의 실선은 철-시멘타이트계, 점선은 철-탄소계의 평형상태도이다.

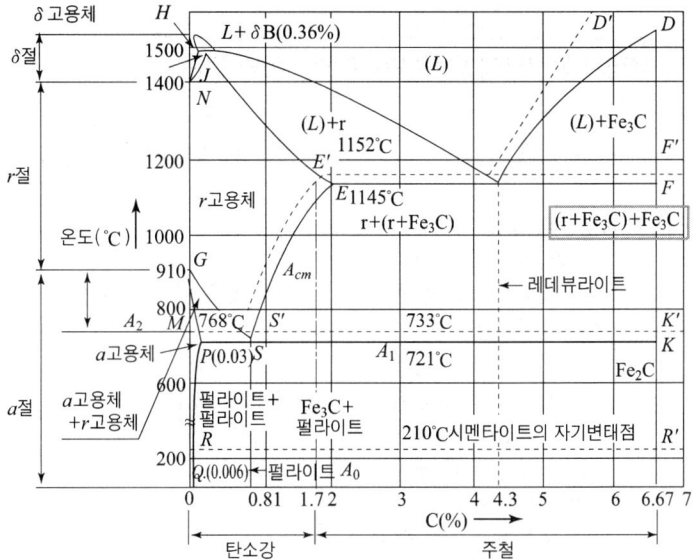

문제 05 주철의 용접에서 예열은 몇 ℃ 정도가 가장 적당한가?
① 0~50℃ ② 60~90℃
③ 100~140℃ ④ 150~300℃

해설 주철의 용접에서 예열은 150~300℃ 정도

문제 06 용착금속이 응고할 때 불순물은 주로 어디에 모이는가?
① 결정입계 ② 결정입내
③ 금속의 표면 ④ 금속의 모서리

문제 07 아크 분위기는 대부분이 플럭스를 구성하고 있는 유기물 탄산염 등에서 발생한 가스로 구성되어 있다. 아크 분위기의 가스성분에 해당되지 않는 것은?
① He ② CO
③ H_2 ④ CO_2

해답 05. ④ 06. ③ 07. ①

[해설] 불활성 가스(0족 기체) : 반응도 하지 않고 타지도 않는 가스
① He(헬륨)   ② Ne(네온)   ③ Ar(아르곤)
④ Kr(크립톤) ⑤ Xe(크세논) ⑥ Rn(라돈)

문제 08 용접시 용접부에 발생하는 결함이 아닌 것은?
① 기공   ② 텅스텐 혼입
③ 슬래그 혼입   ④ 라미네이션 균열

[해설] 용접부의 결함
① 기공 및 피트의 원인
  ㉠ 산소, 수소, 일산화탄소가 너무 많을 때
  ㉡ 과대전류 사용 시
  ㉢ 이음부에 기름, 페인트, 녹 등이 부착해 있을 경우
  ㉣ 용접봉 또는 용접부에 습기가 많을 경우
  ㉤ 아크길이 및 운봉법이 부적당시
  ㉥ 용접부가 급 냉시
② 언더컷의 원인
  ㉠ 용접속도가 너무 빠를 때   ㉡ 전류가 너무 높을 때
  ㉢ 부적당한 용접봉 사용 시   ㉣ 아크길이가 길 때
③ 오버랩의 원인
  ㉠ 용접속도가 너무 느릴 때   ㉡ 전류가 너무 낮을 때
④ 균열의 원인
  ㉠ 황이 많은 용접봉 사용 시   ㉡ 고탄소강 사용 시
  ㉢ 용접속도가 너무 빠를 때   ㉣ 냉각속도가 너무 빠를 때
  ㉤ 아크분위기에 수소가 너무 많을 때 ㉥ 이음각도가 너무 좁을 때
⑤ 슬래그의 원인
  ㉠ 운봉속도가 너무 느릴 때   ㉡ 전류가 너무 느릴 때
  ㉢ 봉의 각도 부적당시   ㉣ 슬래그가 용융시보다 앞설 때

문제 09 다음 중 경도가 가장 낮은 조직은?
① 페라이트   ② 펄라이트
③ 시멘타이트   ④ 마텐자이트

[해설] 경도순서
마텐자이트 > 트루스타이트 > 솔바이트 > 펄라이트 > 오스테나이트 > 페라이트

해답 08. ② 09. ①

문제 10 용접 비드의 끝에서 발생하는 고온 균열로서 냉각속도가 지나치게 빠른 경우에 발생하는 균열은?

① 종균열
② 횡균열
③ 호상균열
④ 크레이터균열

해설 **고온균열의 유형**
① 유황균열(설퍼크랙) : 강중의 황이 층상으로 존재하는 유황밴드가 심한 모재를 서브머지드 아크 용접시 나타나는 균열
② 라미네이션균열 : 모재의 결함에 기인되는 것으로 모재 내에 기포가 압연되어 발생하는 유황밴드와 같이 층상으로 편재해 강재의 내부적 노취형성
③ 크레이터균열 : 용접비드의 끝에서 발생하는 고온균열로서 냉각속도가 지나치게 빠른 경우 발생

저온균열의 유형
① 라멜라티어균열 : T이음, 모서리 이음 등에서 강의 내부에 평행하게 층상으로 발생되는 균열
② 마이크로피셔균열 : 용착금속의 다수의 현미경적 균열이 저온에서 발생하며 용착금속의 굽힘 연성이 현저하게 감소
③ 루트균열 : 맞대기용접의 가접, 첫층용접의 루트 근방의 열영향부에 발생하는 균열
④ 힐균열 : 필릿시 루트부분에 발생하는 저온균열이며 모재의 수축, 팽창에 의한 뒤틀림이 주요원인
⑤ 토우균열 : 맞대기이음, 필릿이음 등의 경우에 비드표면과 모재의 경계부에 발생

문제 11 KS 분류기호 중 KS B는 어느 부문에 속하는가?

① 전기
② 금속
③ 조선
④ 기계

해설 **KS 분류기호**
① KSA : 제도의 기본
② KSB : 기계
③ KSC : 전기
④ KSD : 금속
⑤ KSE : 광물
⑥ KSF : 토건
⑦ KSG : 식료품
⑧ KSH : 일용품
⑨ KSI : 요업
⑩ KSM : 화학
⑪ KSP : 의료
⑫ KSV : 조선
⑬ KSW : 항공 등

해답 10. ④ 11. ④

문제 12

필릿 용접에서 a5 ◣ 4 × 300 (50)의 설명으로 옳은 것은?

① 목두께 5mm, 용접부 수 4, 용접길이 300mm, 인접한 용접부 간격 50mm
② 판 두께 5mm, 용접두께 4mm, 용접피치 300mm, 인접한 용접부 간격 50mm
③ 용입깊이 5mm, 경사길이 4mm, 용접피치 300mm, 용접부 수 50
④ 목길이 5mm, 용입깊이 4mm, 용접길이 300mm, 용접부 수 50

해설 a5 ◣ 4×300(50)

① a5 : 목두께 5mm   ② ◣ : 필릿용접
③ 4 : 용접부 개수   ④ 300 : 용접길이
⑤ (50) : 용접부 간격

문제 13

다음 용접기호의 명칭으로 옳은 것은?

① 플러그 용접
② 뒷면 용접
③ 스폿 용접
④ 심 용접

해설
플러그 용접 : ⊓   스폿용접 : ○
시임용접 : ⊖   현장용접 : ▶
치핑 : C   연삭 : G
절삭 : M   F : 지정없음

문제 14

다음 그림 중 I형 맞대기 이음용접에 해당되는 것은?

① 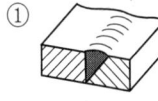 V
②
③  V
④  Y

해설
베벨형 : V
V형 : V
부분용입한 한쪽면 K형 맞대기 이음용접 : Y

해답
12. ① 13. ① 14. ②

문제 15 KS 용접 기본기호에서 현장용접 보조 기호로 옳은 것은?

① ○   ② ▶
③ ◗   ④ ⊖

해설 KS용접 기본기호
① 현장용접 : ▶
② 온둘레현장용접 : ⦵▶
③ 스폿용접(점용접) : ○
④ 시임용접 : ⊖
⑤ 플러그용접 : ⎕

문제 16 1개의 원이 직선 또는 원주 위를 굴러갈 때, 그 구르는 원의 원주 위 1점이 움직이며 그려나가는 선은?

① 타원(ellipse)
② 포물선(parabola)
③ 쌍곡선(hyperbola)
④ 사이클로이드 곡선(cycloidal curve)

문제 17 도면에 치수를 기입할 때의 유의 사항으로 틀린 것은?

① 치수는 계산할 필요가 없도록 기입하여야 한다.
② 치수는 중복 기입하여 도면을 이해하기 쉽게 한다.
③ 관련되는 치수는 가능한 한곳에 모아서 기입한다.
④ 치수는 될 수 있는 대로 주투상도에 기입해야 한다.

해설 치수기입의 원칙
① 대상물의 기능, 제작, 조립 등을 고려하여 필요한 치수를 명료하게 도면에 기입한다.
② 치수는 대상물의 크기, 위치 등을 가장 명확하게 표시하는데 필요하고 충분한 것을 기입한다.
③ 도면에 나타내는 치수는 특별히 명시하지 않는 한 도시한 대상물의 마무리 치수를 표시한다.
④ 치수에는 기능상 필요한 치수의 허용한계를 기입한다. 다만, 이론적인 정확한 치수는 제외한다.

해답 15. ② 16. ④ 17. ②

⑤ 치수는 되도록이면 주투상도에 기입한다.
⑥ 치수는 되도록이면 계산할 필요가 없도록 기입하고 중복되지 않게 기입한다.
⑦ 치수는 각 투상도간에 비교, 대조가 용이하게 기입한다.
⑧ 치수는 필요에 따라 기준이 되는 점, 선 또는 면을 기준으로 하여 기입한다.
⑨ 관련되는 치수는 되도록 한곳에 모아서 기입한다.
⑩ 치수는 되도록 공정마다 배열을 분리하여 기입한다.
⑪ 치수 중 참고 치수에 대하여는 치수 수치에 괄호를 붙인다.

[치수보조기호]

구분	기호	읽기	사용법	예
지름	φ	파이	치수보조기호는 치수 수치 앞에 붙이고 치수 수치와 같은 크기로 쓴다.	φ5
반지름	R	아르		R10
구의 지름	Sφ	에스파이		Sφ5
구의 반지름	SR	에스아르		SR10
정사각형의 변	□	사각		□10
판의 두께	t	티		t2
45°의 모따기	C	시		C2
실제의 반지름	실R	실아르		실R30
전개상의 반지름	전개R	전개아르		전개R10
원호의 길이	⌒	원호	치수 수치 위에 붙인다.	⌒30
이론적으로 정확한 치수	□	테두리	치수 수치를 둘러싼다.	30
참고치수	( )	괄호	치수 수치의 치수보조기호를 둘러싼다.	(30)

문제 18

척도의 표시 방법에서 A : B로 나타낼 때 A가 의미하는 것은?

① 윤곽선의 굵기　　② 물체의 실제 크기
③ 도면에서의 크기　　④ 중심마크의 크기

문제 19

45° 모따기의 기호는?

① SR　　② R
③ C　　④ t

해설 문제17번 참조

문제 20

굵은 실선으로 나타내는 선의 명칭은?

① 외형선　　② 지시선
③ 중심선　　④ 피치선

18. ②　19. ③　20. ①

선의 종류에 의한 용도

용도에 의한 명칭	선의 종류		선의 용도
외형선	굵은 실선	———————	대상물이 보이는 부분의 모양을 표시하는데 쓰인다.
치수선	가는 실선	———————	치수를 기입하는데 쓰인다.
치수보조선			치수를 기입하기 위하여 도형으로부터 끌어내는데 쓰인다.
지시선			기술·기호 등을 표시하기 위하여 끌어내리는데 있다.
회전단면선			도형 내에 그 부분의 끊은 곳을 90° 회전하여 표시하는데 쓰인다.
중심선			도형의 중심선을 간략하게 표시하는데 쓰인다.
수준면선			수면, 유면 등의 위치를 표시하는데 쓰인다.
숨은선	가는 파선 또는 굵은 파선	- - - - - - - -	대상물의 보이지 않는 부분의 모양을 표시하는데 쓰인다.
중심선	가는 1점 쇄선	—·—·—·—	① 도형의 중심을 표시하는데 쓰인다. ② 중심이 이동한 중심궤적을 표시하는데 쓰인다.
기준선			특히 위치 결정의 근거가 된다는 것을 명시할 때 쓰인다.
피치선			되풀이하는 도형의 피치를 취하는 기준을 표시하는데 쓰인다.
특수지정선	굵은 1점 쇄선	—·—·—·—	특수한 가공을 하는 부분 등 특별히 요구사항을 적용할 수 있는 범위를 표시하는데 쓰인다.
가상선	가는 2점 쇄선	—··—··—··	① 인접부분을 참고로 표시하는데 쓰인다. ② 공구, 지그 등의 위치를 참고로 나타내는데 사용한다. ③ 가공부분을 이동 중의 특정한 위치 또는 이동한계의 위치로 표시하는데 사용한다. ④ 가공 전 또는 가공 후의 모양을 표시하는데 사용한다. ⑤ 되풀이 하는 것을 나타내는데 사용한다. ⑥ 도시된 단면의 앞쪽에 있는 부분을 표시하는데 사용한다.
무게중심선			단면의 무게 중심을 연결한 선을 표시하는데 사용한다.
파단선	불규칙한 파형의 가는 실선 또는 지그재그선		대상물의 일부를 파단한 경계 또는 일부를 떼어낸 경계를 표시하는데 사용한다.

용도에 의한 명칭	선의 종류		선의 용도
절단선	가는 1점 쇄선으로 끝부분 및 방향이 변하는 부분을 굵게 한 것		단면도를 그리는 경우, 그 절단 위치를 대응하는 그림에 표시하는데 사용한다.
해칭	가는 실선		도형의 한정된 특정 부분을 얇은 부분의 단선도시를 명시하는데 사용한다. 다른 부분과 구별하는데 사용한다. 예를 들면 단면도의 절단된 부분을 사용한다.
특수한 용도의 선	가는 실선		① 외형선 및 숨은선의 연장을 표시하는데 사용한다. ② 평면이란 것을 나타내는데 사용한다. ③ 위치를 명시하는데 사용한다.
	아주 굵은 실선		얇은 부분의 단선도시를 명시하는데 사용한다.

제 2 과목   용접구조설계

문제 21

용접이음의 종류에 따라 분류한 것 중 틀린 것은?

① 맞대기 용접   ② 모서리 용접
③ 겹치기 용접   ④ 후진법 용접

해설 이음 종류

① 맞대기 이음　② 겹치기 이음　③ 모서리 이음　④ 플래어 이음

⑤ T형 이음　⑥ 한면 덧대기판 이음　⑦ 양면 덧대기판 이음

문제 22

피복 아크 용접에서 발생한 용접결함 중 구조상의 결함이 아닌 것은?

① 기공   ② 변형
③ 언더컷   ④ 오버랩

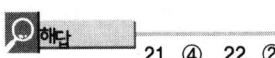

21. ④   22. ②

해설 **구조상 결함**
① 오우버랩   ② 용입 불량   ③ 내부기공   ④ 슬래그 혼입
⑤ 언더컷   ⑥ 선상조직   ⑦ 은점   ⑧ 균열
⑨ 기공
치수상 결함 : ① 변형   ② 치수불량   ③ 형상불량

문제 23
용접부 시험에는 파괴 시험과 비파괴 시험이 있다. 파괴시험 중에서 야금학적 시험 방법이 아닌 것은?
① 파면 시험   ② 물성 시험
③ 매크로 시험   ④ 현미경 조직 시험

해설 **파괴 시험 중 야금학적 시험 방법**
① 파면 시험   ② 물성 시험   ③ 매크로 시험

문제 24
용접성을 저하시키며 적열취성을 일으키는 원소는?
① 황   ② 규소
③ 구리   ④ 망간

황	① 적열취성의 원인
인	① 청열취성(200~300℃) ② 상온취성의 원인 ③ 제강시 편석을 일으키기 쉽다.
규소	① 강의 고온가공성을 좋게 한다.
니켈	① 인성증가 ② 저온충격저항 증가 ③ 질화촉진 ④ 주철의 흑연화 촉진
티탄	① 탄화물 생성용이 ② 결정입자의 미세화
크롬	① 내식성, 내마모성 향상 ② 흑연화를 안정 ③ 탄화물 안정 ④ 담금질 효과 증대
몰리브덴	① 뜨임취성 방지 ② 고온강도 개선 ③ 저온취성 방지
망간	① 적열취성방지 ② 황의 해를 제거 ③ 고온에서 결정립 성장 억제 ④ 흑연화를 방해하여 백주철화 촉진
붕소	① 담금질성 개선

문제 25
작은 강구나 다이아몬드를 붙인 소형 추를 일정한 높이에서 시험편 표면에 낙하시켜 튀어 오르는 반발 높이로 경도를 측정하는 시험은?
① 쇼어 경도 시험   ② 브리넬 경도 시험
③ 로크웰 경도 시험   ④ 비커스 경도 시험

해답 23. ④   24. ①   25. ④

해설 기계적 시험

① 인장시험 : 항복점, 인장강도, 연신율, 단면수축률 등을 측정
- 응력 구하는 식 : $\sigma = \dfrac{P}{A}\,\text{kgf/mm}^2$
- 변형률 구하는 식 : $\epsilon = \dfrac{l-l_0}{l_0} \times 100\%$
- 단면 수축률 구하는 식 : $\phi = \dfrac{A-A_0}{A} \times 100\%$

② 굽힘시험 : 용접부의 연성결함을 조사하기 위하여 사용되는 시험법으로 국가기술 자격 검정 시 적용하는 방법

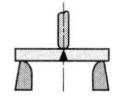 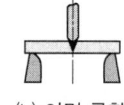 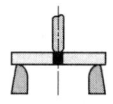

(a) 표면 굽힘   (b) 이면 굽힘   (c) 측면 굽힘

③ 경도시험
  ㉠ 브리넬 경도 : 특수강구를 일정한 하중(3,000, 1,000, 750, 500kgf)으로 시험편의 표면적을 압인한 후, 이때 생긴 오목자국의 표면적을 측정하여 나타낸 값.

  $H_B = \dfrac{\text{하중 kgf}}{\text{오목자국표면적 mm}^2}$
  $= \dfrac{P}{\pi D t}$

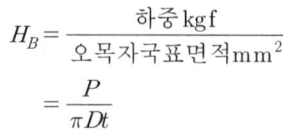
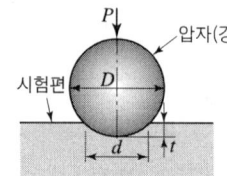

P : kg
D : 강구의 지름
d : 눌린 부분의 지름(mm)
t : 눌린 부분의 깊이

  ㉡ 로크웰 경도 : 지름 1/16″인 강구(B스케일), 꼭지각이 120°인 원뿔형(C스케일)의 다이아몬드 압입자를 사용하여 기본 하중 10kgf을 주면서 경도계의 지시계를 0점에 맞춘 다음, B스케일 때 100kgf의 하중을 가하고, C스케일 때는 150kgf의 하중을 가한 다음 하중을 제거하면 오목자국의 깊이가 지시계에 나타나서 경도를 표시.

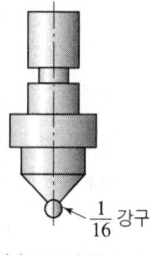 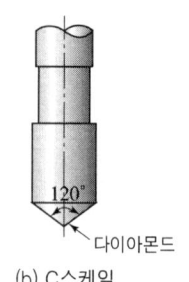

(a) B스케일   (b) C스케일

  ㉢ 비커스 경도 : 꼭지각이 136°인 다이아몬드 4각추의 입자를 1~120kgf의 하중으로 시험편에 압인한 후 생긴 오목 자국의 대각선을 측정.

  $H_V = \dfrac{1.8544P}{D^2}$

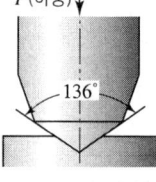 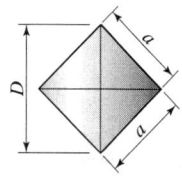

  ㉣ 쇼어 경도 : 소형의 추를 일정높이에서 낙하시켜 튀어 오르는 높이에 의하여 경도를 측정.

  $H_S = \dfrac{10{,}000}{65} \times \dfrac{h}{h_o}$

  여기서, h_o : 낙하물체의 높이(25cm)
  h : 낙하물체의 튀어 오른 높이

④ 충격시험 : V형, U형의 노치를 만들어 충격적인 하중을 주어서 시험편을 파괴시키는 시험(샤르피식, 아이조드식)

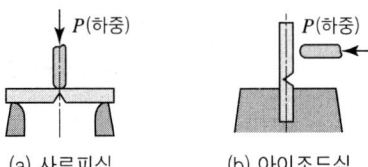

(a) 샤르피식   (b) 아이조드식

문제 26
재료의 크리프 변형은 일정 온도의 응력하에서 진행하는 현상이다. 크리프 곡선의 영역에 속하지 않는 것은?

① 장도크리프　　② 천이크리프
③ 정상크리프　　④ 가속크리프

해설 크리프 곡선의 영역
① 정상크리프　② 가속크리프　③ 천이크리프

문제 27
레이저 용접의 특징으로 틀린 것은?

① 좁고 깊은 용접부를 얻을 수 있다.
② 고속 용접과 용접 공정의 융통성을 부여할 수 있다.
③ 대입열 용접이 가능하고, 열영향부의 범위가 넓다.
④ 접합되어야 할 부품의 조건에 따라서 한면 용접으로 접합이 가능하다.

해설 레이저 용접의 특징
① 접합하여야 할 부품의 조건에 따라서 한방향의 용접으로 접합이 가능
② 대입열 용접이 가능하고, 열영향부의 범위가 넓다.
③ 아르곤, 헬륨으로 냉각하여 레이저 효율을 높일 수 있다.
④ 정밀용접도 가능하다.
⑤ 원격조작이 가능하고 육안으로 확인하면서 용접가능
⑥ 용접장치는 반도체형, 가스방전형, 고체금속형이 있다.
⑦ 고속 용접과 용접 공정의 융통성을 부여할 수 있다.
⑧ 좁고 깊은 용접부를 얻을 수 있다.

문제 28
길이가 긴 대형의 강관 원주부를 연속자동용접을 하고자 한다. 이때 사용하고자 하는 지그로 가장 적당한 것은?

① 엔드 탭(end tap)
② 터닝롤러(turning roller)
③ 컨베이어(conveyor) 정반
④ 용접 포지셔너(welding Positioner)

해답 26. ①　27. ④　28. ①

문제 **29** 용접 지그(Jig)에 해당되지 않는 것은?
① 용접 고정구
② 용접 포지셔너
③ 용접 핸드 실드
④ 용접 매니퓰레이터

해설 용접 지그
① 용접 포지셔너 : 용접물을 용접하기 쉬운 상태로 놓기 위한 지그
② 스트롱 백 : 용접제품의 치수를 정확하게 하기 위하여 변형을 억제하는 용접 고정구
③ 용접 고정구
④ 용접 핸드 실드

문제 **30** 용접 구조물 조립 시 일반적인 고려사항이 아닌 것은?
① 변형제거가 쉽게 되도록 하여야 한다.
② 구조물의 형상을 유지할 수 있어야 한다.
③ 경제적이고 고품질을 얻을 수 있는 조건을 설정한다.
④ 용접 변형 및 잔류 응력을 상승시킬 수 있어야 한다.

해설 용접 변형 및 잔류 응력이 없어야 한다.

문제 **31** 용착금속의 최대인장강도 $\sigma = 300\text{MPa}$이다. 안전율을 3으로 할 때 강판의 허용응력은 몇 MPa 인가?
① 50
② 100
③ 150
④ 200

해설 허용응력 = $\dfrac{\text{인장강도}}{\text{안전율}} = \dfrac{300}{3} = 100\text{MPa}$

문제 **32** 내마멸성을 가진 용접봉으로 보수 용접을 하고자 할 때 사용하는 용접봉으로 적합하지 않은 것은?
① 망간강 계통의 심선
② 크롬강 계통의 심선
③ 규소강 계통의 심선
④ 크롬-코발트-텅스텐 계통의 심선

해설 내마멸성을 가진 용접봉으로 보수 용접을 하고자 할 때 사용하는 용접봉
① 크롬-코발트-텅스텐 계통의 심선
② 규소계 계통의 심선
③ 크롬강 계통의 심선

해답 29. ④ 30. ④ 31. ② 32. ①

문제 33 처음길이가 340mm인 용접 재료를 길이방향으로 인장시험 한 결과 390mm가 되었다. 이 재료의 연신율은 약 몇 %인가?
① 12.8
② 14.7
③ 17.2
④ 87.2

해설 연신율 = $\frac{390-340}{340} \times 100 = 14.70\%$

문제 34 V형에 비하여 홈의 폭이 좁아도 작업성과 용입이 좋으며 한 쪽에서 용접하여 충분한 용입을 얻을 필요가 있을 때 사용하는 이음 형상은?
① U형
② I형
③ X형
④ K형

해설 **이음현상**
① U형 : V형에 비해 홈의 폭이 좁아도 되고 또한 루트간격을 0으로 해도 작업성과 용입이 좋으며 한 쪽에서 용접하여 충분한 용입을 얻을 필요가 있을 때 사용
② X형 : 이음 홈 형상 중에서 동일한 판 두께에 대하여 가장 변형이 적게 설계된 것
③ V형 : 맞대기 용접에서 한 쪽방향의 완전한 용입을 얻고자 할 때
④ I형 : 맞대기 용접에서 가장 얇은 박판에 사용
⑤ H형 : X형 홈과 같이 양면용접이 가능한 경우에 용착금속의 양과 패스 수를 줄일 목적으로 사용되며 모재가 두꺼울수록 유리한 홈의 형상

문제 35 용접이음의 피로강도에 대한 설명으로 틀린 것은?
① 피로강도란 정적인 강도를 평가하는 시험방법이다.
② 하중, 변위 또는 열응력이 반복되어 재료가 손상되는 현상을 피로라고 한다.
③ 피로강도에 영향을 주는 요소는 이음형상, 하중상태, 용접부 표면상태, 부식환경 등이 있다.
④ S-N 선도를 피로선도라 부르며, 응력 변동이 피로한도에 미치는 영향을 나타내는 선도를 말한다.

해설 피로강도란 동적인 강도를 평가하는 시험방법이다.

해답 33. ② 34. ① 35. ①

문제 36

그림과 같은 V형 맞대기 용접에서 각부의 명칭 중 틀린 것은?

① A : 홈 각도
② B : 루트 면
③ C : 루트 간격
④ D : 비드높이

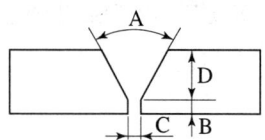

해설 D : 베벨면

문제 37

용접작업에서 지그 사용 시 얻어지는 효과로 틀린 것은?

① 용접 변형을 억제한다.
② 제품의 정밀도가 낮아진다.
③ 대량생산의 경우 용접 조립 작업을 단순화 시킨다.
④ 용접작업이 용이하고 작업능률이 향상된다.

해설 **지그 사용시 이점**
① 용접변형을 억제한다.   ② 동일 제품을 대량 생산할 수 있다.
③ 아래보기 자세로 용접할 수 있다.   ④ 용접부의 신뢰를 높인다.
⑤ 제품의 정도가 균일하다.   ⑥ 작업을 쉽게 할 수 있다.
⑦ 공정수를 절약하므로 능률이 좋다.

문제 38

용접 홈의 형상 중 V형 홈에 대한 설명으로 옳은 것은?

① 판 두께가 대략 6mm 이하의 경우 양면 용접에 사용한다.
② 양쪽 용접에 의해 완전한 용입을 얻으려고 할 때 쓰인다.
③ 판 두께가 3mm 이하로 개선 가공 없이 한쪽에서 용접할 때 쓰인다.
④ 보통 판 두께 15mm 이하의 판에서 한쪽 용접으로 완전한 용입을 얻고자 할 때 쓰인다.

해설 문제34번 참조

문제 39

용접기에 사용되는 전선(cable) 중 용접기에서 모재까지 연결하는 케이블은?

① 1차 케이블   ② 입력 케이블
③ 접지 케이블   ④ 비닐코드 케이블

해답
36. ④ 37. ② 38. ② 39. ③

문제 40 용접 구조 설계상의 주의사항으로 틀린 것은?

① 용착금속량이 적은 이음을 선택할 것
② 용접치수는 강도상 필요한 치수 이상으로 크게 하지 말 것
③ 용접성, 노치인성이 우수한 재료를 선택하여 시공이 쉽게 설계할 것
④ 후판을 용접할 경우는 용입이 얕고 용착량이 적은 용접법을 이용하여 층수를 늘릴 것

제 3 과목   용접일반 및 안전관리

문제 41 가스용접에서 산소압력조정기의 압력조정나사를 오른쪽으로 돌리면 밸브는 어떻게 되는가?

① 닫힌다.　　　　　　　② 고정된다.
③ 열리게 된다.　　　　　④ 중립상태로 된다.

해설 압력 조정나사 오른쪽으로 돌리면 : 닫힘
압력 조정나사 왼쪽으로 돌리면 : 열림

문제 42 가용접 시 주의사항으로 틀린 것은?

① 강도상 중요한 부분에는 가용접을 피한다.
② 본 용접보다 지름이 굵은 용접봉을 사용하는 것이 좋다.
③ 용접의 시점 및 종점이 되는 끝 부분은 가용접을 피한다.
④ 본 용접과 비슷한 기량을 가진 용접사에 의해 실시하는 것이 좋다.

해설 **가용접 시 주의사항**
① 본 용접사에 동등한 기량을 갖는 용접사가 가접 시행
② 가용접 시는 본 용접 때보다 지름 약간 가는 용접봉을 사용
③ 응력이 집중될 우려가 있는 곳은 피한다.
④ 대칭으로 용접을 실시
⑤ 큰 구조물에서는 구조물의 중앙에서 끝으로 향하여 용접 실기
⑥ 조립순서는 수축이 큰 맞대기 이음을 먼저 용접하고 다음에 필릿용접을 한다.

해답 40. ①   41. ①   42. ②

문제 43 피복아크용접에서 용입에 영향을 미치는 원인이 아닌 것은?
① 용접 속도
② 용접 홀더
③ 용접 전류
④ 아크의 길이

해설 피복아크용접에서 용입에 영향을 미치는 원인
① 용접 속도 ② 용접 전류 ③ 아크의 길이

문제 44 직류아크 용접기에서 발전형과 비교한 정류기형의 특징으로 틀린 것은?
① 소음이 적다.
② 보수 점검이 간단하다.
③ 취급이 간편하고 가격이 저렴하다.
④ 교류를 정류하므로 완전한 직류를 얻는다.

해설 완전한 직류를 얻지 못함

문제 45 저항용접에 의한 압접에서 전류 20A, 전기저항 30Ω, 통전시간 10sec일 때 발열량은 약 몇 cal인가?
① 14400
② 24400
③ 28800
④ 48800

해설 $H = 0.24 I^2 RT = 0.24 \times 20^2 \times 30 \times 10 = 28800 \text{cal}$

문제 46 불활성가스 아크용접에서 비용극식, 비소모식인 용접의 종류는?
① TIG 용접
② MIG 용접
③ 퓨즈 아크법
④ 아코스 아크법

해설 불활성가스 아크용접에서 비용극식, 비소모식인 용접 : TIG 용접

문제 47 가스용접의 특징으로 틀린 것은?
① 아크 용접에 비해 불꽃온도가 높다.
② 응용범위가 넓고 운반이 편리하다.
③ 아크용접에 비해 유해 광선의 발생이 적다.
④ 전원 설비가 없는 곳에서도 용접이 가능하다.

해답 43. ② 44. ④ 45. ③ 46. ① 47. ②

해설 가스 용접의 특징
① 응용범위가 넓다.
② 열량조절이 자유롭다.
③ 전원 설비가 필요 없다.
④ 용접장치의 설비비가 전기용접에 비해 싸다.
⑤ 아크 용접에 비해 유해광선의 발생이 적다.
⑥ 가열조절이 비교적 자유롭다.
⑦ 박판(薄板)용접에 적당하다.
⑧ 아크에 비해 불꽃온도가 낮다.
⑨ 열효율이 낮아 용접속도가 느리다.
⑩ 열의 집중성이 나빠 효율적인 용접이 어렵다.
⑪ 금속이 산화, 탄화될 우려가 있다.
⑫ 용접 후의 변형이 심하게 생긴다.
⑬ 가열 시간이 오래 걸린다.
⑭ 폭발 및 화재의 위험성이 크다.

문제 48 산소-아세틸렌가스로 절단이 가장 잘 되는 금속은?
① 연강
② 구리
③ 알루미늄
④ 스테인리스강

해설 산소 – 아세틸렌 불꽃
① 탄화불꽃 : ㉠ 아세틸렌 과잉 불꽃
㉡ 아세틸렌 페더가 있는 불꽃
㉢ 적황색으로 매연을 내면서 탐
㉣ 스텐레스강, 스텔라이트, 모넬메탈
② 산화불꽃 : ㉠ 산소 과잉 불꽃
㉡ 구리, 황동용접에 사용
③ 중성불꽃 : ㉠ 표준불꽃이라고 함
㉡ 산소와 아세틸렌의 비가 1:1이다.

문제 49 산소 용기 취급시 주의사항으로 틀린 것은?
① 산소병을 눕혀 두지 않는다.
② 산소병은 화기로부터 멀리한다.
③ 사용 전에 비눗물로 가스 누설검사를 한다.
④ 밸브는 기름을 칠하여 항상 유연해야 한다.

해설 산소용기 취급시 주의사항
① 산소용기는 세워서 보관한다.
② 산소병은 화기로부터 멀리한다.

48. ④ 49. ④

③ 사용 전에 비눗물로 가스누설검사를 한다.
④ 운반 중에 충격에 주의한다.
⑤ 연소할 우려가 있는 기름이나 먼지를 피해야 한다.
⑥ 산소용기는 화기로부터 5m 이상 거리를 두어야 한다.
⑦ 직사광선을 피한다.
⑧ 산소밸브의 개폐는 천천히 하여야 한다.
⑨ 산소분출 중에는 손을 분출구에 대어서는 안 된다.

문제 50

지름이 3.2mm인 피복 아크 용접봉으로 연강판을 용접하고자 할 때 가장 적합한 아크의 길이는 몇 mm정도인가?
① 3.2 ② 4.0
③ 4.8 ④ 5.0

문제 51

다음 중 용사법의 종류가 아닌 것은?
① 아크 용사법   ② 오토콘 용사법
③ 가스 불꽃 용사법   ④ 플라스마 제트 용사법

해설 용사법의 종류
① 아크 용사법 ② 가스 불꽃 용사법 ③ 플라스마 제트 용사법

문제 52

가스용접 토치의 취급상 주의사항으로 틀린 것은?
① 토치를 망치 등 다른 용도로 사용해서는 안 된다.
② 팁 및 토치를 작업장 바닥이나 흙 속에 방치하지 않는다.
③ 팁을 바꿔 끼울 때에는 반드시 양쪽 밸브를 모두 열고 팁을 교체한다.
④ 작업 중 발생하기 쉬운 역류, 역화, 인화에 항상 주의하여야 한다.

해설 팁을 바꿔 끼울 때에는 반드시 양쪽 밸브를 모두 닫고 팁을 교체한다.

문제 53

산소 및 아세틸렌용기 취급에 대한 설명으로 옳은 것은?
① 산소병은 60℃ 이하, 아세틸렌 병은 30℃ 이하의 온도에서 보관한다.
② 아세틸렌 병은 눕혀서 운반하되 운반도중 충격을 주어서는 안 된다.
③ 아세틸렌 충전구가 동결되었을 때는 50℃ 이상의 온수로 녹여야 한다.
④ 산소병 보관 장소에 가연성 가스를 혼합하여 보관해서는 안 되며 누설시험 시는 비눗물을 사용한다.

해답
50. ② 51. ② 52. ③ 53. ④

문제 54
카바이드 취급 시 주의사항으로 틀린 것은?

① 운반 시 타격, 충격, 마찰 등을 주지 않는다.
② 카바이드 통을 개봉할 때는 정으로 따낸다.
③ 저장소 가까이에 인화성 물질이나 화기를 가까이 하지 않는다.
④ 카바이드는 개봉 후 보관 시는 습기가 침투하지 않도록 보관한다.

해설 카바이드 취급 시 주의사항
① 카바이드 통에서 카바이드를 들어낼 때는 모넬메탈, 목재공구 사용
② 카바이드 통 개봉 시에는 충격을 주지 말고 가위를 사용한다.
③ 인화성 물질을 가까이 두어서는 안 된다.
④ 카바이드 운반 시 마찰, 타격, 충격을 주지 말 것
⑤ 아세틸렌 발생기 주변에 물이나 습기가 없어야 한다.
⑥ 승인된 장소에 저장한다.

문제 55
일렉트로 슬래그 용접의 특징으로 틀린 것은?

① 용접 입열이 낮다.
② 후판 용접에 적당하다.
③ 용접 능률과 용접 품질이 우수하다.
④ 용접 진행 중 직접 아크를 눈으로 관찰할 수 없다.

해설 일렉트로 슬래그 용접의 특징

원리	용융 슬래그와 용융금속이 용접부로부터 유출되지 않게 모재의 양측에 수랭식 동판을 대어주고 용융 슬래그 속에서 전극 와이어를 연속적으로 공급하여 주로 용융 슬래그의 저항열에 의하여 와이어와 모재를 용융시키면서 단층 수직 상진 용접을 하는 방법.
장점	① 아크가 눈에 보이지 않고 아크불꽃이 없다. ② 최소한의 변형과 최단시간의 용접법이다. ③ 한 번에 장비를 설치하여 후판을 단일층으로 한 번에 용접할 수 있다. ④ 압력용기, 조선 및 대형 주물의 후판 용접 등에 바람직한 용접이다. ⑤ 용접시간을 단축할 수 있어 용접능률과 용접 품질이 우수하다. ⑥ 용접 홈의 기공준비가 간단하고 각(角) 변형이 적다. ⑦ 대형물체의 용접에 있어서는 아래보기 자세 서브머지드 용접에 비하여 용접시간, 홈의 가공비, 용접봉비, 준비시간 등을 1/3~1/5정도로 감소시킬 수 있다. ⑧ 전극와이어의 지름은 보통 2.5~3.2mm를 주로 사용한다.
단점	① 박판용접에는 적용할 수 없다. ② 장비가 비싸다. ③ 장비설치가 복잡하며, 냉각장치가 필요하다. ④ 용접시간에 비하여 용접 준비시간이 더 길다. ⑤ 용접 진행시 용접부를 직접 관찰할 수 없다. ⑥ 높은 입열로 기계적 성질이 저하될 수 있다.

54. ② 55. ①

문제 56

서브머지드 아크 용접의 특징으로 틀린 것은?

① 유해광선 발생이 적다.
② 용착속도가 빠르며 용입이 깊다.
③ 전류밀도가 낮아 박판용접에 용이하다.
④ 개선각을 작게 하여 용접의 패스 수를 줄일 수 있다.

해설 서브머지드 아크 용접의 특징

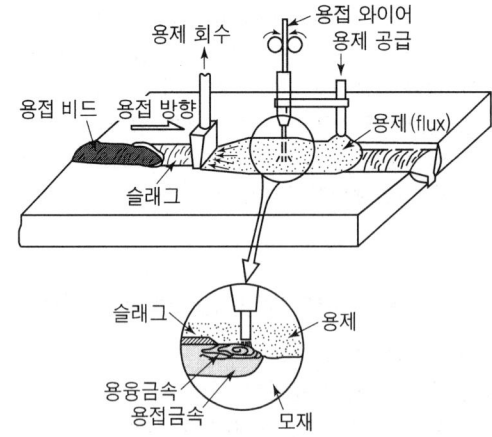

원리	자동 금속아크 용접법으로 모재의 이음표면에 미세한 입상의 용제를 공급하고, 용제 속에 연속적으로 전극와이어를 송급하여 모재 및 전극와이어를 용융시켜 용접부를 대기로부터 보호하면서 용접하는 방법으로 일명 잠호용접이라고 한다. 상품명으로는 링컨용접, 유니언멜트용접이라고 불리운다.
장점	① 콘택트 팁에서 통전되므로 와이어 중에 저항 열이 적게 발생되어 고전류 사용이 가능하다. ② 용융 속도 및 용착속도가 빠르다. ③ 용입이 깊다. ④ 작업 능률이 수동에 비하여 판두께 12mm에서 2~3배, 25mm에서 5~6배, 50mm에서 8~12배 정도가 높다. ⑤ 개선각을 적게 하여 용접 패스(pass)수를 줄일 수 있다. ⑥ 기계적 성질이 우수하다. ⑦ 유해광선이나 퓸(fume) 등이 적게 발생되어 작업환경이 깨끗하다. ⑧ 비드 외관이 매우 아름답다.
단점	① 장비의 가격이 고가이다. ② 용접 적용 자세에 제약을 받는다. ③ 용접 재료에 제약을 받는다. ④ 개선 홈의 정밀을 요한다.(백킹재 미 사용시 루트간격 0.8mm 이하) ⑤ 용접 진행 상태의 양·부를 육안식별이 불가능하다. ⑥ 용접선이 짧거나 복잡한 경우 수동에 비하여 비능률적이다.

해답
56. ③

문제 57 탄산가스 아크용접 장치에 해당되지 않는 것은?
① 제어 케이블
② CO_2 용접 토치
③ 용접봉 건조로
④ 와이어 송급장치

[해설] 탄산가스 아크용접 장치
① 와이어 송급 장치 ② CO_2 용접 토치 ③ 제어 케이블

문제 58 용착 금속 중의 수소 함유량이 다른 용접봉에 비해 약 1/10 정도로 현저하게 적어 용접성은 다른 용접봉에 비해 우수하나 흡습하기 쉽고, 비드 시작점과 끝점에서 아크 불안정으로 기공이 생기기 쉬운 용접봉은?
① E4301
② E4316
③ E4324
④ E4327

[해설] 피복 아크 용접봉의 특징
① E 4301(일미나이트계) : TiO_2, FeO를 약 30% 이상 함유. 광석 사철 등을 주성분으로 기계적 성질이 우수하고 용접성 우수.
② E 4303(라임티탄계) : 산화타탄을 약 30% 이상 함유한 용접봉 비드의 외관이 아름답고 언더컷이 발생되지 않는다.
③ E 4311(고셀룰로오스계) : 셀룰로오스를 20~30%정도 포함한 용접봉으로 좁은 홈의 용접. 보관 시 습기가 흡수되기 쉬우므로 건조 필요
④ E 4313(고산화티탄계) : 비드 표면이 고우며 작업성이 우수 고온크랙을 일으키기 쉬운 결점이 있다. 산화티탄이 35% 이상 함유
⑤ E 4316(저수소계) : 석회석, 형석을 주성분으로 한 것으로 기계적 성질 내균열성이 우수. 용착금속 중에서 수소 함유량이 다른 피복봉에 비해 1/10 정도로 매우 낮음. 건조온도와 건조시간은 300~350℃, 1~2시간
⑥ E 4324(철분산화티탄계)
⑦ E 4326(철분저수소계)
⑧ E 4327(철분산화철계)
⑨ E 4340(특수계)

문제 59 AW300 용접기의 정격사용률이 40%일 때 200A로 용접을 하면 10분 작업 중 몇 분까지 아크를 발생해도 용접기에 무리가 없는가?
① 3분
② 5분
③ 7분
④ 9분

[해설] 허용사용률$=\dfrac{(정격2차전류)^2}{(실제용접전류)^2}\times 정격사용률=\dfrac{(300)^2}{(200)^2}\times 40=90\%$
∴ 0.9×10분 = 9분

57. ③ 58. ② 59. ④

문제 60 가스용접에서 충전가스 용기의 도색을 표시한 것으로 틀린 것은?

① 산소 – 녹색 ② 수소 – 주황색
③ 프로판 – 회색 ④ 아세틸렌 – 청색

해설 <u>청</u><u>탄</u><u>산</u> <u>산녹</u>에서 <u>황아체</u> 안주삼아 <u>수주</u>잔 높이 들고
　　　① 　② 　③ 　　　　④
<u>백암산</u> 바라보니 <u>염소</u>는 <u>갈색</u>으로 보이고 <u>쥐</u>들은 <u>기타</u>를 치더라.
　⑤ 　　　　　⑥ 　　　　　　　　⑦
① 탄산가스 : 청색　② 산소 : 녹색　③ 아세틸렌 : 황색　④ 수소 : 주황
⑤ 암모니아 : 백색　⑥ 염소 : 갈색　⑦ 기타 : 쥐색(회색) : 아르곤, 프로판

60. ④

2016년 5월 8일 시행

제 1 과목　용접야금 및 용접설비제도

문제 01 용접 전·후의 변형 및 잔류응력을 경감시키는 방법이 아닌 것은?
① 억제법　　　　　　　② 도열법
③ 역변형법　　　　　　④ 롤러에 거는 법

해설 용접 전·후의 변형 및 잔류응력을 경감시키는 방법
① 역변형법　② 억제법　③ 도열법

문제 02 결정입자에 대한 설명으로 틀린 것은?
① 냉각속도가 빠르면 입자는 미세화 된다.
② 냉각속도가 빠르면 결정핵 수는 많아진다.
③ 과냉도가 증가하면 결정핵 수는 점차적으로 감소한다.
④ 결정핵의 수는 용융점 또는 응고점 바로 밑에서는 비교적 적다.

해설 과냉도가 증가하면 결정핵 수는 점차적으로 증가한다.

문제 03 철에서 체심입방격자인 α철이 A_3점에서 γ철인 면심입방격자로, A_4점에서 다시 δ철인 체심입방격자로 구조가 바뀌는 것은?
① 편석　　　　　　　　② 고용체
③ 동소변태　　　　　　④ 금속간화합물

해설 **체심입방격자** : V, Mo, W, Cr, K, Na, B, Ta, α-Fe, δ-Fe
면심입방격자 : Ag, Cu, Au, Al, Pb, Ni, Pt, Ce, γ-Fe
조밀입방격자 : Ti, Mg, Zn, Co, Zr, Be
편석 : 불순물이 한 곳으로 모이는 현상

문제 04 금속간화합물에 대한 설명으로 틀린 것은?
① 간단한 원자비로 구성되어 있다.　② Fe_3C는 금속간화합물이 아니다.
③ 경도가 매우 높고 취약하다.　　　④ 높은 용융점을 갖는다.

해답
01. ④　02. ③　03. ③　04. ②

해설 Fe₃C는 금속간화합물이다.

문제 05

수소, 취성도를 나타내는 식으로 옳은 것은?(단, δ_H : 수소에 영향을 받은 시험편의 면적, δ_O : 수소에 영향을 받지 않은 시험편의 면적이다.)

① $\dfrac{\delta_H - \delta_O}{\delta_H}$ ② $\dfrac{\delta_O - \delta_H}{\delta_O}$

③ $\dfrac{\delta_O - \delta_H}{\delta_O}$ ④ $\dfrac{\delta_O - \delta_H}{\delta_H}$

해설 **수소 취성도**

$$= \frac{\text{수소에 영향을 받지 않은 시험편의 면적} - \text{수소에 영향을 받은 시험편의 면적}}{\text{수소에 영향을 받은 시험편의 면적}} \times 100$$

문제 06

E4301로 표시되는 용접법은?

① 일미나이트계 ② 고셀루로오스계
③ 고산화티탄계 ④ 저수소계

해설 **연강용 피복아크 용접봉의 특징**

① E 4301(일미나이트계) : TiO₂, FeO를 약 30% 이상 함유. 광석 사철 등을 주성분으로 기계적 성질이 우수하고 용접성 우수.
② E 4303(라임티탄계) : 산화타탄을 약 30% 이상 함유한 용접봉 비드의 외관이 아름답고 언더컷이 발생되지 않는다.
③ E 4311(고셀룰로오스계) : 셀룰로오스를 20~30%정도 포함한 용접봉으로 좁은 홈의 용접.
  ㉠ 보관 시 습기가 흡수되기 쉬우므로 건조 필요.
  ㉡ 비드표면이 거칠고 스패터가 많은 것이 결점.
  ㉢ 슬래그생성량이 적다.
  ㉣ 아크는 스프레이형상으로 용입이 비교적 양호
  ㉤ 가스실드에 의한 아크분위기가 환원성이므로 용착금속의 기계적 성질이 양호
④ E 4313(고산화티탄계) : 비드 표면이 고우며 작업성이 우수 고온크랙을 일으키기 쉬운 결점이 있다. 산화티탄이 35% 이상 함유. 일반경 구조물 용접에 사용
⑤ E 4316(저수소계) : 석회석, 형석을 주성분으로 한 것으로 기계적 성질 내균열성이 우수. 용착금속 중에서 수소 함유량이 다른 피복봉에 비해 1/10 정도로 매우 낮음. 300~350℃에서 1~2시간 건조 후 사용
⑥ E 4324(철분산화티탄계) : 아래보기 자세와 수평 필릿 자세에 한정
⑦ E 4326(철분저수소계)
⑧ E 4327(철분산화철계)
⑨ E 4340(특수계)

05. ② 06. ①

문제 07 주철과 강을 분류할 때 탄소의 함량이 약 몇 %를 기준으로 하는가?
① 0.4%   ② 0.8%
③ 2.0%   ④ 4.3%

해설
저탄소강 : 탄소함유량이 0.3% 이하
중탄소강 : 탄소함유량이 0.3%~0.5% 이하
고탄소강 : 탄소함유량이 0.5%~2.0% 이하

문제 08 다음 중 슬래그 생성 배합제로 사용되는 것은?
① $CaCO_3$ ② Ni
③ Al   ④ Mn

해설 피복 배합제

① 슬래그 생성제	㉠ 이산화망간 ㉤ 일미나이트	㉡ 산화티탄(TiO_2) ㉥ 알루미나	㉢ 형석 ㉦ 장석	㉣ 석회석 ㉧ 규사
② 아크 안정제	㉠ 산화티탄 ㉤ 자철광	㉡ 석회석 ㉥ 적철광	㉢ 규산칼륨 ㉦ 탄산소다(Na_2CO_3)	㉣ 규산나트륨
③ 고착제	㉠ 해초 ㉤ 규산칼륨	㉡ 당밀	㉢ 아교	㉣ 카제인
④ 탈산제	㉠ 바나듐-철 ㉤ 망간철	㉡ 규소-철 ㉥ 알루미늄	㉢ 티탄-철	㉣ 크롬-철
⑤ 가스 발생제	㉠ 석회석 ㉤ 셀룰로오스	㉡ 탄산바륨	㉢ 톱	㉣ 녹말
⑥ 합금첨가제	㉠ 바나듐-철 ㉤ 산화제1구리	㉡ 규소-철	㉢ 망간-철	㉣ 크롬-철

문제 09 강의 연화 및 내부응력 제거를 목적으로 하는 열처리는?
① 불림   ② 풀림
③ 침탄법   ④ 질화법

해설 열처리
① 담금질=퀜칭=소입 : A_3 및 Acm 변태에서 30~50℃ 가열 후 수냉 시키는 방법. 경도 및 강도 증가
② 뜨임=템퍼링=소려 : 인성증가
③ 풀림=어닐링=소둔 : 가공응력 및 내부응력제거
④ 불림=노멀라이징=소준 : A_3 및 Acm 변태에서 30~50℃ 가열 후 공냉 시키는 방법. 가공조직의 균일화, 결정립의 미세화, 기계적 성질의 향상

 07. ③   08. ①   09. ②

문제 10

용접금속의 응고 직후에 발생하는 균열로서 주로 결정입계에 생기며 300℃ 이상에서 발생하는 균열을 무슨 균열이라고 하는가?

① 저온균열
② 고온균열
③ 수소균열
④ 비드밑균열

해설 **비드밑 균열** : 용접비드나 비로 밑에서 용접선에 아주 가까이 거의 평행하게 모재 영향부에 생기는 균열
라미네이션 균열 : 모재의 재질결함으로서 강괴일 때 기포가 압연되어 생기는 것으로 설퍼벤드와 같은 층상으로 편재되어 있어 강재 내부에 노치를 형성하는 균열
라멜라티어 균열 : T이음, 모서리 이음 등에서 강의 내부에 평행하게 층상으로 발생되는 균열

문제 11

도면의 분류 중 내용에 따른 분류에 해당되지 않는 것은?

① 기초도
② 스케치도
③ 계통도
④ 장치도

해설 **도면의 종류**
(1) 사용 목적에 따른 분류
 ① 계획도(scheme drawing) : 제작도를 그리기 전에 그리는 도면으로 설계자의 생각이 잘 나타나 있으며, 만들고자 하는 물품의 계획을 나타낸 도면
 ② 제작도(manufature drawing) : 설계 제품을 제작할 때에 사용하는 도면으로, 설계자의 최종적인 의도를 충분히 전달하여 제작에 반영하기 위해서 사용하는 도면. 주로 부품도와 조립도가 필요하다.
 ③ 견적도(estimation drawing) : 만드는 사람이 견적서에 첨부하여 주문할 사람에게 주문품의 내용을 설명하는 도면.(가격 표시)
 ④ 주문도(drawing for order) : 주문서에 첨부하여 주문하는 사람의 요구 내용을 만드는 사람에게 제시하는 도면.(물품의 모양, 정밀도, 기능 등의 개요 표시)
 ⑤ 승인도(approved drawing) : 만드는 사람이 주문하는 사람 또는 다른 관계자의 검토를 거쳐 승인을 받아 제작과 계획을 하기 위한 도면
 ⑥ 설명도(explanation drawing) : 제품의 구조, 작동 원리, 기능, 취급 방법 등의 설명이 목적이 도면.(예 : 카탈로그)
(2) 내용에 따른 분류
 ① 스케치도(sketch drawing) : 실물이나 새로 구상 중인 제품을 프리핸드로 그린 도면으로 필요한 사항을 기입하여 완성한 도면.
 ② 조립도(assembly drawing) : 기계나 구조물의 전체적인 조립 상태를 나타내는 도면으로 조립도에는 주로 조립에 필요한 치수만을 기입한다.
 ③ 부분조립도(partial assembly drawing) : 규모가 크거나 복잡한 기계를 한 장의 조립도로 그리기 어려울 때에 몇 개의 부분으로 나누어 나타내는 도면. 특히, 각 부분의 자세한 조립 상태를 잘 알 수 있다.

10. ② 11. ③

④ 부품도(part drawing) : 부품(제품)을 구성하는 각 부품에 대하여 상세하게 그린 도면.
⑤ 공정도(process drawing) : 제조과정에서 거쳐야 할 공정의 가공방법, 사용공구 및 치수 등을 상세하게 나타내는 도면. 종류로는 공작 공정도, 제조 공정도, 실비 공정도 등이 있다.
⑥ 상세도(detail drawing) : 기계, 건축, 교량, 선박 등의 필요한 부분을 상세하게 나타내는 도면.
⑦ 전기 회로도(electric return drawing) : 전기 회로의 접속을 나타내는 도면으로, 전기 기기의 내부, 상호간의 접속 상태 및 기능을 나타내는 도면. 또는 접속도(electrical schematic diagram)라고도 한다.
⑧ 전자 회로도(former return drawing) : 전자 제품에서 여러 개의 전자 부품이 상호 접속된 상태를 나타내는 도면.
⑨ 배선도(wiring diagram) : 전선의 배치를 나타낸 도면으로, 전기 기기의 크기와 설치할 위치, 전선의 종별, 굵기, 수 및 배선의 위치 등을 기호와 문자 등으로 나타내는 도면
⑩ 배관도(wiring diagram) : 관의 배치를 표시하는 도면으로, 펌프, 밸브 등의 위치, 관의 굵기와 길이, 배관의 위치와 설치 방법 등을 자세히 나타내는 도면.
⑪ 화학 장치도 : 화학 장치나 화학 기계를 설계, 제도한 도면.
⑫ 화학 제조 공정도 : 화학제품을 만드는 작업의 흐름을 기계나 장치를 중심으로 알기 쉽게 그린 도면
⑬ 섬유 기계 장치도 : 실을 뽑는 방적 및 방사 장치. 천을 만드는 제포 장치, 천에 섬유 색깔을 주는 염색 가공 장치 등을 그린 도면.
⑭ 축로도 : 내화물로 노(爐)를 쌓고, 그 안에 용해 장치를 설치한 것을 설계, 제도한 도면.
그 밖에 기초도, 설치도, 배치도, 전개도, 외형도, 구조선도, 곡면선도, 장치도 등이 있다.
(3) 작성방법에 따른 방법
  ① 연필도(pencil drawing) : 제도 용지에 연필로 그린 도면으로, 주로 먹물 제도의 밑그림으로 사용.
  ② 먹물 제도(inked drawing) : 연필로 그린 도면을 바탕으로 먹물로 다시 그린 도면.
  ③ 착색도(colored drawing) : 구조, 재료 등의 상태를 쉽게 구별할 수 있도록 여러 가지 색을 엷게 칠한 도면
(4) 성격에 따른 분류
  ① 원도(original drawing) : 제도 용지에 연필로 직접 그린 그림이나 컴퓨터로 작성된 최초의 도면으로, 기본이 되는 도면.
  ② 트레이스도(traced drawing) : 원도 위에 트레이싱지(tracing paper)를 놓고 연필 또는 먹물 펜으로 옮겨 그린 도면으로, 청사진도 또는 백사진도의 원본이 되며, 사도라고도 한다.
  ③ 복사도(copy drawing) : 트레이스도를 원본으로 하여, 이것을 감광지에 복사한 도면. 복사도의 종류에는 청사진, 백사진 및 전자 복사도 등이 있다.

문제 12

KS에서 일반 구조용 압연강재의 종류로 옳은 것은?

① SS400
② SM45C
③ SM400A
④ STKM

해설 재료의 종류와 기호
① SS330, SS400, SS490, SS540 : 일반구조용 압연강재
② SM10C~SM58C : 기계구조용 탄소강재
③ SWS400A~SWS570 : 용접구조용 압연강재
④ STC1~STC7 : 탄소공구강재
⑤ SC360~SC480 : 탄소 주강품

문제 13

겹쳐진 부재에 홀(Hole) 대신 긴 홈을 만들어 용접 하는 것은?

① 필릿 용접
② 슬롯 용접
③ 맞대기 용접
④ 플러그 용접

문제 14

필릿 용접 끝단부를 매끄럽게 다듬질하라는 보조기호는?

①
②
③
④

해설 보조기호
① 끝단부를 매끄럽게 함 :
② 영구적인 덮개 판사용 :
③ 제거 가능한 덮개 판사용 : M
④ 현장용접 :
⑤ 온둘레용접 : MR
⑥ 온둘레 현장용접 :

문제 15

다음 [그림]과 같이 경사부가 있는 물체를 경사면의 실제 모양을 표시할 때 보이는 부분의 전체 또는 일부를 나타낸 투상도는?

① 주투상도
② 보조투상도
③ 부분투상도
④ 회전투상도

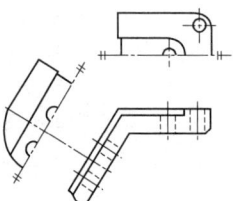

해답
12. ① 13. ② 14. ③ 15. ②

해설 투상도

등각 투상도	서로 120°를 이루는 3개의 기본 축에 정면, 평면, 측면을 하나의 투상면 위에서 동시에 볼 수 있도록 나타낸 입체도	
보조 투상도	경사면부가 있는 대상물에서 그 경사면의 실형을 나타낼 필요가 있는 경우에 그리는 투상도	
국부 투상도	대상물의 구멍, 홈 등과 같이 한부분의 모양을 도시	
부분 투상도	필요한 부분만을 투상하여 도시한다.	

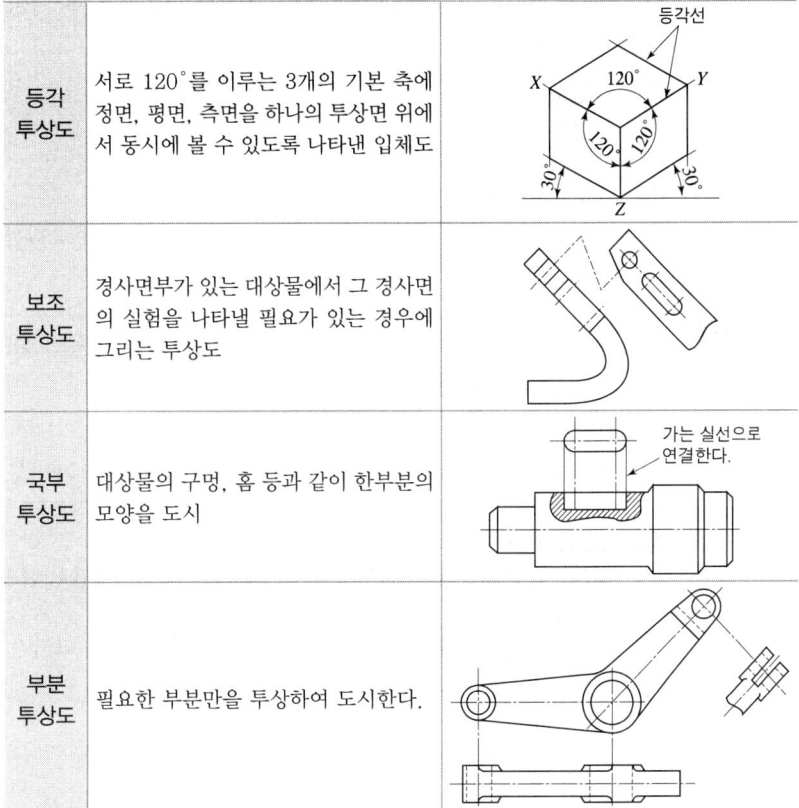

문제 16 가는 1점 쇄선의 용도에 의한 명칭이 아닌 것은?

① 중심선   ② 기준선
③ 피치선   ④ 숨은선

해설 용도에 따른 선의 종류

명칭	선의 용도	선의 종류
파단선	대상물의 일부를 파단한 경계	가는 실선
해칭선	도형된 한정된 특정 부분을 다른 부분과 구별	
치수선	치수 기입하기 위해	
치수보조선	치수 기입하기 위해 도형으로부터 끌어내는 선	
기준선	위치결정의 근거가 된다는 것을 명시	가는 일점 쇄선
절단선	절단위치를 대응하는 그림에 표시	
중심선	도면의 중심을 표시	
피치선	되풀이 하는 도형의 피치를 취하는 기호	
외형선	대상물이 보이는 부분의 모양을 표시	굵은 실선
특수지정선	특수한 가공을 하는 부분	굵은 일점 쇄선
가상선	가공전·후 표시, 인접부분 참고표시, 공구위치 참고표시	가는 일점 쇄선

해답 16. ④

문제 17

도면에서 2종류 이상의 선이 같은 장소에서 중복될 경우 가장 우선이 되는 선은?

① 외형선
② 숨은선
③ 절단선
④ 중심선

해설 선의 우선순위
① 외형선 ② 숨은선 ③ 절단선 ④ 중심선 ⑤ 무게 중심선 ⑥ 치수 보조선

문제 18

핸들이나 바퀴 등의 암 및 리브, 훅, 축, 구조물의 부재 등의 절단면을 표시하는데 가장 적합한 단면도는?

① 부분 단면도
② 한쪽 단면도
③ 회전도시 단면도
④ 조합에 의한 단면도

해설 단면도의 종류
① 회전단면도 : 핸들, 벨트풀리, 바퀴의 암, 후크의 절단한 단면모양을 90° 회전시킨다.
② 부분단면도 : 일부분을 잘라내고 필요한 내부모양을 그리기 위한 방법
③ 전(온)단면도 : 대칭형 물체의 $\frac{1}{2}$를 잘라낸다.
④ 반(한쪽)단면도 : 대칭형 물체의 $\frac{1}{4}$를 잘라낸다.
⑤ 전개도 : ㉠ 입체의 표면을 하나의 평면위에 놓은 도형
㉡ 상관선은 상관체에서 입체가 만난 경계선을 말한다.
㉢ 용도 : 자동차 부품상자, 책꽂이, 덕트 등

문제 19

투상도의 배열에 사용된 제1각법과 제3각법의 대표 기호로 옳은 것은?

① 제1각법 : 제3각법 :
② 제1각법 : 제3각법 :
③ 제1각법 : 제3각법 :
④ 제1각법 : 제3각법 :

해설 투상도의 배열
정투상도 : 기계도면에서 가장 많이 사용되는 방법이다.

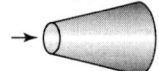

해답
17. ① 18. ③ 19. ①

㉠ 제1각법 : 대상물을 투상면의 앞쪽에 놓고 투상한다.(눈 → 물체 → 투상)

㉡ 제3각법 : 대상물을 투상면의 뒤쪽에 놓고 투상한다.(눈 → 투상 → 물체)

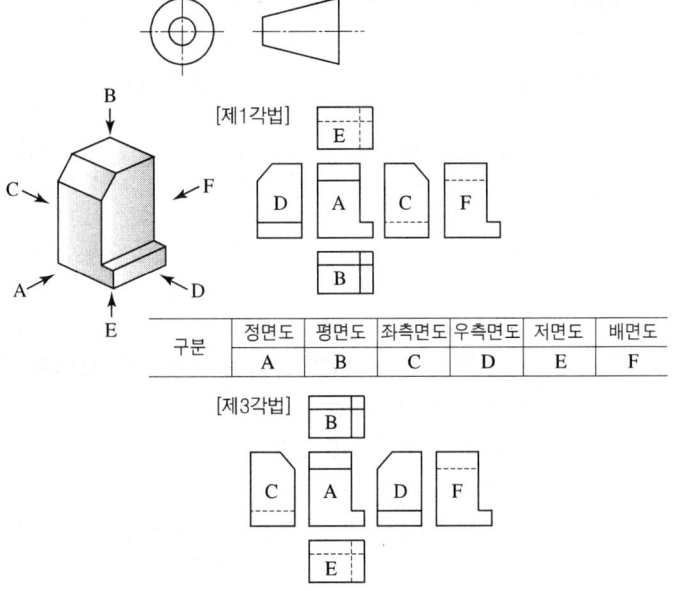

문제 20
도면의 치수 기입방법 중 지름을 나타내는 기호는?
① Sϕ ② SR
③ ( ) ④ ϕ

해설 치수의 표시방법
① 지름 : ϕ
② 반지름 : R
③ 구의 지름 : Sϕ
④ 구의 반지름 : SR
⑤ 정사각형 변 : □, 사용법 : □20
⑥ 판의 두께 : t, 사용법 : t10
⑦ 45° 모따기 : C, 사용법 : C3
⑧ 이론적으로 정확한 치수 : ▢, 사용법 : 12
⑨ 참고치수 : ( ), 사용법 : (12)

해답 20. ④

제 2 과목 용접구조설계

문제 21 용접결함 중 구조상의 결함이 아닌 것은?
① 균열 ② 언더컷
③ 용입 불량 ④ 형상 불량

해설 구조상 결함 : ① 오우버랩 ② 용입 불량 ③ 내부기공
④ 슬래그 혼입 ⑤ 언더컷 ⑥ 선상조직
⑦ 은점 ⑧ 균열 ⑨ 기공
치수상 결함 : ① 변형 ② 치수불량 ③ 형상불량

문제 22 맞대기 용접이음의 덧살은 용접이음의 강도에 어떤 영향을 주는가?
① 덧살은 응력집중과 무관하다.
② 덧살을 작게 하면 응력집중이 커진다.
③ 덧살을 크게 하면 피로강도가 증가한다.
④ 덧살은 보강 덧붙임으로써 과대한 경우 피로강도를 감소시킨다.

문제 23 용접 길이를 짧게 나누어 간격을 두면서 용접하는 방법으로 피용접물 전체에 변형이나 잔류응력이 적게 발생하도록 하는 용착법은?
① 스킵법 ② 후진법
③ 전진블록법 ④ 캐스케이드법

해설 용착법
일반적인 용착법으로 전진법, 후진법, 대칭법, 스킵법이 있으며, 다층 용접에 있어서는 빌드업법, 케스케이드법, 전진블록법

(a) 전진법 (b) 후퇴법 (c) 대칭법 (d) 스킵법

① 전진법 : 가장 간단한 방법으로서 이음의 한쪽 끝에서 다른 쪽 끝으로 용접 진행하는 방법이다. 이 방법으로 용접을 하면 시작 부분의 수축보다 끝나는 부분의 수축이 더 커지며, 잔류응력도 시작부분에 비하여 끝나는 부분 쪽이 더 크다.
② 후진법 : 용접 진행 방향과 용착 방법이 반대로 되는 방법이다. 두꺼운 판의 용접에 사용되며, 잔류 응력을 균일하게 하여 변형을 작게 할 수 있으나 능률이 좀 나쁘다. 후진의 단위길이는 구조물에 따라 자유롭게 선택한다.
③ 대칭법 : 이음의 전 길이를 분할하여 이음중앙에 대하여 대칭으로 용접을 실시하는 방법이다. 변형, 잔류 응력을 대칭으로 유지할 경우에 많이 사용된다.
④ 스킵법 : 이음의 전 길이에 대하여 뛰어 넘어서 용접하는 방법이다. 변형, 잔류

해답 21. ④ 22. ④ 23. ①

응력을 균일하게 하지만, 능률이 좋지 않으며, 용접 시작 부분과 끝나는 부분에 결함이 생길 때가 많다.

⑤ 빌드업법 : 용접 전 길이에 대하여 각 층을 연속하는 방법. 능률은 좋지 않지만 한랭시나 구속이 클 때, 판 두께가 두꺼울 때에는 첫 층에 균열이 생길 우려가 있다.

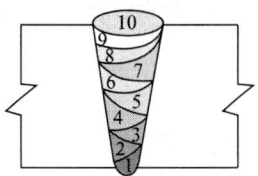

⑥ 케스케이드법 : 한 부분에 대해 몇 층을 용접하다가 다음 부분의 층으로 연속시켜 용접하며, 후진법과 병용하여 사용되며, 결함은 잘 생기지 않으나 특수한 경우 외에는 사용하지 않는다.

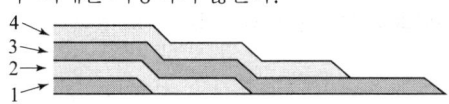

⑦ 블록법 : 짧은 용접 길이로 표면까지 용착하는 방법이며, 첫 층에 균열이 발생하기 쉬울 때 사용

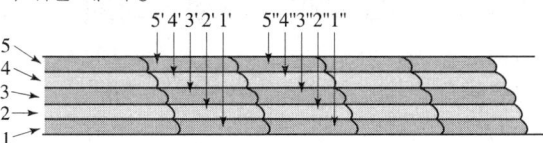

문제 24

용접 후 구조물에서 잔류 응력이 미치는 영향으로 틀린 것은?

① 용접 구조물에 응력부식이 발생한다.
② 박판 구조물에서는 국부 좌굴을 촉진한다.
③ 용접 구조물에서는 취성파괴의 원인이 된다.
④ 기계 부품에서 사용 중에 변형이 발생되지 않는다.

해설 용접 후 구조물에서 잔류응력이 미치는 영향
① 용접 구조물에서는 취성파괴의 원인이 된다.
② 박판 구조물에서는 국부 좌굴을 촉진한다.
③ 용접 구조물에 응력부식이 발생한다.

문제 25

용접 구조물의 강도 설계에 있어서 가장 주의해야 할 사항은?

① 용접봉 　　　　　　　② 용접기
③ 잔류응력 　　　　　　④ 모재의 치수

해설 용접구조물의 강도 설계에 있어서 가장 주의해야 할 사항 : 잔류응력

해답 24. ④　25. ③

문제 26 비드가 끊어졌거나 용접봉이 짧아져서 용접이 중단될 때 비드 끝부분이 오목하게 된 부분을 무엇이라고 하는가?
① 언더컷
② 앤드탭
③ 크레이터
④ 용착금속

문제 27 용접구조물의 수명과 가장 관련이 있는 것은?
① 작업률
② 피로 강도
③ 작업 태도
④ 아크 타임률

해설 용접구조물의 수명과 가장 관련이 있는 것 : 피로 강도

문제 28 완전 용입된 평판 맞대기 이음에서 굽힘 응력을 계산하는 식은?(단, σ : 용접부의 굽힘 응력, M : 굽힘 모멘트, l : 용접 유효길이, h : 모재의 두께로 한다.)
① $\sigma = \dfrac{4M}{lh^2}$
② $\sigma = \dfrac{4M}{lh^3}$
③ $\sigma = \dfrac{6M}{lh^2}$
④ $\sigma = \dfrac{6M}{lh^3}$

해설 맞대기 이음에서 굽힘 응력 $\left(\sigma = \dfrac{6M}{lh^2}\right)$

문제 29 용접부 결함의 종류가 아닌 것은?
① 기공
② 비드
③ 융합 불량
④ 슬래그 섞임

해설 **용접 결함**
① 오우버랩 ② 용입불량 ③ 융합불량 ④ 내부기공
⑤ 슬래그 혼입 ⑥ 언더컷 ⑦ 균열

문제 30 맞대기 용접 이음 홈의 종류가 아닌 것은?
① I형 이음
② V형 이음
③ U형 이음
④ T형 이음

26. ③ 27. ② 28. ③ 29. ② 30. ④

해설 맞대기 용접 이음 홈의 종류
① I형 : 맞대기 용접에서 가장 얇은 박판에 사용
② V형 : 맞대기 용접에서 한 쪽방향의 완전한 용입을 얻고자 할 때
③ X형 : 이음 홈 형상 중에서 동일한 판 두께에 대하여 가장 변형이 적게 설계된 것
④ H형 : X형 홈과 같이 양면용접이 가능한 경우에 용착금속의 양과 패스 수를 줄일 목적으로 사용되며 모재가 두꺼울수록 유리한 홈의 형상
⑤ U형 : V형에 비해 홈의 폭이 좁아도 되고 또한 루트간격을 0으로 해도 작업성과 용입이 좋으며 한 쪽에서 용접하여 충분한 용입을 얻을 필요가 있을 때 사용

문제 31 용접 이음을 설계할 때 주의사항으로 틀린 것은?
① 위보기 자세 용접을 많이 하게 한다.
② 강도상 중요한 이음에서는 완전 용입이 되게 한다.
③ 용접 이음을 한 곳으로 집중되지 않게 설계한다.
④ 맞대기 용접에는 양면용접을 할 수 있도록 하여 용입 부족이 없게 한다.

해설 용접 이음을 설계시 주의사항
① 같은 평면 안에 많은 이음에 있을 때에는 수축은 가능한 한 자유단으로 보낸다.
② 용접물 중심에 대하여 항상 대칭으로 용접을 진행시킨다.
③ 수축이 큰 이음을 가능한 한 먼저 용접하고 수축이 작은 이음을 뒤에 용접한다.
④ 용접물의 중립축을 생각하고 그 중립축에 대하여 용접으로 인한 수축력 모멘트의 합이 0이 되도록 한다. 이렇게 하면 용접선 방향에 대한 굴곡(굽힘)이 없어진다.
⑤ 리벳(rivet)과 용접이 동시에 할 때에는 용접을 먼저 한다. 이는 용접열에 의하여 리벳구멍이 늘어나지 않도록 하기 위함이다.
⑥ 아래보기 자세 용접을 많이 하게 한다.
⑦ 강도상 중요한 이음에서는 완전 용입이 되게 한다.
⑧ 용접 이음을 한 곳으로 집중되지 않게 한다.
⑨ 맞대기 용접에는 양면용접을 할 수 있도록 하여 용입 부족이 없게 한다.

문제 32 연강 판의 양면 필릿(fillet)용접 시 용접부의 목길이는 판 두께의 얼마 정도로 하는 것이 가장 좋은가?
① 25%
② 50%
③ 75%
④ 100%

해설 연강 판의 양면 필릿 용접시 용접부의 목길이는 판 두께의 75%로 함

해답
31. ① 32. ③

문제 33

맞대기 용접이음에서 강판의 두께 6mm, 인장하중 60kN을 작용시키려 한다. 이때 필요한 용접 길이는?(단, 허용 인장응력은 500MPa이다.)

① 20mm ② 30mm
③ 40mm ④ 50mm

해설
$$\sigma = \frac{P}{tl}$$
$$\therefore l = \frac{P}{\sigma \times t} = \frac{60 \times 1000\text{N}}{500 \times 6} = 20\text{mm}$$

문제 34

용융금속의 용적이행 형식인 단락형에 관한 설명으로 옳은 것은?

① 표면장력의 작용으로 이행하는 형식
② 전류소자 간 흡인력에 이행하는 형식
③ 비교적 미세 용적이 단락되지 않고 이행하는 형식
④ 미세한 용적이 스프레이와 같이 날려 이행하는 형식

해설 용적 이행 형식
① 단락형 : ㉠ 표면장력의 작용으로 모재로 옮겨가서 융착
          ㉡ 저수소계 용접봉
② 스프레이형 : ㉠ 미세한 용적이 스프레이와 같이 날려 보내어 옮겨가서 융착
              ㉡ 일미나이트계 피복용접봉
③ 글로불러형 : ㉠ 비교적 큰 용적이 옮겨가서 융착

문제 35

다음 중 가장 얇은 판에 적용하는 용접 홈 형상은?

① H형 ② I형
③ K형 ④ V형

해설 문제 30번 참고

문제 36

현장용접으로 판 두께 15mm를 위보기 자세로 20m 맞대기 용접할 경우 환산 용접 길이는 몇 m 인가?(단, 위보기 맞대기 용접 환산계수는 4.80이다.)

① 4.1 ② 24.8
③ 96   ④ 152

해설 환산 용접 길이 $= 20\text{m} \times 4.8 = 96\text{m}$

해답 33. ① 34. ① 35. ② 36. ③

문제 37 용접부의 피로강도 향상법으로 옳은 것은?
① 덧붙이 용접의 크기를 가능한 최소화한다.
② 기계적 방법으로 잔류응력을 강화한다.
③ 응력 집중부에 용접 이음부를 설계한다.
④ 야금적 변태에 따라 기계적인 강도를 낮춘다.

해설 **용접부의 피로강도 향상법** : 덧붙이 용접의 크기를 가능한 최소화한다.

문제 38 용접부의 결함을 육안검사로 검출하기 어려운 것은?
① 피트   ② 언더컷
③ 오버랩   ④ 슬래그 혼입

문제 39 고셀룰로스계(E4311)용접봉의 특징으로 틀린 것은?
① 슬래그 생산량이 적다.
② 비드 표면이 양호하고 스패터의 발생이 적다.
③ 아크는 스프레이 형상으로 용입이 비교적 양호하다.
④ 가스 실드에 의한 아크분위기가 환원성이므로 용착금속의 기계적 성질이 양호하다.

해설 문제6번 참고

문제 40 비드 바로 밑에서 용접선과 평행되게 모재 열영향부에 생기는 균열은?
① 층상 균열   ② 비드 밑 균열
③ 크레이터 균열   ④ 라미네이션 균열

해설 **크레이터 균열** : 용접비드의 끝에서 발생하는 고온균열로서 냉각속도가 지나치게 빠른 경우 발생
설퍼크랙 : 강중의 황이 층상으로 존재하는 유황벤드가 심한 모재를 서브머지드 아크 용접시 나타나는 균열
루트 균열 : 맞대기용접의 가접, 첫층 용접의 루트 근방의 열영향부에 발생하는 균열
힐 균열 : 필릿시 루트부분에 발생하는 저온균열이며 모재의 수축, 팽창에 의한 뒤틀림이 주요원인
토우 균열 : 맞대기이음, 필릿이음 등의 경우에 비드표면과 모재의 경계부에서 발생

37. ① 38. ④ 39. ② 40. ②

제 3 과목 용접일반 및 안전관리

문제 41

용해 아세틸렌가스를 충전하였을 때의 용기 전체의 무게가 65kgf이고, 사용 후 빈병의 무게가 61kgf였다면, 사용한 아세틸렌가스는 몇 리터(L)인가?

① 905
② 1810
③ 2715
④ 3620

해설 용해 아세틸렌의 양 = $905(A-B) = 905(65-61) = 3620l$

문제 42

아크 용접에서 피복 배합제 중 탈산제에 해당되는 것은?

① 산성 백토
② 산화티탄
③ 페로망간
④ 규산나트륨

해설 피복 배합제의 종류

① 탈산제 (바실티크망알)	㉠ 페로망간(Fe-Mn)	㉡ 페로티탄(Fe-Ti)	
	㉢ 페로바나듐(Fe-V)	㉣ 페로크롬(Fe-Cr)	
	㉤ 페로실리콘(Fe-Si)	㉥ Al	㉦ Mg
② 아크 안정제 (산석규자석)	㉠ 석회석(CaCO₃)	㉡ 규산칼륨(K₂SiO₃)	
	㉢ 규산나트륨(Na₂SiO₃)	㉣ 산화티탄(TiO₂)	
	㉤ 적철광	㉥ 자철광	㉦ 탄산소다
③ 합금첨가제 (바크망실산규)	㉠ 페로망간	㉡ 페로실리콘	㉢ 페로크롬
	㉣ 산화니켈	㉤ 페로바나듐	㉥ 산화몰리브덴
	㉦ 구리		
④ 가스 발생제 (석탄톱녹)	㉠ 석회석	㉡ 탄산바륨	㉢ 톱밥
	㉣ 녹말	㉤ 셀룰로오스	
⑤ 슬래그 생성제 (이산형석일알장규)	㉠ 이산화망간	㉡ 산화철	㉢ 산화티탄
	㉣ 형석	㉤ 석회석	㉥ 일미나이트
	㉦ 알루미나	㉧ 규사	㉨ 장석
⑥ 고착제 (해당아카규)	㉠ 해초	㉡ 당밀	㉢ 아교
	㉣ 카제인	㉤ 규산칼륨	

문제 43

TIG, MIG, 탄산가스 아크 용접 시 사용하는 차광렌즈 번호로 가장 적당한 것은?

① 4~5
② 6~7
③ 8~9
④ 12~13

해설 TIG, MIG, 탄산가스 아크 용접 시 사용하는 차광렌즈 번호
12~13번

해답
41. ④   42. ③   43. ④

문제 44 전격방지기가 설치된 용접기의 가장 적당한 무부하 전압은?

① 25V 이하
② 50V 이하
③ 75V 이하
④ 상관없다.

해설 전격방지기가 설치된 용접기의 무부하 전압
20~30V

문제 45 피복 아크 용접에 사용되는 피복 배합제의 성질을 작용면에서 분류한 것으로 틀린 것은?

① 아크 안정제는 아크를 안정시킨다.
② 가스 발생제는 용착금속의 냉각속도를 빠르게 한다.
③ 고착제는 피복제를 단단하게 심선에 고착시킨다.
④ 합금제는 용강 중에 금속원소를 첨가하여 용접금속의 성질을 개선한다.

해설 **피복제의 역할**
① 전기절연작용　　② 공기 중 산화, 질화 방지
③ 아크 안정　　　 ④ 슬래그 제거를 쉽게 한다.
⑤ 탈산정련 작용　 ⑥ 합금원소 첨가
⑦ 용착금속의 효율을 높인다.　⑧ 스패터 발생을 적게 한다.
⑨ 용착금속의 냉각속도를 느리게 한다.

문제 46 납땜에서 경납용으로 쓰이는 용제는?

① 붕사
② 인산
③ 염화아연
④ 염화암모니아

해설 **연납봉 용제** : ① 인산　② 염산　③ 염화아연　④ 염화암모늄
경납용 용제 : ① 붕사　② 붕산　③ 염화나트륨　④ 염화리튬
　　　　　　　⑤ 산화제일구리　⑥ 빙정석

문제 47 교류 아크 용접기의 용접전류 조정범위는 정격 2차 전류의 몇 % 정도인가?

① 10~20%
② 20~110%
③ 110~150%
④ 160~200%

해설 교류 아크 용접기의 용접전류 조정범위 : 20~110%

44. ①　45. ②　46. ①　47. ②

문제 48 용접하고자 하는 부위에 분말형태의 플럭스를 일정 두께로 살포하고, 그 속에 전극 와이어를 연속적으로 송급하여 와이어 선단과 모재 사이에 아크를 발생시키는 용접법은?

① 전자빔 용접
② 서브머지드 아크 용접
③ 불활성 가스 금속 아크 용접
④ 불활성 가스 텅스텐 아크 용접

해설 서브머지드 아크 용접

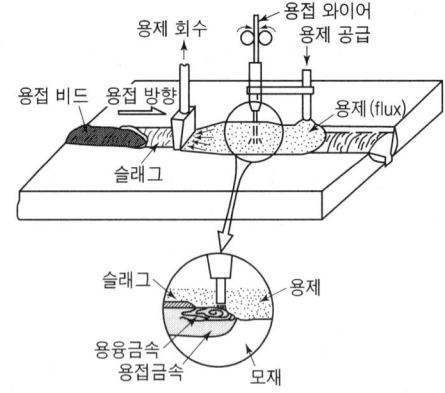

원리	자동 금속아크 용접법으로 모재의 이음표면에 미세한 입상의 용제를 공급하고, 용제 속에 연속적으로 전극와이어를 송급하여 모재 및 전극와이어를 용융시켜 용접부를 대기로부터 보호하면서 용접하는 방법으로 일명 잠호용접이라고 한다. 상품명으로는 링컨용접, 유니언멜트용접이라고 불리운다.
장점	① 콘텍트 팁에서 통전되므로 와이어 중에 저항 열이 적게 발생되어 고전류 사용이 가능하다. ② 용융 속도 및 용착속도가 빠르다. ③ 용입이 깊다. ④ 작업 능률이 수동에 비하여 판두께 12mm에서 2~3배, 25mm에서 5~6배, 50mm에서 8~12배 정도가 높다. ⑤ 개선각을 적게 하여 용접 패스(pass)수를 줄일 수 있다. ⑥ 기계적 성질이 우수하다. ⑦ 유해광선이나 퓸(fume) 등이 적게 발생되어 작업환경이 깨끗하다. ⑧ 비드 외관이 매우 아름답다.
단점	① 장비의 가격이 고가이다. ② 용접 적용 자세에 제약을 받는다. ③ 용접 재료에 제약을 받는다. ④ 개선 홈의 정밀을 요한다.(팩킹재 미 사용시 루트간격 0.8mm 이하) ⑤ 용접 진행 상태의 양·부를 육안식별이 불가능하다. ⑥ 용접선이 짧거나 복잡한 경우 수동에 비하여 비능률적이다.

문제 49 피복 아크 용접 시 안전홀더를 사용하는 이유로 옳은 것은?

① 고무장갑 대용
② 유해가스 중독 방지
③ 용접작업 중 전격예방
④ 자외선과 적외선 차단

해답 48. ② 49. ③

해설 피복아크 용접 시 안전홀더를 사용하는 이유 : 용접작업 중 전격예방

문제 50
불활성 가스 텅스텐 아크용접의 특징으로 틀린 것은?
① 보호가스가 투명하여 가시용접이 가능하다.
② 가열범위가 넓어 용접으로 인한 변형이 크다.
③ 용제가 불필요하고 깨끗한 비드외관을 얻을 수 있다.
④ 피복아크용접에 비해 용접부의 연성 및 강도가 우수하다.

해설 불활성가스 텅스텐 아크 용접의 특징

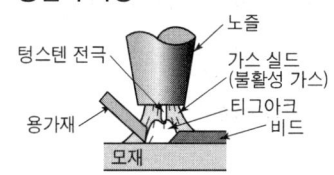

TIG용접의 원리

원리	모재와 텅스텐 전극사이에 용접전원과 아크를 쉽게 발생시키기 위한 고주파 발생장치가 접속되어 있으며 모재표면과 텅스텐 전극선단과의 사이에서 접촉하지 않아도 아크가 발생시켜 용접하는 방법.
장점	① 거의 모든 금속을 용접할 수 있으므로 응용범위는 넓다. ② 다른 용접의 용착부에 비해 연성, 강도, 내식성, 기밀성이 우수하다. ③ 모든 용접자세가 가능하며 특히 박판용접에서 능률이 좋다. ④ 박판(얇은판)에는 용가제(용접봉)를 사용하지 않아도 양호한 용접부가 얻어진다. ⑤ 불활성가스 분위기 속에는 저전압이라도 아크는 매우 안정되어 열의 집중효과가 양호하다. ⑥ 용제를 사용하지 않으므로 슬래그 제거가 불필요하다. ⑦ 산화, 질화 등을 방지할 수 있어 우수한 이음, 깨끗하고 아름다운 비드를 얻을 수 있다.
단점	① 불활성가스와 용접기의 가격이 비싸다. ② 운영비와 설치비가 많이 소요된다. ③ 후판용접에서는 능률이 떨어진다. ④ 바람의 영향을 크게 받으므로 방풍대책 필요하다.

※ 불활성(불활성) 가스란 : 화학 주기율표 O(18족)족에 속하는 He, Ne, Ar을 말한다. 즉, 이들은 화학결합을 할 수 없다.

종류	TIG용접
용극	비용극식, 비소모식
상품명	알곤아크, 헬륨(헬리)아크, 헬리웰드

문제 51
금속 원자 간에 인력이 작용하여 영구결합이 일어나도록 하기 위해서 원자 사이의 거리가 어느 정도 접근해야 하는가?
① 0.001mm
② 10^{-6}cm
③ 10^{-8}cm
④ 0.0001mm

50. ② 51. ③

해설 금속 원자 간에 인력이 작용하여 영구결합이 일어나도록 하기 위해서 원자 사이의 거리 10^{-8}cm정도 접근해야 함

문제 52 탄산가스 아크 용접에 대한 설명으로 틀린 것은?

① 용착금속에 포함된 수소량은 피복 아크 용접봉의 경우보다 적다.
② 박판 용접은 단락이행 용접법에 의해가능하고, 전자세 용접도 가능하다.
③ 피복 아크 용접처럼 용접봉을 갈아 끼우는 시간이 필요 없으므로 용접 생산성이 높다.
④ 용융지의 상태를 보면서 용접할 수가 없으므로 용접진행의 양·부 판단이 곤란하다.

해설 탄산가스 아크 용접

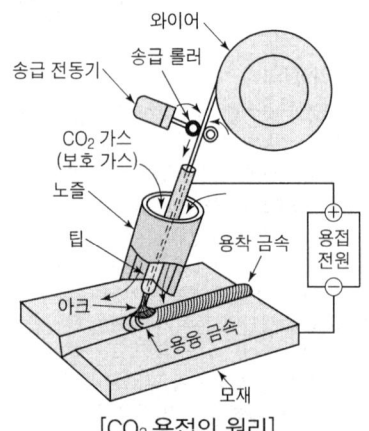

[CO_2 용접의 원리]

원리	불활성 가스 대신에 탄산가스(CO_2)를 이용한 용극식 용접 방법이고, 가시 아크이므로 아크 및 용융지의 상태를 보면서 용접하는 방법.
장점	① 전류밀도가 높다. ② 용입이 깊고 용접 속도를 빠르게 할 수 있다. ③ 용착 금속의 기계적 성질 및 금속학적 성질이 우수하다. ④ 박판용접(0.8mm까지)은 단락이행 용접법에 의해 가능하며, 전자세 용접도 가능하다. ⑤ 가시(可視) 아크이므로 시공이 편리하다. ⑥ 용제를 사용하지 않아 슬래그 혼입이 없고 용접 후의 처리가 간단하다. ⑦ 아크시간(용접 작업시간)을 길게 할 수 있다. ⑧ 용접진행의 양부를 판단할 수 없다.
단점	① 바람의 영향을 크게 받으므로 2m/sec 이상이면 방풍장치가 필요하다. ② 적용 재질이 철(Fe)계통으로 한정되어 있다. ③ 비드 외관은 피복아크 용접이나 서브머지드 아크 용접에 비해 약간 거칠다.

해답
52. ④

> **참고** 플럭스와이어 CO₂ 법
> ① 아코스 아크법 ② 퓨즈 아크법 ③ NCG법 ④ 유니온 아크법
> **솔리드와이어 혼합가스법**
> ① CO₂ – Ar법 ② CO₂ – O₂법 ③ CO₂ – Ar – O₂법
> **YGA – 50W – 1.2 – 20**
> ① Y : 용접와이어   ② G : 가스실드아크용접
> ③ A : 내후성 강용   ④ 50 : 용착금속의 취소 인장강도
> ⑤ W : 와이어의 화학성분   ⑥ 1.2 : 지름
> ⑦ 20 : 무게
> 탄산가스 가스유량 : 10~15l/min

문제 53
피복 아크 용접 시 전격방지에 대한 주의사항으로 틀린 것은?
① 작업을 장시간 중지할 때는 스위치를 차단한다.
② 무부하 전압이 필요 이상 높은 용접기를 사용하지 않는다.
③ 가죽장갑, 앞치마, 발 덮개 등 규정된 안전보호구를 착용한다.
④ 땀이 많이 나는 좁은 장소에서는 신체를 노출시켜 용접해도 된다.

문제 54
피복 아크 용접봉 기호와 피복제 계통을 각각 연결한 것 중 틀린 것은?
① E 4324 – 라임 티탄계   ② E 4301 – 일미나이트계
③ E 4327 – 철분산화철계   ④ E 4313 – 고산화티탄계

해설 피복제 계통(문제 6번 참고)

문제 55
불활성 가스 텅스텐 아크용접에서 일반 교류전원에 비해 고주파 교류전원이 갖는 장점이 아닌 것은?
① 텅스텐 전극봉이 많은 열을 받는다.
② 텅스텐 전극봉의 수명이 길어진다.
③ 전극을 모재에 접촉시키지 않아도 아크가 발생한다.
④ 아크가 안정되어 작업 중 아크가 약간 길어져도 끊어지지 않는다.

해설 불활성가스 텅스텐 아크용접에서 고주파 교류전원이 갖는 장점
① 텅스텐 전극봉의 수명이 길어진다.
② 아크가 안정되어 작업 중 아크가 약간 길어져도 끊어지지 않는다.
③ 전극을 모재에 접촉시키지 않아도 아크가 발생한다.

해답
53. ④ 54. ① 55. ①

문제 56
피복 아크 용접에서 용접부의 보호방식이 아닌 것은?
① 가스 발생식
② 슬래그 생성식
③ 반가스 발생식
④ 스프레이 발생식

해설 피복 아크 용접에서 용접부의 보호방식
① 가스 발생식   ② 반가스 발생식   ③ 슬래그 생성식

문제 57
활성가스를 보호가스로 사용하는 용접법은?
① SAW 용접
② MIG 용접
③ MAG 용접
④ TIG 용접

문제 58
피복 아크 용접에서 직류정극성의 설명으로 틀린 것은?
① 용접봉의 용융이 늦다.
② 모재의 용입이 얕아진다.
③ 두꺼운 판의 용접에 적합하다.
④ 모재를 +극에, 용접봉을 −극에 연결한다.

해설 **직류정극성**(DCSP)
① 후판용접(두꺼운 판 용접)에 적당 ② 비드 폭이 좁다.
③ 용입이 깊다.   ④ 용접봉의 용융속도가 느리다.
⑤ 모재(+) 70% 열, 용접봉(−) 30% 열

참고 **직류역극성**(DCRP)
① 박판용접에 적합   ② 비드 폭이 넓다.
③ 용입이 얕다.   ④ 용접봉의 용융속도가 빠르다.
⑤ 용접봉(+) 70% 열, 모재(−) 30% 열

문제 59
브레이징(Brazing)은 용가재를 사용하여 모재를 녹이지 않고 용가재만 녹여 용접을 이행하는 방식인데, 몇 ℃ 이상에서 이행하는 방식인가?
① 150℃
② 250℃
③ 350℃
④ 450℃

해설 브레이징은 용가재를 사용하여 모재를 녹이지 않고 용가재만 녹여 450℃ 이상에서 이행하는 방식

해답 56. ④   57. ③   58. ②   59. ④

문제 60 고장력강용 피복아크 용접봉 중 피복제의 계통이 특수계에 해당되는 것은?

① E 5000
② E 5001
③ E 5003
④ E 5026

60. ①

2016년 8월 21일 시행

제 1 과목   용접야금 및 용접설비제도

문제 01

용착금속이 응고할 때 불순물이 한 곳으로 모이는 현상은?

① 공석 ② 편석
③ 석출 ④ 고용체

해설 **공석** : 두 가지 종류 이상의 원소가 동시에 석출되는 경우
석출 : 결정형 고체가 녹은 용액에서 결정이 만들어 지는 것
고용체 : 결정구조내의 특정한 원자의 자리가 두 개 혹은 그 이상의 다른 원소들이 다양한 비로 점유되는 결정구조

문제 02

알루미늄과 그 합금의 용접성이 나쁜 이유로 틀린 것은?

① 비열과 열전도도가 대단히 커서 수축량이 크기 때문
② 용융 응고시 수소 가스를 흡수하여 기공이 발생하기 쉽기 때문
③ 강에 비해 용접 후의 변형이 커 균열이 발생하기 쉽기 때문
④ 산화 알루미늄의 용융온도가 알루미늄의 용융온도보다 매우 낮기 때문

해설 알루미늄 용융점 660℃이고, 산화알루미늄은 2050℃로서 산화알루미늄이 용융점이 높기 때문에 용접성이 저하
알루미늄과 그 합금의 용접성이 나쁜 이유
① 강에 비해 용접 후의 변형이 커 균열이 발생하기 쉽기 때문에
② 용융 응고시 수소 가스를 흡수하여 기공이 발생하기 쉽기 때문
③ 비열과 열전도도가 대단히 커서 수축량이 크기 때문

문제 03

잔류응력 제거법 중 잔류응력이 있는 제품에 하중을 주어 용접부위에 약간의 소성변형을 일으킨 다음 하중을 제거하는 방법은?

① 피닝법 ② 노내 풀림법
③ 국부 풀림법 ④ 기계적 응력 완화법

해설 **용접 후 처리**
① 기계적 응력완화법 : 잔류응력이 있는 제품에 하중을 주어 용접부에 약간의 소

해답 01. ②   02. ④   03. ④

성변형을 일으킨 다음, 하중에 제거하는 방법
② 저온 응력완화법 : 용접선 양측을 가스불꽃에 의해 너비 약 150mm를 150~200℃정도의 비교적 낮은 온도를 가열한 다음 곧 수냉하는 방법
③ 피닝법 : 해머로써 용접부를 연속적으로 때려 용접표면에 소성변형을 주는 방법
④ 국부풀림법 : 제품이 커서 노내에 넣을 수 없을 때 또는 설비, 용량 등으로 노내 풀림을 바라지 못할 경우에 용접부 근처만 풀림
⑤ 노내 풀림법 : 제품 전체를 가열로 안에 넣고 적당한 온도에서 일정시간 유지한 다음 노내에서 서냉

문제 04

예열 및 후열의 목적이 아닌 것은?

① 균열의 방지
② 기계적 성질 향상
③ 잔류응력의 경감
④ 균열 감수성의 증가

해설 예열의 목적
① 용접금속 및 열영향부의 연성 또는 인성을 향상
② 용접부의 수축변형 및 잔류응력을 경감
③ 금속 중의 수소를 방출시켜 균열의 방지
④ 용접의 작업성 개선
⑤ 열영향부 균열 방지
⑥ 기계적 성질 향상
⑦ 용접부의 냉각속도를 느리게 하여 결함방지

문제 05

서브머지드 아크 용접시 용융지에서 금속정련 반응이 일어날 때 용접금속의 청정도 및 인성과 매우 깊은 관계가 있는 것은?

① 플럭스(flux)의 입도
② 플럭스(flux)의 염기도
③ 플럭스(flux)의 소결도
④ 플럭스(flux)의 용융도

해설 플럭스의 염기도 : 서브머지드 아크 용접시 용융지에서 금속정련 반응이 일어날 때 용접금속의 청정도 및 인성과 관계가 있다.

문제 06

적열 취성에 가장 큰 영향을 미치는 것은?

① S
② P
③ H_2
④ N_2

해설 S(황) : 적열 취성(메짐)의 원인, 800~900℃
P(인) : 청열 취성, 200~300℃
H(수소) : ① 수소 취성 ② 은점 ③ 헤어크랙 ④ 선상조직

04. ④ 05. ② 06. ①

문제 07

6 : 4 황동에 1~2% Fe를 첨가한 것으로 강도가 크며 내식성이 좋아 광산기계, 선박용 기계, 화학기계 등에 이용되는 합금은?

① 톰백
② 라우탈
③ 델타메탈
④ 네이벌 황동

해설 합금
① 일렉트론 : Al + Zn + Mg
② 하이드로날륨 : Al + Mg : 선박용 부품, 조리용 기구, 화학용 부품
③ 두랄루민 : Al + Cu + Mg + Mn
④ Y합금 : Al + Cu + Mg + Ni : 실린더헤드, 피스톤에 사용
⑤ 실루민 : Al + Si
⑥ 라우탈 : Al + Cu + Si
⑦ 켈밋 : Cu + Pb(30~40%) : 베어링에 사용
⑧ 양은 : 7:3 황동 + Ni(10~20%)
⑨ 델타메탈(철황동) : 6:4 황동 + Fe(1~2%) : 선박용 기계, 광산용 기계, 화학용 기계, 보조금, 판 및 선
⑩ 에드미럴티 : 7:3 황동 + Sn(1~2%) : 증발기, 열교환기에 사용, 탈아연 부식 억제, 내수성 및 내해수성 증대
⑪ 네이벌 : 6:4 황동 + Sn(1~2%) : 파이프, 선박용 기계
⑫ 문쯔메탈 : Cu(60%) + Zn(40%) : 열교환기, 열간단조품, 탄피
⑬ 톰백 : Cu(80%) + Zn(20%) : 화폐, 메달에 사용
⑭ 레드브레스 : Cu(85%) + Zn(15%) : 장식품에 사용
⑮ 모넬메탈 : Ni(65~70%) + Fe(1~3%) : 터빈 날개, 펌프 임펠러 등에 사용
⑯ 인코넬 : Ni(70~80%) + Cr(12~14%) : 열전쌍보호관, 진공관 필라멘트
⑰ 플래티나이트 : Ni(40~50%) + Fe : 진공관이나 전구의 도입선
⑱ 콘스탄탄 : Cu(55%) + Ni(45%) : 통신기자재, 저항선, 전열선
⑲ 쾌삭황동 : 황동 + 납(1.5~3%)
⑳ 하드필드강 : 주강 + 망간(10~14%)
㉑ 고속도강 : W(18) + Cr(4) + V(1)

문제 08

강의 오스테나이트 상태에서 냉각 속도가 가장 빠를 때 나타나는 조직은?

① 펄라이트
② 소르바이트
③ 마텐자이트
④ 트루스타이트

해설 마텐자이트 > 트루스타이트 > 솔바이트 > 펄라이트 > 오스테나이트 > 페라이트
경도가 높을수록 냉각속도도 빠르다.
용접성이 가장 좋은 것 : 오스테나이크계 = 18-8스텐레스강

해답 07. ③ 08. ③

문제 09 용접시 수소 원소에 의한 영향으로 옳은 것은?
① 수소는 용해도가 매우 높아 용접시 쉽게 흡수된다.
② 용접 중에 흡수되는 대부분의 수소는 기체 수소로부터 공급된다.
③ 수소는 용접시 냉각 중에 균열 또는 은점 형성의 원인이 된다.
④ 응력이 존재한 경우 격자 결함은 원자수소의 인력으로 작용하여 응력계 (stress-system)를 증가시켜 탄성 인자로 작용한다.

해설 수소 : ① 수중용접 ② 은점 ③ 선상조직 ④ 헤어크랙 ⑤ 수소 취성(탈탄작용)

문제 10 스테인리스강에서 용접성이 가장 좋은 계통은?
① 페라이트계
② 펄라이트계
③ 마텐자이트계
④ 오스테나이트계

문제 11 기계나 장치 등의 실체를 보고 프리핸드(free hand)로 그린 도면은?
① 스케치도
② 부품도
③ 배치도
④ 기초도

해설 프리핸드법 : 모눈종이 이용
프린트법 : 광명단을 발라 스케치 용지에 찍는 법
스케치도 : 동일 부품의 재제작 시 파손된 부품을 교체하고자 할 때, 개선된 부품으로 고안하고자 할 때, 모눈종이 또는 제도용지에 척도에 상관없이 프리핸드로 그리는 것

문제 12 대상물의 보이지 않는 부분을 표시하는데 쓰이는 선의 종류는?
① 굵은 실선
② 숨은선
③ 가는 실선
④ 가는 이점쇄선

해설 용도에 따른 선의 종류

명칭	선의 용도	선의 종류
외형선	대상물이 보이는 부분의 모양을 표시	굵은 실선
치수선	치수 기입하기 위해	가는 실선
치수보조선	치수 기입하기 위해 도형으로부터 끌어내는 선	
파단선	대상물의 일부를 파단한 경계 표시	
해칭선	도형된 한정된 특정 부분을 다른 부분과 구별	
중심선	도면의 중심을 표시	가는 1점 쇄선
기준선	위치결정의 근거가 된다는 것을 명시	
피치선	되풀이 하는 도형의 피치를 취하는 기호	

09. ③ 10. ④ 11. ④ 12. ②

명칭	선의 용도	선의 종류
절단선	절단위치를 대응하는 그림에 표시	가는 1점 쇄선
가상선	인접부분 참고표시, 공구위치 참고표시, 가공전·후 표시	가는 2점 쇄선
특수지정선	특수한 가공을 하는 부분 등	굵은 1점 쇄선
특수한 용도의 선	얇은 부분의 단면도시를 명시	아주 굵은 실선

숨은선 : 대상물의 보이지 않는 부분을 나타내는 선

문제 13
가는 실선으로 사용하는 선이 아닌 것은?
① 지시선
② 수준면선
③ 무게 중심선
④ 치수 보조선

문제 14
KS 재료기호 중 SM 45C의 설명으로 옳은 것은?
① 기계 구조용강 중에 45종이다.
② 재질강도가 45MPa인 기계 구조용강이다.
③ 탄소 함유량 4.5%인 기계 구조용 주물이다.
④ 탄소 함유량 0.45%인 기계 구조용 탄소강재이다.

해설 SM 45C : 탄소 함유량 0.45%인 기계 구조용 탄소강재이다.

문제 15
투상법에 대한 설명으로 틀린 것은?
① 투상 : 대상물의 형태를 평면상에 투영하는 것을 말한다.
② 시선 : 시점과 공간에 있는 점을 연결하는 선 및 그 연장선을 말한다.
③ 투상선 : 시점과 대상물의 각 점을 연결하고 대상물의 형태를 투상면에 찍어내기 위해서 사용하는 선이다.
④ 시점 : 공간에 있는 점을 시점과 다른 방향으로 무한정 멀리했을 경우에 시점과 투상면과의 교점이다.

문제 16
실형의 물건에 광명단 등 도료를 달라 용지에 찍어 스케치하는 방법은?
① 본뜨기법
② 프린트법
③ 사진촬영법
④ 프리핸드법

해설 문제 11번 참고

해답 13. ③ 14. ④ 15. ④ 16. ②

문제 17 선을 긋는 방법에 대한 설명으로 틀린 것은?

① 1점 쇄선은 긴 쪽 선으로 시작하고 끝나도록 긋는다.
② 파선이 서로 평행할 때에는 서로 엇갈리게 그린다.
③ 실선과 파선이 서로 만나는 부분은 띄워지도록 그린다.
④ 평행선은 선 간격을 선 굵기의 3배 이상으로 하여 긋는다.

해설 선을 긋는 방법
① 실선과 파선이 서로 만나는 부분은 띄워지지 안ㄹ도록 그린다.
② 1점 쇄선은 긴 쪽 선으로 시작하고 끝나도록 긋는다.
③ 평행선은 선 간격을 선 굵기의 3배 이상하여 그린다.
④ 파선이 서로 평행할 때에는 서로 엇갈리게 그린다.

문제 18 도면으로 사용된 용지의 안쪽에 그려진 내용이 확실히 구분되도록 그리는 윤곽선은 일반적으로 몇 mm 이상의 실선으로 그리는가?

① 0.2mm
② 0.25mm
③ 0.3mm
④ 0.5mm

해설 도면으로 사용된 용지의 안쪽의 윤곽선 : 0.5mm 이상의 굵은 실선

문제 19 용접기호에 대한 명칭이 틀리게 짝지어진 것은?

① ⊖ : 스폿용접
② ⊓ : 플러그 용접
③ ⌣ : 뒷면 용접
④ ▶ : 현장 용접

해설 용접기호
① 시임용접 : ⊖
② 스폿용접(점용접) : ○
③ 플러그용접 : ⊓
④ 뒷면용접 : ⌣
⑤ 현장용접 : ▶
⑥ 온둘레현장용접 : ▶○

문제 20 도면의 크기 중 A0 용지의 넓이는 약 얼마인가?

① $0.25m^2$
② $0.5m^2$
③ $0.8m^2$
④ $1.0m^2$

17. ③ 18. ④ 19. ① 20. ④

해설 도면의 크기

용지	세로	가로
A0	841	1189
A1	594	841
A2	420	594
A3	297	420
A4	210	297

① $A_0 = 841 \times 1189 = 999949 mm^2 \div 1000 mm^2/1m^2 = 0.9999 m^2$
② $A_1 = 594 \times 841 = 599554 mm^2 \div 1000 mm^2/1m^2 = 0.599554 m^2$
③ $A_2 = 420 \times 594 = 249480 mm^2 \div 1000 mm^2/1m^2 = 0.249480 m^2$

제 2 과목 용접구조설계

문제 21 석회석이나 형석을 주성분으로 사용한 것으로 용착 금속 중의 수소 함유량이 다른 용접봉에 비해 약 1/10 정도로 현저하게 적은 용접봉은?

① 저수소계
② 고산화티탄계
③ 일미나이트계
④ 철분산화티탄계

해설 연강용 피복아크 용접봉의 특징

① E 4301(일미나이트계) : TiO_2(산화티탄), FeO(산화철)를 약 30% 이상 함유. 광석 사철 등을 주성분으로 기계적 성질이 우수하고 용접성 우수.
② E 4303(라임티탄계) : TiO_2(산화타탄)을 약 30% 이상 함유한 용접봉 비드의 외관이 아름답고 언더컷이 발생되지 않음
③ E 4311(고셀룰로오스계) : 셀룰로오스를 20~30%정도 포함한 용접봉으로 좁은 홈의 용접. 보관 시 습기가 흡수되기 쉬우므로 건조 필요, 비드표면이 거칠고 스패터가 많은 것이 결점.
④ E 4313(고산화티탄계) : 산화티탄을 35% 이상 함유. 일반경 구조물 용접에 사용. 비드 표면이 고우며 작업성이 우수. 고온크랙을 일으키기 쉬운 결점이 있다.
⑤ E 4316(저수소계) : 석회석, 형석을 주성분으로, 내균열성 우수. 기계적성질 우수. 300~350℃에서 1~2시간 건조후 사용.

용착금속 중에서 수소 함유량이 다른 피복봉에 비해 $\frac{1}{10}$ 정도로 낮음

⑥ E 4324(철분산화티탄계) : 아래보기 자세와 수평 필릿 자세에 한정
⑦ E 4326(철분저수소계)
⑧ E 4327(철분산화철계)

21. ①

문제 22 용착법 중 단층 용착법이 아닌 것은?
① 스킵법 ② 전진법
③ 대칭법 ④ 빌드업법

해설 **다층 용착법** : ① 빌드업법 ② 케스케이드법 ③ 전진블록법

문제 23 용접 후 실시하는 잔류 응력 완화법으로 틀린 것은?
① 도열법 ② 저온 응력 완화법
③ 응력 제거 풀림법 ④ 기계적 응력 완화법

해설 문제3번 참고

문제 24 서브머지드 아크 용접 이음부 설계를 설명한 것으로 틀린 것은?
① 자동용접으로 정확한 이음부 홈 가공이 요구된다.
② 용접부 시작점과 끝점에는 엔드 탭을 부착하여 용접한다.
③ 가로 수축량이 크므로 스트롱 백을 이용하여 가로 수축량을 방지하여야 한다.
④ 루트간격이 규정보다 넓으면 뒷댐판을 사용한다.

해설 **서브머지드 아크 용접 이음부 설계**
① 루트간격이 규정보다 넓으면 (0.8mm 초과시) 뒷댐판을 사용
② 용접부 시작점과 끝점에는 엔드 탭을 부착하여 용접한다.
③ 자동용접으로 정확한 이음부 홈 가공이 요구된다.

문제 25 완전한 맞대기 용접이음의 굽힘모멘트=12000N·mm가 작용하고 있을 때 최대굽힘응력은 약 몇 N/mm²인가? (단, l=300mm, t=25mm)
① 0.324
② 0.344
③ 0.384
④ 0.424

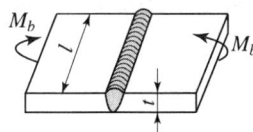

해설 최대 굽힘 응력 = $\dfrac{6M}{t^2 l} = \dfrac{6 \times 12000}{25^2 \times 300} = 0.384$

문제 26

결함 에코 형태로 결함을 판정하는 방법으로 초음파 검사법의 종류 중에서 가장 많이 사용하는 방법은?

① 투과법 ② 공진법
③ 타격법 ④ 펄스 반사법

해설 초음파 검사법의 종류
① 투과법 ② 공진법 ③ 펄스 반사법(가장 많이 사용)

문제 27

용접 지그에 대한 설명으로 틀린 것은?

① 잔류 응력을 제거하기 위한 것이다.
② 모재를 용접하기 쉬운 상태로 놓기 위한 것이다.
③ 작업을 용이하게 하고 용접능률을 높이기 위한 것이다.
④ 용접제품의 치수를 정확하게 하기 위해 변형을 억제하는 것이다.

해설 용접 지그
① 공정수를 절약하므로 능률이 좋다. ② 작업을 쉽게 할 수 있다.
③ 제품의 정도가 균일하다. ④ 동일 제품을 다량 생산할 수 있다.
⑤ 용접부의 신뢰를 높인다. ⑥ 아래보기 자세로 용접할 수 있다.

문제 28

접합하려는 두 모재를 겹쳐놓고 한 쪽의 모재에 드릴이나 밀링머신으로 둥근 구멍을 뚫고 그곳을 용접하는 이음은?

① 필릿 용접 ② 플레어 용접
③ 플러그 용접 ④ 맞대기 홈 용접

문제 29

맞대기 용접 이음에서 모재의 인장강도가 50N/mm^{2}이고, 용접 시험편의 인장강도가 25N/mm^{2}으로 나타났을 때 이음 효율은?

① 40% ② 50%
③ 60% ④ 70%

해설 이음 효율 = $\dfrac{\text{용접시험편의 인장강도}}{\text{모재의 인장강도}} \times 100$

$= \dfrac{25}{50} \times 100 = 50\%$

해답 26. ④ 27. ① 28. ③ 29. ②

문제 30 용착금속의 인장 또는 파면 시험을 했을 경우 파단면에 나타나는 고기 눈 모양의 취약한 은백색 파면의 결함은?
① 기공   ② 은점
③ 오버랩   ④ 크레이터

해설 **은점** : 용착금속 파단면에 나타나는 고기 눈모양의 결합부
선상조직 : 용착금속 파단면에 나타나는 서리조직
헤어크랙 : 머리카락모양으로 균열이 가는 것

문제 31 재료 절약을 위한 용접설계 요령으로 틀린 것은?
① 안전하고 외관상 모양이 좋아야 한다.
② 용접 조립시간을 줄이도록 설계를 한다.
③ 가능한 용접할 조각의 수를 늘려야 한다.
④ 가능한 표준 규격의 부품이나 재료를 이용한다.

해설 가능한 용접할 조각의 수를 줄여야 한다.

문제 32 용접의 내부결함이 아닌 것은?
① 은점   ② 피트
③ 선상조직   ④ 비금속 개재물

해설 **표면결함** : 언더컷, 피트, 오우버랩

문제 33 자기 비파괴 검사에서 사용하는 자화 방법이 아닌 것은?
① 형광법   ② 극간법
③ 관통법   ④ 축통전법

해설 **자분 탐상 검사**=자기 탐상 검사의 자화방법
① 축통전법 ② 관통법 ③ 직각통전법 ④ 코일법 ⑤ 극간법

문제 34 불활성 가스 텅스텐 아크 용접에서 직류 역극성(DCRP)으로 용접할 경우 비드 폭과 용입에 대한 설명으로 옳은 것은?
① 용입이 깊고 비드 폭이 넓다.   ② 용입이 깊고 비드 폭이 좁다.
③ 용입이 얕고 비드 폭이 넓다.   ④ 용입이 얕고 비드 폭이 좁다.

30. ② 31. ③ 32. ② 33. ① 34. ③

해설 **직류정극성**(DCSP) : ① 후판용접 적합　② 비드 폭이 좁다.
　　　　　　　　　　　 ③ 용입이 깊다.　　　 ④ 용접봉의 용융속도가 느리다.
　　　　　　　　　　　 ⑤ 모재(+) 70% 열, 용접봉(−) 30% 열
　　　직류역극성(DCRP) : ① 박판용접 적합　② 비드 폭이 넓다.
　　　　　　　　　　　 ③ 용입이 얕다.　　　 ④ 용접봉의 용융속도가 빠르다.
　　　　　　　　　　　 ⑤ 용접봉(+) 70% 열, 모재(−) 30% 열

문제 35 강판의 맞대기 용접이음에서 가장 두꺼운 판에 사용할 수 있으며 양면 용접에 의해 충분한 용입을 얻으려고 할 때 사용하는 홈의 형상은?
① V형
② U형
③ I형
④ H형

해설 **홈의 현상**
① I형 : 맞대기 용접에서 가장 얇은 박판에 사용
② V형 : 맞대기 용접에서 한 쪽방향의 완전한 용입을 얻고자 할 때
③ U형 : V형에 비해 홈의 폭이 좁아도 되고 또한 루트간격을 0으로 해도 작업성과 용입이 좋으며 한 쪽에서 용접하여 충분한 용입을 얻을 필요가 있을 때 사용
④ X형 : 이음 홈 형상 중에서 동일한 판 두께에 대하여 가장 변형이 적게 설계된 것
⑤ H형 : X형 홈과 같이 양면용접이 가능한 경우에 용착금속의 양과 패스 수를 줄일 목적으로 사용되며 모재가 두꺼울수록 유리한 홈의 형상

문제 36 가용접 작업시 주의사항으로 틀린 것은?
① 가용접 작업도 본 용접과 같은 온도로 예열을 한다.
② 가용접시 용접봉은 본 용접보다 굵은 것을 사용하여 견고하게 접합시키는 것이 좋다.
③ 중요 부분은 용접 홈 내에 가접하는 것은 피한다. 부득이한 경우 본 용접 전 깎아내도록 한다.
④ 가용접의 위치는 부품의 끝, 모서리, 각 등과 같이 단면이 급변하여 응력이 집중되는 곳은 피한다.

해설 **가용접 시 주의사항**
① 가용접 작업도 본 용접 작업과 같은 온도로 예열한다.
② 중요한 부분은 용접 홈 내에 가접하는 것은 피한다.
③ 응력이 집중될 우려가 있는 곳은 피한다.
④ 본 용접사와 동등한 기량을 갖는 용접사가 가접 시행
⑤ 가용접 시는 본 용접 때보다 지름 약간 가는 용접봉 사용
⑥ 대칭으로 용접을 실시
⑦ 큰 구조물에서는 구조물의 중앙에서 끝으로 향하여 용접 실기
⑧ 조립순서는 수축이 큰 맞대기 이음을 먼저 용접하고 다음에 필릿 용접을 한다.

해답 35. ④　36. ②

문제 37 용접이음에서 피로 강도에 영향을 미치는 인자가 아닌 것은?

① 이음 형상   ② 용접 결함
③ 하중 상태   ④ 용접기 종류

해설 용접이음에서 피로 강도에 영향을 미치는 인자
① 이음 형상   ② 용접 결함   ③ 하중 상태

문제 38 방사선투과 검사의 장점에 대한 설명으로 틀린 것은?

① 모든 재질의 내부 결함 검사에 적용할 수 있다.
② 검사 결과를 필름에 영구적으로 기록할 수 있다.
③ 미세한 표면 균열이나 라미네이션도 검출할 수 있다.
④ 주변 재질과 비교하여 1% 이상의 흡수차를 나타내는 경우도 검출할 수 있다.

해설 방사선투과 검사의 장점 · 단점
① 모든 재질의 내부 결함 검사에 적용할 수 있다.
② 검사 결과를 필름에 영구적으로 기록할 수 있다.
③ 주변 재질과 비교하여 1% 이상의 흡수차를 나타내는 경우도 검출할 수 있다.
④ 결함 형상, 종류, 크기, 분포상태 파악용이
⑤ 방사선 조사방향의 깊이 측정 곤란
⑥ 투과력에 한계가 있다.
⑦ 측정 시험체에 양면접근이 가능하여야 한다.

문제 39 용접 이음의 내식성에 영향을 미치는 요인이 아닌 것은?

① 슬래그   ② 용접 자세
③ 잔류 응력   ④ 용접 이음 형상

해설 용접 이음의 내식성에 영향을 미치는 요인
① 잔류 응력   ② 슬래그   ③ 용접 이음 형상

문제 40 필릿 용접의 이음 강도를 계산할 때 목 길이 10mm라면 목 두께는?

① 약 7mm   ② 약 10mm
③ 약 12mm   ④ 약 15mm

해설 목 두께 $= l \times \cos 45 = 10\text{mm} \times 0.707 = 7.07\text{mm}$

 37. ④ 38. ③ 39. ② 40. ①

제 3 과목 용접일반 및 안전관리

문제 41

수소가스 분위기에 있는 2개의 텅스텐 전극봉 사이에 아크를 발생시키는 용접법은?

① 스터드 용접　　　　　② 레이저 용접
③ 전자 빔 용접　　　　　④ 원자 수소 아크 용접

해설 **원자수소 아크 용접** : 수소가스 분위기에 있는 2개의 텅스텐 전극봉 사이에서 아크를 발생시키는 용접봉
[특징] ① 용융온도가 높은 금속 및 비금속 재료 용접
　　　② 니켈, 모네메탈, 황동과 같은 비철금속과 주강이나 청동주물의 홈을 채울 때 용접
　　　③ 탄소강에서는 1.25% 탄소함량까지, Cr 40%까지 용접 가능
　　　④ 고도의 기밀, 유밀을 필요로 하는 용접 또는 고속도강바이트 절삭 공구의 재료

스터드 용접 : 볼트나 환봉 핀을 피스톤형 홀더에 끼우고 모재와 볼트 사이에 순간적으로 아크를 발생시켜 용접
[특징] ① 스터드 주변에 페룰을 사용함
　　　　※ 페룰의 역할 : ㉠ 용착금속의 유출방지　 ㉡ 용착금속의 오염방지
　　　　　　　　　　　㉢ 용착금속의 산화방지
　　　② 용제를 채워 탈산 및 아크를 안정화 함
　　　③ 대체로 급열, 급냉을 받기 때문에 저탄소강에 좋음

문제 42

AW – 240 용접기로 180A를 이용하여 용접한다면, 허용 사용율은 약 몇 %인가?(단, 정격 사용율은 40%이다.)

① 51　　　　　　　　　② 61
③ 71　　　　　　　　　④ 81

해설 허용사용률 $= \dfrac{(정격\,2차전류)^2}{(실제\,용접전류)^2} \times 정격사용률$

$\qquad\qquad = \dfrac{(240)^2}{(180)^2} \times 40 = 71.11\%$

용접기 사용률 $= \dfrac{아크시간}{아크시간 + 휴식시간} \times 100$

효율 $= \dfrac{아크전력}{소비전력} \times 100$

역률 $= \dfrac{소비전력}{전원입력} \times 100$

41. ④　42. ③

문제 43 용접기의 전원 스위치를 넣기 전에 점검해야 할 사항으로 틀린 것은?

① 냉각팬의 회전부에는 윤활유를 주입해서는 안 된다.
② 용접기가 전원에 잘 접속되어 있는지 점검한다.
③ 용접기의 케이스에서 접지선이 이어져 있는지 점검한다.
④ 결선부의 나사가 풀어진 곳이나 케이블의 손상된 곳은 없는지 점검한다.

해설 냉각팬의 회전부에는 윤활유를 주입하여야 한다.

문제 44 MIG 용접법의 특징에 대한 설명으로 틀린 것은?

① 전자세 용접이 불가능하다.
② 용접속도가 빠르므로 모재의 변형이 적다.
③ 피복아크 용접에 비해 빠른 속도로 용접할 수 있다.
④ 후판에 적합하고 각종 금속용접에 다양하게 적용할 수 있다.

해설 **MIG 용접법의 특징**(불활성가스 금속 아크 용접)

원리	연속적으로 공급되는 용가재(금속 용접봉)와 모재 사이에서 발생되는 아크 열을 이용하여 용접하는 방식으로 용극식, 소모식 불활성가스 금속아크 용접이라고 한다.
장점	① 각종 금속용접에 다양하게 적용할 수 있어 용융범위가 넓다. ② CO_2용접에 비해 스패터 발생이 적다. ③ TIG용접에 비해 전류밀도가 높으므로 용융속도가 빠르다. ④ 후판용접에 적합하다. ⑤ 수동 피복아크 용접에 비해 용착효율이 높아 고능률적이다. ⑥ 전자세 용접가능
단점	① 보호가스의 가격이 비싸서 연강용접에는 다소 부적당하다. ② 박판용접(3mm 이하)에는 적용이 곤란하다. ③ 바람의 영향을 크게 받으므로 방풍대책이 필요하다.

종류	MIG 용접
용극	용극식, 소모식
상품명	에어코우메틱(air comatic) 시그마(sigma) 필러아크(filler arc) 알곤노트(argonaut)

① 와이어 송급 장치
  ㉠ 풀 ㉡ 푸시 ㉢ 푸시-풀
② 제어장치
  ㉠ 번백시간 : 크레이터 처리 기능에 의해 낮아진 전류가 서서히 줄어들면서 아크가 끊어지는 기능

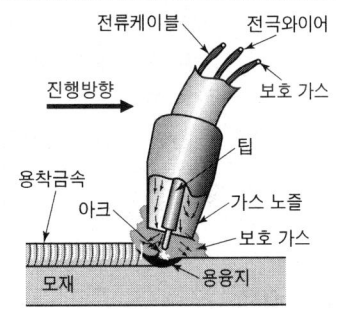

[MIG 용접의 원리]

  ㉡ 스타트 시간 : 아크가 발생되는 순간 용접 전류와 전압을 크게 하여 아크발생과 모재 융합을 돕는 제어
  ㉢ 예비가스 유출시간 : 아크가 발생되기 전 보호가스를 방출하여 안정시키는 제어

43. ① 44. ①

문제 45
가스 절단을 할 때 사용되는 예열가스 중 최고 불꽃 온도가 가장 높은 것은?
① CH_4
② C_2H_2
③ H_2
④ C_3H_8

해설 가스의 발열량과 온도

가스의 종류	발열량(kcal/m³)	최고 불꽃 온도
부탄	26691	2926℃
프로판	20780	2820℃
아세틸렌	12690	3430℃
메탄	8080	2700℃
수소	2420	2900℃

문제 46
티그(TIG) 용접시 보호가스로 쓰이는 아르곤과 헬륨의 특징을 비교할 때 틀린 것은?
① 헬륨은 용접 입열이 많으므로 후판용접에 적합하다.
② 헬륨은 열영향부(HAZ)가 아르곤보다 좁고 용입이 깊다.
③ 아르곤은 헬륨보다 가스 소모량이 적고 수동용접에 많이 쓰인다.
④ 헬륨은 위보기 자세나 수직 자세 용접에서 아르곤보다 효율이 떨어진다.

해설 헬륨은 위보기 자세나 수직 자세 용접에서 아르곤보다 효율이 좋다.

문제 47
아크 빛으로 인해 눈에 급성 염증 증상이 발생하였을 때 우선 조치해야 할 사항으로 옳은 것은?
① 온수로 씻은 후 작업한다.
② 소금물로 씻은 후 작업한다.
③ 냉습포를 눈 위에 얹고 안정을 취한다.
④ 심각한 사안이 아니므로 계속 작업한다.

해설 냉습포를 눈 위에 얹고 안정을 취한다.

문제 48
텅스텐 전극봉을 사용하는 용접은?
① TIG 용접
② MIG 용접
③ 피복 아크 용접
④ 산소 – 아세틸렌 용접

해설 **텅스텐 전극봉을 사용하는 용접** : TIG 용접
① 순 텅스텐 전극봉 : 녹색

해답
45. ② 46. ④ 47. ③ 48. ①

② 지르코늄 텅스텐 전극봉 : 갈색
③ 토륨 1% 함유한 텅스텐 전극봉 : 황색
④ 토륨 2% 함유한 텅스텐 전극봉 : 적색

문제 49
가스 용접에서 황동은 무슨 불꽃으로 용접하는 것이 가장 좋은가?
① 탄화 불꽃
② 산화 불꽃
③ 중성 불꽃
④ 약한 탄화 불꽃

해설 산소 – 아세틸렌 불꽃
① 탄화불꽃 : ㉠ 아세틸렌 과잉 불꽃
㉡ 아세틸렌 페더가 있는 불꽃
㉢ 적황색으로 매연을 내면서 탐
㉣ 모넬메탈, 스텔라이트, 스텐레스
② 산화불꽃 : ㉠ 산소 과잉 불꽃
㉡ 구리, 황동용접에 사용
③ 중성불꽃 : ㉠ 표준불꽃이라 한다.
㉡ 산소와 아세틸렌의 비가 1:1이다.
㉢ 탄소강, 주철, 주강 용접에 사용

문제 50
탄소전극과 모재와의 사이에 아크를 발생시켜 고압의 공기로 용융금속을 불어내어 홈을 파는 방법은?
① 불꽃 가우징
② 기계적 가우징
③ 아크 에어 가우징
④ 산소 수소 가우징

해설 아크에어 가우징 : 탄소아크 절단장치에다 압축공기($5\sim7kg/cm^2$)를 병용하여서 아크열로 용융시킨 부분을 압축공기로 불어 날려서 홈을 파내는 작업
[장점] ① 조작 방법이 간단
② 용접 결함부의 발견이 쉽다.
③ 모재에 악영향을 주지 않는다.
④ 작업능률이 2~3배 높다.(가스 가우징보다)
⑤ 응용범위가 넓고 경비가 저렴

문제 51
피복 아크 용접 작업의 기초적인 용접조건으로 가장 거리가 먼 것은?
① 오버랩
② 용접 속도
③ 아크 길이
④ 용접 전류

해설 피복아크용접 작업의 기초적인 용접조건
① 아크의 길이 ② 용접 전류 ③ 용접 속도

49. ② 50. ③ 51. ①

문제 52

일반적으로 가스 용접에서 사용하는 가스의 종류와 용기의 색상이 옳게 짝지어진 것은?

① 산소 – 황색
② 수소 – 주황색
③ 탄산가스 – 녹색
④ 아세틸렌가스 – 백색

해설 공업용기 도색

<u>청</u><u>탄</u><u>산</u> <u>산녹</u>에서 <u>황아체</u> 안주삼아 <u>수주잔</u> 높이 들고
　①　②　③　　　　④
<u>백암산</u> 바라보니 <u>염</u>소는 <u>갈색</u>으로 보이고 <u>쥐</u>들은 <u>기타</u>를 치더라.
　⑤　　　　　　⑥　　　　　　⑦

① 탄산가스 : 청색　② 산소 : 녹색　③ 아세틸렌 : 황색　④ 수소 : 주황
⑤ 암모니아 : 백색　⑥ 염소 : 갈색　⑦ 기타 : 쥐색(회색) : Ar, C_3H_8

문제 53

AW 300의 교류 아크 용접기로 조정할 수 있는 2차 전류(A) 값의 범위는?

① 30~220A
② 40~330A
③ 60~330A
④ 120~480A

해설 2차 전류 값의 조정범위 : 20~110%
$300 \times 0.2 \sim 300 \times 1.1 = 60 \sim 330A$

문제 54

가스용접에 쓰이는 가연성 가스의 조건으로 옳은 것은?

① 발열량이 적어야 한다.
② 연소속도가 느려야 한다.
③ 불꽃의 온도가 낮아야 한다.
④ 용융금속과 화학반응을 일으키지 않아야 한다.

해설 가스용접에 쓰이는 가연성 가스의 조건
① 불꽃의 온도가 높아야 한다.
② 연소속도가 빨라야 한다.
③ 발열량이 커야 한다.

문제 55

피복 아크 용접에서 자기 불림(magnetic blow)의 방지책으로 틀린 것은?

① 교류 용접을 한다.
② 접지점을 2개로 연결한다.
③ 접지점을 용접부에 가깝게 한다.
④ 용접부가 긴 경우는 후퇴 용접법으로 한다.

해답
52. ② 53. ③ 54. ④ 55. ③

해설 자기 불림의 방지책(아크 쏠림의 방지책)
① 용접부가 긴 경우는 후진법으로 한다.
② 직류용접 대신 교류용접을 한다.
③ 아크 길이를 짧게 한다.
④ 접지점을 용접부로부터 멀리한다.
⑤ 접지점을 2개 이상 설치한다.

문제 56 피복 아크 용접봉의 고착제에 해당되는 것은?
① 석면   ② 망간
③ 규소철   ④ 규산나트륨

해설 고착제 : ① 해초   ② 당밀   ③ 아교   ④ 카제인
         ⑤ 규산칼륨   ⑥ 규산나트륨
아크 안정제 : ① 산화티탄   ② 석회석   ③ 규산칼륨   ④ 규산나트륨
              ⑤ 자철광   ⑥ 적철광   ⑦ 탄산소다
탈산제 : ① Fe-V   ② Fe-Si   ③ Fe-Ti   ④ Fe-Cr
         ⑤ Fe-Mn

문제 57 구리 및 구리합금의 가스용접용 용제에 사용되는 물질은?
① 붕사   ② 염화칼슘
③ 황산칼륨   ④ 중탄산소다

해설 구리 및 구리합금의 가스용접용 용제 : 붕사

문제 58 가스 절단 작업에서 프로판가스와 아세틸렌가스를 사용하였을 경우를 비교한 사항으로 틀린 것은?
① 포갬 절단 속도는 프로판가스를 사용하였을 때가 빠르다.
② 슬래그 제거가 쉬운 것은 프로판가스를 사용하였을 경우이다.
③ 후판 절단시 절단 속도는 프로판가스를 사용하였을 때가 빠르다.
④ 점화가 쉽고 중성 불꽃을 만들기 쉬운 곳은 프로판가스를 사용하였을 경우이다.

해설 가스 절단 작업에서 프로판가스와 아세틸렌가스 비교
① 포갬 절단 속도는 프로판가스를 사용 시 빠르다.
② 후판 절단 시 절단 속도는 프로판가스를 사용 시 빠르다.
③ 슬래그 제거가 쉬운 것은 프로판가스를 사용하였을 경우
④ 점화가 쉽고 중성 불꽃을 만들기 쉬운 곳은 아세틸렌가스이다.

해답 56. ④   57. ①   58. ④

문제 59 이음부의 루트 간격 치수에 특히 유의하여야 하며, 아크가 보이지 않는 상태에서 용접이 진행된다고 하여 잠호 용접이라고도 부르는 용접은?

① 피복 아크 용접
② 탄산가스 아크 용접
③ 서브머지드 아크 용접
④ 불활성가스 금속 아크 용접

해설 서브머지드 아크 용접

①
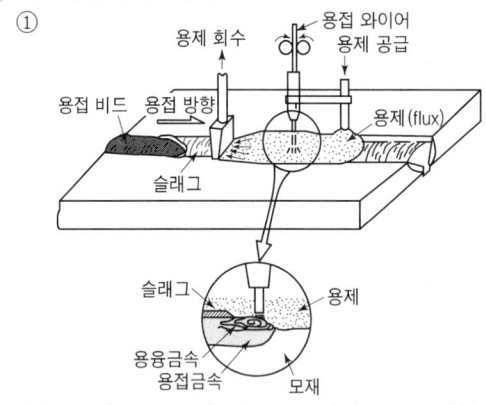

②	원리	자동 금속아크 용접법으로 모재의 이음표면에 미세한 입상의 용제를 공급하고, 용제 속에 연속적으로 전극와이어를 송급하여 모재 및 전극와이어를 용융시켜 용접부를 대기로부터 보호하면서 용접하는 방법으로 일명 잠호용접이라고 한다. 상품명으로는 링컨용접, 유니언멜트용접이라고 불리운다.
	장점	① 콘텍트 팁에서 통전되므로 와이어 중에 저항 열이 적게 발생되어 고전류 사용이 가능하다. ② 용융 속도 및 용착속도가 빠르다. ③ 용입이 깊다. ④ 작업 능률이 수동에 비하여 판두께 12mm에서 2~3배, 25mm에서 5~6배, 50mm에서 8~12배 정도가 높다. ⑤ 개선각을 적게 하여 용접 패스(pass)수를 줄일 수 있다. ⑥ 기계적 성질이 우수하다. ⑦ 유해광선이나 퓸(fume) 등이 적게 발생되어 작업환경이 깨끗하다. ⑧ 비드 외관이 매우 아름답다.
	단점	① 장비의 가격이 고가이다. ② 용접 적용 자세에 제약을 받는다. ③ 용접 재료에 제약을 받는다. ④ 개선 홈의 정밀을 요한다.(백킹재 미 사용시 루트간격 0.8mm 이하) ⑤ 용접 진행 상태의 양·부를 육안식별이 불가능하다. ⑥ 용접선이 짧거나 복잡한 경우 수동에 비하여 비능률적이다.

③ 전극방법 : ㉠ 텐덤식 ㉡ 횡병렬식 ㉢ 횡직렬식

문제 60 용접 자동화에 대한 설명으로 틀린 것은?

① 생산성이 향상된다.
② 용접봉의 손실이 많아진다.
③ 외관이 균일하고 양호하다.
④ 용접부의 기계적 성질이 향상된다.

해답
59. ③   60. ②

용접산업기사 필기

2017

2017년 3월 5일 시행

제 1 과목 용접야금 및 용접설비제도

문제 01 강의 내부에 모재 표면과 평행하게 층상으로 발생하는 균열로, 주로 T이음, 모서리 이음에서 볼 수 있는 것은?
① 토우 균열
② 설퍼 균열
③ 크레이터 균열
④ 라멜라 티어 균열

해설 저온균열의 유형
① 루트균열 : 맞대기용접의 가접, 첫 층 용접의 루트 근방의 열영향부에 발생하는 균열
② 힐균열 : 필릿시 루트부분에 발생하는 저온균열이며 모재의 수축, 팽창에 의한 뒤틀림이 주요원인
③ 토우균열 : 맞대기이음, 필릿이음 등의 경우에 비드표면과 모재의 경계부에 발생
④ 마이크로피셔균열 : 용착금속의 다수의 현미경적 균열이 저온에서 발생하며 용착금속의 굽힘 연성이 현저하게 감소

문제 02 다음 스테인리스강 중 용접성이 가장 우수한 것은?
① 페라이트 스테인리스강
② 펄라이트 스테인리스강
③ 마텐자이트계 스테인리스강
④ 오스테나이트계 스테인리스강

해설 오스테나이트계 스텐레스강
① 스텐레스강 중 용접성이 가장 우수하다.
② 용접은 비교적 잘 되며 가공성도 좋다.
③ 입계부식이 발생하는 것을 예민화라 하며 용접부 내식성을 감소시킨다.
④ 염산, 황산, 염소가스에 약하고 결정입계 부식 발생이 쉽다.
⑤ 보통강에 비해 열, 전기전도도가 $\frac{1}{4}$ 정도이다.
⑥ 선팽창 계수가 보통강의 1.5배이다.
⑦ 기계 가공성이 우수하다.
⑧ 18-8 스텐레스강이 대표적이다.(Cr 18%, Ni 8%)

해답 01. ① 02. ④

문제 03 다음 중 전기 전도율이 가장 높은 것은?
① Cr
② Zn
③ Cu
④ Mg

해설 전기전도율 순서
은＞구리＞금＞알루미늄＞마그네슘＞아연＞니켈＞철＞납

문제 04 청열취성이 발생하는 온도는 약 몇 ℃인가?
① 250
② 450
③ 650
④ 850

해설 **청열취성**(P) : 200~300℃
적열취성(S) : 800~900℃

문제 05 다음 중 재질을 연화시키고 내부응력을 줄이기 위해 실시하는 열처리 방법으로 가장 적합한 것은?
① 풀림
② 담금질
③ 크로마이징
④ 세라다이징

해설 **열처리** : 철강을 적당한 온도로 가열 및 냉각시켜 특별한 성질 부여
① 담금질＝퀜칭＝소입
  ㉠ 강을 A_3 및 A_1선 이상 30~50℃ 가열 후 물 또는 기름으로 급냉하는 방법
  ㉡ 경도 및 강도 증가
② 뜨임＝탬퍼링＝소려
  ㉠ 담금질 된 강을 A_1변태점 이하의 일정한 가열하여 인성증가
③ 풀림＝어닐링＝소둔
  ㉠ 재질의 연화를 목적으로 일정시간 가열 후 노내에서 서냉
  ㉡ 가공응력제거, 내부응력제거, 절삭성 향상, 냉간가공의 개선, 결정조직의 조정
④ 불림＝노멀라이징＝소준
  ㉠ 강을 A_3 및 A_1선 이상 30~50℃ 가열 후 공냉 시키는 방법
  ㉡ 가공조직의 균일화, 결정립의 미세화, 기계적 성질의 향상
⑤ 심랭처리(서브제로처리) : 담금질된 강의 경도를 증가시키고 시효변형을 방지하기 위한 목적으로 0℃ 이하의 온도에서 처리
⑥ 질량효과 : 재료의 내·외부에 열처리 효과의 차이가 나는 현상

해답 03. ③ 04. ① 05. ①

문제 06

다음 중 황의 함유량이 많을 경우 발생하기 쉬운 취성은?
① 적열취성   ② 청열취성
③ 저온취성   ④ 뜨임취성

해설 문제4번 참고

문제 07

다음 중 일반적인 금속재료의 특징으로 틀린 것은?
① 전성과 연성이 좋다.   ② 열과 전기의 양도체이다.
③ 금속 고유의 광택을 갖는다.   ④ 이온화하면 음(−)이온이 된다.

해설 이온화하면 양(+) 이온이 된다.($Na^+ + OH^- \rightarrow NaOH$)

문제 08

용접균열 중 일반적인 고온 균열의 특징으로 옳은 것은?
① 저합금강의 비드균열, 루트균열 등이 있다.
② 대입열량의 용접보다 소입열량의 용접에서 발생하기 쉽다.
③ 고온균열은 응고과정에서 발생하지 않고, 응고 후에 많이 발생한다.
④ 용접금속 내에서 종균열, 횡균열, 크레이터균열 형태로 많이 나타난다.

해설 **고온균열의 유형**
① 유황균열(설퍼크랙) : 강중의 황이 층상으로 존재하는 유황밴드가 심한 모재를 서브머지드 아크 용접을 할 때 나타나는 균열
② 라미네이션균열 : 모재 내에 기포가 압연되어 발생하는 유황밴드와 같이 층상으로 편재해 강재의 내부적 노차를 형성
③ 크레이터균열 : 용접비드의 종점 크레이터에서 흔히 보는 고온균열의 일종으로 합금원소가 많은 고 장력 재료에 자주 나타남

문제 09

다음 중 용접 후 잔류응력을 제거하기 위한 열처리 방법으로 가장 적합한 것은?
① 담금질   ② 노내풀림법
③ 실리코나이징   ④ 서브제로처리

해설 **용접 후 잔류응력을 제거하기 위한 열처리 방법**
① 노내풀림법 : 제품 전체를 가열로 안에 넣고 적당한 온도에서 일정시간 유지한 다음 노내에서 서냉
② 국부풀림법 : 제품이 커서 노내에 넣을 수 없을 때 또는 설비, 용량 등으로 노내 풀림을 바라지 못할 경우에 용접부 근처만 풀림
③ 저온응력완화법 : 용접선 양측을 가스불꽃에 의하여 나비 약 150mm를 150~200℃ 정도의 비교적 낮은 온도로 가열한 다음 곧 수냉하는 방법

06. ① 07. ④ 08. ④ 09. ②

④ 기계적 응력 완화법 : 잔류응력이 있는 제품에 하중을 주어 용접부에 약간의 소성변형을 일으킨 다음 하중을 제거
⑤ 피닝법 : 해머로써 용접부를 연속적으로 때려 용접 표면에 소성변형을 주는 방법

문제 10 Fe-C 평행상태도에서 나타나는 불변반응이 아닌 것은?
① 포석반응　　② 포정반응
③ 공석반응　　④ 공정반응

[해설] Fe-C 평행상태도에서 나타나는 불변반응인 것
① 공석반응　② 포석반응　③ 포정반응

문제 11 복사한 도면을 접을 때 그 크기는 원칙적으로 어느 사이즈로 하는가?
① A1　　② A2
③ A3　　④ A4

문제 12 다음 선의 종류 중 특수한 가공을 하는 부분 등 특별한 요구사항을 적용할 수 있는 범위를 표시하는데 사용하는 선은?
① 굵은 실선　　② 굵은 1점 쇄선
③ 가는 1점 쇄선　　④ 가는 2점 쇄선

[해설] 용도에 따른 선의 종류

명칭	선의 용도	선의 종류
파단선	대상물의 일부를 파단한 경계	가는 실선
해칭선	도형된 한정된 특정 부분을 다른 부분과 구별	
치수선	치수 기입하기 위해	
치수보조선	치수 기입하기 위해 도형으로부터 끌어내는 선	
중심선	도면의 중심을 표시	가는 일점 쇄선
절단선	절단위치를 대응하는 그림에 표시	
기준선	위치결정의 근거가 된다는 것	
피치선	뒤풀이 하는 도형의 피치를 취하는 기호	
특수지정선	특수한 가공을 하는 부분	굵은 일점 쇄선
외형선	대상물이 보이는 부분의 모양을 표시	굵은 실선

문제 13 다음 용접 기호 중 가장자리 용접에 해당되는 기호는?

① ⌒　　② ═
③ ∣∣∣　　④ ⌒

10. ④　11. ④　12. ②　13. ③

해설 용접기호

표준육성	⌒	경사 접합부	//
가장자리용접	|||	평형(I형) 맞대기용접	||
표면 접합부	=	V형 맞대기용접	V
겹침 접합부	⊋	일면 개선형 맞대기 용접	V
플러그용접(슬롯용접)	⊓	넓은 루트 면이 있는 V형 맞대기 용접	Y
점용접(스폿용접)	○	이면용접	⌣
심용접	⊖	필릿용접	△

문제 14

용접부 보조 기호 중 영구적인 덮개 판을 사용하는 기호는?

① ⋎⋎   ② M
③ MR   ④ ―

해설 용접보조 기호

영구적인 덮개판 사용	M	오목형	⌣
제거 가능한 덮개판 사용	MR	볼록형	⌢
토우를 매끄럽게 함(필릿용접 끝단부를 매끄럽게 함)	⋎⋎	편면 마감 처리한 V형 맞대기 용접	―

문제 15

다음 중 기계를 나타내는 KS 부분별 분류기호는?

① KS A   ② KS B
③ KS C   ④ KS D

해설 KS기호

① KSB : 기계   ② KSC : 전기   ③ KSD : 금속
④ KSE : 광물   ⑤ KSF : 토건   ⑥ KSG : 식료
⑦ KSH : 일용   ⑧ KSI : 요업   ⑨ KSM : 화학
⑩ KSP : 의료   ⑪ KSV : 조선   ⑫ KSW : 항공

해답 14. ② 15. ②

문제 16

사투상도에 있어서 경사축의 각도로 가장 적합하지 않은 것은?

① 20° ② 30°
③ 45° ④ 60°

해설 사투상도에 있어서 경사축의 각도
① 30° ② 45° ③ 60°

문제 17

KS 용접 기호 중 $Z \triangleright n \times L(e)$에서 n이 의미하는 것은?

① 피치 ② 목 길이
③ 용접부 수 ④ 용접 길이

해설 KS 용접 기호

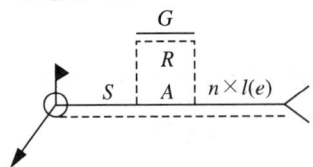

① S : 플러그 구멍의 지름, 점용접의 너깃지름, 슬롯홈의 나비, 심의 나비
② G : 다듬질 방법의 보조기호
   (G : 연삭, C : 치핑, M : 기계가공, F : 특별히 지정하지 않음)
③ R : 루트간격을 표시
④ A : 홈의 각도를 표시
⑤ n : 용접의 수(갯수)
⑥ l : 용접길이
⑦ e : 단속필릿용접, 플러그용접, 슬롯용접, 점용접 등의 피치, 용접부 끝과 인접 용접부 사이의 거리

문제 18

일부를 도시하는 것으로 충분한 경우에는 그 필요 부분만을 표시하는 투상도는?

① 부분 투상도 ② 등각 투상도
③ 부분 확대도 ④ 회전 투상도

해설 투상도
① 부분투상도 : 필요한 부분만을 투상하여 도시
② 국부투상도 : 대상물의 구멍, 홈 등과 같이 한부분의 모양을 도시
③ 보조투상도 : 경사면부가 있는 대상물에서 그 경사면의 실험을 나타낼 필요가 있는 경우에 그리는 투상도
④ 등각투상도 : 서로 120°를 이루는 3개의 기본 축에 정면, 평면, 측면을 하나의 투상면 위에서 동시에 볼 수 있도록 나타낸 입체도

해답
16. ① 17. ③ 18. ①

문제 19 탄소강 단강품인 SF 340A에서 340이 의미하는 것은?
① 종별 번호
② 탄소 함유량
③ 열처리 상황
④ 최저 인장강도

문제 20 제3각법의 투상법 배치에서 정면도의 위족에는 어느 투상면이 배치되는가?
① 배면도
② 저면도
③ 평면도
④ 우측면도

해설 제3각법 : 눈 → 투상 → 물체

제 2 과목 용접구조설계

문제 21 용접비용을 줄이기 위한 방법으로 틀린 것은?
① 용접지그를 활용한다.
② 대기시간을 길게 한다.
③ 재료의 효과적인 사용계획을 세운다.
④ 용접이음부가 적은 경제적인 설계를 한다.

해설 대기시간을 짧게 한다.

문제 22 용접부의 변형교정 방법으로 틀린 것은?
① 롤러에 의한 방법
② 형재에 대한 직선 수축법
③ 가열 후 해머링 하는 방법
④ 후판에 대하여 가열 후 공랭하는 방법

해답 19. ④ 20. ③ 21. ② 22. ④

해설 용접부의 변형교정 방법
① 박판에 대한 점 수축법
② 형재에 대한 직선 가열 수축법
③ 후판에 대하여는 가열 후 압력을 걸고 수냉하는 방법
④ 가열 후 햄머로 두드리는 방법
⑤ 소성 변형시켜서 교정하는 방법
⑥ 외력을 이용한 소성 변형법
⑦ 가열할 때 발생하는 열응력 이용한 소성 변형법

문제 23 레이저 용접장치의 기본형에 속하지 않는 것은?
① 반도체형　　　　　② 에너지형
③ 가스 방전형　　　　④ 고체 금속형

해설 레이저용접 장치의 기본형
① 고체 금속형　② 가스 방전형　③ 반도체형

문제 24 용접 시험에서 금속학적 시험에 해당하지 않는 것은?
① 파면 시험　　　　　② 피로 시험
③ 현미경 시험　　　　④ 매크로 조직시험

해설 금속학적 시험
① 현미경 시험　② 파면 시험　③ 매크로 조직시험

참고 파괴시험
① 인장시험　② 굽힘시험　③ 경도시험　④ 충격시험
⑤ 피로시험　⑥ 낙하시험　⑦ 내압시험

문제 25 강판을 가스 절단할 때 절단열에 의하여 생기는 변형을 방지하기 위한 방법이 아닌 것은?
① 피절단재를 고정하는 방법
② 절단부에 역변형을 주는 방법
③ 절단 후 절단부를 수냉에 의하여 열을 제거하는 방법
④ 여러 대의 절단 토치로 한꺼번에 평행 절단하는 방법

해설 가스 절단시 절단열에 의해 생기는 변형을 방지하기 위한 방법
① 여러 대의 절단 토치로 한꺼번에 평행 절단하는 방법
② 절단부에 역변형을 주는 방법
③ 피절단재를 고정하는 방법

해답　23. ②　24. ②　25. ③

문제 26 맞대기 용접부의 접합면에 홈(groove)을 만드는 가장 큰 이유는?
① 용접 변형을 줄이기 위하여
② 제품의 치수를 맞추기 위하여
③ 용접부의 완전한 용입을 위하여
④ 용접 결함 발생을 적게 하기 위하여

해설 맞대기 용접부의 접합면에 홈(groove)을 만드는 작업
용접부의 완전한 용입을 얻기 위하여

문제 27 용접부의 결함 중 구조상의 결함에 속하지 않는 것은?
① 기공
② 변형
③ 오버랩
④ 융합 불량

해설 구조상 결함
① 오우버랩   ② 용입불량   ③ 내부기공   ④ 슬래그혼입
⑤ 언더컷   ⑥ 선상조직   ⑦ 은점   ⑧ 균열   ⑨ 기공

문제 28 용접부 초음파 검사법의 종류에 해당되지 않는 것은?
① 투과법
② 공진법
③ 펄스반사법
④ 자기반사법

해설 초음파 검사법의 종류
① 투과법   ② 공진법   ③ 펄스반사법

문제 29 용접 결함 중 기공의 발생 원인으로 틀린 것은?
① 용접 이음부가 서냉 될 경우
② 아크 분위기 속에 수소가 많을 경우
③ 아크 분위기 속에 일산화탄소가 많을 경우
④ 이음부에 기름, 페인트 등 이물질이 있을 경우

해설 기공의 발생원인
① 이음부에 기름, 페인트, 녹 등이 부착해 있을 경우
② 용접부가 급냉시
③ 용접부 또는 용접부에 습기가 많을 경우
④ 아크길이 및 운봉법이 부적당시
⑤ 과대전류 사용시
⑥ 수소, 산소, 일산화탄소가 너무 많을 때

해답　26. ③　27. ②　28. ④　29. ①

문제 30
용접부 이음 강도에서 안전율을 구하는 식은?

① 안전율 = $\dfrac{허용응력}{전단응력}$ ② 안전율 = $\dfrac{인장강도}{허용응력}$

③ 안전율 = $\dfrac{전단응력}{2 \times 허용응력}$ ④ 안전율 = $\dfrac{2 \times 인장강도}{허용응력}$

해설 안전율 = $\dfrac{인장강도}{허용응력}$

문제 31
용접균열의 발생 원인이 아닌 것은?

① 수소에 의한 균열   ② 탈산에 의한 균열
③ 변태에 의한 균열   ④ 노치에 의한 균열

해설 용접균열의 발생원인
  ① 수소에 의한 균열   ② 탈산에 의한 균열   ③ 노치에 의한 균열

문제 32
다음 중 접합하려고 하는 부재 한쪽에 둥근 구멍을 뚫고 다른 쪽 부재와 겹쳐서 구멍을 완전히 용접하는 것은?

① 가 용접   ② 심 용접
③ 플러그 용접   ④ 플레어 용접

해설 **플러그 용접** : 부재 한쪽에 둥근 구멍을 뚫고 다른 쪽 부재와 겹쳐 구멍을 완전히 용접
심용접 : 대형 탱크의 기밀, 수밀을 요하는 경우 사용

문제 33
용접 이음을 설계할 때 주의사항으로 틀린 것은?

① 국부적인 열의 집중을 받게 한다.
② 용접선의 교차를 최대한으로 줄여야 한다.
③ 가능한 아래보기 자세로 작업을 많이 하도록 한다.
④ 용접 작업에 지장을 주지 않도록 공간을 두어야 한다.

해설 국부적인 열의 집중을 받지 않도록 한다.

해답 30. ② 31. ③ 32. ③ 33. ①

문제 34 용접 균열의 종류 중 맞대기 용접, 필릿 용접 등의 비드 표면과 모재와의 경계부에 발생하는 균열은?

① 토 균열
② 설퍼 균열
③ 헤어 균열
④ 크레이터 균열

해설 문제 1번 참고

문제 35 용접 시공 전에 준비해야 할 사항 중 틀린 것은?

① 용접부의 녹 부분은 그대로 둔다.
② 예열, 후열의 필요성 여부를 검토한다.
③ 제작 도면을 확인하고 작업 내용을 검토한다.
④ 용접 전류, 용접 순서, 용접 조건을 미리 정해둔다.

해설 용접부의 녹 부분은 제거해야 한다.

문제 36 그림과 같은 용접이음에서 굽힘 응력을 σ_b라 하고, 굽힘 단면계수를 W_b라 할 때, 굽힘 모멘트 M_b를 구하는 식은?

① $M_b = \dfrac{\sigma_b}{W_b}$

② $M_b = \sigma_b \cdot W_b$

③ $M_b = \dfrac{\sigma_b \cdot W_b}{l}$

④ $M_b = \dfrac{\sigma_b \cdot W_b}{t}$

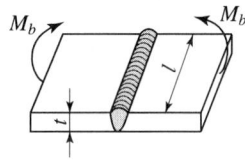

문제 37 가 용접(tack welding)에 대한 설명으로 틀린 것은?

① 가 용접에는 본 용접보다도 지름이 약간 가는 용접봉을 사용한다.
② 가 용접은 쉬운 용접이므로 기량이 좀 떨어지는 용접사에 의해 실시하는 것이 좋다.
③ 가 용접은 본 용접을 하기 전에 좌우의 홈 부분을 잠정적으로 고정하기 위한 짧은 용접이다.
④ 가 용접은 슬래그 섞임, 기공 등의 결함을 수반하기 때문에 이음의 끝 부분, 모서리 부분을 피하는 것이 좋다.

34. ①　35. ①　36. ②　37. ②

해설 용접 준비
① 본 용접사와 동등한 기량을 갖는 용접사가 가접 시행
② 응력이 집중 될 우려가 있는 곳은 피한다.
③ 가접시에는 본 용접 때보다 지름이 약간 가는 용접봉 사용
④ 대칭으로 용접실시
⑤ 큰 구조물에서는 구조물의 중앙에서 끝으로 향하여 용접 실시
⑥ 조립순서는 수축이 큰 맞대기 이음을 먼저 용접하고 다음에 필릿용접을 한다.

문제 38 용접시공 시 엔드 탭(end tab)을 붙여 용접하는 가장 주된 이유는?
① 언더컷의 방지
② 용접변형 방지
③ 용접 목두께의 증가
④ 용접 시작점과 종점의 용접결함 방지

해설 용접시공 시 엔드 탭을 붙여 용접하는 가장 주된 이유
용접 시작점과 종점의 용접결함 방지

문제 39 두께가 5mm인 강판을 가지고 다음 그림과 같이 완전 용입의 맞대기 용접을 하려고 한다. 이때 최대 인장하중을 50000N 작용시키려면 용접 길이는 얼마인가?(단, 용접부의 허용 인장응력은 100MPa이다.)
① 50mm
② 100mm
③ 150mm
④ 200mm

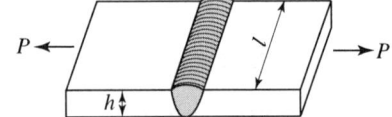

해설
$\sigma = \dfrac{P}{t\,l}$ ∴ $l = \dfrac{P}{\sigma \times t} = \dfrac{5000}{100 \times 5} = 100\text{mm}$

문제 40 용접전류가 120A, 용접전압이 12V, 용접속도가 분당 18cm/min일 경우에 용접부의 입열량은 몇 Joule/cm인가?
① 3500
② 4000
③ 4800
④ 5100

해설
용접부 입열량 = $\dfrac{60EI}{V} = \dfrac{60 \times 12 \times 120}{18} = 4800\text{J/cm}$

해답 38. ④   39. ②   40. ③

제 3 과목　용접일반 및 안전관리

문제 41 연강판 가스 절단 시 가장 적합한 예열 온도는 약 몇 ℃인가?
① 100~200　　　　　　② 300~400
③ 400~500　　　　　　④ 800~900

해설 연강판 가스 절단 시 가장 적합한 예열 온도 : 800~900℃
　　　구리, 알루미늄 예열 온도 : 200~400℃

문제 42 다음 중 피복 아크 용접기 설치장소로 가장 부적합한 곳은?
① 진동이나 충격이 없는 장소　　② 주위온도가 -10℃ 이하인 장소
③ 유해한 부식성 가스가 없는 장소　④ 폭발성 가스가 존재하지 않는 장소

해설 피복 아크 용접기 설치장소
　　　① 주위온도가 40℃ 이하인 장소　② 진동이나 충격이 없는 장소
　　　③ 폭발성 가스가 존재하지 않는 장소　④ 유해한 부식성 가스가 없는 장소

문제 43 다음 중 압접에 속하지 않는 것은?
① 마찰 용접　　　　　② 저항 용접
③ 가스 용접　　　　　④ 초음파 용접

해설 압접
　　　① 유도가열용접　② 단접　③ 초음파용접
　　　④ 가압테르밋용접　⑤ 마찰용접　⑥ 냉간압접　⑦ 저항용접

문제 44 아크 용접기로 정격 2차 전류를 사용하여 4분간 아크를 발생시키고 6분을 쉬었다면 용접기의 사용률은?
① 20%　　　　　　　② 30%
③ 40%　　　　　　　④ 60%

해설 용접기 사용률 $= \dfrac{\text{아크시간}}{\text{아크시간}+\text{휴식시간}} \times 100 = \dfrac{4}{4+6} \times 100 = 40\%$

해답 41. ④　42. ②　43. ③　44. ③

문제 45

용접에 사용되는 산소를 산소용기에 충전시키는 경우 가장 적당한 온도와 압력은?

① 35℃, 15MPa
② 35℃, 30MPa
③ 45℃, 15MPa
④ 45℃, 18MPa

해설 산소용기 충전시 온도와 압력 : 35℃, 15MPa(150kg/cm^2)

문제 46

직류 역극성(reverse polarity)을 이용한 용접에 대한 설명으로 옳은 것은?

① 모재의 용입이 깊다.
② 용접봉의 용융 속도가 느려진다.
③ 용접봉을 음극(-), 모재를 양극(+)에 설치한다.
④ 얇은 판의 용접에서 용락을 피하기 위하여 사용한다.

해설 **직류정극성**(DCSP)
① 후판용접에 적합 ② 비드 폭이 좁다.
③ 용입이 깊다.   ④ 용접봉의 용융속도가 느리다.
⑤ 모재(+) 70% 열, 용접봉(-) 30% 열

직류역극성(DCRP)
① 박판용접에 사용 ② 비드 폭이 넓다.
③ 용입이 얕다.   ④ 용접봉의 용융속도가 빠르다.
⑤ 용접봉(+) 70% 열, 모재(-) 30% 열

문제 47

산소 및 아세틸렌 용기의 취급시 주의사항으로 틀린 것은?

① 용기는 가연성 물질과 함께 뉘어서 보관할 것
② 통풍이 잘 되고 직사광선이 없는 곳에 보관할 것
③ 산소 용기의 운반시 밸브를 닫고 캡을 씌워서 이동할 것
④ 용기의 운반시 가능한 운반 기구를 이용하고, 넘어지지 않게 주의할 것

해설 가연성 물질과 조연성 물질은 각각 따로 세워서 보관할 것

문제 48

일반적인 용접의 특징으로 틀린 것은?

① 작업 공정이 단축되며 경제적이다.
② 재질의 변형이 없으며 이음효율이 낮다.
③ 제품의 성능과 수명이 향상되며 이종 재료도 접합할 수 있다.
④ 소음이 적어 실내에서의 작업이 가능하며 복잡한 구조물 제작이 쉽다.

해답 45. ① 46. ④ 47. ① 48. ②

해설 **용접의 특징**(이종재보수각용품)
① 이종재료 용접이 가능
② 중량이 가벼워진다.
③ 재료의 두께에 제한이 없다.
④ 제품의 성능과 수명 향상
⑤ 보수와 수리 용이
⑥ 수밀, 기밀, 유밀성이 양호
⑦ 작업공정이 간단하다.
⑧ 용접사의 기량에 따라 품질좌우
⑨ 품질검사 곤란
⑩ 잔류응력이 생김

문제 49 강재 표면의 홈이나 개재물, 탈탄층 등을 제거하기 위하여 얇게 타원형 모양으로 표면을 깎아내는 가공법은?
① 스카핑
② 피닝법
③ 가스 가우징
④ 겹치기 절단

해설
- **가스 가우징** : 용접 부분의 뒷면을 따내든지 H형, U형의 용접 홈을 가공하기 위해서 깊은 홈을 파내는 방법
- **아크에어 가우징** : 탄소아크 절단장치에나 압축공기 5~7kg/cm² 를 병용하여서 아크열로 용융시킨 부분을 압축공기로 불어 날려서 홈을 파내는 작업(조용모각응)
  [장점] ㉠ 조작 방법이 간단
  ㉡ 용접 결함부의 발견이 쉽다.
  ㉢ 용융금속을 순간적으로 불어내어 모재에 악영향을 주지 않는다.
  ㉣ 작업능률이 가스 가우징보다 2~3배 높다.
  ㉤ 응용범위가 넓고 경비가 저렴

문제 50 피복 아크 용접에서 피복제의 역할로 틀린 것은?
① 용착 효율을 높인다.
② 전기 절연 작용을 한다.
③ 스패터 발생을 적게 한다.
④ 용착금속의 냉각속도를 빠르게 한다.

해설 **피복제 역할**(전공아슬탈합용스)
① 전기절연작용
② 공기 중 산화, 질화방지
③ 아크안정
④ 슬래그제거를 쉽게 한다.
⑤ 탈산정련작용
⑥ 합금원소첨가
⑦ 용착효율을 높인다.
⑧ 용착 금속의 냉각속도를 느리게 한다.
⑨ 스패터의 발생을 적게 한다.

문제 51 다음 중 열전도율이 가장 높은 것은?
① 구리
② 아연
③ 알루미늄
④ 마그네슘

해설 **열전도율 순서**(은구알마아니철납)
은＞구리＞금＞알루미늄＞마그네슘＞아연＞니켈＞철＞납

해답
49. ① 50. ④ 51. ①

문제 52 레일의 접합, 차축, 선박의 프레임 등 비교적 큰 단면을 가진 주조나 단조품의 맞대기 용접과 보수용접에 사용되는 용접은?

① 가스 용접 ② 전자빔 용접
③ 테르밋 용접 ④ 플라스마 용접

해설 **테르밋 용접**
① 미세한 산화철 분말과 알루미늄 분말을(1:3~4)의 중량비로 혼합한 테르밋제에 과산화바륨과 마그네슘 분말을 혼합한 점화촉진제를 넣어 연소시키면 화학반응에 의해 약 2800℃ 이상의 고온을 얻어 용접
② 용도 : 철도 차축, 선박 프레임 용접
③ 특징 : ㉠ 전력이 불필요하다.
㉡ 작업 후의 변형이 적다. 작업 장소의 이동이 가능
㉢ 용접하는 시간이 매우 짧다.
㉣ 용접기구가 간단하고 설비비가 싸다.
㉤ 용접 작업이 단순하고 용접 결과의 재현성이 높다.

문제 53 불활성 가스 텅스텐 아크 용접을 할 때 주로 사용하는 가스는?

① H_2 ② Ar
③ CO_2 ④ C_2H_2

해설 불활성 가스 텅스텐 아크 용접시 사용하는 가스 : Ar

문제 54 용접 자동화에서 자동제어의 특징으로 틀린 것은?

① 위험한 사고의 방지가 불가능하다.
② 인간에게는 불가능한 고속작업이 가능하다.
③ 제품의 품질이 균일화되어 불량품이 감소된다.
④ 적정한 작업을 유지할 수 있어서 원자재, 원료 등이 절약된다.

해설 위험한 사고의 방지가 가능하다.

문제 55 불활성 가스 금속 아크 용접에서 이용하는 와이어 송급 방식이 아닌 것은?

① 풀 방식 ② 푸시 방식
③ 푸시-풀 방식 ④ 더블-풀 방식

해설 **불활성 가스 금속 아크 용접에서 이용하는 와이어 송급 방식**
① 푸시 방식 ② 풀 방식 ③ 푸시-풀 방식

해답 52. ③ 53. ② 54. ① 55. ④

문제 56

서브머지드 아크 용접(SAW)의 특징에 대한 설명으로 틀린 것은?

① 용융속도 및 용착속도가 빠르며 용입이 깊다.
② 특수한 지그를 사용하지 않는 한 아래보기 자세에 한정된다.
③ 용접선이 짧거나 불규칙한 경우 수동 용접에 비하여 능률적이다.
④ 불가시 용접으로 용접 도중 용접상태를 육안으로 확인할 수 없다.

해설 서브머지드 아크 용접

원리	자동 금속아크 용접법으로 모재의 이음표면에 미세한 입상의 용제를 공급하고, 용제 속에 연속적으로 전극와이어를 송급하여 모재 및 전극와이어를 용융시켜 용접부를 대기로부터 보호하면서 용접하는 방법으로 일명 잠호용접이라고 한다. 상품명으로는 링컨용접, 유니언멜트용접이라고 불리운다.
장점	① 콘택트 팁에서 통전되므로 와이어 중에 저항 열이 적게 발생되어 고전류 사용이 가능하다. ② 용융 속도 및 용착속도가 빠르다. ③ 용입이 깊다. ④ 작업 능률이 수동에 비하여 판두께 12mm에서 2~3배, 25mm에서 5~6배, 50mm에서 8~12배 정도가 높다. ⑤ 개선각을 적게 하여 용접 패스(pass)수를 줄일 수 있다. ⑥ 기계적 성질이 우수하다. ⑦ 유해광선이나 퓸(fume) 등이 적게 발생되어 작업환경이 깨끗하다. ⑧ 비드 외관이 매우 아름답다.
단점	① 장비의 가격이 고가이다. ② 용접 적용 자세에 제약을 받는다. ③ 용접 재료에 제약을 받는다. ④ 개선 홈의 정밀을 요한다.(백킹재 미 사용시 루트간격 0.8mm 이하) ⑤ 용접 진행 상태의 양·부를 육안식별이 불가능하다. ⑥ 용접선이 짧거나 복잡한 경우 수동에 비하여 비능률적이다.

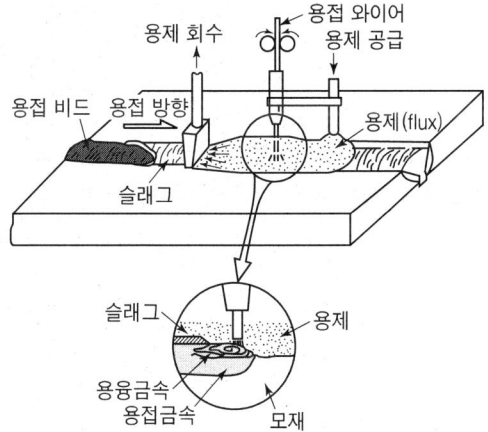

해답
56. ③

문제 57

다음 연료가스 중 발열량(kcal/m²)이 가장 많은 것은?
① 수소   ② 메탄
③ 프로판   ④ 아세틸렌

해설

가스의 종류	가스의 발열량(kcal/m²)	가스의 종류	가스의 발열량(kcal/m²)
부탄	26,691℃	아세틸렌	3,430℃
프로판	20,780℃	부탄	2,926℃
아세틸렌	12,690℃	수소	2,900℃
메탄	8,080℃	프로판	2,820℃
수소	2,420℃	메탄	2,700℃

문제 58

직류 용접기와 비교한 교류 용접기의 특징으로 틀린 것은?
① 무부하 전압이 높다.   ② 자기쏠림이 거의 없다.
③ 아크의 안정성이 우수하다.   ④ 직류보다 감전의 위험이 크다.

해설 **교류아크용접기와 비교한 직류아크용접기의 특징**

비교	교류	직류
아크안정	불안정	안정
극성변화	불가능	가능
무부하전압	80~90V	40~60V
구조	간단	복잡
고장	적다	많다
역률	떨어짐	양호
가격	저가	고가
판이용	후판	박판
아크쏠림	방지가능	일어남

문제 59

가스 용접에서 판 두께를 t(mm)라고 하면 용접봉의 지름 D(mm)를 구하는 식으로 옳은 것은?(단, 모재의 두께는 1mm 이상인 경우이다.)

① $D = t + 1$ ② $D = \dfrac{t}{2} + 1$

③ $D = \dfrac{t}{3} + 1$ ④ $D = \dfrac{t}{4} + 1$

해설 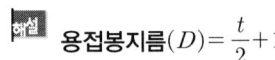 용접봉지름$(D) = \dfrac{t}{2} + 1$

57. ③   58. ③   59. ②

문제 60 용접 시 필요한 안전 보호구가 아닌 것은?
① 안전화　　　　　　　② 용접 장갑
③ 핸드 실드　　　　　　④ 핸드 그라인더

해설 용접 시 안전 보호구
① 안전화　② 용접 장갑　③ 핸드 실드　④ 앞치마　⑤ 각반　⑥ 토시

60. ④

2017년 5월 7일 시행

제 1 과목　용접야금 및 용접설비제도

문제 01　탄소강에서 탄소의 함유량이 증가할 경우에 나타나는 현상은?

① 경도증가, 연성감소　　② 경도감소, 연성감소
③ 경도증가, 연성증가　　④ 경도감소, 연성증가

해설　탄소강에서 탄소의 함유량이 증가 시 나타나는 현상
① 증가 : 인장강도, 경도, 항복점, 비저항, 비열
② 감소 : 연성, 전성, 인성, 충격치, 단면수축율, 연신율

문제 02　담금질 시 재료의 두께에 따라 내·외부의 냉각속도 차이로 인하여 경화되는 깊이가 달라져 경도차이가 발생하는 현상을 무엇이라고 하는가?

① 시효경화　　　　　② 질량효과
③ 노치효과　　　　　④ 담금질효과

해설　**질량효과** : 재료의 내·외부에 열처리 효과의 차이가 나는 현상

문제 03　다음 중 펄라이트의 조성으로 옳은 것은?

① 페라이트 + 소르바이트　　② 페라이트 + 시멘타이트
③ 시멘타이트 + 오스테나이트　　④ 오스테나이트 + 트루스타이트

해설　**강의 조직**
① 공석강 : 펄라이트
② 아공석강 : 펄라이트＋페라이트
③ 과공석강 : 펄라이트＋시멘타이트
④ 공정주철 : 레데뷰라이트
⑤ 과공정주철 : 시멘타이크＋레데뷰라이트

해답　01. ①　02. ②　03. ②

문제 04 다음 중 금속조직에 따라 스테인리스강을 3종류로 분류하였을 때 옳은 것은?
① 마텐자이트계, 페라이트계, 펄라이트계
② 페라이트계, 오스테나이트계, 펄라이트계
③ 마텐자이트계, 페라이트계, 오스테나이트계
④ 페라이트계, 오스테나이트계, 시멘타이트계

해설 스테인리스강의 종류
① 오스테나이트계 스텐레스강
② 마텐자이드계 스텐레스강
③ 페라이트계 스텐레스강
④ PH형 스텐레스강(석출 경화용 스텐레스강)

문제 05 용접작업에서 예열을 실시하는 목적으로 틀린 것은?
① 열영향부와 용착 금속의 경화를 촉진하고 연성을 감소시킨다.
② 수소의 방출을 용이하게 하여 저온 균열을 방지한다.
③ 용접부의 기계적 성질을 향상 시키고 경화 조직의 석출을 방지시킨다.
④ 온도 분포가 완만하게 되어 열응력의 감소로 변형과 잔류 응력의 발생을 적게 한다.

해설 예열의 목적
① 용접금속 및 열영향부의 연성 또는 인성을 향상
② 용접부의 수축변형 및 잔류응력을 경감
③ 금속 중의 수소를 방출시켜 균열의 방지
④ 용접의 작업성 개선
⑤ 열영향부의 균열을 방지
⑥ 용접부의 냉각속도를 느리게 하여 결함방지

문제 06 강의 조직을 개선 또는 연화시키기 위해 가장 흔히 쓰이는 방법이며, 주조 조직이나 고온에서 조대화된 입자를 미세화 시키기 위해 A_{C3}점 또는 A_{C1}점 이상 20~50℃로 가열 후 노냉시키는 풀림 방법은?
① 연화 풀림
② 완전 풀림
③ 항온 풀림
④ 구상화 풀림

해설 ① **항온풀림** : A_1 변태점 이하의 항온에서 변태를 완료시킨 것으로 가장 짧은 시간에 풀림 할 수 있다.
② **연화풀림** : 냉간가공도 중 경화된 재료를 연화시키기 위해 650~750℃로 풀림처리

04. ③ 05. ① 06. ②

③ **구상화풀림** : 소성가공이나 절삭가공을 쉽게 하고 담금질균열의 방지 및 기계적 성질을 개선할 목적으로 탄화물을 구상화시키는 열처리
④ **응력제거풀림** : 냉간가공 및 열처리에 의해 발생된 응력을 제거하기 위해 450~600℃ 정도에서 냉각시키는 열처리

문제 07 일반적으로 고장력강 용접 시 주의해야할 사항으로 틀린 것은?
① 용접봉은 저수소계를 사용한다.
② 위빙 폭을 크게 하지 말아야 한다.
③ 아크 길이는 최대한 길게 유지한다.
④ 용접 전 이음부 내부를 청소한다.

해설 아크 길이는 짧게 유지한다.

문제 08 다음 중 용접성이 가장 좋은 강은?
① 1.2%C 강   ② 0.8%C 강
③ 0.5%C 강   ④ 0.2%C 이하의 강

해설 **저탄소강** : 탄소함유량 0.3% 이하의 강(연강)
중탄소강 : 탄소함유량 0.3% 이상~0.5% 이하
고탄소강 : 탄소함유량 0.5% 이상~2.0% 이하
주철 : 2.0~6.67% 이하

문제 09 담금질한 강을 실온까지 냉각한 다음, 다시 계속하여 실온 이하의 마텐자이트 변태 종료 온도까지 냉각하여 잔류오스테나이트를 마텐자이트로 변화시키는 열처리는?
① 심랭 처리   ② 하드 페이싱
③ 금속 용사법   ④ 연속 냉각 변태 처리

해설 **하드 페이싱** : 소재의 표면에 스텔라이트나 경금속을 융착시켜 표면을 경화시키는 방법

문제 10 다음 중 건축 구조용 탄소 강관의 KS 기호는?
① SPS 6   ② SGT 275
③ SRT 275   ④ SNT 275A

07. ③ 08. ④ 09. ① 10. ④

문제 11

다음 선의 용도 중 가는 실선을 사용하지 않는 것은?

① 지시선 ② 치수선
③ 숨은선 ④ 회전단면선

해설
가는실선 : 파단선, 해칭선, 치수선, 치수보조선, 회전단면선
가는일점쇄선 : 중심선, 절단선, 기준선, 피치선
가는이점쇄선 : 가상선
굵은실선 : 외형선

문제 12

용접부 표면의 형상과 기호가 올바르게 연결된 것은?

① 토우를 매끄럽게 함 : ⌣⌣
② 동일 평면으로 다듬질 : ⊢
③ 영구적인 덮개 판을 사용 : ⌣
④ 제거 가능한 이면 판재 사용 : ⋁

해설 용접기호

넓은 루트 면이 있는 한 면 개선형 맞대기 용접	⊢	시임용접	⊖
일면 개선형 맞대기 용접	⋁	경사용접부	∥
표준육성	⌢	평형(I형) 맞대기용접	‖
가장자리용접	‖‖‖	필릿용접	◣
표면 접합부	=	이면용접	⌣
겹침 접합부	⊃	개선각이 급격한 V형 맞대기용접	⋁
플러그용접(슬롯용접)	⊓	영구적인 덮개판사용	M
점용접(스폿용접)	◯	제거 가능한 이면판재사용	MR

문제 13

다음 중 치수 기입의 원칙으로 틀린 것은?

① 치수는 중복기입을 피한다.
② 치수는 되도록 주 투상도에 집중시킨다.
③ 치수는 계산하여 구할 필요가 없도록 기입한다.
④ 관련되는 치수는 되도록 분산시켜서 기입한다.

11. ③ 12. ① 13. ④

해설 **치수기입의 원칙**
① 치수는 중복기입을 피한다.
② 치수는 되도록 주 투상도에 집중시킨다.
③ 치수는 계산하여 구할 필요가 없도록 기입한다.
④ 정면도, 평면도, 측면도 순으로 기입한다.
⑤ 길이의 치수문자는 원칙적으로 mm의 단위로 기입한다.
⑥ 치수문자의 소수점(.)은 아래쪽의 점으로 하고 숫자사이를 적당히 띄워 표시한다.
⑦ 3자리마다 숫자사이를 적당히 띄우고 콤마는 (,)는 찍지 않는다.

문제 14 다음 용접의 명칭과 기호가 맞지 않는 것은?

① 심 용접 : ⊖   ② 이면 용접 : ⌣
③ 겹침 접합부 : \/   ④ 가장자리 용접 : |||

해설 문제 12번 참고

문제 15 치수 기입의 방법을 설명한 것으로 틀린 것은?
① 구의 반지름 치수를 기입할 때는 구의 반지름 기호인 Sφ를 붙인다.
② 정사각형 변의 크기 치수 기입시 치수 앞에 정사각형 기호 □를 붙인다.
③ 판재의 두께 치수 기입시 치수 앞에 두께를 나타내는 기호 t를 붙인다.
④ 물체의 모양이 원형으로서 그 반지름 치수를 표시할 때는 치수 앞에 R을 붙인다.

해설 구의 반지름 치수를 기입할 때는 구의 반지름 기호인 SR를 붙인다.

구분	기호	사용법	잘못된 표기법
지름(diameter)	φ	φ20	D20
반지름(radius)	R	R20	
구(Sphere)의 지름	Sφ	sφ20	
구의 반지름	SR	SR10	
정사각형의 변	□	□10	⊠10
판의 두께(thickness)	t	t5	
45°의 모따기	C	C3	
원호의 길이	⌒		
이론적으로 정확한 치수	☐	12	
참고치수	( )	(12)	

해답 14. ③   15. ①

문제 16 다음 중 SM 45C의 명칭으로 옳은 것은?
① 기계 구조용 탄소 강재
② 일반 구조용 각형 강관
③ 저온 배관용 탄소 강관
④ 용접용 스테인리스강 선재

해설 저온배관용 탄소강관 : SPLT
고온배관용 탄소강관 : SPHT
배관용 탄소강관 : SPP
고압배관용 탄소강관 : SPPH

문제 17 다음 중 각기둥이나 원기둥을 전개할 때 사용하는 전개도법으로 가장 적합한 것은?
① 사진 전개도법
② 평행선 전개도법
③ 삼각형 전개도법
④ 방사선 전개도법

해설 **평행선 전개법** : 각기둥이나 원기둥을 전개할 때 사용하는 전개도법

문제 18 다음 중 가는 1점 쇄선의 용도가 아닌 것은?
① 중심선
② 외형선
③ 기준선
④ 피치선

해설 문제 11번 참고

문제 19 다음 중 스케치 방법이 아닌 것은?
① 프린트법
② 투상도법
③ 본뜨기법
④ 프리핸드법

해설 **스케치 방법**
① 프리핸드법 : 모눈종이 사용
② 프린트법 : 광명단을 발라 스케치용지에 찍는 것
③ 본뜨기법 : 구리선, 납선 이용
④ 사진촬영법

문제 20 KS의 부문별 기호 연결이 잘못된 것은?
① KS A - 기본
② KS B - 기계
③ KS C - 전기
④ KS D - 건설

 16. ① 17. ② 18. ② 19. ② 20. ④

해설 KS기호
① KSA : 기본   ② KSC : 전기   ③ KSB : 기계
④ KSD : 금속   ⑤ KSE : 광물   ⑥ KSF : 토건
⑦ KSG : 식료   ⑧ KSH : 일용   ⑨ KSI : 요업
⑩ KSM : 화학   ⑪ KSP : 의료   ⑫ KSV : 조선
⑬ KSW : 항공 등

제 2 과목   용접구조설계

문제 21 다음 중 용접 균열 시험법은?
① 킨젤 시험   ② 코머렐 시험
③ 슈나트 시험   ④ 리하이 구속 시험

해설 **용접 균열 시험법** : 리하이 구속 시험

문제 22 중판 이상의 용접을 위한 홈 설계 요령으로 틀린 것은?
① 루트반지름은 가능한 크게 한다.
② 홈의 단면적을 가능한 한 작게 한다.
③ 적당한 루트면과 루트간격을 만들어 준다.
④ 전후좌우 5° 이하로 용접봉을 운봉할 수 없는 홈 각도를 만든다.

해설 전후좌우 5° 이하로 용접봉을 운봉할 수 있는 홈 각도를 만든다.

문제 23 용착부의 인장응력이 5kgf/mm², 용접선 유효길이가 80mm이며, V형 맞대기로 완전 용입인 경우 하중 8000kgf에 대한 판 두께는 몇 mm인가?(단, 하중은 용접선과 직각 방향이다.)
① 10   ② 20
③ 30   ④ 40

해설 $\sigma = \dfrac{P}{tl}$

$\therefore t = \dfrac{P}{\sigma \times l} = \dfrac{8000}{5 \times 80} = 20\text{mm}$

 해답

21. ④   22. ④   23. ②

문제 24

일반적인 용접의 장점으로 틀린 것은?

① 수밀, 기밀이 우수하다.
② 이종재료 접합이 가능하다.
③ 재료가 절약되고 무게가 가벼워진다.
④ 자동화가 가능하며 제작 공정수가 많아진다.

해설 용접의 장점
① 이종재료 용접가능   ② 중량이 가벼워진다.
③ 재료의 두께에 제한이 없다. ④ 제품의 성능과 수명 향상
⑤ 보수와 수리용이   ⑥ 수밀, 기밀, 유밀성 양호
⑦ 작업공정이 간단하다.

문제 25

용접 전 길이를 적당한 구간으로 구분한 후 각 구간을 한 칸씩 건너뛰어서 용접한 후 다시금 비어 있는 곳을 차례로 용접하는 방법으로 잔류응력이 가장 적은 용착법은?

① 후퇴법   ② 대칭법
③ 비석법   ④ 교호법

해설 용착법
① 전진법 : 가장 간단한 방법으로 이음의 한쪽 끝에서 다른 쪽 끝으로 용접 진행하는 방법

⟶

② 후진법 : 용접 진행 방향과 용착 방법이 반대로 되는 방법
   5→4→3→2→1

③ 스킵법(비석법) : 이음 전 길이에 대해서 뛰어 넘어서 용접하는 방법
   1 4 2 5 3

④ 빌드업법(덧살올림법) : 용접 전 길이에 대하여 각 층을 연속하는 방법. 능률은 좋지 않지만 한랭 시나 구속이 클 때, 판 두께가 두꺼울 때에는 첫 층에 균열이 생길 우려가 있다.

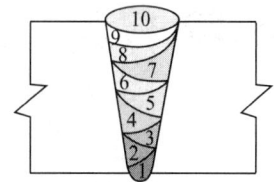

⑤ 케스케이드법 : 한 부분에 대해 몇 층을 용접하다가 다음 부분의 층으로 연속시켜 용접하며, 후진법과 병용하여 사용되며, 결함은 잘 생기지 않으나 특수한 경우 외에는 사용하지 않는다.

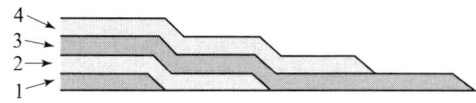

해답 24. ④ 25. ③

문제 26

다음 중 용접부 예열의 목적으로 틀린 것은?
① 용접부의 기계적 성질을 향상시킨다.
② 열응력의 감소로 잔류응력의 발생이 적다.
③ 열영향부와 용착금속의 경화를 방지한다.
④ 수소의 방출이 어렵고, 경도가 높아져 인성이 저하한다.

해설 문제 5번 참고

문제 27

V형 맞대기 용접에서 판 두께가 10mm, 용접선의 유효길이가 200mm일 때, 5N/mm²의 인장응력이 발생한다면 이 때 작용하는 인장하중은 몇 N인가?
① 3000
② 5000
③ 10000
④ 12000

해설
$\sigma = \dfrac{P}{t\,l}$

$P = \sigma \times t \times l = 5 \times 10 \times 200 = 10000\text{N}$

문제 28

용접 작업 시 용접 지그를 사용했을 때 얻는 효과로 틀린 것은?
① 용접 변형을 증가시킨다.
② 작업 능률을 향상시킨다.
③ 용접 작업을 용이하게 한다.
④ 제품의 마무리 정도를 향상시킨다.

해설 **지그 사용 시 얻는 효과**
① 용접 변형을 감소시킨다.
② 용접 작업을 용이하게 한다.
③ 제품의 마무리 정도를 향상시킨다.
④ 작업 능률을 향상시킨다.

문제 29

강자성체인 철강 등의 표면 결함 검사에 사용되는 비파괴 검사 방법은?
① 누설 비파괴 검사
② 자기 비파괴 검사
③ 초음파 비파괴 검사
④ 방사선 비파괴 검사

해설 **자분탐상법**(자기비파괴검사) : 강자성체인 철강 등의 표면결함 검사에 사용
ET(와류탐상법) : 맴돌이 전류 이용 검사
VT(육안검사) : 비파괴검사 중 가장 많이 사용

해답 26. ④ 27. ③ 28. ① 29. ②

문제 30

다음 용착법 중 각 층마다 전체 길이를 용접하며 쌓는 방법은?
① 전진법　　　　　② 후진법
③ 스킵법　　　　　④ 빌드업법

해설　문제 25번 참고

문제 31

용접부의 결함 중 구조상 결함이 아닌 것은?
① 변형　　　　　　② 기공
③ 언더컷　　　　　④ 오버랩

해설　**구조상 결함**
① 오우버랩　② 용입불량　③ 내부기공　④ 슬래그혼입
⑤ 언더컷　　⑥ 선상조직　⑦ 은점　　　⑧ 균열
⑨ 기공

참고　**치수상 결함** : ① 변형　② 치수불량　③ 형상불량

문제 32

가접 시 주의해야 할 사항으로 옳은 것은?
① 본 용접자보다 용접 기량이 낮은 용접사가 가 용접을 실시한다.
② 용접봉은 본 용접 작업 시에 사용하는 것보다 가는 것을 사용한다.
③ 가 용접 간격은 일반적으로 판 두께의 60~80배 정도로 하는 것이 좋다.
④ 가 용접 위치는 부품의 끝 모서리나 각 등과 같이 응력이 집중되는 곳에 가접한다.

해설　본 용접사와 같은 기량을 가진 용접사가 가접을 한다.
　　　가 용접 위치는 부품의 끝 모서리나 각 등과 같이 응력이 집중되는 곳은 피한다.

문제 33

용접 구조물을 조립하는 순서를 정할 때 고려사항으로 틀린 것은?
① 용접 변형을 쉽게 제거할 수 있어야 한다.
② 작업환경을 고려하여 용접자세를 편하게 한다.
③ 구조물의 형상을 고정하고 지지할 수 있어야 한다.
④ 용접진행은 부재의 구속단을 향하여 용접한다.

해설　**구조물 조립 순서**
① 수축이 큰 맞대기 이음을 먼저 용접하고 다음에 필릿용접을 하도록 배려한다.
② 큰 구조물에서는 구조물의 중앙에서 끝으로 향하여 용접 실시

해답　30. ④　31. ①　32. ②　33. ④

③ 대칭으로 용접을 진행시킴
④ 구조물의 형상을 고정하고 지지할 수 있어야 한다.
⑤ 작업환경을 고려하여 용접자세를 편하게 한다.
⑥ 용접변형을 쉽게 제거할 수 있어야 한다.

문제 34

연강판 용접을 하였을 때 발생한 용접 변형을 교정하는 방법이 아닌 것은?
① 롤러에 의한 방법
② 기계적 응력완화법
③ 가열 후 해머링하는 법
④ 얇은 판에 대한 점 수축법

해설 용접부의 변형교정 방법
① 박판에 대한 점 수축법
② 형재에 대한 직선 가열 수축법
③ 후판에 대하여는 가열 후 압력을 걸고 수냉하는 방법
④ 가열 후 햄머로 두드리는 방법
⑤ 소성 변형시켜서 교정하는 방법
⑥ 외력을 이용한 소성 변형법
⑦ 가열 시 발생하는 열응력 이용한 소성 변형법

문제 35

비파괴 검사법 중 표면결함 검출에 사용되지 않는 것은?
① PT
② MT
③ UT
④ ET

해설 표면결함 검출 : ① PT ② MT ③ ET ④ VT
내부결함 검출 : ① UT ② RT ③ ET

문제 36

용접부에 잔류응력을 제거하기 위하여 응력제거 풀림처리를 할 때 나타나는 효과로 틀린 것은?
① 충격 저항의 증대
② 크리프 강도의 향상
③ 응력 부식에 대한 저항력의 증대
④ 용착 금속 중의 수소 제거에 의한 경도 증대

해설 응력제거 풀림처리 시 나타나는 효과
① 응력 부식에 대한 저항력의 증대
② 크리프 강도의 향상
③ 충격 저항의 증대

해답 34. ②   35. ③   36. ④

문제 37 맞대기 용접 이음에서 이음 효율을 구하는 식은?

① 이음 효율 = $\dfrac{허용응력}{사용응력} \times 100(\%)$

② 이음 효율 = $\dfrac{사용응력}{허용응력} \times 100(\%)$

③ 이음 효율 = $\dfrac{모재의\ 인장강도}{용접시험편의\ 인장강도} \times 100(\%)$

④ 이음 효율 = $\dfrac{용접시험편의\ 인장강도}{모재의\ 인장강도} \times 100(\%)$

해설 맞대기 용접 이음효율 = $\dfrac{용접시험편의\ 인장강도}{모재의\ 인장강도} \times 100(\%)$

문제 38 얇은 판의 용접 시 주로 사용하는 방법으로 용접부의 뒷면에서 물을 뿌려주는 변형 방지법은?

① 살수법　　　　　　　　　② 도열법
③ 석면포 사용법　　　　　　④ 수냉 동판 사용법

문제 39 다음 중 비파괴시험법에 해당되는 것은?

① 부식시험　　　　　　　　② 굽힘시험
③ 육안시험　　　　　　　　④ 충격시험

해설 비파괴시험 방법
① RT(방사선 투과법)　　② UT(초음파 탐상법)
③ PT(침투탐상법)　　　　④ MT(자분탐상법)
⑤ VT(육안검사법)　　　　⑥ LT(누설검사법)
⑦ ET(와류검사법)

문제 40 판 두께 25mm 이상인 연강판을 0℃ 이하에서 용접할 경우 예열하는 방법은?

① 이음의 양쪽 폭 100mm 정도를 40~75℃로 예열하는 것이 좋다.
② 이음의 양쪽 폭 150mm 정도를 150~200℃로 예열하는 것이 좋다.
③ 이음의 한쪽 폭 100mm 정도를 40~75℃로 예열하는 것이 좋다.
④ 이음의 한쪽 폭 150mm 정도를 150~200℃로 예열하는 것이 좋다.

해답 37. ④　38. ①　39. ③　40. ①

제 3 과목   용접일반 및 안전관리

문제 41 불활성가스 텅스텐 아크용접에 대한 설명으로 틀린 것은?
① 직류 역극성으로 용접하면 청정작용을 얻을 수 있다.
② 가스 노즐은 일반적으로 세라믹 노즐을 사용한다.
③ 불가시 용접으로 용접 중에는 용접부를 확인할 수 없다.
④ 용접용 토치는 냉각 방식에 따라 수냉식과 공랭식으로 구분된다.

해설 불가시 용접은 서브머지드 아크 용접

문제 42 다음 중 아크 용접시 발생되는 유해한 광선에 해당되는 것은?
① X-선   ② 자외선
③ 감마선   ④ 중성자선

해설 아크 용접시 발생되는 유해한 광선 : 자외선

문제 43 다음 중 교류 아크 용접기에 해당되지 않는 것은?
① 발전기형 아크 용접기   ② 탭 전환형 아크 용접기
③ 가동 코일형 아크 용접기   ④ 가동 철심형 아크 용접기

해설 교류 아크 용접기의 종류
① 가동철심형
  ㉠ 현재 가장 많이 사용
  ㉡ 미세한 전류 조정이 가능
  ㉢ 가동철심으로 누설자속을 가감하여 전류조정
  ㉣ 광범위한 전류 조정이 어렵다.
② 가동코일형
  ㉠ 가격이 비싸다.
  ㉡ 누설 리액턴스 값을 변경시킴
  ㉢ 1차, 2차 코일중의 하나를 이동하여 누설자속을 변화하여 전류조정
③ 가포화리액터형
  ㉠ 원격제어가 되고 가변저항의 변화로 용접전류를 조정
  ㉡ 조작이 간단
④ 탭전환형
  ㉠ 무부하전압이 높아 전격의 위험이 있다.
  ㉡ 코일의 감긴 수에 따라 전류조정
  ㉢ 미세전류조정이 어렵다.

해답 41. ③   42. ②   43. ①

문제 44 가스절단기에서 예열불꽃이 약할 때 일어나는 현상으로 가장 거리가 먼 것은?

① 드래그가 증가한다.   ② 절단면이 거칠어진다.
③ 절단 속도가 늦어진다.   ④ 절단이 중단되기 쉽다.

해설 **예열불꽃이 강할 때**
① 절단면이 거칠어진다.
② 슬래그 중의 철 성분의 박리가 어려워진다.
③ 모서리가 용융되어 둥글게 된다.
예열불꽃이 약할 때
① 드래그가 증가한다.
② 역화를 일으키기 쉽다.
③ 절단 속도가 늦어지고 절단이 중단되기 쉽다.

문제 45 모재 두께가 다른 경우에 전극의 과열을 피하기 위하여 전류를 단속하여 용접하는 점 용접법은?

① 맥동 점 용접   ② 단극식 점 용접
③ 인터랙 점 용접   ④ 다전극 점 용접

해설 **맥동 점 용접** : 모재 두께가 다른 경우에 전극의 과열을 피하기 위하여 전류를 단속하여 용접

문제 46 U형, H형의 용접 홈을 가공하기 위하여 슬로우 다이버전트로 설계된 팁을 사용하여 깊은 홈을 파내는 가공법은?

① 스카핑   ② 수중절단
③ 가스 가우징   ④ 산소창 절단

해설 **스카핑** : 강괴, 강편, 슬래그, 주름, 탈탄층, 표면균열 등의 표면결함을 불꽃가공에 의해 제거하는 방법으로 얕은 홈가공 시 사용
수중 절단 : 물에 잠겨있는 침몰선의 교량의 교각개조, 댐, 항만, 방파제 등의 공사에 사용되며 수중 작업시 예열가스의 양은 공기 중에서 4~8배, 절단산소의 압력 1.5~2배이다.
산소창 절단 : 두꺼운 판, 주강의 슬랙 덩어리, 암석의 천공 등의 절단에 이용
산소아크 절단 : 중공의 피복용접봉과 모재 사이에 아크를 발생시키고 중심에서 산소를 분출시키며 절단
분열절단 : 스텐레스강, 비철금속, 주철 등은 가스절단이 용이하지 않으므로 철분 또는 연속적으로 절단용 산소에 혼합 공급하므로서 그 산화열 또는 용제의 화학작용을 이용하여 절단

해답 44. ② 45. ① 46. ③

문제 47

피복제 중에 석회석이나 형석을 주성분으로 사용한 것으로 용착금속 중의 수소 함유량이 다른 용접봉에 비해 약 1/10 정도로 현저하게 적은 피복 아크 용접봉은?

① E4301
② E4311
③ E4313
④ E4316

해설 연강용 피복아크 용접봉의 특징
① E 4301(일미나이트계)
  ㉠ TiO_2, FeO를 약 30% 함유
  ㉡ 주성분은 광석 사철
  ㉢ 용접성과 기계적 성질이 우수
  ㉣ 가열온도와 가열시간 : 70~100℃, 30~60분
② E 4303(라임티탄계)
  ㉠ TiO_2(산화타탄)을 약 30% 이상 함유
  ㉡ 비드의 외관이 아름답다.
  ㉢ 언더컷이 발생되지 않는다.
③ E 4311(고셀룰로오스계)
  ㉠ 셀룰로오스를 20~30%정도 포함
  ㉡ 비드표면이 거칠고 스패터가 많은 것이 결점
  ㉢ 좁은 홈의 용접 시 사용
  ㉣ 습기가 흡수되기 쉬우므로 건조
④ E 4313(고산화티탄계)
  ㉠ 산화티탄을 약 35% 이상 함유
  ㉡ 일반 경구조물 용접에 사용
  ㉢ 비드 표면이 고우며 작업성이 우수
  ㉣ 고온크랙을 일으키기 쉬운 결점이 있다.
⑤ E 4316(저수소계)
  ㉠ 주성분으로는 석회석, 형석 등이 있다.
  ㉡ 내균열성, 기계적 성질 우수
  ㉢ 용착금속 중에서 수소 함유량이 다른 피복봉에 비해 $\frac{1}{10}$ 정도로 매우 낮음.
  ㉣ 가열온도와 가열시간 : 300~350℃, 1~2시간

문제 48

일반적인 가동 철심형 교류 아크용접기의 특성으로 틀린 것은?

① 미세한 전류 조정이 가능하다.
② 광범위한 전류 조정이 어렵다.
③ 조작이 간단하고 원격 제어가 된다.
④ 가동철심으로 누설자속을 가감하여 전류를 조정한다.

해설 문제 43번 참고

해답 47. ④ 48. ③

문제 49

자동 및 반자동 용접이 수동 아크 용접에 비하여 우수한 점이 아닌 것은?

① 용입이 깊다. ② 와이어 송급 속도가 빠르다.
③ 위보기 용접자세에 적합하다. ④ 용착금속의 기계적 성질이 우수하다.

해설 아래보기 용접자세에 적합

문제 50

산소-아세틸렌가스 용접의 특징으로 틀린 것은?

① 용접 변형이 적어 후판용접에 적합하다.
② 아크 용접에 비해서 불꽃의 온도가 낮다.
③ 열 집중성이 나빠서 효율적인 용접이 어렵다.
④ 폭발의 위험성이 크고 금속이 탄화 및 산화될 가능성이 많다.

해설 산소-아세틸렌가스 용접의 특징(전가열응아용폭)
① 전원이 불필요하다.
② 가열조절이 비교적 쉽다.
③ 열 집중성이 나빠서 효율적인 용접이 어렵다.
④ 응용범위가 넓다.
⑤ 아크용접보다 유해광선의 발생이 적다.
⑥ 용접변형이 크다.
⑦ 폭발의 위험성이 크다.
⑧ 금속이 탄화 및 산화될 가능성이 많다.

문제 51

다음 용접자세의 기호 중 수평자세를 나타낸 것은?

① F ② H
③ V ④ O

해설 용접자세
① F(Flat poisition) : 아래보기자세
② H(Horizantal poisition) : 수평자세
③ V(Vertical poisition) : 수직자세
④ O(OverHead poisition) : 위보기자세

문제 52

가스용접에서 탄산나트륨 15%, 붕사 15%, 중탄산나트륨 70%가 혼합된 용제는 어떤 금속용접에 가장 적합한가?

① 주철 ② 연강
③ 알루미늄 ④ 구리합금

해답
49. ③ 50. ① 51. ② 52. ①

해설 용제
① 연강 : 사용하지 않는다.
② 반경강 : 중탄산나트륨 + 탄산나트륨
③ 주철 : 중탄산소다(70%) + 붕사(15%) + 탄산소다(15%)
④ 구리 : 붕사(75%) + 염화리튬(25%)
⑤ 알루미늄 : 염화칼륨(45%) + 염화나트륨(30%) + 염화리튬(15%) + 플루오르화칼륨(7%) + 황산칼륨(3%)

문제 53
탄산가스 아크용접에 대한 설명으로 틀린 것은?
① 전자세 용접이 가능하다.
② 가시 아크이므로 시공이 편리하다.
③ 용접전류의 밀도가 낮아 용입이 얕다.
④ 용착금속의 기계적, 야금적 성질이 우수하다.

해설 탄산가스 아크용접의 특징
① 아크시간을 길게 할 수 있다.　② 가시 아크이므로 시공이 용이
③ 용입이 깊고 용접 속도가 빠르다.　④ 기계적 성질, 야금적 성질이 우수
⑤ 전자세용접이 가능　⑥ 박판용접에 부적합
⑦ Fe계통 용접에만 한정　⑧ 풍속이 2m/sec 이상 시 방풍장치 필요

문제 54
다음 중 압접에 해당하는 것은?
① 전자빔 용접　② 초음파 용접
③ 피복 아크 용접　④ 일렉트로 슬래그 용접

해설 압접
① 유도가열용접　② 단접　③ 초음파용접
④ 가압테르밋용접　⑤ 마찰용접　⑥ 냉간압접
⑦ 저항용접 ─ 겹치기용접 ─ 점용접
　　　　　　　　　　　　　├ 심용접
　　　　　　　　　　　　　└ 프로젝션용접
　　　　　　　└ 맞대기용접 ─ 포일시임용접
　　　　　　　　　　　　　├ 퍼커션용접
　　　　　　　　　　　　　├ 플래쉬용접
　　　　　　　　　　　　　└ 업셋용접

문제 55
피복 아크 용접봉의 피복 배합제 중 아크 안정제에 속하지 않는 것은?
① 석회석　② 마그네슘
③ 규산칼륨　④ 산화티탄

53. ③　54. ②　55. ②

해설 피복 배합제
① 아크안정제 : ㉠ ㉡ ㉢ ㉣ ㉤ ㉥
                산화티탄 석회석 규산칼륨 자철광 적철광 탄산소다
                규산나트륨
② 슬랙생성제 : ㉠ ㉡ ㉢ ㉣ ㉤ ㉥ ㉦ ㉧
                이산화망간 산화티탄 형석 석회석 일미나이트 알루미나 장석 규사
③ 탈산제 : 바 실 티 크 망 알
         Fe-V Fe-Si Fe-Ti Fe-Cr Fe-Mn Al
         바나듐철 규소철 티탄철 크롬철 망간철 알루미늄
④ 고착제 : 해 당 아 카 규
         해초 당밀 아교 카제인 규산칼륨
                          규산나트륨
⑤ 가스발생제 : 석 탄 톱 녹 셀
            석회석 탄산바륨 톱밥 녹말 셀룰로오스

문제 56 가스용접에서 가변압식 토치의 팁(B형) 250번을 사용하여 표준불꽃으로 용접하였을 때의 설명으로 옳은 것은?

① 독일식 토치의 팁을 사용한 것이다.
② 용접 가능한 판 두께가 250mm이다.
③ 1시간 동안에 산소 소비량이 25리터이다.
④ 1시간 동안에 아세틸렌가스의 소비량이 250리터 정도이다.

해설 가변압식 토치의 팁(B형) 250번 : 1시간 동안에 아세틸렌가스의 소비량이 $250l$ 정도이다.

문제 57 정격 2차 전류가 300A, 정격 사용량 50%인 용접기를 사용하여 100A의 전류로 용접을 할 때 허용 사용률은?

① 5.6% ② 150%
③ 450% ④ 550%

해설 허용사용률 $= \dfrac{(\text{정격 2차전류})^2}{(\text{실제용접전류})^2} \times \text{정격사용률} = \dfrac{(300)^2}{(100)^2} \times 50$
$= 450$

해답 56. ④ 57. ③

문제 58 불활성가스 텅스텐 아크용접에서 전극을 모재에 접촉시키지 않아도 아크 발생이 되는 이유로 가장 적합한 것은?

① 전압을 높게 하기 때문에
② 텅스텐의 작용으로 인해서
③ 아크 안정제를 사용하기 때문에
④ 고주파 발생장치를 사용하기 때문에

문제 59 연강용 피복 아크 용접봉의 종류에서 E4303 용접봉의 피복제 계통은?

① 특수계　　　　　　　② 저수소계
③ 일루미나이트계　　　④ 라임티타니아계

해설 문제 49번 참고

문제 60 용접작업자의 전기적 재해를 줄이기 위한 방법으로 틀린 것은?

① 절연상태를 확인한 후 사용한다.
② 용접 안전보호구를 완전히 착용한다.
③ 무부하 전압이 낮은 용접기를 사용한다.
④ 직류용접기보다 교류용접기를 많이 사용한다.

해설 **용접작업자의 전기적 재해를 줄이기 위한 방법**
① 교류용접기보다 직류용접기 많이 사용한다.
② 무부하 전압이 낮은 용접기를 사용한다.
③ 용접 안전보호구를 완전히 착용한다.
④ 절연상태를 확인한 후 사용

해답 58. ④　59. ④　60. ④

2017년 8월 26일 시행

제 1 과목 용접야금 및 용접설비제도

문제 01 다음 원소 중 강의 담금질 효과를 증대시키며, 고온에서 결정립 성장을 억제시키고, S의 해를 감소시키는 것은?
① C   ② Mn
③ P   ④ Si

해설 특수원소의 영향
① Mn(망간) : ㉠ 적열취성방지   ㉡ 황의 해를 제거
            ㉢ 고온에서 결정립성장 억제 ㉣ 담금질효과 증대
② Ni(니켈) : ㉠ 인성증가   ㉡ 저온충격 저항증가
            ㉢ 질화촉진   ㉣ 주철의 흑연화 촉진
③ Cr(크롬) : ㉠ 내식성, 내마모성 향상   ㉡ 흑연화를 안정
            ㉢ 탄화물 안정   ㉣ 담금질성 증대
④ Mo(몰리브덴) : ㉠ 뜨임취성 방지   ㉡ 고온강도 개선
               ㉢ 저온취성 방지
⑤ Ti(티탄) : ㉠ 탄화물생성 용이   ㉡ 결정입자의 미세화
⑥ B(붕소) : ㉠ 담금질성을 개선
⑦ Si(규소) : ㉠ 유동성 증가   ㉡ 연신율 감소
            ㉢ 충격저항 감소   ㉣ 단접성 및 냉간가공성 해침

문제 02 일반적인 금속의 특성으로 틀린 것은?
① 열과 전기의 양도체이다.
② 이온화하면 양(+) 이온이 된다.
③ 비중이 크고, 금속적 광택을 갖는다.
④ 소성변형성이 있어 가공하기 어렵다.

해설 소성변형성이 있어 가공하기 쉽다.

해답 01. ② 02. ④

문제 03

용접부의 저온균열은 약 몇 ℃ 이하에서 발생하는가?
① 200 ② 450
③ 600 ④ 750

해설 저온균열 : 200℃ 이하   고온균열 : 800~900℃ 이하

문제 04

용접 시 발생하는 일차결함으로 응고온도범위 또는 그 직하의 비교적 고온에서 용접부의 자기수축과 외부구속 등에 의한 인장스트레인과 균열에 민감한 조직이 존재하면 발생하는 용접부의 균열은?
① 루트 균열 ② 저온 균열
③ 고온 균열 ④ 비드 밑 균열

해설 **저온균열의 유형**
① 라멜라티어균열 : T이음, 모서리 이음 등에서 강의 내부에 평행하게 층상으로 발생되는 균열
② 마이크로피셔균열 : 용착금속의 다수의 현미경적 균열이 저온에서 발생하며 용착금속의 굽힘 연성이 현저하게 감소
③ 루트균열 : 맞대기용접의 가접, 첫 층 용접의 루트 근방의 열영향부에 발생하는 균열
④ 힐균열 : 필릿시 루트부분에 발생하는 저온균열이며 모재의 수축, 팽창에 의한 뒤틀림이 주요원인
⑤ 토우균열 : 맞대기이음, 필릿이음 등의 경우에 비드표면과 모재의 경계부에 발생
⑥ 비드밋균열 : 용접 비드 바로 밑에서 용접선에 아주 가까이 거의 평행하게 모재 열영향부에 생기는 균열

고온균열의 유형
① 유황균열(설퍼크랙) : 강중의 황이 층상으로 존재하는 유황밴드가 심한 모재를 서브머지드 아크 용접시 나타나는 균열
② 라미네이션균열 : 모재의 결함에 기인되는 것으로 모재 내에 기포가 압연되어 발생하는 유황밴드와 같이 층상으로 편재해 강재의 내부적 노취 형성
③ 크레이터균열 : 용접비드의 끝에서 발생하는 고온균열로서 냉각속도가 지나치게 빠른 경우 발생

문제 05

다음 중 열전도율이 가장 높은 것은?
① Ag ② Al
③ Pb ④ Fe

해설 **열전도율 순서**(은구알마아니철납)
Ag > Cu > Au > Al > Mg > Zn > Ni > Fe > Pb
(은) (구리) (금) (알루미늄)(마그네슘) (아연) (니켈) (철) (납)

해답 03. ① 04. ③ 05. ①

문제 06 다음 재료의 용접작업 시 예열을 하지 않았을 때 용접성이 가장 우수한 강은?
① 고장력강
② 고탄소강
③ 마텐자이트계 스텐인리스강
④ 오스테나이트계 스테인리스강

해설 오스테나이트계 용접 시 주의사항
① 예열을 하지 말아야 한다.
② 층간 온도가 320℃ 이상을 넘어서는 안 된다.
③ 짧은 아크 길이를 유지한다.
④ 낮은 전류값으로 용접하여 용접 입열을 억제한다.
⑤ 용접봉은 모재와 동일한 재료를 쓰며 가는 용접봉을 사용
⑥ 용접성이 매우 우수하다.

문제 07 체심입방격자의 슬립면과 슬립방향으로 맞는 것은?
① (110)-[110]
② (110)-[111]
③ (111)-[110]
④ (111)-[111]

문제 08 피복 아크 용접봉의 피복 배합제의 성분 중 용착금속의 산화, 질화를 방지하고 용착금속의 냉각속도를 느리게 하는 것은?
① 탈산제
② 가스 발생제
③ 아크 안정제
④ 슬래그 생성제

해설 피복 배합제의 종류
① 아크 안정제(*산, 석, 규, 자, 적, 탄*)
  ㉠ 산화티탄 ㉡ 석회석 ㉢ 규산칼륨 ㉣ 규산나트륨
  ㉤ 자철광 ㉥ 적철광 ㉦ 탄산소다
② 슬래그 생성제(*이, 산, 형, 석, 일, 알, 장, 규*) : 용융점이 낮은 가벼운 슬래그를 만들어 산화와 질화 방지
  ㉠ 이산화망간 ㉡ 산화티탄 ㉢ 산화철 ㉣ 형석 ㉤ 석회석
  ㉥ 일미나이트 ㉦ 알루미나 ㉧ 장석 ㉨ 규사
③ 탈산제(*바, 실, 티, 크, 망, 알*) : 용융금속 중의 산화물을 탈산 정련하는 작용
  ㉠ 페로바나듐 ㉡ 페로실리카 ㉢ 페로티탄 ㉣ 페로크롬
  ㉤ 페로망간 ㉥ 알루미늄
④ 가스 발생제(*석, 탄, 톱, 녹, 셀*) : 중성 또는 환원성 가스를 발생하여 아크분위기를 대기로부터 차단하여 보호하고 용융금속의 산화나 질화 방지
  ㉠ 석회석 ㉡ 탄산바륨 ㉢ 톱밥 ㉣ 녹말 ㉤ 셀룰로오스
⑤ 합금첨가제(*바, 실, 망, 크, 산*) : 용접의 여러 성질을 개선하기 위하여 피복제에 첨가하는 것

06. ④ 07. ② 08. ④

㉠ 페로바나듐 ㉡ 페로실리카 ㉢ 페로망간 ㉣ 페로크롬 ㉤ 산화제1구리
㉥ 산화몰리브데 ㉦ 산화니켈
⑥ 고착제(**해, 당, 아, 카, 규**) : 심선에 피복제를 고착시키는 역할
㉠ 해초   ㉡ 당밀   ㉢ 아교   ㉣ 카제인   ㉤ 규산칼륨
㉥ 규산나트륨

문제 09

용접부의 잔류응력을 경감시키기 위한 방법으로 틀린 것은?
① 예열을 할 것
② 용착금속량을 증가시킬 것
③ 적당한 용착법, 용착순서를 선정할 것
④ 적당한 포지셔너 및 회전대 등을 이용할 것

해설 용착금속량을 감소시킬 것

문제 10

응력제거 풀림처리 시 발생하는 효과가 아닌 것은?
① 잔류응력이 제거된다.
② 응력부식에 대한 저항력이 증가한다.
③ 충격저항성과 크리프 강도가 감소한다.
④ 용착금속 중의 수소가스가 제거되어 연성이 증가된다.

해설 충격저항성과 크리프 강도가 증가한다.

문제 11

다음 용접부 기호의 설명으로 옳은 것은?(단, 네모박스 안의 영문자는 MR이다.)
① 화살표 반대쪽에 필릿 용접한다.
② 화살표 쪽에 V형 맞대기 용접한다.
③ 화살표 쪽에 토우를 매끄럽게 한다.
④ 화살표 반대쪽에 영구적인 덮개판을 사용한다.

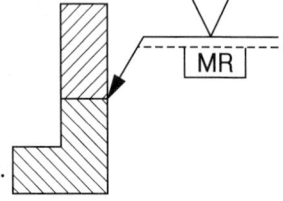

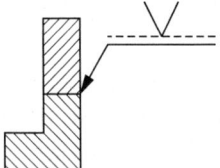

화살표 쪽에 V형 맞대기 용접한다.

해답 09. ② 10. ③ 11. ④

문제 12
KS의 부문별 분류기호 중 "B"에 해당하는 분야는?
① 기본   ② 기계
③ 전기   ④ 조선

해설 KS의 부분별 분류기호
① KSA : 기본   ② KSB : 기계   ③ KSC : 전기   ④ KSD : 금속
⑤ KSE : 광물   ⑥ KSF : 토건   ⑦ KSG : 식료   ⑧ KSH : 일용
⑨ KSI : 요업   ⑩ KSM : 화학   ⑪ KSP : 의료   ⑫ KSV : 조선
⑬ KSW : 항공   ⑭ KSK : 섬유   ⑮ KSR : 수송기계 ⑯ KSX : 정보산업

문제 13
다음 용접기호 중 플러그 용접을 표시한 것은?

해설 용접기호

스폿용접	○	필릿용접	◸
플러그용접(⊙⊙)	⊓	이면용접	⌒
현장용접	▶	가장자리용접	∥∣
온둘레현장용접	⦿	개선각이 급격한 V형 맞대기용접	\/
시임용접	⊖		

문제 14
다음 용접기호 표시를 바르게 설명한 것은?

C  $n \times l(e)$

① 지름이 c이고 용접길이 l인 스폿 용접이다.
② 지름이 c이고 용접길이 l인 플러그 용접이다.
③ 용접부 너비가 c이고 용접부 수가 n인 심 용접이다.
④ 용접부 너비가 c이고 용접부 수가 n인 스폿 용접이다.

해설 용접기호 표시
① c : 용접부 너비(지름)   ② n : 용접부 수
③ l : 용접길이   ④ (e) : 용접할 간격

12. ② 13. ④ 14. ③

문제 15 도면에 치수를 기입할 때 유의해야 할 사항으로 틀린 것은?
① 치수는 중복 기입을 피한다.
② 관련되는 치수는 되도록 분산하여 기입한다.
③ 치수는 되도록 계산해서 구할 필요가 없도록 기입한다.
④ 치수는 필요에 따라 점, 선 또는 면을 기준으로 하여 기입한다.

문제 16 그림과 같이 치수를 둘러싸고 있는 사각 틀(□)이 뜻하는 것은?
① 참고 치수
② 판 두께의 치수
③ 이론적으로 정확한 치수
④ 정사각형 한 변의 길이

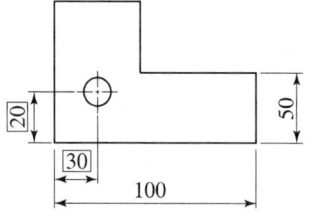

해설 치수의 표시방법
① 정면도, 평면도, 측면도 순으로 기입한다.
② 길이의 치수문자는 원칙적으로 mm의 단위로 기입한다.
③ 치수문자의 소수점(.)은 아래쪽의 점으로 하고 숫자사이를 적당히 띄워 표시한다.
④ 3자리마다 숫자사이를 적당히 띄우고 콤마는 (,)는 찍지 않는다.

구분	기호	사용법	잘못된 표기법
지름(diameter)	φ	φ20	D20
반지름(radius)	R	R20	
구(Sphere)의 지름	Sφ	sφ20	
구의 반지름	SR	SR10	
정사각형의 변	□	□10	⊠10
판의 두께(thickness)	t	t5	
45°의 모따기	C	C3	
원호의 길이	⌒		
이론적으로 정확한 치수	▭	▭12	
참고치수	( )	(12)	

문제 17 치수 보조기호로 사용되는 기호가 잘못 표기된 것은?
① 구의 지름 : S
② 45° 모떼기 : C
③ 원의 반지름 : R
④ 정사각형의 한 변 : □

해답
15. ② 16. ③ 17. ①

문제 18 용접 기본 기호 중 "⌒" 기호의 명칭으로 옳은 것은?

① 표면 육성 ② 표면 접합부
③ 경사 접합부 ④ 겹침 접합부

해설 용접 기본 기호

명칭	기호	명칭	기호
돌출된 모서리를 가진 평판 사이의 맞대기 용접/ 에지 플랜지형 용접(미국)/ 돌출된 모서리는 완전 용해	⋀	점용접	○
평형(I형) 맞대기 용접	||	심(Seam) 용접	⊖
V형 맞대기 용접	V	개선 각이 급격한 V형 맞대기 용접	V̱
일면 개선 형 맞대기 용접	V	개선 각이 급격한 일면 개선 형 맞대기 용접	⊻
넓은 루트면 이 있는 V형 맞대기 용접	Y	가장 자리(Edge)용접	⦀
넓은 루트면 이 있는 한 면 개선 형 맞대기 용접	Y	표준 육성	⌒
U형 맞대기 용접(평형 또는 경사면)	Y	표면(Surface) 접합부	=
J형 맞대기 용접	P	경사 접합부	∥
이면 용접	⌓	겹침 접합부	⌒
필릿 용접	△	양면 V형 맞대기 이음 용접(X용접)	X
플러그 용접 플러그 또는 슬롯 용접(미국)	⊓	K형 맞대기 용접	K

문제 19 일반적으로 부품의 모양을 스케치하는 방법이 아닌 것은?

① 판화법 ② 프린트법
③ 프리핸드법 ④ 사진 촬영법

해설 스케치 방법
① 프리핸드법 ② 프린트법 ③ 모양뜨기방법 ④ 사진 촬영법

문제 20 선의 종류에 의한 용도에서 가는 실선으로 사용하지 않는 것은?

① 치수선 ② 외형선
③ 지시선 ④ 치수보조선

해답 18. ④ 19. ① 20. ②

용도에 따른 선의 종류

명칭	선의 용도	선의 종류
파단선	대상물의 일부를 파단한 경계	가는 실선
해칭선	도형된 한정된 특정 부분을 다른 부분과 구별	
치수선	치수 기입하기 위해	
치수보조선	치수 기입하기 위해 도형으로부터 끌어내는 선	
기준선	위치결정의 근거가 된다는 것을 명시	가는 일점 쇄선
절단선	절단위치를 대응하는 그림에 표시	
중심선	도면의 중심을 표시	
피치선	되풀이 하는 도형의 피치를 취하는 기호	
외형선	대상물이 보이는 부분의 모양을 표시	굵은 실선
특수지정선	특수한 가공을 하는 부분	굵은 일점 쇄선
가상선	가공전·후 표시, 인접부분 참고표시, 공구위치 참고표시	가는 이점 쇄선

제 2 과목 용접구조설계

문제 21

가 용접 시 주의해야 할 사항으로 틀린 것은?

① 본 용접과 같은 온도에서 예열을 한다.
② 본 용접사와 동등한 기량을 갖는 용접사로 하여금 가 용접을 하게 한다.
③ 가 용접의 위치는 부품의 끝, 모서리, 각 등과 같이 단면이 급변하여 응력이 집중되는 곳은 가능한 피한다.
④ 용접봉은 본 용접 작업에 사용하는 것보다 큰 것으로 사용하며, 간격은 판 두께의 5~10배 정도로 하는 것이 좋다.

가용접시 주의사항

① 조립순서는 수축이 큰 맞대기 이음을 먼저 용접하고 다음에 필릿용접을 한다.
② 응력이 집중될 우려가 있는 곳은 피한다.
③ 본 용접사와 동등한 기량을 갖는 용접사가 가접 시행
④ 대칭으로 용접 실시
⑤ 가용접시는 본 용접 때보다 지름이 약간 가는 용접봉을 사용
⑥ 큰 구조물에서는 구조물의 중앙에서 끝으로 향하여 용접 실시

21. ④

문제 22

침투탐상 검사의 특징으로 틀린 것은?

① 제품의 크기, 형상 등에 크게 구애를 받지 않는다.
② 주변 환경이나 특히 온도에 민감하여 제약을 받는다.
③ 국부적 시험과 미세한 균열도 탐상이 가능하다.
④ 시험 표면이 침투제 등과 반응하여 손상을 입은 제품도 검사할 수 있다.

해설 침투 탐상 검사의 특징

정의	• 탐상제를 이용 금속, 비금속 표면의 열린 결함을 검출
원리	• 표면장력(Surface tension) • 모세관 현상(Capillary action) • 인간의 지각현상(Visible light spectrum) • 적심성(Wettability)
특성	• 시험방법 간단, 고도의 숙련이 요구되지 않는다. • 거의 모든 재료에 적용 가능하다.(다공성 재료는 제외) • 제품의 크기나 형상에 구애받지 않는다. • 국부적 시험이 가능하다. • 표면 개구결함 검출에 한 한다. • 시험체의 표면온도에 제약을 받는다. • 후처리가 요구된다.
시험순서(절차)	시험품의 온도측정(15~50℃) → 전처리 → 침투처리(5분) → 제거처리 (수세정, 후유화성, 용제제거성) → 현장처리(현상액을 흔들어서 분사, 7분 유지한다. 특히 한 방향으로만 분사한다) → 관찰 → 후처리

문제 23

필릿용접에서 다리길이가 10mm인 용접부의 이론 목두께는 약 몇 mm인가?

① 0.707
② 7.07
③ 70.7
④ 707

해설 이론 목두께 $= 1 \times \cos 45°(0.707) = 10 \times 0.707 = 7.07\text{mm}$

문제 24

피닝(peening)의 목적으로 가장 거리가 먼 것은?

① 수축변형의 증가
② 잔류응력의 완화
③ 용접변형의 방지
④ 용착금속의 균열방지

해설 피닝의 목적
① 수축 변형의 감소 ② 잔류응력의 완화
③ 용접 변형의 방지 ④ 용착금속의 균열방지

해답 22. ④ 23. ② 24. ①

문제 25 다음 중 플레어 용접부의 형상으로 맞는 것은?

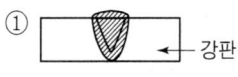
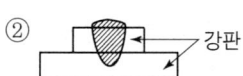
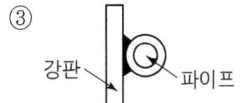

문제 26 다음 맞대기 용접이음 홈의 종류 중 가장 두꺼운 판의 용접이음에 적용하는 것은?
① H형　　② I형
③ U형　　④ V형

해설 맞대기 용접 이음 홈의 종류
① H형 : X형 홈과 같이 양면 용접이 가능한 경우에 용착금속의 양과 패스 수를 줄일 목적으로 사용되며 모재가 두꺼울수록 유리한 홈의 형상
② I형 : 맞대기 용접에서 가장 얇은 박판에 사용
③ V형 : 맞대기 용접에서 한쪽 방향의 완전한 용입을 얻고자 할 때
④ X형 : 이음 홈 형상 중에서 동일한 판 두께에 대하여 가장 변형이 적게 설계된 것
⑤ U형 : V형에 비해 홈의 폭이 좁아도 되고 또한 루트간격을 0으로 해도 작업성과 용입이 좋으며 한 쪽에서 용접하여 충분한 용입을 얻을 필요가 있을 때 사용

문제 27 주로 비금속 개재물에 의해 발생되며, 강의 내부에 모재표면과 평행하게 층상으로 형성되는 균열은?
① 토 균열　　② 힐 균열
③ 재열 균열　　④ 라멜라테어 균열

해설 문제 4번 참고

문제 28 응력 제거 풀림에 의해 얻어지는 효과로 틀린 것은?
① 충격저항이 증대된다.
② 크리프 강도가 향상된다.
③ 용착금속 중의 수소가 제거된다.
④ 강도는 낮아지고 열영향부는 경화된다.

해설 강도는 높아지고 열영향부는 경화된다.

해답 25. ③　26. ①　27. ④　28. ④

문제 29

다음 중 용접 홈을 설계할 때 고려하여야 할 사항으로 가장 거리가 먼 것은?

① 용접 방법 ② 아크 쏠림
③ 모재의 두께 ④ 변형 및 수축

해설 용접 홈을 설계할 때 고려 할 사항
① 모재의 두께 ② 용접 방법 ③ 변형 및 수축

문제 30

용접 구조 설계상의 주의사항으로 틀린 것은?

① 용접 이음의 집중, 접근 및 교차를 피할 것
② 용접치수는 강도상 필요한 치수 이상으로 크게 하지 말 것
③ 용접성, 노치인성이 우수한 재료를 선택하여 시공하기 쉽게 설계할 것
④ 후판을 용접할 경우에는 용입이 얕은 용접법을 이용하여 층수를 늘릴 것

해설 후판을 용접할 경우에는 용입이 높은 용접법을 이용하여 층수를 늘릴 것

문제 31

구조물 용접에서 조립순서를 정할 때의 고려사항으로 틀린 것은?

① 변형제거가 쉽게 되도록 한다.
② 잔류응력을 증가시킬 수 있게 한다.
③ 구조물의 형상을 유지할 수 있어야 한다.
④ 작업환경의 개선 및 용접자세 등을 고려한다.

해설 잔류응력을 증가시킬 수 있게 한다.

문제 32

다음 용접봉 중 내압용기, 철골 등의 후판용접에서 비드 하층 용접에 사용하는 것으로 확산성 수소량이 적고 우수한 강도와 내균열성을 갖는 것은?

① 저수소계 ② 일미나이트계
③ 고산화티탄계 ④ 라임티타니아계

해설 연강용 피복아크 용접봉의 특징
① 저수소계(E4316) : 피복제 중에서 석회석($CaCO_3$), 형석(CaF_2)을 주성분으로 한 것으로 기계적 성질, 내균열성이 우수하다. 그러나 아크가 불완전하고 용접 속도가 느리며, 용접시점에서 기공이 생기기 쉬우므로 백스텝법을 선택한다. 용접성은 다른 용접봉에 비해 우수하기 때문에 중요 부재의 용접, 후판 중구조물, 구속이 큰 용접, 고압용기, 탄소 당량이 높은 기계구조용강, 유황 함유량이 높은 강 등의 용접에 적합하다.

29. ② 30. ④ 31. ② 32. ①

- 용착 금속 중에 수소함유량이 다른 피복봉에 비해 $\frac{1}{10}$ 정도로 매우 낮음.
- 300~350℃에서 1~2시간 정도 건조 후 사용
  [용접봉에 습기는 기공, 균열의 원인이 됨]

② 고산화티탄계(E4313) : 비드표면이 고우며 작업성이 우수하다. 특히, 기계적 성질면에서 보면 연신율이 낮고, 항복점이 높으므로 용접시공에 있어서 유의해야 하며, 고온트랙(hot crack)을 일으키기 쉬운 결점이 있다. 산화티탄이 30% 이상 함유

③ 일미나이트계(E4301) : 일마나이트(TiO_2, FeO)를 약 30% 함유, 광석 사철 등을 주성분으로 한 슬래그 생성제, 일본에서 처음 개발
- 기계적 성질이 우수하다.
- 용접성이 우수하다.
- 70~100℃에서 1시간 정도 건조

④ 라임 티탄계(E4303) : 산화티탄(TiO_2)을 약 30% 이상 함유한 용접봉. 유럽에서 개발, 전 자세 가능, 비드의 외관이 아름답고, 언더컷이 발생되기 어렵다.

⑤ 고셀룰로오스계(E4311) : 셀룰로오스를 20~30%정도 포함한 용접봉으로 좁은 홈의 용접, 수직상진, 수직하진 및 위보기 용접에서 우수한 용접, 피복제에 다량의 유기물이 함유되어 보관 시 습기가 흡수되기 쉬우므로 기공발생(건조 필요)
- 70~100℃에서 30분~1시간 정도 건조

⑥ 철분 산화티탄계(E4324) : 고산화티탄계 용접봉의 피복제에 철분을 첨가한 것이며, 스패터가 적고 용입이 얕으나 작업성이 좋다.

⑦ 철분 저수소계(E4326) : 저수소계 용접봉의 피복제에 30~50% 철분을 첨가한 것으로 용착속도가 크고 작업능률이 좋으며, 아래보기 및 수평 필릿 용접에만 사용한다.

⑧ 철분 산화철계(E4327) : 산화철에 철분을 첨가한 용접봉으로 대체로 규산염을 많이 포함하여 산성 슬래그를 생성하며, 특히 아래보기 및 수평 필릿 용접에 더 많이 사용한다.

⑨ 특수계(E4340) : 피복제의 계통이 특별히 규정되어 있지 않음

문제 33

다음 중 용접 구조물의 이음 설계 방법으로 틀린 것은?

① 반복하중을 받는 맞대기 이음에서 용접부의 덧붙이를 필요 이상 높게 하지 않는다.
② 용접선이 교차하는 곳이나 만나는 곳의 응력집중을 방지하기 위하여 스캘롭을 만든다.
③ 용접 크레이터 부분의 결함을 방지하기 위하여 용접부 끝단에 돌출부를 주어 용접한 후 돌출부를 절단한다.
④ 굽힘응력이 작용하는 겹치기 필릿용접의 경우 굽힘응력에 대한 저항력을 크게 하기 위하여 한쪽 부분만 용접한다.

해설 굽힘응력이 작용하는 겹치기 필릿용접의 경우 굽힘응력에 대한 저항력을 크게 하기 위하여 양쪽 부분 다 용접한다.

33. ④

문제 34

강판의 두께가 7mm, 용접길이가 12mm인 완전 용입된 맞대기 용접부위에 인장하중을 3444kgf로 작용시켰을 때 용접부에 발생하는 인장응력은 약 몇 kgf/mm²인가?

① 0.024 ② 41
③ 82   ④ 2009

해설 인장응력 $= \dfrac{P}{t \cdot l} = \dfrac{3444}{7 \times 12} = 41\,\text{kgf}/\text{mm}^2$

문제 35

모재 및 용접부의 연성을 조사하는 파괴시험 방법으로 가장 적합한 것은?
① 경도시험   ② 피로시험
③ 굽힘시험   ④ 충격시험

해설 **기계적 시험**
① 충격시험(샤르피식, 아이조드식) : V형, U형의 노치를 만들어 충격적인 하중을 주어서 시험편을 파괴시키는 시험
② 피로시험 : 작은 힘을 수 없이 반복하여 작용하면 파괴를 일으키는 방법
③ 굽힘시험 : 용접부의 연성결함을 조사하기 위하여 사용되는 시험법
④ 인장시험 : 인장강도, 항복점, 단면수축률, 연신율 등을 측정

㉠ 단면 수축율 $= \dfrac{A - A_0}{A} \times 100\%$ ㉡ 변형율 $= \dfrac{l - l_0}{l_0} \times 100\%$

경도시험
① 쇼어 경도 : 소형의 추를 일정높이에서 낙하시켜 튀어 오르는 높이에 의하여 경도를 측정

$$HS = \dfrac{10,000}{65} \times \dfrac{h}{h_o}$$

여기서, h_o : 낙하물체의 높이(25cm), h : 낙하물체의 튀어 오른 높이

② 비커스 경도 : 꼭지각이 136°인 다이아몬드 4각추의 입자를 1~120kgf의 하중으로 시험편에 압인한 후 생긴 오목 자국의 대각선을 측정

$$H_V = \dfrac{1.8544\,P}{D^2}$$

③ 브리넬 경도 : 특수강구를 일정한 하중(500, 750, 1000, 3000kgf)으로 시험편의 표면적을 압인한 후, 이때 생긴 오목자국의 표면적을 측정하여 나타낸 값

$$HB = \dfrac{P}{\pi D t}$$

④ 로크웰 경도 : 지름 1/16"인 강구(B스케일), 꼭지각이 120°인 원뿔형(C스케일)의 다이아몬드 압입자를 사용하여 기본하중 10kgf을 주면서 경도계의 지시계를 0점에 맞춘 다음, B스케일 때 100kgf의 하중을 가하고, C스케일 때는 150kgf의 하중을 가한 다음 하중을 제거하면 오목자국의 깊이가 지시계에 나타나서 경도를 표시

해답 34. ② 35. ③

문제 36
다음 중 용접 비용 절감 요소에 해당되지 않는 것은?
① 용접 대기시간의 최대화   ② 합리적이고 경제적인 설계
③ 조립 정반 및 용접지그의 활용   ④ 가공불량에 의한 용접 손실 최소화

해설 용접 대기시간의 최소화

문제 37
두께 4mm인 연강 판을 I형 맞대기 이음 용접을 한 결과 용착금속의 중량이 3kg이었다. 이때 용착효율이 60%라면 용접봉의 사용중량은 몇 kg인가?
① 4   ② 5
③ 6   ④ 7

해설 용접봉 사용중량 = $\dfrac{\text{단면적} \times \text{비중} \times \text{용접길이}}{\text{용착효율}} = \dfrac{3}{0.6} = 5\text{kg}$

문제 38
다음 중 직류 아크 용접기가 아닌 것은?
① 정류기식 직류 아크 용접기   ② 엔진 구동식 직류 아크 용접기
③ 가동철심형 직류 아크 용접기   ④ 전동 발전식 직류 아크 용접기

해설 직류 아크 용접기 종류
① 전동 발전식 직류 아크 용접기
② 엔진 구동식 직류 아크 용접기
③ 정류기식 직류 아크 용접기

문제 39
다음 그림과 같은 순서로 용접하는 용착법을 무엇이라고 하는가?
① 전진법
② 후퇴법
③ 스킵법
④ 캐스케이드법

해설 용착법
① 스킵법 : 이음의 전 길이에 대하여 뛰어 넘어서 용접하는 방법이다. 변형, 잔류응력을 균일하게 하지만, 능률이 좋지 않으며, 용접 시작 부분과 끝나는 부분에 결함이 생길 때가 많다.

$\xrightarrow{\quad 1 \quad 4 \quad 2 \quad 5 \quad 3 \quad}$

② 캐스케이드법 : 한 부분에 대해 몇 층을 용접하다가 다음 부분의 층으로 연속시켜 용접하며, 후진법과 병용하여 사용되며, 결함은 잘 생기지 않으나 특수한 경

해답 36. ①   37. ②   38. ③   39. ③

우 외에는 사용하지 않는다.

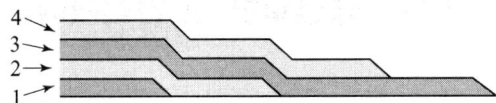

③ 블록법 : 한 개의 용접봉을 살을 붙일 만한 길이로 구분해서 홈을 한 부분씩 여러 층으로 쌓아올린 다음 다른 부분으로 진행하는 방법으로 짧은 용접 길이로 표면까지 용착하는 방법이며, 첫 층에 균열이 발생하기 쉬울 때 사용

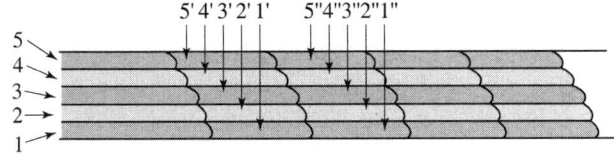

④ 빌드업법 : 용접 전 길이에 대하여 각 층을 연속하는 방법. 능률은 좋지 않지만 한랭시나 구속이 클 때, 판 두께가 두꺼울 때에는 첫 층에 균열이 생길 우려가 있다.

⑤

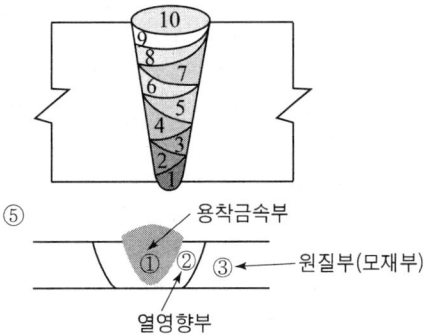

문제 40

용접부의 부식에 대한 설명으로 틀린 것은?

① 틈새부식은 틈 사이의 부식을 말한다.
② 용접부의 잔류응력은 부식과 관계없다.
③ 용접부의 부식은 전면부식과 국부부식으로 분류한다.
④ 입계부식은 용접 열영향부의 오스테나이트 입계에 Cr탄화물이 석출될 때 발생한다.

해답
40. ②

제 3 과목   용접일반 및 안전관리

문제 41 일반적인 탄산가스 아크 용접의 특징으로 틀린 것은?

① 용접속도가 빠르다.
② 전류 밀도가 높으므로 용입이 깊다.
③ 가시 아크이므로 용융지의 상태를 보면서 용접할 수 있다.
④ 후판용접은 단락이행 방식으로 가능하고, 비철금속 용접에 적합하다.

해설 탄산가스 아크 용접(CO_2 용접)
① 원리 : 불활성 가스 대신 탄산가스(CO_2)를 이용한 용극식 용접 방법이고, 가시 아크이므로 아크 및 용융지의 상태를 보면서 용접하는 방법
② 장점 : ㉠ 전류밀도가 높다.
㉡ 용입이 깊고 용접 속도를 빠르게 할 수 있다.
㉢ 용착 금속의 기계적 성질 및 금속학적 성질이 우수하다.
㉣ 박판용접(0.8mm까지)은 단락이행 용접법에 의해 가능하며, 전자세 용접도 가능하다.
㉤ 가시(可視) 아크이므로 시공이 편리하다.
㉥ 용제를 사용하지 않아 슬래그 혼입이 없고 용접 후의 처리가 간단하다.
㉦ 아크시간(용접 작업시간)을 길게 할 수 있다.
③ 단점 : ㉠ 바람의 영향을 크게 받으므로 2m/sec 이상이면 방풍장치가 필요하다.
㉡ 적용 재질이 철(Fe)계통으로 한정되어 있다.
㉢ 비드 외관은 피복아크 용접이나 서브머지드 아크 용접에 비해 약간 거칠다.

문제 42 다음 중 허용 사용률을 구하는 공식은?

① 허용 사용률 = $\dfrac{(정격 2차 전류)^2}{(실제 용접 전류)} \times$ 정격 사용률(%)

② 허용 사용률 = $\dfrac{(정격 2차 전류)}{(실제 용접 전류)^2} \times$ 정격 사용률(%)

③ 허용 사용률 = $\dfrac{(실제 용접 전류)^2}{(정격 2차 전류)^2} \times$ 정격 사용률(%)

④ 허용 사용률 = $\dfrac{(정격 2차 전류)^2}{(실제 용접 전류)^2} \times$ 정격 사용률(%)

해설 공식
① 허용 사용률 = $\dfrac{(정격 2차 전류)^2}{(실제 용접 전류)^2} \times$ 정격사용률(%)

41. ④ 42. ④

② 용접기 사용율 = $\dfrac{\text{아크시간}}{\text{아크시간}+\text{휴식시간}} \times 100$

③ 효율 = $\dfrac{\text{아크전력}}{\text{소비전력}} \times 100$

아크전력 = 아크전압 × 정격2차전류   소비전력 = 아크전력 + 내부손실

④ 역률 = $\dfrac{\text{소비전력}}{\text{전원입력}} \times 100$

전원입력 = 무부하전압 × 정격2차전류

⑤ 용접입열 = $\dfrac{60EI}{V}$

여기서, V : 용접속도[cm/min], E : 전압[V], I : 전류[A]

문제 43
다음 중 모재를 녹이지 않고 접합하는 용접법으로 가장 적합한 것은?
① 납땜
② TIG용접
③ 피복 아크 용접
④ 일렉트로 슬래그 용접

해설 납땜 : 모재를 녹이지 않고 접합하는 용접법
[종류] ① 노내납땜 ② 유도가열납땜 ③ 담금납땜
④ 가스납땜 ⑤ 인두납땜 ⑥ 저항납땜

문제 44
다음 중 불활성 가스 금속 아크 용접(MIG)의 특징으로 틀린 것은?
① 후판용접에 적합하다.
② 용접속도가 빠르므로 변형이 적다.
③ 피복 아크 용접보다 전류 밀도가 크다.
④ 용접토치가 용접부에 접근하기 곤란한 경우에도 용접하기가 쉽다.

해설 불활성가스 금속아크용접(MIG)의 특징
① 장점 : ㉠ 각종 금속용접에 다양하게 적용할 수 있어 응용범위가 넓다.
㉡ CO_2용접에 비해 스패터 발생이 적다.
㉢ TIG용접에 비해 전류밀도가 높으므로 용융속도가 빠르다.
㉣ 후판용접에 적합하다.
㉤ 수동 피복아크 용접에 비해 용착효율이 높아 고능률적이다.
② 단점 : ㉠ 보호가스의 가격이 비싸서 연강용접에는 다소 부적당하다.
㉡ 박판용접(3mm 이하)에는 적용이 곤란하다.
㉢ 바람의 영향을 크게 받으므로 방풍대책이 필요하다.
③ 종류 : MIG 용접
④ 용극 : 용극식, 소모식
⑤ 상품명 : 에어코우메틱(air comatic), 시그마(sigma), 필러아크(Filler arc), 알곤노트(argonaut)

43. ①   44. ④

문제 45 가스 절단이 곤란한 주철, 스테인리스강 및 비철금속의 절단부에 철분 또는 용제를 공급하며 절단하는 방법은?

① 스카핑 ② 분말 절단
③ 가스 가우징 ④ 플라스마 절단

해설
① **가스 가우징** : 용접 부분의 뒷면을 따내든지 H형, U형의 용접 홈을 가공하기 위해서 깊은 홈을 파내는 방법
② **스카핑** : 강괴, 강편, 슬래그, 주름, 탈탄층, 표면균열 등의 표면결함을 불꽃가공에 의해 제거하는 방법으로 얇은 홈가공 시 사용
③ **수중 절단** : 물에 잠겨있는 침몰선의 교량의 교각개조, 댐, 항만, 방파제 등의 공사에 사용되며 수중 작업시 예열가스의 양은 공기 중에서 4~8배, 절단산소의 압력 1.5~2배이다.
④ **아크에어 가우징** : 탄소아크 절단장치에나 압축공기 5~7kg/cm^{2}를 병용하여서 아크열로 용융시킨 부분을 압축공기로 불어 날려서 홈을 파내는 작업
[장점] ㉠ 조작 방법이 간단
㉡ 용융금속을 순간적으로 불어내어 모재에 악영향을 주지 않는다.
㉢ 작업능률이 2~3배 높다.
㉣ 용접 결함부의 발견이 쉽다.
㉤ 응용범위가 넓고 경비가 저렴

문제 46 가스용접 작업 시 역화가 생기는 원인과 가장 거리가 먼 것은?

① 팁의 과열 ② 산소압력 과대
③ 팁과 모재의 접촉 ④ 팁 구멍에 이물질 부착

해설 역화의 원인
① 토치를 부주의하게 취급하였을 때   ② 토치의 체결나사가 풀렸을 때
③ 팁이 과열되었을 때   ④ 팁 구멍이 막혔을 때
⑤ 팁에 먼지, 기타 잡물이 막혔을 때   ⑥ 토치의 성능이 불량할 때
⑦ 아세틸렌 공급가스가 부족 시   ⑧ 아세틸렌 압력 감소시

문제 47 용접전류 200A, 전압 40V일 때 1초 동안에 전달되는 일률을 나타내는 전력은?

① 2kW ② 4kW
③ 6kW ④ 8kW

해설 전력(kW) = 전류 × 전압 = 200A × 40V
= 8000VA = 8kW
※ 2kW = 1000VA

해답
45. ②   46. ②   47. ④

문제 48 가스 용접 장치 중 압력 조정기의 취급상 주의사항으로 틀린 것은?
① 압력 지시계가 잘 보이도록 설치한다.
② 압력 용기의 설치구 방향에는 아무런 장애물이 없어야 한다.
③ 조정기를 취급할 때는 기름이 묻은 장갑을 착용하고 작업해야한다.
④ 조정기를 견고하게 설치한 다음 조정 나사를 풀고 밸브를 천천히 열어야 하며 가스 누설 여부를 비눗물로 점검한다.

해설 조정기를 취급 시 기름이 묻은 장갑을 착용하고 작업 시 발화의 위험이 있다.

문제 49 아크 용접기에 핫 스타트(hot start) 장치를 사용함으로써 얻어지는 장점이 아닌 것은?
① 기공을 방지한다.
② 아크 발생이 쉽다.
③ 크레이터 처리가 용이하다.
④ 아크 발생 초기의 용입을 양호하게 한다.

해설 핫 스타트 장치 : 아크 발생을 쉽게 하고 비드모양을 개선하고 아크가 발생하는 초기에 용접봉과 모재가 냉각되어 있어 입열이 부족하여 아크가 불안정하기 때문에 아크 초기만 용접전류를 특별히 크게 하기 위해
[장점] ① 아크 발생 초기의 용입을 양호하게 한다.
② 아크 발생이 쉽다.
③ 기공을 방지한다.

문제 50 다음 중 전격의 위험성이 가장 적은 것은?
① 젖은 몸에 홀더 등이 닿았을 때
② 땀을 흘리면서 전기용접을 할 때
③ 무부하 전압이 낮은 용접기를 사용할 때
④ 케이블의 피복이 파괴되어 절연이 나쁠 때

해설 무부하 전압이 높은 용접기를 사용 시 전격의 위험성이 커짐

문제 51 연강의 가스 절단 시 드래그(drag)길이는 주로 어느 인자에 의해 변화하는가?
① 후열과 절단 팁의 크기
② 토치 각도와 진행 방향
③ 절단 속도와 산소 소비량
④ 예열 불꽃 및 백심의 크기

48. ③   49. ③   50. ③   51. ③

문제 52

연납 땜과 경납 땜을 구분하는 온도는?

① 350℃   ② 450℃
③ 550℃   ④ 650℃

해설 **연납땜** : 450℃ 이하(용제 : 인산, 염산, 염화아연, 염화암모늄)
경납땜 : 450℃ 초과(용제 : 붕사, 붕산, 염화나트륨, 염화리튬, 산화제일구리, 빙정석)

문제 53

아크전류 200A, 무부하 전압 80V, 아크전압 30V인 교류용접기를 사용할 때 효율과 역률은 얼마인가?(단, 내부손실을 4kW라고 한다.)

① 효율 60%, 역률 40%   ② 효율 60%, 역률 62.5%
③ 효율 62.5%, 역률 60%   ④ 효율 62.5%, 역률 37.5%

해설
$$효율 = \frac{아크전력}{소비전력} \times 100 = \frac{6kW}{10kW} \times 100 = 60\%$$
아크전력 = 아크전압 × 정격2차전류 = 30V × 200A = 6000VA = 6kW
소비전력 = 아크전력 + 내부손실 = 6kW + 4kW = 10kW
$$역률 = \frac{소비전력}{전원입력} \times 100 = \frac{10kW}{16kW} \times 100 = 62.5\%$$
전원입력 = 무부하전압 × 정격2차전류 = 80V × 200A = 16000VA = 16kW

문제 54

다음 용접법 중 전기에너지를 에너지원으로 사용하지 않는 것은?

① 마찰 용접   ② 피복 아크 용접
③ 서브머지드 아크 용접   ④ 불활성가스 아크 용접

해설 **전기에너지를 에너지원으로 사용**
① 피복 아크 용접   ② 불활성가스 텅스텐아크 용접
③ 서브머지드 아크 용접   ④ 불활성가스 금속아크 용접
⑤ CO_2용접   ⑥ 일렉트로 슬래그 용접 등

문제 55

가스절단에서 예열불꽃이 약할 때 나타나는 현상을 가장 적절하게 설명한 것은?

① 드래그가 증가한다.   ② 절단속도가 빨라진다.
③ 절단면이 거칠어진다.   ④ 모서리가 용융되어 둥글게 된다.

해설 **예열불꽃이 강할 때**
① 절단면이 거칠어진다.   ② 모서리가 용융되어 둥글게 된다.
③ 슬래그 중의 철 성분의 박리가 어려워진다.

해답 52. ②   53. ②   54. ①   55. ①

예열불꽃이 약할 때
① 역화를 일으키기 쉽다.　　② 드래그가 증가한다.
③ 절단 속도가 늦어지고 절단이 중단되기 쉽다.

문제 56
가스용접에 쓰이는 토치의 취급상 주의사항으로 틀린 것은?
① 토치를 함부로 분해하지 말 것
② 팁을 모래나 먼지 위에 놓지 말 것
③ 토치에 기름, 그리스 등을 바를 것
④ 팁을 바꿀 때에는 반드시 양쪽 밸브를 잘 닫고 할 것

해설 토치에 기름, 그리스 등을 바르지 말 것

문제 57
일반적인 용접의 특징으로 틀린 것은?
① 품질 검사가 곤란하다.　　② 변형과 수축이 발생한다.
③ 잔류응력이 발생하지 않는다.　　④ 저온취성이 발생할 우려가 있다.

해설 **용접의 특징**
① 이종재료 용접이 가능　　② 중량이 가벼워진다.
③ 재료의 두께에 제한이 없다.　　④ 제품의 성능과 수명 향상
⑤ 보수와 수리용이　　⑥ 수밀, 기밀, 유밀성이 양호
⑦ 작업공정이 간단하다.　　⑧ 용접사의 기량에 따라 품질좌우
⑨ 품질검사 곤란　　⑩ 잔류응력이 생긴다.

문제 58
용접의 분류에서 압접에 속하지 않는 용접은?
① 저항 용접　　② 마찰 용접
③ 스터드 용접　　④ 초음파 용접

해설 **압접**
① 유도가열용접　② 단접　③ 초음파용접
④ 가압테르밋용접　⑤ 마찰용접　⑥ 냉간압접

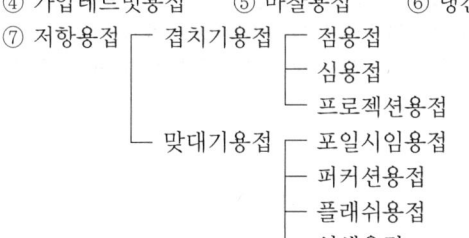

56. ③　57. ③　58. ③

문제 59 일반적인 정류기형 직류 아크 용접기의 특성에 관한 설명으로 틀린 것은?
① 소음이 거의 없다.
② 보수 점검이 간단하다.
③ 완전한 직류를 얻을 수 있다.
④ 정류기 파손에 주의해야 한다.

해설 완전한 직류를 얻을 수 없다.

문제 60 불가시 아크 용접, 잠호 용접, 유니언 멜트 용접, 링컨 용접 등으로 불리는 용접법은?
① 전자빔 용접
② 가압 테르밋 용접
③ 서브머지드 아크 용접
④ 불활성가스 아크 용접

해설 서브머지드 아크 용접
① 원리 : 자동 금속아크 용접법으로 모재의 이음표면에 미세한 입상의 용제를 공급하고, 용제 속에 연속적으로 전극와이어를 송급하여 모재 및 전극와이어를 용융시켜 용접부를 대기로부터 보호하면서 용접하는 방법으로 일명 잠호용접이라고 한다. 상품명으로는 링컨용접, 유니언멜트용접이라고 불리운다.
② 장점
  ㉠ 콘택크 팁에서 통전되므로 와이어 중에 저항 열이 적게 발생되어 고전류 사용이 가능하다.
  ㉡ 용융 속도 및 용착속도가 빠르다.
  ㉢ 용입이 깊다.
  ㉣ 작업 능률이 수동에 비하여 판두께 12mm에서 2~3배, 25mm에서 5~6배, 50mm에서 8~12배 정도가 높다.
  ㉤ 개선각을 적게 하여 용접 패스(pass)수를 줄일 수 있다.
  ㉥ 기계적 성질이 우수하다.
  ㉦ 유해광선이나 퓸(fume) 등이 적게 발생되어 작업환경이 깨끗하다.
  ㉧ 비드 외관이 매우 아름답다.
③ 단점
  ㉠ 장비의 가격이 고가이다.
  ㉡ 용접 적용 자세에 제약을 받는다.
  ㉢ 용접 재료에 제약을 받는다.
  ㉣ 개선 홈의 정밀을 요한다.(팩킹재 미 사용시 루트간격 0.8mm 이하)
  ㉤ 용접 진행 상태의 양·부를 육안식별이 불가능하다.
  ㉥ 용접선이 짧거나 복잡한 경우 수동에 비하여 비능률적이다.

해답 59. ③ 60. ③

용접산업기사

필기

2018

2018년 3월 4일 시행

제 1 과목 용접야금 및 용접설비제도

문제 01 저온균열의 발생에 관한 내용으로 옳은 것은?
① 용융금속의 응고 직후에 일어난다.
② 오스테나이트계 스테인리스강에서 자주 발생한다.
③ 용접금속이 약 300℃ 이하로 냉각되었을 때 발생한다.
④ 입계가 충분히 고상화되지 못한 상태에서 응력이 작용하여 발생한다.

해설 **저온균열**(저온취성) : P(인) 200~300℃ 이하
고온균열(적열취성) : S(황) 800~900℃ 이하

문제 02 일반적인 금속의 결정격자 중 전연성이 가장 큰 것은?
① 면심입방격자   ② 체심입방격자
③ 조밀육방격자   ④ 체심정방격자

해설 **결정격자**
① 체심입방격자(BCC) : V, Mo, W, Cr, K, Na, Ba, Ta, α-Fe, δ-Fe
② 면심입방격자(FCC) : Ag, Cu, Au, Al, Pb, Ni, Pt, Ce, γ-Fe
③ 조밀입방격자(HCP) : Ti, Mg, Zn, Co, Zr, Be

문제 03 탄소와 질소를 동시에 강의 표면에 침투, 확산시켜 강의 표면을 경화시키는 방법은?
① 침투법   ② 질화법
③ 침탄 질화법   ④ 고주파 담금질

해설 **표면경화법**
① 침탄법
  ㉠ 액체침탄법 : 시안화나트륨이나 시안화칼리를 주성분으로 한 염을 사용하여 침탄온도 750~950℃까지 가열 후 30~60분간 침탄시키는 방법
  ㉡ 가스침탄법 : 탄화수소가스인 메탄가스를 950℃ 가열하여 침탄시키는 방법

해답 01. ③   02. ①   03. ③

문제 04

킬드강(killed steel)을 제조할 때 탈산 작용을 하는 가장 적합한 원소는?
① P ② S
③ Ar ④ Si

해설 킬드강 제조시 탈산작용을 하는 가장 적합한 원소 : 규소

문제 05

연강을 0℃ 이하에서 용접할 경우 예열하는 요령으로 옳은 것은?
① 연강은 예열이 필요 없다.
② 용접 이음부를 약 500~600℃
③ 용접 이음부의 홈 안을 700℃ 전후로 예열한다.
④ 용접 이음의 양쪽 폭 100mm 정도를 40~75℃로 예열한다.

해설 예열
① 연강으로 기온이 0℃ 이하에서 용접할 경우 이음의 양쪽 폭 100mm 정도를 40 ~75℃로 가열한다.
② 연강으로 두께 25mm 이상인 경우 50~350℃로 예열한다.
③ 고장력강, 저합금강은 50~350℃로 예열한다.

문제 06

스테인리스강 중 내식성, 내열성, 용접성이 우수하며 대표적인 조성이 18Cr-8Ni인 계통은?
① 페라이트계 ② 소르바이트계
③ 마텐자이트계 ④ 오스테나이트계

해설 오스테나이트계 스테인리스강=18-8 스테인리스강
① 내식성, 내열성 우수
② 용접성이 가장 우수
③ Cr 18%, Ni 8%, Fe 74% (Cr+Ni+Fe)

문제 07

다음 중 용착금속의 샤르피 흡수 에너지를 가장 높게 할 수 있는 용접봉은?
① E4303 ② E4311
③ E4316 ④ E4327

해설 연강용 피복 아크 용접봉의 특징
① E4301(일미나이트계)
㉠ TiO_2, FeO를 약 30% 이상 함유
㉡ 주성분 : 광석, 사철
㉢ 용접성과 기계적 성질이 우수

해답 04. ④ 05. ④ 06. ④ 07. ③

ⓔ 가열온도와 가열시간 : 70~100℃, 30~60분
② E4303(라임티탄계)
㉠ 산화티탄(TiO₂)을 약 30% 이상 함유
㉡ 비드 외관이 아름답다.
㉢ 언더컷이 발생되지 않는다.
③ E4311(고셀룰로오스계)
㉠ 셀룰로오스는 20~30% 정도 포함
㉡ 비드 표면이 거칠고 스패터가 많은 것이 결점
㉢ 좁은 홈의 용접시 사용
㉣ 습기가 흡수되기 쉬우므로 건조 필요
④ E4313(고산화티탄계)
㉠ 산화티탄을 약 35% 이상 함유
㉡ 일반경구조물 용접에 사용
㉢ 비드 표면이 고우며 작업성이 우수
㉣ 고온크랙을 일으키기 쉬운 결점이 있다.
⑤ E4316(저수소계)
㉠ 주성분 : 석회석, 형석
㉡ 내균열성 우수
㉢ 용착금속중의 수소함유량이 다른 피복봉에 비해 $\frac{1}{10}$ 정도로 매우 낮음.
㉣ 가열온도와 가열시간 : 300~350℃, 1~2시간

문제 08

Fe-C 합금에서 6.67%C를 함유하는 탄화철의 조직은?

① 페라이트 ② 시멘타이트
③ 오스테나이트 ④ 트루스타이트

해설 탄소함유량에 따른 탄화철조직
① 시멘타이트 = Fe₃C : 6.67[%]C와 철의 화합물(Fe₃C)로서, 매우 단단하고 부스러지기 쉽다.
② 펄라이트 = α고용체 + Fe₃C
③ 레데뷰라이트 = γ고용체 + Fe₃C
④ 오스테나이트 = γ고용체 : γ철에 최대 2.11[%]C까지 고용되어 있는 고용체로 A_1점 이상에서 안정한 조직으로 상자성체이며, 인성이 크다.
⑤ 페라이트 = α고용체 : α철에 최대 0.0218[%]C까지 고용된 고용체로 전성과 연성이 크며, A_2점 이하에서는 강자성을 나타낸다.

문제 09

일반적인 피복 아크 용접봉의 편심률은 몇 % 이내인가?

① 3% ② 5%
③ 10% ④ 20%

해설 일반적인 피복 아크 용접봉의 편심률은 3% 이내이다.

08. ② 09. ①

문제 10 슬래그를 구성하는 산화물 중 산성 산화물에 속하는 것은?
① FeO ② SiO_2
③ TiO_2 ④ Fe_2O_3

문제 11 다음 용접자세 중 수직 자세를 나타내는 것은?
① F ② O
③ V ④ H

해설 용접자세
① F(Flat Position) : 아래보기자세
② H(Horizontal Position) : 수평자세
③ V(Vertical Position) : 수직자세
④ O(Overhead Position) : 위보기자세

문제 12 다음 중 도면의 크기에 대한 설명으로 틀린 것은?
① A0의 넓이는 약 $1m^2$이다.
② A4의 크기는 210mm×297mm이다.
③ 제도 용지의 세로와 가로 비는 $1 : \sqrt{2}$ 이다.
④ 복사한 도면이나 큰 도면을 접을 때는 A3의 크기로 접는 것을 원칙으로 한다.

해설 복사한 도면이나 큰 도면을 접을 때는 A4의 크기로 접는 것을 원칙으로 한다.

문제 13 다음 중 얇은 부분의 단면도를 도시할 때 사용하는 선은?
① 가는 실선 ② 가는 파선
③ 가는 1점 쇄선 ④ 아주 굵은 실선

해설 용도에 따른 선의 분류

명칭	선의 용도	선의 종류
가상선	인접부분 참고표시, 공구위치 참고표시 가공 전, 후 표시	가는 2점쇄선
특수지정선	특수한 가공을 하는 부분 등	굵은 1점쇄선
특수한 용도의 선	얇은 부분의 단면도시를 명시	아주 굵은 실선
중심선	도면의 중심을 표시	가는 1점쇄선
기준선	위치결정의 근거가 된다는 것을 명시	
피치선	되풀이하는 도형의 피치를 취하는 기호	

10. ② 11. ③ 12. ④ 13. ④

명칭	선의 용도	선의 종류
절단선	절단위치를 대응하는 그림에 표시	가는 1점쇄선
치수선	치수 기입하기 위해	가는 실선
치수보조선	치수 기입하기 위해 도형으로부터 끌어내는 선	
파단선	대상물의 일부를 파단한 경계 표시	
해칭선	도형의 한정된 특정 부분을 다른 부분과 구별	

선의 우선순위
① 외형선 ② 숨은선 ③ 절단선 ④ 중심선 ⑤ 무게중심선 ⑥ 치수보조선

문제 14

다음 중 치수 보조기호의 의미가 틀린 것은?

① C : 45°모떼기
② SR : 구의 반지름
③ t : 판의 두께
④ ( ) : 이론적으로 정확한 치수

해설 치수보조기호

구분	기호	사용법	잘못된 표기법
지름(diameter)	ϕ	$\phi 20$	D20
반지름(radius)	R	R20	
구(sphere)의 지름	Sϕ	Sϕ20	
구의 반지름	SR	SR10	
정사각형의 변	□	□10	☒10
판의 두께(thickness)	t	t5	
45° 모따기	C	C3	
원호의 길이	⌒		
이론적으로 정확한 치수	□	12	
참고치수	( )	(12)	

문제 15

일반적인 판금전개도를 그릴 때 전개 방법이 아닌 것은?

① 사각형 전개법
② 평행선 전개법
③ 방사선 전개법
④ 삼각형 전개법

해설 판금전개도를 그릴 때 전개방법
① 평행선 전개법 : 원기둥, 각기둥 전개시
② 방사선 전개법 : 각뿔, 원뿔 전개를 방사형으로 전개

$$\theta = 360 \times \frac{r}{l}$$

여기서, l : 방사면의 실제길이, r : 밑원의 반지름
③ 삼각형 전개법 : 직원뿔대, 경사지게 잘린 사각뿔

해답 14. ④ 15. ①

문제 16

상, 하 또는 좌, 우 대칭인 물체의 중심선을 기준으로 내부와 외부 모양을 동시에 표시하는 단면도법은?

① 온 단면도　　　　② 한쪽 단면도
③ 계단 단면도　　　④ 부분 단면도

해설 단면도의 종류
① 부분 단면도(local sectional view)
　일부분을 잘라내고 필요한 내부 모양을 그리기 위한 방법이다.

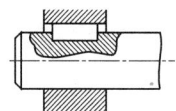

② 회전 단면도(revolved sectional view)
　핸들, 벨트풀리, 바퀴의 암, 후크의 절단한 단면 모양을 90° 회전시킨다.

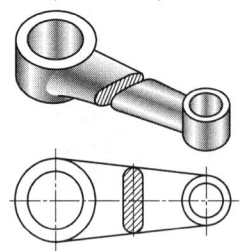

③ 반(한쪽) 단면도(half sectional view)
　㉠ 대칭형 물체의 1/4을 잘라낸다.
　㉡ 상하 또는 좌우 대칭인 물체의 중심선을 기준으로 내부와 외부 모양을 동시에 표시하는 단면도

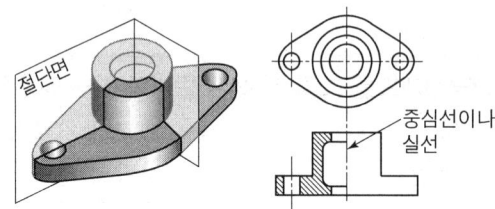

④ 온(전) 단면도(full sectional view)
　대칭형 물체의 1/2을 잘라낸다.

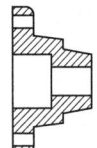 

해답
16. ②

문제 17 다음은 KS 기계제도의 모양에 따른 선의 종류를 설명한 것이다. 틀린 것은?

① 실선 : 연속적으로 이어진 선
② 파선 : 짧은 선을 불규칙한 간격으로 나열한 선
③ 일점쇄선 : 길고 짧은 두 종류의 선을 번갈아 나열한 선
④ 이점쇄선 : 긴 선과 두 개의 짧은 선을 번갈아 나열한 선

해설 파선 : 짧은 선을 규칙적인 간격으로 나열한 선

문제 18 제도에서 사용되는 선의 종류 중 가는 2점 쇄선의 용도를 바르게 나타낸 것은?

① 대상물의 실제 보이는 부분을 나타낸다.
② 도형의 중심선을 간략하게 나타내는 데 쓰인다.
③ 가공 전 또는 가공 후의 모양을 표시하는 데 쓰인다.
④ 특수한 가공을 하는 부분 등 특별한 요구사항을 적용할 수 있는 범위를 표시하는 데 쓰인다.

해설 문제 13번 참조.

문제 19 도면에서 2종류 이상의 선이 같은 장소에서 중복될 경우 도면에 우선적으로 그어야 하는 선은?

① 외형선 ② 중심선
③ 숨은선 ④ 무게 중심선

해설 문제 13번 참조.

문제 20 다음 중 가는 실선을 사용하지 않는 선은?

① 치수선 ② 지시선
③ 숨은선 ④ 치수 보조선

해설 문제 13번 참조.

해답 17. ② 18. ③ 19. ① 20. ③

제 2 과목 용접구조설계

문제 21 각 변형의 방지대책에 관한 설명 중 틀린 것은?
① 구속지그를 활용한다.
② 용접속도가 빠른 용접법을 이용한다.
③ 개선 각도는 작업에 지장이 없는 한도 내에서 작게 하는 것이 좋다.
④ 판 두께와 개선형상이 일정할 때 용접봉 지름이 작은 것을 이용하여 패스의 수를 늘린다.

해설 판두께와 개선형상이 일정할 때 용접봉 지름이 큰 것을 사용하여 패스 수를 줄인다.

문제 22 용접 시점이나 종점 부분의 결함을 줄이는 설계 방법으로 가장 거리가 먼 것은?
① 주부재와 2차 부재를 전둘레 용접하는 경우 틈새를 10mm 정도로 둔다.
② 용접부의 끝단에 돌출부를 주어 용접한 후에 엔드 탭(end tab)은 제거한다.
③ 양면에서 용접 후 다리길이 끝에 응력이 집중되지 않게 라운딩을 준다.
④ 엔드 탭(end tab)을 붙이지 않고 한 면에 V형 홈으로 만들어 용접 후 라운딩한다.

해설 틈새를 주지 않는다.

문제 23 용접부 윗면이나 아래면이 모재의 표면보다 낮게 되는 것으로 용접사가 충분히 용착금속을 채우지 못하였을 때 생기는 결함은?
① 오버랩   ② 언더필
③ 스패터   ④ 아크 스트라이크

해설 **언더필** : 용접부 윗면이나 아래면이 모재의 표면보다 낮게 되는 것으로 용접사가 충분히 용착금속을 채우지 못하였을 때 생김.

문제 24 용접구조물에서 파괴 및 손상의 원인으로 가장 거리가 먼 것은?
① 재료 불량   ② 포장 불량
③ 설계 불량   ④ 시공 불량

해설 용접구조물에서 파괴 및 손상의 원인
① 재료 불량 ② 용접 불량 ③ 시공 불량 ④ 제작 불량

해답 21. ④ 22. ① 23. ② 24. ②

문제 25
T 이음 등에서 강의 내부에 강판 표면과 평행하게 층상으로 발생되는 균열로 주요 원인이 모재의 비금속 개재물인 것은?

① 토 균열 ② 재열 균열
③ 루트 균열 ④ 라멜라테어

해설 **저온균열의 유형**
① 루트 균열 : 맞대기용접의 가접, 첫층용접의 루트 근방의 열영향부에 발생하는 균열
② 라멜라티어 균열 : T이음, 모서리 이음 등에서 강의 내부에 평행하게 층상으로 발생되는 균열
③ 토 균열 : 맞대기이음, 필릿 이음 등의 경우에 비드 표면과 모재의 경계부에서 발생
④ 힐 균열 : 필릿시 루트부분에 발생하는 저온균열이며 모재의 팽창수축에 의한 뒤틀림이 주요 원인
⑤ 비드 밑 균열 : 용접비드 바로 밑에서 용접선에 아주 가까이 거의 평행하게 모재 열영향부에서 생기는 균열

문제 26
아래 그림과 같은 필릿 용접부의 종류는?

① 연속 필릿용접
② 단속 병렬 필릿용접
③ 연속 병렬 필릿용접
④ 단속 지그재기 필릿용접

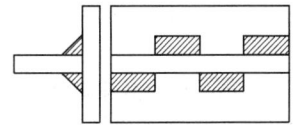

문제 27
응력 제거 풀림의 효과에 대한 설명으로 틀린 것은?

① 치수틀림의 방지 ② 충격저항의 감소
③ 크리프 강도의 향상 ④ 열영향부의 템퍼링 연화

해설 **응력제거 풀림의 효과**
① 충격저항 증가 ② 치수틀림의 방지
③ 크리프 강도의 향상 ④ 열영향부의 템퍼링 연화

문제 28
다음 중 용접용 공구가 아닌 것은?

① 앞치마 ② 치핑해머
③ 용접집게 ④ 와이어브러시

해설 **용접용 공구**
① 용접집게(뿌라이어) ② 치핑해머 ③ 니빠 ④ 와이어브러시

해답 25. ④ 26. ④ 27. ② 28. ①

문제 29

판두께 8mm를 아래보기 자세로 15m, 판두께 15mm를 수직 자세로 8m 맞대기 용접 하였다. 이 때 환산 용접 길이는 얼마인가? (단, 아래보기 맞대기 용접의 환산계수는 1.32이고, 수직 맞대기 용접의 환산계수는 4.32이다.)

① 44.28m
② 48.56m
③ 54.36m
④ 61.24m

해설 환산용접길이 = $(15 \times 1.32 + 8 \times 4.32) = 54.36m$

문제 30

용접변형의 일반적 특성에서 홈 용접시 용접진행에 따라 홈 간격이 넓어지거나 좁아지는 변형은?

① 종변형
② 횡변형
③ 각변형
④ 회전변형

문제 31

다음 중 용착금속 내부에 발생된 기공을 적출하는 데 가장 적합한 검사법은?

① 누설 검사
② 육안 검사
③ 침투 탐상 검사
④ 방사선 투과 검사

해설 방사선 투과법
① 용착금속 내부에 발생된 기공 검출 ② 결과가 신속하다.
③ 필부에 의해 내부의 결함 검출 ④ 검사결과의 기록(보존)이 용이
⑤ 검사두께에 한계가 있다.(투과력) ⑥ 취급시 신체의 방호 필요

참고 홈의 종별
제1종 : 기공 또는 가스 구멍의 존재
제2종 : 비금속 또는 비금속물의 혼입, 용입 불량, 융합 불량
제3종 : 균열 또는 용융 용입 부족
제4종 : 텅스텐 혼입

문제 32

모세관 현상을 이용하여 표면결함을 검사하는 방법은?

① 육안검사
② 침투검사
③ 자분검사
④ 전자기적검사

해설 침투 탐상 검사
① 원리 : ㉠ 표면장력(Surface tension)
      ㉡ 모세관 현상(Capillary action)
      ㉢ 인간의 지각현상(Visible light spectrum)

해답 29. ③ 30. ④ 31. ④ 32. ②

② 특성 : ㉠ 제품의 크기나 형상에 구애받지 않는다.
㉡ 거의 모든 재료에 적용 가능
㉢ 국부적 시험이 가능하다.
㉣ 표면결함 검출
㉤ 시험방법 간단

문제 33

맞대기 용접 시에 사용되는 엔드 탭(end tab)에 대한 설명으로 틀린 것은?
① 모재와 다른 재질을 사용해야 한다.
② 용접 시작부와 끝부분의 결함을 방지한다.
③ 모재와 같은 두께와 홈을 만들어 사용한다.
④ 용접 시작부와 끝부분에 가접한 후 용접한다.

해설 모재와 같은 재질을 사용한다.

문제 34

어떤 용접구조물을 시공할 때 용접봉이 0.2톤이 소모되었는데, 170kgf의 용착 금속 중량이 산출되었다면 용착효율은 몇 %인가?
① 7.6
② 8.5
③ 76
④ 85

해설 용착효율 = $\dfrac{170\text{kgf}}{0.2 \times 1000\text{kgf}} \times 100 = 85\%$

문제 35

본 용접의 용착법에서 용접방향에 따른 비드배치법이 아닌 것은?
① 전진법
② 펄스법
③ 대칭법
④ 스킵법

해설 용접 방향에 따른 비드 배치법
① 전진법 ② 후진법 ③ 대칭법 ④ 스킵법

문제 36

인장 시험기로 인장·파단하여 측정할 수 없는 것은?
① 연신율
② 인장 강도
③ 굽힘 응력
④ 단면 수축률

해설 인장시험기 측정
① 항복점 ② 인장강도 ③ 연신율 ④ 단면수축률

33. ① 34. ④ 35. ② 36. ③

문제 37
용착금속의 인장강도가 40kgf/mm²이고 안전율이 5라면 용접이음의 허용응력은 몇 kgf/mm²인가?
① 8
② 20
③ 40
④ 200

해설 허용응력 = $\dfrac{\text{인장강도}}{\text{안전율}} = \dfrac{40}{5} = 8 \text{kgf/mm}^2$

문제 38
용접 구조 설계 시 주의사항으로 틀린 것은?
① 용접 이음의 집중, 접근 및 교차를 피한다.
② 리벳과 용접의 혼용 시에는 충분히 주의를 한다.
③ 용착 금속은 가능한 다듬질 부분에 포함되게 한다.
④ 후판 용접의 경우 용입이 깊은 용접법을 이용하여 층수를 줄인다.

문제 39
똑같은 두께의 재료를 용접할 때 냉각 속도가 가장 빠른 이음은?

문제 40
용접 이음부의 형태를 설계할 때 고려하여야 할 사항으로 틀린 것은?
① 최대한 깊은 홈을 설계한다.
② 적당한 루트간격과 홈각도를 선택한다.
③ 용착 금속량이 적게 되는 이음모양을 선택한다.
④ 용접봉이 쉽게 접근되도록 하여 용접하기 쉽게 한다.

해설 최대한 얕은 홈으로 설계한다.

해답 37. ① 38. ③ 39. ③ 40. ①

제 3 과목 용접일반 및 안전관리

문제 41 불활성 가스 텅스텐 아크 용접에서 일반 교류전원을 사용하지 않고, 고주파 교류 전원을 사용할 때의 장점으로 틀린 것은?
① 텅스텐 전극의 수명이 길어진다.
② 텅스텐 전극봉이 많은 열을 받는다.
③ 전극봉을 모재에 접촉시키지 않아도 아크가 발생한다.
④ 아크가 안정되어 작업 중 아크가 약간 길어져도 끊어지지 않는다.

해설 텅스텐 전극봉은 열을 받지 않음.

문제 42 공업용 아세틸렌 가스 용기의 색상은?
① 황색   ② 녹색
③ 백색   ④ 주황색

해설 공업용기 도색
청탄산 산녹에서 황아체 안주삼아 수주잔 높이 들고
　　①　　②　　　③　　　　④
백암산 바라보니 염소는 갈색으로 보이고 쥐들은 기타를 치더라.
　⑤　　　　⑥　　　　　　　⑦
① 탄산가스 : 청색   ② 산소 : 녹색   ③ 아세틸렌 : 황색   ④ 수소 : 주황
⑤ 암모니아 : 백색   ⑥ 염소 : 갈색   ⑦ 기타 : 회색(쥐색)

문제 43 피복 아크 용접 작업에서 아크 쏠림의 방지대책으로 틀린 것은?
① 짧은 아크를 사용할 것
② 직류용접 대신 교류용접을 사용할 것
③ 용접봉 끝을 아크 쏠림 반대 방향으로 기울일 것
④ 접지점을 될 수 있는 대로 용접부에 가까이 할 것

해설 아크 쏠림 : 직류 용접기에서 발생
[방지 대책] ㉠ 후진법(후퇴법을 사용)
　　　　　 ㉡ 직류 용접 대신 교류 용접을 할 것
　　　　　 ㉢ 아크 길이를 짧게 할 것
　　　　　 ㉣ 접지점을 용접부로부터 멀리 할 것
　　　　　 ㉤ 접지점을 2개 이상 설치할 것

해답 41. ② 42. ① 43. ④

문제 44

아크용접과 가스용접을 비교할 때, 일반적인 가스용접의 특징으로 옳은 것은?

① 아크용접에 비해 불꽃의 온도가 높다.
② 열 집중성이 좋아 효율적인 용접이 된다.
③ 금속이 탄화 및 산화 될 가능성이 많다.
④ 아크용접에 비해서 유해광선의 발생이 많다.

해설 가스용접의 특징
① 전원설비가 필요 없다.
② 가열 조절이 비교적 쉽다.
③ 열의 집중성이 나빠 효율적인 용접이 어렵다.
④ 응용범위가 넓다.
⑤ 아크용접보다 유해광선의 발생이 적다.
⑥ 누설시 폭발의 위험이 있다.
⑦ 용접 변형 크다.
⑧ 금속이 산화 및 탄화될 우려가 있다.
⑨ 잔류응력이 발생한다.
⑩ 아크용접에 비해 불꽃온도가 낮다.

문제 45

CO_2 가스아크 용접에 대한 설명으로 틀린 것은?

① 전류 밀도가 높아 용입이 깊고, 용접속도를 빠르게 할 수 있다.
② 용접장치, 용접전원 등 장치로서는 MIG용접과 같은 점이 많다.
③ CO_2 가스 아크 용접에서는 탈산제로 Mn 및 Si를 포함한 용접와이어를 사용한다.
④ CO_2 가스 아크 용접에서는 보호가스로 CO_2에 다량의 수소를 혼합한 것을 사용한다.

해설 CO_2가스 혼합가스법
① CO_2+O_2법 ② CO_2+Ar법 ③ CO_2+O_2+Ar법

문제 46

용접 작업에서 전격의 방지대책으로 틀린 것은?

① 무부하 전압이 높은 용접기를 사용한다.
② 작업을 중단하거나 완료 시 전원을 차단한다.
③ 안전 홀더 및 완전 절연된 보호구를 착용한다.
④ 습기 찬 작업복 및 장갑 등을 착용하지 않는다.

해설 무부하전압이 낮은 용접기를 사용한다.

해답 44. ③ 45. ④ 46. ①

문제 47 가스 용접봉에 관한 내용으로 틀린 것은?

① 용접봉을 용가재라고도 한다.
② 인이나 황의 성분이 많아야 한다.
③ 용융온도가 모재와 동일하여야 한다.
④ 가능한 모재와 같은 재질이어야 한다.

해설 인이나 황의 성분이 적어야 한다.

문제 48 돌기용접(projection welding)의 특징으로 틀린 것은?

① 점용접에 비해 작업 속도가 매우 느리다.
② 작은 용접점이라도 높은 신뢰도를 얻을 수 있다.
③ 점용접에 비해 전극의 소모가 적어 수명이 길다.
④ 용접된 양쪽의 열용량이 크게 다를 경우라도 양호한 열평형이 얻어진다.

해설 점용접에 비해 작업속도가 매우 빠르다.

문제 49 정격전류가 500A인 용접기를 실제는 400A로 사용하는 경우의 허용사용률은 몇 %인가? (단, 이 용접기의 정격사용률은 40%이다.)

① 60.5
② 62.5
③ 64.5
④ 66.5

해설 허용사용률 = $\dfrac{(정격2차전류)^2}{(실제용접전류)^2} \times 정격사용률 = \dfrac{(500)^2}{(400)^2} \times 40 = 62.5\%$

문제 50 저수소계 용접봉의 피복제에 30~50% 정도의 철분을 첨가한 것으로 용착 속도가 크고 작업 능률이 좋은 용접봉은?

① E4326
② E4313
③ E4324
④ E4327

해설 **연강용 피복아크용접봉**
① 철분저수소계
  ㉠ 저수소계 용접봉의 피복제에 철분을 30~50% 첨가한 것
  ㉡ 용착속도가 크다.
  ㉢ 작업능률이 좋다.
  ㉣ 아래보기 및 수평, 필릿 용접에만 사용
② 철분산화티탄계

47. ② 48. ① 49. ② 50. ①

㉠ 스패터가 적다.
㉡ 용입이 얕다.
㉢ 작업성이 좋다.
③ 철분산화철계
㉠ 산화철에 철분을 첨가
㉡ 규산염을 많이 포함하여 산성 슬래그 생성
㉢ 아래보기 및 수평, 필릿 용접에 더 많이 사용

문제 51

아크 에어 가우징에 대한 설명으로 틀린 것은?

① 가우징봉은 탄소 전극봉을 사용한다.
② 가스 가우징보다 작업 능률이 2~3배 높다.
③ 용접 결함부 제거 및 홈의 가공 등에 이용된다.
④ 사용하는 압축공기의 압력은 20kgf/cm² 정도가 좋다.

해설 압축공기의 압력은 5~7kgf/cm²

문제 52

불활성 가스 금속 아크 용접의 특징으로 틀린 것은?

① 가시 아크이므로 시공이 편리하다.
② 전류 밀도가 낮기 때문에 용입이 얕고, 용접 재료의 손실이 크다.
③ 바람이 부는 옥외에서는 별도의 방풍 장치를 설치하여야 한다.
④ 용접토치가 용접부에 접근하기 곤란한 조건에서는 용접이 불가능한 경우가 있다.

해설 **불활성 가스 금속 아크 용접**(MIG 용접)
① 와이어 송급장치
㉠ 푸시 ㉡ 풀 ㉢ 푸시-풀
② 전류밀도는 피복 아크 용접의 6배, 티그 용접의 2배
③ 제어장치
㉠ 번백시간 : 크레이터 처리 기능에 의해 낮아진 전류가 서서히 줄어들면서 아크가 끊어지는 기능(용접부 녹음 방지)
㉡ 가스 지연 유출시간 : 용접이 끝난 후 5~25초 동안 가스 공급(크레이터 부위 산화 방지)
㉢ 예비 가스 유출시간 : 아크가 발생되기 전 보호가스를 방출하여 안정시키는 제어
㉣ 스타트 시간 : 아크가 발생되는 순간 용접전류와 전압을 크게 하여 아크 발생과 모재 융합을 돕는 제어

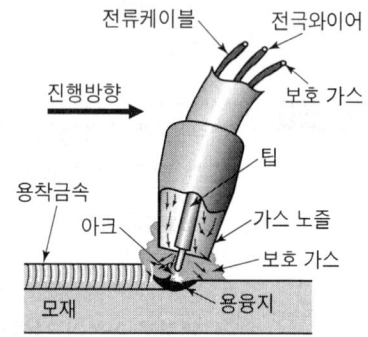

해답 51. ④ 52. ②

④ 특징

장점	① 각종 금속용접에 다양하게 적용할 수 있어 응용범위가 넓다. ② CO_2 용접에 비해 스패터 발생이 적다. ③ TIG 용접에 비해 전류밀도가 높으므로 용융속도가 빠르다. ④ 후판용접에 적합하다. ⑤ 수동 피복아크 용접에 비해 용착효율이 높아 고능률적이다.
단점	① 보호가스의 가격이 비싸서 연강용접에는 다소 부적당하다. ② 박판용접(3mm 이하)에는 적용이 곤란하다. ③ 바람의 영향을 크게 받으므로 방풍대책이 필요하다.
종류	MIG 용접
용극	용극식, 소모식
상품명	에어코우메틱(air comatic) 시그마(sigma) 필러아크(filler arc) 알곤노트(argonaut)

문제 53

표피효과(skin effect)와 근접효과(proximity effect)를 이용하여 용접부를 가열 용접하는 방법은?

① 폭발 압접(explosive welding)
② 초음파 용접(ultrasonic welding)
③ 마찰 용접(friction pressure welding)
④ 고주파 용접(hight-frequency welding)

문제 54

다음 용착법 중 각 층마다 전체의 길이를 용접하면서 쌓아올리는 다층 용착법은?

① 스킵법   ② 대칭법
③ 빌드업법   ④ 캐스케이드법

해설 용착법

① 빌드업법 : 용접 전 길이에 대해서 각 층을 연속하여 용접하는 방법. 능률은 좋지 않지만, 한랭시나 구속이 클 때, 판두께가 두꺼울 때에는 첫 층에 균열이 생길 우려가 있다.

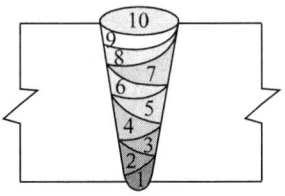

② 캐스케이드법 : 한 부분에 대해 몇 층을 용접하다가 다음 부분의 층으로 연속시켜 용접

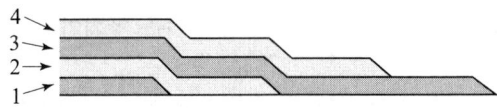

53. ④   54. ③

③ 스킵법 : 이음의 전 길이에 대해서 뛰어넘어서 용접하는 방법이다.

④ 용접 순서

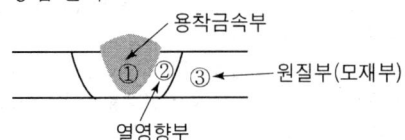

㉠ 같은 평면 안에 많은 이음이 있을 때에는 수축은 가능한 한 자유단으로 보낸다.
㉡ 용접물 중심에 대하여 항상 대칭으로 용접을 진행시킨다.
㉢ 수축이 큰 이음을 가능한 한 먼저 용접하고 수축이 작은 이음을 뒤에 용접한다.
㉣ 용접물의 중립축을 생각하고 그 중립축에 대하여 용접으로 인한 수축력 모멘트의 합이 0이 되도록 한다. 이렇게 하면 용접선 방향에 대한 굴곡(굽힘)이 없어진다.
㉤ 리벳(rivet)과 용접이 동시에 할 때에는 용접을 먼저 한다. 이는 용접열에 의하여 리벳구멍이 늘어나지 않도록 하기 위함이다.

문제 55

가스용접에서 압력 조정기(pressure regulator)의 구비조건으로 틀린 것은?
① 동작이 예민해야 한다.
② 빙결하지 않아야 한다.
③ 조정압력과 방출압력과의 차이가 커야 한다.
④ 조정압력은 용기 내의 가스량이 변화하여도 항상 일정해야 한다.

해설 조정압력과 방출압력의 차이가 적어야 한다.

문제 56

용접법의 분류에서 경납땜의 종류가 아닌 것은?
① 가스 납땜   ② 마찰 납땜
③ 노내 납땜   ④ 저항 납땜

해설 경납땜의 종류
① 노내납땜   ② 유도가열납땜   ③ 담금납땜
④ 가스납땜   ⑤ 인두납땜   ⑥ 저항납땜

문제 57

다음 중 용접작업자가 착용하는 보호구가 아닌 것은?
① 용접 장갑   ② 용접 헬멧
③ 용접 차광막   ④ 가죽 앞치마

해답

55. ③   56. ②   57. ③

문제 58 용접기의 아크 발생시간을 6분, 휴식시간을 4분이라 할 때 용접기의 사용률은 몇 %인가?
① 20　　　　　　　　　　② 40
③ 60　　　　　　　　　　④ 80

해설 용접기 사용률 = $\dfrac{\text{아크시간}}{\text{아크시간}+\text{휴식시간}} \times 100 = \dfrac{6}{6+4} \times 100 = 60\%$

문제 59 TIG용접 시 직류 정극성을 사용하여 용접하면 비드 모양은 어떻게 되는가?
① 비극성 비드와는 관계없다.　　② 비드 폭이 역극성과 같아진다.
③ 비드 폭이 역극성보다 좁아진다.　④ 비드 폭이 역극성보다 넓어진다.

문제 60 실드 가스로써 주로 탄산가스를 사용하여 용융부를 보호하고 탄산가스 분위기 속에서 아크를 발생시켜 그 아크열로 모재를 용융시켜 용접하는 방법은?
① 실드 용접　　　　　　　② 테르밋 용접
③ 전자 빔 용접　　　　　　④ 일렉트로 가스 아크 용접

해설 일렉트로 가스아크용접(CO_2가스 사용)
[특징] ㉠ 이동용 냉각동판에 급수장치가 필요
㉡ 용접속도는 자동 조절된다.
㉢ 용접홈의 기계가공이 필요하다.
㉣ 용접장치가 간단. 취급 쉽다.
㉤ 고도의 숙련을 요하지 않는다.
㉥ 판두께가 두꺼울수록 경제적이다.
㉦ 판두께에 관계없이 단층으로 상진용접

해답 58. ③　59. ③　60. ④

2018년 4월 28일 시행

제 1 과목 용접야금 및 용접설비제도

문제 01 풀림의 방법에 속하지 않는 것은?
① 질화   ② 항온
③ 완전   ④ 구상화

해설 풀림의 방법
① 완전풀림   ② 구상화 풀림   ③ 항온풀림

문제 02 강에 함유된 원소 중 강의 담금질 효과를 증대시키며, 고온에서 결정립 성장을 억제시키는 것은?
① 황   ② 크롬
③ 탄소   ④ 망간

해설 특수원소의 영향

특수원소의 종류	특수원소의 영향	
① 니켈	㉠ 인성 증가 ㉢ 질화 촉진	㉡ 저온충격저항 증가 ㉣ 주철의 흑연화 촉진
② 규소	㉠ 용융금속의 유동성을 좋게 함 ㉢ 결정립의 조대화 ㉤ 인장강도, 경도, 탄성한계 높아짐	㉡ 용접성을 저하시킴. ㉣ 충격저항 감소, 연신율 감소
③ 크롬	㉠ 내식성, 내마모성 향상 ㉢ 탄화물 안정	㉡ 흑연화를 안정 ㉣ 담금질 효과 증대
④ 몰리브덴	㉠ 뜨임취성 방지 ㉢ 저온취성 방지	㉡ 고온강도 개선
⑤ 망간	㉠ 적열취성 방지 ㉢ 고온에서 결정립 성장 억제	㉡ 황의 해를 제거 ㉣ 흑연화를 방해하여 백주철화 촉진
⑥ 티탄	㉠ 탄화물 생성 용이	㉡ 결정입자의 미세화

해답 01. ①   02. ④

문제 03 Fe-C 평형 상태도에 없는 반응은?
① 편정반응
② 공정반응
③ 공석반응
④ 포정반응

해설 Fe-Fe₃C 평형상태도

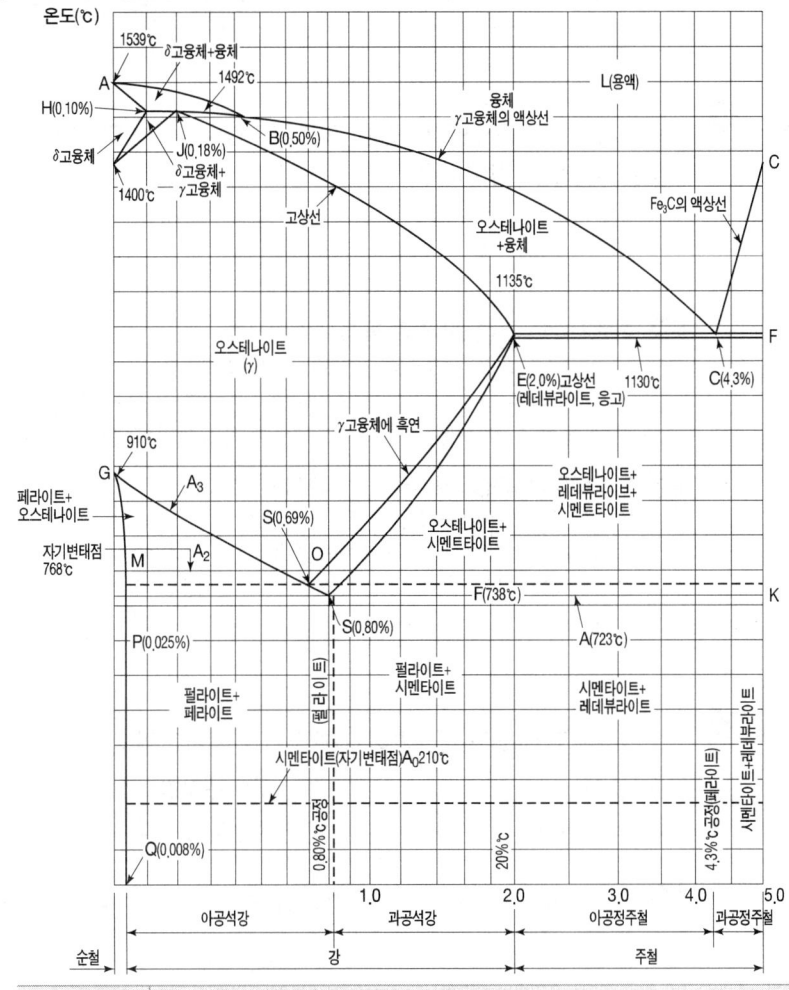

기호	설명
A	순철의 용융(응고)점, 1,539℃
J	포정점(peritectic point)
HJB	포정선(peritectic line), 1,492℃
N	순철의 A_4 변태점(1398℃)
C	공정점(eutectic point) 탄소(C) 4.3%, 1,130℃
ECF	공정선(eutectic line)
G	순철의 A_3 변태점(동소변태), 910℃
M	순철의 자기 변태점(A_2점), 768℃
S	공석점(eutectoid point), A_1 변태점, 탄소(C) 0.86%, 723℃

해답 03. ①

문제 04 γ고용체와 α고용체에서 나타나는 조직은?
① γ고용체＝페라이트 조직, α고용체＝오스테나이트 조직
② γ고용체＝페라이트 조직, α고용체＝시멘타이트 조직
③ γ고용체＝시멘타이트 조직, α고용체＝페라이트 조직
④ γ고용체＝오스테나이트 조직, α고용체＝페라이트 조직

문제 05 마텐자이트계 스테인리스강은 자연균열 감수성이 높다. 이를 방지하기 위한 적정한 예열온도 범위는?
① 100~200
② 200~400
③ 400~500
④ 500~650

해설 마텐자이트 스테인리스강 용접시 주의사항
① 200~400℃의 예열과 아울러 층간온도 유지
② 용접 직후 냉각되기 전에 700~800℃로 가열 유지 후 공냉
③ 용접봉은 알루미늄이 소량 첨가된 비자경성인 크롬강을 쓴다.

참고 오스테나이트계 스테인리스강 입계부식 방지법
① 티탄(Ti), 바나듐(V), 니오브(Nb) 첨가
② 탄소량을 감소시켜 크롬탄화물(Cr_4C)의 발생을 저지
③ 고온으로 가열한 후 Cr탄화물을 오스테나이트 조직 중에 용체화하여 급냉시킨다.

문제 06 일반적으로 탄소의 함유량이 0.025~0.8% 사이의 강을 무슨 강이라 하는가?
① 공석강
② 공정강
③ 아공석강
④ 과공석강

해설

종류	C(%) 함유량	조직
순철	0.0218% C 이하	페라이트
강	0.0218~2.11% C 이하	
아공석강	0.0218~0.85% C 이하	페라이트＋펄라이트
공석강	0.85% C	펄라이트
과공석강	0.85~2.11% C 이하	펄라이트＋시멘타이트
주철	2.11~6.67% C	
아공정주철	2.11~4.3% C 이하	
공정주철	4.3% C	레데뷰라이트
과공정주철	4.3~6.67% C 이하	레데뷰라이트＋시멘타이트

해답 04. ④ 05. ② 06. ③

문제 07 다음 중 강의 5대 원소에 포함되지 않는 것은?
① P
② S
③ Cr
④ Mn

해설 강의 5대 원소
① 탄소 ② 망간 ③ 인 ④ 황 ⑤ 규소 (C, Mn, P, S, Si)

문제 08 비드 밑 균열에 대한 설명으로 틀린 것은?
① 주로 200도 이하 저온에서 발생한다.
② 용착 금속 속의 확산성 수소에 의해 발생한다.
③ 오스테나이트에서 마텐자이트 변태시 발생한다.
④ 담금질 경화성이 약한 재료를 용접했을 때 발생하기 쉽다.

해설 담금질 경화성이 강한 재료를 용접시 발생하기 쉽다.

문제 09 주철용접에서 예열을 실시할 때 얻는 효과 중 틀린 것은?
① 변형의 저감
② 열영향부 경도의 증가
③ 이종재료 용접 시 온도기울기 감소
④ 사용 중인 주조의 탄수화물 오염 저감

해설 열영향부의 경도의 감소

문제 10 다음 중 탈황을 촉진하기 위한 조건으로 틀린 것은?
① 비교적 고온이어야 한다.
② 슬래그의 염기도가 낮아야 한다.
③ 슬래그의 유동성이 좋아야 한다.
④ 슬래그 중의 산화철분 함유량이 낮아야 한다.

해설 탈황을 촉진하기 위한 조건
① 슬래그의 염기도가 높아야 한다.
② 비교적 고온이어야 한다.
③ 슬래그 중의 산화철분 함유량이 낮아야 한다.
④ 슬래그의 유동성이 좋아야 한다.

07. ③   08. ④   09. ②   10. ②

문제 11

도면에서 해칭을 하는 경우는?

① 단면도의 절단된 부분을 나타낼 때
② 움직이는 부분을 나타내고자 할 때
③ 회전하는 물체를 나타내고자 할 때
④ 대상물의 보이는 부분을 표시할 때

해설 해칭, 스머징

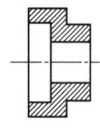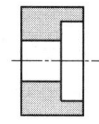

해칭 　　　　　　 스머징

① 해칭선은 규칙적으로 45° 가는 실선을 단면적에 따라 2~3mm의 같은 간격으로 경사선 긋는다.
② 스머징은 연필, 물감 등으로 색칠하는 것을 말한다.

문제 12

도면의 양식 및 도면 접기에 대한 설명 중 틀린 것은?

① 척도는 도면의 표제란에 기입한다.
② 복사한 도면을 접을 때, 그 크기는 원칙적으로 210mm×297mm(A4의 크기)로 한다.
③ 도면의 중심마크는 사용하기 편리한 크기와 양식으로 임의의 위치에 설치한다.
④ 도면의 크기 치수에 따라 굵기 0.5mm 이상의 실선으로 윤곽선을 그린다.

해설 중심마크

도면의 보관을 위해 마이크로필름으로 촬영을 하거나 복사 등의 편의를 제공하기 위하여 윤곽선의 안쪽으로 0.5mm 이상 수직으로 그은 선

문제 13

도형 내의 특정한 부분이 평면이라는 것을 표시할 경우 맞는 기입방법은?

① 은선으로 대각선을 기입
② 가는 실선으로 대각선을 기입
③ 가는 1점 쇄선으로 사각형을 기입
④ 가는 2점 쇄선으로 대각선을 기입

해답
11. ①　12. ③　13. ②

문제 14

다음 용접 기본기호의 명칭으로 맞는 것은?

① 필릿 용접
② 가장자리 용접
③ 일면 개선형 맞대기 용접
④ 개선 각이 급격한 V형 맞대기 용접

해설 용접 기본 기호

	명칭	그림	간략기호
1	플러그 용접 플러그 또는 슬롯 용접(미국)		⊓
2	점용접(스폿용접)		○
3	심(Seam) 용접		⊖
4	개선 각이 급격한 V형 맞대기 용접		\/
5	개선 각이 급격한 일면 개선형 맞대기 용접		|
6	가장자리(Edge) 용접		‖‖
7	표준 육성		⌒⌒
8	넓은 루트면이 있는 V형 맞대기 용접		Y
9	넓은 루트면이 있는 한 면 개선형 맞대기 용접		Y
10	U형 맞대기 용접 (평형 또는 경사면)		Y
11	J형 맞대기 용접		↳
12	이면 용접		⌣

해답
14. ③

	명칭	그림	간략기호
13	필릿 용접		△
14	돌출된 모서리를 가진 평판 사이의 맞대기 용접/ 에지 플랜지형 용접(미국)/ 돌출된 모서리는 완전 용해		八
15	평형(I형) 맞대기 용접		∥
16	V형 맞대기 용접		∨
17	일면 개선형 맞대기 이음 용접		V
18	표면(Surface) 접합부		=
19	경사 접합부		//
20	접침 접합부		⌒

문제 15

도면에 치수를 기입할 때 유의 사항으로 틀린 것은?

① 치수는 가급적 주 투상도에 집중해서 기입한다.
② 치수는 가급적 계산할 필요가 없도록 기입한다.
③ 치수는 가급적 공정마다 배열을 분리하여 기입한다.
④ 참고치수를 기입할 때는 원을 먼저 그린 후 원 안에 치수를 넣는다.

해설 치수 표시 방법

구분	기호	사용법	잘못된 표기법
지름(diameter)	ϕ	$\phi 20$	D20
반지름(radius)	R	R20	
구(sphere)의 지름	$S\phi$	$S\phi 20$	
구의 반지름	SR	SR10	
정사각형의 변	□	□10	⊠10
판의 두께(thickness)	t	t5	
45° 모따기	C	C3	
원호의 길이	⌒		
이론적으로 정확한 치수	□	12	
참고치수	( )	(12)	

15. ④

문제 16 다음 그림에서 A부분의 대각선으로 그린 가는 실선 X는 무엇을 표시하는가?

① 사각뿔
② 평면
③ 원통면
④ 대칭면

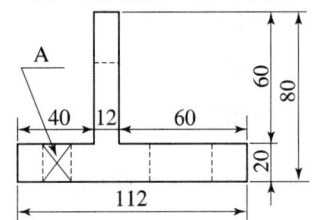

문제 17 용접부 표면 및 용접부 형상 보조기호 중 영구적인 이면 판재 사용을 나타내는 기호는?

① ——
② ꕤMꕤ
③ ꕤMRꕤ
④ ⌣⌣

해설		
1	영구적인 이면판재(Backing Strip) 사용	M
2	제거 가능한 이면판재 사용	MR
3	보조기호 : 토우를 매끄럽게 함 필릿 용접 끝단부를 매끄럽게 함	⌣⌣

문제 18 KS의 재료기호 중 SPLT 390은 어떤 재료를 의미하는가?

① 내열강판
② 저온 배관용 탄소 강관
③ 일반 구조용 탄소 강관
④ 보일러, 열 교환기용 합금강 강관

해설 **배관용 강관**
① SPP(배관용 탄소강관)   ② SPPS(압력배관용 탄소강관)
③ SPPH(고압배관용 탄소강관)   ④ SPLT(저온배관용 탄소강관)
⑤ SPHT(고온배관용 탄소강관)

문제 19 그림과 같은 용접 도시기호에 의하여 용접할 경우 설명으로 틀린 것은?

① 목두께는 9mm이다.
② 용접부의 개수는 2개이다.
③ 화살표 쪽에 필릿 용접한다.
④ 용접부 길이는 200mm이다.

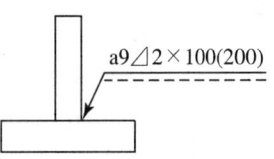

해설 용접부 길이 : 100mm
용접할 간격 : 200mm

16. ② 17. ② 18. ② 19. ④

문제 20

도면 관리에 필요한 사항과 도면 내용에 관한 중요한 사항을 정리하여 도면에 기입하는 것은?

① 표제란 ② 윤곽선
③ 중심마크 ④ 비교눈금

해설 표제란에 기입할 사항
① 투상법 ② 척도 ③ 소속단체명 ④ 작성년월일 ⑤ 도면번호, 도면명칭

제 2 과목   용접구조설계

문제 21

다음 중 용접부에서 방사선 투과검사법으로 검출하기 가장 곤란한 결함은?

① 기공 ② 용입 불량
③ 슬래그 섞임 ④ 라미네이션 균열

해설 방사선 투과법으로 검사
① 기공 ② 용입 불량 ③ 슬래그 섞임

문제 22

다음 금속 중 열전도율이 가장 낮은 금속은?

① 연강 ② 구리
③ 알루미늄 ④ 18-8스테인리스강

해설 열전도율이 큰 순서
은 > 구리 > 금 > 알루미늄 > 마그네슘 > 아연 > 니켈 > 철 > 납 > ……

문제 23

아크 용접시 용접이음의 용융부 밖에서 아크를 발생시킬 때 아크열에 의해 모재 표면에 생기는 결함은?

① 은점(Fish eye) ② 언더 필(under fill)
③ 스캐터링(Scattering) ④ 아크 스트라이크(Arc strike)

해답
20. ① 21. ④ 22. ④ 23. ④

문제 24

다음 용접기호가 뜻하는 용접은?

① 심용접
② 점 용접
③ 현장 용접
④ 일주용접

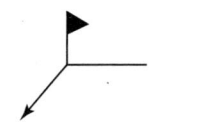

해설 용접 기호

① 현장용접 : ▶
② 온둘레현장용접 : ▶(원)
③ 심용접 :
④ 점용접(스폿용접) : ○
⑤ 필릿 용접 : △
⑥ 플러그 용접 : ▭

문제 25

그라인더를 사용하여 용접부의 표면 비드를 모재의 표면 높이와 동일하게 잘 다듬질하는 가장 큰 이유는?

① 용접부의 인성을 낮추기 위해
② 용접부의 잔류응력을 증가시키기 위해
③ 용접부의 응력 집중을 감소시키기 위해
④ 용접부의 내부결함의 크기를 증대시키기 위해

문제 26

잔류응력이 남아 있는 용접 제품에 소성변형을 주어 용접 잔류응력을 제거(완화)하는 방법을 무엇이라고 하는가?

① 노내풀림법
② 국부풀림법
③ 저온 응력 완화법
④ 기계적 응력 완화법

해설 잔류응력을 제거하는 방법

① 피닝법 : 해머로써 용접부를 연속적으로 때려 용접표면에 소성변형을 주는 방법
② 기계적 응력완화법 : 잔류응력이 있는 제품에 하중을 주어 용접부에 약간의 소성변형을 일으킨 다음, 하중을 제거하는 방법
③ 저온응력완화법 : 용접선 양측을 가스불꽃에 의하여 너비 약 150mm를 150~200℃ 정도의 비교적 낮은 온도로 가열한 다음 곧 수냉하는 방법
④ 국부풀림법 : 제품이 커서 노내에 넣을 수 없을 때 또는 설비, 용량 등으로 노내풀림을 바라지 못할 경우에 용접부 근처만을 풀림
⑤ 노내풀림법 : 제품 전체를 가열로 안에 넣고 적당한 온도에서 일정 시간 유지한 다음 노내에서 서냉

해답 24. ③ 25. ③ 26. ④

문제 27 용접 모재의 뒷편을 강하게 받쳐 주어 구속에 의하여 변형을 억제하는 것은?
① 포지셔너
② 회전지그
③ 스트롱 백
④ 매니플레이트

문제 28 다음 중 용접부를 검사하는 데 이용하는 비파괴 검사법이 아닌 것은?
① 누설시험
② 충격시험
③ 침투 탐상법
④ 초음파 탐상법

해설 **비파괴검사법**
① RT(방사선 투과법) ② UT(초음파 탐상법) ③ MT(자분탐상법)
④ PT(침투탐상법) ⑤ VT(육안검사법) ⑥ LT(누설검사법)
⑦ ET(와류검사법)

문제 29 잔류응력 측정법에는 정성적 방법과 정량적 방법이 있다. 다음 중 정성적 방법에 속하는 것은?
① X-선 법
② 자기적 방법
③ 응력 이완법
④ 광탄성에 의한 방법

문제 30 20kg의 피복 아크 용접봉을 가지고 두께 9mm 연강판 구조물을 용접하여 용착되고 남은 피복중량, 스패터, 잔봉, 연소에 의한 손실 등의 무게가 4kg이었다면 이때 피복 아크 용접봉의 용착효율은?
① 60%
② 70%
③ 80%
④ 90%

해설 $(20-4) = 16\text{kg}$ $\therefore \dfrac{16\text{kg}}{20\text{kg}} \times 100 = 80\%$

문제 31 본 용접에서 그림과 같은 순서로 용접하는 용착법은?
① 대칭법
② 스킵법
③ 후퇴법
④ 상수법

해설 **스킵법** : 이음 전 길이에 대해 뛰어넘어서 용접하는 방법

해답 27. ③ 28. ② 29. ② 30. ③ 31. ②

문제 32 다음 용접봉 중 제품의 인장강도가 요구될 때 사용하는 것으로 내균열성이 가장 우수한 용접봉은?

① 저수소계　　　　② 라임 티탄계
③ 고셀룰로스계　　④ 고산화티탄계

해설　**저수소계**
① 주성분 : 석회석, 형석
② 내균열성이 가장 우수
③ 용착금속의 수소함유량이 타 피복용접봉의 $\frac{1}{10}$ 이하
④ 가열온도와 시간 : 300~350℃, 1~2시간

문제 33 그림과 같이 완전용입 T형 맞대기 용접 이음에 굽힘 모멘트 $M=$ 9000kgf·cm가 작용할 때 최대 굽힘 응력(kgf/cm²)은? [단, $L=400$mm, $l=300$mm, $t=20$mm, P(kgf)는 하중이다.]

① 30
② 45
③ 300
④ 450

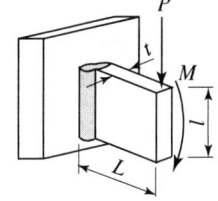

해설　응력 $= \sqrt{\dfrac{6M}{t \cdot l}} = \sqrt{\dfrac{6 \times 9000}{2 \times 30}} = 30\,\mathrm{kgf/cm^2}$

문제 34 서브머지드 아크 용접 이음설계에서 용접부의 시작점과 끝점에 모재와 같은 재질의 판두께를 사용하여 충분한 용입을 얻기 위하여 사용하는 것은?

① 엔드 탭　　　　② 실링 비드
③ 플레이트 정반　④ 알루미늄 판 받침

해설　**엔트탭** : 용접부의 시작점과 끝점에 모재와 같은 재질의 판두께를 사용, 충분한 용입을 얻기 위해

문제 35 끝이 구면인 특수한 해머로 용접부를 연속적으로 때려 용착금속부의 인장응력을 완화하는데 큰 효과가 있는 잔류응력 제거법은?

① 피닝법　　　　② 국부 풀림법
③ 이블 커넥터법　④ 저온 응력 완화법

해답　32. ①　33. ①　34. ①　35. ①

해설 잔류응력제거법
① 저온응력완화법 : 용접선 양측을 가스불꽃에 의하여 너비 약 150mm를 150~200℃ 정도의 비교적 낮은 온도로 가열한 다음 곧 수냉하는 방법
② 피닝법 : 해머로써 용접부를 연속적으로 때려 용접표면에 소성변형을 주는 방법
③ 기계적응력완화법 : 잔류응력이 있는 제품에 하중을 주어 용접부에 약간의 소성변형을 일으킨 다음 하중을 제거하는 방법

문제 36 용접구조물의 재료 절약 설계 요령으로 틀린 것은?
① 가능한 표준 규격의 재료를 이용한다.
② 용접할 조각의 수를 가능한 많게 한다.
③ 재료는 쉽게 구입할 수 있는 것으로 한다.
④ 고장이 발생했을 경우 수리할 때의 편의도 고려한다.

해설 용접할 조각의 수를 가능한 적게 한다.

문제 37 그림과 같은 겹치기 이음의 필릿 용접을 하려고 한다. 허용응력이 50MPa, 인장하중이 50kN, 판 두께가 12mm일 때 용접 유효길이(l)는 약 몇 mm인가?
① 59
② 73
③ 69
④ 83

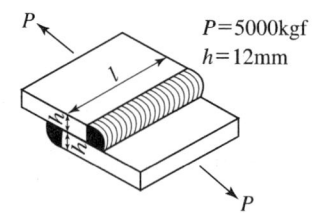

$P=5000\text{kgf}$
$h=12\text{mm}$

해설 $l = \dfrac{0.707P}{h \times G} = \dfrac{0.707 \times 50 \times 1000}{12 \times 50} = 58.91\text{mm}$

문제 38 구조물 용접작업시 용접순서에 관한 설명으로 틀린 것은?
① 용접물의 중심에서 대칭으로 용접을 해나간다.
② 용접 작업이 불가능한 곳이나 곤란한 곳이 생기지 않도록 한다.
③ 수축이 작은 이음을 먼저 용접하고 수축이 큰 이음을 나중에 용접한다.
④ 용접 구조물의 중심축을 기준으로 용접 수축력의 모멘트 합이 0이 되게 하면 용접선 방향에 대한 굽힘을 줄일 수 있다.

해설 용접순서를 결정하는 사항
① 수축이 큰 이음을 먼저 용접하고 작은 이음을 나중에 용접한다.
② 용접물의 중립축에 대하여 용접으로 인한 수축력모멘트의 합이 0이 되도록 한다.
③ 중심에 대하여 항상 대칭으로 용접한다.

해답
36. ② 37. ① 38. ③

④ 같은 평면 안에 많은 이음이 있을 때에는 수축은 되도록 자유단으로 보낸다.
⑤ 응력이 집중될 우려가 있는 곳은 피한다.
⑥ 본용접사와 동등한 기량을 갖는 용접사가 가접 시행
⑦ 가용접시는 본용접 때보다 지름이 약간 가는 용접봉 사용

문제 39

다음 중 용접이음 성능에 영향을 주는 요소로 가장 거리가 먼 것은?
① 용접 결함
② 용접 홀더
③ 용접 이음의 위치
④ 용접 변형 및 잔류응력

해설 용접 이음 성능에 영향을 주는 요소
① 용접결함 ② 용접이음의 위치 ③ 용접변형 및 잔류응력

문제 40

용접 제품을 제작하기 위한 조립 및 가용접에 대한 일반적인 설명으로 틀린 것은?
① 조립 순서는 용접 순서 및 용접 작업의 특성을 고려하여 계획한다.
② 불필요한 잔류응력이 남지 않도록 미리 검토하여 조립 순서를 정한다.
③ 강도상 중요한 곳과 용접의 시점과 종점이 되는 끝부분에 주로 가용접한다.
④ 가용접 시에는 본용접보다도 지름이 약간 가는 용접봉을 사용하는 것이 좋다.

제 3 과목 용접일반 및 안전관리

문제 41

금속 원자 사이에 작용하는 인력으로 원자를 서로 결합하기 위해서는 원자 간의 거리가 어느 정도 되어야 하는가?
① 10^{-4}cm
② 10^{-6}cm
③ 10^{-7}cm
④ 10^{-8}cm

해설 금속원자 사이에 작용하는 인력으로 원자를 서로 결합하기 위해서는 원자간의 거리 10^{-8}cm 정도

39. ②　40. ③　41. ④

문제 42
다음 재료 중 용제 없이 가스 용접할 수 있는 것은?
① 주철 ② 황동
③ 연강 ④ 알루미늄

해설 가스용제
① 연강 : 사용하지 않는다.
② 반경강 : 중탄산소다 + 탄산소다
③ 구리 : 붕사 + 염화리튬
④ 주철 : 중탄산소다 + 붕사 + 탄산소다
⑤ 알루미늄 : 염화칼륨 + 염화나트륨 + 염화리튬 + 플루오르화칼륨 + 황산칼륨

문제 43
다음 보기 중 용접의 자동화에서 자동제어의 장점을 모두 고른 것은?

[보기]
ㄱ. 제품의 품질이 균일화되어 불량품이 감소된다.
ㄴ. 원자재, 원가 등이 증가된다.
ㄷ. 인간에게는 불가능한 고속작업이 가능하다.
ㄹ. 위험한 사고의 방지가 불가능하다.
ㅁ. 연속작업이 가능하다.

① ㄱ, ㄴ, ㄹ   ② ㄱ, ㄷ, ㅁ
③ ㄱ, ㄴ, ㄷ, ㅁ   ④ ㄱ, ㄴ, ㄷ, ㄹ, ㅁ

해설 자동제어의 장점
① 원자재 원가 등이 감소 ② 연속작업이 가능하다.
③ 위험한 사고의 방지 가능 ④ 인간에게는 불가능한 고속작업이 가능
⑤ 제품의 품질이 균일화되어 불량품이 감소한다.

문제 44
가스절단에서 판 두께가 12.7mm일 때, 표준 드래그의 길이로 가장 적당한 것은?
① 2.4mm ② 5.2mm
③ 5.6mm ④ 6.4mm

해설 드래그길이 = 판두께 × $\frac{1}{5}$ = 12.7 × $\frac{1}{5}$ = 2.54mm

문제 45
용접법의 종류 중 압접법이 아닌 것은?
① 마찰 용접 ② 초음파 용접
③ 스터드 용접 ④ 업셋 맞대기 용접

42. ③   43. ②   44. ①   45. ③

해설 **압접의 종류**
① 유도가열 ② 단접 ③ 초음파용접
④ 가압테르밋 ⑤ 마찰용접 ⑥ 냉간압접
⑦ 저항용접 ─┬─ 겹치기 용접 ─┬─ 점 용접
          │   ├─ 심 용접
          │   └─ 프로젝션 용접
          └─ 맞대기 용접 ─┬─ 포일 심 용접
                        ├─ 퍼커션 용접
                        ├─ 플래시 용접
                        └─ 업셋 용접

문제 46

두 개의 모재에 압력을 가해 접촉시킨 후 회전시켜 발생하는 열과 가압력을 이용하여 접합하는 용접법은?
① 단조 용접 ② 마찰 용접
③ 확산 용접 ④ 스터드 용접

해설 **마찰용접** : 두 개의 모재에 압력을 가해 접촉시킨 후 회전시켜 발생하는 열과 가압력을 이용 접합

문제 47

유전 습지대에서 분출되는 메탄이 주성분인 가스는?
① 수소가스 ② 천연가스
③ 아르곤 가스 ④ 프로판 가스

해설 **메탄의 주성분인 가스** : 천연가스
LPG의 주성분 : 프로판가스
LNG의 주성분 : 메탄

문제 48

피복 아크 용접에서 정극성과 역극성의 설명으로 옳은 것은?
① 박판의 용접은 주로 정극성을 이용한다.
② 용접봉에 (－)극을, 모재에 (＋)극을 연결하는 것을 정극성이라 한다.
③ 정극성일 때 용접봉의 용융속도는 빠르고 모재의 용입은 얕아진다.
④ 역극성일 때 용접봉의 용융속도는 빠르고 모재의 용입은 깊어진다.

해설 **직류정극성**(DCSP)
① 후판용접에 적합 ② 비드 폭이 좁다.
③ 용입이 깊다. ④ 용접봉의 용융속도가 느리다.
⑤ 모재(＋) 70%열 용접봉(－) 30%열

46. ② 47. ② 48. ②

직류역극성(DCRP)
① 박판용접에 적합 ② 비드 폭이 넓다.
③ 용입이 얕다. ④ 용접봉의 용융속도가 빠르다.
⑤ 모재(-) 30%열 용접봉(+) 70%열

문제 49

다음 중 용접기의 설치 및 정비 시 주의해야 할 사항으로 틀린 것은?
① 습도가 높은 곳에 설치해야 한다.
② 먼지가 많은 장소에는 가급적 용접기 설치를 피한다.
③ 용접 케이블 등이 파손된 부분은 절연 테이프로 감아야 한다.
④ 2차측 단자의 한쪽과 용접기 케이스는 접지를 확실히 해 둔다.

해설
- 습도가 낮은 곳에 설치한다.
- 부식성 가스가 체류하지 않는 곳에 설치한다.
- 진동이 있는 곳은 피한다.

문제 50

가스 용접 토치의 종류가 아닌 것은?
① 저압식 토치 ② 중압식 토치
③ 고압식 토치 ④ 등압식 토치

해설 가스 용접 토치
① 저압식 토치 : 0.07kgf/cm^2 미만(0.007MPa 미만)
② 중압식 토치 : $0.07 \sim 1.3\text{kgf/cm}^2$ 미만($0.007 \sim 0.13\text{MPa}$ 미만)
③ 고압식 토치 : 1.3kgf/cm^2 이상(0.13MPa 이상)

문제 51

아크 용접 시 차광 유리를 선택하는 경우 용접전류가 400A 이상일 때 가장 적합한 차광도 번호는?
① 5 ② 8
③ 10 ④ 14

해설 차광도 번호
① 납땜용접 : 2~4번
② 가스용접 : 4~6번
③ 피복아크용접 : 10~12번
 No.10 : 용접전류 100~200A, 용접봉지름 2.6~3.2
 No.11 : 용접전류 150~200A, 용접봉지름 3.2~4.0
 No.10-11 : 100A 이상 300A 미만의 아크용접
 No.13-14 : 300A 이상의 아크용접
④ 미그용접 : 12~13번

49. ① 50. ④ 51. ④

문제 52

진공 상태에서 용접을 행하게 되므로 텅스텐, 몰리브덴과 같이 대기에서 반응하기 쉬운 금속도 용이하게 접합할 수 있는 용접은?

① 스터드 용접 ② 테르밋 용접
③ 전자빔 용접 ④ 원자수소 용접

해설 **전자빔 용접** : 텅스텐이나 몰리브덴 등과 같이 고용융점 금속용접 가능

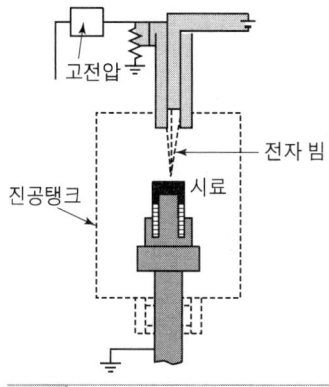

장점	① 고진공 속에서 용접을 하므로 대기와 반응되기 쉬운 활성 재료도 용이하게 용접된다. ② 대기 중의 유해 원소로부터 용접부가 보호되어 기계적 성질과 야금적 성질이 양호한 용접부를 얻을 수 있다. ③ 고용융 재료의 용접이 가능하다. ④ 얇은 판에서 두꺼운 판까지 광범위한 용접이 가능하다. ⑤ 에너지의 집중이 가능하기 때문에 고속으로 용접이 된다. ⑥ 이음부의 열 영향부가 적어 용접부의 변형이 없어 완성치수가 정확하다. ⑦ 슬래그 섞임 등의 결함이 생기지 않는다.
단점	① 배기장치 필요하고 피용접물의 크기도 제한을 받는다. ② 용접기가 고가이다. ③ 용융부가 좁기 때문에 냉각속도가 빠르다.(용접 균열 발생이 생기기 쉽다.)

문제 53

강인성이 풍부하고 기계적 성질, 내균열성이 가장 좋은 피복아크 용접봉은?

① 저수소계 ② 고산화티탄계
③ 철분 산화티탄계 ④ 고셀룰로오스계

해설 **연강용 피복아크용접봉의 종류**
① E4301(일미나이트계) (티주용가)
㉠ TiO₂, FeO를 약 30% 함유
㉡ 주성분은 광석, 사철
㉢ 용접성과 기계적 성질이 우수
㉣ 가열온도와 가열시간 : 70~100℃, 30~60분
② E4303(라임티탄계) (티비언)

해답 52. ③ 53. ①

㉠ TiO₂(산화티탄)을 약 30% 이상 함유
㉡ 비드의 외관이 아름답다.
㉢ 언더컷이 발생되지 않는다.
③ E4311(고셀룰로오스계) (셀비좁건)
㉠ 셀룰로오스는 20~30% 정도 포함
㉡ 비드 표면이 거칠고 스패터가 많은 것이 결점
㉢ 좁은홈의 용접시 사용
㉣ 습기가 흡수되기 쉬우므로 건조
④ E4313(고산화티탄계) (산일비고)
㉠ 산화티탄을 약 35% 이상 함유
㉡ 일반 경구조물 용접에 사용
㉢ 비드 표면이 고우며 작업성이 우수
㉣ 고온 크랙을 일으키기 쉬운 결점이 있다.
⑤ E4316(저수소계)
㉠ 주성분으로는 석회석, 형석 등이 있다.
㉡ 내균열성, 기계적 성질 우수
㉢ 용착금속중에 수소함유량이 다른 피복봉에 비해 $\frac{1}{10}$ 정도로 매우 낮음
㉣ 가열온도와 가열시간 : 300~350℃, 1~2시간

문제 54

다음 용접법 중 가장 두꺼운 판을 용접할 수 있는 것은?
① 전자빔 용접
② 일렉트로 슬래그 용접
③ 서브머지드 아크 용접
④ 불활성 가스 아크 용접

해설 일렉트로 슬래그 용접
① 가장 두꺼운 판 용접
② 수냉식 동판을 사용하여 전기저항열을 이용 용접

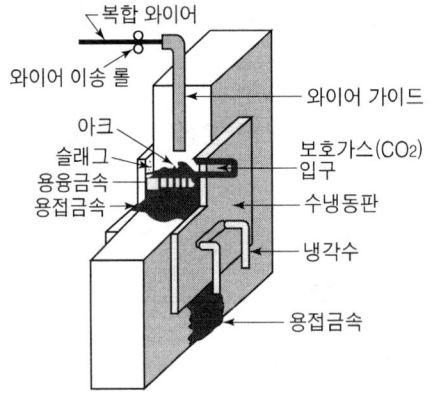

③ 특징 : ㉠ 최소한의 변형과 최단시간 용접법
㉡ 한번에 장비를 설치하여 후판을 단일층으로 한 번에 용접 가능
㉢ 용접시간을 단축할 수 있어 용접능률과 용접품질이 우수

해답
54. ②

㉣ 용접홈의 가공 준비가 간단
㉤ 압력용기 조선 및 대형 주물의 후판용접
㉥ 전극 와이어의 지름은 2.6~3.2mm
㉦ 아크가 눈에 보이지 않고 아크불꽃이 없다.

문제 55 무부하 전압 80V, 아크 전압 30V, 아크 전류 300A, 내부손실이 4kW인 경우 아크 용접기의 효율은 약 몇 %인가?
① 59   ② 69
③ 75   ④ 80

해설 효율 = $\dfrac{아크전력}{소비전력} \times 100 = \dfrac{9kW}{13kW} \times 100 = 69.2\%$

① 아크전력 = 아크전압 × 정격이차전류 = 30 × 300 = 9000 = 9kW
② 소비전력 = 아크전력 + 내부손실 = 9 + 4 = 13kW

문제 56 서브머지드 아크 용접법의 설명 중 틀린 것은?
① 비소모식이므로 비드의 외관이 거칠다.
② 용접선이 수직인 경우 적용이 곤란하다.
③ 모재 두께가 두꺼운 용접에서 효율적이다.
④ 용융속도와 용착속도가 빠르며, 용입이 깊다.

해설 서브머지드 아크 용접
① 상품명 : ㉠ 유니온멜트 ㉡ 잠호 ㉢ 링컨용접이라고 한다.
② 용제를 공급하면서 용접을 하기 때문에 아크불빛이 안 보임.
③ 아래보기 자세, Fe계통 용접에 한정

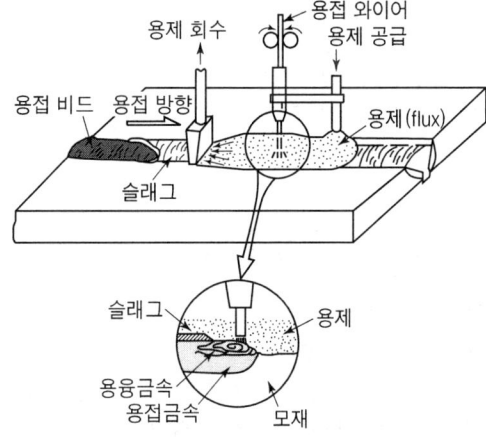

④ 특징 : ㉠ 유해광선의 발생이 적고 작업환경이 깨끗하다.
㉡ 비드 외관이 매우 아름답다.

55. ②   56. ①

ⓒ 기계적 성질이 우수하다.
ⓔ 개선각을 적게 하여 용접패스수를 줄일 수 있다.
ⓜ 패킹제 미사용시 루트간격은 0.8mm 이하
ⓑ 용입이 깊다.
ⓢ 용융속도 및 용착속도가 빠르다.
ⓞ 장비 가격이 비싸다.
ⓙ 고전류 사용이 가능하다.
ⓣ 용접진행 상태의 양·부를 육안식별이 불가능

문제 57

리벳이음과 비교하여 용접의 장점을 설명한 것으로 틀린 것은?
① 작업 공정이 단축된다.
② 기밀, 수밀이 우수하다.
③ 복잡한 구조물 제작에 용이하다.
④ 열 영향으로 이음부의 재질이 변하지 않는다.

해설 **용접의 장점**
① 이종재료 용접 가능   ② 중량이 가벼워진다.
③ 재료의 두께에 제한이 없다.   ④ 제품의 성능과 수명 향상
⑤ 보수와 수리 용이   ⑥ 수밀, 기밀, 유밀성 양호
⑦ 작업공정이 간단하다.

문제 58

다음 분말소화기의 종류 중 A, B, C급 화재에 모두 사용할 수 있는 것은?
① 제1종 분말소화기   ② 제2종 분말소화기
③ 제3종 분말소화기   ④ 제4종 분말소화기

해설 **분말소화기**
① 제1종 분말소화기 : B, C
② 제2종 분말소화기 : B, C
③ 제3종 분말소화기 : A, B, C
④ 제4종 분말소화기 : B, C

문제 59

냉간 압접의 일반적인 특징으로 틀린 것은?
① 용접부가 가공 경화된다.
② 압접에 필요한 공구가 간단하다.
③ 접합부의 열 영향으로 숙련이 필요하다.
④ 접합부의 전기저항은 모재와 거의 동일하다.

해설 숙련이 필요 없다.

해답
57. ④   58. ③   59. ③

문제 60 다음 중 연소의 3요소에 해당하지 않는 것은?
① 가연물　　　　　　　② 점화원
③ 충진재　　　　　　　④ 산소공급원

해설　**연소의 3요소**
　　① 가연물　② 산소공급원　③ 점화원

60. ③

2018년 8월 19일 시행

제 1 과목 용접야금 및 용접설비제도

문제 01

강자성체인 Fe, Ni, Co의 자기 변태 온도가 낮은 것에서 높은 순으로 바르게 배열된 것은?

① Fe → Ni → Co
② Fe → Co → Ni
③ Ni → Fe → Co
④ Ni → Co → Fe

해설 자기변태온도가 낮은 것
① Ni : 358℃ ② Fe : 768℃ ③ Co : 1160℃

문제 02

일반적인 탄소강에 함유된 5대 원소에 속하지 않는 것은?

① Mn
② Si
③ P
④ Cr

해설 탄소강의 5대 원소
① 탄소(C) ② 망간(Mn) ③ 인(P) ④ 황(S) ⑤ 규소(Si)

문제 03

탄소강의 표준 조직이 아닌 것은?

① 페라이트
② 마텐자이트
③ 펄라이트
④ 시멘타이트

해설 탄소강의 표준조직
① 오스테나이트 조직 ② 시멘타이트 조직 ③ 레데뷰라이트 조직
④ 펄라이트 조직 ⑤ 페라이트 조직

문제 04

다음 중 탈황을 촉진하기 위한 조건으로 틀린 것은?

① 비교적 고온이어야 한다.
② 슬래그의 염기도가 낮아야 한다.
③ 슬래그의 유동성이 좋아야 한다.
④ 슬래그 중의 산화철분이 낮아야 한다.

해답 01. ③ 02. ④ 03. ② 04. ②

해설 탈황을 촉진하기 위한 조건
① 슬래그의 염기도가 높아야 한다.
② 비교적 고온이어야 한다.
③ 슬래그 중의 산화철분이 낮아야 한다.
④ 슬래그의 유동성이 좋아야 한다.

문제 05 습기제거를 위한 용접봉의 건조 시 건조온도가 가장 높은 것은?
① 저수소계
② 라임티탄계
③ 셀룰로오스계
④ 고산화티탄계

해설 저수소계 : 300~350℃, 1~2시간

문제 06 알루미늄 계열의 분류에서 번호대와 첨가 원소가 바르게 짝지어진 것은?
① 1000계 : 순금속 알루미늄(순도)99.0%)
② 3000계 : 알루미늄-Si계 합금
③ 4000계 : 알루미늄-Mg계 합금
④ 5000계 : 알루미늄-Mn계 합금

문제 07 다음 원소 중 황(S)의 해를 방지할 수 있는 것으로 가장 적합한 것은?
① Mn
② Si
③ Al
④ Mo

해설 특수원소의 영향

특수원소의 종류	특수원소의 영향	
① 망간	㉠ 적열취성 방지 ㉢ 고온에서 결정립 성장 억제	㉡ 황의 해를 제거 ㉣ 흑연화를 방해하여 백주철화 촉진
② 몰리브덴	㉠ 뜨임취성 방지 ㉢ 저온취성 방지	㉡ 고온강도 개선
③ 티탄	㉠ 탄화물 생성 용이	㉡ 결정입자의 미세화
④ 니켈	㉠ 인성 증가 ㉢ 질화 촉진	㉡ 저온충격저항 증가 ㉣ 주철의 흑연화 촉진
⑤ 규소	㉠ 용융금속의 유동성을 좋게 함 ㉢ 결정립의 조대화 ㉤ 인장강도, 경도, 탄성한계 높아짐	㉡ 용접성을 저하시킴. ㉣ 충격저항 감소, 연신율 감소

05. ① 06. ① 07. ①

문제 08
다음 균열 중 모재의 열팽창 및 수축에 의한 비틀림이 주원인이며, 필릿 용접이음부의 루트 부분에 생기는 균열은?

① 힐 균열 ② 설퍼 균열
③ 크레이터 균열 ④ 라미네이션 균열

해설 저온균열의 유형
① 라멜라티어 균열 : T이음, 모서리 이음 등에서 강의 내부에 평행하게 층상으로 발생되는 균열
② 마이크로피셔 균열 : 용착금속의 다수의 현미경적 균열이 저온에서 발생하며 용착금속의 굽힘 연성이 현저하게 감소
③ 루트 균열 : 맞대기 용접의 가접, 첫층용접의 루트 근방의 열영향부에 발생하는 균열
④ 힐 균열 : 필릿 시 루트부분에 발생하는 저온균열이며 모재의 수축, 팽창에 의한 뒤틀림이 주요 원인
⑤ 토 균열 : 맞대기 이음, 필릿 이음 등의 경우에 비드 표면과 모재의 경계부에 발생

문제 09
용접하기 전 예열하는 목적이 아닌 것은?

① 수축 변형을 감소한다.
② 열영향부의 경도를 증가시킨다.
③ 용접 금속 및 열영향부에 균열을 방지한다.
④ 용접 금속 및 열영향부의 연성 또는 노치인성을 개선한다.

해설 예열의 목적
① 용접금속 및 열영향부의 인성 또는 연성을 향상
② 용접부의 수축변형 및 잔류응력을 경감
③ 용접의 작업성 개선
④ 용접부의 냉각속도를 느리게 하여 결함 방지
⑤ 금속중의 수소를 방출시켜 균열 방지

문제 10
강을 연하게 하여 기계가공성을 향상시키거나, 내부 응력을 제거하기 위해 실시하는 열처리는?

① 불림(normalizing) ② 뜨임(tempering)
③ 담금질(quenching) ④ 풀림(annealing)

해설 열처리
① 담금질 : 경도 및 강도 증가. A_3 및 A_1 변태에서 30~50℃ 이상 가열 후 수냉시키는 방법
② 뜨임 : 인성 증가

해답
08. ① 09. ② 10. ④

③ 풀림 : 가공응력 및 내부응력 제거
④ 불림 : 가공조직의 균일화, 결정립의 미세화, 기계적 성질의 향상, 잔류응력 제거. A_3 및 A_1 변태에서 30~50℃ 이상 가열 후 공랭시키는 방법

문제 11
다음 중 가는 실선으로 표시되는 것은?
① 외형선　　　　　② 숨은선
③ 절단선　　　　　④ 회전 단면선

해설 선의 표시
① 가는 실선 : ㉠ 파단선 ㉡ 해칭선 ㉢ 치수선 ㉣ 치수보조선 ㉤ 회전단면선
② 가는 일점쇄선 : ㉠ 중심선 ㉡ 절단선 ㉢ 기준선 ㉣ 피치선
③ 굵은 실선 : ㉠ 외형선
④ 숨은선 : ㉠ 가는 파선

문제 12
다음 중 판의 맞대기 용접에서 위보기 자세를 나타내는 것은?
① H　　　　　　　② V
③ O　　　　　　　④ AP

해설 용접자세
① F(Flat Position) : 아래보기자세
② H(Horizontal Position) : 수평자세
③ V(Vertical Position) : 수직자세
④ O(Overhead Position) : 위보기자세

문제 13
다음 치수기입 방법의 일반 형식 중 잘못 표시된 것은?

① 각도 치수 : 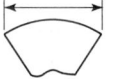　　② 호의 길이 치수 :

③ 현의 길이 치수 : 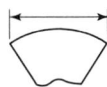　　④ 변의 길이 치수 :

해설 치수 기입 방법

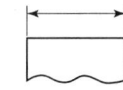　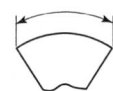　　(4) 각도 치수

(1) 변의 길이 치수　(2) 현의 길이 치수　(3) 호의 길이 치수

해답 11. ④　12. ③　13. ①

문제 14

핸들이나 바퀴의 암 및 리브 훅, 축 구조물의 부재 등에 절단면을 90° 회전하여 그린 단면도는?

① 회전 단면도　　② 부분 단면도
③ 한쪽 단면도　　④ 온 단면도

해설 단면도
① 부분 단면도(local sectional view)
일부분을 잘라내고 필요한 내부 모양을 그리기 위한 방법이다.

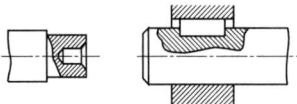

② 회전 단면도(revolved sectional view)
핸들, 벨트풀리, 바퀴의 암, 후크의 절단한 단면 모양을 90° 회전시킨다.

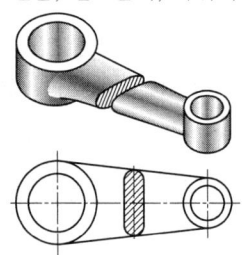

③ 계단 단면도(offset sectional view)

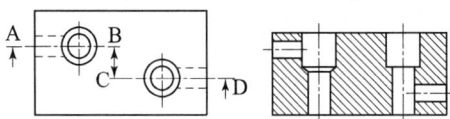

문제 15

아래 그림의 화살표 쪽의 인접부분을 참고로 표시하는 데 사용하는 선의 명칭은?

① 가상선
② 숨은선
③ 외형선
④ 파단선

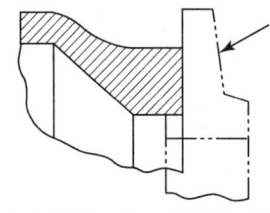

해설 **가상선**(가는이점쇄선)
① 공구위치 참고 표시
② 인접부분 참고 표시
③ 가공 전후 표시

해답
14. ①　15. ①

문제 16 다음 중 심(Seam) 용접이음 기호로 맞는 것은?

① ◯　② ⌣
③ ⊖　④ ⌒⌒

[해설] 용접 이음 기호
① 점용접(스폿용접) : ◯　② 이면용접 : ⌣
③ 심 용접 : ⊖　④ 서페이싱 이음 : ⌒⌒
⑤ 가장자리 용접 : ||| 　⑥ 필릿 이음 : ◣
⑦ 플러그 용접 : ⊔

문제 17 X, Y, Z방향의 축을 기준으로 공간상에 하나의 점을 표시할 때 각 축에 대한 X, Y, Z에 대응하는 좌표값으로 표시하는 CAD 시스템의 좌표계의 명칭은?
① 극좌표계　② 직교좌표계
③ 원통좌표계　④ 구면좌표계

[해설] 극좌표계 : 평면 위의 위치를 각도와 거리를 써서 나타내는 2차원 좌표계
원통좌표계 : 3차원 공간을 나타내기 위해 평면 극좌표계에 평면에서부터 높이 z (혹은 h)를 더해 (r, θ, z)로 이루어지는 좌표계

문제 18 도면에 치수를 기입할 때의 유의 사항으로 틀린 것은?
① 치수는 계산할 필요가 없도록 기입하여야 한다.
② 치수는 중복 기입하여 도면을 이해하기 쉽게 한다.
③ 관련되는 치수는 가능한 한곳에 보아서 기입한다.
④ 치수는 될 수 있는 대로 주투상도에 기입해야 한다.

[해설] 치수는 중복기입을 피한다.

문제 19 다음 KS 용접기호에서 C가 의미하는 것은?
① 용접 강도
② 용접 길이
③ 루트 간격
④ 용접부의 너비

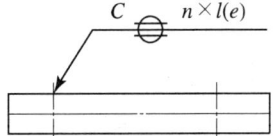

16. ③　17. ②　18. ②　19. ④

해설 KS 용접기호
① C : 용접부 너비, 목두께
② n : 지름
③ l : 용접길이
④ (e) : 용접간격

문제 20 기계제도에 사용하는 문자의 종류가 아닌 것은?
① 한글
② 알파벳
③ 상형문자
④ 아라비아 숫자

해설 기계제도에서 사용하는 문자
① 한글 ② 알파벳 ③ 아라비아숫자

제 2 과목 용접구조설계

문제 21 잔류 응력 측정법의 분류에서 정량적 방법에 속하는 것은?
① 부식법
② 자기적 방법
③ 응력 이완법
④ 경도에 의한 방법

문제 22 저온 균열의 발생에 가장 큰 영향을 주는 것은?
① 피닝
② 후열처리
③ 예열처리
④ 용착금속의 확산성 수소

해설 수소 : ① 균열 ② 기공 ③ 헤어크랙 ④ 수소취성 ⑤ 은점 ⑥ 선상조직

문제 23 그림의 용착 방법 종류로 옳은 것은?
① 전진법
② 후진법
③ 비석법
④ 덧살 올림법

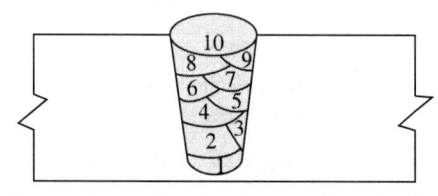

해답 20. ③ 21. ③ 22. ④ 23. ④

해설 **용착법**

① 빌드업법 : 용접 전 길이에 대해서 각 층을 연속하여 용접하는 방법. 능률은 좋지 않지만, 한랭시나 구속이 클 때, 판두께가 두꺼울 때에는 첫 층에 균열이 생길 우려가 있다.

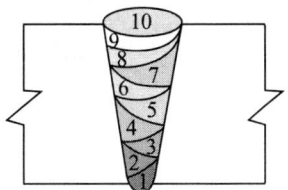

② 캐스케이드법 : 한 부분에 대해 몇 층을 용접하다가 다음 부분의 층으로 연속시켜 용접

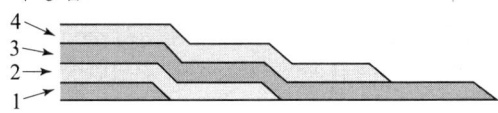

③ 스킵법 : 이음의 전 길이에 대해서 뛰어넘어서 용접하는 방법이다.

$\xrightarrow{1}\xrightarrow{4}\xrightarrow{2}\xrightarrow{5}\xrightarrow{3}$

문제 24 다음 중 예열에 관한 설명으로 틀린 것은?
① 용접부와 인접한 모재의 수축응력을 감소시키기 위하여 예열을 한다.
② 냉각속도를 지연시켜 열영향부와 용착금속의 경화를 방지하기 위하여 예열을 한다.
③ 냉각속도를 지연시켜 용접금속 내에 수소성분을 배출함으로써 비드 밑 균열을 방지한다.
④ 탄소성분이 높을수록 임계점에서의 냉각속도가 느리므로 예열을 할 필요가 없다.

해설 예열을 하여야 한다.

문제 25 피복 아크 용접에서 언더컷(under cut)의 발생 원인으로 가장 거리가 먼 것은?
① 용착부가 급냉될 때   ② 아크 길이가 너무 길 때
③ 용접전류가 너무 높을 때   ④ 용접봉의 운봉속도가 부적당할 때

해설 **언더컷의 발생 원인**
① 전류가 높을 때   ② 부적당한 용접봉 사용시
③ 용접속도가 빠를 때   ④ 아크길이가 길 때

해답 24. ④   25. ①

문제 26 다음 그림과 같은 형상의 용접이음 종류는?
① 십자 이음
② 모서리 이음
③ 겹치기 이음
④ 변두리 이음

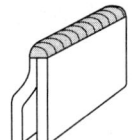

문제 27 금속에 열을 가했을 경우 변화에 대한 설명으로 틀린 것은?
① 팽창과 수축의 정도는 가열된 면적의 크기에 반비례한다.
② 구속된 상태의 팽창과 수축은 금속의 변형과 잔류응력을 생기게 한다.
③ 구속된 상태의 수축은 금속이 그 장력에 견딜만한 연성이 없으면 파단한다.
④ 금속은 고온에서 압축응력을 받으면 잘 파단되지 않으며, 인장력에 대해서는 파단되기 쉽다.

해설 팽창과 수축의 정도는 가열된 면적의 크기에 비례한다.

문제 28 용접구조물의 피로 강도를 향상시키기 위한 주의사항으로 틀린 것은?
① 가능한 응력 집중부에 용접부가 집중되도록 할 것
② 냉간가공 또는 야금적 변태 등에 의하여 기계적인 강도를 높일 것
③ 열처리 또는 기계적인 방법으로 용접부 잔류응력을 완화시킬 것
④ 표면가공 또는 다듬질 등을 이용하여 단면이 급변하는 부분을 최소화할 것

해설 응력집중부에 용접부가 집중되지 않도록 할 것

문제 29 가늘고 긴 망치로 용접 부위를 계속적으로 두들겨 줌으로써 비드 표면층에 성질 변화를 주어 용접부의 인장 잔류 응력을 완화시키는 방법은?
① 피닝법   ② 역변형법
③ 취성 경감법   ④ 저온 응력 완화법

해설 **잔류응력제거법**
① 피닝법 : 해머로써 용접부를 연속적으로 때려 용접표면에 소성변형을 주는 방법
② 기계적응력완화법 : 잔류응력이 있는 제품에 하중을 주어 용접부에 약간의 소성변형을 일으킨 다음 하중을 제거하는 방법
③ 저온응력완화법 : 용접선 양측을 가스불꽃에 의하여 너비 약 150mm를 150~200℃ 정도의 비교적 낮은 온도로 가열한 다음 곧 수냉하는 방법

 26. ④ 27. ① 28. ① 29. ①

문제 30

그림과 같은 용접부에 발생하는 인장응력(σ_1)은 약 몇 MPa인가? (단, 용접길이, 두께의 단위는 mm이다.)

① 14.6
② 16.7
③ 21.6
④ 26.6

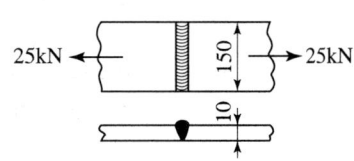

해설 인장응력 $= \dfrac{P}{t \cdot l} = \dfrac{25 \times 1000}{10 \times 150} = 16.67 \text{MPa}$

문제 31

일반적인 자분탐상 검사를 나타내는 기호는?

① UT　　② PT
③ MT　　④ RT

해설 비파괴검사
① RT(방사선 투과법)　② UT(초음파 탐상법)
③ MT(자분탐상법)　④ PT(침투탐상법)
⑤ VT(육안검사법)　⑥ LT(누설검사법)
⑦ ET(와류검사법)

문제 32

인장강도 P, 사용응력 σ, 허용응력 σ_a라 할 때, 안전율을 구하는 공식으로 옳은 것은?

① 안전율$= P/(\sigma \times \sigma_a)$　② 안전율$= P/\sigma_a$
③ 안전율$= P/(2 \times \sigma)$　④ 안전율$= P/\sigma$

해설 안전율$= \dfrac{\text{인장강도}}{\text{허용응력}}$

문제 33

일반적인 침투 탐상 검사의 특징으로 틀린 것은?

① 제품의 크기, 형상 등에 크게 구애를 받지 않는다.
② 주변 환경의 오염도, 습도, 온도와 무관하게 항상 검사가 가능하다.
③ 철, 비철, 플라스틱, 세라믹 등 거의 모든 제품에 적용이 용이하다.
④ 시험 표면이 침투제 등과 반응하여 손상을 입는 제품은 검사할 수 없다.

해답 30. ②　31. ③　32. ②　33. ②

[해설] 침투탐상검사
① 원리 : ㉠ 표면장력 현상
　　　　 ㉡ 모세관 현상
　　　　 ㉢ 인간의 지각 현상
② 특징 : ㉠ 제품의 크기나 형상에 구애 받지 않는다.
　　　　 ㉡ 거의 모든 재료에 적용 가능
　　　　 ㉢ 철, 비철, 플라스틱, 세라믹 등 거의 모든 제품에 적용 가능
　　　　 ㉣ 국부적 시험이 가능하다.
　　　　 ㉤ 표면결함 검출

문제 34 다음 중 용접사의 기량과 무관한 결함은?
① 용입불량　　　　　　　② 슬래그 섞임
③ 크레이터균열　　　　　④ 라미네이션균열

[해설] **라미네이션 균열** : 모재의 결함에 기인되는 것으로 모재 내에 기포가 압연되어 발생하는 유황밴드와 같이 충산으로 편재해 강재 내부적 노취취성

문제 35 처음 길이가 340mm인 용접 재료를 길이방향으로 인정시험 한 결과 390mm가 되었다. 이 재료의 연신율은 약 몇 %인가?
① 12.8　　　　　　　　② 14.7
③ 17.8　　　　　　　　④ 87.2

[해설] 연신율 = $\dfrac{390-340}{340} \times 100 = 14.7\%$

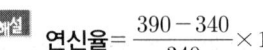

문제 36 본 용접을 시행하기 전에 좌우의 이음 부분을 일시적으로 고정하기 위한 짧은 용접은?
① 후용접　　　　　　　② 점용접
③ 가용접　　　　　　　④ 선용접

문제 37 맞대기 용접 시 부등형 용접 홈을 사용하는 이유로 가장 거리가 먼 것은?
① 수축 변형을 적게 하기 위할 때
② 홈의 용적을 가능한 크게 하기 위할 때
③ 루트 주위를 가우징해야 할 경우 가우징을 쉽게 하기 위할 때
④ 위보기 용접을 할 경우 용착량을 적게 하여 용접 시공을 쉽게 해야 할 때

[해설] 홈의 용적을 가능한 적게 하기 위해

34. ④　35. ②　36. ③　37. ②

문제 38

판 두께가 25mm 이상인 연강에서는 주위의 기온이 0℃ 이하로 내려가면 저온 균열이 발생할 우려가 있다. 이것을 방지하기 위한 예열온도는 얼마 정도로 하는 것이 좋은가?

① 50~70℃
② 100~150℃
③ 200~250℃
④ 300~350℃

해설 예열온도
① 연강으로 기온이 0℃ 이하에서 용접할 경우 이음의 양쪽 폭 100mm 정도를 40~75℃로 가열한다.
② 연강으로 두께가 25mm 이상인 경우 50~350℃로 예열한다.
③ 고장력강, 저합금강은 50~350℃로 예열
④ 구리, 알루미늄 : 200~400℃로 예열

문제 39

용접을 실시하면 일부 변형과 내부에 응력이 남는 경우가 있는데 이것을 무엇이라고 하는가?

① 인장응력
② 공칭응력
③ 잔류응력
④ 전단응력

문제 40

용접구조물을 설계할 때 주의해야 할 사항으로 틀린 것은?

① 용접구조물은 가능한 균형을 고려한다.
② 용접성, 노치인성이 우수한 재료를 선택하여 시공하기 쉽게 설계한다.
③ 중요한 부분에서 용접이음의 집중, 접근, 교차가 되도록 설계한다.
④ 후판을 용접할 경우는 용입이 깊은 용접법을 이용하여 층수를 줄이도록 한다.

해설 중요한 부분에서는 용접이음의 집중, 접근, 교차가 되지 않도록 설계한다.

해답 38. ① 39. ③ 40. ③

제 3 과목 용접일반 및 안전관리

문제 41 상온에서 강하게 압축함으로써 경계면을 국부적으로 소성변형시켜 압접하는 방법은?

① 냉간 압접　　　　　　② 가스 압접
③ 테르밋 용접　　　　　④ 초음파 용접

해설 **냉간압접** : 상온에서 강하게 압축함으로써 경계면을 국부적으로 소성변형시켜 압접하는 방법

문제 42 피복 아크 용접에서 감전으로부터 용접사를 보호하는 장치는?

① 원격 제어 장치　　　② 핫 스타트 장치
③ 전격 방지 장치　　　④ 고주파 발생 장치

해설 **교류 아크 용접기의 부속장치**
① 전격방지장치 : 무부하전압이 85~95V로 비교적 높은 교류 아크 용접기는 감전재해의 위험이 있기 때문에 무부하전압을 20~30V 이하로 유지하여 용접사 보호
② 핫스타트 장치 : 아크 발생을 쉽게 하고 비드 모양을 개선하고 아크가 발생하는 초기에 용접봉과 모재가 냉각되어 있어 입열이 부족하여 아크가 불안정하기 때문에 아크 초기만 용접전류를 특별히 크게 하기 위해

문제 43 다음 중 T형 필릿 용접을 나타낸 것은?

① 　　　②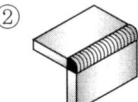
③ 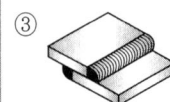　　　④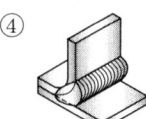

해설 ②번 : 모서리 이음, ③번 : 겹치기 이음

해답 41. ①　42. ③　43. ④

문제 44
납땜에 쓰이는 용제(flux)가 갖추어야 할 조건으로 가장 적합한 것은?

① 납땜 후 슬래그 제거가 어려울 것
② 청정한 금속면의 산화를 촉진시킬 것
③ 침지땜에 사용되는 것은 수분을 함유할 것
④ 모재와 친화력을 높일 수 있으며 유동성이 좋을 것

해설 모재와 친화력이 있고 유동성이 좋을 것

문제 45
가스 용접 시 전진법에 비교한 후진법의 장점으로 가장 거리가 먼 것은?

① 열 이용률이 좋다.
② 용접 변형이 작다.
③ 용접속도가 빠르다.
④ 판두께가 얇은 것(3~4mm)에 적당하다.

해설 전진법과 후진법

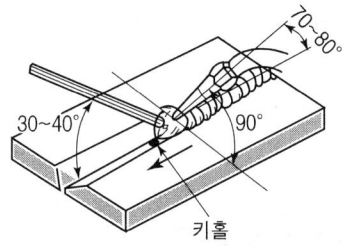
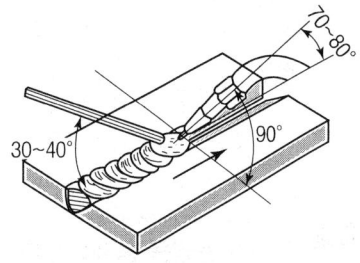

전진법 / 후진법

후진법의 특징	전진법의 특징
㉠ 두꺼운 판 용접에 사용	㉠ 박판용접에 적합
㉡ 용접속도가 빠르다.	㉡ 용접속도가 느리다.
㉢ 용접변형이 적다.	㉢ 용접변형이 크다.
㉣ 열이용률이 높다.	㉣ 열이용률이 나쁘다.
㉤ 홈의 각도가 적다.	㉤ 홈의 각도가 크다.
㉥ 비드 표면이 매끈하지 못하다.	㉥ 비드 표면이 매끈하다.
㉦ 산화 정도가 약하다.	㉦ 산화 정도가 심하다.

문제 46
다전극 서브머지드 아크 용접 중 두 개의 전극 와이어를 독립된 전원에 접속하여 용접선에 따라 전극의 간격을 10~30mm 정도로 하여 2개의 전극 와이어를 동시에 녹게 함으로써 한꺼번에 많은 양의 용착금속을 얻을 수 있는 것은?

① 다전식   ② 탠덤식
③ 횡직렬식   ④ 횡병렬식

해답 44. ④ 45. ④ 46. ②

해설 서브머지드 아크 용접 다전극 방식에 의한 분류
① 탠덤식(tandem process) : 두 개의 전극 와이어를 각각 독립된 전원에 연결하여 용접선에 따라 전극의 간격을 10~30mm 정도로 하여 2개의 전극와이어를 동시에 녹게 함으로써 한꺼번에 많은 양의 용착금속을 얻을 수 있는 것
② 횡병렬식(parallel transverse process) : 같은 종류의 전원에 두 개의 전극을 연결
③ 횡직렬식(series transverse process) : 두 개의 와이어에 전류를 직렬로 연결

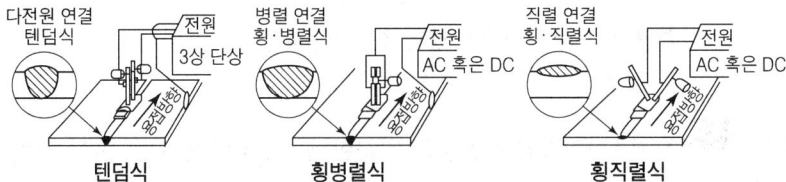

텐덤식   횡병렬식   횡직렬식

문제 47
φ3.2mm인 용접봉으로 연강 판을 가스 용접하려 할 때 선택하여야 할 가장 적합한 판재의 두께는 몇 mm인가?
① 4.4
② 6.6
③ 7.5
④ 8.8

해설 $D = \dfrac{t}{2} + 1$ $3.2 = \dfrac{t}{2} + 1$ $(3.2 - 1) = \dfrac{t}{2}$

$t = 2(3.2 - 1) = 4.4\,\text{mm}$

문제 48
가스 용접용 용제에 관한 설명 중 틀린 것은?
① 용제는 건조한 분말, 페이스트 또는 용접봉 표면에 피복한 것도 있다.
② 용제의 융점은 모재의 융점보다 낮은 것이 좋다.
③ 연강재료를 가스 용접할 때에는 용제를 사용하지 않는다.
④ 용제는 용접 중에 발생하는 금속의 산화물을 용해하지 않는다.

해설 용제는 용접 중에 발생하는 금속의 산화물을 용해한다.

문제 49
다음 중 압접에 속하는 용접법은?
① 단접
② 가스 용접
③ 전자빔 용접
④ 피복 아크 용접

해설 압접
① 유도가열 ② 단접 ③ 초음파 ④ 가압테르밋
⑤ 마찰용접 ⑥ 냉간압접 ⑦ 저항용접

해답 47. ① 48. ④ 49. ①

문제 50

MIG 용접에 관한 설명으로 틀린 것은?

① CO_2가스 아크 용접에 비해 스패터의 발생이 많아 깨끗한 비드를 얻기 힘들다.
② 수동 피복 아크 용접에 비해 용접 속도가 빠르다.
③ 정전압 특성 또는 상승특성이 있는 직류용접기가 사용된다.
④ 전류 밀도가 높아 3mm 이상의 두꺼운 판의 용접에 능률적이다.

해설 MIG 용접
① 특징 : ㉠ TIG 용접에 비해 전류밀도가 높다.
  ㉡ CO_2 용접에 비해 스패터 발생이 적다.
  ㉢ 전자세 용접이 가능
  ㉣ 모든 금속용접에 다양하게 적용 가능
  ㉤ 후판용접에 적합
  ㉥ 수동 피복아크 용접에 비해 용착효율이 높고 고능률적이다.
  ㉦ 박판용접 부적당
  ㉧ 보호가스 가격이 비싸고 바람의 영향을 받으므로 방풍장치 필요
② 전류밀도는 피복아크 용접의 6배, 미그 용접의 2배
③ 제어장치
  ㉠ 번백시간 : 크레이터 처리 기능에 의해 낮아진 전류가 서서히 줄어들면서 아크가 끊어지는 기능(용접부 녹음 방지)
  ㉡ 가스 지연 유출시간 : 용접이 끝난 후 5~25초 동안 가스공급(크레이터 부위 산화 방지)
  ㉢ 예비 가스 유출시간 : 아크가 발생되기 전 보호가스를 방출하여 안정시키는 제어
  ㉣ 스타트 시간 : 아크가 발생되는 순간 용접전류와 전압을 크게 하여 아크 발생과 모재 융합을 돕는 제어

문제 51

판 두께가 12.7mm인 강판을 가스, 절단하려 할 때 표준 드래그의 길이는 2.4mm이다. 이 때 드래그는 약 몇 %인가?

① 18.9   ② 32.1
③ 42.9   ④ 52.4

해설 드래그 $= \dfrac{드래그\ 길이}{판\ 두께} \times 100 = \dfrac{2.4}{12.7} \times 100 = 18.89\%$

문제 52

피복 아크 용접봉에서 피복 배합체의 성분 중 슬래그 생성제의 역할이 아닌 것은?

① 급냉 방지   ② 균일한 전류 유지
③ 산화와 질화 방지   ④ 기공, 내부결함 방지

50. ① 51. ① 52. ②

[해설] **슬래그 생성제**
① 이산화망간 ② 산화티탄 ③ 형석 ④ 석회석
⑤ 일미나이트 ⑥ 알루미나 ⑦ 장석 ⑧ 규사

문제 53 다음 중 아크 에어 가우징에 관한 설명으로 가장 적합한 것은?

① 비철금속에는 적용되지 않는다.
② 압축공기의 압력은 1~2kg/cm² 정도가 가장 좋다.
③ 용접 균열부분이나 용접 결함부를 제거하는 데 사용한다.
④ 그라인딩이나 가스 가우징보다 작업 능률이 낮다.

[해설] **아크 에어 가우징**
① 비철금속에도 적용
② 압축공기의 압력은 5~7kg/cm² 정도
③ 가스가우징보다 작업능률이 2~3배 높다.
④ 조작방법이 간단
⑤ 용접결함부의 발견이 쉽다.
⑥ 모재에 악영향을 주지 않는다.
⑦ 응용범위가 넓다.

문제 54 일반적인 서브머지드 아크 용접에 대한 설명으로 틀린 것은?

① 용접 전류를 증가시키면 용입이 증가한다.
② 용접 전압이 증가하면 비드 폭이 넓어진다.
③ 용접 속도가 증가하면 비드 폭과 용입이 감소한다.
④ 용접 와이어 지름이 증가하면 용입이 깊어진다.

[해설] 용접 와이어의 지름이 증가하면 용입이 얕아진다.

문제 55 피복 아크 용접기의 구비조건으로 틀린 것은?

① 역률 및 효율이 좋아야 한다.
② 구조 및 취급이 간단해야 한다.
③ 사용 중에 온도 상승이 커야 한다.
④ 용접전류 조정이 용이하여야 한다.

[해설] 사용 중 온도 상승이 적어야 한다.

해답
53. ③   54. ④   55. ③

문제 56 다음 중 폭발 위험이 가장 큰 산소 : 아세틸렌가스의 혼합비율은?
① 85 : 15
② 75 : 25
③ 25 : 75
④ 15 : 85

해설 산소와 아세틸렌의 혼합비는 85 : 15

문제 57 절단산소의 순도가 낮은 경우 발생하는 현상이 아닌 것은?
① 절단속도가 늦어진다.
② 절단홈의 폭이 좁아진다.
③ 산소의 소비량이 증가된다.
④ 절단 개시 시간이 길어진다.

해설 절단산소의 순도가 낮을 경우 발생하는 현상
① 절단홈의 폭이 넓어진다.
② 산소의 소비량이 증가한다.
③ 절단속도가 늦어진다.
④ 절단개시시간이 길어진다.

문제 58 아크 용접 작업 중 전격에 관련된 설명으로 옳지 않은 것은?
① 용접 홀더를 맨손으로 취급하지 않는다.
② 습기찬 작업복, 장갑 등을 착용하지 않는다.
③ 전격 받은 사람을 발견하였을 때에는 즉시 맨손으로 잡아당긴다.
④ 오랜 시간 작업을 중단할 때에는 용접기의 스위치를 끄도록 한다.

해설 맨손으로 잡으면 함께 감전사(스위치를 내림)

문제 59 다음 교류 아크용접기 중 가변 저항의 변화로 용접 전류를 조정하며, 조작이 간단하고 원격 제어가 가능한 것은?
① 탭 전환형
② 가동 코일형
③ 가동 철심형
④ 가포화 리액터형

해설 교류 아크 용접기의 특징
① 가동철심형
㉠ 현재 가장 많이 사용
㉡ 미세한 전류 조정이 가능
㉢ 가동철심으로 누설자속을 가감하여 전류 조정
㉣ 광범위한 전류 조정이 어렵다.
② 가동코일형
㉠ 누설 리액턴스값을 변화시킴.
㉡ 1차, 2차 코일 중의 하나를 이동하여 누설자속을 변화하여 전류 조정

해답 56. ① 57. ② 58. ③ 59. ④

③ 가포화리액터형
　㉠ 원격제어 용이
　㉡ 가변저항의 변화로 용접전류 조정
④ 탭전환용
　㉠ 무부하전압이 높아 전격의 위험이 있다.
　㉡ 코일의 감긴 수에 따라 전류 조정
　㉢ 미세전류 조정이 어렵다.

문제 60

구리(순동)를 불활성 가스 텅스텐 아크 용접으로 용접하려 할 때의 설명으로 틀린 것은?

① 보호가스는 아르곤 가스를 사용한다.
② 전류는 직류 정극성을 사용한다.
③ 전극봉은 순수 텅스텐 봉을 사용하는 것이 가장 효과적이다.
④ 박판을 용접할 때에는 아크열로 시작점에서 가열한 후 용융지가 형성될 때 용접한다.

해설 전극봉은 토륨 텅스텐 전극봉을 사용하는 것이 가장 효과적이다.

60. ③

용접산업기사

필기

2019

2019년 3월 3일 시행

제 1 과목 용접야금 및 용접설비제도

문제 01 금속의 일반적인 특성으로 틀린 것은?
① 전성 및 연성이 좋다.
② 전기 및 열의 양도체이다.
③ 금속 고유의 광택을 가진다.
④ 액체 상태에서 결정 구조를 가진다.

해설 금속의 일반적인 특징
① 이온화하면 양 이온이 된다.
② 금속은 일반적으로 고체이다.(단, 수은은 제외)
③ 열과 전기의 양도체이다.
④ 소성변형이 있어 가공하기 쉽다.
⑤ 금속적 광택을 가지고 있다.
⑥ 전성 및 연성이 풍부하다.

문제 02 용접작업에서 예열을 하는 목적으로 가장 거리가 먼 것은?
① 열영향부와 용착금속의 경도를 증가시키기 위해
② 수소의 방출을 용이하게 하여 저온균열을 방지하기 위해
③ 용접부의 기계적 성질을 향상시키고 경화 조직의 석출을 방지하기 위해
④ 온도 분포가 완만하게 되어 열응력의 감소로 용접변형을 줄이기 위해

해설 예열하는 목적
① 용접금속 및 열영향부의 연성 또는 인성을 향상
② 용접부의 수축변형 및 잔류응력을 경감
③ 용접의 작업성 개선
④ 용접부의 냉각속도를 느리게 하여 결함 방지
⑤ 열영향부의 균열을 방지
⑥ 금속 중의 수소를 방출시켜 균열의 방지

 01. ④ 02. ①

문제 03 | Fe-C계 평형 상태도에서 체심입방격자인 α철이 A₃점에서 γ철인 면심입방격자로, A₄점에서 다시 δ철인 체심입방격자로 구조가 바뀌는 것을 무엇이라고 하는가?
① 편석
② 자기 변태
③ 동소 변태
④ 금속간화합물

해설 **편석** : 용착금속이 응고 시 불순물이 한 곳으로 모이는 현상
자기변태 : 원자배열은 변화가 없고 자성만 변하는 것
금속간화합물 : 친화력이 큰 성분금속이 화학적으로 결합되면 각성분 금속과는 성질이 현저하게 다른 독립된 화합물을 만드는 것

문제 04 | 한국산업표준에서 정한 일반 구조용 탄소 강관을 표시하는 것은?
① SS275
② SM275A
③ SGT275
④ STWW290

해설 **한국산업규격에서 정한 강관**
① SM275A : 용접구조용 압연강재
② SS275, SS235, SS315, SS450, SS550 : 일반구조용 압연강재
③ STWW290, STWW370, STWW400 : 상하수도용 도복장강관

문제 05 | 다음원소 중 적열취성의 원인이 되는 것은?
① C
② H
③ P
④ S

해설 **적열취성의 원인** : 황, 온도 800~900℃
청열취성의 원인 : 인, 온도 200~300℃

문제 06 | 연강류 제품을 용접한 후 노 내 풀림법을 이용하여 용접 후 처리를 하려고 한다. 이때 제품을 노 내에서 출입시키는 온도로 가장 적당한 것은?
① 300℃
② 400℃
③ 500℃
④ 600℃

03. ③   04. ③   05. ④   06. ①

문제 07
황동에서 일어나는 화학적 성질이 아닌 것은?
① 자연균열 ② 시효경화
③ 탈아연 부식 ④ 고온 탈아연

해설 황동에서 일어나는 화학적 성질
① 고온탈아연
② 탈아연부식
③ 자연균열

문제 08
일반적으로 강재의 탄소당량이 몇 % 이하일 때 용접성이 양호한 것으로 판단하는가?
① 0.4 ② 0.6
③ 0.8 ④ 1.0

해설 탄소당량
① 탄소당량이 커질수록 용접성이 나빠진다.
② 탄소당량이 0.4% 이하일 때 용접성 양호

문제 09
다음 중 경도가 가장 낮은 조직은?
① 펄라이트 ② 페라이트
③ 시멘타이트 ④ 마텐자이트

해설 경도순서
마텐자이트계 > 트루스타이트계 > 솔바이트 > 펄라이트 > 오스테나이트 > 페라이트

문제 10
용접한 오스테나이트계 스테인리스강의 입간부식을 방지하기 위해 사용하는 탄화물 안정화 원소에 속하지 않는 것은?
① Ti ② Nb
③ Ta ④ Al

해설 용접한 오스테나이트계 스텐레스강의 입간부식을 방지하기 위해 사용하는 탄화물 안정원소
① Ti
② Ta
③ Nb(니오브)

해답 07. ② 08. ① 09. ② 10. ④

문제 11

다음 재료 기호 중 기계 구조용 탄소 강재를 나타낸 것은?
① SM38C
② SF340A
③ SMA460
④ SM375A

해설 탄소강단강품 : SF340A
　　　　건축구조용 탄소강관 : ① SNT275E　② SNT355E
　　　　　　　　　　　　　　　③ SNT275A　④ SNT355A
　　　　건축구조용 각형탄소강관 : ① SNRT275A　② SNRT295E
　　　　　　　　　　　　　　　　　③ SNRT355A
　　　　용접구조용 압연강재 : ① SM275A　② SM355A
　　　　　　　　　　　　　　　③ SM420A　④ SM460B
　　　　기계구조용 탄소강재 : ① SM10C　② SM12C　③ SM15C
　　　　　　　　　　　　　　　④ SM17C　⑤ SM20C　⑥ SM22C
　　　　　　　　　　　　　　　⑦ SM25C　⑧ SM28C　⑨ SM30C
　　　　　　　　　　　　　　　⑩ SM33C　⑪ SM35C　⑫ SM38C
　　　　　　　　　　　　　　　⑬ SM15CK　⑭ SM20CK

문제 12

도면에서 척도를 표시할 때 NS의 의미는?
① 배척을 나타낸다.
② 현척이 아님을 나타낸다.
③ 배례척이 아님을 나타낸다.
④ 척도가 생략됨을 나타낸다.

해설 NS : 비례척이 아님

문제 13

다음 그림과 같은 제3각법 투상도에서 A가 정면도일 때 배면도는?
① C
② D
③ E
④ F

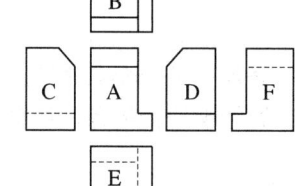

해설 제3각법
　Ⓐ : 정면도
　Ⓑ : 평면도
　Ⓒ : 좌측면도
　Ⓓ : 우측면도
　Ⓔ : 저면도
　Ⓕ : 배면도

해답
11. ①　12. ③　13. ④

문제 14 다음 용접 기호 중 '2a'가 의미하는 것은?

① 홈 형상
② 루트 간격
③ 기준선(실선)
④ 식별선(점선)

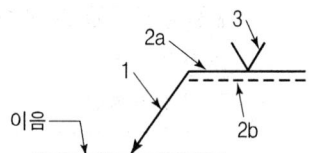

해설 화살표쪽 용접으로 V형 맞대기 이음(3)

문제 15 용접기호에 참고 표시로 끝(꼬리) 부분에 표시하는 내용이 아닌 것은?

① 용접방법   ② 허용수준
③ 작업자세   ④ 재료 인장강도

해설 끝부분에 표시하는 내용
① 용접방법
② 작업자세
③ 허용수준

문제 16 다음 그림 중 모서리 이음을 나타낸 것은?

①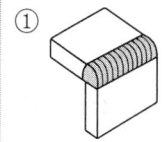
②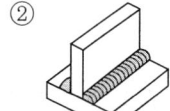
③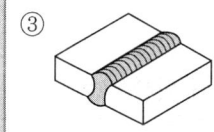
④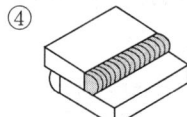

해설 **용접이음의 종류**

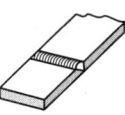  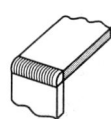
① 맞대기 이음   ② 겹치기 이음   ③ 모서리 이음

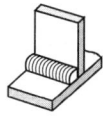  
④ T 이음   ⑤ 끝단 이음   ⑥ 양면 덮개판 이음

해답 14. ③   15. ④   16. ①

문제 17 부품의 면이 평면으로 가공되고 있고, 복잡한 윤곽을 갖는 부품인 경우에 그 면에 광명단 등을 발라 스케치 용지에 찍어 그 면의 실형을 얻는 스케치 방법은?
① 본뜨기법
② 프린트법
③ 사진촬영법
④ 프리핸드법

해설 **스케치** : 동일부품의 제작 시 파손된 부품을 교체하고자 할 때 개선된 부품으로 고안하고자 할 때 모눈종이 또는 제도용지에 척도에 상관없이 프리핸드로 그리는 것
방법 : ① 프리핸드법(모눈종이 사용)
② 프린트법(광명단을 발라 스케치 용지에 찍는 것)
③ 본뜨기법(구리, 납선 이용)

문제 18 다음 중 가는 이점쇄선의 용도로 가장 적합한 것은?
① 치수선
② 수준면선
③ 회전 단면선
④ 무게 중심선

해설 **선의 종류**
① 가는실선 : ㉠ 파단선 ㉡ 해칭선 ㉢ 치수선 ㉣ 치수보조선
② 가는일점쇄선 : ㉠ 중심선 ㉡ 절단선 ㉢ 기준선 ㉣ 피치선
③ 가는이점쇄선 : ㉠ 가상선 ㉡ 무게중심선
④ 굵은실선 : 외형선

문제 19 핸들이나 바퀴 등의 암 및 리브, 훅, 축, 구조물의 부재 등의 절단면을 표시하는데 가장 적합한 단면도는?
① 부분 단면도
② 한쪽 단면도
③ 회전도시 단면도
④ 조합에 의한 단면도

해설 **단면도**
① **회전단면도**(revolved sectional view)
핸들, 벨트풀리, 바퀴의 암, 후크의 절단한 단면 모양을 90° 회전 시킨다.

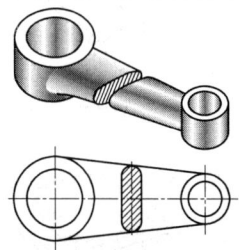

② **부분단면도**(local sectional view)
일부분을 잘라내고 필요한 내부 모양을 그리기 위한 방법이다.

해답 17. ② 18. ④ 19. ③

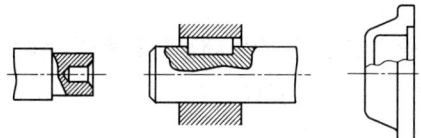

③ 반(한쪽) 단면도(half sectional view)
　대칭형 물체의 1/4를 잘라낸다.

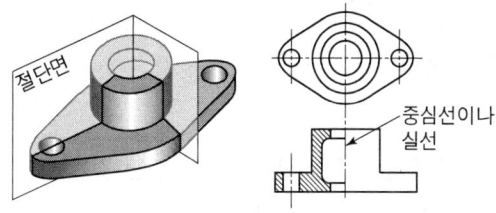

문제 20

다음 용접 도시기호의 설명으로 옳은 것은?

① 필릿 용접부의 목 길이는 6mm이다.
② 필릿 용접부의 목 두께는 6mm이다.
③ 맞대기 용접부의 길이는 300mm이다.
④ 필릿 용접을 화살표 반대쪽에서 실시한다.

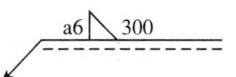

[해설] ① a6 : 목두께 6mm
② n : 용접부 수
③ l : 용접길이
④ e : 용접간격

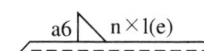

제 2 과목　용접구조설계

문제 21

연강의 맞대기 용접 이음에서 용착금속의 인장강도가 100kgf/mm²이고 안전율이 5일 때 용접 이음의 허용응력은 몇 kgf/mm²인가?

① 10　　　　　　　　　② 20
③ 40　　　　　　　　　④ 80

[해설] 허용응력 = 인장강도/안전율 = $\frac{100}{5}$ = 120kgf/mm²

20. ②　21. ②

문제 22

다음 용접시공 조건 중 수축과 관련된 내용으로 틀린 것은?

① 푸트 간격이 클수록 수축이 작다.
② 피닝을 하면 수축이 감소한다.
③ 구속도가 크면 수축이 작아진다.
④ V형 이음은 X형 이음보다 수축이 크다.

해설 루트간격이 적을수록 수축이 작다.

문제 23

용접 구조물 조립 시 일반적인 고려사항이 아닌 것은?

① 변형제거가 쉽게 되도록 하여야 한다.
② 구조물의 형상을 유지할 수 있어야 한다.
③ 경제적이고 고품질을 얻을 수 있는 조건을 설정한다.
④ 용접 변형 및 잔류 응력을 증가시킬 수 있어야 한다.

해설 용접변형 및 잔류응력을 감소시킬 수 있어야 한다.

문제 24

용접부의 후열 처리로 나타나는 효과가 아닌 것은?

① 조직을 경화시킨다. ② 잔류응력을 제거한다.
③ 확산성 수소를 방출한다. ④ 급냉에 따른 균열을 방지한다.

해설 용접부의 후열처리로 나타나는 효과
① 확산성 수소를 방출한다.
② 잔류응력을 제거한다.
③ 급냉에 따른 균열을 방지한다.

문제 25

표점거리가 50mm인 인장 시험편을 인장 시험한 결과 62mm로 늘어났다면 연신율(%)은 얼마인가?

① 12 ② 18
③ 24 ④ 30

해설 연신율 $= \dfrac{l - l_0}{l_0} \times 100 = \dfrac{62 - 50}{50} \times 100 = 24\%$

해답 22. ① 23. ④ 24. ① 25. ③

문제 26

120A의 용접 전류로 피복 아크 용접을 하고자 한다. 적정한 차광 유리의 차광도 번호는?

① 4번　　② 6번
③ 8번　　④ 10번

해설 납땜작업 : No.2~4번
가스용접 : No.4~6번
피복아크용접 : No.10(용접전류 100~200A, 용접봉지름 2.6~3.2mm)
　　　　　　 No.11(용접전류 150~250A, 용접봉지름 3.2~4.0mm)
　　　　　　 No.10~11(용접전류 100A 이상 300A 미만의 아크용접 및 절단용)
　　　　　　 No.13~14(용접전류 300A 이상의 아크용접 및 절단용)
　　　　　　 No.14(용접전류 400A 이상은 용접봉지름 9.0~9.6mm)

문제 27

다음 그림의 필릿 용접부에서 이른 목두께 h_t는?

① $0.303h$
② $0.505h$
③ $0.707h$
④ $1.414h$

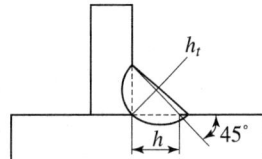

해설 cos45° : 0.707h

문제 28

용접이음을 설계할 때 정하중을 받는 강(steel)의 안전율로 가장 적합한 것은?

① 3　　② 6
③ 9　　④ 12

해설 안전율
① 정하중 : 3
② 동하중 - 단진응력 : 5
　　　　　 - 고번응력 : 8
　　　　　 - 충격하중 : 12

문제 29

다음 중 침투 탐상 검사의 특징으로 틀린 것은?

① 침투제가 오염되기 쉽다.
② 국부적 시험이 불가능하다.
③ 미세한 균열도 탐상이 가능하다.
④ 시험표면이 너무 거칠거나 기공이 많으면 허위지시 모양을 만든다.

해답 26. ④　27. ③　28. ①　29. ②

해설 침투탐상검사의 특징
① 제품의 크기나 형상에 구애받지 않는다.
② 국부적시험이 가능하다.
③ 표면부결함 검출에만 가능
④ 고도의 숙련이 요구되지 않고 시험방법이 간단하다.
⑤ 거의 모든 재료에 적용

문제 30 잔류응력을 경감시키는 방법이 아닌 것은?
① 피닝법
② 담금질 열처리법
③ 저온 응력 완화법
④ 기계적 응력 완화법

해설 잔류응력을 경감시키는 방법
① 노내풀림법 : 제품전체를 가열로 안에 넣고 적당한 온도에서 일정시간 유지한 다음 노내에서 서냉
② 국부풀림법 : 제품이 커서 노내에 넣을 수 없을 때 또는 설비, 용량 등으로 노내풀림을 바라지 못할 경우에 용접부 근처만을 풀림
③ 기계적응력완화법 : 잔류응력이 있는 제품에 하중을 주어 용접부에 약간의 소변형을 일으킨 다음 하중을 제거
④ 저온응력완화법 : 용접선 양측을 가스불꽃에 의해 너비 약 150mm를 150~200℃ 정도의 비교적 낮은 온도로 가열한 다음 곧 수냉하는 방법
⑤ 피닝법 : 햄머로써 용접부를 연속적으로 때려 용접표면에 소성변형을 주는 방법

문제 31 용접구조물 설계 시 주의 사항에 대한 설명으로 틀린 것은?
① 용접이음의 집중, 교차를 피한다.
② 용접치수는 강도상 필요 이상 크게 하지 않는다.
③ 후판을 용접할 경우 용입이 낮은 용접법을 이용하여 층수를 늘린다.
④ 판면에 직각방향으로 인장하중이 작용할 경우 판의 압연방향에 주의한다.

해설 후판을 용접할 경우는 용입이 깊은 용접법을 이용하여 층수를 늘릴 것

문제 32 용접 잔류응력 등 인장응력이 걸리거나, 특정의 부식 환경으로 될 때 발생하는 용접 이음의 부식은?
① 입계부식
② 틈새부식
③ 응력부식
④ 접촉부식

해답 30. ② 31. ③ 32. ③

문제 33 일반적인 용접구조물의 조립순서를 결정할 때 고려해야 할 사항으로 틀린 것은?

① 변형 발생 시 변형제거가 용이해야 한다.
② 수축이 큰 이음보다 적은 이음을 먼저 용접한다.
③ 구조물의 형상을 고정하고자 지지할 수 있어야 한다.
④ 변형 및 잔류응력을 경감할 수 있는 방법을 채택한다.

해설 수축이 큰 이음을 먼저 용접하고 다음에 수축이 적은 이음을 용접한다.

문제 34 다음 용접 결함 중 치수상의 결함이 아닌 것은?

① 변형
② 치수 불량
③ 형상 불량
④ 슬래그 섞임

해설 치수상 결함
① 변형 ② 치수 불량 ③ 형상 불량

참고 구조상 결함
① 오우버랩 ② 용입불량 ③ 내부기공 ④ 슬래그혼입 ⑤ 언더컷
⑥ 선상조직 ⑦ 은점 ⑧ 균열 ⑨ 기공

문제 35 용융된 금속이 모재와 잘못 녹아 어울리지 못하고 모재에 덮인 상태의 결함은?

① 스패터
② 언더컷
③ 오버랩
④ 기공

해설 오우버랩의 원인
① 전류가 낮을 때
② 부적당한 용접봉 사용시
③ 용접속도가 느릴 때

문제 36 용접이음부의 홈 형상을 선택할 때 고려해야 할 사항이 아닌 것은?

① 용착금속의 양이 많을 것
② 경제적인 시공이 가능할 것
③ 완전한 용접부가 얻어질 수 있을 것
④ 홈 가공이 쉽고 용접하기가 편할 것

해설 용착금속의 양이 적을 것

해답
33. ② 34. ④ 35. ③ 36. ①

문제 37 용접준비 사항 중 용접 변형 방지를 위해 사용하는 것은?
① 앤빌(anvil)
② 스트롱백(strong back)
③ 터닝 롤러(turing roller)
④ 용접 머니퓰레이터(welding manipulator)

해설 **앤빌** : 부품을 눌러주는 고정구
스트롱백 : 맞대기 용접시 각변형이나 뒤틀림을 방지하기 위해 설치
포지셔너 : 용접물을 용접하기 쉬운 상태로 위치를 자유자재로 변경하기 위해 만든 지그
용접머니퓰레이터 : 사람을 대신하여 물체의 이동이나 기기의 조작, 점검 등을 실시하는 로봇시스템의 한 형태. 작업현장에서 떨어진 장소에서 인간이 직접 또는 간접으로 조종

문제 38 용접구조물 시공 시 비틀림 변형을 경감하기 위한 방법으로 틀린 것은?
① 용접 지그를 활용한다.
② 집중 용접을 피하여 작업한다.
③ 이음부의 맞춤을 정확하게 한다.
④ 용접 순서는 구속이 없는 자유단에서부터 구속이 큰 부분으로 진행한다.

해설 용접순서는 구속이 있는 자유단으로부터 구속이 없는 부분으로 진행

문제 39 허용응력을 계산하는 식으로 옳은 것은?
① 허용응력=하중/단면적
② 허용응력=단면적/하중
③ 허용응력=변형량/단면적
④ 허용응력=단면적/변형량

문제 40 다음 중 위보기 자세를 의미하는 기호는?
① F
② H
③ V
④ O

해설 **전자세**
① F(Flat position) : 아래보기 자세
② H(Horizontal position) : 수평자세
③ V(Vertical position) : 수직자세
④ O(Over Head position) : 위보기 자세

해답 37. ② 38. ④ 39. ① 40. ④

제 3 과목   용접일반 및 안전관리

문제 41 피복 아크 용접 작업 중 스패터가 발생하는 원인으로 가장 거리가 먼 것은?
① 운봉이 불량할 때
② 전류가 너무 높을 때
③ 아크 길이가 너무 짧을 때
④ 건조되지 않은 용접봉을 사용했을 때

해설 스패터 발생원인
① 아크 길이가 너무 길 때
② 건조되지 않은 용접봉을 사용 시
③ 전류가 너무 높을 때
④ 운봉이 불량할 때

문제 42 46.7리터의 산소용기에 150kgf/cm²이 되게 산소를 충전하였고, 이것을 대기 중에서 환산하면 산소는 약 몇 리터 인가?
① 4090
② 5030
③ 6100
④ 7005

해설 $M = P \times V = 150 \times 46.7 = 7005L$

문제 43 피복 아크 용접 중 용접봉에서 모재로 용융금속이 이행하는 방식이 아닌 것은?
① 단락형
② 용단형
③ 스프레이형
④ 글로뷸러형

해설 용융금속 이행하는 방식
① 단락형 : 표면장력 이용, 저수소계
② 스프레이형 : 비교적 작은 용적이 날아가서 용착
③ 글로뷸러형 : 비교적 큰 용적이 날아가서 용착

문제 44 TIG용접 시 안전사항에 대한 설명으로 틀린 것은?
① 용접기 덮개를 벗기는 경우 반드시 전원 스위치를 켜고 작업한다.
② 제어장치 및 토치 등 전기계통의 절연 상태를 항상 점검해야 한다.
③ 전원과 제어장치의 접지 단자는 반드시 지면과 접지되도록 한다.
④ 케이블 연결부와 단자의 연결 상태가 느슨해졌는지 확인하여 조치한다.

해설 용접기 덮개를 벗기는 경우 반드시 전원스위치를 끄고 작업한다.

41. ③   42. ④   43. ②   44. ①

문제 45
연납땜에 가장 많이 사용하는 용가재는?
① 구리납 ② 망간납
③ 주석납 ④ 황동납

해설
① **연납땜** : 주석납 용가재
② **경납땜** : 황동납 용가재

문제 46
가스용접에서 수소가스 충전용기의 도색 표시로 옳은 것은?
① 회색 ② 백색
③ 청색 ④ 주황색

해설 용기도색
<u>청</u><u>탄</u>산 <u>산녹</u>에서 <u>황아</u>체 안주삼아 <u>수주</u>잔 높이 들고
　① 　②　　③　　　④
<u>백암</u>산 바라보니 <u>염소</u>는 갈색으로 보이고 <u>쥐</u>들은 <u>기타</u>를 치더라.
　⑤　　　　　⑥　　　　　　　⑦
① 탄산가스 : 청색 ② 산소 : 녹색 ③ 아세틸렌 : 황색 ④ 수소 : 황색
⑤ 암모니아 : 백색 ⑥ 염소 : 갈색 ⑦ 기타 : 쥐색(회색)

문제 47
산소-아세틸렌 용접에서 후진법과 비교한 전진법의 특징으로 틀린 것은?
① 용접변형이 크다. ② 용접속도가 느리다.
③ 열 이용률이 나쁘다. ④ 산화의 정도가 약하다.

해설 후진법의 특징
① 두꺼운 판 용접에 적합 ② 용접속도가 빠르다.
③ 용접변형이 적다. ④ 열이용률이 좋다.
⑤ 홈의 각도가 좁다. ⑥ 비드표면이 매끈하지 못하다.
⑦ 산화정도가 약하다. ⑧ 용착금속의 냉각속도 서냉
⑨ 용착금속의 조직은 미세
전진법의 특징
① 박판 용접에 적합 ② 용접속도가 느리다.
③ 용접변형이 적다. ④ 열이용률이 나쁘다.
⑤ 홈의 각도가 넓다. ⑥ 비드표면이 아름답다.
⑦ 산화정도가 강하다. ⑧ 용착금속의 냉각속도 급냉
⑨ 용착금속의 조직은 거칠다.

해답 45. ③ 46. ④ 47. ④

문제 48 아크용접기의 보수 및 점검 시 유의해야 할 사항으로 틀린 것은?

① 회전부와 가동부분에 윤활유가 없도록 한다.
② 용접기는 습기나 먼지가 많은 곳에 설치하지 않도록 한다.
③ 2차측 단자의 한쪽과 용접기 케이스는 접지를 확실히 해 둔다.
④ 탭 전환의 전기적 접속부는 샌드 페이퍼(sand paper) 등으로 잘 닦아 준다.

해설 회전부와 가동부분에 윤활유가 있도록 한다.

문제 49 일반적인 가스압접의 특징으로 틀린 것은?

① 전력이 불필요하다.
② 용가재 및 용제가 불필요하다.
③ 이음부의 탈탄층이 전혀 없다.
④ 장치가 복잡하고 설비비가 비싸다.

해설 가스압접의 특징
① 전력이 불필요하다.
② 용가재 및 용제 불필요하다.
③ 이음부의 탈탄층이 전혀 없다.
④ 장치가 간단하고 설비비가 싸다.

문제 50 다음 중 땜납의 구비조건으로 틀린 것은?

① 접합강도가 우수해야 한다.
② 모재보다 용융점이 높아야 한다.
③ 표면장력이 적어 모재의 표면에 잘 퍼져야 한다.
④ 유동성이 좋고 금속과의 친화력이 있어야 한다.

해설 모재보다 용융점이 낮아야 한다.

문제 51 가스 절단 시 예열불꽃의 세기가 강할 때 나타나는 현상으로 틀린 것은?

① 절단면이 거칠어진다.
② 역화를 일으키기 쉽다.
③ 모서리가 용융되어 둥글게 된다.
④ 슬래그 중 철 성분의 박리가 어려워진다.

해설 가스절단 시 예열불꽃의 세기가 강할 때 나타나는 현상
① 모서리가 용융되어 둥글게 된다.
② 절단면이 거칠어진다.

해답 48. ① 49. ④ 50. ② 51. ②

③ 슬래그 중 철 성분의 박리가 어려워진다.

참고 예열불꽃이 약할 때
① 드래그가 증가한다.
② 역화를 일으키기 쉽다.
③ 절단이 늘어지고 절단이 중단되기 쉽다.

문제 52 탄산가스 아크 용접에 대한 설명으로 틀린 것은?
① 가시아크이므로 시공이 편리하다.
② 바람의 영향을 받지 않으므로 방풍장치가 필요 없다.
③ 전류 밀도가 높아 용입이 깊고, 용접속도를 빠르게 할 수 있다.
④ 단락 이행에 의하여 박판도 용접이 가능하며, 전자세 용접이 가능하다.

해설 탄산가스 아크 용접의 특징
① 아크시간을 길게할 수 있다.   ② 가시아크이므로 시공이 용이
③ 용입이 깊다. 용접속도가 빠르다. ④ 기계적성질 향상
⑤ 전류밀도가 높다.   ⑥ 박판 용접에 부적합

문제 53 논 가스 아크 용접의 특징으로 옳은 것은?
① 보호가스나 용제를 필요로 한다.
② 용접장치가 복잡하고 운반이 불편하다.
③ 보호가스의 발생이 적어 용접선이 잘 보인다.
④ 용접 길이가 긴 용접물에 아크를 중단하지 않고 연속 용접을 할 수 있다.

해설 논 가스 아크용접의 특징(Non gas arc welding) : 보호가스 공급 없이 와이어 자체에서 발생하는 가스에 의해 아크 분위기를 보호하는 용접방법
[장점] ① 바람이 있는 옥상에서도 작업이 용이하다.
② 보호가스나 용제를 필요로 하지 않는다.
③ 용접장치가 간단하며 운반이 편리하다. 용접비드가 아름답고 슬래그의 박리성이 좋다.
④ 피복 아크용접보다 융착속도가 4배 빠르므로 용착비용 50~70% 절감
⑤ 전자세 용접이 가능하고 전원으로는 직류와 교류 모두 사용
⑥ 용접길이가 긴 용접물에 아크 중단 업이 연속용접 가능
[단점] ① 전극타이어의 가격이 비싸다.
② 아크 빛과 열이 강렬하다.

해답 52. ② 53. ④

문제 54 초음파 용접을 금속을 용접하고자 할 때 모재의 두께로 가장 적당한 것은?
① 0.01~2mm
② 3~5mm
③ 6~9mm
④ 10~15mm

해설 초음파용접 모재의 두께 : 0.01~2mm

문제 55 AW 300의 교류 아크 용접기로 조정할 수 있는 2차 전류(A) 값의 범위는?
① 30~220A
② 40~330A
③ 60~330A
④ 120~480A

해설 2차 전류 값의 범위 : 20~110%이므로
① 300×0.2=60A
② 300×1.1=330A
∴ 60A~330A

문제 56 가스절단에 사용하는 연료용 가스 중 발열량(kcal/m³)이 가장 낮은 것은?
① 수소
② 메탄
③ 프로판
④ 아세틸렌

해설 발열량이 높은 순서(kcal/m³)
① 부탄 : 26691
② 프로판 : 20780
③ 아세틸렌 : 12690
④ 메탄 : 8080
⑤ 수소 : 2420

가스불꽃 온도가 높은 순서(℃)
① 아세틸렌 : 3430
② 부탄 : 2926
③ 수소 : 2900
④ 프로판 : 2820
⑤ 메탄 : 2700

문제 57 다음 용접기호 중 수평 자세를 의미하는 것은?
① F
② H
③ V
④ O

해설 용접자세
① F(Flat position) : 아래보기 자세
② H(Horizontal position) : 수평자세
③ V(Vertical position) : 수직자세
④ O(Over Head position) : 위보기 자세

54. ① 55. ③ 56. ① 57. ②

문제 58 카바이드(CaC₂)의 취급 시 주의사항으로 틀린 것은?

① 카바이드는 인화성 물질과 같이 보관한다.
② 카바이드 통을 개봉할 때 절단가위를 사용한다.
③ 카바이드 운반 시 타격, 충격, 마찰을 주지 말아야 한다.
④ 카바이드는 개봉 후 뚜껑을 잘 닫아 습기가 침투되지 않도록 보관한다.

해설 카바이드는 인화성 물질과 보관 시 폭발의 위험이 있다.

문제 59 토치를 사용하여 용접 부분의 뒷면을 따내거나 U형, H형의 용접 홈으로 가공하기 위한 방법으로 가장 적당한 것은?

① 스카핑   ② 분말 절단
③ 가스 가우징   ④ 산소창 절단

해설
- **스카핑** : 강괴, 강편, 슬래그, 주름, 표면균열 등의 표면결함을 불꽃가공에 의해 제거하는 방법으로 얇은 홈 가공 시 사용
- **분말절단** : 스텐레스강, 비철금속, 주철 등은 가스절단이 용이하지 않으므로 철분 또는 연속적으로 절단용 산소에 혼합공급하므로써 그 산화열 또는 용제의 화학작용을 이용하여 절단
- **산소창절단** : 두꺼운판 주강의 슬랙덩어리 암석의 천공 등의 절단에 사용
- **산소아크절단** : 중공의 피복 용접봉과 모재 사이에 아크를 발생시켜 중심에서 아크를 발생시켜 절단

문제 60 접합할 모재를 고정시킨 후, 비소모식 틀을 이음부에 삽입시킨 후 회전하여 마찰열을 발생시켜 접합하는 것으로, 알루미늄 및 마그네슘 합금의 접합에 주로 활용되는 용접은?

① 오토콘 용접   ② 레이저빔 용접
③ 마찰 교반 용접   ④ 고주파 업셋 용접

해답 58. ① 59. ③ 60. ③

2019년 4월 27일 시행

제 1 과목 용접야금 및 용접설비제도

문제 01 강괴내의 응고는 상당히 빠르고 비평형 상태이므로 최초의 응고하는 부분과 나중에 응고하는 중심부에서는 그 화학성분이 상당히 달라지게 되며 이와 같이 화학성분이 달라지는 것을 무엇이라 하는가?
① 포정 ② 포석
③ 편석 ④ 편정

해설 편석 : 불순물이 주원인으로 강괴내의 응고는 상당히 빠르고 비평형상태이므로 최초에 응고하는 부분과 나중에 응고하는 중심부에서는 화학성분이 달라지는 것

문제 02 체심 입방격자구조에서 단위격자와 체심을 포함하면 전체 원자수는 몇 개인가?
① 2개 ② 4개
③ 6개 ④ 8개

해설 체심입방격자속 원자수 : 2개
면심입방격자속 원자수 : 4개

문제 03 다음 스테인리스강 중 비자성인 것은?
① 페라이트형 스테인리스강 ② 마텐자이트형 스테인리스강
③ 오스테나이트계 스테인리스강 ④ 석출경화형 스테인리스강

해설 스텐레스강 중 비자성체 : 오스테나이트계 스텐레스강

문제 04 재결정 온도가 영하인 금속은?
① Ni ② Ag
③ Pb ④ Mg

해답 01. ③ 02. ① 03. ③ 04. ③

해설 재결정온도
① Pb(납) : -3℃ ② Sn(주석) : 상온(20℃)
③ Al(알루미늄) : 150℃ ④ Au(금) : 200℃
⑤ Cu(구리) : 150~240℃ ⑥ Fe(철) : 350~450℃

문제 05 담금질한 강에 인성을 주기 위하여 A_1점 이하의 온도로 가열한 후 서냉 또는 공냉하는 것을 무엇이라 하는가?
① 불림(normalizing) ② 뜨임(tempering)
③ 마템퀀칭(marquenching) ④ 마템퍼링(martempering)

해설 뜨임(Tempering) : 담금질한 강에 인성을 주기위하여 A_1점이하의 온도로 가열한 후 서냉 또는 공냉하는 것

문제 06 구리에 40~50[%] 니켈이 첨가된 합금으로 전기저항 특성이 있어 전기저항 재료나 저온용 열전대로 사용되는 것은?
① 모넬 메탈 ② 인코넬
③ 큐프로 니켈 ④ 콘스탄탄

해설 니켈구리계 합금의 종류
① 콘스탄탄 : 구리(50~60%)+Ni(40~50%)
② 모네메탈 : 구리(30~35%)+Ni(65~70%)
③ 큐프로니켈 : 구리(70%)+Ni(30%)

문제 07 2개의 성분 금속이 용해된 상태에서는 균일한 용액으로 되나 응고 후에는 성분 금속이 각각 결정이 되어 분리되며 2개의 성분 금속이 고용체를 만들지 않고 기계적으로 혼합된 조직은?
① 공정 조직 ② 공석 조직
③ 포정 조직 ④ 포석 조직

해설 공정조직 : 2개성분 금속이 용해된 상태에서는 균일한 용액으로 되나 응고후에는 성분금속이 각각 결정이 되어 분리되며 2개성분 금속이 고용체를 만들지 않고 기계적으로 혼합된 조직

문제 08 은점(fish eye) 생성에 가장 큰 영향을 미치는 것은?
① 질소 ② 수소
③ 산소 ④ 유황

05. ② 06. ④ 07. ① 08. ②

해설 **수소** : 헤어크랙과 은점의 원인

문제 09
금속이 응고할 때 핵에서 성장하는 결정이 나뭇가지와 같은 모양을 하는 것은?
① 입상정
② 수지상정
③ 침상정
④ 중상정

해설 **수지상정** : 금속이 응고할 때 핵에서 성장하는 결정이 나뭇가지와 같은 모양을 하는 것

문제 10
열처리에서 TTT 곡선과 가장 관계가 있는 것은?
① 인장곡선
② 항온변태곡선
③ Fe_3C 곡선
④ 탄성곡선

해설 **TTT곡선**(Time Temperature Transformation) : 항온변태곡선

문제 11
제3각법 투상에서 "하면도"라고도 하며 물체의 아래쪽에서 바라본 모양을 나타내는 것은?
① 평면도
② 저면도
③ 배면도
④ 측면도

해설 **저면도**(하면도) : 물체의 아래쪽에서 바라본 모양

문제 12
경사면부가 있는 물체에서 그 경사면의 실제 모양을 전체 또는 일부분으로 표시하는 투상도는?
① 회전 투상도
② 보조 투상도
③ 부 투상도
④ 정 투상도

해설 **보조투상도** : 경사면 부가 있는 물체에서 그 경사면의 실제모양을 전체 또는 일부분으로 표시하는 투상도

문제 13
KS 규격(3각법)에서 용접 기호의 해석으로 옳은 것은?
① 화살표 반대쪽 맞대기 용접이다.
② 화살표 쪽 맞대기 용접이다.
③ 화살표 쪽 필릿 용접이다.
④ 화살표 반대쪽 필릿 용접이다.

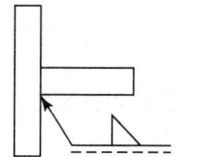

해답
09. ② 10. ② 11. ② 12. ② 13. ③

문제 14 도면 크기의 종류에서 A2의 치수는 얼마인가?

① 420×594
② 594×841
③ 297×420
④ 841×1189

해설 도면의 크기

용지	가로(mm)	세로(mm)
A0	1189	841
A1	841	594
A2	594	420
A3	420	297
A4	297	210

문제 15 도면의 윤곽선은 규정된 간격으로 그려야 한다. KS 규격에서 도면을 칠하는 부분의 경우 A3 용지의 가장자리에서 부터의 최소 간격은?

① 10[mm]
② 20[mm]
③ 25[mm]
④ 30[mm]

해설 KS규격에서 도면을 철하는 부분의 경우 A_3용지의 가장자리에서 부터의 최소간격 : 25mm

문제 16 다음 그림과 같은 제3각법 투상도에서 A가 정면도일 때 배면도는?

① E
② C
③ D
④ F

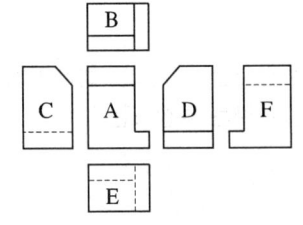

해설 A : 정면도 B : 평면도 C : 좌측면도 D : 우측면도 F : 배면도 E : 저면도

문제 17 KS 규격에서 대상물의 보이지 않는 부분의 모양을 표시하는데 쓰이는 선은?

① 아주 굵은선
② 지그재그선
③ 가는 파선
④ 굵은 1점 쇄선

해설 가는 파선 : 대상물의 보이지 않은 부분의 모양을 표시하는데 쓰이는 선

해답 14. ① 15. ③ 16. ④ 17. ③

▶ 2019년 4월 27일 시행 ◀

문제 18 다음 용접 보조기호 중 끝단부를 매끄럽게 하는 것을 의미하는 것은?
① ⌒   ② ⌣
③ MR   ④ M

해설 용접보조기호
① 볼록 : ⌒   ② 끝단부를 매끄럽게 함 : ⌣
③ 제거가능한 덮개판 : MR   ④ 영구적인 덮개판 : M

문제 19 판금, 제관의 전개 방식에서 그 종류가 아닌 것은?
① 방사선법   ② 삼각형법
③ 평행선법   ④ 사각형법

해설 판금제관의 전개방식
① 방사선법   ② 삼각형법   ③ 평행선법

문제 20 도면에서 "비례척이 아님"을 뜻하는 영문자는?
① NS   ② SN
③ TS   ④ ST

해설 도면에서 비례척이 아님을 표시 : NS(Not to Scale)

제 2 과목 용접구조설계

문제 21 그림과 같은 V형 맞대기 용접에서 굽힘 모멘트(M_b)가 10000[kgf/cm²] 작용하고 있을 때, 최대 굽힘 응력은? (단, l = 150[mm], t = 20[mm]이고 완전 용입일 때이다.)
① 10[kgf/cm²]
② 100[kgf/cm²]
③ 1,000[kgf/cm²]
④ 10,000[kgf/cm²]

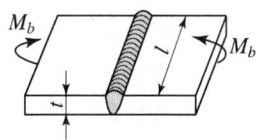

해답 18. ② 19. ④ 20. ① 21. ③

해설
$$\sigma = \frac{6M}{t^2 l} = \frac{6 \times 10000}{15 \times 2^2} = 1000 \, \text{kg/cm}^2$$

문제 22 맞대기 용접에서 변형이 가장 적은 홈의 형상은 어느 것인가?
① V형 홈
② U형 홈
③ X형 홈
④ 한쪽 J형 홈

해설 맞대기용접에서 변형이 가장 적은 홈의 형상 : **X형홈**

문제 23 용접선에 따라 응력을 제거할 목적으로서 압축응력 부분을 가스불꽃 가열한 직후에 수냉하여 그 부위를 소성 변형시켜 잔류 응력을 감소시키는 것은?
① 억제법
② 역 변형법
③ 도열법
④ 저온응력 제거법

해설 잔류응력의 제거
① 저온응력완화법 : 용접선 양측을 가스불꽃에 의하여 나비 약150mm를 150~200℃정도의 비교적 낮은온도로 가열한 다음 곧 수냉하는 방법
② 기계적응력완화법 : 잔류응력이 있는 제품에 하중을 주어 용접부에 약간의 소성 변형을 일으킨 다음 하중을 제거
③ 피닝법 : 특수한 구면상의 선단을 해머로서 용접부를 연속적으로 타격해 줌으로서 용접표면에 소성변형을 생기게 하는 것
④ 국부풀림법 : 제품이 커서 노내에 넣을 수 없을 때 또는 설비, 용량 등으로 노내 풀림을 바라지 못할 경우
⑤ 노내풀림법 : 응력제거 열처리법에서 가장 널리 이용 제품전체를 가열로 안에 넣고 적당한 온도에서 일정시간 유지한 다음 노내에서 서냉

문제 24 용접 후 잔류 응력을 완화하는 방법은?
① 피닝(peening)
② 치핑(chipping)
③ 담금질(quenching)
④ 노멀라이징(normalizing)

문제 25 용접 길이가 짧아서 변형 및 잔류 응력이 그다지 문제가 되지 않을 때 이용되며 수축과 잔류 응력이 용접의 시작 부분보다 끝 부분에 더 크게 되는 것은?
① 대칭법
② 후진법
③ 스킵법
④ 전진법

해답 22. ③ 23. ④ 24. ① 25. ④

해설 용접작업
① 전진법 : 용접길이가 짧아서 변형 및 잔류응력이 그다지 문제가 되지 않을 때 이용되며 수축과 잔류응력이 용접의 시작부분보다 끝부분에 더 크게 되는 것
② 케스케이드법 : 한부분에 대해 몇층을 용접하다가 다음부분의 층으로 연속시켜 용접하며 후진법과 병용하여 사용하며 결함은 잘 생기지 않으나 특수한 경우외엔 사용하지 않음.
③ 빌드업법 : 용접전 길이에 대해서 각층을 연속하여 용접하는 방법
④ 블록법 : 짧은 용접길이로 표면까지 용착하는 방법

문제 26
KS 용접용어에서 그림과 같은 용접 이음의 명칭은?
① H형 이음
② 변두리 이음
③ Y형 이음
④ 맞대기 이음

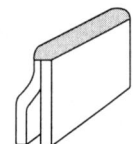

해설 용접이음의 명칭

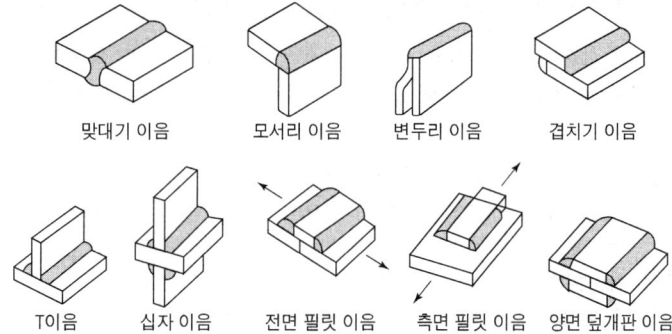

맞대기 이음   모서리 이음   변두리 이음   겹치기 이음

T이음   십자 이음   전면 필릿 이음   측면 필릿 이음   양면 덮개판 이음

문제 27
형틀 굽힘 시험은 다음과 같은 시험 방법으로 용접부의 연성과 안전성을 조사하는 것인데, 형틀 굽힘 시험의 내용에 해당되지 않는 것은?
① 표면 굽힘 시험
② 이면 굽힘 시험
③ 롤러 굽힘 시험
④ 측면 굽힘 시험

해설 형틀굽힘시험
① 표면굽힘시험   ② 이면굽힘시험   ③ 측면굽힘시험

해답
26. ②   27. ③

문제 28

용접시공시 용접순서에 관한 설명으로 가장 옳은 것은?

① 용접물 중립축에 대하여 수축력 모멘트의 합이 최대가 되도록 한다.
② 같은 평면안에 많은 이음이 있을 때에는 수축은 가능한 한 중앙으로 보낸다.
③ 용접물의 중심에 대하여 항상 대칭으로 용접을 진행시킨다.
④ 수축이 작은 이음을 가능한 한 먼저 용접하고, 수축이 큰 이음(맞대기 등)을 뒤에 용접한다.

해설 용접순서

① 용접을 중립축에 대하여 수축력 모멘트의 합이 0이 되도록 한다.
② 같은 평면안에 많은 이음이 있을 때에는 수축은 가능한 자유단으로 보낸다.
③ 수축이 큰 이음을 가능한 먼저 용접하고 수축이 작은 이음을 뒤에 용접한다.
④ 용접전 용접이 불가능한 곳이 없도록 충분히 검토한다.
⑤ 용접물 중심에 대하여 대칭으로 용접하여 변형이 생기지 않도록 한다.

문제 29

용접에서 역변형법의 설명에 해당되는 것은?

① 공작물을 가접 또는 지그로 고정하여 변형을 방지하는 법
② 용접 금속 및 모재의 수축에 대하여 용접전에 반대 방향으로 굽혀 놓고 용접 작업하는 법
③ 비드를 좌우대칭으로 놓아 변형을 방지하는 법
④ 용접 진행 방향으로 뜀 용접을 하여 변형을 방지하는 법

해설 역변형법

① 용접전 변형의 크기 및 방향을 예측하여 미리 반대로 변형시키는 방법
② 용접금속 및 모재의 수축에 대하여 용접전에 반대방향으로 굽혀 놓고 용접 작업하는 방법

문제 30

용접지그(welding jig)에 대한 설명 중 틀린 것은?

① 용접물을 용접하기 쉬운 상태로 놓기 위한 것이다.
② 용접제품의 치수를 정확하게 하기 위해 변형을 억제하는 것이다.
③ 작업을 용이하게 하고 용접능률을 높이기 위한 것이다.
④ 잔류 응력을 제거하기 위한 것이다.

해설 용접지그

① 용접물을 용접하기 쉬운 상태로 놓기 위한 것이다.
② 용접제품의 치수를 정확하게 하기 위해 변형을 억제하는 것
③ 작업을 용이하게 하고 용접능률을 높이기 위한 것

해답

28. ③ 29. ② 30. ④

문제 31

측면 필릿 용접 이음에서 필릿 용접의 크기와 h와 이론 목두께 h_t와의 관계식으로 옳은 것은?

① $h = \dfrac{h_t}{\cos 45°}$ ② $h = h_t \cdot \cos 45°$

③ $h = \dfrac{\cos 45°}{h_t}$ ④ $h = h_t \cdot \sin 30°$

해설 $h_1 = h \times \cos 45$ ∴ $h = \dfrac{h_1}{\cos 45}$

문제 32

그림과 같은 용착시공 방법은?

① 띄움법
② 캐스케이드법
③ 살붙이법
④ 전진블록법

(용접 중심선 단면도)

문제 33

맞대기 용접의 홈의 형상이 아닌 것은?

① K형   ② X형
③ I형   ④ B형

문제 34

파괴 시험에 해당되는 것은?

① 음향시험   ② 누설시험
③ 형광 침투시험   ④ 함유수소시험

해설 **수소시험**(파괴시험)
① 진공가열법   ② 확산성수소량 측정법
③ 수은에 의한 방법   ④ 45℃ 글리세린 치환법

문제 35

용접 작업시 발생한 변형을 교정할 때 가열하여 열응력을 이용하고 소성변형을 일으키는 방법은?

① 박판에 대한 점 수축법   ② 숏 피닝법
③ 롤러에 거는 방법   ④ 절단 성형 후 재용접법

해답
31. ① 32. ② 33. ④ 34. ④ 35. ①

해설 **박판에 대한 점수축법** : 용접작업시 발생한 변형을 고정할 때 가열하여 열응력을 이용하고 소성변형을 일으키는 방법

문제 36 용접 결함 중 구조상 결함에 해당되지 않는 것은?
① 융합불량 ② 언더컷
③ 오버랩 ④ 연성부족

해설 **구조상결함**
① 오우버랩 ② 용입불량 ③ 내부기공 ④ 슬래그혼입 ⑤ 언더컷

문제 37 용접사에 의해 발생될 수 있는 결함이 아닌 것은?
① 용입불량 ② 스패터
③ 라미네이션 ④ 언더컷

해설 **용접자에 의해 발생될 수 있는 결함**
① 언더필 ② 스패터 ③ 용입불량

문제 38 용접부의 인장시험에서 모재의 인장강도가 45[kgf/mm²]이고, 용접부의 인장강도가 31.5[kgf/mm²]로 나타났다면 이 재료의 이음 효율은 얼마 정도인가?
① 62[%] ② 70[%]
③ 78[%] ④ 90[%]

해설 효율 = $\dfrac{용접시험편의\ 인장강도}{모재의\ 인장강도}$ 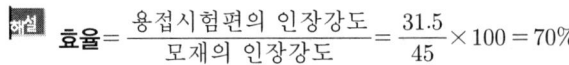 = $\dfrac{31.5}{45} \times 100 = 70\%$

문제 39 다음 중 자분탐상 시험을 의미하는 것은?
① UT ② PT
③ MT ④ RT

해설 **비파괴시험**
① 방사선투과검사 : RT ② 침투탐상검사 : PT
③ 자분탐사검사 : MT ④ 초음파탐상검사 : UT
⑤ 와류탐상검사 : ET ⑥ 누설검사 : LT
⑦ 육안검사 : VT

해답 36. ④ 37. ③ 38. ③ 39. ③

문제 **40** 주조품에 비교한 용접 이음의 장점 설명으로 틀린 것은?
① 이종재료의 접합이 가능하다.
② 용접변형을 교정할 때에는 시간과 비용이 필요치 않다.
③ 목형이나 주형이 불필요하고 설비의 소규모가 가능하여 생산비가 적게 된다.
④ 제품의 중량을 경감시킬 수 있다.

해설 **용접이음의 장점**
① 이종재료도 접합할 수 있다.
② 제품의 성능과 수명이 향상된다.
③ 이음효율이 높다.
④ 기밀, 수밀, 유밀성이 우수하다.
⑤ 재료의 두께에 제한이 없다.
⑥ 작업공정이 단축되며 경제적이다.
⑦ 중량이 가벼워진다.(재료가 절감된다.)

제 3 과목 용접일반 및 안전관리

문제 **41** 전기저항 용접법의 특징 설명으로 틀린 것은?
① 용제가 필요치 않으며 작업속도가 빠르다.
② 가압효과로 조직이 치밀해진다.
③ 산화 및 변질 부분이 적다.
④ 열손실이 많고 용접부의 집중 열을 가할 수 있다.

해설 **전기저항용접법의 특징**
① 산화 및 변질부분이 적다.
② 가압효과로 조직이 치밀해 진다.
③ 용제가 필요치 않으며 작업속도가 빠르다.
④ 용접사의 기능에 무관하다.
⑤ 용접시간이 짧고 대량생산에 적합
⑥ 용접부가 깨끗하다.
⑦ 설비가 복잡하고 가격이 비싸다.

40. ②   41. ④

문제 42 아크 용접기의 사용률 공식으로 옳은 것은?

① 사용률[%] = $\dfrac{\text{아크시간} + \text{휴지시간}}{\text{아크시간}} \times 100$

② 사용률[%] = $\dfrac{\text{아크시간}}{\text{아크시간} + \text{휴지시간}} \times 100$

③ 사용률[%] = $\dfrac{\text{휴지시간}}{\text{아크시간}} \times 100$

④ 사용률[%] = $\dfrac{\text{아크시간}}{\text{휴지시간}} \times 100$

해설 사용율 = $\dfrac{\text{아크시간}}{\text{아크시간} + \text{휴식시간}} \times 100$

문제 43 피복 아크 용접에서 피복제의 역할로 옳은 것은?

① 스패터링(spattering)을 많게 한다.
② 용적(globule)을 조대화 한다.
③ 아크를 불안정하게 한다.
④ 용착 금속의 탈산 정련 작용을 한다.

해설 피복제의 역할
① 용착금속의 탈산정련작용　② 아크안정
③ 용적을 미세화하여 용착효율 향상　④ 서냉으로 취성방지
⑤ 스패터 발생을 적게한다.　⑥ 슬래그를 제거하기 쉽게 한다.
⑦ 필요한 원소를 용착금속에 첨가시킨다.

문제 44 내균열성이 가장 좋은 피복 아크 용접봉은?

① 일미나이트계　② 저수소계
③ 고셀룰로오스계　④ 고산화티탄계

해설 저수소계(4316)
① 내균열성이 가장 좋은 피복아크 용접봉으로 석회석, 형석을 주성분으로 용착금속 중의 수소량이 다른 용접봉에 비해 $\dfrac{1}{10}$ 정도로 현저하게 적은 우수한 특성이 있음.
② 피복제는 습기를 흡수하기 쉽게 때문에 사용하기전에 300~350℃정도로 1~2 시간정도 건조시켜 사용

해답 42. ②　43. ④　44. ②

문제 45
프로판 가스 절단과 비교한 아세틸렌가스 절단의 장점이 아닌 것은?
① 점화하기 쉽다.
② 중성불꽃을 만들기 쉽다.
③ 슬래그 제거가 쉽다.
④ 박판 절단시 절단속도가 빠르다.

해설 아세틸렌가스 절단의 장점
① 점화하기 쉽다.
② 중성불꽃을 만들기 쉽다.
③ 박판절단시 절단속도가 빠르다.
④ 예열시간이 짧다.
⑤ 표면의 녹 및 이물질 등에 영향을 덜 받는다.

문제 46
플래시 버트(flash butt) 용접에서 3단계 과정만으로 조합된 것은?
① 예열, 플래시, 업셋
② 업셋, 플래시, 후열
③ 예열, 플래시, 검사
④ 업셋, 예열, 후열

해설 플래쉬버트 용접에서 3단계 과정 : 예열, 플래쉬, 업셋

문제 47
아크 용접기의 특성 중 아크 길이에 따라 전압이 변동하여도 전류값은 거의 변하지 않는다는 특성은?
① 정전압특성
② 부하특성
③ 정전류특성
④ 상승특성

해설 용접기의 특성
① 수하특성 : 부하전류가 증가하면 단자전압이 낮아지는 특성
② 정전류특성 : 부하전압이 변하여도 단자전류는 거의 변화하지 않는 특성
③ 정전압특성 : 부하전류가 변하여도 단자전압은 거의 변화하지 않는 특성
④ 상승특성 : 전류의 증가에 따라서 전압이 약간 높아지는 현상

문제 48
경납 Eoa(soldering)의 구분온도는?
① 땜납의 용융점 450℃ 정도
② 모재의 용융점 500℃ 정도
③ 피복제의 용융점 350℃ 정도
④ 고상과 액상의 1000℃ 정도

해설 **연납땜** : 온도가 450℃ 이하
경납땜 : 온도가 450℃ 이상

해답 45. ③ 46. ① 47. ③ 48. ①

문제 49
산소 용기의 취급에서 잘못된 사항은?
① 운반이나 취급에서 충격을 주지 않는다.
② 가연성 가스와 함께 저장하여 누설되어도 인화되지 않게 한다.
③ 기름이 묻은 손이나 장갑을 끼고 취급하지 않는다.
④ 운반시 가능한 한 운반 기구를 이용한다.

해설 산소용기의 취급시 주의사항
① 운반이나 취급에서 충격을 주지 않는다.
② 기름 묻은 손이나 장갑을 끼고 취급하지 않는다.
③ 운반시 가능한 운반기구를 이용
④ 산소용기는 화기로부터 5m이상거리를 두어야 한다.
⑤ 항상 40℃이하로 유지하고 직사광선은 피한다.
⑥ 산소밸브의 개폐는 천천히 한다.
⑦ 산소누설시험에는 비눗물을 사용

문제 50
전기저항용접과 가장 관계가 깊은 법칙은?
① 줄의 법칙   ② 플레밍의 법칙
③ 암페어의 법칙   ④ 뉴턴의 법칙

해설 주울의 법칙 : 전기저항 용접과 가장 관계가 있음.
$Q = 0.24 I^2 RT$

문제 51
피복 아크 용접에서 자기 쏠림을 방지하는 대책은?
① 접지점은 용접부에서 가까이 한다.
② 용접봉 끝을 아크 쏠림 방향으로 기울인다.
③ 교류를 사용한다.
④ 긴 아크를 사용한다.

해설 자기쏠림을 방지하는 대책
① 접지점은 용접부에서 멀리한다.
② 짧은 아크를 사용한다.
③ 직류용접기대신 교류용접기를 사용한다.
④ 긴용접에서는 후퇴법을 사용한다.
⑤ 용접부의 시, 종단에는 엔드탭을 설치한다.

해답
49. ② 50. ① 51. ③

문제 52

핸드 실드 차광유리의 규격에서 100~300[A] 미만의 아크 용접시 다음 중 가장 적합한 차광도 번호는?

① 1~2   ② 5~6
③ 7~9   ④ 10~12

해설

차광도번호	용접봉지름
8번	1.2~2.0
9번	1.6~2.6
10번	2.6~3.2
11번	3.2~4.0
12번	4.8~6.4
13번	4.4~9.0
14번	9.0~9.6

문제 53

교류 용접기의 아크 출력이 9.0[kW]이고, 내부 손실이 4.0[kW]일 때 용접기의 효율은?

① 약 54.1[%]   ② 약 69.2[%]
③ 약 74.3[%]   ④ 약 89.5[%]

해설

효율 = $\dfrac{\text{아크출력(kW)}}{\text{소비전력(kW)}} \times 100 = \dfrac{9}{13} \times 100 = 69.23\%$

소비전력 = 아크출력 + 내부손실 = 9 + 4 = 13kW
아크출력 = 아크전압 × 정격2차전류
아크출력 = 소비전력 − 내부손실 = 13 − 4 = 9kW

문제 54

탄소아크 절단에 압축공기를 병용하여 전극 홀더의 구멍에서 탄소 전극봉에 나란히 분출하는 고속의 공기를 분출시켜 용융금속을 불어 내어 홈을 파는 방법은?

① 아크 에어 가우징   ② 불꽃 가우징
③ 기계적 가우징   ④ 산소·수소 가우징

해설 **아크에어가우징**: 탄소아크절단에 압축공기를 병용하여 전극홀더의 구멍에서 탄소전극봉에 나란히 분출하는 고속의 공기를 분출시켜 용융금속을 불어내어 홈을 파는 방법

해답   52. ④   53. ②   54. ①

문제 55 | 가스절단에서 판두께가 12.7[mm]일 때, 표준 드래그의 길이는 다음 중 얼마인가?
① 2.4[mm]   ② 5.2[mm]
③ 5.6[mm]   ④ 6.4[mm]

해설 표준드래그의 길이 $= \frac{1}{5} \times$ 판두께 $= \frac{12.7}{5} = 2.54$

문제 56 | 아크 용접에서 전격 및 감전방지를 위한 주의사항으로 틀린 것은?
① 협소한 장소에서의 작업시 신체를 노출하지 않는다.
② 무부하 전압이 높은 교류 아크용접기를 사용한다.
③ 작업을 중지할 때는 반드시 스위치를 끈다.
④ 홀더는 반드시 정해진 장소에 놓는다.

해설 아크용접에서 전격 및 감전방지를 위한 주의사항
① 홀더는 반드시 정해진 장소에 놓는다.
② 작업을 중지할 때는 반드시 스위치를 끈다.
③ 협소한 장소에서의 작업이 신체를 노출하지 않는다.

문제 57 | 화재에 대한 설명으로 잘못 연결된 것은?
① A급 화재-일반 가연물화재   ② B급화재-유류화재
③ C급화재-전기화재   ④ D급화재-종합화재

해설 화재의 분류
① A급화재(일반화재) : 목재, 종이, 주수, 산, 알카리
② B급화재(기름화재) : 유류 및 가스, 이산화탄소 분말, 포말
③ C급화재(전기화재) : 전기, 이산화탄소, 분말
④ D급화재(금속화재) : Mg, Al분말, 건조사, 팽창질석, 팽창진주암.

문제 58 | 납땜에서 주로 경납용 용제로 사용되는 것은?
① 수지   ② 붕산
③ 염화암모니아   ④ 염화아연

해설 경납용 용제 : ① 붕산 ② 붕사 ③ 염화리튬 ④ 산화제1동
    연납용 용제 : ① 염산 ② 염화아연 ③ 염화암모늄

해답 55. ①   56. ②   57. ④   58. ②

문제 59 점용접에서 사용하는 전극형상의 종류가 아닌 것은?
① R형 ② P형
③ C형 ④ T형

해설 **점용접의 전극의 종류** : ① E형 ② C형 ③ F형 ④ P형 ⑤ R형

문제 60 용접이 광선이며 진공 중에서 용접이 가능하고 원격 조작이 가능하며 열의 영향범위가 좁은 용접법은?
① 레이저 용접 ② 원자수소 용접
③ 플라즈마 용접 ④ 테르밋 용접

해설 **레이져용접** : 용접이 광선이며 진공 중에서 용접이 가능하고 원격조작이 가능하며 열의 영향부가 좁은 용접법

해답
59. ④ 60. ①

2019년 8월 4일 시행

제 1 과목 용접야금 및 용접설비제도

문제 01 피복 아크 용접 시 수소가 원인이 되어 발생할 수 있는 결함으로 가장 거리가 먼 것은?
① 은점
② 언더컷
③ 헤어 크랙
④ 비드 밑 균열

해설 수소
① 수소취성(탈탄작용) ② 은점 ③ 선상조직
④ 헤어크랙 ⑤ 비드 밑 균열 ⑥ 기공

문제 02 Fe-C 평형 상태도에서 용융액으로부터 γ(감마) 고용체와 시멘타이트가 동시에 정출하는 점은?
① 포정점
② 공석점
③ 공정점
④ 고용점

해설 공정점 : γ+시멘타이트가 동시 석출

문제 03 다음 중 용접구조용 압연강재는?
① STC2
② SS330
③ SM275M
④ SMn433

해설 용접구조용 압연강재
① SM275A ② SM355A ③ SM420A ④ SM460B

참고 일반구조용 압연강재
① SS330 ② SS400 ③ SS490 ④ SS540 ⑤ SS590 ⑥ SS235
기계구조용 망간강재
① SMn433
건축구조용 탄소강관
① SNT275E ② SNT355E
일반구조용 탄소강관
① SNT275A ② SNT355A

해답
01. ② 02. ③ 03. ③

문제 04
용접하기 전 예열을 하는 목적으로 틀린 것은?
① 수축변형의 감소를 위하여
② 용접 작업성의 개선을 위하여
③ 용접부의 결함을 방지하기 위하여
④ 용접부의 냉각 속도를 빠르게 하기 위하여

해설 **예열의 목적**
① 용접금속 및 열영향부의 연성 또는 인성을 향상
② 용접부의 수축변형 및 잔류응력을 경감
③ 용접의 작업성 개선
④ 용접부의 냉각속도를 느리게하여 결함 방지
⑤ 열영향부의 균열의 방지
⑥ 금속 중의 수소를 방출시켜 균열의 방지

문제 05
다음 중 입방정계의 결정격자구조에 해당하지 않는 것은?
① SC   ② BCC
③ FCC   ④ HCP

해설 **결정격자구조**
① BCC(체심입방격자) : V, Mo, W, Cr, K, Na, Ba, Ta, α-Fe, δ-Fe
② FCC(면심입방격자) : Ag, Cu, Au, Al, Pb, Ni, Pt, Ce, γ-Fe
③ HCP(조밀입방격자) : T_1, Mg, Zn, Co, Zr, Be

문제 06
일반적인 용접작업 시 각종 금속의 예열에 대한 설명으로 틀린 것은?
① 주철의 경우 용접 홈을 600~700℃로 예열한다.
② 알루미늄, 합금, 구리 합금은 200~400℃ 정도로 예열한다.
③ 고장력강, 저합금강의 경우 용접 홈을 50~350℃로 예열한다.
④ 연강을 0℃ 이하에서 용접할 경우 이음의 양쪽 폭 10mm 정도를 40~75℃로 예열한다.

해설 주철의 경우 모재 전체를 500~600℃ 정도의 고온에서 예열, 후열한다.

문제 07
내부응력 제거, 경도 저하, 절삭성 및 냉간 가공성을 향상시키기 위해 실시하는 일반열처리는?
① 뜨임   ② 풀림
③ 청화법   ④ 오스포밍

04. ④ 05. ④ 06. ① 07. ②

해설 **열처리**
① 담금질 = 퀜칭
  ㉠ 경도 및 강도증가
  ㉡ A_3 및 A_1 변태에서 30~50℃ 이상 가열 후 수냉이나 유냉시키는 방법
② 뜨임 = 템퍼링 : 인성증가
③ 풀림 = 어닐링
  ㉠ 가공응력 및 내부응력제거
  ㉡ 재질의 연화 목적
  ㉢ 절삭성 및 냉간가공성향상
  ㉣ 경도 저하 방지
④ 불림 = 노멀라이징
  ㉠ 가공조직의 균일화
  ㉡ 결정립의 미세화
  ㉢ 기계적성질의 향상
  ㉣ 잔류응력제거
  ㉤ A_3 및 A_1 변태에서 30~50℃ 이상 가열 후 공냉시키는 방법

문제 08 규소는 선철과 탈산제에서 잔류하게 되며, 보통 0.35~1.0%를 함유한다. 규소가 페라이트 중에 고용되면 생기는 영향으로 틀린 것은?

① 용접성을 저하시킨다.
② 결정립을 조대화 한다.
③ 연신율과 충격값을 감소시킨다.
④ 강의 인장강도, 탄성한계, 경도를 낮게 한다.

해설 **규소의 영향**
① 유동성증가
② 연신율 및 충격값 감소
③ 결정립을 조대화 시킴
④ 용접성 저하

문제 09 연강용 피복 아크 용접봉에서 피복제의 염기도가 가장 낮은 것은?

① 티탄계   ② 저수소계
③ 일미나이트계   ④ 고셀룰로스계

해설 **염기도가 낮다**라는 것은 수소의 함유량이 적은 것을 찾는 것이므로 티탄이 됨

해답 08. ④ 09. ①

문제 10 두 가지 이상의 금속 원소가 간단한 원자비로 결합되어 있는 물질을 무엇이라고 하는가?

① 층간화합물 ② 합금화합물
③ 치환화합물 ④ 금속간화합물

해설 금속간 화합물 : 두 가지 이상의 금속원소가 간단한 원자비로 결합되어 있는 물질

문제 11 일반 구조용 압연 강재를 KS기호로 바르게 나타낸 것은?

① SM45C ② SS235
③ SGT275 ④ SPP

해설 SM45C : 기계구조용 탄소강재
SGT275 : 일반구조용 탄소강관
SPP : 배관용 탄소강관

문제 12 다음 용접보조기호의 설명으로 옳은 것은?

① 오목 필릿용접
② 평면 마감 처리한 필릿용접
③ 매끄럽게 처리한 필릿용접
④ 표면 모두 평면 마감 처리한 필릿용접

해설 용접보조기호

① 끝단부를 매끄럽게 함 :
② 영구적인 덮개판 사용 : M
③ 제거 가능한 덮개판 사용 : MR

문제 13 핸들이나 바퀴 등의 암 및 림, 리브, 훅 등의 절단부위를 90° 회전시켜서 그린 단면도는?

① 온 단면도 ② 한쪽 단면도
③ 부분 단면도 ④ 회전도시 단면도

해설 단면도
① 회전단면도(revolved sectional view)
핸들, 벨트풀리, 바퀴의 암, 후크의 절단한 단면 모양을 90° 회전시킨다.

해답 10. ④ 11. ② 12. ③ 13. ④

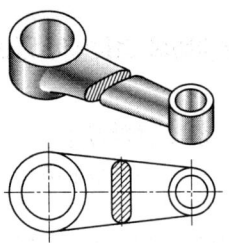

② 부분단면도(local sectional view)
일부분을 잘라내고 필요한 내부 모양을 그리기 위한 방법이다.

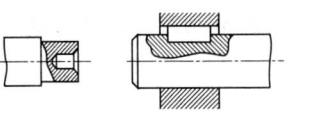

③ 반(한쪽) 단면도(half sectional view)
대칭형 물체의 1/4를 잘라낸다.

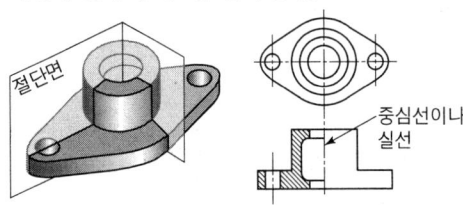

문제 14 치수 기입 시 구의 반지름을 표시하는 치수보조기호는?
① t ② R
③ SR ④ Sφ

해설 **치수의 표시방법**
① 정면도, 평면도, 측면도 순으로 기입한다.
② 길이의 치수문자는 원칙적으로 mm 단위로 기입한다.
③ 치수문자의소수점(.)은 아래쪽의 점으로 하고 숫자사이를 적당히 띄어 표시한다.
④ 3자리마다 숫자의 사이를 적당히 띄우고 콤마(,)는 찍지 않는다.

구분	기호	사용법	잘못된 표기법
지름(diameter)	φ	φ20	D20
반지름(radius)	R	R20	
구(Sphere)의 지름	Sφ	sφ20	
구의 반지름	SR	SR10	
정사각형의 변	□	□10	⊠10
판의 두께(thickness)	t	t5	
45°의 모따기	C	C3	
원호의 길이	⌒		
이론적으로 정확한 치수	▭	12	
참고치수	( )	(12)	

14. ③

문제 15 다음 용접부 기호에 대한 설명으로 틀린 것은?

① 심 용접부의 폭은 3mm이다.
② 심 용접부의 두께는 5mm이다.
③ 심 용접부의 길이는 50mm이다.
④ 심 용접부의 간격은 30mm이다.

3 ⊖ 5×50(30)

해설 용접부기호
① 3 : 목두께는 3mm이다.
② ⊖ : 심 용접
③ 5 : 용접부수
④ 50 : 용접길이
⑤ 30 : 용접간격

문제 16 복사나 도면을 접을 때 그 크기는 원칙적으로 어느 사이즈로 하는가?

① A1
② A2
③ A3
④ A4

해설 복사나 도면을 접을 때 크기 : A4

문제 17 KS규격에 의한 치수 기입의 원칙에 대한 설명으로 틀린 것은?

① 치수는 되도록 주 투상도에 집중한다.
② 각 형체의 치수는 하나의 도면에서 한번만 기입한다.
③ 기능 치수는 대응하는 도면에 직접 기입해야한다.
④ 도면에는 특별히 명시하지 않는 한, 그 도면에 도시한 대상물의 다듬질 치수를 생략한다.

해설 도면에는 특별히 명시하지 않는 한, 그 도면에 도시한 대상물의 다듬질 치수를 생략할 수 없다.

문제 18 사투상도에 있어서 경사축의 각도로 가장 적합하지 않은 것은?

① 20°
② 30°
③ 45°
④ 60°

해설 사투상도(oblique projection)
육면체의 세 모서리는 경사축(α)을 이루는 입체도를 투상한 것이다.

해답 15. ② 16. ④ 17. ④ 18. ①

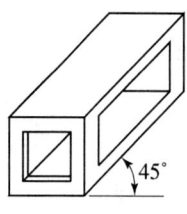

(a) 카발리에도   (b) 캐비닛도

참고 ① **국부투상도** : 대상물의 구멍, 홈 등과 같이 한 부분의 모양을 도시한다.

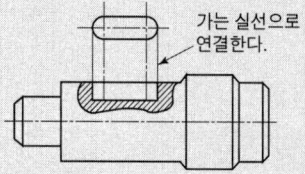

② **보조투상도** : 경사면에 맞서는 위치에 도시한다.

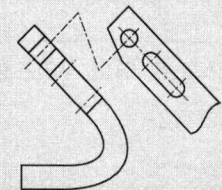

③ **등각투상도**(isometric projection) : 3축(X, Y, Z)이 120°의 등각이 되도록 입체도로 투상한 것이다.

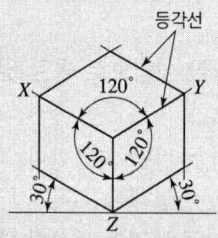

④ **부분투상도** : ㉠ 필요한 부분만을 투상하여 도시한다.
　　　　　　　　㉡ 생략한 부분과의 경계는 파단선으로 한다.

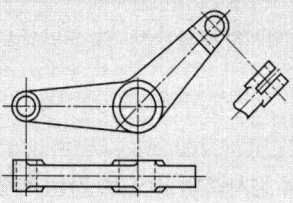

문제 19 다음 중 관 결합 방식의 종류가 아닌 것은?
① 용접식 이음　　　　② 풀리식 이음
③ 플랜지식 이음　　　④ 턱걸이식 이음

해답
19. ②

해설 관 결합방식
① 용접이음 ② 유니온이음 ③ 플랜지이음 ④ 나사이음 ⑤ 턱걸이이음

문제 20 치수선, 치수보조선, 지시선, 회전단면선에 사용되는 선으로 가장 적합한 것은?
① 가는 실선 ② 가는 파선
③ 굵은 파선 ④ 굵은 실선

해설 선의 용도
① 가는 실선 : ㉠ 파단선 ㉡ 해칭선 ㉢ 치수선 ㉣ 치수보조선
② 가는 일점쇄선 : ㉠ 중심선 ㉡ 절단선 ㉢ 기준선 ㉣ 피치선
③ 가는 이점쇄선 : ㉠ 가상선 ㉡ 무게중심선
④ 굵은 실선 : 외형선

제 2 과목 용접구조설계

문제 21 용접구조물을 설계할 때 일반적인 주의사항으로 틀린 것은?
① 용접에 적합한 설계와 용접하기 쉽도록 설계할 것
② 용접 길이는 짧게 하고 용착량도 강도상 필요한 최소량으로 설계할 것
③ 용접이음이 한 곳에 집중되고 용접선이 한쪽 방향으로 되도록 설계할 것
④ 노치 인성이 우수한 재료를 선택하여 시공하기 쉽게 설계할 것

해설 용접이음은 한 곳에 집중되지 않게 하고 용접선이 한쪽 방향으로 되지 않도록 설계할 것

문제 22 탐촉자를 이용하여 결함의 위치 및 크기를 검사하는 비파괴시험은?
① 침투탐상시험 ② 자문탐상시험
③ 방사선투과시험 ④ 초음파탐상시험

해설 침투탐상검사
① 원리 : ㉠ 모세관 현상 ㉡ 표면 장력
　　　　㉢ 인간의 지각현상
② 특징 : ㉠ 제품의 크기나 형상에 구애받지 않는다.
　　　　㉡ 국부적시험이 가능하다.
　　　　㉢ 표면결함 검출

 20. ① 21. ③ 22. ④

ㄹ 거의 모든 재료에 사용
ㅁ 시험 방법 간단

자분검사 특징
① 종료 후 탈지처리가 필요   ② 내부결함 검출 불가능
③ 비자성체는 적용불가   ④ 전원이 필요없다.

방사선 투과법 특징
① 장점 : ㄱ 결과가 신속하다.
ㄴ 검사결과의 보전이 용이
② 단점 : ㄱ 장치가 비싸다.
ㄴ 취급상 신체의 방호가 필요
ㄷ 두께가 두꺼운 개소 검출 불가능
ㄹ 선에 평행한 크랙은 검출 불가능

문제 23

강에서 탄소량이 증가할 때 기계적 성질의 변화로 옳은 것은?
① 경도가 증가한다.
② 인성이 증가한다.
③ 전연성이 증가한다.
④ 단면 수축율이 증가한다.

해설 탄소량 증가시
① 증가하는 것 : ㄱ 인장강도 ㄴ 경도 ㄷ 항복점 ㄹ 비열 ㅁ 비저항
② 감소하는 것 : ㄱ 인성 ㄴ 연성 ㄷ 전성 ㄹ 연신율 ㅁ 단면수축율 ㅂ 충격치

문제 24

용접부에 발생하는 기공이나 피트의 원인으로 가장 거리가 먼 것은?
① 용접봉 건조 불량
② 용접 홈 각도의 과대
③ 이음부에 녹이나 이물질 부착
④ 용접 전류가 높고 아크 길이가 길 때

해설 기공 및 피트의 원인
① 이음부의 페인트, 유지, 녹 등이 있을 때
② 용접부가 급냉 시
③ 아크길이가 길 때
④ 과내전류 사용 시
⑤ 수소, 산소, 일산화탄소 함유 시

문제 25

다음 중 적열취성의 주요 원인이 되는 원소는?
① P
② S
③ Si
④ Mn

해설 **적열취성** : 황, 800~900℃
청열취성 : 인, 200~300℃

해답
23. ① 24. ② 25. ②

문제 26 용접 결함의 분류에서 내부결함에 속하지 않는 것은?
① 기공
② 은점
③ 언더컷
④ 선상조직

해설 **외부결함**
① 오우버랩 ② 언더컷 ③ 용입불량

문제 27 그림과 같은 V형 맞대기 용접 이음부에서 각 부의 명칭 중 틀린 것은?
① A : 홈각도
② B : 루트 면
③ C : 루트 간격
④ D : 비드 높이

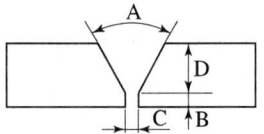

해설 D : 베벨면

문제 28 용접부를 연속적으로 타격하여 표면층의 소성변형을 주어 잔류응력을 감소시키는 방법은?
① 피닝법
② 변형 교정법
③ 응력제거 풀림
④ 저온 응력 완화법

해설
- **응력제거 풀림** : 냉간가공 및 열처리에 의해 발생된 응력을 제거하기 위해 450~600℃ 정도에서 냉각시키는 열처리
- **연화 풀림** : 냉간가공 도중 경화된 재료를 연화시키기 위해 650~750℃로 풀림 처리
- **저온응력완화법** : 용접선 양측을 가스불꽃에 의해 약 150mm, 150~200℃ 정도의 비교적 낮은 온도로 가열한 다음 곧 수냉하는 방법

문제 29 피복아크용접을 이용하여 연강 맞대기용접을 실시할 때 용접 경비를 줄이기 위한 방법으로 가장 거리가 먼 것은?
① 적절한 용접봉을 선정하여 용접한다.
② 용접용 고정구를 사용하여 용접한다.
③ 재료를 절약할 수 있는 용접 방법을 사용하여 용접한다.
④ 용접 지그를 사용하여 위보기 자세 위주로 용접한다.

해설 용접지그를 사용하여 아래보기 자세로 용접한다.

해답 26. ③ 27. ④ 28. ① 29. ④

문제 30

V형 맞대기 이음에 완전 용입된 경우 용접선에 직각 방향으로 500kgf의 인장하중이 작용하고 모재 두께가 5mm, 용접선 길이가 5cm 일 때 이음부에 발생되는 인장응력은 몇 kgf/mm²인가?

① 2
② 20
③ 200
④ 2000

해설 $G = \dfrac{P}{tl} = \dfrac{500}{5 \times 50} = 2\,\mathrm{kgf/mm^2}$

문제 31

연강의 맞대기 용접이음에서 용착금속의 인장강도가 45kgf/mm², 안전율 3일 때 용접이음의 허용응력은 몇 kgf/mm²인가?

① 10
② 15
③ 20
④ 25

해설 허용응력 = $\dfrac{\text{인장강도}}{\text{안전율}} = \dfrac{45}{3} = 15\,\mathrm{kgf/mm^2}$

문제 32

다음 이음 홈 형상 중 가장 얇은 판의 용접에 이용되는 것은?

① I형
② V형
③ U형
④ K형

해설 **이음 홈의 형상**
① I형 : 6mm이하, 가장 얇은 박판에 사용
② V형 : 6~20mm 이하, 한쪽 방향의 완전한 용입을 얻기 위해서
③ X형 : 10~40mm 이하, 가장 변형이 적게 설계된 것
④ U형 : 16~50mm 이하, 루트간격을 0으로 해도 되고 작업성이 좋으며 한쪽 방향의 온전한 용입을 얻기 위해
⑤ H형 : 50mm 초과, 모재가 두꺼울수록 유리한 홈의 형상

문제 33

다음 중 수직자세를 나타내는 기호는?

① O
② F
③ V
④ H

해답 30. ② 31. ② 32. ① 33. ③

문제 34

약 2.5g의 강구를 25cm 높이에서 낙하시켰을 때 20cm 튀어 올랐다면 쇼어경도(HS) 값은 약 얼마인가? (단, 계측통은 목측형(C형)이다.)

① 112.4
② 192.3
③ 123.1
④ 154.1

해설 $HS = \dfrac{10000}{65} \times \dfrac{h}{h_0} = \dfrac{10000}{65} \times \dfrac{20}{25} = 123.07$

문제 35

일반적인 주철의 용접 시 주의사항으로 틀린 것은?

① 용접봉은 지름이 굵은 것을 사용한다.
② 비드의 배치는 짧게 여러 번 실시한다.
③ 가열되어 있을 때는 피닝 작업을 하여 변형을 줄이는 것이 좋다.
④ 용접 전류는 필요 이상 높이지 않고, 지나치게 용입을 깊게 하지 않는다.

해설 용접봉은 가는용접봉을 사용한다.

문제 36

파이프 용접 시 용접 능률과 품질을 향상시킬 수 있고 아래보기 자세의 유지가 가능한 용접지그는?

① 정반
② 터닝롤러
③ 스트롱 백
④ 바이스 플라이어

해설 터닝롤러 : 파이프 용접 시 용접능률과 품질향상 시킬 수 있고 아래보기 자세 가능

문제 37

연강용 피복아크 용접봉 중 내균열성이 가장 우수한 것은?

① E 4303
② E 4311
③ E 4313
④ E 4316

해설 E4316(저수소계)
① 주성분은 석회석, 형석
② 내균열성 우수
③ 용착금속 중의 수소함유량이 타 피복용접봉 보다 $\dfrac{1}{10}$ 이하
④ 가열온도와 가열시간 : 300~350℃, 1~2시간

34. ③   35. ①   36. ②   37. ④

문제 38 용접부에 응력제거풀림을 실시했을 때 나타나는 효과가 아닌 것은?
① 충격저항의 감소
② 응력부식의 방지
③ 크리프 강도의 향상
④ 열영향부의 템퍼링 연화

해설 응력제거풀림 시 나타나는 현상
① 충격하중의 증대
② 응력부식의 방지
③ 크리프 강도의 향상
④ 열영향부의 템퍼링 연화

문제 39 용접부의 응력집중을 피하는 방법이 아닌 것은?
① 판 두께가 다른 경우 라운딩(rounding)이나 경사를 주어 용접한다.
② 모재의 응력 집중을 피하기 위해 평탄부에 용접부를 설치한다.
③ 용접 구조물에서 용접선이 교차하는 곳에는 부채꼴 오목부를 주어 설계한다.
④ 강도상 중요한 용접이음 설계 시 맞대기 용접부는 가능한 피하고 필릿 용접부를 많이 하도록 한다.

문제 40 용접 재료의 시험 중 경도 시험에 포함되지 않는 것은?
① 쇼어 경도 시험
② 비커스 경도 시험
③ 현미경 경도 시험
④ 브리넬 경도 시험

해설 경도시험
① 브리넬경도 : 특수강구를 일정한 하중(3000, 1000, 750, 500kgf)으로 시험편의 표면적을 압인한 후, 이때 생긴 오목자국의 표면적을 측정하여 나타낸 값

$$H_B = \frac{하중 kgf}{오목자국표면적 mm^2} = \frac{P}{\pi D_t}$$

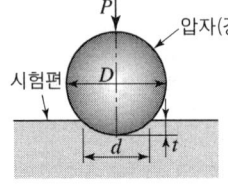

P : kg
D : 강구의 지름
d : 눌린 부분의 지름(mm)
t : 눌린 부분의 깊이

② 로크웰경도 : 지름 1/16"인 강구(B스케일), 꼭지각이 120°인 원뿔형(C스케일)의 다이아몬드 압입자를 사용하여 기본하중 10kgf을 주면서 경도계의 지시계를 0점에 맞춘 다음, B스케일 때 100kgf의 하중을 가하고, C스케일 때는 150kgf의 하중을 가한 다음 하중을 제거하면 오목자국의 깊이가 지시계에 나타나서 경도를 표시

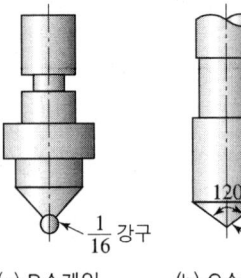

(a) B스케일   (b) C스케일

해답 38. ① 39. ④ 40. ③

③ 비커스경도 : 꼭지각이 136°인 다이아몬드 4각추의 입자를 1~120kgf의 하중으로 시험편에 압입한 후 생긴 오목자국의 대각선을 측정

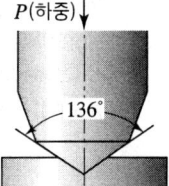 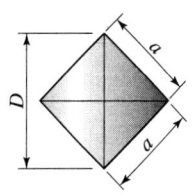

$$H_V = \frac{1.8544P}{D^2}$$

④ 쇼어경도 : 소형의 추를 일정높이에서 낙하시켜 튀어 오르는 높이에 의하여 경도를 측정

$$H_S = \frac{10,000}{65} \times \frac{h}{h_o}$$

여기서, h_o : 낙하물체의 높이(25cm)
         h : 낙하물체의 튀어 오른 높이

제 3 과목　용접일반 및 안전관리

문제 41　산소-아세틸렌 용접에서 전진법과 비교한 후진법의 특징으로 옳은 것은?
① 용접변형이 크다.　　　② 열이용률이 나쁘다.
③ 용접속도가 빠르다.　　④ 용접 가능한 판 두께가 얇다.

해설 후진법의 특징
① 두꺼운 판 용접에 사용　② 용접속도가 빠르다.
③ 용접 변형이 작다.　　　④ 열 이용률이 좋다.
⑤ 홈의 각도가 좁다.　　　⑥ 비드 표면이 매끄럽지 못하다.
⑦ 산화정도가 약하다.　　⑧ 용착금속의 냉각속도 서냉
⑨ 용착금속의 조직은 미세하다.

문제 42　300A 이상의 아크용접 및 절단 시 착용하는 차광 유리의 차광도 번호로 가장 적합한 것은?
① 1~2　　　　　② 5~6
③ 9~10　　　　④ 13~14

해설 납땜작업 : No.2~4번
　　　가스용접 : No.4~6번
　　　피복아크용접 : No.10(용접전류 100~200A, 용접봉지름 2.6~3.2mm)

해답
41. ③　42. ④

No.11(용접전류 150~250A, 용접봉지름 3.2~4.0mm)
No.10~11(용접전류 100A 이상 300A 미만의 아크용접 및 절단용)
No.13~14(용접전류 300A 이상의 아크용접 및 절단용)
No.14(용접전류 400A 이상은 용접봉지름 9.0~9.6mm)

문제 43

용접재를 강하게 맞대어 놓고 대전류를 통하여 이음부 부근에 발생하는 접촉 저항열에 의해 용접부가 적당한 온도에 도달했을 때 축 방향으로 큰 압력을 주어 용접하는 방법은?

① 업셋 용접 ② 가스 압접
③ 초음파 용접 ④ 테르밋 용접

문제 44

피복 아크 용접봉에서 피복 배합제 성분인 슬래그 생성제에 속하지 않는 원료는?

① 구리 ② 규사
③ 산화티탄 ④ 이산화망간

해설 슬래그 생성제
① 아산화망간 ② 산화티탄 ③ 형석 ④ 석회석
⑤ 일미나이트 ⑥ 알루미나 ⑦ 장석 ⑧ 규사

문제 45

산소 용기의 윗부분에 표기된 각인 중 용기중량을 나타내는 기호는?

① V ② W
③ FP ④ TP

해설 산소 용기의 각인
① V : 내용적
② W : 용기질량
③ FP : 최고충전압력
④ TP : 내압시험압력

문제 46

탄소전극과 오재와의 사이에 아크를 발생시켜 고압의 공기로 용융금속을 불어내는 홈을 파는 방법은?

① 스카핑 ② 용제 절단
③ 워터젯 가우징 ④ 아크에어 가우징

해답
43. ① 44. ① 45. ② 46. ④

해설 아크에어가우징
① 압축공기의 압력 : 0.5~0.7MPa
② 특징 : ㉠ 조작방법이 간단하다.
㉡ 용접결함의 발견이 쉽다.
㉢ 모재에 악영향을 주지 않는다.
㉣ 작업능률은 가스가우징보다 2~3배 높다.
㉤ 응용범위가 넓다.

문제 47 가스용접 시 역화의 원인에 대한 설명으로 틀린 것은?
① 팁이 과열 되었을 때
② 역화방지기를 사용하였을 때
③ 순간적으로 팁 끝이 막혔을 때
④ 사용 가스의 압력이 부적당할 때

해설 역화의 원인
① 아세틸렌의 압력 부족 시
② 팁 과열 시
③ 팁이 막혔을 때
④ 토치의 체결나사가 풀렸을 때
⑤ 팁에 이물질 혼입 시

문제 48 용접봉 홀더 200호로 접속할 수 있는 최대 홀더용 케이블의 도체 공칭 단면적은 몇 mm²인가?
① 22
② 30
③ 38
④ 50

문제 49 피복 아크 용접기의 구비조건으로 틀린 것은?
① 역률 및 효율이 좋아야 한다.
② 구조 및 취급이 간단해야 한다.
③ 사용 중 내부 온도상승이 커야 한다.
④ 전류조정이 용이하고 일정한 전류가 흘러야 한다.

해설 사용 중 내부온도 상승이 적어야 한다.

문제 50 정격 2차 전류 300A인 용접기에서 200A로 용접 시 허용사용률은 몇 % 인가? (단, 정격사용률은 40%이다.)
① 75
② 90
③ 100
④ 125

해설 허용사용률 $= \dfrac{(\text{정격2차전류})^2}{(\text{실제용접전류})^2} \times \text{정력사용률} = \dfrac{(300)^2}{(200)^2} \times 40 = 90\%$

해답
47. ② 48. ③ 49. ③ 50. ②

문제 51
일반적인 일렉트로 슬래그 용접의 특징으로 틀린 것은?
① 용접속도가 빠르다.
② 박판용접에 주로 이용된다.
③ 아크가 눈에 보이지 않는다.
④ 용접구조가 복잡한 형상은 적용하기 어렵다.

해설 일렉트로 슬래그 용접
① 가장 두꺼운 판 용접
② 수냉식 동판을 사용하여 전기저항열을 이용 용접
③ 특징
  ㉠ 최소한의 변형과 최단시간 용접법
  ㉡ 한 번에 장비를 설치하여 후판을 단일층으로 한번에 용접가능
  ㉢ 용접시간을 단축할 수 있어 용접능률과 용접품질이 우수
  ㉣ 용접홈의 가공준비가 산단
  ㉤ 압력용기, 조선, 후판 및 주물용접에 적합
  ㉥ 전극와이어의 지름은 2.6~3.2mm
  ㉦ 아크가 눈에 보이지 않고 아크불꽃이 없다.

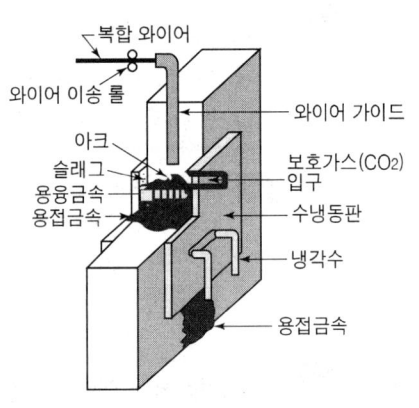

문제 52
산소 및 아세틸렌용기 취급에 대한 설명으로 옳은 것은?
① 아세틸렌 용기는 눕혀서 운반하되 운반 중 충격을 주어서는 안된다.
② 용기를 이동할 때에는 밸브를 닫고 캡을 반드시 제거하고 이동시킨다.
③ 산소용기는 60℃ 이하, 아세틸렌 용기는 30℃ 이하의 온도에서 보관한다.
④ 산소용기 보관 장소에 가연성 가스용기를 혼합하여 보관해서는 안되며, 누설시험시에 비눗물을 사용한다.

문제 53
점 용접의 특징으로 틀린 것은?
① 가압력에 의하여 조직이 치밀해진다.
② 용접부 표면에 돌기가 발생하지 않는다.
③ 재료가 절약되고 작업의 공정수가 감소한다.
④ 작업속도가 느리고 용접변형이 비교적 크다.

해설 작업속도가 빠르고 용접변형이 적다.

해답 51. ② 52. ④ 53. ④

문제 54

이음 형상에 따른 저항 용접의 분류에서 맞대기 용접에 속하는 것은?

① 점 용접 ② 심 용접
③ 플래시 용접 ④ 프로젝션 용접

해설 저항용접
- 겹치기용접 : ① 점용접(스폿용접) ② 심용접 ③ 프로젝션 용접
- 맞대기용접 : ① 퍼커션 ② 포일시임 ③ 플래쉬 ④ 업셋

문제 55

금속산화물이 알루미늄에 의하여 산소를 빼앗기는 반응을 이용하여 주로 레일의 접합, 차축, 선박의 프레임 등 큰 단면을 가진 주조나 단조품의 맞대기 용접과 보수용접에 사용되는 용접은?

① 테르밋 용접 ② 레이저 용접
③ 플라스마 용접 ④ 넌 실드 아크용접

해설 테르밋 용접 : 금속산화물이 알루미늄에 의해 산소를 빼앗기는 반응

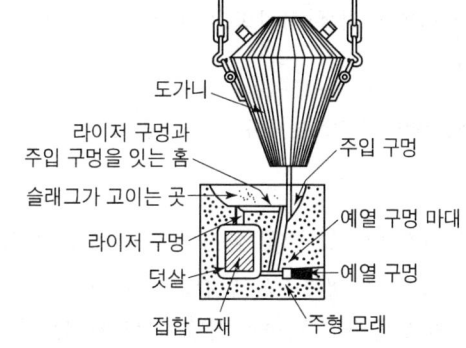

① 산화철 분말과 알루미늄 분말 1:3의 중량1로 혼합한 테르밋제에 마그네슘, 과산화바륨 등의 점화제를 넣어 점화
② 208℃ 까지 온도 상승
③ 용도 : 차축, 선박 프레임, 철도레일의 접합

문제 56

전기저항 용접에 의한 압접에서 전류 25A, 저항 20Ω, 통전시간 10s 일 때 발열량은 약 몇 cal인가?

① 300 ② 1200
③ 6000 ④ 30000

해설 $Q = 0.24 I^2 RT = 0.24 \times 25^2 \times 20 \times 10 = 30000 \text{cal}$

54. ③   55. ①   56. ④

문제 57

피부가 붉게 되고 따끔거리는 통증을 수반하며 피부층의 가장 바깥쪽 표피의 손상만을 가져오는 화상으로, 며칠 안에 증세는 없어지며 냉찜질만으로도 효과를 볼 수 있는 화상은?

① 제1도화상
② 제2도화상
③ 제3도화상
④ 제4도화상

해설 화상의 분류
① 1도화상 : 피부가 빨갛게 된 경우
② 2도화상 : 피부가 물집(수포)이 생긴 경우
③ 3도화상 : 피부가 탄 경우

문제 58

용접봉의 용융속도에 대한 설명으로 틀린 것은?

① 용융속도는 아크전압×용접봉 쪽 전압강하이다.
② 용접봉 혹은 용접심선이 1분간에 용융되는 중량(g/min)을 말한다.
③ 용접봉 혹은 용접심선이 1분간에 용융되는 길이(mm/min)을 말한다.
④ 용접봉의 지름(심선의 지름)이 동일할 때는 전압과 전류가 높을수록 커진다.

해설 **용접봉의 용융속도**=아크전압×용접봉 쪽 전압강하

문제 59

아크 용접기의 보수 및 점검 시 지켜야 할 사항으로 틀린 것은?

① 가동부분, 냉각팬을 점검하고 회전부 등에는 주유를 해야 한다.
② 2차측 단자의 한쪽과 용접기 케이스는 접지해서는 안된다.
③ 탭 전환의 전기적 접속부는 샌드페이퍼 등으로 잘 닦아 준다.
④ 용접 케이블 등의 파손된 부분은 절연테이프로 감아야 한다.

해설 2차측 단자의 한쪽과 용접기 케이스는 접지를 해야 한다.

문제 60

가용접 시 주의사항으로 가장 거리가 먼 것은?

① 강도상 중요한 부분에는 가용접을 피한다.
② 용접의 시점 및 종점이 되는 끝 부분은 가용접을 피한다.
③ 본 용접보다 지름이 굵은 용접봉을 사용하는 것이 좋다.
④ 본 용접과 비슷한 기량을 가진 용접사에 의해 실시하는 것이 좋다.

해설 본 용접보다 지름이 가는 용접봉을 사용하는 것이 좋다.

57. ①　58. ①　59. ②　60. ③

용접산업기사
필기

2020

2020년 6월 13일 시행

제 1 과목   용접야금 및 용접설비제도

문제 01 제품이 너무 크거나 노 내에 넣을 수 없는 대형 용접 구조물의 경우에 용접부 주위를 가열하여 잔류 응력을 제거하는 방법은?

① 국부 응력 제거법
② 저온 응력 완화법
③ 기계적 응력 완화법
④ 노 내 응력 제거법

해설 용접 잔류응력 제거법
① 기계적 응력완화법
   잔류응력이 있는 제품에 하중을 주어 용접부에 약간의 소성변형을 일으킨 다음, 하중에 제거하는 방법
② 저온 응력완화법
   용접선 양측을 가스불꽃에 의해 너비 약 150mm를 150~200 ℃ 정도의 비교적 낮은 온도를 가열한 다음 곧 수냉하는 방법
③ 피닝법
   해머로써 용접부를 연속적으로 때려 용접표면에 소성변형을 주는 방법
④ 국부풀림법
   제품이 커서 노내에 넣을 수 없을 때 또는 설비, 용량 등으로 노내 풀림을 바라지 못할 경우에 용접부 근처만 풀림
⑤ 노내 풀림법
   제품 전체를 가열로 안에 넣고 적당한 온도에서 일정시간 유지한 다음 노내에서 서냉

문제 02 용융슬래그의 염기도 식은?

① $\dfrac{\Sigma 염기성\ 성분(\%)}{\Sigma 산성\ 성분(\%)}$
② $\dfrac{\Sigma 산성\ 성분(\%)}{\Sigma 염기성\ 성분(\%)}$
③ $\dfrac{\Sigma 중성\ 성분(\%)}{\Sigma 염기성\ 성분(\%)}$
④ $\dfrac{\Sigma 염기성\ 성분(\%)}{\Sigma 중성\ 성분(\%)}$

해설 용융슬래그의 염기도 식 = $\dfrac{\Sigma 염기성\ 성분(\%)}{\Sigma 산성\ 성분(\%)}$

 01. ① 02. ①

문제 03 다음 중 펄라이트의 구성 조직으로 옳은 것은?

① 페라이트 + 소르바이트   ② 페라이트 + 시멘타이트
③ 시멘타이트 + 오스테나이트   ④ 오스테나이트 + 트루스타이트

해설 **펄라이트의 구성 조직** : 페라이트+시멘타이트

문제 04 순철의 조직에 관련된 설명으로 틀린 것은?

① α-철 : 910℃ 이하에서 BCC구조이다.
② γ-철 : 910~1390℃에서 FCC구조이다.
③ δ-철 : 1390~1537℃에서 BCC구조이다.
④ β-철 : 1537~1890℃에서 HCP구조이다.

해설 **동소변태** : 보이는 모양은 같은 원자배열이 다른 것 [예] 철(Fe) ⇒ α철, δ철(3종)
① 210℃(A_0) : 시멘타이트 자기변태점
② 723℃(A_1) : 공석점
③ 768℃(A_2) : 철의 자기변태점

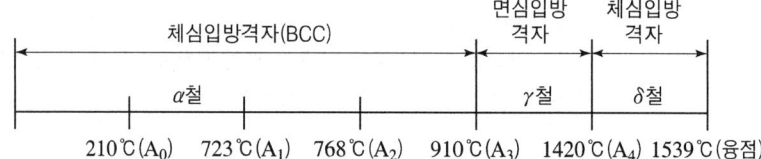

문제 05 이종 원자의 합금화에서 모재원자보다 작은 원자가 모재원자의 틈새 또는 결정격자 사이에 들어가는 경우의 고용체는?

① 치환형 고용체   ② 변태형 고용체
③ 침입형 고용체   ④ 금속간 고용체

해설 • **침입형 고용체**
이종 원자의 합금화에서 모재원자보다 작은 원자가 모재원자의 틈새 또는 결정격자 사이에 들어가는 경우의 고용체
• **치환형 고용체**
결정격자 내의 어느 정도의 원자가 동수의 별종의 원자와 치환하는 고용체
※ **고용체** : 어떤 결정체에 다른 결정체가 녹아서 고르게 섞인 상태의 고체 혼합물

해답 03. ② 04. ④ 05. ③

문제 06

실용 주철의 특성에 대한 설명으로 틀린 것은?

① 비중은 C와 Si 등이 많을수록 감소한다.
② 용융점은 C와 Si 등이 많을수록 낮아진다.
③ 흑연편이 클수록 자기 감응도가 나빠진다.
④ 내식성 주철은 염산, 질산 등의 산에는 강하나 알칼리에는 약하다.

해설 실용 주철의 특성
① 내식성 주철은 알칼리에는 강하고, 염산, 질산 등의 산에는 약하다.
② 흑연편이 클수록 자기 감응도가 나빠진다.
③ 용융점은 C와 Si 등이 많을수록 낮아진다.
④ 비중은 C와 Si 등이 많을수록 감소한다.

문제 07

용접 모재의 탄소 당량에 대한 설명으로 옳은 것은?

① 탄소 당량이 클수록 연성이 증가된다.
② 탄소 당량이 클수록 용접성이 증가된다.
③ 탄소 당량이 클수록 저온균열이 발생하기 쉽다.
④ 탄소 당량이 클수록 예열은 불필요하다.

해설 용접 모재의 탄소 당량
① 탄소 당량이 클수록 저온균열이 발생하기 쉽다.
② 탄소 당량이 클수록 예열은 필요하다.
③ 탄소 당량이 클수록 용접성이 나빠진다.
④ 탄소 당량이 클수록 연성이 감소한다.

문제 08

용접부의 냉각속도가 빨라지는 경우가 아닌 것은?

① 모재가 두꺼울 때
② 예열을 해주었을 때
③ 모재의 열전도율이 높을 때
④ 맞대기 이음보다 T형 이음일 때

해설 용접부의 냉각속도가 빨라지는 경우
① 예열을 하지 않았을 때
② 모재가 두꺼울 때
③ 맞대기 이음보다 T형 이음일 때
④ 모재의 열전도율이 높을 때

해답 06. ④　07. ③　08. ②

문제 09
철강재가 200~300℃ 정도에서 상온보다 인장강도와 경도가 증가하지만 연신율이 저하하는 현상은?

① 적열취성　　　　② 청열취성
③ 고온취성　　　　④ 크리프취성

해설
적열취성 : 원인은 황, 800~900℃
청열취성 : 원인은 인, 200~300℃

문제 10
예열 및 후열의 목적이 아닌 것은?

① 균열의 방지　　　　② 기계적 성질 향상
③ 잔류응력의 경감　　④ 균열감수성의 증가

해설 예열의 목적
① 용접금속 및 열영향부의 연성 또는 인성을 향상
② 용접부의 수축변형 및 잔류응력을 경감
③ 금속 중의 수소를 방출시켜 균열의 방지
④ 용접의 작업성 개선
⑤ 열영향부 균열 방지
⑥ 용접부의 냉각속도를 느리게 하여 결함방지

문제 11
다음 선의 종류 중 특수한 가공을 하는 부분 등 특별한 요구사항을 적용할 수 있는 범위를 표시하는데 사용하는 선은?

① 굵은 실선　　　　② 굵은 1점 쇄선
③ 가는 1점 쇄선　　④ 가는 2점 쇄선

해설 용도에 따른 선의 종류

명칭	선의 종류	선의 용도
외형선	굵은 실선	대상물이 보이는 부분의 모양을 표시
치수선	가는 실선	치수를 기입하기 위해
치수 보조선		치수를 기입하기 위해 도형으로부터 끌어내는 선
파단선		대상물의 일부를 파단한 경계 또는 일부를 떼어낸 경계를 표시하는데 사용한다.
해칭선		도형의 한정된 특정 부분을 다른 부분과 구별하는데 사용
중심선	가는 1점 쇄선	도형의 중심을 표시
기준선		위치 결정의 근거가 된다는 것을 명시
피치선		되풀이하는 도형의 피치를 취하는 기호
절단선	가는 1점 쇄선	절단 위치를 대응하는 그림에 표시
가상선	가는 2점 쇄선	인접부분 참고표시, 공구위치 참고표시, 가공 전·후 표시

해답 09. ② 10. ④ 11. ②

명칭	선의 종류	선의 용도
특수 지정선	굵은 1점 쇄선	특수한 가공을 하는 부분 등
특수한 용도의 선	아주 굵은 실선	얇은 부분의 단면도시를 명시

문제 12

그림과 같이 "넓은 루트면이 있고 이면 용접된 V형 맞대기 용접"의 기호를 바르게 표시한 것은?

① ⌣̄
② MR
③ M
④ Y̱

해설 용접 기본 기호

	명칭	그림	간략기호
1	플러그 용접 플러그 또는 슬롯 용접(미국)		⊓
2	점용접(스폿용접)		○
3	심(Seam) 용접		⊖
4	개선 각이 급격한 V형 맞대기 용접		\/
5	개선 각이 급격한 일면 개선형 맞대기 용접		|
6	가장자리(Edge) 용접		|||
7	표준 육성		⌒⌒
8	보조기호 : 토우를 매끄럽게 함 -필릿 용접 끝단 부를 매끄럽게 함		
9	넓은 루트면이 있는 V형 맞대기 용접 후 이면 용접이 있음		Y̱
10	영구적인 이면판재(Backing Strip) 사용		M
11	제거 가능한 이면판재 사용		MR
12	돌출된 모서리를 가진 평판 사이의 맞대기 용접/ 에지 플랜지형 용접(미국)/ 돌출된 모서리는 완전 용해		⋀

해답
12. ④

문제 13 제조 공정의 도중 상태 또는 일련의 공정 전체를 나타낸 제작도로 공작 공정도, 검사도, 설치도가 포함된 제작도는?

① 공정도
② 설명도
③ 승인도
④ 배근도

해설 **용도에 따른 분류**
① 제작도
  ㉠ 공정도 : 제조과정의 도중상태, 또는 일련의 공정전체를 나타낸 제작도로 공작공정도, 검사도, 설치도가 포함된다.
  ㉡ 시공도 : 건축 분야에서 현장시공을 대상으로 해서 그린 제작도이다.
  ㉢ 상세도 : 부품의 형태, 구조 또는 조립, 결합의 상세함을 나타낸 제작도로서 일반적으로 큰 척도를 그린다.
② 승인용 도면 : 주문자 또는 기타 관계자의 승인을 얻기 위한 도면이다.
③ 승인도 : 주문자 또는 기타 관계자의 승인을 얻기 위한 도면이다.
④ 설명도 : 사용자에게 물품의 구조, 기능, 성능 등을 설명하기 위한 도면으로 주로 카탈로그에 사용된다.
⑤ 주문도 : 주문하는 사람이 주문하는 물건의 크기, 형태, 정밀도, 정보 등의 주문 내용을 나타낸 도면으로 주문서에 첨부한다.
⑥ 견적도 : 견적 의뢰를 받은 사람이 의뢰 받은 물건의 견적내용을 나타낸 도면으로 견적서에 첨부한다.
⑦ 계획도
  ㉠ 기본설계도 : 제작도를 작성하기 전에 필요한 기본적인 설계를 나타낸 도면이다.
  ㉡ 실시계획도 : 토목, 건축 부분에서 건축물의 설계를 나타낸 계획도이다.

참고 **내용에 따른 분류**
① 배근도 : 철근의 치수와 배치를 나타낸 도면(건축, 토목 부분)
② 장치도 : 장치공업에서 각 장치의 배치, 공정의 관계 등을 나타낸 도면
③ 스케치도 : 기계나 장치 등의 실체를 보고 프리핸드(freehand)로 그린 도면
④ 기초도 : 기계나 구조물을 설치하기 위한 기초를 나타낸 도면
⑤ 배치도 : 지역 내의 건물 위치나 공장 내부에 기계 등의 설치 위치를 상세한 정보로 나타낸 도면
⑥ 부품도 : 부품에 대하여 최종 완성상태에서 구비해야 할 사항을 완전히 나타내기 위하여 필요한 모든 정보를 기록한 도면
⑦ 조립도
  ㉠ 총조립도 : 대상물의 전체의 조립상태를 나타낸 조립도
  ㉡ 부분조립도 : 대상물 일부분의 조립상태를 나타낸 조립도

해답
13. ①

문제 14

다음 용접의 명칭과 기호가 틀린 것은?

① 심 용접 : ⊖   ② 이면 용접 : ⌣

③ 겹침 접합부 : \/   ④ 가장자리 용접 : |||

해설 용접 기본 기호

1번부터 12번까지는 문제 12번 참고

	명칭	그림	간략기호
13	평형(I형) 맞대기 용접		||
14	V형 맞대기 용접		V
15	일면 개선형 맞대기 이음 용접		V
16	넓은 루트면이 있는 V형 맞대기 용접		Y
17	넓은 루트면이 있는 한 면 개선형 맞대기 용접		Y
18	U형 맞대기 용접(평형 또는 경사면)		U
19	J형 맞대기 용접		⌐
20	이면 용접		⌣
21	필릿 용접		△
22	표면(Surface) 접합부		=
23	경사 접합부		//
24	겹침 접합부		⊃

해답

14. ③

문제 **15**

CAD 시스템의 도입 효과가 아닌 것은?
① 품질향상　　　　　② 원가절감
③ 납기연장　　　　　④ 표준화

해설 **CAD 시스템의 도입 효과**
① 품질향상　② 원가절감　③ 표준화

문제 **16**

다음 용접 기호에 대한 설명으로 틀린 것은?
① n은 용접부의 개수를 말한다.
② 목 두께가 a인 연속 필릿 용접이다.
③ (e)는 인접한 용접부 간의 거리를 표시한다.
④ l은 크레이터부를 포함한 용접부의 길이이다.

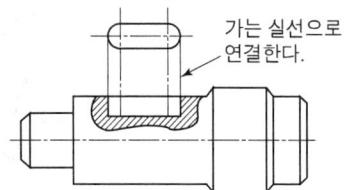

해설 목두께가 a인 단속 필릿 용접이다.

문제 **17**

특정 부분의 도형이 작아서 그 부분의 상세한 도시나 치수 기입을 할 수 없을 때는 그 부분을 가는 실선으로 에워싸고, 영문자 대문자로 표시함과 동시에 그 해당 부분을 다른 장소에 확대하여 그리는 것은?
① 국부 투상도　　　② 부분 확대도
③ 보조 투상도　　　④ 부분 투상도

해설 **투상도의 표시방법**
① 국부투상도 : 대상물의 구멍, 홈 등과 같이 한 부분의 모양을 도시한다.

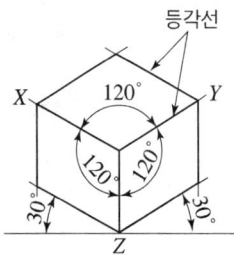

② 등각투상도(isometric projection) : 3축(X, Y, Z)이 120°의 등각이 되도록 입체도로 투상한 것이다.

15. ③　16. ②,④　17. ②

③ 부분투상도 : ㉠ 필요한 부분만을 투상하여 도시한다.
㉡ 생략한 부분과의 경계는 파단선으로 한다.

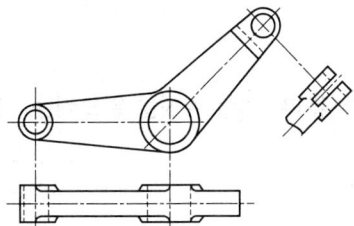

문제 18

KS에서 일반 구조용 압연강재의 종류로 옳은 것은?

① SS410
② SM45C
③ SM400A
④ STKM

해설 강관의 종류
① 건축구조용 탄소강관 : SNT 275E, SNT 355E, SNT 275A, SNT 355A
② 건축구조용 각형 탄소강관 : SNRT 275A, SNRT 295E, SNRT 355A
③ 용접구조용 압연강재 : SM 274A, SM 355A, SM 420A, SM 460B
④ 기계구조용 탄소강재 : SM10C, SM12C, SM15C, SM17C, SM20C, SM22C, SM25C, SM28C, SM30C, SM33C, SM35C, SM38C, SM15CK, SM20CK
⑤ 탄소강단강품 : SF340A
⑥ 일반구조용 압연강재 : SS330, SS400, SS490, SS540, SS590

문제 19

중심축과 물체의 표면이 나란하게 이루어진 물체, 즉 각 모서리가 직각으로 만나는 물체나 원통형 물체를 전개할 때 사용하는 전개도법으로 가장 적합한 것은?

① 타출을 이용한 전개도법
② 방사선을 이용한 전개도법
③ 삼각형을 이용한 전개도법
④ 평행선을 이용한 전개도법

문제 20

치수선으로 사용되는 선의 종류는?

① 은선
② 가는 실선
③ 굵은 실선
④ 가는 1점 쇄선

해설 문제 11번 참고

해답 18. ① 19. ④ 20. ②

제 2 과목　용접구조설계

문제 21

용접성을 저하시키며 적열 취성을 일으키는 원소는?
① 황
② 규소
③ 구리
④ 망간

해설

황	망간	규소
① 적열취성의 원인 ② 800~900℃ ③ 용접성을 저하시킴	① 적열취성을 방지 ② 황의 해를 제거 ③ 고온강도 개선	① 용융금속의 유동성을 좋게 한다. ② 용접성을 저하시킨다. ③ 결정립의 조대화 ④ 충격저하 감소 ⑤ 인장강도, 경도, 탄성한계 높아짐 ⑥ 연신율 감소

문제 22

두께가 5mm인 강판을 가지고 다음 그림과 같이 완전 용입의 맞대기 용접을 하려고 한다. 이때 최대 인장하중을 50000N 작용시키려면 용접 길이는 얼마인가? (단, 용접부의 허용 인장응력은 100MPa이다.)

① 50mm
② 100mm
③ 150mm
④ 200mm

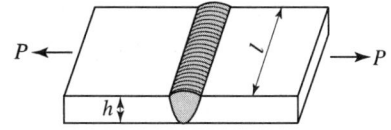

해설 $\sigma = \dfrac{P}{tl}$ 에서 $l = \dfrac{P}{\sigma \times t} = \dfrac{50000}{100 \times 5} = 100\mathrm{mm}$

문제 23

용접 구조 설계상의 주의 사항으로 틀린 것은?
① 용접에 의한 변형 및 잔류응력을 경감시킬 수 있도록 한다.
② 용접 치수는 강도상 필요한 치수 이상으로 크게 하지 않는다.
③ 용접 부위는 단면 형상의 급격한 변화 및 노치가 있는 부위로 한다.
④ 용접 이음을 감소시키기 위하여 압연 형재, 주단조품, 파이프 등을 적절히 이용한다.

해설 용접 부위는 단면 형상의 급격한 변화 및 노치가 없게 한다.

해답 21. ① 22. ② 23. ③

문제 24

강에 황이 층상으로 존재하는 유황 밴드가 심한 모재를 서브모지드 아크용접할 때 나타나는 고온 균열은?

① 토 균열
② 설퍼 균열
③ 비드 밑 균열
④ 크레이터 균열

해설 **저온균열의 유형**
① 라멜라이티어 균열 : T이음, 모서리 이음 등에서 강의 내부에 평행하게 층상으로 발생되는 균열
② 비드밀 균열 : 용접비드 바로 밑에서 용접선에 아주 가까이 거의 평행하게 모재 열영향부에 생기는 균열
③ 루트 균열 : 맞대기 용접의 가접, 첫 층용접의 루트근방의 열 영향부에 발생하는 균열
④ 힐 균열 : 필릿 시 루트부분에 발생하는 저온 균열이며 모재의 수축팽창에 의한 뒤틀림이 주요 원인
⑤ 토우 균열 : 맞대기 이음, 필릿 이음 등의 경우에 비드표면과 모재의 경계부에서 발생

고온균열의 유형
① 설퍼 균열(유황 균열) : 강 중의 황이 층상으로 존재하는 유황밴드가 심한 모재를 서브머지드 아크 용접 시 나타나는 균열
② 라미네이션 균열 : 모재의 결함에 기인되는 것으로 모재 내에 기포가 압연되어 발생하는 유황밴드와 같이 층상으로 편재해 강재 내부적 노취 취성

문제 25

가용접시 주의해야 할 사항으로 틀린 것은?

① 본 용접과 같은 온도에서 예열한다.
② 개선 홈 내의 가용접부는 백치핑으로 완전히 제거한다.
③ 가용접 위치는 부품의 끝 모서리나 중요한 부위에 실시한다.
④ 본용접자와 동등한 기량을 갖는 작업자가 가용접을 실시한다.

해설 **가용접 시 주의 사항**
① 조립순서는 수축이 큰 맞대기 이음을 먼저 용접하고 다음에 필릿 용접을 한다.
② 응력이 집중될 우려가 있는 곳은 피한다.
③ 본 용접사와 동등한 기량을 갖는 용접사가 가접시행
④ 대칭으로 용접실시
⑤ 가용접사는 본 용접 때보다 지름이 약간 가는 용접봉 사용
⑥ 큰 구조물에서는 구조물의 중앙에서 끝으로 향하여 용접실시
⑦ 본 용접과 같은 온도에서 예열한다.

해답 24. ② 25. ③

문제 26

다음 금속 중 냉각속도가 가장 빠른 것은?

① 구리
② 연강
③ 알루미늄
④ 스테인리스강

해설 열전도율이 클수록 냉각속도가 빠르다.
은 > 구리 > 금 > 알루미늄 > 마그네슘 > 아연 > 니켈

문제 27

플러그 용접의 전단강도는 구멍의 면적당 전용착 금속 인장강도의 몇 % 정도인가?

① 20~30
② 40~50
③ 60~70
④ 80~90

해설 플러그 용접의 전단강도는 구멍의 면적당 전용착 금속 인장강도의 60~70% 이다.

문제 28

일반적인 용접 이음 설계 시 주의 사항으로 틀린 것은?

① 가능하면 용접선은 교차하지 않도록 설계한다.
② 될 수 있는 한 용접량이 많은 홈 형상을 설계한다.
③ 용접 작업에 지장을 주지 않도록 충분한 공간을 갖도록 설계한다.
④ 맞대기 용접에는 이면용접을 할 수 있도록 해서 용입 부족이 없도록 한다.

해설 될 수 있는 한 용접량이 적은 홈 형상을 설계한다.

문제 29

일반적인 각변형 방지 대책으로 틀린 것은?

① 구속지그를 활용한다.
② 역변형의 시공법을 사용한다.
③ 용접속도가 느린 용접법을 이용한다.
④ 개선각도는 작업에 지장이 없는 한도 내에서 작게 하는 것이 좋다.

해설 용접속도가 빠른 용접법을 이용한다.

문제 30

초음파 탐상법의 종류가 아닌 것은?

① 투과법
② 공진법
③ 펄스반사법
④ 플라스마법

해설 **초음파 탐상법의 종류**
① 투과법 ② 공진법 ③ 펄스반사법

해답

26. ① 27. ③ 28. ② 29. ③ 30. ④

문제 31 용접구조물을 제작할 때 피로 강도를 향상시키기 위한 방법을 올바르게 설명한 것은?

① 표면가공, 다듬질 등에 의하여 단면이 급변하게 할 것
② 가능한 응력 집중부에는 용접부가 집중되도록 할 것
③ 냉간가공 또는 야금적 변태를 이용하여 기계적 강도를 줄일 것
④ 열처리 또는 기계적인 방법으로 용접부 잔류응력을 완화시킬 것

해설 용접구조물을 제작 시 피로 강도를 향상시키기 위한 방법
열처리 또는 기계적인 방법으로 용접부 잔류응력을 완화시킬 것

문제 32 탄소함유량이 약 0.25%인 탄소강을 용접할 때 가장 적당한 예열온도는 약 몇 ℃ 인가?

① 90~150
② 250~350
③ 400~450
④ 470~550

해설 용접 시 탄소량에 따른 예열온도
① 탄소량이 0.2% 이하 : 90℃ 이하
② 탄소량이 0.2% 초과 0.3% 이하 : 90~150℃ 이하
③ 탄소량이 0.3% 초과 0.4% 이하 : 150~260℃ 이하
④ 탄소량이 0.4% 초과 0.8% 이하 : 260~430℃ 이하

문제 33 인장강도가 530N/mm²인 모재를 용접하여 만든 용접시험편의 인장강도가 380N/mm²일 때 이 용접부의 이음효율은 약 몇 % 인가?

① 52
② 72
③ 94
④ 140

해설 용접부의 이음효율 = $\frac{\text{용접시험편의 인장강도}}{\text{모재의 인장강도}} \times 100 = \frac{380}{530} \times 100 = 71.69\%$

문제 34 피복아크용접에서 판두께 8mm 이상의 두꺼운 강판을 용접할 때 사용되는 이음 홈의 형상으로 가장 거리가 먼 것은?

① I형
② H형
③ U형
④ 양면J형

해설 맞대기 이음 형상
① I형(6mm 이하) : 맞대기 용접에서 가장 얇은 박판에 사용
② X형(10mm 초과 40mm 이하) : 이음 홈 형상 중에서 동일한 판 두께에 대하여

31. ④ 32. ① 33. ② 34. ①

가장 변형이 적게 설계된 것
③ H형(50mm 초과) : X형 홈과 같이 양면 용접이 가능한 용착금속의 양과 패스수를 줄일 목적으로 사용되며 모재가 두꺼울수록 유리한 홈의 형상
④ U형(16mm 초과 50mm 이하) : V형에 비해 홈의 폭이 좁아도 되고 또한 루트간격을 0으로 해도 작업성과 용입이 좋으며 한 쪽에서 용접하여 충분한 용입을 얻을 필요가 있을 때 사용
⑤ V형(6mm 초과 20mm 이하) : 한 쪽 방향으로 완전한 용입을 얻고자 할 때 사용

문제 35

용접변형의 종류에 해당하지 않는 것은?
① 좌굴변형　　② 연성변형
③ 회전변형　　④ 비틀림변형

해설 용접변형의 종류
① 좌굴변형　② 회전변형　③ 비틀림변형

문제 36

다음 용착법 중 용접방향과 용착방향이 동일하게 되도록 용착하는 방법은?
① 전진법　　② 후퇴법
③ 양분법　　④ 빔 진동법

해설 용착법
① 스킵법 : 이음의 전 길에 대해서 뛰어넘어서 용접하는 방법이다. 잔류응력을 균일하게 하지만 능률이 좋지 않으며, 용접 시작 부분과 끝나는 부분에 결함이 생길 때가 많다.

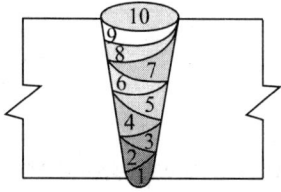

② 빌드업법(덧살올림법) : 용접 전 길이에 대하여 각 층을 연속하는 방법. 능률은 좋지 않지만 한랭시나 구속이 클 때, 판 두께가 두꺼울 때에는 첫 층에 균열이 생길 우려가 있다.

③ 케스케이드법 : 한 부분에 대해 몇 층을 용접하다가 다음 부분의 층으로 연속시켜 용접

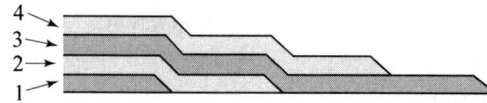

해답
35. ②　36. ①

문제 37
다음 그림과 같은 홈의 종류는 무슨 형인가?
① U형
② V형
③ I형
④ J형

문제 38
용접부 검사의 분류 중 기계적 시험법이 아닌 것은?
① 인장 시험
② 굽힘 시험
③ 피로 시험
④ 현미경 조직 시험

해설 **기계적 시험법**
① 충격시험(샤르피식 아이조드식) : V형, U형의 노치를 만들어 충격적인 하중을 주어서 시험편을 파괴시키는 방법
② 굽힘시험 : 재료의 연성유무를 시험
③ 인장시험 : 인장강도, 항복점, 단면수축률, 연신율 등을 측정
④ 피로시험 : 작은 힘을 수없이 반복하여 파괴를 일으키는 방법

문제 39
최초길이가 15mm인 시험편을 인장시험 후 20mm가 되었을 경우 연신율은 약 몇 %인가?
① 13
② 23
③ 33
④ 53

해설 연신율$(\phi L) = \dfrac{l' - l}{l} \times 100 = \dfrac{20 - 15}{15} \times 100 = 33.3\%$

문제 40
용접부를 연속적으로 타격하여 표면층에 소성변형을 주어 잔류 응력을 감소시키는 방법은?
① 피닝법
② 변형 교정법
③ 저온 응력 완화법
④ 응력 제거 어닐링

해설 문제 1번 참고

해답 37. ④ 38. ④ 39. ③ 40. ①

제 3 과목 용접일반 및 안전관리

문제 41 정격 사용률이 50%이고, 정격 2차 전류가 300A인 아크 용접기를 사용하여 실제 300A로 용접한다면 용접기의 허용 사용률은 몇 %인가?
① 34.7
② 41.7
③ 50
④ 72

해설 허용사용률 $= \dfrac{정격2차전류^2}{실제용접전류^2} \times 정격사용률 = \dfrac{300}{300} \times 50\% = 50\%$

※ 계산공식

용접기 사용률 $= \dfrac{아크발생시간}{아크발생시간+휴식시간} \times 100$

허용사용률 $= \dfrac{정격2차전류^2}{실제용접전류^2} \times 정격사용률$

효율 $= \dfrac{아크전력}{소비전력} \times 100$ (여기서, 아크전력=아크전압×정격2차전류
　　　　　　　　　　　　　　소비전력=아크전력+내부손실)

역률 $= \dfrac{소비전력}{전원입력} \times 100$ (여기서, 전원입력=무부하전압×정격2차전류)

문제 42 가스 절단에 사용되는 프로판 가스의 성질을 설명한 것 중 틀린 것은?
① 공기보다 가볍다.
② 증발잠열이 크다.
③ 상온에서는 기체 상태이고 무색이다.
④ 액화하기 쉽고 용기에 넣어 수송하기 편리하다.

해설 프로판 가스의 성질
① 공기보다 무겁다.
② 증발잠열이 크다.(102.8kcal/kg)
③ 상온에서 기체상태이고 무색이다.
④ 액화하기 쉽고 용기에 넣어 수송하기 편리하다.
⑤ 연소시 다량의 공기가 필요하다.
⑥ 연소범위가 좁다.
⑦ 연소속도가 늦다.
⑧ 착화온도가 높다.

해답 41. ③　42. ①

문제 43 서브머지드 아크 용접의 특징으로 틀린 것은?

① 유해광선 발생이 적다.
② 용착속도가 빠르며 용입이 깊다.
③ 전류밀도가 낮아 박판용접에 용이하다.
④ 개선각을 작게 하여 용접의 패스 수를 줄일 수 있다.

해설 서브머지드 아크 용접의 특징

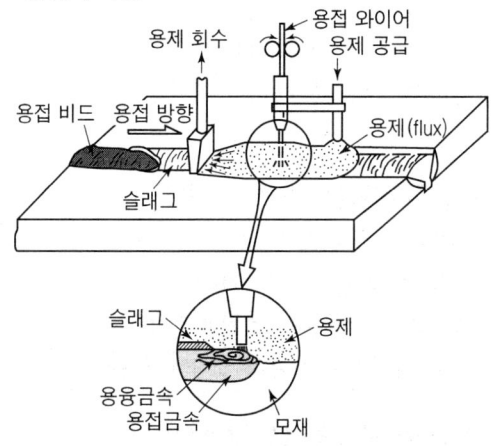

원리	자동 금속아크 용접법으로 모재의 이음표면에 미세한 입상의 용제를 공급하고, 용제 속에 연속적으로 전극와이어를 송급하여 모재 및 전극와이어를 용융시켜 용접부를 대기로부터 보호하면서 용접하는 방법으로 일명 잠호용접이라고 한다. 상품명으로는 링컨용접, 유니언멜트용접이라고 불리운다. [전극방법 : 탬덤식, 횡병렬식, 횡직렬식]
장점	① 콘텍트 팁에서 통전되므로 와이어 중에 저항 열이 적게 발생되어 고전류 사용이 가능하다. ② 용융 속도 및 용착속도가 빠르다. ③ 용입이 깊다. ④ 작업 능률이 수동에 비하여 판두께 12mm에서 2~3배, 25mm에서 5~6배, 50mm에서 8~12배 정도가 높다. ⑤ 개선각을 적게 하여 용접 패스(pass)수를 줄일 수 있다. ⑥ 기계적 성질이 우수하다. ⑦ 유해광선이나 퓸(fume) 등이 적게 발생되어 작업환경이 깨끗하다. ⑧ 비드 외관이 매우 아름답다.
단점	① 장비의 가격이 고가이다. ② 용접 적용 자세에 제약을 받는다. ③ 용접 재료에 제약을 받는다. ④ 개선 홈의 정밀을 요한다.(팩킹재 미 사용시 루트간격 0.8mm 이하) ⑤ 용접 진행 상태의 양·부를 육안식별이 불가능하다. ⑥ 용접선이 짧거나 복잡한 경우 수동에 비하여 비능률적이다.

해답
43. ③

문제 44

가스 절단 시 사용되는 산소 중에 불순물이 증가되면 나타나는 결과로 틀린 것은?

① 절단면이 거칠어진다.
② 절단 속도가 빨라진다.
③ 산소의 소비량이 많아진다.
④ 슬래그의 이탈성이 나빠진다.

해설 가스 절단 시 사용되는 산소 중에 불순물이 증가되면 나타나는 결과
① 절단면이 거칠어진다.
② 절단 속도가 느려진다.
③ 산소의 소비량이 많아진다.
④ 슬래그의 이탈성이 나빠진다.

문제 45

저항 용접의 특징으로 틀린 것은?

① 접합강도가 비교적 크다.
② 산화 및 변질 부분이 적다.
③ 용접봉, 용제 등이 불필요하다.
④ 작업속도가 느려 소량생산에 적합하다.

해설 저항 용접의 특징(용산작용가열)
① 용접부가 깨끗하다.
② 용접봉, 용제 등이 불필요하다.
③ 산화 및 변질부분이 적다.
④ 작업속도가 빠르고 대량생산에 적합하다.
⑤ 가압효과로 조직이 치밀해진다.
⑥ 급냉경화로 인한 후열처리가 필요하다.
⑦ 설비가 복잡하고 가격이 비싸다.
⑧ 열손실이 적고 용접부에 집중열을 가할 수 있다.
⑨ 적당한 비파괴검사가 어렵다.

문제 46

가스용접에서 토치의 취급상 주의사항으로 틀린 것은?

① 토치를 망치 등 다른 용도로 사용해서는 안된다.
② 팁 및 토치를 작업장 바닥이나 흙 속에 방치하지 않는다.
③ 작업 중 발생하기 쉬운 역류, 역화, 인화에 항상 주의하여야 한다.
④ 팁을 바꿔 끼울 때에는 반드시 양쪽 밸브를 모두 열고 팁을 교체한다.

해설 팁을 바꿔 끼울 때에는 반드시 양쪽 밸브를 모두 닫고 팁을 교체한다.

해답 44. ② 45. ④ 46. ④

문제 47

교류 아크 용접기에서 용접전류 조정범위는 정격 2차 전류의 몇 % 정도인가?

① 20~110%
② 40~170%
③ 60~190%
④ 80~210%

해설 교류 아크 용접기에서 용접전류 조정범위는 정격 2차 전류의 20~110% 정도

문제 48

일반적인 프로젝션 용접의 특징으로 옳은 것은?

① 전극의 수명이 짧다.
② 용접 속도가 느리다.
③ 제품의 신뢰도가 낮다.
④ 작업능률이 높으며 외관이 아름답다.

해설 프로젝션 용접의 특징 (겸용계작)
① 전극의 수명이 길다.
② 용접 속도가 빠르다.
③ 제품의 신뢰도가 높다.
④ 작업능률이 높으며 외관이 아름답다.

문제 49

역류, 역화, 인화 등을 막기 위해 사용하는 수봉식 안전기 취급시 주의사항이 아닌 것은?

① 수봉관에 규정된 선까지 물을 채운다.
② 안전기가 얼었을 경우 가스토치로 해빙시킨다.
③ 안 개의 안전기에는 반드시 한 개의 토치를 설치한다.
④ 수봉관의 수위는 작업 전에 반드시 점검한다.

문제 50

고장력강용 피복 아크 용접봉에서 피복제 계통이 철분 저수소계인 것은?

① E5001
② E5003
③ E5316
④ E5326

해설 연강용 피복 아크 용접봉의 특징
① E4301(일미나이트계) (티주용가)
  ㉠ TiO_2(산화티탄), FeO를 약 30% 이상 함유
  ㉡ 주성분은 광석, 사철
  ㉢ 용접성과 기계적 성질 우수
  ㉣ 가열온도와 가열시간 : 70~100℃, 30~60분

해답 47. ① 48. ④ 49. ② 50. ④

② E4303(라임티탄계) **(티비언)**
　㉠ TiO₂(산화티탄)을 약 30% 이상 함유
　㉡ 비드와 외관이 아름답다.
　㉢ 언더컷이 발생되지 않는다.
③ E4311(고셀룰로오스계) **(셀비좁건)**
　㉠ 셀룰로오스는 20~30% 정도 포함
　㉡ 비드표면이 거칠고 스패터가 많은 것이 결점
　㉢ 좁은 홈은 용접시 사용
　㉣ 습기가 흡수되기 쉬우므로 건조
④ E4313(고산화티탄계) **(산일비고)**
　㉠ TiO₂(산화티탄)을 약 35% 이상 함유
　㉡ 일반 경구조물 용접에 사용
　㉢ 비드표면이 고우며 작업성이 우수
　㉣ 고온 크랙을 일으키기 쉬운 결점이 있다.
⑤ E4316(저수소계) **(주내용)**
　㉠ 주성분으로는 석회석, 형석 등이 있다.
　㉡ 내균열성, 기계적 성질이 우수
　㉢ 용착금속 중에 수소함유량이 다른 피복봉에 비해 1/10 정도로 매우 낮음
　㉣ 가열온도와 가열시간 : 300~350℃, 1~2시간
⑥ E4324(철분산화티탄계)
⑦ E4316(철분저수소계)
⑧ E4327(철분산화철계)

문제 51

레이저 용접의 설명으로 틀린 것은?
① 접촉식 용접방법이다.　② 모재의 열변형이 거의 없다.
③ 이종금속의 용접이 가능하다.　④ 미세하고 정밀한 용접을 할 수 있다.

해설 레이저 용접의 특징
① 이종금속의 용접이 가능하다.
② 모재의 열변형이 거의 없다.
③ 비접촉식 용접방법이다.
④ 미세하고 정밀한 용접을 할 수 있다.

문제 52

전격방지기가 설치된 용접기의 가장 적당한 무부하 전압은 몇 V 정도인가?
① 20~30　② 40~50
③ 60~70　④ 80~90

해답 51. ① 52. ①

문제 53

피복아크용접봉의 피복 배합제 중 탈산제로 사용되는 것은?

① 붕사
② 망간철
③ 석회석
④ 산화티탄

해설 피복 배합제

① 탈산제	㉠ 페로망간(Fe-Mn)	㉡ 페로티탄(Fe-Ti)	
	㉢ 페로바나듐(Fe-V)	㉣ 페로크롬(Fe-Cr)	
	㉤ 페로실리콘(Fe-Si)	㉥ Al	
	㉦ Mg		
② 아크안정제	㉠ 석회석(CaCO$_3$)	㉡ 규산카륨(K$_2$SiO$_3$)	
	㉢ 규산나트륨(Na$_2$SiO$_3$)	㉣ 산화티탄(TiO$_2$)	
	㉤ 적철광	㉥ 자철광	
③ 합금첨가제	㉠ 페로망간	㉡ 페로실리콘	㉢ 페로크롬
	㉣ 산화니켈	㉤ 페로바나듐	㉥ 산화몰리브덴
	㉦ 빙정석		
④ 가스발생제	㉠ 석회석	㉡ 탄화바륨	㉢ 톱밥
	㉣ 녹말	㉤ 셀룰로오스	
⑤ 슬래그생성제	㉠ 이산화망간	㉡ 산화티탄	㉢ 형석
	㉣ 석회석	㉤ 일미나이트	㉥ 알루미나
	㉦ 규사		
⑥ 고착제	㉠ 해초	㉡ 당밀	㉢ 아교
	㉣ 카제인	㉤ 규산칼륨	㉥ 규산나트륨

문제 54

가스절단에서 일정한 속도로 절단할 때 절단 홈의 밑으로 갈수록 슬래그의 방해, 산소의 오염 등에 의해 절단이 느려져 절단면을 보면 거의 일정한 간격으로 평행한 곡선이 나타난다. 이 곡선을 무엇이라 하는가?

① 가스궤적
② 드래그라인
③ 절단면의 아크 방향
④ 절단속도의 불일치에 따른 궤적

문제 55

연납 땜과 경납 땜을 구분하는 기준 온도는 몇 ℃인가?

① 120
② 300
③ 350
④ 450

해설 연납 땜 : 450℃ 이하(용제 : 인산, 염산, 염화아연, 염화암모늄)
경납 땜 : 450℃ 초과(용제 : 붕사, 붕산, 염화나트륨, 염화리튬, 산화제1구리, 빙정석)

해답

53. ② 54. ② 55. ④

문제 56

MIG용접의 특징으로 옳은 것은?

① 수하특성 및 정전류 특성을 가진다.
② MIG 용접은 전자동 용접에만 사용한다.
③ 전류 밀도가 피복아크용접의 약 6배 정도 높다.
④ TIG 용접에 비해 능률이 작아 3mm이하의 박판용접에 주로 사용한다.

해설 MIG 용접법의 특징(불활성가스 금속 아크 용접)

용극	용극식, 소모식
상품명	에어코우메틱(air comatic), 시그마(sigma), 필러아크(filler arc), 알곤노트(argonaut)
원리	연속적으로 공급되는 용가재(금속 용접봉)와 모재 사이에서 발생되는 아크 열을 이용하여 용접하는 방식으로 용극식, 소모식 불활성가스 금속아크 용접이라고 한다.
장점	① 각종 금속용접에 다양하게 적용할 수 있어 용융범위가 넓다. ② CO_2용접에 비해 스패터 발생이 적다. ③ TIG용접에 비해 전류밀도가 높으므로 용융속도가 빠르다. ④ 후판용접에 적합하다. ⑤ 수동 피복아크 용접에 비해 용착효율이 높아 고능률적이다. ⑥ 전자세 용접가능
단점	① 보호가스의 가격이 비싸서 연강용접에는 다소 부적당하다. ② 박판용접(3mm 이하)에는 적용이 곤란하다. ③ 바람의 영향을 크게 받으므로 방풍대책이 필요하다. ④ 용접 후 슬래그가 없어서 용착금속의 냉각속도가 빠르기 때문에 금속조직과 기계적 성질이 변할 수 있다.

① 와이어 송급 장치
  ㉠ 풀(Pull) 방식
  ㉡ 푸시(Push) 방식
  ㉢ 푸시(Push)-풀(Pull) 방식
  ㉣ 더블 푸시(Double Push) 방식
② 제어장치
  ㉠ 예비가스 유출시간 : 아크가 발생되기 전 보호가스를 방출하여 안정시키는 제어
  ㉡ 스타트 시간 : 아크가 발생되는 순간 용접 전류와 전압을 크게 하여 아크발생과 모재 융합을 돕는 제어
  ㉢ 크레이터 충전 시간 : 용접이 끝나는 지점에서 토치 스위치를 다시 누르면 전류와 전압이 낮아져 쉽게 크레이터 충전
  ㉣ 번언 백 시간 : 크레이터 처리 기능에 의해 낮아진 전류가 서서히 줄어들면서 아크가 끊어지는 기능

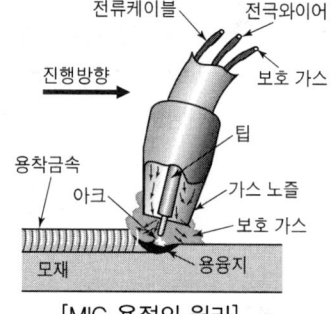

[MIG 용접의 원리]

해답 56. ③

문제 57 직류 아크 용접기의 극성에 따른 특징으로 옳은 것은?
① 역극성의 경우 비드폭이 좁다.
② 정극성의 경우 모재의 용입이 깊다.
③ 역극성의 경우 용접봉의 녹음이 느리다.
④ 정극성은 박판용접 및 비철금속 용접에 쓰인다.

해설

직류 정극성(DCSP) (후비용용모)	직류역극성(DCRP)
① 후판용접에 적합	① 박판용접에 적합
② 비드폭이 좁다.	② 비드폭이 넓다.
③ 용입이 깊다.	③ 용입이 얕다.
④ 용접봉의 용융속도가 느리다.	④ 용접봉의 용융속도가 빠르다.
⑤ 모재(+) 70%열, 용접봉(−) 30%열	⑤ 용접봉(+) 70%열, 모재(−) 30%열

문제 58 중압식 가스용접 토치에서 사용되는 아세틸렌가스의 압력으로 적당한 것은?
① 0.25MPa 이상
② 0.13~0.25MPa
③ 0.007~0.13MPa
④ 0.001~0.007MPa

해설 **가스용접 토치에서 사용되는 아세틸렌가스의 압력**
① 저압 : 0.007MPa 미만
② 중압 : 0.007~0.13MPa 미만
③ 고압 : 0.13MPa 이상

문제 59 교류아크용접기의 부속장치 중 아크 발생 초기만 용접 전류를 특별히 높이는 장치는?
① 핫 스타트 장치
② 원격 제어 장치
③ 전격 방지 장치
④ 초음파 발생 장치

해설 **교류아크용접기의 부속장치**
① 핫 스타트 장치 : 아크가 발생하는 초기에 용접봉과 모재가 냉각되어 있다. 입열이 부족하여 아크가 불안정하기 때문에 아크 초기만 용접전류를 특별히 크게 하기 위해 사용한다.
② 전격 방지 장치 : 무부하전압이 85~95V로 비교적 높은 교류아크 용접기는 감전재해의 위험이 있기 때문에 무부하 전압을 20~30V 이하로 유지하여 용접사 보호
③ 고주파 발생 장치 : 교류아크 용접기에 고주파를 병용시키면 아크가 안정되므로 작은 전류로 얇은 판이 비철금속 용접시 사용

해답 57. ② 58. ③ 59. ①

문제 60

1차 압력이 40kVA인 피복아크 용접기에서 전원 전압이 200V라면 퓨즈의 용량은 몇 A가 가장 적합한가?

① 100
② 150
③ 200
④ 250

해설 퓨즈용량 = $\dfrac{40 \times 1000}{200}$ = 200A

해답 60. ③

2020년 8월 22일 시행

제 1 과목 용접야금 및 용접설비제도

문제 01 다음 중 용접 전에 적당한 온도로 예열하는 목적과 가장 거리가 먼 것은?
① 수축 변형을 감소시키기 위하여   ② 냉각속도를 빠르게 하기 위하여
③ 잔류응력을 경감시키기 위하여   ④ 연성을 증가시키기 위하여

해설 예열의 목적
① 용접금속 및 열영향부의 연성 또는 인성을 향상
② 용접부의 수축변형 및 잔류응력을 경감
③ 용접의 작업성 개선
④ 용접부의 냉각속도를 느리게 하여 결함방지
⑤ 열영향부의 균열방지
⑥ 금속 중의 수소를 방출시켜 균열의 방지

문제 02 금속의 일반적인 성질로 틀린 것은?
① 수은 이외에는 상온에서 고체이다.
② 전기에 부도체이며, 비중이 작다.
③ 고체 상태에서 결정구조를 갖는다.
④ 금속 고유의 광택을 갖고 있다.

해설 금속의 성질
① 열과 전기의 양도체이다.
② 비중이 크고 금속적 광택을 갖는다.
③ 이온화하면 양이온이 된다.
④ 상온에서 고체이며 결정체이다.(단, 수은제외)
⑤ 소성변형이 있어 가공하기 쉽다.

문제 03 순철의 성질이 아닌 것은?
① 담금질 효과를 받지 않는다.   ② 용접성이 크다.
③ 연성이 크다.   ④ 취성이 크다.

 01. ② 02. ② 03. ④

해설 순철의 성질
① 취성이 적다. ② 용접성이 크다.
③ 연성이 크다. ④ 담금질 효과를 받지 않는다.

문제 04 강의 제조법 중 탈산정도에 따른 강괴의 종류에 해당하지 않는 강은?
① 킬드강 ② 림드강
③ 쾌삭강 ④ 세미킬드강

해설 탈산정도에 따른 강괴의 종류
① 킬드강 : 용강 중에 Fe-Si 또는 Al분말 등의 강한 탈산제를 첨가하여 완전히 탈산시킨 강
② 림드강 : 전로에서 용해한 강을(Mn-Fe)로 가볍게 탈산시킨 상태에서 주형에 주입한 것으로 불완전 탈산강이라 한다.
③ 세미킬드강 : 탈산의 정도를 킬드강과 중간 정도로 한 약탈산강을 말한다. 용도로는 일반구조용강, 두꺼운 판의 소재

문제 05 저탄소강의 용접 열영향부 조직 중 가열온도 범위가 900~1100℃이고, 재결정으로 미세화 되어 인성 등의 기계적 성질이 양호한 것은?
① 조립부 ② 세립부
③ 모재부 ④ 취화부

해설 열영향부의 조직
① 세립부(미립부) : 온도 범위가 900~1100℃이고, 재결정으로 *미세화 되어 인성 등의 기계적 성질 양호
   * 미세화 : 온도에 따른 용해도의 차이를 이용하여 용매에 용해되었던 결정성 물질을 다시 결정으로 석출
② 조립부(1100℃) : 1250~1450℃의 과열로 조립화한다. 급냉경화하므로 경도가 최대인 구역
③ 본드부(1400℃) : 모재의 일부가 녹고 일부는 고체 그대로 아주 조립한 조직을 나타냄
④ 용착금속부(1500℃) : 용융응고한 부분으로 *수지상 조직을 나타낸다.
   * 수지상 : 가지를 가진 결정(삼차원적으로 늘어선)
⑤ 취화부(500℃) : 기계적 성질이 취화하나 현미경 조직검사로는 거의 변화가 없는 조직
⑥ 원질부(200~상온) : 용접열을 받지 않는 소재부분

해답
04. ③ 05. ②

문제 06

체심입방격자의 단위격자에 속하는 원자수는?

① 1개
② 2개
③ 3개
④ 4개

해설 결정격자의 종류
① 체심입방격자(BCC) : V, Mo, Cr, K, Na, Ba, Ta, α-Fe, δ-Fe
② FCC(면심입방격자) : Ag, Cu, Au, Al, Pb, Ni, Pt, Ce, γ-Fe
③ 조밀입방격자(HCP) : Ti, Mg, Zn, Co, Zr, Be

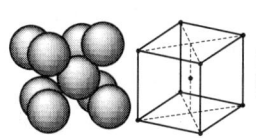 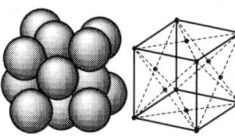 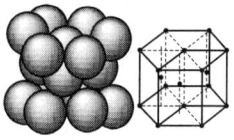

육면체꼭짓점 : 9개 　　육면체꼭짓점 : 14개 　　육면체꼭짓점 : 17개
(a) 체심입방격자(2) 　　(b) 면심입방격자(2) 　　(c) 조밀육방격자(4)

※ 결정격자 : 규칙적으로 배열된 결정의 원자 배열상태를 보여주는 입체모양
※ 단위격자 : 체심입방격자-2, 면심입방격자-2, 조밀육방격자-4

문제 07

강의 연화 및 내부응력 제거를 목적으로 하는 열처리는?

① marquenching
② annealing
③ carburizing
④ nitriding

해설 열처리 : 철강을 적당한 온도로 가열 및 냉각시켜 특별한 성질부여
① 담금질 = 퀜칭 = 소입
　㉠ 강을 A_3 및 A_1선 이상 30~50℃로 가열 후 물 또는 기름으로 급랭시키는 방법
　㉡ 경도 및 강도증가
② 뜨임 = 템퍼링 = 소려
　㉠ 담금질된 강을 A_1변태점으로 가열하여 인성증가
③ 풀림 = 어닐링 = 소둔
　㉠ 재질의 연화를 목적으로 일정시간 가열 후 노내에서 서냉
　㉡ 가공응력제거, 내부응력제거, 절삭성향상, 냉간가공의 개선, 결정조직의 조정
④ 불림 = 노멀라이징 = 소둔
　㉠ 강을 A_3 및 A_1선 이상 30~50℃로 가열 후 공냉시키는 방법
　㉡ 가공조직의 균일화, 결정립의 미세화 기계적 성질의 향상
⑤ 심랭처리(서브제로처리) : 담금질된 강의 경도를 증가시키고 시효변형을 방지하기 위한 목적으로 0℃ 이하의 온도에서 처리하는 것
⑥ 질량효과 : 재료의 내, 외부에 열처리 효과의 차이가 나는 현상

참고 변태점 : 어떤 물질의 상태가 온도에 따라 달라질 때 그 결정모양을 바꾸는 경계점의 온도
시효변형 : 재료가 시간의 경과와 함께 경화되는 현상

해답 06. ② 07. ②

문제 08

아크용접 피복제의 종류 중에서 슬래그 생성제로만 짝지어진 것은?

① 산화철, 규사, 장석, 석회석, 일미나이트
② 석회석, 일미나이트, 망간철, 장석, 몰리브덴
③ 산화철, 석회석, 톱밥, 형석, 일미나이트
④ 석회석, 산화니켈, 장석, 규산나트륨, 일미나이트

해설 피복배합제의 종류
① 아크안정제
  ㉠ 산화티탄 ㉡ 석회석 ㉢ 규산칼륨 ㉣ 규산나트륨 ㉤ 자철광 ㉥ 적철광
  ㉦ 탄산소다 (산, 석, 규, 갂, 적, 탄)
② 슬래그생성제 : 용융점이 낮은 가벼운 슬래그를 만들어 산화와 질화방지
  ㉠ 이산화망간 ㉡ 산화티탄 ㉢ 산화철 ㉣ 형석 ㉤ 석회석 ㉥ 일미나이트
  ㉦ 알루미나 ㉧ 장석 ㉨ 규사 (이, 산, 형, 석, 일, 알, 장, 규)
③ 탈산제 : 용융금속중의 산화물을 탈산정련하는 작용
  ㉠ 페로바나듐 ㉡ 페로실리카 ㉢ 페로티탄 ㉣ 페로크롬 ㉤ 페로망간
  ㉥ 알루미늄 (바, 실, 티, 크, 망, 알)
④ 가스발생제 : 중성 또는 환원성가스를 발생하여 아크 분위기를 대기로부터 차단
  하여 보호하고 용융금속의 질화방지
  ㉠ 석회석 ㉡ 탄산바륨 ㉢ 톱밥 ㉣ 녹말 ㉤ 셀룰로오스 (석, 탄, 톱, 녹, 셀)
⑤ 합금첨가제 : 용접의 여러성질을 개선하기 위하여 피복제에 첨가하는 것
  ㉠ 페로바나듐 ㉡ 페로실리카 ㉢ 페로망간 ㉣ 페로크롬 ㉤ 산화제1구리
  ㉥ 산화몰리브덴 ㉦ 산화니켈 (바, 실, 망, 크, 산)
⑥ 고착제 : 심선에 피복제를 고착시키는 역할
  ㉠ 해초 ㉡ 당밀 ㉢ 아교 ㉣ 카세인 ㉤ 규산칼륨 ㉥ 규산나트륨
  (해, 당, 아, 카, 규)

문제 09

용접 슬래그 중 중성 산화물은 어느 것인가?

① SiO_2
② Al_2O_3
③ MnO
④ Na_2O

문제 10

강의 조직 중에서 경도가 높은 것에서 낮은 순으로 나열된 것은?

① 트루스타이트 > 솔바이트 > 오스테나이트 > 마텐자이트
② 솔바이트 > 트루스타이트 > 오스테나이트 > 마텐자이트
③ 마텐자이트 > 오스테나이트 > 솔바이트 > 트루스타이트
④ 마텐자이트 > 트루스타이트 > 솔바이트 > 오스테나이트

해설 강의 조직적 경도가 높은 순서
마텐자이트 > 트루스타이트 > 솔바이트 > 펄라이트 > 오스테나이트

해답 08. ① 09. ② 10. ④

문제 11

특정 부분의 도형이 작아서 그 부분의 상세한 도시나 치수 기입을 할 수 없을 때 그 부분을 가는 실선으로 에워싸고, 영문자 대문자로 표시함과 동시에 그 해당 부분을 다른 장소에 확대하여 그리는 것은?

① 부분 투상도　　　② 부분 확대도
③ 국부 투상도　　　④ 보조 투상도

해설 투상도의 표시방법

① 국부투상도 : 대상물의 구멍, 홈 등과 같이 한부분의 모양을 도시

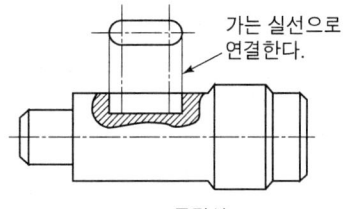

② 등각투상도 : 서로 120°를 이루는 3개의 기본축에 정면, 평면, 측면을 하나의 투상면 위에서 동시에 볼 수 있도록 나타낸 입체도

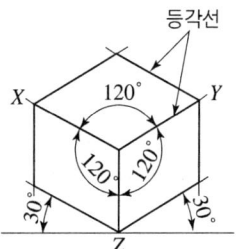

③ 부분투상도 : 필요한 부분만을 투상하여 도시한다. 생략한 부분과의 경계는 파단선으로 한다.

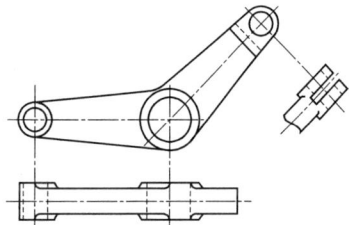

문제 12

도형의 표시방법 중 도형의 생략 도시에 관한 내용으로 가장 적절하지 않은 것은?

① 도형이 대칭일 경우에는 대칭 중심선의 한쪽 도형만 그리고, 그 대칭 중심선의 양끝부분에 짧은 2개의 나란한 가는선을 그린다.
② 도면에서 같은 크기나 모양이 계속 반복될 경우에는 생략하여 도시할 수 있다.
③ 긴 테이퍼 부분 또는 기울기 부분을 잘라낸 도시에서는 경사가 완만한 것은 실제의 각도로 도시하지 않아도 된다.
④ 긴 테이퍼의 중간 부분을 생략하여 도시하였을 경우 잘라낸 끝부분은 아주 굵은 선으로 나타낸다.

해설 긴 테이퍼의 중간부분을 생략하여 도시하였을 경우 잘라낸 끝부분을 가는일점쇄선

해답 11. ②　12. ④

문제 13

다음과 같은 용접 기본기호의 명칭으로 맞는 것은?

① 일면 개선형 맞대기 용접
② 개선 각이 급격한 V형 맞대기 용접
③ 넓은 루트면이 있는 V형 맞대기 용접
④ 넓은 루트면이 있는 한 면 개선형 맞대기 용접

해설 용접기본 기호

	명칭	그림	간략기호
1	플러그 용접 플러그 또는 슬롯 용접(미국)		⊔
2	점용접(스폿용접)		○
3	심(Seam) 용접		⊖
4	개선 각이 급격한 V형 맞대기 용접		⋁
5	개선 각이 급격한 일면 개선형 맞대기 용접		⋁
6	가장자리(Edge) 용접		|||
7	표준 육성		⌒
8	보조기호 : 토우를 매끄럽게 함 -필릿 용접 끝단 부를 매끄럽게 함		
9	넓은 루트면이 있는 V형 맞대기 용접 후 이면 용접이 있음		
10	영구적인 이면판재(Backing Strip) 사용		M
11	제거 가능한 이면판재 사용		MR
12	돌출된 모서리를 가진 평판 사이의 맞대기 용접/ 에지 플랜지형 용접(미국)/ 돌출된 모서리는 완전 용해		⋀

해답
13. ①

	명칭	그림	간략기호
13	평형(I형) 맞대기 용접		‖
14	V형 맞대기 용접		V
15	일면 개선형 맞대기 이음 용접		V
16	넓은 루트면이 있는 V형 맞대기 용접		Y
17	넓은 루트면이 있는 한 면 개선형 맞대기 용접		Y
18	U형 맞대기 용접(평형 또는 경사면)		Y
19	J형 맞대기 용접		Y
20	이면 용접		⌣
21	필릿 용접		◿
22	표면(Surface) 접합부		=
23	경사 접합부		⫽
24	겹침 접합부		⊃
25	양면 V형 맞대기 이음 용접(X 용접)		X
26	K형 맞대기 용접		K
27	넓은 루트면이 있는 양면 V형 용접		X
28	넓은 루트면이 있는 K형 맞대기 용접		K
29	양면 U형 맞대기 용접		X

문제 14

다음 중 치수 기입의 원칙으로 틀린 것은?

① 치수는 중복기입을 피한다.
② 치수는 되도록 주 투상도에 집중시킨다.
③ 치수는 계산하여 구할 필요가 없도록 기입한다.
④ 관련된 치수는 되도록 분산시켜서 기입한다.

해설 치수기입의 원칙
① 치수는 중복 기입을 피한다.
② 치수는 계산할 필요가 없도록 기입한다.
③ 치수는 되도록 주투상도에 집중하여 기입한다.
④ 관련치수는 되도록 한 곳에 모아서 기입한다.
⑤ 참고치수는 치수수치에 괄호를 붙인다.
⑥ 길이는 원칙으로 mm단위로 기입하고 단위기호는 붙이지 않는다.

문제 15

다음 선의 종류 중 단면의 무게 중심을 연결한 선을 표시하거나, 렌즈를 통과하는 광축을 나타내는데 사용하는 것은?

① 굵은파선
② 가는일점쇄선
③ 가는이점쇄선
④ 굵은일점쇄선

해설 가상선 : 가는이점쇄선
① 공구위치 참고 표시
② 인접부분 참고 표시
③ 가공 전 후 표시
④ 단면의 무게 중심을 연결한 선 표시

문제 16

다음 그림의 용접기호는 어떤 용접을 나타내는가?

① 일주 필릿 용접
② 연속 필릿 용접
③ 단속 필릿 현장 용접
④ 일주 맞대기 현장 용접

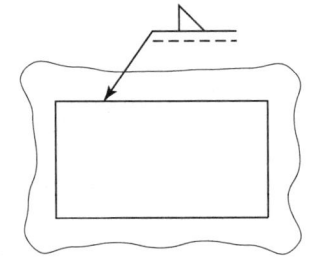

해답 14. ④ 15. ③ 16. ①

문제 17

다음 중 각기둥이나 원기둥을 전개할 때 사용하는 전개도법으로 가장 적합한 것은?

① 사진 전개도법 ② 평행선 전개도법
③ 삼각형 전개도법 ④ 방사선 전개도법

해설 평행선 전개도법 : 각 기둥이나 원기둥을 전개할 때 사용

문제 18

그림과 같으 용접기호가 심(seam)용접부에 도시되어 있다. 다음 중 설명이 틀린 것은?

① 심 용접부의 폭은 3mm이다.
② 심 용접부의 두께는 5mm이다.
③ 심 용접부의 길이는 50mm이다.
④ 심 용접부의 용접 거리는 30mm이다.

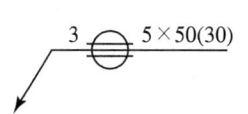

해설 용접기호
① 심 용접부의 폭은 3mm이다.
② 심 용접부의 용접부 개수는 5개이다.
③ 심 용접부의 길이는 50mm이다.
④ 심 용접부의 용접 거리는 30mm이다.

문제 19

다음 관 이음쇠의 기호 중 플랜지 이음의 캡 기호로 가장 적합한 것은?

① 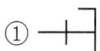   ②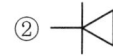
③    ④

해설 ① 플랜지 이음 캡 ② 레듀샤
③ 플랜지 이음 가는 엘보 ④ 부싱

문제 20

한 도면에서 두 종류 이상의 선이 같은 장소에 겹치게 될 때 우선순위로 옳은 것은?

① 숨은선 → 절단선 → 외형선 → 중심선
② 숨은선 → 절단선 → 중심선 → 외형선
③ 외형선 → 숨은선 → 절단선 → 중심선
④ 외형선 → 중심선 → 절단선 → 숨은선

해설 한 도면에서 두 종류 이상의 선이 같은 장소에 겹치게 될 때 우선순위
외형선 → 숨은선 → 절단선 → 중심선

해답 17. ② 18. ② 19. ① 20. ③

제 2 과목   용접구조설계

문제 21

다음 홈 이음 형상 중 플레어 용접부의 형상과 가장 거리가 먼 것은?
① I형 ② V형
③ X형 ④ K형

해설 이음홈 형상
① I형 : 맞대기 용접에 가장 얇은 박판에 사용(6mm 이하)
② V형 : 맞대기용접에서 한쪽방향의 완전한 용입을 얻고자 할 때
③ X형 : 이음홈 형상 중에서 동일한 판두께에 대하여 가장 변형이 적게 설계된 것
④ H형 : X형과 같이 양면용접이 가능한 경우에 용착금속의 양과 패스 수를 줄일 목적으로 사용되며 모재가 두꺼울수록 유리한 홈의 형상
⑤ U형 : V형에 비해 홈의 폭이 좁아도 되고 또한 루트 간격을 0으로 해도 작업성과 용입이 좋으며 한쪽에서 용접하여 충분한 용입을 얻을 필요가 있을 때 사용

문제 22

중판 이상 두꺼운 판의 용접을 위한 홈 설계시 고려사항으로 틀린 것은?
① 루트 반지름은 가능한 작게 한다.
② 홈의 단면적은 가능한 작게 한다.
③ 적당한 루트 간격과 루트 면을 만들어 준다.
④ 최소 10° 정도 전 후 좌우로 용접봉을 움직일 수 있는 홈 각도를 만든다.

해설 루트반지름은 가능한 크게 한다.

문제 23

모재의 인장강도가 400MPa이고, 용접시험편의 인장강도가 280MPa이라면 용접부의 이음 효율은 몇 %인가?
① 50 ② 60
③ 70 ④ 80

해설 이음효율= $\dfrac{\text{용접시험편의 인장강도}}{\text{모재의 인장강도}} \times 100 = \dfrac{280}{400} \times 100 = 70\%$

21. ① 22. ① 23. ③

문제 24 다음 중 용접 구조물의 피로강도를 향상시키기 위한 방법으로 틀린 것은?
① 구조상 응력 집중이 되는 곳에 용접을 집중시킬 것
② 열처리 방법을 이용하여 용접부의 잔류응력을 완화 시킬 것
③ 냉간 가공이나 야금적 변화 등을 이용하여 기계적인 강도를 높일 것
④ 표면가공이나 다듬질을 이용하여 단면이 급변하는 부분을 피할 것

해설 구조상 응력 집중이 되는 곳에 용접을 피할 것

문제 25 용접부 검사에서 비파괴 시험법에 속하는 것은?
① 충격 시험
② 피로 시험
③ 경도 시험
④ 형광침투 시험

해설 비파괴 검사법
① RT(방사선 투과시험)　② UT(초음파 탐상시험)
③ MT(자분탐상법)　　　④ PT(침투탐상법=형광침투법)
⑤ VT(육안검사법)　　　⑥ LT(누설시험법)
⑦ ET(와류검사법)

문제 26 용접 접합면에 홈(groove)을 만드는 주된 이유는?
① 변형을 줄이기 위하여
② 완전한 용입을 위하여
③ 재료를 절약하기 위하여
④ 제품의 치수를 조절하기 위하여

해설 용접접합면에 홈을 만드는 이유 : 완전한 용입을 위하여

문제 27 용접이음 설계시 충격하중을 받는 연강의 안전율로 적당한 것은?
① 3
② 5
③ 8
④ 12

해설 연강의 안전율
① 정하중 : 3
② 동하중 - 단진응력 : 5
　　　　 - 교번응력 : 8
③ 충격하중 : 12

해답 24. ① 25. ④ 26. ② 27. ④

문제 28

일반적으로 용접순서를 결정할 때 주의해야 할 사항으로 옳은 것은?

① 중심선에 대하여 비대칭으로 용접을 진행한다.
② 리벳과 용접을 병용하는 경우에는 용접이음을 먼저 한다.
③ 동일 평면 내에 이음이 많을 경우, 수축은 오른쪽으로 보낸다.
④ 수축이 작은 이음을 먼저 용접하고, 수축이 큰 이음을 나중에 용접한다.

해설 용접순서 결정시 주의사항
① 리벳 용접을 병용하는 경우 용접이음을 먼저 한다.
② 중심선에 대해 대칭으로 용접을 한다.
③ 수축이 큰 이음을 먼저 용접하고, 수축이 작은 이음을 나중에 용접한다.
④ 동일 평면 내에 이음이 많을 경우 수축은 자유단으로 보낸다.

문제 29

용접부의 단면을 연삭기나 샌드페이퍼 등으로 연마하고 적당히 부식시켜 육안이나 저배율의 확대경으로 관찰하여 용입의 상태, 다층용접에 있어서의 각층의 양상, 열영향부의 범위, 결함의 유무 등을 알아보는 시험은?

① 파면 시험
② 피로 시험
③ 전단 시험
④ 매크로 조직 시험

문제 30

두께 4mm인 연강 판을 I형 맞대기 이음 용접을 한 결과 용착금속의 중량이 3kg이었다. 이때 용착효율이 60%라면 용접봉의 사용중량은 몇 kg인가?

① 4
② 5
③ 6
④ 7

해설 용접봉사용중량 $= \dfrac{3}{0.6} = 5\text{kg}$

문제 31

용접 설계상 유의할 사항이 아닌 것은?

① 가능한 낮은 전류를 사용한다.
② 가능한 아래보기 용접을 하도록 한다.
③ 이음부가 한곳에 집중되지 않도록 한다.
④ 적당한 루프간격과 홈 각도를 선택하도록 한다.

해답

28. ②　29. ④　30. ②　31. ①

문제 32 피복 아크 용접에서 아크전류 200A, 아크전압 30V, 용접속도 20cm/min일 때 용접길이 1cm당 발생하는 용접입열(Joule/cm)은?

① 12000
② 15000
③ 18000
④ 20000

해설 용접입열 $= \dfrac{60EI}{V} = \dfrac{60 \times 200 \times 30}{20} = 18000 \text{J/cm}$

문제 33 용접 기본기호에서 "넓은 루트면이 있는 한 면 개선형 맞대기 용접"을 나타내는 것은?

①
② Y
③
④ U

해설 문제 13번 참고

문제 34 용접이음에서 취성파괴의 일반적 특징에 대한 설명 중 틀린 것은?

① 온도가 높을수록 발생하기 쉽다.
② 항복점 이하의 평균응력에서도 발생한다.
③ 거시적 파면상황은 판 표면에 거의 수직이다.
④ 파괴의 기점은 응력과 변형이 집중하는 구조적 및 형상적인 불연속부에서 발생하기 쉽다.

해설 온도가 낮을수록 발생하기 쉽다.

문제 35 양면 용접에 의하여 충분한 용입을 얻으려고 할 때 사용되며 두꺼운 판의 용접에 가장 적합한 맞대기 홈의 형태는?

① I형
② H형
③ U형
④ V형

해설 문제 21번 참고

해답 32. ③ 33. ③ 34. ① 35. ②

문제 36

판의 굽힘이 생긴 부분을 가열 온도 500~600℃, 가열시간은 약 30초, 가열점의 지름은 20~30mm, 중심 거리는 60~80mm로 가열 후 즉시 수냉하는 용접변형 교정방법은?

① 피닝법
② 점 가열법
③ 선상 가열법
④ 가열 후 해머링법

해설 잔류응력 제거법
① 피닝법 : 해머로서 용접부를 연속적으로 때려 용접표면에 소성변형을 주는 방법
② 기계적응력완화법 : 잔류응력이 있는 제품에 하중을 주어 용접부에 약간의 소성변형을 일으킨 다음 하중을 제거
③ 저온응력완화법 : 용접선 양측을 가스 불꽃에 의하여 너비 약 150mm를 150~200℃ 정도의 비교적 낮은 온도로 가열한 다음 곧 수냉하는 방법
④ 노내 풀림법 : 제품전체를 가열로 안에 넣고 적당한 온도에서 일정시간 유지한 다음 노내에서 서냉

문제 37

용접수축에 의한 굽힘 변형 방지법으로 틀린 것은?

① 개선 각도는 용접에 지장이 없는 범위에서 작게 한다.
② 후퇴법, 대칭법, 비석법 등을 채택하여 용접한다.
③ 역변형을 주거나 구속 지그로 구속한 후 용접한다.
④ 판 두께가 얇은 경우 첫 패스 측의 개선 깊이를 작게 한다.

해설 판 두께가 얇을 경우 첫 패스측의 개선 깊이를 크게 한다.

문제 38

용접 시 발생하는 일차결함으로서, 응고온도범위 또는 그 직하의 비교적 고온에서 용접부의 자기수축과 외부구속 등에 의한 인장스트레스아 균열에 민감한 조직이 존재하면 발생하는 용접부의 균열은?

① 공칭 균열
② 저온 균열
③ 고온 균열
④ 지연 균열

해설 저온균열 : 용접할 때 200℃ 이하에서 생기는 균열

문제 39

용접변형의 일반적 특성에서 홈 용접시 용접진행에 따라 홈 간격이 넓어지거나 좁아지는 변형은?

① 종변형
② 횡변형
③ 각변형
④ 회전변형

해설 회전변형 : 홈 용접시 용접진행에 따라 홈 간격이 넓어지거나 좁아지는 변형

해답 36. ② 37. ④ 38. ③ 39. ④

문제 40
연강 판의 양면 필릿(fillet)용접시 용접부의 목길이는 판 두께의 얼마 정도로 하는 것이 가장 좋은가?
① 25%
② 50%
③ 75%
④ 100%

해설 연강판의 양면 필릿 용접시 용접부의 목 길이는 판두께의 75% 정도

제 3 과목 용접일반 및 안전관리

문제 41
이음부의 루트 간격 치수에 특히 유의하여야 하며, 아크가 보이지 않는 상태에서 용접이 진행된다고 하여 잠호 용접이라고 하는 것은?
① 피복 아크 용접
② 탄산가스 아크 용접
③ 서브머지드 아크 용접
④ 불활성가스 금속 아크 용접

해설 서브머지드 아크 용접의 특징

원리	자동 금속아크 용접법으로 모재의 이음표면에 미세한 입상의 용제를 공급하고, 용제 속에 연속적으로 전극와이어를 송급하여 모재 및 전극와이어를 용융시켜 용접부를 대기로부터 보호하면서 용접하는 방법으로 일명 잠호용접이라고 한다. 상품명으로는 링컨용접, 유니언멜트용접이라고 불리운다.
장점	① 콘텍크 팁에서 통전되므로 와이어 중에 저항 열이 적게 발생되어 고전류 사용이 가능하다. ② 용융 속도 및 용착속도가 빠르다. ③ 용입이 깊다. ④ 작업 능률이 수동에 비하여 판두께 12mm에서 2~3배, 25mm에서 5~6배, 50mm에서 8~12배 정도가 높다. ⑤ 개선각을 적게 하여 용접 패스(pass)수를 줄일 수 있다. ⑥ 기계적 성질이 우수하다. ⑦ 유해광선이나 퓸(fume) 등이 적게 발생되어 작업환경이 깨끗하다. ⑧ 비드 외관이 매우 아름답다.
단점	① 장비의 가격이 고가이다. ② 용접 적용 자세에 제약을 받는다. ③ 용접 재료에 제약을 받는다. ④ 개선 홈의 정밀을 요한다.(팩킹재 미 사용시 루트간격 0.8mm 이하) ⑤ 용접 진행 상태의 양·부를 육안식별이 불가능하다. ⑥ 용접선이 짧거나 복잡한 경우 수동에 비하여 비능률적이다.

해답 40. ③   41. ③

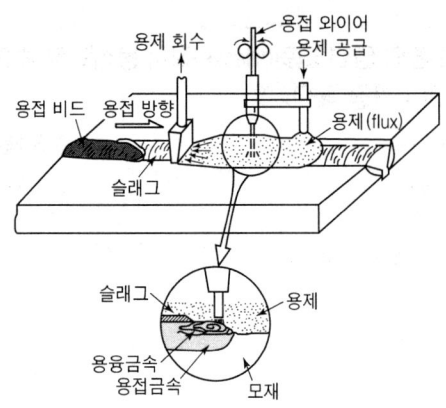

⇒ 전극방법 : 탠덤식, 횡병렬식, 횡직렬식

탄산가스아크 용접의 특징
① 아크시간을 길게 할 수 있다.
② 가시아크이므로 시공이 편리
③ 용제를 사용하지 않아 슬래그 혼입이 없다.
④ 기계적 성질이 우수하다.
⑤ 전류밀도가 높다.
⑥ 박판용접에는 부적당
⑦ 용입이 깊고 용접속도를 빠르게 할 수 있다.

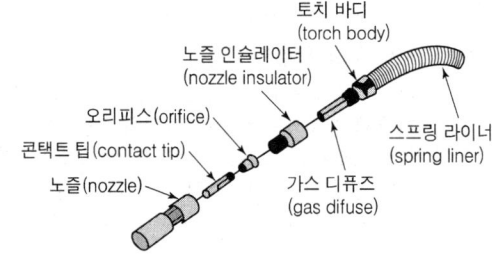

솔리드 와이어 혼합가스법
① $CO_2 - O_2$ 법
② $CO_2 - Ar$ 법
③ $CO_2 - Ar - O_2$ 법

MIG 용접법의 특징(불활성가스 금속 아크 용접)

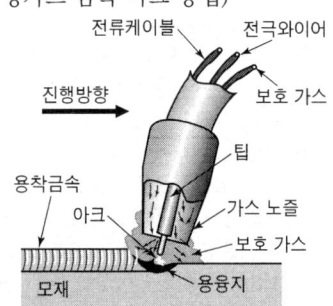

용극	용극식, 소모식
상품명	에어코우메틱(air comatic), 시그마(sigma), 필러아크(filler arc), 알곤노트(argonaut)
원리	연속적으로 공급되는 용가재(금속 용접봉)와 모재 사이에서 발생되는 아크 열을 이용하여 용접하는 방식으로 용극식, 소모식 불활성가스 금속아크 용접이라고 한다.
장점	① 각종 금속용접에 다양하게 적용할 수 있어 용융범위가 넓다. ② CO_2용접에 비해 스패터 발생이 적다. ③ TIG용접에 비해 전류밀도가 높으므로 용융속도가 빠르다. ④ 후판용접에 적합하다. ⑤ 수동 피복아크 용접에 비해 용착효율이 높아 고능률적이다. ⑥ 전자세 용접가능
단점	① 보호가스의 가격이 비싸서 연강용접에는 다소 부적당하다. ② 박판용접(3mm 이하)에는 적용이 곤란하다. ③ 바람의 영향을 크게 받으므로 방풍대책이 필요하다. ④ 용접 후 슬래그가 없어서 용착금속의 냉각속도가 빠르기 때문에 금속조직과 기계적 성질이 변할 수 있다.

참고 용접원리

① 전자 빔 용접 : 텅스텐, 몰리브덴 같은 대기에서 반응하기 쉬운 금속도 용이하게 용접할 수 있으며 고진공에서 음극으로부터 방출되는 전자를 고속으로 가속시켜 충돌에너지를 이용하는 용접법
② 일렉트로 슬래그 용접 : 용융슬래그와 용융금속이 용접부로부터 유출되지 않게 모재의 양측에 수냉식 동판을 대어주고 용융슬래그 속에서 전극와이어를 연속적으로 공급하여 주로 용융슬래그의 저항열에 의하여 와이어와 모재를 용융시키면서 단층수직상진 용접하는 방법
③ 테르밋 용접 : 미세한 알루미늄 분말과 산화철분말을(3:1)의 중량비로 테르밋제 반응에 의해 생성되는 열을 이용한 금속을 용접하는 방법
④ 레이저용접(유도방출에 의한 빛의 증폭이라는 뜻) : 광학렌즈를 이용하여 이 빛을 원하는 지점에 쏘면 순간적인 에너지의 상승으로 모재가 용융, 특징으로는 모재의 열변형이 거의 없으며, 이중금속의 용접이 가능하고, 미세하고 정밀한 용접을 할 수 있으며 비접촉식 용접 방식으로 모재에 손상을 주지 않는다.
⑤ 서부머지드아크용접 : 용접봉을 용제속에 넣고 아크를 일으켜 용접
⑥ 스터드용접 : 볼트나 환봉등을 피스톤형 홀더에 끼우고 모재와 환봉사이에서 순간적으로 아크를 발생시켜 용재

문제 42 가스 절단이 용이하지 않은 주철 및 스테인리스강 등을 철분 또는 용제를 분출시켜 산화열 또는 화학작용을 이용하여 절단하는 방법은?

① 분말절단　　② 수중절단
③ 산소창절단　　④ 탄소아크절단

해설 아크절단법

① 탄소아크절단 : 탄소 또는 흑연전극과 모재사이에 아크를 일으켜 절단
② 수동절단 : 물에 잠겨있는 침몰선의 해체, 교량의 교각개조, 댐, 항만, 방파제 등의 공사에 사용

해답

42. ①

• 수중작업시 예열가스의 양 : 공기중에 4~8배, 절단산소압력은 1.5~2배
③ 산소창절단 : 시멘트나 암석의 구멍뚫기에 널리 사용
④ 분말절단 : 주철, 비철금속, 스텐레스강은 가스절단이 용이하지 않으므로 철분 또는 용제를 연속적으로 절단용산소에 혼합 공급함으로서 산화열 또는 용제의 화학작용을 이용하여 절단
⑤ 산소아크절단 : 중공의 피복용접봉과 모재사이에 아크를 일으켜 아크를 이용한 가스절단
⑥ 아크에어가우징 : 탄소아크절단장치에다 압축공기를 병용하여서 압축공기(컴프레샤)의 압력이 5~7kg/cm² 로 아크열로 용융시킨 부분을 압축공기로 불어 날려서 홈을 파내는 작업

[장점] ㉠ 조작방법이 간단하다.
㉡ 용접 결함부의 발견이 쉽다.
㉢ 모재에 악영향을 주지 않는다.
㉣ 작업방법이 간단.
㉤ 용용범위가 넓다.

문제 43
아세틸렌 압력조정기의 구비조건으로 옳은 것은?
① 압력조정기는 항상 빙결되어야 한다.
② 압력조정기는 동작이 둔감해야 한다.
③ 조정압력과 방출압력의 차이가 클수록 좋다.
④ 조정압력은 용기 내의 가스량이 변해도 항상 일정해야 한다.

문제 44
구리나 황동을 가스 용접할 때 주로 사용하는 불꽃의 종류는?
① 탄화 불꽃
② 산화 불꽃
③ 질화 불꽃
④ 중성 불꽃

해설 산소-아세틸렌불꽃
① 탄화불꽃
㉠ 아세틸렌 과잉 불꽃
㉡ 아세틸렌 페더가 있는 불꽃
㉢ 적황색으로 매연을 내면서 탐
㉣ 모넬메탈, 스텐레스, 스텔라이트
② 산화불꽃
㉠ 산소 과잉불꽃
㉡ 구리, 황동용접에 사용
③ 중성불꽃
㉠ 표준불꽃이라 한다.
㉡ 산소와 아세틸렌의 비가 1:1이다.
㉢ 탄소강 주철, 주강용접에 사용

해답 43. ④ 44. ②

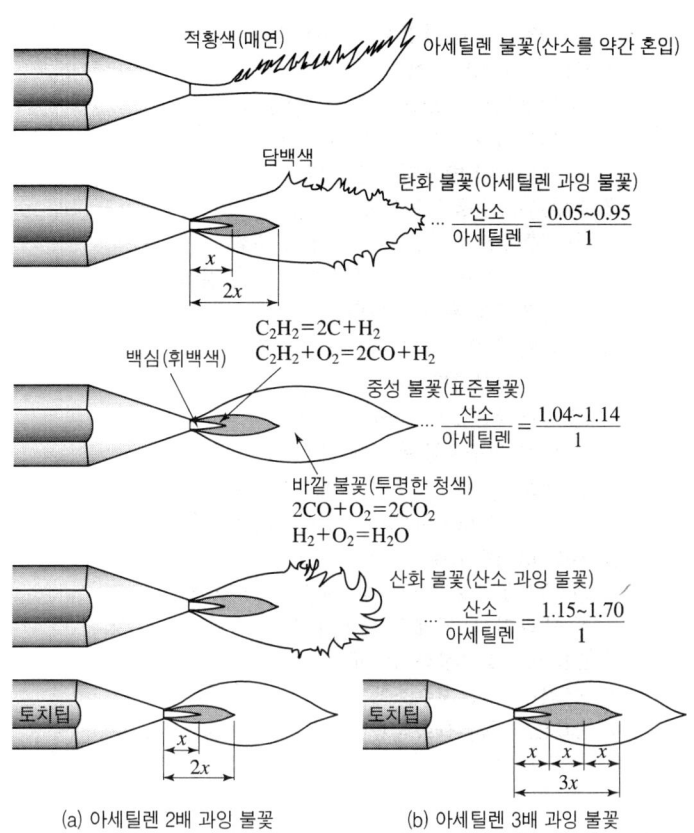

문제 45

피복 아크 용접에서 피복 배합제의 성분 중 탈산제에 속하는 것은?

① 형석
② 석회석
③ 페로실리콘
④ 중탄산나트륨

해설 문제 8번 참고

문제 46

연가용 피복 아크 용접봉 중 가스 실드계의 대표적인 용접봉으로 피복제 중에 유기물을 20~30%정도 포함하고 있는 것은?

① E4301
② E4311
③ E4314
④ E3426

해설 **연강용 피복아크용접봉의 특징**
① E4301(일미나이트계)
  ㉠ $TiO_2 \cdot FeO$를 약 30%이상 함유
  ㉡ 주성분은 광석, 사철
  ㉢ 용접성과 기계적 성질이 우수

해답 45. ③ 46. ②

ⓔ 가열온도와 가열시간 : 70~100℃, 30~60분
② E4303(라임티탄계)
　　ⓐ TiO$_2$(산화티탄)을 약 30%이상 함유
　　ⓑ 비드의 외관이 아름답다.
　　ⓒ 언더컷이 발생되지 않는다.
③ E4311(고셀룰로오스계)
　　ⓐ 셀룰로오스는 20~30% 정도 포함
　　ⓑ 비드표면이 거칠고 스패터가 많은 것이 결점
　　ⓒ 좁은홈의 용접시 사용
　　ⓓ 습기가 흡수되기 쉬우므로 건조
④ E4313(고산화티탄계)
　　ⓐ 산하티탄을 약 35%이상 함유
　　ⓑ 일반 경구조물 용접에 사용
　　ⓒ 비드 표면이 고우며 작업성이 우수
　　ⓓ 고온 크랙을 일으키기 쉬운 결점이 있다.
⑤ E4316(저수소계)
　　ⓐ 주성분으로는 석회석, 형석 등이 있다.
　　ⓑ 내균열성, 기계적 성질 우수
⑥ E4324 : 철분산화티탄계
⑦ E4316 : 철분저수소계
⑧ E4327 : 철분산화철계

문제 47 다음 중 용접시 발생되는 유해한 광선에 해당되는 것은?
① X-선　　　　　　　② 자외선
③ 감마선　　　　　　④ 중성자선

문제 48 일반적인 초음파 용접의 특징으로 틀린 것은?
① 얇은 판이나 필름(film)의 용접도 가능하다.
② 판의 두께에 따라 용접강도가 현저하게 변화한다.
③ 냉간압접에 비하여 주어지는 압력이 작으므로 용접물의 변형이 적다.
④ 용접 입열이 적고 용접부가 좁으며 용입이 깊어 이종 금속의 용접이 불가능하다.

해설 초음파 용접의 특징
① 이중금속의 용접도 가능
② 용접물의 변형률도 작음
③ 냉간 압접에 비해 가압력이 작아도 접합이 가능
④ 용접물의 표면처리가 간단하고 용접이 용이
⑤ 판의 두께에 따라 용접강도가 현저히 변화

해답
47. ②　48. ④

문제 49 아크 용접기의 사용률을 구하는 식으로 옳은 것은?

① 사용률(%) = $\dfrac{\text{휴식시간}}{\text{아크시간}} \times 100$

② 사용률(%) = $\dfrac{\text{아크시간}}{\text{휴식시간}} \times 100$

③ 사용률(%) = $\dfrac{\text{아크시간} + \text{휴식시간}}{\text{아크시간}} \times 100$

④ 사용률(%) = $\dfrac{\text{아크시간}}{\text{아크시간} + \text{휴식시간}} \times 100$

해설 용접기 사용률(%) = $\dfrac{\text{아크시간}}{\text{아크시간} + \text{휴식시간}} \times 100$

문제 50 다음 재료 중 용접시 가스 중독을 일으킬 수 있는 위험이 가장 큰 것은?

① 아연 도금판 ② 니켈 도금판
③ 망간 도금판 ④ 일루미늄 도금판

해설 용접시 가스중독 위험 : 아연도금판

문제 51 불활성 가스 금속 아크 용접에 관한 설명으로 틀린 것은?

① 롤러 가압 방식은 2단식과 4단식이 있다.
② 송급 롤러의 형태는 V형, U형, 룰렛형 등이 있다.
③ 와이어의 송급방식은 푸시, 풀, 푸시-풀, 더블 푸시의 4종류가 있다.
④ 공랭식 MIG용접 토치는 비교적 높은 전류로 영접하는 곳에 사용되며 형태로는 릴부착형을 사용한다.

문제 52 다음 중 연납에 대한 설명으로 틀린 것은?

① 연납에는 주석-납을 가장 많이 사용한다.
② 염화아연, 염산, 염화암모늄은 연납용 용제로 사용된다.
③ 전기적인 접합이나 기밀, 수밀을 필요로 하는 장소에 사용된다.
④ 연납의 흡착작용은 주로 아연의 함량에 의존되며 아연 100%의 것이 좋다.

해답
49. ④ 50. ① 51. ④ 52. ④

문제 53 발전형 직류용접기와 비교할 때, 정류기형 직류용접기의 특성이 아닌 것은?
① 보수와 점검이 어렵다.
② 완전한 직류를 얻지 못한다.
③ 정류기의 파손에 주의해야 한다.
④ 취급이 간단하고 가격이 저렴하다.

해설 발전형 직류용접기와 비교시 정류기형 직류용접기의 특징
① 완전한 직류를 얻지 못한다.
② 취급이 간단하고 가격이 저렴
③ 보수와 점검이 쉽다.
④ 정류기의 파손에 주의해야 한다.

문제 54 AW-400, 정격 사용률이 60%인 아크용접기로 300A의 전류로 용접한다면 허용 사용률은 약 몇 %인가?
① 90
② 100
③ 107
④ 126

해설 허용사용률 = $\dfrac{(정격2차전류)^2}{(실제용접전류)^2} \times 정격사용률 = \dfrac{(400)^2}{(300)^2} \times 60 = 106.66$

문제 55 직류 아크 용접 중의 전압분포에서 양극 전압 강하 V_1, 음극 전압 강하 V_2, 아크 기둥 전압 강하 V_3로 분류할 때, 아크전압 V_a를 구하는 식으로 옳은 것은?
① $V_a = V_1 - V_2 + V_3$
② $V_a = V_1 - V_2 - V_3$
③ $V_a = V_1 + V_2 + V_3$
④ $V_a = V_1 + V_2 - V_3$

해설 $V_a = V_1 + V_2 + V_3$

문제 56 용접이나 절단에서 사용하는 가스와 가스용기의 색상이 바르게 짝지어진 것은?
① 수소 - 주황색
② 프로판 - 황색
③ 아세틸렌 - 녹색
④ 이산화탄소 - 흰색

해설 용기도색
청탄산 산녹에서 황아체 안주삼아 수주잔 높이 들고
① ② ③ ④
백암산 바라보니 염소는 갈색으로 보이고 쥐들은 기타를 치더라.
⑤ ⑥ ⑦
① 탄산가스 : 청색 ② 산소 : 녹색 ③ 아세틸렌 : 황색 ④ 수소 : 주황
⑤ 암모니아 : 백색 ⑥ 염소 : 갈색 ⑦ 기타 : 쥐색(회색)

53. ① 54. ③ 55. ③ 56. ①

문제 57 TIG용접에서 교류 용접기에 고주파 전류를 사용할 때의 특징으로 틀린 것은?

① 텅스텐 전극봉의 수명이 길어진다.
② 전극봉을 모재에 접촉시키지 않아도 아크가 발생한다.
③ 주어진 전극봉 지름에 비하여 전류 사용범위가 크다.
④ 용접 작업 중 아크 길이가 약간 길어지면 아크가 끊어진다.

문제 58 높은 진공 속에서 음극으로부터 방출된 전자를 고전압으로 가속시켜 피용접물과의 충돌에 의한 에너지로 용접을 행하는 방법은?

① 테르밋 용접법　　　② 스터드 용접법
③ 전자 빔 용접법　　　④ 그래비티 용접법

해설 **전자빔용접**
① 10^{-4}mmHg~10^{-6}mmHg 이상의 높은 진공실 속에서 음극으로부터 방출되는 전자를 고전압으로 방출시켜 피용접물과 충돌에 의한 에너지로 용접하는 방법
② 텅스텐이나 몰리브덴 등과 같이 고용융점 금속용접 가능

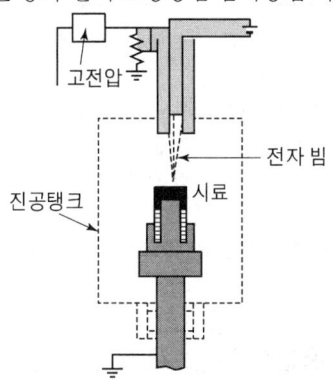

장점	① 고진공 속에서 용접을 하므로 대기와 반응되기 쉬운 활성 재료도 용이하게 용접된다. ② 대기 중의 유해 원소로부터 용접부가 보호되어 기계적 성질과 야금적 성질이 양호한 용접부를 얻을 수 있다. ③ 고용융 재료의 용접이 가능하다. ④ 얇은 판에서 두꺼운 판까지 광범위한 용접이 가능하다. ⑤ 에너지의 집중이 가능하기 때문에 고속으로 용접이 된다. ⑥ 이음부의 열 영향부가 적어 용접부의 변형이 없어 완성치수가 정확하다. ⑦ 슬래그 섞임 등의 결함이 생기지 않는다.
단점	① 배기장치 필요하고 피용접물의 크기도 제한을 받는다. ② 용접기가 고가이다. ③ 용융부가 좁기 때문에 냉각속도가 빠르다.(용접 균열 발생이 생기기 쉽다.)

해답 57. ④　58. ③

문제 59

스터드 용접에서 페룰(ferrule)의 작용이 아닌 것은?

① 용융금속의 산화를 방지한다.
② 용접 후 모재의 변형을 방지한다.
③ 용접이 진행되는 동안 아크열을 집중시켜 준다.
④ 용접사의 눈을 아크 광선으로부터 보호해준다.

해설 **스터드 용접**

원리	볼트나 환봉 등을 피스톤형 홀더에 끼우고 모재와 볼트 사이에 순간적으로 아크(플래시)를 발생시켜 용접하는 방법
특징	① 대체로 급열, 급냉을 받기 때문에 저탄소강에 좋음 ② 용제를 채워 탈산 및 아크를 안정화 함 ③ 스터드 주변에 페룰(ferrule, 가이드)을 사용함 ④ 페룰은 아크를 보호하고 아크집중력을 높인다.

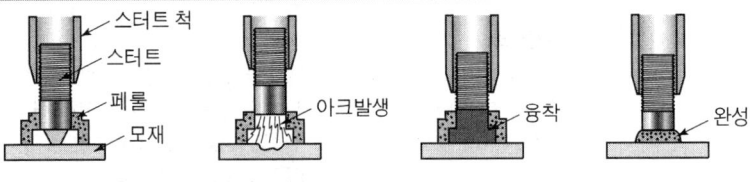

(a) 스터트의 고정   (b) 아크발생   (c) 스터트의 융착   (d) 용접 완료

※ 페룰의 역할
① 용접이 진행되는 동안 아크열을 집중
② 용융금속의 유출방지
③ 용융금속의 산화방지
④ 융착부의 오염방지
⑤ 용접사의 눈을 아크로부터 보호

문제 60

일반적인 용접의 특징으로 틀린 것은?

① 작업 공정이 단축되며 경제적이다.
② 재질의 변형이 없으며 이음효율이 낮다.
③ 제품의 성능과 수명이 향상되어 이종재료로 접합할 수 있다.
④ 소음이 적어 실내에서의 작업이 가능하며 복잡한 구조물 제작이 쉽다.

해설 **용접의 특징**

① 이종재료 용접가능　② 중량이 가벼워진다.
③ 제품의 성능과 수명향상　④ 재료의 두께에 제한을 받지 않는다.
⑤ 보수와 수리 용이　⑥ 수밀, 기밀, 유미성이 양호
⑦ 작업공정이 간단하다.　⑧ 용접사의 기량에 따라 품질 좌우
⑨ 품질검사 곤란　⑩ 잔류응력이 생긴다.

해답
59. ②　60. ②

2020년 9월 CBT 시행

본 문제는 복원 기출문제입니다. 실제 문제와 다를 수 있으니 양해바랍니다.

제 1 과목 용접야금 및 용접설비제도

문제 01 용착금속이 응고할 때 불순물이 한곳으로 모이는 현상을 무엇이라고 하는가?
① 공석
② 편석
③ 석출
④ 고용체

해설 **편석** : 용착금속이 응고할 때 불순물이 한 곳으로 모이는 현상

문제 02 실온 20℃에서 열전도율이 가장 큰 것은?
① Ag
② Fe
③ Sn
④ Ni

해설 **열전도율** : Ag > Cu > Au > Al > Mg > Ni > Fe > Pb
(은, 구, 금, 알, 마, 니, 철, 납)

문제 03 용접균열은 고온균열과 저온균열로 구분된다. 저온균열(cold cracking)은 다음 중 몇 ℃ 이하에서 생기는가?
① 약 300℃
② 약 400℃
③ 약 500℃
④ 약 600℃

해설 **저온균열** : 300℃ 이하
고온균열 : 500℃ 이상

문제 04 침탄부품을 기밀의 가열로 속에 넣고 적당한 침탄가스를 보내면서 900~950℃에서 침탄하는 방법은?
① 가스침탄법
② 화염침탄법
③ 고체침탄법
④ 액체침탄법

해답 01. ② 02. ① 03. ① 04. ①

[해설] 표면경화법
① 가스침탄법
   ㉠ 침탄부분을 기밀의 가열로 속에 넣고 적당한 침탄가스를 보내면서 900~950℃에서 침탄하는 방법
   ㉡ 메탄가스와 같은 탄화수소가스를 사용하여 침탄하는 방법. 침탄가스는 Ni를 촉매로하여 변성로에서 변성
② 액체침탄법 : 시안화나트륨(NaCN), 시안화칼리를(KCN)를 주성분으로 한 열을 사용하여 침탄온도750~950℃에서 30~60분 침탄시키는 방법
③ 고체침탄법 : 고체침탄제를 사용하여 강표면에 침탄탄소를 확산 침투시켜 표면경화
④ 질화법 : 강표면에 질소를 침투시켜 경화하는 방법

문제 05 탄소강에서 탄소(C)의 함유량이 증가할 경우에 해당하는 것은?
① 경도증가, 연성감소
② 경도감소, 연성감소
③ 경도증가, 연성증가
④ 경도감소, 연성증가

[해설] 탄소강에서 탄소함유량이 증가시
① 강도, 경도증가, 취성증가
② 연성, 전성감소, 연신율감소

문제 06 면심입방격자(FCC)에서 단위 격자 중에 포함되어 있는 원자수는 몇 개인가?
① 2개
② 4개
③ 6개
④ 8개

[해설] 체심입방격자원자수 : 2개
면심입방격자원자수 : 4개

문제 07 다음 중 경금속으로 보기 어려운 것은?
① 알루미늄
② 백금
③ 마그네슘
④ 티타늄

[해설] 경금속 : 비중이 4.5 이하인 것
① 마그네슘 : 1.7   ② 알루미늄 : 2.7   ③ 티탄 : 4.5   ④ 백금 : 21.45

문제 08 용접 후 열처리의 목적이 아닌 것은?
① 경화촉진
② 급랭방지
③ 균열방지
④ 수소량 감소

05. ①   06. ②   07. ②   08. ①

해설 **열처리 목적** : ① 수소량 감소   ② 균열방지   ③ 급랭방지

문제 09 퀜칭한 강의 잔류 응력을 제거하고 인성의 개선과 함께 경도를 다소 낮추기 위하여 A1점 이하의 온도로 가열하여 냉각하는 열처리는?
① 고용화 열처리   ② 응력제거
③ 뜨임   ④ 불림

해설 **열처리**
① 뜨임 : 담금질된 강을 A_1변태점 이하의 일정온도로 가열하여 인성을 증가시킨다.
② 불림 : 강을 표준상태로 하기 위하여 가공조직의 균일화, 결정립의 미세화, 기계적 성질의 향상을 목적
③ 풀림 : 재질의 연화를 목적으로 일정시간 가열 후 노내에서 서냉
④ 담금질 : 강을 A_3변태 및 A_1선이상 30~50℃로 가열한 후 물 또는 기름으로 급랭하는 방법

문제 10 내열합금 용접 후 냉각 중이나 열처리 등에서 발생하는 용접구속 균열은?
① 내열균열   ② 냉각균열
③ 변형시효균열   ④ 결정입계균열

해설 **변형시효균열** : 내열합금 용접 후 냉각 중이나 열처리 등에서 발생하는 용접구속 균열

문제 11 용접부 보조기호 중 제거 가능한 덮개판으로 사용하는 기호는?
① ⌒⌒   ② ⌒
③ [M]   ④ [MR]

해설 **용접보조기호**
① 볼록 : ⌒   ② 오목 : ⌣
③ 끝단부를 매끄럽게함 : ⌣   ④ 평면 : ─
⑤ 영구적인 덮개판 : [M]   ⑥ 제거가능한 덮개판 : [MR]

문제 12 용접 기본기호 중 맞대기 이음 용접기호가 아닌 것은?
① I   ② V
③ Y   ④ L

해답 09. ③ 10. ③ 11. ④ 12. ④

해설 맞대기 이음 용접기호
① K형 ② V형 ③ U형 ④ Y형 ⑤ I형

문제 13 보기와 같은 용접도시기호의 설명으로 올바른 것은?
① 필릿 용접부의 용입 깊이는 6[mm]이다.
② 필릿 용접을 화살표 반대쪽에서 한다.
③ 필릿 용접부의 목 두께는 6[mm]이다.
④ 필릿 용접부의 길이는 200[mm]이다.

[보기] a6 ⋏ 300

해설 필렛용접부의 목두께는 6mm다.

문제 14 일반적인 도면을 보관하는 방법 설명으로 틀린 것은?
① 트레이싱도는 접어서는 안 되므로 펼친 그대로 수평, 수직 또는 말아서 원통으로 보관한다.
② 복사도는 접어서 보관하므로 접을 때에는 도면의 중앙부가 표면에 오도록 한다.
③ 복사도를 접을 때에는 A4 크기로 접는다.
④ 마이크로 필름은 영구 보존의 정확성을 기한다.

해설 일반적인 도면을 보관하는 방법
① 복사도를 접을 때는 A₄크기로 접는다.
② 마이크로필름은 영구보존의 정확성을 기한다.
③ 트레이싱도는 접어서는 안되므로 펼친 그대로 수평, 수직 또는 말아서 원통으로 보관한다.

문제 15 KS 용접 기호 중 뒷면 용접 기본기호는?

① ⋎   ② ⋎
③ ⌣   ④ ⌣⌣

해설 용접기본기호
① 뒷면 용접공정이 없는 기호 : ⋎
② 뒷면 용접기호 : ⌣
③ 부분용접 한쪽면 K형 맞대기 이음 용접 : ⋎
④ 끝단부를 매끄럽게 : ⌣⌣

13. ③ 14. ② 15. ③

문제 16 금속재료의 SF340A 규격에서 340은 무엇을 나타내는가?
① 최저인장강도를 340[kgf/cm²]로 나타냄.
② 최저인장강도를 340[kgf/mm²]로 나타냄.
③ 최저인장강도를 340[N/mm²]로 나타냄.
④ 최저인장강도를 340[N/cm²]로 나타냄.

해설 340(N/mm²) : 최저인장강도

문제 17 다음 용접부 비파괴 시험기호 중에서 아코스틱 에밋션 시험을 의미하는 것은?
① ST   ② ET
③ VT   ④ AET

해설 AET(acoustic emission test) : 재료의 내부에서 파괴가 발생하여 새로운 파단 면적이 발생하는 순간에 방출하는 음향파

문제 18 도형의 표시방법 중 보조 투상도의 설명으로 맞는 것은?
① 그림의 일부를 도시하는 것으로 충분한 경우에 그 필요 부분만을 그리는 투상도
② 대상물의 구멍, 홈 등 한 국부만의 모양을 도시하는 것으로 충분한 경우에 그 필요부분만을 그리는 투상도
③ 대상물의 일부가 어느 각도를 가지고 있기 때문에 투상면에 그 실형이 나타나지 않을 때에 그 부분을 회전해서 그리는 투상도
④ 경사면부가 있는 대상물에서 그 경사면의 실형을 나타낼 필요가 있는 경우에 그리는 투상도

해설 **보조투상도** : 경사면부가 있는 대상물에서 그 경사면의 실형을 나타낼 필요가 있는 경우에 그리는 투상도
부분투상도 : 필요한 부분만을 투상하여 도시한다.
국부투상도 : 대상물의 구멍, 홈 등과 같이 한 부분의 모양을 도시

문제 19 서로 120도를 이루는 3개의 기본 축에 정면, 평면, 측면을 하나의 투상면 위에서 동시에 볼 수 있도록 나타낸 입체도는?
① 부 투상도   ② 등각 투상도
③ 사 투상도   ④ 투시도

해설 **등각투상도** : 서로 120°를 이루는 3개의 기본축에 물체의 정면, 평면, 측면을 하나의 투상면 위에서 동시에 볼 수 있도록 나타낸 입체도

16. ③   17. ④   18. ④   19. ②

문제 20

KS 스폿용접 기호 중 3이 의미하는 것은?

① 스폿 길이
② 스폿 개수
③ 스폿부의 지름
④ 간격

[보기]

해설 용접부의 지름 : 3mm, 용접수 : 5, 간격 : 20

제 2 과목 용접구조설계

문제 21

용접선과 응력의 방향에 수직인 필릿용접은?

① 전면 필릿용접
② 밑면 필릿용접
③ 후면 필릿용접
④ 병용 필릿용접

해설 **전면 필렛용접** : 용접선과 응력의 방향에 수직인 필렛용접

문제 22

용접이음 설계할 때 옳은 사항은?

① 맞대기 용접을 될 수 있는 데로 피하고, 필릿용접을 하도록 한다.
② 용접길이는 될 수 있는 데로 길게 하고 용착 금속량도 되도록 최대로 한다.
③ 용접이음이 한 곳으로 집중되거나, 접근되도록 한다.
④ 결함이 생기기 쉬운 용접 방법은 피한다.

해설 **용접이음의 설계**
① 결함이 생기기 쉬운 용접방법은 피한다.
② 수축이 큰 이음을 먼저하고 작은 이음은 나중에 한다.
③ 가능한 아래보기 용접을 할수 있도록 한다.
④ 중립축에 대하여 모멘트의 합이 0이 되도록 한다.
⑤ 동일 평면대에 많은 이음이 있을때에는 수축은 가능한 자유단으로 보낸다.
⑥ 용접전 용접이 불가능한 곳이 없도록 충분히 검토한다.

해답 20. ③ 21. ① 22. ④

문제 23

용접부에 인장, 압축의 반복하중 300[ton]이 작용하는 폭이 600[mm]인 두 장의 강판을 I형 맞대기 용접 하였을 때, 두 강판의 두께가 몇 [mm]이면 견딜 수 있겠는가? (단, 허용응력 $\sigma_a = 63[kgf/mm^2]$로 한다.)

① 약 1[mm] ② 약 2[mm]
③ 약 6[mm] ④ 약 8[mm]

해설 $t = \dfrac{300 \times 1000}{600 \times 63} = 7.936 \, mm$

문제 24

다음 용접결함 중 용접시의 기량과 가장 관계가 없는 것은?
① 슬래그 잠입 ② 용입 불량
③ 비드 밑 터짐 ④ 언더 컷

해설 용접사의 기량과 관계있는 것
① 언더컷 ② 용입불량 ③ 슬래그잠입

문제 25

다음 그림과 같은 각종 용접이음의 형상 및 열의 확산(화살표)을 나타낸 것 중 냉각이 가장 빠른 것은?

①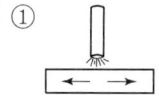
②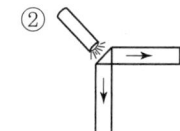
③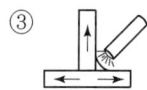
④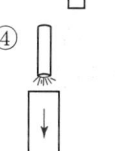

해설 이음종류에 대한 열의 확산

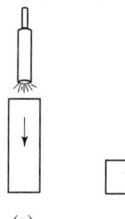 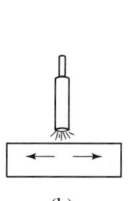 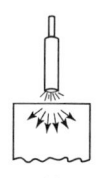 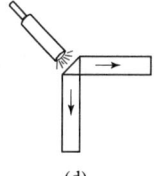 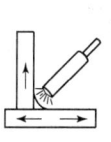
(a)   (b)   (c)   (d)   (e)

열의 확산이 가장 빠른 순서
(e) > (c) > (b), (d) > (a)

해답 23. ④ 24. ③ 25. ③

문제 26 용접부의 기공검사는 어느 시험법으로 가장 많이 하는가?
① 경도 시험
② 인장 시험
③ X선 시험
④ 침투탐상 시험

해설 용접부의 기공검사는 X선 시험으로 한다.

문제 27 탄소강 조직 중에서 경도가 가장 낮은 것은?
① 펄라이트
② 시멘타이트
③ 마텐자이트
④ 페라이트

해설 각조직의 경도순서 : 마텐자이트 > 트루스타이트 > 솔바이트 > 펄라이트 > 오스테나이트계 > 페라이트

문제 28 용접설계에서 인장강도의 계산식은?
① $\dfrac{하중}{단면적}$
② $\dfrac{단면적}{하중}$
③ $\dfrac{무게}{판두께}$
④ $\dfrac{판두께}{무게}$

해설 인장강도 = $\dfrac{하중}{단면적}$

문제 29 연강 맞대기 용접의 완전용입 이음에서 모재 인장강도에 대한 용접 시험편 인장강도의 이음효율은 보통 얼마인가?
① 100[%]
② 80[%]
③ 60[%]
④ 40[%]

해설 모재인장강도에 대한 용접시험편의 인장강도의 이음효율 : 100%

문제 30 용접 이음의 안전율은?
① 안전율 = $\dfrac{인장강도}{허용응력}$
② 안전율 = $\dfrac{허용응력}{인장강도}$
③ 안전율 = $\dfrac{이음효율}{허용응력}$
④ 안전율 = $\dfrac{허용응력}{이음효율}$

해답 26. ③ 27. ④ 28. ① 29. ① 30. ①

문제 31 다음 중 용접변형 방지법이 아닌 것은?
① 역변형법　② 피닝법
③ 휘핑법　④ 도열법

해설 용접변형방지법
① 도열법 : 용접부 주위에 물을 적신 석면 동판을 내어 열을 흡수시키는 방법
② 역변형법 : 용접전에 변형의 크기 및 방향을 예측하여 미리 반대로 변형시키는 방법
③ 억제법 : 모재를 가접 또는 구속지그를 사용하여 변형억제

문제 32 용접부의 잔류응력을 경감시키기 위한 방법이 아닌 것은?
① 저온 응력 완화법　② 응력제거 풀림
③ 피닝법　④ 냉각법

해설 잔류응력의 제거
① 저온응력 완화법 : 용접선 양측을 가스불꽃에 의하여 나비 약150mm를 150~200℃정도의 비교적 낮은 온도로 가열한 다음 곧 수냉하는 방법
② 기계적응력 완화법 : 잔류응력이 있는 제품에 하중을 주어 용접부에 약간의 소성변형을 일으킨 다음 하중을 제거
③ 피닝법 : 특수한 구면상의 전단을 해머로서 용접부를 연속적으로 타격해줌으로서 용접표면에 소성변형을 생기게 하는 것
④ 국부풀림법 : 제품이 커서 노내에 넣을수 없을 때 또는 설비, 용량 등으로 노내 풀림을 바라지 못할 경우
⑤ 노내풀림법 : 응력제거 열처리법에서 가장 널리 이용, 제품전체를 가열로 안에 넣고 적당한 온도에서 일정시간 유지한 다음 노내에서 서냉한다.

문제 33 다음 중 균열이 가장 많이 발생할 수 있는 용접이음은?
① 십자이음　② 경사이음
③ 맞대기이음　④ 모서리이음

해설 균열이 가장 많이 발생할 수 있는 용접이음 : **십자이음**

문제 34 가접시 주의할 사항으로 틀린 것은?
① 본 용접시와 동등한 기량을 가져야 한다.
② 본 용접보다 훨씬 낮은 온도에서 예열한다.
③ 본 용접보다 약간 가는 용접봉을 사용한다.
④ 응력이 집중하는 곳은 피한다.

해답 31. ③　32. ④　33. ①　34. ②

해설 **가접 시 주의할 사항**
① 본용접사와 동등한 기량을 가져야 한다.
② 응력이 집중하는 곳은 피한다.
③ 본용접보다 훨씬 높은 온도에서 예열한다.
④ 시·종단에는 엔드탭을 설치하기로 한다.
⑤ 홈 안에 가접은 피하고 불가피한 경우 본용접 전에 갈아낸다.

문제 35 용접 시 발생하는 각변형의 방지 대책을 잘못 설명한 것은?
① 용접 개선 각도는 작업에 지장이 없는 한 작게 한다.
② 구속지그를 활용하고 속도가 빠른 용접법을 이용한다.
③ 판두께와 개선현상이 일정할 때 용접봉 지름이 작은 것을 이용하여 패스의 수를 많게 한다.
④ 역변형의 시공법을 사용하도록 한다.

해설 **각 변형의 방지 대책**
① 역변형의 시공법을 사용하도록 한다.
② 용접개선 각도는 작업에 지장이 없는 한 작게 한다.
③ 구속지그를 활용하고 속도가 빠른 용접법을 이용한다.

문제 36 용접구조물에서 잔류응력의 영향을 설명한 것 중 잘못된 것은?
① 구속하여 용접을 하면 잔류응력이 감소한다.
② 용접구조물에서 취성파괴의 원인이 된다.
③ 용접구조물에서 응력 부식의 원인이 된다.
④ 기계부품에서는 사용 중에 변형이 발생한다.

해설 **잔류응력의 영향**
① 용접구조물에서 취성파괴의 원인이 된다.
② 용접구조물에서 응력부식의 원인이 된다.
③ 기계부품에서는 사용중에 변형이 발생한다.

문제 37 저온 취성 파괴에 미치는 요인과 가장 관계가 먼 것은?
① 온도의 저하 ② 인장잔류응력
③ 예리한 노치 ④ 강재의 고온 특성

해설 **저온 취성 파괴에 미치는 요인**
① 예리한 노치   ② 인장잔류응력 제거   ③ 온도의 저하

35. ③ 36. ① 37. ④

문제 38 맞대기 이음에서 초층의 용입 불충분 등의 결함 방지 및 제거를 위해 사용하는 방법이 아닌 것은?

① 밑면 따내기(back chipping)
② 백 가우징(back gouging)
③ 뒷받침(back plate)
④ 버터링(buttering)

해설 맞대기 이음시 초층의 용입 불충분 등의 결함방지 및 제거를 위해 사용하는 방법
① 백가우징 ② 뒷받침 ③ 밑면따내기

문제 39 용접지그를 선택하는 기준 설명 중 틀린 것은?

① 청소하기 쉬워야 한다.
② 용접변형을 억제할 수 있는 구조이어야 한다.
③ 피용접물의 고정과 분해가 어려운 구조라야 한다.
④ 작업능률이 향상되어야 한다.

해설 용접지그를 선택하는 기준
① 작업능률이 향상되어야 한다.
② 용접변형을 억제할 수 있는 구조이어야 한다.
③ 청소하기 쉬워야 한다.

문제 40 아크용접시 아크 열효율을 바르게 설명한 것은?

① 용접저항발열량 몇 [%]가 모재에 흡수되는가 하는 비율
② 용접입열 몇 [%]가 모재에 흡수되는가 하는 비율
③ 용접금속 열전도율 몇 [%]가 모재에 흡수되는가 하는 비율
④ 용접금속량 몇 [%]가 모재에 흡수되는가 하는 비율

해설 아크열효율 : 용접입열 몇%가 모재에 흡수되는가 하는 비열

38. ④ 39. ③ 40. ②

제 3 과목   용접일반 및 안전관리

문제 41

두께 3.2[mm]의 연강판을 가스용접하려고 한다. 모재 두께가 1[mm] 이상일 때 용접봉의 지름을 결정하는 방법에 의한 가스 용접봉의 지름은?

① 1.0[mm] ② 2.6[mm]
③ 3.2[mm] ④ 4.0[mm]

해설 용접봉의 지름 $= \dfrac{t}{2}+1 = \dfrac{3.2}{2}+1 = 2.6\,mm$

문제 42

TIG 용접으로 알루미늄 용접시 가장 옳은 방법은?

① 직류정극성(DCSP) 사용 ② 직류역극성(DCRP) 사용
③ 교류(AC) 사용 ④ 고주파수 교류(ACHF) 사용

해설 TIG용접으로 알루미늄 용접시 옳은 방법 : 고주파수 교류(ACHF) 사용

문제 43

CO_2가스 아크 용접에서, CO_2가스가 인체에 미치는 영향으로 극히 위험상태에 해당하는 CO_2 가스의 농도는 몇 [%]인가?

① 0.4[%] 이상 ② 30[%] 이상
③ 20[%] 이상 ④ 10[%] 이상

해설 CO_2 농도에 따른 인체영향

CO_2 농도	인체에 미치는 영향
2%	불쾌감이 있다.
4%	두통, 현기증, 귀울림, 눈의자극, 혈압상승
8%	호흡곤란
9%	구토, 감정둔화
10%	시력장애, 1분이내 의식상실, 장기간 노출시 사망
20%	중추신경마비, 단기간내 사망
30%	인체치사량

문제 44

납땜 작업에서 연납땜과 경납땜을 구분하는 온도는 몇 ℃인가?

① 500 ② 350
③ 400 ④ 450

해답 41. ②   42. ④   43. ②   44. ④

해설 **연납땜** : 온도가 450℃ 이하
경납땜 : 온도가 450℃ 이상

문제 45
불활성 가스 아크 용접시 주로 사용되는 가스는?
① 아르곤가스
② 수소가스
③ 산소와 질소의 혼합가스
④ 질소가스

해설 불활성가스 아크용접시 주로 사용되는 가스 : **아르곤가스**

문제 46
아세틸렌가스의 도관 및 압력 게이지에 사용되는 구리합금 중 구리의 함유량으로 가장 적당한 것은?
① 82[%] 이하
② 72[%] 이하
③ 62[%] 이하
④ 92[%] 이하

해설 **아세틸렌가스**
① 동(구리) 및 동합금 62%이하사용 초과시 폭발위험
② 인화수소, 화학수소, 암모니아와 같은 불순물을 포함하고 있어 악취가 난다.
③ 비중은 0.906·15℃ 1kg/cm² 에서의 아세틸렌 1ℓ의 무게는 1.176g이다.
④ 여러 가지 액체에 잘 용해된다.
  ㉠ 물에 대해서는 같은양 ㉡ 석유에는 2배
  ㉢ 벤젠에는 4배 ㉣ 알콜에는 6배
  ㉤ 아세톤에는 25배가 용해
⑤ 폭발성
  ㉠ 온도 : 406~408℃ : 자연발화 ㉡ 온도 : 505~515℃ : 폭발
  ㉢ 온도 : 780℃ : 산소가 없더라도 폭발
⑥ 압력 : 아세틸렌가스는 15℃ 2기압 이상으로 압축하면 분해 폭발위험이 있으므로, 1.5기압 이상으로 압축하면 충격이나 가열에 의해 분해 폭발의 위험이 있으므로 1.2~1.3kg/cm² 이하에서 사용

문제 47
전자빔 용접의 장점에 해당되지 않는 것은?
① 예열이 필요한 재료를 예열 없이 국부적으로 용접할 수 있다.
② 잔류 응력이 적다.
③ 용접 입열이 적으므로 열 영향부가 적어 용접변형이 적다.
④ 시설비가 적게 든다.

해설 **전자빔 용접의 장점**
① 예열이 필요한 재료를 예열없이 국부적으로 용접할 수 있다.
② 잔류응력이 적다.

해답
45. ① 46. ③ 47. ④

③ 용접입열이 적으므로 열영향부가 적어 용접 변형이 적다.
④ 얇은판에서 두꺼운판까지 광범위한 용접이 가능.
⑤ 고속용접이 가능하므로 열영향부가 적고 완성치수에 정밀도가 높다.
⑥ 용접부의 경화현상이 일어나기 쉽다.
⑦ 피용접물의 크기에 제한을 받으며 장치가 고가이다.

문제 48 플라즈마 아크 용접 장치의 구성 요소가 아닌 것은?
① 제어장치   ② 토치
③ 공기 압축기   ④ 가스 송급 장치

해설 **플라즈마 아크용접장치의 구성요소**
① 토치 ② 가스송급장치 ③ 제어장치

문제 49 압접에 해당되지 않는 것은?
① 저항 용접   ② 마찰 용접
③ 초음파 용접   ④ 전자빔 용접

해설 **압접** : 접합부분을 열간 또는 냉간상태에서 압력을 주어 접합
[종류] 전기저항용접(점용접, 심용접, 프로젝션용접, 플래쉬피커션, 업셋용접), 유도가열용접, 마찰용접, 초음파용접, 가스압접

문제 50 아크 용접시 작업자에게 가장 위험한 부분은?
① 배전판   ② 용접봉 홀더 노출부
③ 용접기   ④ 케이블

해설 **아크용접시 작업자에게 가장 위험한 부분** : 용접봉 홀더노출부

문제 51 산소 절단법에 관한 설명으로 틀린 것은?
① 예열 불꽃의 세기는 절단이 가능한 최대한의 세기로 하는 것이 좋다.
② 수동 절단법에서 토치를 너무 세게 잡지 말고 전후좌우로 자유롭게 움직일 수 있도록 해야 한다.
③ 예열 불꽃이 강할 때는 슬래그 중의 철 성분의 박리가 어려워진다.
④ 자동 절단법에서 절단에 앞서 먼저 레일(rail)을 강판의 절단선에 따라 평행하게 놓고, 팁이 똑바로 절단선 위로 주행할 수 있도록 한다.

48. ③   49. ④   50. ②   51. ①

해설 산소절단법
① 수동절단법에서 토치를 너무 세게 잡지 말고 전, 후좌우로 자유롭게 움직일수 있도록 한다.
② 자동절단법에서 절단에 앞서 먼저 레일을 강판의 절단선에 따라 평형하게 놓고 팁이 똑바로 절단선위로 주행할 수 있도록 한다.
③ 예열불꽃이 강할때는 슬래그중의 철성분의 박리가 어려워진다.

문제 52

피복아크 용접용 기구 및 부속장치에 대한 설명 중 옳지 않은 것은?
① 원격제어 장치는 용접기에서 멀리 떨어진 곳에서도 전류를 용이하게 조정하는 장치이다.
② 전격방지기는 작업중에 감전의 위험을 방지한다.
③ 전격 방지기는 용접기의 무부하 전압을 높게한다.
④ 홀더는 가볍고 전기 절연이 잘된 안전 홀더를 사용해야 한다.

해설 전격방지기 : 작업중에 감정의 위험을 방지한다. 2차무부하전압을 20~30V로 유지

문제 53

가스용접 토치의 팁(Tip) 재료로 가장 적합한 것은?
① 동 합금   ② 알루미늄 합금
③ 경강   ④ 연강

해설 가스용접 토치팁재료 : 동합금

문제 54

용접법 중 가장 두꺼운 판을 용접할 수 있는 것은?
① 일렉트로 슬래그 용접   ② 전자빔 용접
③ 서브머지드 아크용접   ④ 불활성 가스 아크 용접

해설 일렉트로 슬래그용접
① 판두께가 두꺼울수록 경제적이다.
② 용접홈의 기계가공이 필요하다.
③ 수동용접에 비하여 약 4~5배의 용융속도를 가지며 용착금속량은 10배 이상 된다.
④ 용접속도는 자동으로 조절된다.
⑤ 판두께에 관계없이 단층으로 상진 용접한다.
⑥ 이동용 냉각동판에 급수장치가 필요
⑦ 전기저항열을 이용 용접(주울의 법칙적용) : $Q = 0.24I^2RT$

해답 52. ③ 53. ① 54. ①

문제 55 아크 발생열에 의하여 피복제가 분해되어 일산화탄소, 이산화탄소, 수증기 등의 가스 발생제가 되는 가스 실드식 피복제의 성분은?

① 규산나트륨   ② 셀룰로스
③ 규사   ④ 일미나이트

해설 가스발생제
① 셀룰로오스   ② 석회석   ③ 녹말   ④ 톱밥   ⑤ 탄산바륨

문제 56 용접 접합면에 경사홈을 만드는 이유는?

① 재료 절약과 무게 경감을 위하여
② 용입을 충분하게 하고 강도를 높이기 위하여
③ 용접금속의 냉각속도를 빠르게 하기 위하여
④ 용접변형이 적게 일어나도록 하기 위하여

해설 용접접합면에 경사홈을 만드는 이유 : 용입을 충분하게 하고 강도를 높이기 위해

문제 57 텅스텐 전극봉을 사용하는 용접은?

① 산소-아세틸렌용접   ② 아크용접
③ MIG용접   ④ TIG용접

해설 텅스텐 전극봉사용 : TIG용접

문제 58 피복아크용접에서 사용되는 피복제의 성분을 작용면에서 분류한 것이다. 그 설명으로 틀린 것은?

① 가스발생제 : 가스를 발생시켜 냉각속도를 빠르게 한다.
② 아크안정제 : 아크발생은 쉽게하고, 아크를 안정시킨다.
③ 합금첨가제 : 용강 중에 합금원소를 첨가하여 그 화학성분을 조성한다.
④ 고착제 : 피복제를 단단하게 심선에 고착시킨다.

해설 피복배합제의 종류
① 아크안정제
  ㉠ 석회석   ㉡ 산화티탄   ㉢ 규산칼륨   ㉣ 규산나트륨
  ㉤ 자철광   ㉥ 적철광
② 슬래그생성제 : 용융점이 낮은 가벼운 슬래그를 만들어 산화나 질화방지
  ㉠ 이산화망간   ㉡ 산화철   ㉢ 산화티탄   ㉣ 석회석
  ㉤ 일미나이트   ㉥ 알루미나   ㉦ 형석   ㉧ 장석

해답 55. ②   56. ②   57. ④   58. ①

ⓩ 규사
③ 가스발생제 : 아크열에 분해하여 일산화탄소 수증기 등의 가스를 발생하며 용융금속을 대기로부터 보호
  ㉠ 녹말   ㉡ 톱밥   ㉢ 석회석   ㉣ 탄산바륨
  ㉤ 셀룰로오스
④ 탈산제 : 용융금속중의 산화물을 탈산정련하는 작용
  ㉠ 페로망간(Fe-Mn)   ㉡ 페로티탄(Fe-Ti)
  ㉢ 페로실리콘(Fe-Si)   ㉣ 페로바나듐(Fe-V)
  ㉤ 페로크롬(Fe-Cr)
⑤ 고착제 : 심선에 피복제를 고착시키는 역할
  ㉠ 규산나트륨   ㉡ 규산칼륨   ㉢ 해초   ㉣ 아교
  ㉤ 카세인   ㉥ 당밀
⑥ 합금첨가제 : 합금제는 용접의 여러 성질을 개선하기 위해 피복제에 첨가하는 것
  ㉠ 페로망간   ㉡ 페로실리콘   ㉢ 페로크롬   ㉣ 페로바나듐
  ㉤ 산화니켈   ㉥ 산화몰리브덴   ㉦ 구리   ㉧ 니켈몰리브덴

문제 59 정격 2차 전류가 300[A], 정격사용율이 40[%]인 아크용접기로 200[A]의 용접전류를 사용하여 용접하는 경우의 허용사용률[%]은?
① 60
② 70
③ 80
④ 90

 허용사용률 $= \dfrac{(정격2차전류)^2}{(실제용접전류)^2} \times 정격사용율 = \dfrac{300^2 \times 40}{200^2} = 90\%$

문제 60 가스용접시 사용되는 불변압식(A형) 토치의 종류가 아닌 것은?
① A1호
② A2호
③ A3호
④ A4호

가스용접시 사용되는 불변압식(A형) 토치의 종류
① A_1 ② A_2 ③ A_3

59. ④ 60. ④

용접산업기사 필기

2021

2021년 3월 CBT 시행

본 문제는 복원 기출문제입니다. 실제 문제와 다를 수 있으니 양해바랍니다.

제 1 과목 용접야금 및 용접설비제도

문제 01 Fe-C 평형상태도에서 γ-철의 결정구조는?
① 면심입방격자 ② 체심입방격자
③ 조밀육방격자 ④ 혼합결정격자

해설 Fe-C 평형상태도에서 γ철의 결정구조 : **면심입방격자**

문제 02 주철의 용접시 주의사항으로 틀린 것은?
① 용접 전류는 필요이상 높이지 말고 지나치게 용입을 깊게 하지 않는다.
② 비드의 배치는 짧게 해서 여러 번의 조작으로 완료한다.
③ 용접봉은 가급적 지름이 큰 것을 사용한다.
④ 용접부를 필요이상 크게 하지 않는다.

해설 주철용접시 주의사항
① 용접봉은 가급적 지름이 작은 것으로 사용
② 용접부를 필요이상 크게 하지 않는다.
③ 비드배치는 짧게 해서 여러 번의 조작으로 완료한다.
④ 용접전류는 필요이상 높이지 말고 지나치게 용입을 깊게 하지 않는다.

문제 03 다음 중 금속의 일반적 특성으로 틀린 것은?
① 모든 금속은 상온에서 고체이며 결정체이다.
② 열과 전기의 좋은 양도체이다.
③ 전성 및 연성이 풍부하다.
④ 금속적 광택을 가지고 있다.

해설 금속의 일반적인 특징
① 모든 금속은 고체이나 수은만은 액체이다.
② 소성변형이 있어 가공하기 쉽다. ③ 열과 전기의 좋은 양도체이다.
④ 전성 및 연성이 풍부하다. ⑤ 금속적 광택을 가지고 있다.
⑥ 이온화하면 양이온(+)이 된다.

해답 01. ① 02. ③ 03. ①

문제 04
규소가 탄소강에 미치는 일반적 영향으로 틀린 것은?
① 강의 인장강도를 크게 한다.
② 연신율을 감소시킨다.
③ 가공성을 좋게 한다.
④ 충격값을 감소시킨다.

해설 규소가 탄소강에 미치는 일반적 영향
① 인장강도, 탄성한도, 경도를 상승시킨다.
② 연신율과 충격값을 감소시킨다.
③ 결정립을 조대화시키고 가공성을 해친다.
④ 용접성을 저하시킨다.

문제 05
다음 중 적열취성의 주원인이 되는 원소는?
① 질소
② 황
③ 수소
④ 망간

해설 적열취성원인 : 황
상온취성원인(청열취성) : 인

문제 06
합금강에 첨가한 원소의 일반적인 효과가 잘못된 것은?
① Ni-강인성 및 내식성 향상
② Ti-내식성 향상
③ Cr-내식성 감소 및 연성 증가
④ W-고온강도 향상

해설 특수원소의 영향
① Ni : 인성증가, 저온충격저항증가
② Cr : 내식성, 내마모성 향상
③ Mn : 적열취성방지, 고온강도
④ Mo : 뜨임 취성방지
⑤ Al, W : 결정입자조절
⑥ Si : 전자기적 특성개선, 탈산
⑦ Ti : 내식성향상

문제 07
고장력강의 용접시 일반적인 주의사항으로 잘못된 것은?
① 용접봉은 저수소계를 사용한다.
② 용접 개시 전 이음부 내부를 청소한다.
③ 위빙 폭을 크게 하지 말아야 한다.
④ 아크 길이는 최대한 길게 유지한다.

해설 고장력강의 용접시 일반적인 주의사항
① 아크길이는 짧게 유지한다.
② 위빙폭을 크게 하지 말아야 한다.
③ 용접개시전 이음부 내부를 청소한다.
④ 용접봉은 저수소계를 사용한다.

04. ③　05. ②　06. ③　07. ④

문제 08

연강을 0℃ 이하에서 용접할 경우 예열하는 요령으로 올바른 것은?

① 용접 이음의 양쪽 폭 100[mm] 정도를 40~75℃로 예열한다.
② 용접 이음부를 약 500~600℃로 예열한다.
③ 용접 이음부의 홈 안을 700℃ 전후로 예열한다.
④ 연강은 예열이 필요 없다.

해설 **연강을 0℃이하에서 용접할 경우 예열하는 요령** : 용접이음의 양쪽 폭 100mm정도를 40~70℃로 예열한다.

문제 09

다음 그림은 체심입방 A·B형 결자를 나타낸 것이다. 격자 내의 B 원자수는?
(단, ○ : A원자, ● : B원자)

① 8
② 4
③ 2
④ 1

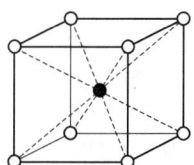

문제 10

금속 재료의 냉간가공에 따른 일반적 성질변화 중 옳지 않은 것은?

① 인장강도 증가
② 경도 증가
③ 연신율 감소
④ 피로강도 감소

문제 11

용접부 보조 기호 중 끝단부를 매끄럽게 처리하도록 하는 기호는?

① ⌣̰
② ‖M‖
③ ⌣
④ ─

해설 용접부 보조기호
① 평면 : ─────
② 볼록형 : ⌢
③ 오목형 : ⌣
④ 끝단부를 매끄럽게함 : ⌣̰
⑤ 영구적인 덮개판 사용 : ‖M‖
⑥ 제거가능한 덮개판 사용 : ‖MR‖

해답 08. ① 09. ④ 10. ④ 11. ①

문제 12

다음 용접의 명칭과 기호가 맞지 않는 것은?

① 겹침 이음 : \/
② 가장자리 용접 : |||
③ 서페이싱 : ⌒⌒
④ 서페이싱 이음 : =

해설 용접부 기호

① 뒷면용접공정이 없는 경우 : \/
② 가장자리용접 : |||
③ 서페이싱이음 : =
④ 서페이싱 : ⌒⌒

문제 13

물체의 모양을 가장 잘 나타낼 수 있는 투상면은?

① 평면도
② 정면도
③ 우측면도
④ 좌측면도

해설 물체의 모양을 가장 잘 나타낼 수 있는 투상면 : **정면도**

문제 14

다음 용접기호를 설명한 것으로 올바른 것은?

① C = 슬롯부의 폭
② 1 = 용접부의 개수(용접수)
③ n = 용접부의 길이
④ (e) = 크레이터 길이

$C \square n \times l \ (e)$

해설 용접기호
① C : 슬롯부의 폭   ② l : 용접부의 길이   ③ n : 용접부 개수

문제 15

A0의 도면 치수는 얼마인가? (단, 단위는 [mm]이다.)

① 841 × 1189
② 594 × 841
③ 841 × 1783
④ 594 × 1682

해설 도면의 크기

용지	가로(mm)	세로(mm)
A0	1189	841
A1	841	594
A2	594	420
A3	420	297
A4	297	210

12. ①   13. ②   14. ①   15. ①

문제 16

기계제도에서 단면도에 관한 설명으로 틀린 것은?

① 가상의 절단면을 정 투상법에 의하여 나타낸 투상도를 말한다.
② 주로 대칭인 물체의 중심선을 기준으로 내부 모양과 외부 모양을 동시에 표현하는 방법이 한쪽 단면도이다.
③ 단면 부분은 단면이란 것을 표시하기 위하여 해칭 또는 스머징을 한다.
④ 해칭은 주된 중심선에 대해서 60°로 굵은 실선으로 등간격으로 표시한다.

해설 기계제도의 단면도
① 해칭은 45°각도로 가는 실선의 등간격으로 그어 60°로 그리는 지시선과의 혼동을 피한다.
② 가상의 절단면을 정투상법에 의하여 나타난 투상도를 말한다.
③ 단면부분은 단면이란 것을 표시하기 위하여 해칭 또는 스머징을 한다.
④ 주로 대칭인 물체의 중심선을 기준으로 내부모양과 외부모양을 동시에 표현하는 방법이 한쪽 단면도이다.

문제 17

용접설비제도에 사용하는 문자의 크기에 있어서 일반치수 숫자 및 기술문자의 크기는?

① 2.24~4.5[mm]
② 3.15~6.3[mm]
③ 6.3~12.5[mm]
④ 9~18[mm]

해설 일반치수 숫자 및 기술문자의 크기 : 3.15~6.33mm

문제 18

핸들이나 바퀴 등의 암 및 림, 리브, 훅 등의 절단면을 90° 회전하여 그린 단면도는?

① 온 단면도
② 한쪽 단면도
③ 부분 단면도
④ 회전 단면도

해설 회전단면도 : 핸들이나 바퀴 등의 암 및 림, 리브, 훅 등의 절단면을 90° 회전하여 그린 단면도

문제 19

다음 그림의 보조 기호의 용접기호를 바르게 설명한 것은?

① 영구적인 덮개판을 사용
② 평면(동일평면)으로 다듬질
③ 제거 가능한 덮개판을 사용
④ 끝단부를 매끄럽게 다듬질

MR

해답
16. ④ 17. ② 18. ④ 19. ③

문제 20 원 또는 다각형에 감긴 실을 잡아당기면서 풀어갈 때 실 위의 한 점이 그려가는 것을 이어서 얻은 선을 무엇이라 하는가?

① 포물선
② 쌍곡선
③ 인벌류트곡선
④ 사이클로이드곡선

해설 **인벌류트곡선** : 원 또는 다각형에 감긴 실을 잡아당기면서 풀어갈 때 실위의 한점이 그려가는 것을 이어서 얻는 선

제 2 과목 용접구조설계

문제 21 다음 그림에서 필릿 용접의 실제 목 두께(actual throat)를 나타내는 것은?

① (1)
② (2)
③ (3)
④ (4)

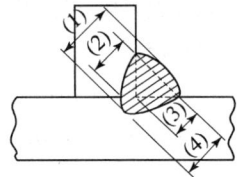

해설 **이론목두께** : 4
실제목두께 : 1

문제 22 강판 두께 9[mm], 용접선의 유효길이 150[mm], 홈의 깊이 h_1, h_2가 각각 3[mm]인 V형 맞대기 용접을 불완전 용입으로 용접하고, 9000[kgf]의 하중이 용접선과 직각 방향으로 작용하는 경우 압축응력은 몇 [kgf/mm²]인가?

① 20
② 15
③ 10
④ 5

해설 압축응력 $= \dfrac{p}{(h_1+h_2)l} = \dfrac{9000}{(3+3)\times 150} = 10\,\text{kg/mm}^2$

해답   20. ③   21. ①   22. ③

문제 23 용착부의 인장응력이 80[kgf/mm²], 용접선 유효길이가 80[mm]이며, V형 맞대기로 완전 용입인 경우 하중 8000[kgf]에 대한 판 두께는 몇 [mm]인가? (단, 하중은 용접선과 직각 방향임)

① 10
② 20
③ 30
④ 40

해설 $\sigma = \dfrac{p}{tl}$ $t = \dfrac{p}{\sigma l} = \dfrac{8000}{5 \times 80} = 20\,\text{mm}$

문제 24 끝이 구면인 특수한 해머로써 용접부를 연속적으로 때려 용접표면상에 소성변형을 주어 인장응력을 완화하는 방법은?

① 전진법
② 스킵법
③ 후퇴법
④ 피닝법

해설 **피닝법** : 끝이 구면인 특수한 해머로서 용접부를 연속적으로 때려 용접 표면상에 소성변형을 주어 인장응력을 완화하는 방법

문제 25 다음 금속 중 냉각속도가 가장 큰 금속은?

① 연강
② 알루미늄
③ 구리
④ 스테인리스강

해설 열전도율이 클수록 냉각속도가 크다.
Ag > Cu > Au > Al > Mg > Ni > Fe > Pb(은, 구, 금, 알, 마, 니, 철, 납)

문제 26 자기검사에서 피검사물의 자화방법은 물체의 형상과 결함의 방향에 따라서 여러 가지가 사용된다. 그 중 옳지 않은 것은?

① 투과법
② 축통전법
③ 직각 통전법
④ 극간법

해설 **자기검사법**(자분검사법)
① 축통전법 ② 관통법 ③ 직각통전법 ④ 코일법 ⑤ 극간법

참고 **초음파검사** : ① 펄스반사법 ② 공진법 ③ 투과법

해답 23. ② 24. ④ 25. ③ 26. ①

문제 27

다음 용접 변형 교정 방법 중 적합하지 않은 것은?

① 얇은 판에 대한 점 수축법
② 형재에 대한 직선 수축법
③ 가열 후 해머질 하는 법
④ 변형된 부위를 줄질 하는 법

해설 용접변형교정방법
① 얇은판(박판)에 대한 점수축법
② 형재에 대한 직선수축법
③ 가열후 해머질 하는 방법
④ 피닝법을 사용하여 변형을 교정하는 방법
⑤ 롤러에 걸어 변형을 교정한다.
⑥ 절단하여 정형후 재용접하여 변형교정

문제 28

맞대기나 필릿 용접부의 비드표면과 모재와의 경계부에 발생하는 용접균열은?

① 힐 균열(heel crack)
② 토 균열(toe crack)
③ 비드 밑 균열(under bead crack)
④ 루트 균열(root crack)

해설 저온균열의 유형
① 토균열 : 맞대기나 필렛용접부의 비드표면과 모재와의 경제부에 발생하는 용접균열
② 루트균열 : 맞대기 용접의 가접 첫층 용접의 루트 근방의 열영향부에서 발생하는 균열
③ 힐균열 : 모재의 수축팽창에 의한 뒤틀림이 주요원인
④ 비드밑균열 : 비드 바로 밑에서 용접선에 아주가까이 비드와 거의 평형되게 모재의 열영향부에 생기는 균열
⑤ 라멜라티어균열 : T이음, 모서리이음 등에서 강의 내부에 평행하게 층상으로 발생되는 균열

문제 29

용접 준비에서 조립 및 가용접에 관한 설명으로 옳은 것은?

① 변형 혹은 잔류응력을 될 수 있는데로 크도록 해야한다.
② 가용접은 본 용접을 실시하기 전에 좌우의 홈 부분을 잠정적으로 고정하기 위한 짧은 용접이다.
③ 조립순서는 수축이 큰 이음을 나중에 용접한다.
④ 용접물의 중립축에 대하여 용접으로 인한 수축력 모멘트의 합이 100이 되도록 한다.

해설 가용접은 본용접을 실시하기 전에 좌, 우의 홈부분을 잠정적으로 고정하기 위한 짧은 용접

해답 27. ④ 28. ② 29. ②

문제 30

용접이음을 설계할 때 주의할 사항이 아닌 것은?

① 아래보기 용접을 많이 하도록 한다.
② 용접보조기구 및 장비를 사용하여 작업조건을 좋게 만든다.
③ 용접진행은 부재의 자유단에서 고정단으로 향하여 용접하게 한다.
④ 부재 전체에 가능한 열의 분포가 일정하게 되도록 한다.

해설 용접이음 설계시 주의사항
① 아래보기 용접을 많이 하도록 한다.
② 용접보조기구 및 장비를 사용하여 작업조건을 좋게 한다.
③ 부재전체에 가능한 열의 분포가 일정하게 되도록 한다.
④ 수축이 큰 이음을 먼저하고 작은 이음은 나중에 한다.
⑤ 동일 평면내에 많은 이음이 있을 때에는 수축은 가능한 자유단으로 보낸다.

문제 31

본 용접에서 용착법의 종류에 해당되지 않는 것은?

① 대칭법   ② 풀림법
③ 후퇴법   ④ 스킵법

해설 융착법의 종류
① 전진법 ② 후진법 ③ 대칭법 ④ 스킵법
⑤ 빌드업법 ⑥ 케스케이드법 ⑦ 블록법

문제 32

똑같은 두께의 재료를 다음 보기와 같이 용접할 때 냉각속도가 가장 빠른 이음은?

문제 33

용접부의 안전율(Safety factor)을 나타낸 것은?

① 안전율 $= \dfrac{극한강도}{허용응력} \times 100[\%]$ ② 안전율 $= \dfrac{극한응력}{전단응력} \times 100[\%]$

③ 안전율 $= \dfrac{피로강도}{굽힘응력} \times 100[\%]$ ④ 안전율 $= \dfrac{굽힘응력}{피로응력} \times 100[\%]$

해답
30. ③   31. ②   32. ③   33. ①

해설 안전율 = $\dfrac{인장강도}{허용응력}$

문제 34

초음파탐상법 중 가장 많이 사용되는 검사법은?
① 투과법 ② 펄스반사법
③ 공진법 ④ 자기검사법

해설 초음파탐상법 중 가장 많이 사용되는 검사법 : **펄스반사법**

문제 35

용접이음의 강도는 이음에 어떤 부하가 작용하는지를 생각해야 하는데 그 부하에 속하지 않는 것은?
① 수직력(P) ② 굽힘모멘트(H)
③ 비틀림 모멘트(T) ④ 응력강도(K)

해설 용접이음의 강도계산
① 굽힘모멘트 ② 비틀림모멘트 ③ 수직력

문제 36

피복아크 용접기에서 AW300, 무부하전압 70[V], 아크전압 30[V]를 사용할 때 역률과 효율은 각각 얼마인가?(단, 내부손실 3kW)
① 역률 75[%], 효율 57.2[%] ② 역률 72.3[%], 효율 64.7[%]
③ 역률 67.4[%], 효율 71[%] ④ 역률 57.1[%], 효율 75[%]

해설 역률 = $\dfrac{소비전력}{전원입력(kVA)} \times 100 = \dfrac{12}{21} \times 100 = 57.14\%$

전원입력 = 무부하전압 × 정격2차전류 = 70 × 300 = 21000VA = 21KVA
소비전력 = 아크출력(아크전압 × 정격2차전류) + 내부손실 = 30 × 300 + 3kW
= 12kW

효율 = $\dfrac{아크출력}{소비전력} \times 100 = \dfrac{9}{12} \times 100 = 75\%$

문제 37

다음 중 이음 효율을 구하는 식으로 맞는 것은?
① 용접이음의 허용응력/모재의 허용응력
② 모재의 인장강도/용착금속의 인장강도
③ 용접재료의 항복강도/용접재료의 인장강도
④ 모재의 인장강도/용접시편의 인장강도

해답 34. ② 35. ④ 36. ④ 37. ①

해설 이음효율 = $\dfrac{\text{용착금속 인장강도}}{\text{모재의 인장강도}} \times 100$

문제 38

아크 전류가 300[A], 아크 전압이 25[V], 용접 속도가 20[cm/min]인 경우 용접 길이 1[cm]당 발생 되는 용접 입열은?

① 20000[J/cm]   ② 22500[J/cm]
③ 25500[J/cm]   ④ 30000[J/cm]

해설 $H = \dfrac{60EI}{V} = \dfrac{60 \times 25 \times 300}{20} = 22500\,\text{J/cm}$

문제 39

계산 또는 필릿용접의 치수 이상으로 표면위에 용착된 금속은?

① 이면비드   ② 덧붙이
③ 개선 홈   ④ 용접의 루트

해설 덧붙이 : 계산 또는 필렛용접의 치수이상으로 표면 위에 용착된 금속

문제 40

다층 용접 시 한 부분의 몇 청을 용접하다가 이것을 다음 부분의 층으로 연속시켜 전체가 단계를 이루도록 용착시켜 나가는 방법은?

① 후퇴법(Backstep method)   ② 캐스케이드법(Cascade method)
③ 블록법(Block method)   ④ 덧살올림법(Build-up method)

해설 용접작업
① 케스케이드법 : 다층 용접시 한부분의 몇층을 용접하다가 이것을 다음부분의 층으로 연속시켜 전체가 단계를 이루도록 용착시켜나가는 방법
② 빌드업법 : 용접전 길이에 대해서 각층을 연속하여 용접하는 방법
③ 블록법 : 짧은 용접길이로 표면까지 용착하는 방법
④ 전진법 : 용접길이가 짧아서 변형 및 잔류응력이 그다지 문제가 되지 않을 때 이용

해답
38. ②   39. ②   40. ②

제 3 과목 용접일반 및 안전관리

문제 41

1차 입력이 22[kVA]인 피복 아크용접기에서 전원 전압이 220[V]라면 퓨즈는 다음 중 몇 [A]가 가장 적합한가?

① 50
② 100
③ 200
④ 400

해설 퓨즈용량 $= \dfrac{22 \times 1000}{220} = 100\,A$

문제 42

가스용접에서 판두께를 t [mm]라면 용접봉의 지름 D[mm]를 구하는 식으로 옳은 것은? (단, 모재의 두께는 1[mm] 이상인 경우이다.)

① $D = t + 1$
② $D = \dfrac{t}{2} + 1$
③ $D = \dfrac{t}{3} + 2$
④ $D = \dfrac{t}{4} + 2$

해설 용접봉 지름을 구하는 식 $D = \dfrac{t}{2} + 1$

문제 43

내용적 40[리터]의 산소용기에 조정기의 고압측 압력계가 50[kgf/cm^2]를 지시하고 있다면, 이 용기에는 잔류산소가 몇 리터[L] 있는가?

① 100
② 200
③ 1000
④ 2000

해설 총가스량 $= P \times V = 50 \times 40 = 2000$

문제 44

산소 아세틸렌 불꽃에서 아세틸렌이 이론적으로 완전 연소하는데 필요한 산소 : 아세틸렌의 연소비는?

① 1.5 : 1
② 1 : 1.5
③ 2.5 : 1
④ 1 : 2.5

해설 완전연소반응식
① $C_2H_2 + 2.5O_2 \rightarrow 2CO_2 + H_2O$
② $2C_2H_2 + 5O_2 \rightarrow 2CO_2 + H_2O$

해답 41. ② 42. ② 43. ④ 44. ③

문제 45 산소 아세틸렌가스로 절단이 가장 잘 되는 금속은?
① 연강 ② 알루미늄
③ 스테인리스강 ④ 구리

해설: 산소아세틸렌가스로 절단이 가장 잘되는 금속 : **연강**

문제 46 가스용접에서 산소 압력조정기의 압력조정나사를 오른쪽으로 돌리면 밸브는 어떻게 되는가?
① 잠겨진다. ② 중립상태로 된다.
③ 고정된다. ④ 열리게 된다.

해설: 산소압력조정기의 압력 조정나사를 오른쪽으로 돌리면 열린다.

문제 47 가스용접에서 충전가스 용기의 도색을 표시한 것이다. 틀린 것은?
① 산소-녹색 ② 수소-주황색
③ 프로판-회색 ④ 아세틸렌-청색

해설: 용기도색
①청탄산 ②산록에서 ③황아체 안주삼아 ④수주잔 높이들고 ⑤백암산바라보니
⑥염소는 갈색으로 보이고 ⑦쥐들은 기타를 치더라.
① 탄산가스 : 청색   ② 산소 : 녹색   ③ 아세틸렌 : 황색   ④ 수소 : 주황
⑤ 암모니아 : 백색   ⑥ 염소 : 갈색   ⑦ 기타 : 쥐색

문제 48 금속과 금속을 충분히 접근시키면 금속원자 사이에 인력이 작용하여 그 인력에 의하여 금속을 영구 결합시키는 것이 아닌 것은?
① 융접 ② 압접
③ 납땜 ④ 리벳이음

해설: 금속을 영구 결합시키는 것
① 융접   ② 압접   ③ 납땜

문제 49 피복아크 용접봉의 피복제 중 아크 안정제는?
① 규산칼륨 ② 탄가루
③ 마그네슘 ④ 페로크롬

45. ① 46. ④ 47. ④ 48. ④ 49. ①

해설 **피복배합제의 종류**
① 아크안정제
  ㉠ 석회석 ㉡ 산화티탄 ㉢ 규산칼륨 ㉣ 규산나트륨
  ㉤ 자철광 ㉥ 적철광
② 슬래그생성제 : 용융점이 낮은 가벼운 슬래그를 만들어 산화나 질화방지
  ㉠ 이산화망간 ㉡ 산화철 ㉢ 산화티탄 ㉣ 형석
  ㉤ 석회석 ㉥ 일미나이트 ㉦ 알루미나 ㉧ 규사
  ㉨ 장석
③ 탈산제 : 용융금속중의 산화물을 탈산정련하는 작용
  ㉠ 페로망간(Fe-Mn)   ㉡ 페로티탄(Fe-Ti)
  ㉢ 페로실리콘(Fe-Si)   ㉣ 페로바나듐(Fe-V)
  ㉤ 페로크롬(Fe-Cr)

문제 50 보호가스와 용극방식에 의한 분류 중 용제가 들어 있는 와이어 CO_2법이 아닌 것은?
① 아코스 아크법   ② 스카핑 아크법
③ 퓨즈 아크법   ④ 유니언 아크법

해설 **용제가 들어있는 와이어 CO_2법**
① 유니언아크법   ② 아코스아크법
③ 퓨즈아크법   ④ 버나드아크법

문제 51 전격 방지를 위한 준비 작업으로 틀린 것은?
① 피용접물과 용접 케이스를 접지시킨다.
② 면장갑을 끼고 그 위에 용접용 장갑을 낀다.
③ 우천시에는 용접기의 과열을 방지하기 위하여 비에 젖도록 하는 것이 좋다.
④ 전격방지 장치가 설치된 용접기를 사용한다.

해설 **전격방지를 위한 준비작업**
① 전격방지장치가 설치된 용접기를 사용한다.
② 피용접물과 용접기케이스를 접지시킨다.
③ 면장갑을 끼고 그 위에 용접용장갑을 낀다.

해답 50. ② 51. ③

문제 52
가스 용접에서 역화의 원인이 될 수 없는 것은?
① 아세틸렌의 압력이 높을 때
② 팁 끝이 모재에 부딪혔을 때
③ 스패터가 팁의 끝 부분에 덮혔을 때
④ 토치에 먼지나 물방울이 들어갔을 때

해설 역화의 원인
① 아세틸렌의 압력이 낮을 때
② 팁끝이 모재에 부딪혔을 때
③ 스패터가 팁의 끝부분에 덮였을 때
④ 토치에 먼지나 물방울이 들어갔을 때

문제 53
아크용접시 발생되는 유해한 광선은?
① X-선
② 감마선(γ)
③ 알파선(α)
④ 적외선

해설 아크용접시 발생되는 유해광선 : **적외선**

문제 54
가스 절단법에 사용되는 프로판가스의 성질을 설명한 것 중 틀린 것은?
① 공기보다 가볍다.
② 액화성이 있다.
③ 증발잠열이 크다.
④ 석유정제과정의 부산물이다.

해설 프로판가스의 성질
① 공기보다 무겁다. ($\frac{58}{29}=1.52$배)
② 기화하면 체적은 250배정도 늘어난다.
③ 기화액화가 용이
④ 기화잠열(증발잠열이 크다)크다 (101.8kcal/kg)
⑤ 용해성이 있다(물에는 녹지 않고, 에테르알콜에 녹고 천연고무를 녹이므로 호스는 합성고무사용)
⑥ 연소발열량이 크다.($C_3H_8 + 5O_2 \rightarrow 3CO_2 + 4H_2O + 530$kcal/mal)
⑦ 연소시 다량의 공기가 필요
⑧ 연소범위가 좁다.(2.1~9.5)
⑨ 발화온도가 높다.(460~520℃)
⑩ 석유정제 과정의 부산물

52. ① 53. ④ 54. ①

문제 55 서브머지드 아크 용접의 용제에 대한 설명이다. 용융형 용제의 특성이 아닌 것은?

① 비드 외관이 아름답다.
② 흡습성이 높아 재건조가 필요하다.
③ 용제의 화학적 균일성이 양호하다.
④ 용융시 분해되거나 산화되는 원소를 첨가할 수 있다.

해설 용융형 용제의 특성
① 비드외관이 아름답다.
② 용제의 화학적 균일성이 양호하다.
③ 용융시 분해되거나 산화되는 원소를 첨가할 수 있다.
④ 흡습성이 적어 보관이 편리

문제 56 직류 아크 용접에서 정극성의 특징에 해당되는 것은?

① 용접봉의 용융이 빠르다. ② 비드 폭이 넓다.
③ 모재의 용입이 깊다. ④ 박판 용접에 용이하다.

해설 정극성의 특징
① 모재의 용입이 깊다. ② 용접봉의 용융이 느리다.
③ 비드폭이 좁다. ④ 후판용접에 용이

문제 57 단조에 비교하여 용접의 장점이 아닌 것은?

① 재료의 두께에 제한이 없다.
② 시설비가 적게든다.
③ 수축변형 및 잔류응력이 발생한다.
④ 서로 다른 금속을 접합할 수 있다.

해설 용접의 장점
① 재료의 두께에 제한이 없다. ② 이음효율이 높다.
③ 이종재료도 접합할 수 있다. ④ 제품의 성능과 수명이 향상된다.
⑤ 기밀, 수밀 유밀성이 우수하다. ⑥ 작업공정이 단축되며 경제적이다.
⑦ 중량이 가벼워진다.

문제 58 다음 중 연납의 종류가 아닌 것은?

① 주석-납 ② 인-구리
③ 납-카드뮴 ④ 카드뮴-아연

해답
55. ② 56. ③ 57. ③ 58. ②

해설 연납의 종류
① 주석-납 ② 납-카드뮴 ③ 카드뮴-아연

문제 59 TIG용접 중 직류정극성을 사용하여 용접했을 때 용접효율을 가장 많이 올릴 수 있는 재료는?
① 스테인리스강 ② 알루미늄합금
③ 마그네슘합금 ④ 알루미늄주물

해설 TIG용접 중 직류 정극성 사용 용접시 용접효율을 가장 많이 올릴 수 있는 재료 : **스텐레스강**

문제 60 플라스마 아크용접법의 종류에 해당되지 않는 것은?
① 중간형 아크법 ② 이행형 아크법
③ 용적형 아크법 ④ 비이행형 아크법

해설 플라즈마 아크용접법의 종류
① 이행형아크법 ② 비이행형아크법 ③ 중간형아크법

59. ① 60. ③

2021년 5월 CBT 시행

본 문제는 복원 기출문제입니다. 실제 문제와 다를 수 있으니 양해바랍니다.

제 1 과목 용접야금 및 용접설비제도

문제 01 순철의 자기 변태온도는 약 얼마인가?
① 210℃ ② 738℃
③ 768℃ ④ 910℃

해설 **자기변태** : 원자배열은 변화가 없고 자성만 변화는 것으로 순철의 자기변태온도는 768℃이다.
자기변태금속 : Fe, Ni, CO

문제 02 용접 후 제품의 잔류 응력을 제거하는 방법이 아닌 것은?
① 저온 응력 완화법 ② 노내 풀림법
③ 국부 풀림법 ④ 오스템퍼링

해설 **잔류응력을 제거하는 방법**
① 저온응력완화법 : 용접선 양측을 가스불꽃에 의하여 나비 약150mm를 150~200℃정도의 비교적 낮은 온도로 가열한 다음 곧 수냉하는 방법
② 기계적응력완화법 : 잔류응력이 있는 제품에 하중을 주어 용접부에 약간의 소성변형을 일으킨 다음 하중을 제거
③ 피닝법 : 특수한 구면상의 선단을 해머로서 용접부를 연속적으로 타격해 줌으로서 용접표면에 소성변형을 생기게 하는 것
④ 노내풀림법 : 응력제거 열처리법에서 가장 널리 이용 제품전체를 가열로 안에 넣고 적당한 온도에서 일정시간 유지한 다음 노내에서 서냉
⑤ 국부풀림법 : 제품이 커서 노내에 넣을 수 없을 때 또는 설비, 용량 등으로 노내 풀림을 바라지 못할 경우

문제 03 아크용접에서 피복제의 역할에 대하여 틀린 것은?
① 용착금속을 보호 ② 용착금속에 산소 및 수소공급
③ 아크의 안정 ④ 용착금속의 급냉방지

 01. ③ 02. ④ 03. ②

해설 **피복제의 역할**
① 용착금속의 탈산정련작용   ② 용착금속을 보호
③ 용착금속의 급냉방지   ④ 아크안정
⑤ 용적을 미세화하여 용착효율 상승   ⑥ 합금원소첨가
⑦ 산화, 질화방지

문제 04 다음 중 열영향부의 냉각속도에 영향을 미치는 용접조건이 아닌 것은?
① 용접전류   ② 아크전압
③ 용접속도   ④ 무부하 전압

해설 **냉각속도에 영향을 미치는 용접조건**
① 용접속도   ② 용접전류   ③ 아크전압

문제 05 오스테나이트계 스테인리스강의 용접시 발생하기 쉬운 고온 균열에 영향을 주는 합금원소중에서 균열의 증가에 가장 관계가 깊은 원소는?
① C   ② Mo
③ Mn   ④ S

해설 **고온균열의 영향** : S(황)

문제 06 알루미늄의 성질을 설명한 것으로 틀린 것은?
① 비중이 가벼워 경금속에 속한다.
② 전기 및 열의 전도율이 좋다.
③ 산화 피막의 보호작용으로 내식성이 좋다.
④ 염산에 아주 강하다.

해설 **알루미늄의 성질**
① 염산, 인산, 황산, 질산에 약하다.
② 산화피막의 보호 작용으로 내식성이 좋다.
③ 전기 및 열의 전도율이 좋다.
④ 비중이 가벼워 경금속에 속한다.
⑤ 전성이 풍부하여 400~500에서 연신율이 최대이다.

문제 07 질화법의 종류가 아닌 것은?
① 가스 질화법   ② 연 질화법
③ 액체 침질법   ④ 고체 질화법

04. ④   05. ④   06. ④   07. ④

해설 **질화법의 종류**
① 가스질화법 ② 액체질화법 ③ 연질화법

문제 08 고장력강 용접시 주의사항 중 틀린 것은?
① 용접봉은 저수소계를 사용한다.
② 아크 길이는 가능한 짧게 유지한다.
③ 위빙 폭은 용접봉 지름의 3배 이상으로 한다.
④ 용접개시 전에 용접할 부분을 청소한다.

해설 **고장력강 용접시 주의사항**
① 위빙폭은 가능한 작게한다.   ② 용접봉은 저수소계를 사용한다.
③ 아크길이는 가능한 짧게 하다.   ④ 용접개시전에 용접할 부분을 청소한다.

문제 09 피복 아크 용접봉에 습기가 많을 때 나타나는 것은?
① 아크가 안정해진다.
② 용접부에 기공이나 균열이 생기기 쉽다.
③ 용접 비드폭이 넓어지고 비드가 깨끗해진다.
④ 용접 후 각 변형이 작아진다.

문제 10 주철 용접이 곤란한 이유 중 맞지 않는 것은?
① 수축이 많아 균열이 생기기 쉽다.
② 용융금속 일부가 연화된다.
③ 용착 금속에 기공이 생기기 쉽다.
④ 흑연의 조대화 등으로 모재와의 친화력이 나쁘다.

해설 **주철용접이 곤란한 이유**
① 흑연의 조내화 등으로 모재와의 친화력이 나쁘다.
② 용착금속에 기공이 생기기 쉽다.
③ 수축이 많아 균열이 생기기 쉽다.

문제 11 한쪽면 K형 맞대기 이음 용접의 기본기호는?
① ‖   ② ✕
③ ∨   ④ Y

해답 08. ③ 09. ② 10. ② 11. ③

해설 **용접기호**
① 평면형 맞대기이음 I형 : || ② 양면V형 : ✕
③ K형 맞대기이음 : ⌐/   ④ 부분용입 한쪽면 V형 : Y

문제 12 다음 중 그림과 같은 리벳 이음의 명칭은?
① 1줄 맞대기 이음
② 1줄 겹치기 이음
③ 1줄 지그재그 맞대기 이음
④ 1줄 지그재그 겹치기 이음

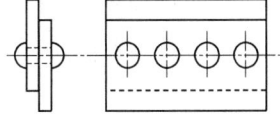

문제 13 특수한 가공을 하는 부분 등 특별한 요구사항을 적용할 수 있는 범위를 표시하는데 사용하는 선은?
① 굵은 1점쇄선   ② 지그재그선
③ 굵은 실선   ④ 아주 굵은 실선

해설 **용도에 따른 선의 종류**

명 칭	선의 용도	선의 종류
외형선	대상물이 보이는 부분의 모양 표시	굵은 실선
치수선	치수기입하기 위해	가는 실선
치수보조선	치수를 기입하기 위해 도형으로부터 끌어내는 선	
파단선	대상물의 일부를 파단한 경계표시	
해칭선	도형의 한정된 특정부분을 다른 부분과 구별	
중심선	도면의 중심을 표시	가는 일점쇄선
기준선	위치결정의 근거가 된다는 것 명시	
피치선	되풀이하는 도형의 피치를 취하는 기호	
절단선	절단위치를 대응하는 그림에 표시	가는 일점쇄선
가상선	인접부분 참고표시, 공구위치 참고표시, 가공전 · 후표시	가는 이점쇄선
특수지정선	특수한 가공을 하는 부분 등	굵은 일점쇄선

문제 14 투상법에서 시점과 대상물의 각 점을 연결하고 대상물의 형태를 투상면에 찍어내기 위하는 선은?
① 투상면   ② 시점
③ 시선   ④ 투상선

해설 **투상선** : 시점과 대상물의 각지점을 연결하고 대상물의 형태를 투상면에 찍어내기 위한 선

 해답
12. ② 13. ① 14. ④

문제 15 다음의 용접기호 중에서 플러그용접을 나타내는 기호는?

① ⌐⌐   ② ⊖
③ ◯   ④ ◁

해설 용접기호
① 플러그용접 : ⌐⌐   ② 시임용접 : ⊖
③ 점용접 : ◯   ④ 필릿용접 : ◁

문제 16 도면의 크기에서 A4 제도 용지의 크기는?

① 594×841   ② 420×594
③ 297×420   ④ 210×297

해설 도면의 크기

용지	가로(mm)	세로(mm)
A0	1189	841
A1	841	594
A2	594	420
A3	420	297
A4	297	210

문제 17 도면의 작도시에 패킹, 얇은판 등을 표시하는 아주 굵은선의 굵기는 가는선의 몇 배 정도인가?

① 1   ② 2
③ 3   ④ 4

해설 도면의 작도시에 패킹, 얇은판 등을 표시하는 아주 굵은선의 굵기는 가는선의 4배 정도

문제 18 다음 중 평면도법에서 인벌류트곡선에 대한 설명이다. 올바른 것은?

① 원기둥에 감긴 실의 한끝을 낮추지 않고 풀어나갈 때 이 실의 끝이 그리는 곡선이다.
② 1개의 원이 직선 또는 원주 위를 굴러갈 때 그 구르는 원의 원주 위의 1점이 움직이며 그려 나가는 자취를 말한다.
③ 전동원이 기선 위를 굴러갈 때 생기는 곡선을 말한다.
④ 원뿔을 여러 가지 각도로 절단하였을 때 생기는 곡선이다.

해답 15. ①   16. ④   17. ④   18. ①

해설 **인벌류트곡선** : 원기둥에 감긴실의 한끝을 늦추지 않고 풀어나갈 때 이 실의 끝이 그리는 곡선

문제 19 용접의 기본기호 중 가장자리 용접을 나타내는 것은?

①  ② |||
③ ✕ ④

해설 용접보조기호
① 서페이싱이음 : ───
② 시임용접 : ⊖
③ 양면V형 : ✕
④ 가장자리용접 : |||

문제 20 다음 용접 기호를 설명한 것으로 틀린 것은?

① 목두께가 a인 지그재그 단속필릿 용접이다.
② n은 용접부의 개수를 말한다.
③ l은 용접부의 길이로 크레이터부를 포함한다.
④ (e)는 인접한 용접부간의 거리를 표시한다.

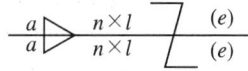

해설 용접기호
① a : 목두께가 a인 지그재그 단속 필렛용접
② n : 용접부 갯수
③ l : 용접부의 길이로(크레이터부 제외)

제 2 과목 용접구조설계

문제 21 각종 금속의 예열에 관한 설명으로 잘못된 것은?

① 고장력강, 저합금강, 주철의 경우 용접홈을 50~350℃로 예열한다.
② 연강을 0℃ 이하에서 용접할 경우 이음의 폭 10[mm] 정도를 40~75℃ 정도로 예열한다.
③ 열전도가 좋은 구리합금, 알루미늄 합금은 예열이 필요없다.
④ 고급 내열 합금에서도 용접균열 방지를 위해 예열을 한다.

해답 19. ② 20. ③ 21. ③

해설 예열에 관한 설명
① 고장력강, 저합금강, 주철의 경우 용접홈을 50~350℃로 예열한다.
② 연강을 0℃ 이하에서 용접할 경우 이음의 폭 100mm정도를 40~75℃ 정도로 예열한다.
③ 열전도가 좋은 구리합금, 알루미늄합금은 예열을 한다.
④ 고급 내열 합금에서도 용접균열 방지를 위해 예열을 한다.

문제 22
저온 응력 완화법은 일정한 온도로 가열하고, 급냉시켜 용접선 방향의 인장 잔류 응력을 완화하는 방법이다. 이때 가스염은 용접선을 중심으로 폭 몇 [mm]를 정속도 이동하며, 몇 ℃정도로 가열시키는가?
① 50[mm], 50℃
② 100[mm], 100℃
③ 150[mm], 200℃
④ 200[mm], 300℃

해설 문제 2번 참조

문제 23
폭 50[mm], 두께 12.7[mm]인 강판 두장을 38[mm]만큼 겹쳐서 전주 필릿용접을 하였다. 여기에 외력 $P=9000$[kgf]의 하중을 작용시킬 때 필요한 필릿용접 이음의 치수(목길이)는 몇 [cm]인가? (단, 용접부의 허용응력은 $\sigma_a = 1020$[kgf/cm²]이다.)
① 0.99
② 1.4
③ 0.49
④ 0.7

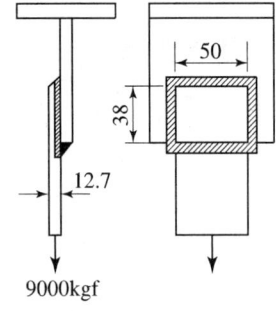

해설
$$\sigma = \frac{1.414p}{h} \qquad p = \frac{9000}{(2\times 5)+(2\times 3.8)} = 511.36$$
$$\therefore h = \frac{1.414 \times 511.36}{1020} = 0.7$$

문제 24
잔류 응력의 측정법을 정량법과 정성법으로 분류할 때 정량법에 해당하는 것은?
① 부식법
② 분할법
③ 자기적법
④ 응력 와니스법

해답 22. ③ 23. ④ 24. ②

> **해설** 정량적 방법
> ① 분할법 ② 절취법 ③ 드릴링법

문제 25 용접시 발생되는 잔류응력의 영향과 관계없는 것은?
① 경도 감소
② 좌굴 변형
③ 부식
④ 취성 파괴

> **해설** 용접시 발생되는 잔류응력의 영향
> ① 부식 ② 좌굴변형 ③ 취성파괴

문제 26 맞대기 용접 이음 홈의 종류가 아닌 것은?
① 양면 J형
② C형
③ K형
④ H형

> **해설** 맞대기용접 이음홈의 종류
> ① V형   ② H형   ③ K형   ④ 양면 J형
> ⑤ 양면 V형 ⑥ 양면 H형 ⑦ 양면 U형 ⑧ 양면 베벨형

문제 27 아크용접에서 한쪽 끝에서 다른 쪽 끝을 향해 연속적으로 진행하는 용접 방법으로서 용접이음이 짧은 경우나 변형과 잔류응력이 그다지 문제가 되지 않을 때 이용되는 용착 방법은?
① 전진법
② 전진블록법
③ 캐스케이드법
④ 스킵법

> **해설** 용접작업
> ① 전진법 : 한쪽 끝에서 다른쪽 끝을 향해 연속적으로 진행하는 용접방법으로서 용접이음이 짧은 경우나 변형과 잔류응력이 그다지 문제가 되지 않을 때
> ② 케스케이드법 : 다층 용접시 한부분의 몇층을 용접하다가 이것을 다음부분의 층으로 연속시켜 전체가 단계를 이루도록 용착시켜 나가는 방법
> ③ 빌드업법 : 용접전 길이에 대해서 각층을 연속하여 용접하는 방법

문제 28 피닝(peening)에 대한 설명으로 맞는 것은?
① 특수해머로 용착부를 1번 정도 때려 용착부의 균열을 점검한다.
② 특수해머로 용착부를 1번 정도 때려 용착부의 굽힘 응력을 완화시킨다.
③ 특수해머로 용착부를 연속으로 때려 용착부의 기공을 점검한다.
④ 특수해머로 용착부를 연속으로 때려 용착부의 인장응력을 완화시킨다.

해답 25. ① 26. ② 27. ① 28. ④

해설 **피닝법** : 특수 해머로 용착부를 연속으로 때려 용착부의 인장응력을 완화시킨다.

문제 29 다음 중에서 플레어 용접은?

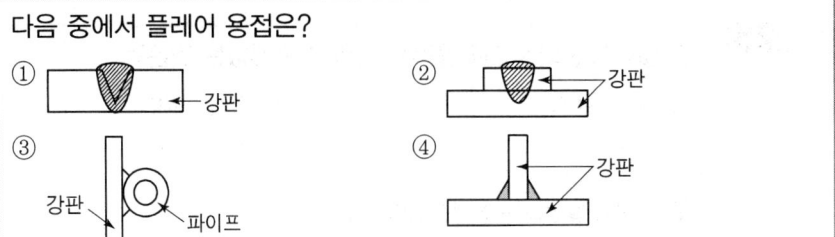

문제 30 용접 지그를 적절히 사용할 때의 이점이 아닌 것은?
① 용접작업을 쉽게한다.
② 용접균열을 방지한다.
③ 제품의 정밀도를 높인다.
④ 대량 생산할 때 사용한다.

해설 용접지그를 적절히 사용시 이점
① 대량 생산시 사용한다.
② 용접작업을 쉽게 한다.
③ 제품의 정밀도를 높인다.

문제 31 용접봉의 소요량 계산에 사용하는 용착효율이란?

① $\dfrac{용착금속의\ 중량}{용접봉의\ 사용\ 중량} \times 100$
② $\dfrac{용접봉의\ 사용\ 중량}{용착금속의\ 중량} \times 100$
③ $\dfrac{용착금속의\ 중량}{용접봉의\ 전중량} \times 100$
④ $\dfrac{용접봉의\ 전중량}{용착금속의\ 중량} \times 100$

해설 용착효율 = $\dfrac{용착금속의\ 중량}{용접봉의\ 사용중량} \times 100$

문제 32 탱크나 용기의 용접부에 기밀·수밀을 검사하는데, 가장 적합한 검사방법은?
① 외관검사
② 누설검사
③ 침투검사
④ 초음파검사

해설 탱크나 용기의 용접부에 기밀, 수밀을 검사하는데 가장 적합한 검사방법 : **누설검사**

해답 29. ③ 30. ② 31. ① 32. ②

문제 33

그림과 같은 용접부에 발생하는 인장응력(σ_t)은 약 몇 [kgf/mm²]인가?

① 1.45
② 1.67
③ 2.16
④ 2.66

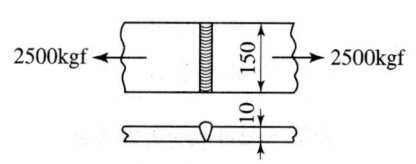

해설 $\sigma = \dfrac{p}{tl} = \dfrac{2500}{10 \times 150} = 1.67$

문제 34

용접 결함의 종류 중 구조상 결함이 아닌 것은?

① 기공, 슬래그 섞임
② 변형, 형상불량
③ 용입불량, 융합불량
④ 표면결함, 언더컷

해설 **구조상 결함**
① 오우버랩 ② 용입불량 ③ 내부기공 ④ 슬래그혼입 ⑤ 언더컷

문제 35

용접시 잔류응력을 경감시키기 위한 시공법이 아닌 것은?

① 용접부의 수축을 억제한다.
② 용착금속을 적게한다.
③ 예열을 한다.
④ 비석법에 의한 비드 배치를 한다.

해설 **용접시 잔류응력을 경감시키기 위한 시공법**
① 예열을 한다.
② 용착금속을 적게 한다.
③ 비석법에 의한 비드배치를 한다.

문제 36

맞대기 용접부의 접합면에 홈(groove)을 만드는 가장 큰 이유는?

① 용접 결함 발생을 적게 하기 위하여
② 제품의 치수를 맞추기 위하여
③ 용접부의 완전한 용입을 위하여
④ 용접 변형을 줄이기 위하여

해설 **맞대기 용접 접합면에 홈을 만드는 이유** : 용접부의 완전한 용입을 위해

해답
33. ② 34. ② 35. ① 36. ③

문제 37 용접부 검사에서 초음파 탐상 시험법에 속하는 것은?
① 펄스 반사법
② 코머렐 시험법
③ 킨젤 시험법
④ 슈나트 시험법

해설 초음파 탐상법의 종류
① 펄스반사법(가장 많이 사용) ② 공진법 ③ 투과법

문제 38 용접구조물 작업시 고려하여야 할 사항을 틀린 것은?
① 변형 및 잔류응력을 경감시킬 수 있어야 한다.
② 변형이 발생될 때 변형을 쉽게 제거할 수 있어야 한다.
③ 가능한 구속용접을 한다.
④ 구조물의 형상을 유지할 수 있어야 한다.

해설 용접구조물 작업시 고려사항
① 구조물의 형상을 유지할 수 있어야 한다.
② 변형이 발생될 때 변형을 쉽게 제거할 수 있어야 한다.
③ 변형 및 잔류응력을 경감시킬 수 있어야 한다.

문제 39 연강의 맞대기 용접이음에서 인장강도가 28[kgf/mm^2]이고, 안전율이 5일 때 이음의 허용응력은 약 몇 [kgf/mm^2]인가?
① 0.18
② 1.80
③ 0.56
④ 5.60

해설 안전율 = $\dfrac{28}{5}$ = 5.6

문제 40 용접구조물을 설계할 때 주의 해야할 사항 중 틀린 것은?
① 구조상의 불연속부 및 노치부를 피한다.
② 용접금속은 가능한 다듬질 부분에 포함되지 않게 한다.
③ 용접구조물은 가능한 균형을 고려한다.
④ 가능한 용접이음을 집중, 접근 및 교차하도록 한다.

해설 용접구조물 설계시 주의사항
① 용접구조물은 가능한 균형을 유지한다.
② 구조상 불연속부 및 노치부를 피한다.
③ 용접금속은 가능한 다듬질 부분에 포함되지 않게 한다.
④ 수축이 큰 이음을 먼저하고 작은 이음은 나중에 한다.

해답 37. ① 38. ③ 39. ④ 40. ④

제 3 과목　용접일반 및 안전관리

문제 41 미세한 알루미늄과 산화철 분말을 혼합한 테르밋제에 과산화바륨과 마그네슘 분말을 혼합한 점화제를 넣고, 이것을 점화하면 점화제의 화학 반응에 의해 그 발열로 용접하는 것은?

① 가스 용접　　② 전자 빔 용접
③ 플라즈마 용접　　④ 테르밋 용접

해설　테르밋용접 : 미세한 알루미늄과 산화철분말을 혼합한 테르밋제에 과산화바륨과 마그네슘분말을 혼합한 점화제를 넣고 이것을 점화하면 점화제의 화학 반응에 그 발열로 용접

문제 42 KS 안전색에서 "황적" 색이 표시하는 사항은?

① 위생　　② 방사능
③ 위험　　④ 구호

해설　KS 안전색채
① 녹색 : 진행, 유도, 안전, 위생, 구호
② 청색 : 주의 수리중
③ 노랑 : 전도, 추락, 충돌
④ 황적색 : 위험, 항해, 항공의 보안시설
⑤ 적색 : 고도의 위험, 방화금지

문제 43 보통절단시 판두께가 12.7[mm]일 때 표준 드래그(drag)의 길이는 몇 [mm]인가?

① 2.4　　② 5.2
③ 5.6　　④ 6.4

해설　드래그의 길이 = 판두께 $\times \dfrac{1}{5} = 12.7 \times \dfrac{1}{5} = 2.54\,mm$

문제 44 독일식 가스용접 토치의 팁 번호가 7번일 때 용접할 수 있는 가장 적당한 강판의 두께는 몇 [mm]인가?

① 4~5　　② 6~8
③ 9~12　　④ 13~15

해답
41. ④　42. ③　43. ①　44. ②

해설 독일식 가스용접 토치의 팁번호가 7번일 때 두께 : 6~8mm

문제 **45** 피복아크 용접봉명으로 틀린 것은?
① 무게가 무겁고 전기 절연이 잘 되어 있지 않는 것이 좋다.
② 용접봉 잡는 기구이다.
③ 케이블을 용접봉 홀더에 접속할 때에는 완전하게 연결하여야 한다.
④ 케이블의 접촉불량에 의한 저항열이 발생하지 않도록 주의해야 한다.

문제 **46** 가스용접에서 산소용기에 각인되어 있는 것의 설명이 틀린 것은?
① V-내용적
② W-순수가스의 중량
③ TP-내압시험 압력
④ FP-최고충전 압력

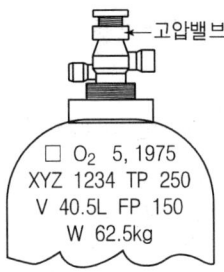

□ O_2 5, 1975
XYZ 1234 TP 250
V 40.5L FP 150
W 62.5kg

해설 산소용기의 각인

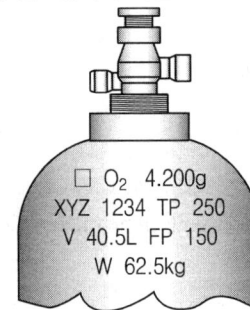

□ : 용기제작사명
O_2 : 산소(충전가스 명칭 및 화학기호)
XYZ : 제조업자의 기호 및 제조 번호
V : 내용적(실측)L
W : 용기중량 kgf
4.200g : 내압시험 연월
TP : 내압시험 압력 kgf/cm^2
FP : 최고충전 압력 kgf/cm^2

참고 아세틸렌 용기
① 용해 아세틸렌 용기는 15℃에서 15kgf/cm^{2}으로 충전하여 사용
② 15℃에서 1kgf/cm^{2}에서 1l의 아세톤은 25l의 아세틸렌 가스를 용해한다.
③ 15℃, 15kgf/cm^{2}에서 아세톤 1l에 아세틸렌 375l가 용해된다.
[예] 용해 아세틸렌 용기 50l속에 아세톤 21l가 포화 흡수되어 있다면
    21l × 375 = 7,875l
    이때 용기 속에 들어간 아세틸렌의 무게는 905l가 1kg이 되므로
    7875 ÷ 905 = 8.7kg
    ※ 용해 아세틸렌의 양(C) = 905(A − B)
        여기서, A : 충전된 용기 무게 B : 빈병의 무게

해답 45. ① 46. ②

문제 47 연강용 피복아크 용접봉 심선의 철(Fe) 이외의 화학 성분에 대하여 KS에서 규정하고 있는 것은?

① C, Si, Mo, P, S, Cu
② C, Si, Cr, P, S, Cu
③ C, Si, Mn, P, S, Cu
④ C, Si, Mn, Mo, P, S

해설 탄소강의 5대 원소
① 탄소 ② 망간 ③ 황 ④ 인 ⑤ 규소 이외의 성분 구리 포함.

문제 48 TIG용접을 직류 정극성으로 하면 비드는 어떻게 되는가?
① 비드폭이 역극성보다 넓어진다.
② 비드폭이 역극성보다 좁아진다.
③ 비드폭이 역극성과 같아진다.
④ 비드와는 관계없다.

해설 직류정극성
① 모재(+) 70%열, 용접봉(-) 30%열
② 비드폭이 좁다.
③ 후판용접가능
④ 용입이 깊다.
⑤ 용접봉의 녹음이 느리다.

참고 직류역극성
① 모재(+) 30%열, 용접봉(-) 70%열
② 비드폭이 넓다.
③ 박판용접가능
④ 용입이 얇다.
⑤ 용접봉의 녹음이 빠르다.

문제 49 다음 용접법 중 가장 두꺼운 판을 용접할 때 능률적인 것은?
① 불활성 가스 텅스텐 아크 용접
② 서브머지드 아크 용접
③ 점 용접
④ 산소-아세틸렌 가스 용접

해설 서브머지드 아크용접(잠호용접, 링컨용접, 유니온멜트용접이라고도 한다.)
[장점] ① 두꺼운판 용접에 사용(12mm에서 2~3배, 25mm에서 5~6배, 50mm에서 8~12배정도가 높다.)
② 용융속도 및 용착속도가 빠르다.
③ 용입이 깊다.
④ 비드외관이 아름답다.
⑤ 개선각을 적게하여 용접패스를 줄일 수 있다.
⑥ 기계적성질 우수
[단점] ① 장비가격이 고가이다.
② 용접적용 자세에 적용을 받는다.
③ 용접진행상태의 양, 부를 육안식별이 불가능

해답 47. ③ 48. ② 49. ②

문제 **50** 가스용접에서 전진법과 후진법을 비교할 때 각각의 설명으로 옳은 것은?
① 후진법에서 용접변형이 작다. ② 후진법에서 용착금속이 급랭한다.
③ 전진법에서 열이용률이 좋다. ④ 전진법에서 용접속도는 빠르다.

해설 후진법에서 용접변형이 적다.

문제 **51** 브레이징(Brazing)은 저온 용가재를 사용하여 모재를 녹이지 않고 용가재만 녹여 용접을 이행하는 방식인데, 섭씨 몇 ℃ 이상에서 이행하는 방식인가?
① 350℃ ② 400℃
③ 450℃ ④ 600℃

해설 브레이징(경납땜) : 450℃이상에서 저온용가제를 사용하여 모재를 녹이지 않고 용가제만 녹여 용접을 이행하는 방식

문제 **52** 불활성 가스 용접법 중 TIG 용접의 상품명으로 불려지는 것은?
① 에어 코우메틱 용접법(air comatic welding)
② 헬륨 아크 용접법(helium arc welding)
③ 필러 아크 용접법(filler arc welding)
④ 아르곤 노트 용접법(argon naut welding)

해설 **TIG용접**(불활성가스 아크텅스텐용접)
① 상품명으로는 알곤아크, 헬륨아크, 헬리웰드라 한다.
② 거의 모든 금속을 용접할 수 있으므로 응용범위가 넓다.
③ 모든 용접자세가 가능하며 특히 박판용접에서 능률이 좋다.
④ 용제를 사용하지 않으므로 슬래그제거가 불필요하다.
⑤ 연성, 강도 내식성, 기밀성이 우수하다.
⑥ 산화, 질화 등을 방지할 수 있어 아름다운 비드를 얻을 수 있다.

문제 **53** 산소병 취급방법에서 틀린 것은?
① 밸브는 기름을 칠하여 항상 유면해야 한다.
② 산소병을 뉘어 두지 않는다.
③ 사용 전에 비눗물로 가스 누설검사를 한다.
④ 산소병은 화기로부터 멀리한다.

해설 **산소용기 취급방법**
① 석유류, 유지류, 글리세린유 사용금지
② 직사광선을 피하고 항상 40℃이하에서 보관

해답 50. ① 51. ③ 52. ② 53. ①

③ 산소용기는 화기로부터 멀리한다.
④ 사용전에 비눗물로 가스누설 검사한다.
⑤ 산소밸브 개폐는 천천히 한다.
⑥ 운반중에 충격에 주의해야 한다.

문제 54 아크 빛으로 인해 혈안이 되고 눈이 부었을 때 우선 조치해야 할 사항으로 가장 옳은 것은?
① 온수로 씻은 후 작업한다.
② 소금물로 씻은 후 작업한다.
③ 심각한 사안이 아니므로 계속 작업한다.
④ 냉습포를 눈 위에 얹고 안정을 취한다.

문제 55 피복금속 아크 용접에서 운봉 속도가 너무 느리면 나타나는 결함은?
① 언더컷
② 용입불량
③ 고운 비드
④ 오버랩

해설 운봉속도가 너무 느리면 오버랩이 생긴다.

문제 56 다음 중 융접에 속하지 않는 용접은?
① 아크용접
② 가스용접
③ 초음파용접
④ 스터드용접

해설 압접 : 접합부분을 열간 또는 냉간상태에서 압력을 주어 접합
[종류] ① 초음파용접, 마찰용접, 유도가열용접, 가스압접
② 전기저항용접(점, 시임, 프로젝션, 퍼커션, 플래쉬)

문제 57 불활성 가스 금속 아크 용접의 특징 설명으로 틀린 것은?
① TIG 용접에 비해 용융속도가 느리고 박판 용접에 적합하다.
② 각종 금속 용접에 다양하게 적용할 수 있어 응용 범위가 넓다.
③ 보호 가스의 가격이 비싸 연강 용접의 경우에는 부적당하다.
④ 비교적 깨끗한 비드를 얻을 수 있고 CO_2 용접에 비해 스패터 발생이 적다.

해설 **불활성가스 금속아크 용접의 특징**(MIG용접)
① 각종 금속용접에 다양하게 적용할 수 있어 응용범위가 넓다.
② CO_2용접에 비해 스패터 발생이 적다.

54. ④ 55. ④ 56. ③ 57. ①

③ TIG용접에 비해 전류밀도가 높으므로 용융속도가 **빠르다**.
④ 후판용접에 적합하다.
⑤ 수동 피복아크용접에 비해 용착효율이 높아 고능률적이다.
⑥ 상품명으로는 에어코우메틱, 시그마, 필러아크, 알곤노트라 한다.

문제 58 잠호용접의 장점에 속하지 않는 것은?
① 대전류를 사용하므로 용입이 깊다.
② 비드 외관이 아름답다.
③ 작업능률이 피복금속아크용접에 비하여 판두께 12[mm]에서 2~3배 높다.
④ 용접시 아크가 잘 보여 확인할 수 있다.

해설 문제 49번 참조

문제 59 용접봉 홀더 200호로 접속할 수 있는 최대 홀더용 케이블의 도체공칭 단면적은 몇 [mm²]인가?
① 22
② 30
③ 38
④ 50

해설 홀더 200호는 용접전류를 200A를 의미하므로 케이블 2차측은 38mm²을 1차측은 5.5mm²이다.

문제 60 연강용 피복아크 용접봉의 종류 중 철분산화철계는 어느 것인가?
① E4311
② E4327
③ E4340
④ E4303

해설 **피복아크용접봉의 종류**
① E4301 : 일미나이트계
② E4303 : 라임티탄계
③ E4311 : 고셀룰로오스계
④ E4313 : 고산화티탄계
⑤ E4316 : 저수소계
⑥ E4324 : 철분산화티탄계
⑦ E4326 : 철분저수소계
⑧ E4327 : 철분산화철계
⑨ E4340 : 특수계

해답 58. ④ 59. ③ 60. ②

2021년 8월 CBT 시행

본 문제는 복원 기출문제입니다. 실제 문제와 다를 수 있으니 양해바랍니다.

제 1 과목 용접야금 및 용접설비제도

문제 01 주철 보수용접시 균열의 연장을 방지하기 위하여 용접전에 균열의 끝에 하는 조치로 다음 중 가장 적합한 것은?

① 정지 구멍을 뚫는다.
② 가접을 한다.
③ 직선 비드를 쌓는다.
④ 리베팅을 한다.

해설 주철보수 용접시 균열의 연장을 방지하기 위하여 용접전에 균열의 끝에 하는 조치 : 정지구멍을 뚫는다.

문제 02 강의 담금질(quenching) 조직 중 경도가 가장 큰 것은?

① 솔바이트
② 페라이트
③ 오스테나이트
④ 마텐자이트

해설 각조직의 경도순서
마텐자이트 > 트루스타이트 > 솔바이트 > 펄라이트 > 오스테나이트 > 페라이트

문제 03 용접작업에서 예열의 목적이 아닌 것은?

① 용접부의 냉각속도를 빠르게 한다.
② 용접부의 기계적 성질을 향상시킨다.
③ 용접부의 변형과 잔류응력 발생을 적게 한다.
④ 용접부의 열영향부와 용착금속의 경화를 방지한다.

해설 예열의 목적
① 용접부의 기계적 성질을 향상시킨다.
② 용접부의 변형과 잔류응력 발생을 적게 한다.
③ 용접부의 열영향부와 용착금속의 경화를 방지한다.

해답 01. ① 02. ④ 03. ①

문제 04
오스테나이트계 스테인리스강의 용접시 고온균열의 원인이 아닌 것은?
① 아크 길이가 짧을 때
② 크레이터처리를 하지 않을 때
③ 모재가 오염되어 있을 때
④ 구속력을 가해진 상태에서 용접할 때

해설 고온균열의 원인
① 아크길이가 짧을 때
② 크레이터 처리를 하지 않을 때
③ 모재가 오염되어 있을 때
④ 구속력을 가해진 상태에서 용접할 때

문제 05
용착금속의 결함이 아닌 것은?
① 기공　　　　　　② 은점
③ 선상조지　　　　④ 라미네이션

해설 라미네이션 : 판이나 관이 두장의 층을 형성하는 것

문제 06
입방정계에 해당하지 않는 결정격자의 종류는?
① 단순입방격자　　② 체심입방격자
③ 조밀입방격자　　④ 면심입방격자

해설 결정격자의 종류
① 조밀입방격자　② 체심입방격자　③ 면심입방격자

문제 07
면심입방 격자의 슬립(Slip) 면은?
① (111)면　　　　② (101)면
③ (001)면　　　　④ (101)면

해설 면심입방격자의 슬립면 : (111)면

문제 08
철(Fe)의 비중은 약 얼마인가?
① 6.9　　　　　　② 7.8
③ 8.9　　　　　　④ 10.4

04. ①　05. ④　06. ①　07. ①　08. ②

해설 **비중**(경금속과 중금속기준은 비중 5를 기준)
① 마그네슘 : 1.74　　② 알루미늄 : 2.7　　③ 바나듐 : 6.16
④ 크롬 : 7.19　　　　⑤ 망간 : 7.43　　　⑥ 철 : 7.87
⑦ 니켈 : 8.9　　　　 ⑧ 구리 : 8.96　　　⑨ 납 : 11.36
⑩ 텅스텐 : 19.1　　　⑪ 백금 : 21.45

문제 09

용접균열은 고온 균열과 저온 균열로 구분된다. 크레이터균열과 비드 밑 균열에 대하여 옳게 나타낸 것은?
① 크레이터 균열-고온균열, 비드 밑 균열-고온균열
② 크레이터 균열-저온균열, 비드 밑 균열-저온균열
③ 크레이터 균열-저온균열, 비드 밑 균열-고온균열
④ 크레이터 균열-고온균열, 비드 밑 균열-저온균열

해설 **크레이터균열** : 고온균열, 비드밑균열, 저온균열

문제 10

용접결함 중 언더컷의 발생원인이 아닌 것은?
① 전류가 너무 높을 때　　　② 용접속도가 느릴 때
③ 아크 길이가 길 때　　　　④ 부적당한 용접봉을 사용할 때

해설 **용접부의 결함발생원인**
① 언더컷　　　: ㉠ 전류가 너무 높을 때　　㉡ 아크길이가 너무 길 때
　　　　　　　　㉢ 용접속도가 너무 빠를 때　㉣ 부적당한 용접봉 사용시
② 용입불량　　: ㉠ 홈각도가 좁을 때　　　　㉡ 용접속도가 너무 빠를 때
　　　　　　　　㉢ 용접전류가 낮을 때
③ 오버랩　　　: ㉠ 전류가 너무 낮을 때　　㉡ 용접속도가 너무 낮을 때
　　　　　　　　㉢ 운봉방법이 나쁠 때
④ 기공 및 피트 : ㉠ 수소, 산소, 일산화탄소가 너무 많을 때
　　　　　　　　㉡ 용접봉 또는 용접부에 습기가 많을 때
　　　　　　　　㉢ 용접부가 급냉시
　　　　　　　　㉣ 기름, 페인트, 녹 등이 부착해 있을 경우
　　　　　　　　㉤ 과대 전류 사용
⑤ 균열　　　　: ㉠ 황이 많은 용접봉 사용시
　　　　　　　　㉡ 고탄소강 사용시
　　　　　　　　㉢ 이음각도가 너무 좁을 때
　　　　　　　　㉣ 아크분위기속에 수소가 많을 때
　　　　　　　　㉤ 용접속도가 너무 빠를 때
　　　　　　　　㉥ 냉각속도가 너무 빠를 때

해답　09. ④　10. ②

문제 11 투상법 중 등각투상도법에 대한 설명으로 가장 적합한 것은?

① 한 평면 위에 물체의 실제모양을 정확히 표현하는 방법을 말한다.
② 정면, 측면, 평면을 하나의 투상면 위에서 동시에 볼 수 있도록 입체도로 그려진 투상도이다.
③ 물체의 주요면을 투상면에 평행하게 놓고, 투상면에 대하여 수직보다 다소 옆면에서 보고 나타낸 투상도이다.
④ 도면에 물체의 앞면과 뒷면을 동시에 표시하는 방법이다.

해설 등각투상도 : 3개의 세 모서리는 각각 120°이고 정면, 평면, 측면을 하나의 투상면 위에서 동시에 볼 수 있도록 입체도로 그려진 투상도

문제 12 주문하는 사람이 주문하는 물건의 크기, 형태, 정밀도, 정보 등의 주문내용을 나타낸 도면은?

① 계획도 ② 제작도
③ 견적도 ④ 주문도

해설 주문도 : 주문하는 물건의 크기, 형태, 정밀도, 정보 등의 주문내용을 나타낸 도면

문제 13 그림과 같이 판재를 90도로 중립면의 변화없이 구부리려고 한다. 판재의 총 길이는 몇 [mm]인가? (단, π는 3.14로 하고, 단위는 [mm]임.)

① 135.42
② 137.68
③ 140.82
④ 142.39

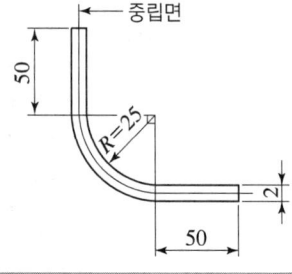

해설 $l = l_1 + l_2 + \dfrac{2\pi RQ}{360} = 50 + 50 + \left(\dfrac{2 \times 3.14 \times 25 \times 90}{360}\right) = 139.25\,\text{mm}$

문제 14 핸들이나 바퀴 등의 암 및 리브, 훅, 축 구조물의 부재 등의 절단면을 표시하는 데 가장 적합한 단면도는?

① 부분 단면도 ② 회전도시 단면도
③ 조합에 의한 단면도 ④ 한쪽 단면도

해답
11. ② 12. ④ 13. ③ 14. ②

[해설] **회전도시 단면도** : 핸들이나 바퀴 등의 암 및 리브 훅, 축 구조물의 부재 등의 절단 면을 표시

문제 15 선을 긋는 방법에 대한 설명 중 틀린 것은?
① 평행선은 선 간격을 선 굵기의 3배 이상으로 하여 긋는다.
② 1점 쇄선은 긴쪽 선으로 시작하고 끝나도록 긋는다.
③ 파선이 서로 평행할 때에는 서로 엇갈리게 그린다.
④ 실선과 파선이 서로 만나는 부분은 띄워지도록 그린다.

[해설] **선을 긋는 방법**
① 평행선은 선간격을 선 굵기의 3배이상으로 하여 긋는다.
② 1점쇄선은 긴쪽선으로 시작하고 끝나도록 긋는다.
③ 파선이 서로 평행할 때는 서로 엇갈리게 그린다.

문제 16 선의 용도가 특수한 가공을 하는 부분 등 특별한 요구사항을 적용할 수 있는 범위를 표시하는데 사용하는 선의 종류는?
① 가는 2점 쇄선
② 굵은 1점 쇄선
③ 가는 1점 쇄선
④ 굵은 실선

[해설] **특수한 가공을 하는 부분 등 특별한 요구사항을 적용할 수 있는 범위 표시** : 굵은 일 점쇄선

문제 17 용접 기호 중에서 스폿 용접을 표시하는 기호는?

[해설] **용접기호**
① 심용접
② 플러그용접
③ 점용접(스폿용접)
④ 서페이싱이음

해답 15. ④ 16. ② 17. ③

문제 18

그림과 같은 용접기호의 설명으로 올바른 것은?

① 이음의 화살표 쪽에 용접을 한다.
② 양쪽에 용접을 한다.
③ 화살표 반대쪽에 용접을 한다.
④ 어느 쪽에 용접을 해도 무방하다.

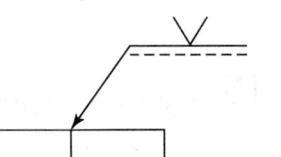

문제 19

다음 그림과 같은 용접 보조기호를 바르게 설명한 것은?

① 오목하게 처리한 필릿 용접
② 용접한 그대로 처리한 필릿 용접
③ 볼록하게 처리한 필릿 용접
④ 매끄럽게 처리한 필릿 용접

해설 용접보조기호

용접부 및 용접부 표면의 형상	기호
평면(동일 평면으로 다듬질)	—
볼록(凸)형	⌒
오목(凹)형	⌣
끝단부를 매끄럽게 함	⌣
영구적인 덮개판을 사용	M
제거가능한 덮개판을 사용	MR

문제 20

도형의 치수기입에 사용되는 기본적인 요소와 관계없는 것은?

① 외형선   ② 치수보조선
③ 지시선   ④ 치수 수치

해설 치주기입에 사용하는 기본적인 요소
① 치수보조선   ② 치수수치   ③ 지시선

해답
18. ①　19. ④　20. ①

제 2 과목 　 용접구조설계

문제 21
용접선의 양측을 일정속도로 이동하는 가스 불꽃에 따라 나비 약 150[mm]를 150~200℃로 가열한 후 바로 수냉하는 응력 제거 방법은?
① 기계적 용역 완화법　② 피닝법
③ 저온 응력 완화법　④ 국부 풀링법

해설　**잔류응력을 제거하는 방법**
① 저온응력완화법 : 용접선 양측을 가스불꽃에 의하여 나비 약150mm를 150~200℃정도의 비교적 낮은온도로 가열한 다음 곧 수냉하는 방법
② 기계적응력완화법 : 잔류응력이 있는 제품에 하중을 주어 용접부에 약간의 소성변형을 일으킨 다음 하중을 제거
③ 피닝법 : 특수한 구면상의 선단을 해머로서 용접부를 연속적으로 타격해 줌으로서 용접표면에 소성변형을 생기게 하는 것
④ 노내풀림법 : 응력제거 열처리법에서 가장 널리 이용 제품전체를 가열로 안에 넣고 적당한 온도에서 일정시간 유지한 다음 노내에서 서냉

문제 22
B스케일과 C스케일 두가지가 있는 경도시험법은?
① 브리넬 경도　② 로크웰 경도
③ 비커스 경도　④ 쇼어 경도

해설　**로크웰경도** : B스케일과 C스케일 두 가지가 있는 경도시험법

문제 23
점 용접의 3대 요소중의 하나에 해당되는 것은?
① 용접전극의 모양　② 용접전압의 세기
③ 용접량의 크기　④ 용접전류의 세기

해설　**점용접의 3대 요소**
① 가압력　② 용접전류의 세기　③ 시간

해답
21. ③　22. ②　23. ④

문제 24 다음 그림과 같은 완전 용입된 연강판 맞대기 이음부에 굽힘 모멘트 $M = 1000[kgf/cm^2]$가 작용할 때 용접부에 발생하는 최대 굽힘응력은 약 $[kgf/cm^2]$인가? (단, 용접길이 300[mm]이고, 판두께는 10[mm]이다.)

① 0.2
② 20
③ 200
④ 2000

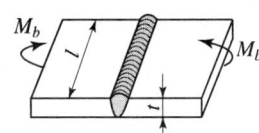

해설 $\sigma = \dfrac{6M}{t^2 l} = \dfrac{6 \times 10000}{1^2 \times 30} = 2000 \, kg/cm^2$

문제 25 모재의 인장강도가 $50[kgf/mm^2]$이고, 용접 시편의 인장강도가 $25[kgf/mm^2]$으로 나타났을 때 이음 효율은?

① 40[%]   ② 50[%]
③ 60[%]   ④ 70[%]

해설 이음효율 = $\dfrac{\text{용착금속 인장강도}}{\text{모재의 인장강도}} = \dfrac{25}{50} \times 100 = 50\%$

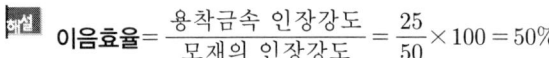

문제 26 용접이음의 충격강도에서 취성파괴의 일반적인 특징이 아닌 것은?

① 온도가 높을수록 발생하기 쉽다.
② 거시적 파면 상황은 판 표면에 거의 수직이고 평탄하게 연성이 작은 상태에서 파괴된다.
③ 파괴의 기점은 각종 용접결함, 가스절단부 등에서 발생된 예가 많다.
④ 항복점 이하의 평균응력에서도 발생한다.

해설 **취성파괴의 일반적인 특징**
① 항복점이하의 평균응력에서도 발생한다.
② 파괴의 기점은 각종 용접결함 가스절단부에서 발생된 예가 많다.
③ 거시적파면 상황은 판표면에 거의 수직이고 평탄하게 연성이 작은 상태에서 파괴된다.

문제 27 응력 제거 풀림의 효과에 대한 설명으로 틀린 것은?

① 치수틀림의 방지   ② 열영향부의 템퍼링 연화
③ 충격저항의 감소   ④ 크리이프 강도의 향상

해답 24. ④   25. ②   26. ①   27. ③

해설 응력제거풀림의 효과
① 크리프강도의 향상 ② 치수틀림의 방지 ③ 열영향부의 템퍼링연화

문제 28 단위 시간당 소비되는 용접봉의 길이 또는 중량으로 표시되는 것은?
① 용접 길이 ② 용융 속도
③ 용접 입열 ④ 용접 효율

해설 용융속도 : 단위시간당 소비되는 용접봉의 길이 또는 중량

문제 29 용접변형 방지법 중 냉각법에 속하지 않은 것은?
① 살수법 ② 수냉동판 사용법
③ 비석법 ④ 석면포 사용법

해설 용접변형 방지법중 냉각법
① 석면포사용법 ② 수냉동판사용법 ③ 살수법

문제 30 용접 지그의 사용 목적이 아닌 것은?
① 용접작업을 쉽게 하여 작업능률을 높인다.
② 용접공의 기능 수준을 높이고 숙련기간을 단축한다.
③ 대량생산을 하기 위하여 사용한다.
④ 제품의 정밀도와 용접부의 신뢰성을 높인다.

해설 용접지그의 사용목적
① 대량생산을 하기 위하여 사용된다.
② 제품의 정밀도와 용접부의 신뢰성을 높인다.
③ 용접작업을 쉽게 하여 작업능률을 높인다.

문제 31 설계단계에서의 일반적인 용접변형 방지법으로 틀린 것은?
① 용접 길이가 감소될 수 있는 설계를 한다.
② 용착 금속을 증가시킬 수 있는 설계를 한다.
③ 보강재 등 구속이 커지도록 구조 설계를 한다.
④ 변형이 적어질 수 있는 이용 부분을 배치한다.

해설 설계단계에서의 일반적인 용접 변형 방지법
① 용접길이가 감소될 수 있는 설계를 한다.
② 보강재 등 구속이 커지도록 구조설계를 한다.
③ 변형이 적어질수 있는 이음부부를 배치한다.

28. ②   29. ③   30. ②   31. ②

문제 32 일반적으로 용접이음을 설계하는데 충격하중을 받는 연강의 안전율은 얼마로 해야 하는가?

① 12
② 8
③ 5
④ 3

해설 연강의 안전율
① 정하중 : 3
② 동하중(단진응력) : 5
③ 동하중(교번응력) : 8
④ 충격하중 : 12

문제 33 용접의 여러 결함 중 내부결함에 해당되지 않는 것은?

① 크레이터 처리 불량
② 슬래그 혼입
③ 선상조직
④ 기공

해설 내부결함
① 기공   ② 슬래그 혼입   ③ 선상조직

참고 크레이터 : 용접이 끝나는 부분에서 움푹 패이는 것

문제 34 용접부의 연성 결함을 조사하기 위하여 주로 사용되는 시험법은?

① 인장 시험
② 굽힘 시험
③ 피로 시험
④ 충격 시험

문제 35 그림과 같은 강판의 두께가 9[mm]이고 용접길이가 200[mm]이며 최대 인장하중이 72,000[kgf]이 작용하고 있을 때 용접부에 발생하는 인장응력은 약 몇 [kgf/mm²]인가?

① 20
② 30
③ 40
④ 60

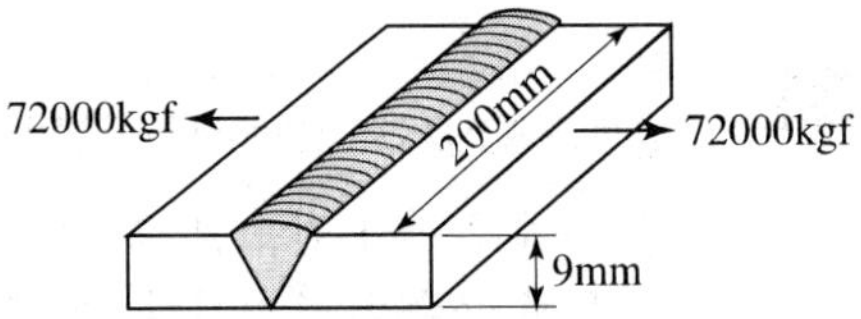

해설 인장응력 $= \dfrac{P}{tl} = \dfrac{72000}{9 \times 200} = 40\,\text{kgf/mm}^2$

해답 32. ①   33. ①   34. ②   35. ③

문제 36

용접작업에서 가장 주의하여야 할 사항으로 틀린 것은?

① 용접봉은 본 용접 작업시에 사용하는 것 보다 약간 굵은 것을 사용한다.
② 본 용접과 동일한 기량을 갖는 용접자로 하여금 가접하게 한다.
③ 본 용접과 같은 온도에서 예열을 한다.
④ 가접의 위치는 부품의 끝, 모서리, 각 등과 같이 단면이 급변하여 응력이 집중되는 곳은 가능한 피한다.

해설 용접작업에서 가접시 주의해야 할 사항
① 용접봉은 본 용접작업시에 가는 것을 사용한다.
② 본용접과 동일한 기량을 갖는 용접자로 하여금 가접하게 한다.
③ 본용접과 같은 온도에서 예열한다.
④ 가접의 위치는 부품의 끝, 모서리, 각 등과 같이 단면이 급변하여 응력이 집중되는 곳은 가능한 피한다.
⑤ 시, 종단에 엔드탭을 설치

문제 37

용접할 때 발생하는 변형을 교정하는 방법으로서 틀린 것은?

① 두꺼운 판에 대한 점 수축법
② 절단에 의하여 성형하고 재용접하는 방법
③ 가열 후 해머링 하는 방법
④ 두꺼운 판에 대하여 가열 후 압력을 가하고 수냉하는 방법

해설 변형을 교정하는 방법
① 박판에 대한 점수축법
② 절단에 의하여 성형하고 재용접하는 방법
③ 가열후 해머링하는 방법
④ 두꺼운 판에 대하여 가열후 압력을 가하고 수냉하는 방법
⑤ 형재에 대한 직선수축법
⑥ 롤러에 걸어 변형 교정

문제 38

일반적인 각변형의 방지 대책으로 틀린 것은?

① 역변형의 시공법을 사용한다.
② 용접속도가 빠른 용접법을 이용한다.
③ 판 두께가 얇을수록 첫 패스측의 개선 길이를 크게 한다.
④ 개선각도는 작업에 지장이 없는 한도 내에서 크게 하는 것이 좋다.

해설 각 변형 방지 대책
① 역변형의 시공법을 이용한다.
② 용접속도가 빠른 용접법을 이용한다.

해답 36. ① 37. ① 38. ④

③ 판두께가 얇을수록 첫 패스측의 개선깊이를 크게 한다.
④ 개선각도는 작업에 지장이 없는한 도내에서 크게하는 것이 좋다.

문제 39 그림과 같은 필릿 용접에서 목 두께를 나타내는 것은?
① 2
② 2
③ 3
④ 4

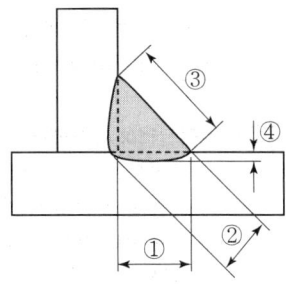

문제 40 용접부의 부식에 대한 설명으로 틀린 것은?
① 입계부식은 용접 열영향부의 오스테나이트계에 Cr이 석출될 때 발생한다.
② 용접부의 부식은 전면부식과 국부부식으로 분류한다.
③ 틈새부식은 오버랩이나 언더컷 등의 틈 사이의 부식을 말한다.
④ 용접부의 잔류응력은 부식과 관계없다.

해설 용접부의 부식
① 용접부의 잔류응력은 부식과 관계가 있다.
② 틈새부식은 오우버랩이나 언더컷 등의 틈사이의 부식을 말한다.
③ 용접부의 부식은 전면부식 과 국부부식으로 분류된다.
④ 입계부식은 용접열영향부의 오스테나이트계에 Cr이 석출될 때 발생

제 3 과목 용접일반 및 안전관리

문제 41 용접기에 대한 구비 조건에 대한 설명으로 옳은 것은?
① 역률 및 효율이 좋아야 한다.
② 사용중에 온도 상승이 커야 한다.
③ 전류 조정이 용이하고 전류변동이 커야 한다.
④ 아크 발생이 잘 되도록 직류일 경우 무부하 전압이 90[V] 이상이어야 한다.

해답
39. ② 40. ④ 41. ①

해설 용접기에 대한 구비조건
① 역률 및 효율이 좋아야 한다.
② 전류조정이 용이하고 전류변동이 적어야 한다.
③ 아크발생이 잘되도록 직류일 경우 무부하전압이 40~60V 이상

문제 42 다음 중에서 용접기의 수하특성과 가장 관련이 깊은 것은?
① 저항-열의 특성
② 전류-전력의 특성
③ 전압-전류의 특성
④ 전류-저항의 특성

해설 수하특성(전류, 전압의 특성) : 부하전류가 증가하면 단자전압이 저하하는 특성

문제 43 교류 아크 용접기에 해당되지 않는 것은?
① 탭 전환형 아크 용접기
② 가동 철심형 아크 용접기
③ 가동 코일형 아크 용접기
④ 정류기형 아크 용접기

해설 교류아크용접기
① 가포화리액터형 아크용접기
② 가동철심형 아크용접기
③ 탭전환형 아크용접기
④ 가동코일형 아크용접기

문제 44 납땜에 사용되는 용재가 갖춰야 할 조건으로 틀린 것은?
① 용제의 유효 온도 범위와 납땜 온도가 일치할 것
② 전기 저항 납땜에 사용되는 용제는 부도체일 것
③ 모재나 땜납에 대한 부식 작용이 최소한 일 것
④ 납땜 후 슬래그의 제거가 용이할 것

해설 납땜에 사용되는 용제가 갖추어야 할 조건
① 전기저항 납땜에 사용되는 용제는 도체일 것
② 용제의 유효온도 범위와 납땜온도가 일치할 것
③ 납땜 후 슬래그의 제거가 용이할 것
④ 모재나 납땜에 대한 부식작용이 최소한일 것

문제 45 가스용접의 연료가스 중 불꽃 온도가 가장 높은 것은?
① 아세틸렌
② 수소
③ 프로판
④ 천연가스

42. ③ 43. ④ 44. ② 45. ①

해설 **불꽃온도**
① 아세틸렌(C_2H_2) : 3,430℃ ② 프로판(C_3H_8) : 2,820℃
③ 메탄(CH_4) : 2,700℃ ④ 일산화탄소(CO) : 2,820℃
⑤ 수소(H_2) : 2,900℃ ⑥ 부탄(C_4H_{10}) : 2,926℃

문제 46 교류 아크 용접기에서 용접전류의 몇 [%]정도 인가?
① 20~110[%] ② 40~170[%]
③ 60~190[%] ④ 80~210[%]

해설 용접전류의 조정범위 정격2차전류의 20~110%이다.

문제 47 다음 금속 중 냉각 속도가 가장 빠른 것은?
① 구리 ② 알루미늄
③ 스테인리스강 ④ 연강

해설 열전도율이 클수록 냉각속도가 빠르다.
Ag > Cu > Au > Al > Mg > Ni > Fe > pb

문제 48 산소 호스는 몇 [kgf/cm^2] 정도의 압력으로 실시하는 내압시험에서 이상이 없어야 하는가?
① 90 ② 70
③ 50 ④ 10

해설 **내압시험**
① 산소호스 : 90kg/cm^2 이상
② 아세틸렌호스 : 10kg/cm^2 이상

문제 49 교류 용접기와 비교한 직류용접기 특징 설명으로 맞는 것은?
① 아크안정이 우수하다. ② 전격의 위험이 많다.
③ 용접기의 고장이 적다. ④ 용접기의 가격 저렴하다.

해설 **직류용접기와 교류용접기의 특성**

비교	직류	교류	비교	직류	교류
아크안정	안정	불안정	구조	복잡	간단
극성변화	가능	불가능	고장	많다	작다
무부하전압	40~60V	70~80V	역률	우수	떨어짐
정격위험	적다	크다			

해답
46. ① 47. ① 48. ① 49. ①

문제 50
초음파 용접법으로 금속을 용접하고자 할 때 이 용접법에 알맞은 금속 모재의 두께는 일반적으로 몇 [mm] 정도가 가장 좋은가?
① 0.01~2
② 2~5
③ 8~9
④ 10~20

문제 51
피복금속 아크 용접법에서 탈산제는 용융금속 중의 무엇을 제거하는 작용을 하는가?
① 질소를 제거하는 작용
② 산소를 제거하는 작용
③ 탄산가스를 제거하는 작용
④ 규소를 제거하는 작용

해설 탈산제는 용융금속중의 산소를 제거하는 작용

문제 52
용접 작업이 다음과 같은 과정으로 진행되는 경우에 가장 적합한 것은?

> 용접재료준비–절단 및 가공–용접부청소–본용접–검사 및 판정–완성

① 가접
② 용접자세
③ 도장
④ 전개도

해설 용접재료준비 → 절단 및 가공 → 용접부 청소 → (가접) → 본용접 → 검사 및 판정 → 완성

문제 53
일렉트로 슬래그 용접의 특징 설명으로 틀린 것은?
① 후판용접에 적당하다.
② 용접률과 용접품질이 우수하다.
③ 용접진행 중 직접 아크를 눈으로 관찰할 수 없다.
④ 높은 입열로 인하여 용접부의 기계적 성질이 좋다.

해설 일렉트로 슬래그용접의 특징
① 후판용접에 적당하다.
② 용접능률과 용접품질이 우수하다.
③ 용접진행 중 직접아크를 눈으로 관찰할 수 없다.
④ 용접 홈의 가공준비가 간단하고 각 변형이 적다.
⑤ 전극와이어의 지름은 보통 2.5~3.2mm를 주로 사용한다.
⑥ 장비설치가 복잡하여 냉각장치가 필요
⑦ 높은 입열도 기계적 성질이 저하될 수 있다.

해답
50. ① 51. ② 52. ① 53. ④

문제 54 | 가스 용접에 수소가스 충전용기의 도색 표시로 맞은 것은?
① 회색　　　　　　　　　② 백색
③ 청색　　　　　　　　　④ 주황색

해설 **용기도색**
①청탄산 ②산록에서 ③황아체 안주삼아 ④수주잔 높이들고 ⑤백암산바라보니
⑥염소는 갈색으로 보이고 ⑦쥐들은 기타를 치더라.
① 탄산가스 : 청색　　② 산소 : 녹색　　③ 아세틸렌 : 황색　　④ 수소 : 주황
⑤ 암모니아 : 백색　　⑥ 염소 : 갈색　　⑦ 기타 : 회색(쥐색)

문제 55 | 산소-아세틸렌 토치로 3.2[mm] 이하의 모재를 용접 차광유리의 차광번호로서 가장 적당한 것은?
① 4~5　　　　　　　　　② 5~7
③ 8~9　　　　　　　　　④ 10~11

해설 **차광번호**
① 납땜작업 : NO.2번~4번사용

NO.2	연납땜
NO.3~NO.4	경납땜

② 가스용접 : NO.4번~6번사용

NO.4~NO.5	±3.2mm
NO.5~NO.6	±3.2mm~12.7mm
NO.6~NO.8	±12.7mm 이상

③ 피복아크용접 : NO.10~12번사용

NO.10	용접전류(100~200A) 용접봉지름 2.6~3.2mm
NO.11	용접전류(150~250A) 용접봉지름 3.2~4.0mm

문제 56 | 이산화탄소가스 아크 용접에서 솔리드 와이어 혼합에 속하지 않는 것은?
① CO_2+O+N　　　　　② CO_2+O_2
③ CO_2+Ar　　　　　　④ CO_2+CO

해설 **솔리드와이어 혼합가스법**
① CO_2+O_2법　　② CO_2+Ar법
③ CO_2+CO법　　④ CO_2+Ar+O_2법

해답 54. ④　55. ①　56. ①

문제 57 정격 2차 전류 300[A]의 용접기에서 실제로 200[A]의 전류용접하면 허용 사용율은 얼마인가? (단, 정격 사용율은 60[%]이다.)
① 43[%]   ② 90[%]
③ 135[%] ④ 30[%]

해설 허용사용률 = $\dfrac{(정격2차전류)^2}{(실제용접전류)^2} \times 정격사용율 = \dfrac{300^2 \times 60}{200^2} = 135\%$

문제 58 가스 압접의 특징 설명으로 틀린 것은?
① 이음부의 탈탄층이 전혀 없다.
② 장치가 간단하여 설비비, 보수비가 싸다.
③ 용가재 및 용제가 불필요하다.
④ 작업이 거의 수동이어서 숙련공만 할 수 있다.

해설 가스압접의 특징
① 반자동 자동으로 압접한다.   ② 용가제 및 용제가 불필요하다.
③ 이음부의 탈탄층이 전혀 없다. ④ 장치가 간단하여 설비비, 보수비가 싸다.

문제 59 주로 상하부재의 접합을 위하여 한편의 부재에 구멍을 뚫어 이 구멍 부분을 채우는 형태의 용접방법은?
① 필릿 용접   ② 맞대기 용접
③ 플러그 용접 ④ 플래시 용접

해설 플러그용접 : 상하부재의 접합을 위하여 한편의 부재에 구멍을 뚫어 채우는 용접

문제 60 플래시 용접의 특징 설명으로 틀린 것은?
① 가열범위가 좁고 열 영향부가 좁다.
② 용접면을 아주 정확하게 가공할 필요가 없다.
③ 서로 다른 금속의 용접은 불가능하다.
④ 용접시간이 짧고 전력 소비가 적다.

해설 플래시 용접 특징
① 서로 다른 금속의 용접가능
② 가열범위가 좁고 열영향부가 좁다.
③ 용접면을 아주정확하게 가공할 필요가 없다.
④ 용접시간이 짧고 전력소비가 적다.

해답 57. ③ 58. ④ 59. ③ 60. ③

용접산업기사 필기

2022

2022

2022년 3월 CBT 시행

본 문제는 복원 기출문제입니다. 실제 문제와 다를 수 있으니 양해바랍니다.

제 1 과목 용접야금 및 용접설비제도

문제 01 용접부를 풀림처리 했을 때 얻은 효과는?
① 잔류응력 감소 및 경화부가 연화된다.
② 잔류응력이 커진다.
③ 조직이 조대화되며 취성이 생긴다.
④ 별로 변화가 없다.

해설 풀림처리 했을 때 얻는 효과 : 잔류응력 감소 및 경화부가 연화된다.

문제 02 두 종 이상의 금속 원자가 간단한 원자비로 결합되어 성분 금속과는 다른 성질을 가지는 독립된 화합물을 형성할 때 이것을 무엇이라고 하는가?
① 동소 변태   ② 금속간 화합물
③ 고용체   ④ 편석

해설 금속간 화합물 : 두 종 이상의 금속원자가 간단한 원자비로 결합되어 성분금속과 다른 성질을 가지는 독립된 화합물을 형성하는 것(Fe_3C, Cu_3Sn, $CuAl_3$ 등)

문제 03 강의 조직을 표준상태로 하기 위하여 철강상태도의 A_3 선 이상의 온도로 가열한 후 공기중에서 냉각하는 열처리는?
① 담금질   ② 풀림
③ 불림   ④ 뜨임

해설 **열처리**
① 불림 : 강을 표준상태로 하기 위하여 철강상태도의 A_3선 이상의 온도로 가열후 공기중에서 냉각하는 열처리로 가공조직의 균일화, 결정립의 미세화, 기계적성질의 향상을 목적으로 한다.
② 풀림 : 내부응력 및 재질의 연화를 목적으로 일정시간 가열 후 노내에서 서냉
③ 담금질 : 강도 및 경도증가를 목적으로 A_3변태 및 A_1선 이상 30~50℃로 가열한 후 물 또는 기름으로 급랭하는 방법
④ 뜨임 : 담금질된 강을 A_1변태점 이하의 일정온도로 가열하여 인성을 증가

해답 01. ① 02. ② 03. ③

문제 04
강자성체로만 나열된 것은?
① Fe, Ni, Co
② Fe, Pt, Sb
③ Bi, Sn, Au
④ Co, Sn, Cu

해설 강자성체(자기변태금속)
① Fe : 775℃ ② Ni : 358℃ ③ CO : 1150℃

문제 05
면심입방(FCC) 금속이 아닌 것은?
① Al
② Pt
③ Mg
④ Au

해설 일반적인 금속원자의 단위결정격자의 종류

종류	특징	금속
체심입방격자 (B.C.C)	단위격자속 원자수 $\left(1+\frac{1}{8}\times 8\right)=2$ 강도가 크고 전성, 연성은 떨어진다.	V, Mo, W, Cr, K, Na, Ba, Ta, α-Fe, δ-Fe, Rb
면심입방격자 (F.C.C)	단위격자속 원자수 $\left(\frac{1}{8}\times 8+\frac{1}{2}\times 6\right)=4$ 전성, 연성이 풍부하여 가공성 우수	Ag, Cu, Au, Al, Pb, Ni, Pt, Ce γ-Fe, Ca
조밀육방격자 (C.H.P)	단위격자속 원자수=4 전성, 연성 및 가공성이 불량하며 취약하다.	Ti, Mg, Zn, Co, Zr, Be

문제 06
아크용접에서 발생하는 용접 입열량(H)을 구하는 공식은? (단, E는 아크전압, I는 아크전류(A), v는 용접속도(cm/min)이다.)

① $H(J/cm) = \dfrac{60EI}{v}$
② $H(J/cm) = \dfrac{v}{60EI}$
③ $H(J/cm) = \dfrac{EI}{60v}$
④ $H(J/cm) = \dfrac{60v}{EI}$

해설 용접입열 $H(J/cm) = \dfrac{60EI}{V}$

여기서, H : 용접입열(Joule/cm), E : 아크전압(V), I : 아크전류(A)
V : 용접속도(cm/min)

문제 07
인장 시험을 통해 측정할 수 없는 것은?
① 항복강도
② 탄성계수
③ 연신율
④ 피로강도

해답 04. ① 05. ③ 06. ① 07. ④

[해설] 인장시험을 통해 측정할 수 있는 것
① 인장강도   ② 항복강도   ③ 연신율   ④ 탄성계수

문제 08

담금질할 때에 잔류하는 오스테나이트를 마텐자이트위해 보통의 담금질을 한 다음 실온 이하의 온도로 열처리하는 것은?

① 마템퍼링
② 완전풀림
③ 서브제로처리
④ 구상화풀림

[해설] 서브제로 처리(심랭처리)
① 담금질된 강의 경도를 증가시키고 시효변형을 방지하기위한 목적으로 0℃이하의 온도에서 처리
② 담금질 직후 잔류 오스테나이트를 없애기 위해 0℃이하로 냉각하는 것

문제 09

주철(cast iron)의 특성 설명 중 잘못된 것은?

① 절삭성이 우수하다.
② 내마모성이 우수하다.
③ 강에 비해 충격값이 현저하게 높다.
④ 진동 흡수능력이 우수하다.

[해설] 주철의 특징
① 비중 및 융점이 낮다.   ② 충격값이 적어 취성이 생기기 쉽다.
③ 팽창계수가 작다.   ④ 절삭성이 우수하다.
⑤ 내마모성이 우수하다.   ⑥ 진동흡수능력이 우수하다.

문제 10

탄소강에서 용접성을 나쁘게 하는 적열취성을 방지원소는?

① 탄소
② 인
③ 유황
④ 망간

[해설]
① 적열취성방지 원소 : 망간
② 적열취성원인, 용접성 저하 : 황
③ 상온취성(청열취성) 원인 : 인
④ 헤어크랙 및 은점의 원인 : 수소
⑤ 유동성증가, 연신율, 충격값감소, 결정립 조대화 : 규소
⑥ 인장강도, 경도, 항복점증가, 연신율, 충격값, 비중, 열전도도 감소 : 탄소

해답 08. ③ 09. ③ 10. ④

문제 11. 다음 그림과 같은 제3각법 투상도에서 A가 정면도일 때 배면도는?

① E
② C
③ D
④ F

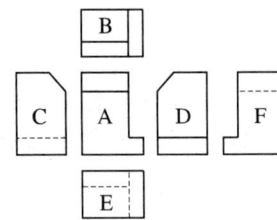

해설 투상도

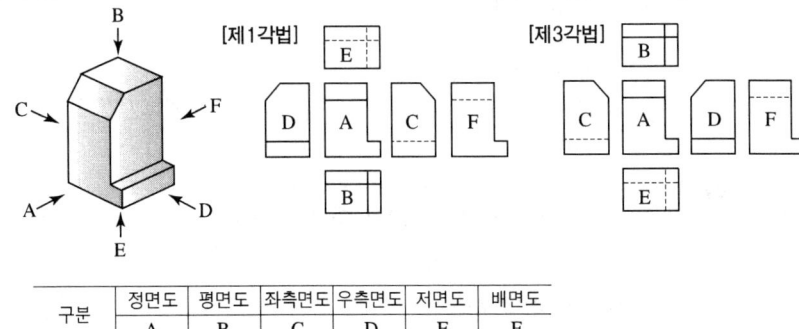

구분	정면도	평면도	좌측면도	우측면도	저면도	배면도
	A	B	C	D	E	F

문제 12. 용접의 명칭에 따른 KS 용접기호 표시가 틀린 것은?

① 이면 용접 : \/
② 가장자리 용접 : |||
③ 표면 육성 : ⌒⌒
④ 표면접합부 : =

해설 KS용접기호

가장 자리 용접					
서페이싱		⌒⌒
서페이싱 용접		=
경사 이음		//
겹침 이음		⊋

해답 11. ④ 12. ①

문제 13 다음 그림의 용접기호를 바르게 설명한 것은?
① 경사 접합부
② 겹침 접합부
③ 점 용접
④ 플러그 용접

문제 14 화살표 쪽을 용접하는 필릿 용접기호로 맞는 것은?

① 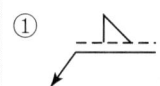 ②

③ 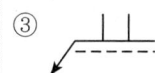 ④

문제 15 스케치도의 필요성에 관한 설명으로 관계가 먼 것은?
① 동일한 기계를 제작할 필요가 있는 경우
② 제작도면을 오래도록 보존할 필요가 있는 경우
③ 사용중인 기계의 부품이 파손된 경우
④ 사용중인 기계의 부품 개조가 필요한 경우

해설 스케치도의 필요성
① 동일한 기계를 제작할 필요가 있는 경우
② 사용중인 기계의 부품이 파손된 경우
③ 사용중인 기계의 부품개조가 필요한 경우

문제 16 아래 용접 기호 설명 중 틀린 것은?
① C : 용접부 너비
② n : 용접부 수
③ l : 용접부 길이
④ (e) : 단속용접 길이

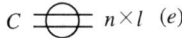

해설 용접기호
① 용접부의 너비 : C ② 용접부의 길이 : l
③ 용접수 : n ④ 간격 : e

해답 13. ② 14. ② 15. ② 16. ④

문제 17

기계제도에 사용하는 문자의 종류가 아닌 것은?

① 한글 ② 로마자
③ 아라비아 숫자 ④ 상형문자

해설 문자의 종류
① 한글 ② 로마자 ③ 아라비아숫자

문제 18

선의 종류 중 가는 2점 쇄선의 용도가 아닌 것은?

① 가공 전 또는 후의 모양을 표시하는데 사용
② 도시된 단면의 앞쪽에 있는 부분을 표시하는데 사용
③ 가공에 사용하는 공구, 지그 등의 위치를 참고로 나타내는데 사용
④ 대상물의 보이지 않는 부분의 모양을 표시하는데 사용

해설 가는 이점쇄선
① 가공전 또는 후의 모양을 표시하는 선
② 도시된 단면의 앞쪽에 있는 부분을 표시하는 선
③ 가공에 사용하는 공구, 지그 등의 위치를 참고로 나타나는데 사용
④ 인접부분을 참고로 표시하는 선
⑤ 이동하는 부분의 이동위치를 표시하는 선

문제 19

치수의 배치방법 종류가 아닌 것은?

① 직렬 치수 배치방법 ② 병렬 치수 배치방법
③ 평행 치수 배치방법 ④ 누진 치수 배치방법

해설 치수의 배치방법의 종류
① 직렬치수방법 ② 병렬치수방법 ③ 누진치수방법

문제 20

그림(a)와 같이 정면, 평면, 측면을 하나의 투상면 위에 동시에 볼 수 있도록 두 개의 옆면 모서리가 수평선과 30°가 되게 하여 그림(b)와 같이 세축이 120°의 등각이 되도록 입체도로 투상한 것은?

① 정 투상도
② 등각 투상도
③ 부등각 투상도
④ 투시도

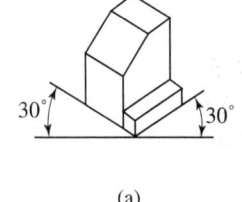
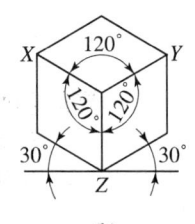

(a) (b)

해답
17. ④ 18. ④ 19. ③ 20. ②

해설 등각투상도(isometric projection)
① 3축(X, Y, Z)이 120°의 등각이 되도록 입체도로 투상한 것이다.
② 물체의 정면, 평면, 측면을 하나의 투상도에서 볼 수 있도록 그린 도법

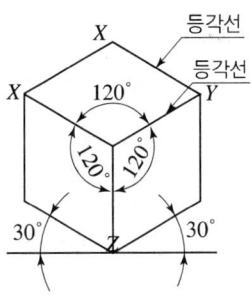

제 2 과목   용접구조설계

문제 21 맞대기 용접의 이음효율을 구하는 공식으로 가장 적당한 것은?

① 이음효율 = $\dfrac{\text{용착금속의 인장강도}}{\text{모재의 항복강도}} \times 100(\%)$

② 이음효율 = $\dfrac{\text{모재의 인장강도}}{\text{용착금속의 인장강도}} \times 100(\%)$

③ 이음효율 = $\dfrac{\text{용접시험편의 인장강도}}{\text{모재의 인장강도}} \times 100(\%)$

④ 이음효율 = $\dfrac{\text{용접재료의 항복강도}}{\text{용착금속의 인장강도}} \times 100(\%)$

해설 이음효율 = $\dfrac{\text{용접시험편의 인장강도}}{\text{모재의 인장강도}} \times 100$

문제 22 강판의 두께 15mm, 폭 100mm의 V형 홈을 맞대기 용접이음 할 때 이음효율을 80%, 판의 허용응력을 35kgf/mm²로 하면 인장력(kgf)은 얼마까지 허용할 수 있는가?

① 35000 ② 38000
③ 40000 ④ 42000

해설 $\sigma = \dfrac{p}{tl}$ $p = \sigma \cdot t \cdot l = 35 \times 15 \times 100 \times 0.8 = 42000 \, \text{kgf}$

해답 21. ③ 22. ④

문제 23 양면 용접에 의하여 충분한 용입을 얻으려고 할 때 사용되며 두꺼운 판의 용접에 가장 적합한 맞대기 홈의 형태는?
① J형
② H형
③ V형
④ I형

해설 **두꺼운 판 용접에 가장 적합** : H형

문제 24 가접시 주의해야 할 사항으로 틀린 것은?
① 본용접자와 동등한 기량을 갖는 용접자가 가용접을 시행한다.
② 본용접과 같은 온도에서 예열을 한다.
③ 개선 홈 내의 가접부는 백치핑으로 완전히 제거한다.
④ 가접의 위치는 부품의 끝 모서리나 각 등과 같이 응력이 집중되는 곳에 한다.

해설 **가접시 주의해야 할 사항**
① 개선홈내의 가접부는 백치핑으로 완전히 제거한다.
② 본용접과 같은 온도에서 예열한다.
③ 본용접과 동일한 기량을 갖는 용접자가 가용접을 시행한다.
④ 응력이 집중하는 것을 피한다.
⑤ 가접사도 본 용접사에 비해 기량이 떨어지면 안 된다.
⑥ 홈안에 가접은 피하고 불가피한 경우 본 용접전에 갈아낸다.

문제 25 자분탐상법의 특징 설명으로 틀린 것은?
① 시험편의 크기, 형상 등에 구애를 받는다.
② 내부결함의 검사가 불가능하다.
③ 작업이 신속 간단하다.
④ 정밀한 전처리가 요구되지 않는다.

해설 **자분탐상법의 특징**
① 종료 후 탈지처리가 필요하다. ② 내부결함 검출 불가능
③ 비자성체에는 적용 불가능 ④ 전원이 필요한다.
⑤ 정밀한 전처리가 요구되지 않는다. ⑥ 작업이 신속간단하다.

참고 **자분탐상법의 종류**
① 관통법 ② 코일법 ③ 극간법 ④ 축통전법 ⑤ 직각통전법

해답 23. ② 24. ④ 25. ①

문제 26 용접 후 처리에서 외력만으로 소성변형을 일으켜 변형을 교정하는 방법은?
① 박판에 대한 점 수축법 ② 가열 후 해머링 하는 법
③ 롤러에 거는 법 ④ 형재에 대한 직선 수축법

해설 롤러에 거는 법 : 외력만으로 소성변형을 일으켜 변형을 고정하는 방법

문제 27 일반적으로 용접순서를 결정할 때 주의사항으로 틀린 것은?
① 동일 평면내에 이음이 많을 경우, 수축은 가능한 자유단으로 보낸다.
② 중심선에 대해 대칭을 벗어나면 수축이 발생하여 변형된다.
③ 가능한 한 수축이 작은 이음을 먼저 용접하고 수축이 큰 이음은 나중에 한다.
④ 리벳과 용접을 병용하는 경우에는 용접이음을 먼저하여 용접열에 의한 리벳의 풀림을 피한다.

해설 일반적인 용접순서 결정시 주의사항
① 동일 평면내에 이음이 많을 경우 수축은 가능한 자유단으로 보낸다.
② 중심선에 대해 대칭을 벗어나면 수축이 발생하여 변형된다.
③ 리벳과 용접을 병용하는 경우 용접이음을 먼저하고 용접열에 의한 리벳의 풀림을 피한다.
④ 큰구조물은 구조물의 중앙에서 끝으로 향하여 용접
⑤ 수축이 큰 맞대기 이음을 먼저하고 다음에 필렛용접
⑥ 용접선에 대하여 수축력의 화가 0이 되도록 한다.

문제 28 피닝(peening)법에 관한 설명 중 옳은 것은?
① 용접에 의한 변형을 미리 예측하여 용접하기 전에 변형을 주고 용접하는 법
② 용접부에 냉각속도를 느리게 하기 위해서 다른 재료로 모재를 덮어 놓는 법
③ 맞대기 용접할 때 홈 간격이 벌어지거나 수축되는 것을 방지하는 법
④ 용접부를 구면상의 특수한 해머로 비드를 두드려 용접 금속부의 용접에 의한 수축변형을 감소시키며, 잔류응력을 완화하는 법

해설 피닝법 : 용접부를 구면상의 특수한 해머로 비드를 두드려 용접금속부의 용접에 의한 수축변형을 감소시키고 잔류응력을 완화하는 방법

해답 26. ③ 27. ③ 28. ④

문제 29 오스테나이트계 스테인리스강을 용접할 때 용접하여 가열한 후 급냉시키는 이유로 가장 적합한 것은?
① 고온크랙(crack)을 예방하기 위하여
② 기공의 확산을 막기 위하여
③ 용접 표면에 부착한 피복제를 쉽게 털어내기 위하여
④ 입간부식을 방지하기 위하여

해설 오스테나이트계 스텐레스강 용접할 때 가열한 후 수급냉시키는 이유 : 입간(입계)부식을 방지하기 위해

문제 30 불활성 가스 텅스텐 아크 용접에서 직류 역극성(DCRP)으로 용접할 경우 비드 폭과 용입에 대한 설명으로 맞는 것은?
① 용입이 얕고 비드 폭이 넓다.
② 용입이 깊고 비드 폭이 좁다.
③ 용입이 얕고 비드 폭이 좁다.
④ 용입이 깊고 비드 폭이 넓다.

해설 **직류역극성**(DCRT) : 용입이 얕고 비드폭이 넓다.
직류정극성(DCSP) : 용입이 깊고 비드폭이 좁다.

문제 31 용접부의 시작점과 끝점에 충분한 용입을 얻기 위해 사용 되는 것은?
① 엔드탭
② 포지셔너
③ 회전지그
④ 고정지그

해설 **엔드탭** : 용접부의 시작점과 끝점에 충분한 용입을 얻기 위해 사용

문제 32 수축량에 미치는 용접시공 조건의 영향 설명 중 틀린 것은?
① 루트 간격이 클수록 수축이 크다.
② 구속도가 클수록 수축이 작다.
③ 용접봉의 직경이 클수록 수축이 크다.
④ 위빙을 하는 쪽이 수축이 작다.

해설 **수축량에 미치는 용접시공조건**
① 용접봉의 직격이 클수록 수축이 작아진다.
② 루트간격이 클수록 수축이 크다.
③ 구속도가 클수록 수축이 작다.
④ 위빙을 하는 쪽이 수축이 작다.

해답
29. ④ 30. ① 31. ① 32. ③

문제 33

필릿용접에서 다리길이가 10mm일 때 이론상 목두께는 몇 mm 인가?

① 약 5.0
② 약 6.1
③ 약 7.1
④ 약 8.0

해설 목두께 $= l \times \cos 45° = 10 \times 0.707 = 7.07$

문제 34

그림과 같이 강판두께가 $t = 19$mm, 용접선의 유효길이 $l = 200$mm 이고, h_1, h_2가 각각 8mm일 때, 하중 $P = 7000$kgf에 대한 인장응력은 약 몇 kgf/mm² 인가?

① 0.2
② 2.2
③ 4.8
④ 6.8

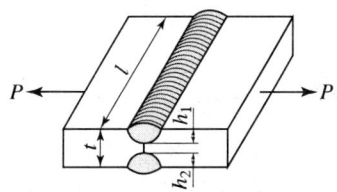

해설 $\sigma = \dfrac{p}{(h_1+h_2)l} = \dfrac{7000}{(8+8)200} = 2.18 \,\text{kg/mm}^2$

문제 35

본 용접에서 그림과 같은 비드 만들기 순서로 용접하는 용착법은?

① 대칭법
② 후퇴법
③ 스킵법
④ 살수법

해설 비드만들기 용접순서

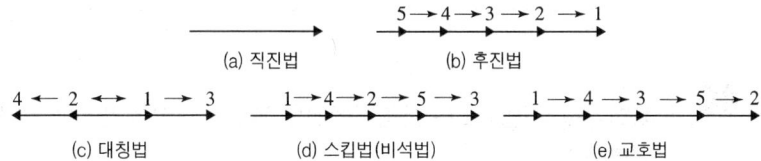

문제 36

다음 그림과 같은 필릿 용접이음에서 용접선의 방향과 하중의 방향이 직교한 것을 무슨 이음이라고 하는가?

① 전면 필릿 이음
② 측면 필릿 이음
③ 양면 필릿 이음
④ 경사 필릿 이음

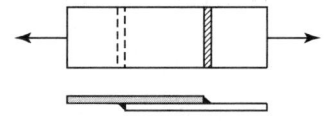

해답 33. ③ 34. ② 35. ③ 36. ①

문제 37 용접변형의 경감 및 교정방법에서 용접부 주위에 물을 적신 석면동판을 대어 열을 흡수시키는 방법은?

① 롤링법 ② 피닝법
③ 냉각법 ④ 억제법

해설 **변형을 방지하는 방법**
① 도열법(냉각법) : 용접 부주위에 물을 적신 석면, 동판을 대어 열을 흡수시키는 방법
② 역변형법 : 용접전에 변형의 크기 및 방향을 예측하여 미리 반대로 예측하는 방법
③ 억제법 : 모재를 가접 또는 구속지그를 사용하여 변형억제

문제 38 TIG 용접 이음부 설계에서 I형 맞대기 용접이음의 설명으로 적합한 것은?

① 판두께가 12mm 이상의 두꺼운 판용접에 이용된다.
② 판두께가 6~20mm 정도의 다층비드용접에 이용된다.
③ 판두께가 3mm 정도의 박판용접에 많이 이용된다.
④ 판두께가 20mm 이상의 두꺼운 판용접에 이용된다.

해설 **I형 맞대기 용접이음** : 판두께가 3mm정도의 박판용접에 이용

문제 39 아래 그림과 같은 용접부의 종류는?

① 플러그용접
② 슬롯용접
③ 플레어용접
④ 필릿용접

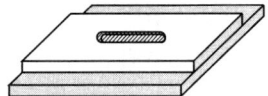

문제 40 용착금속의 인장 또는 굽힘시험했을 경우 파단면에 생기는 은백색 파면을 갖는 결함은?

① 기공 ② 크레이터
③ 오우버랩 ④ 은점

해설 **은점** : 용착금속의 인장 또는 굽힘시험시 파단면에 은백색파면을 갖는 결함.

해답 37. ③ 38. ③ 39. ② 40. ④

제 3 과목　용접일반 및 안전관리

문제 41　저항용접법 중 맞대기 용접에 속하는 것은?
① 스폿용접　　　　　　　② 심용접
③ 방전충격용접　　　　　④ 프로젝션용접

해설　**맞대기 저항용접**
　① 방전충격용접(퍼커션 용접)　② 플래쉬용접　③ 업셋용접
　겹치기 저항용접
　① 점용접(스폿용접)　② 심용접　③ 프로젝션용접

문제 42　피복 아크 용접에서 아크 쏠림·현상의 방지대책으로 틀린 것은?
① 용접봉의 끝을 아크쏠림 방향으로 기울인다.
② 교류아크 용접기를 사용한다.
③ 접지점을 용접부로부터 멀리한다.
④ 아크 길이를 짧게 유지한다.

해설　**아크쏠림 현상 방지책**(아크블로우, 자기불림, 자기쏠림이라고도 함.)
　① 아크길이를 짧게 유지한다.
　② 직류용접기 대신 교류용접기를 사용
　③ 접지점을 용접부로부터 멀리한다.
　④ 용접부의 시, 종단에는 앤드탭을 설치
　⑤ 긴용접선에는 후퇴법을 사용한다.

문제 43　저항용접에 의한 압접은 전기 저항열로써 모재를 용융상태로 만들고 외력을 가하여 접합하는 용접법이다. 이때 발생하는 저항열을 구하는 식은? (단, Q : 저항열, I : 전류, R : 전기저항, t : 통전시간[초])
① $Q = 0.24IR^2t$　　　　② $Q = 0.24I^2R^2t$
③ $Q = 0.24I^2Rt$　　　　④ $Q = 0.24I^3Rt$

해설　**저항열** $Q = 0.24I^2RT$
　여기서, I : 전류(A), T : 시간(sec), R : 저항(Ω)

해답　41. ③　42. ①　43. ③

문제 44

아세틸렌 가스의 폭발 위험성에 관한 설명으로 틀린 것은?

① 아세틸렌 가스는 매우 타기 쉬운 기체이다.
② 아세틸렌 가스는 매우 안전한 화합물이다.
③ 아세틸렌 가스는 충격, 마찰 등의 외력이 작용하면 폭발 위험성이 있다.
④ 아세틸렌 가스는 구리, 수은(Hg)등과 접촉하면 폭발 화합물을 생성한다.

해설 아세틸렌가스 폭발위험성
① 아세틸렌은 매우 타기 쉬운 기체
　㉠ 온도가 406~408℃ : 자연발화　　㉡ 온도가 505~515℃ : 폭발
　㉢ 산소가 없더라도 780℃ : 자연폭발
② 압력이 1.2~1.3기압 이하에서 사용
　㉠ 1.5기압 이상이면 압축하면 충격이나 가열에 의해 분해폭발위험이 있다.
　㉡ 15℃ 2기압 이상으로 압축하면 분해 폭발위험 있다.
③ 아세틸렌가스와 공기, 산소 등과 혼합시 폭발성이 심함
④ 충격, 마찰, 외력이 작용하면 폭발위험성이 있다.
⑤ 아세틸렌가스 구리, 은, 수은 등과 혼합시 폭발성 물질인 아세틸라이드 생성

문제 45

스테인리스강에 사용되는 플라즈마 절단 작동가스로 가장 적합한 것은?

① 아세틸렌
② 프로판
③ 아르곤+수소
④ 질소+수소

해설 플라즈마절단
① 일반적으로 아르곤+수소가스를 사용하나, 스텐레스강에는 질소+수소가스 사용
② 무부하전압이 높은 직류정극성 이용
③ 플라즈마 10,000~30,000℃를 이용하여 절단

문제 46

지혈 및 출혈시 응급조치방법으로 옳지 않은 것은?

① 정맥출혈시는 압박붕대나 손에 가제를 대고 누르면서 상처 부위를 높게 한다.
② 동맥출혈시는 응급 조치로 지혈대나 압박붕대, 지압법등으로 지혈시킨 후 의사의 조치를 받는다.
③ 피하 출혈시에는 냉습포를 한 뒤에 온습포를 댄다.
④ 신체의 다른 부분보다 부상 당한 팔과 다리를 낮게 쳐들어야 한다.

해설 지혈 및 출열시 응급조치 방법
① 신체의 다른 부분보다 부상당한 팔과 다리를 높게 들어야 한다.
② 피하출열시에는 냉습포를 한 뒤에 온습포를 댄다.

해답
44. ②　45. ④　46. ④

③ 동맥출열시에는 응급조치로 지혈대나 압박붕대 지압법 등으로 지혈시킨 후 의사의 조치를 받는다.
④ 정맥출혈시에는 압박붕대나 손에 가제를 대고 누르면서 상처 부위를 높게 한다.

문제 47
가스 용접봉 및 용제에 관한 각각의 설명으로 틀린 것은?
① 용제는 건조한 분말, 페이스트 또는 용접봉 표면에 피복한 것도 있다.
② 용제의 융점은 모재의 융점보다 낮은 것이 좋다.
③ 연강의 가스 용접에는 용제를 필요로 하지 않는다.
④ 가스 용접은 탄화 불꽃이 되기 쉬운데다 공기중의 탄소를 흡수하여 용융금속이 탄화되는 경우가 많다.

해설 가스용접봉 및 용제에 관한 설명
① 가스용접은 탄화불꽃이 되기 쉬운데다 공기중의 산소를 흡수하여 용융금속이 탄화되는 경우가 많다.
② 연강의 가스용접에는 용제를 필요로 하지 않는다.
③ 용제의 융점은 모재의 융점보다 낮은 것이 좋다.
④ 용제는 건조한 분말, 페이스트 또는 용접봉 표면에 피복한 것도 있다.

문제 48
아크 용접시 작업자에게 가장 위험한 부분은?
① 배전판
② 용접봉 홀더 노출부
③ 용접기
④ 케이블

해설 아크용접시 작업자에게 가장 위험한 부분 : 용접봉 홀더 노출부

문제 49
피복 아크 용접봉의 선택시 고려해야 할 사항으로 거리가 먼 것은?
① 아크의 안정성
② 용접봉의 내균열성
③ 스패터링
④ 용착금속 내의 슬래그의 양

해설 피복아크용접봉 선택시 고려해야 할 사항
① 아크의 안정성
② 용접봉의 내균열성
③ 스패러링

문제 50
불활성 가스 아크용접인 것은?
① 테르밋용접
② TIG용접
③ 산소-수소용접
④ 플라즈마용접

47. ④ 48. ② 49. ④ 50. ②

해설 TIG용접(불활성가스 텅스텐 아크용접)
MIG용접(불활성가스 금속 아크용접)

문제 51 용접법을 분류한 것 중 융접에 해당되지 않은 것은?
① 아크용접   ② 가스용접
③ MIG용접   ④ 마찰용접

해설 **용접법의 분류**
① 융접(Fusion welding) : 접합부분을 용융 또는 반용융상태로 하고 여기에 용가재를 첨가하여 접합하는 방법
  [종류] 서브머지드용접, 이산화탄소 아크용접, 일렉트로 슬랙용접, 피복아크용접, 가스용접
② 압접(Pressure Welding) : 접합부분을 열간 또는 냉간상태에서 압력을 주어 접합
  [종류] 전기저항용접(점용접, 시임용접, 퍼커션용접, 업셋용접, 플래쉬용접, 프로젝션용접), 초음파용접, 마찰용접, 유도가열 용접

문제 52 아크용접에서 피복제의 주된 역할을 설명한 것 중 옳은 것은?
① 전기 통전작용을 한다.
② 용융점이 높은 적당한 점성의 무거운 슬래그를 생성한다.
③ 용착금속의 탈산 정련작용을 한다.
④ 용착금속의 냉각속도를 빠르게 한다.

해설 **피복제의 역할**
① 용착금속의 탈산정련작용을 한다.   ② 아크안정시킨다.
③ 산화, 질화방지   ④ 용적을 미세화하여 용착효율 상승
⑤ 전기절연작용   ⑥ 서냉으로 취성방지

문제 53 가스용접장치에서 충전가스 용기의 도색이 잘 못 연결된 것은?
① 아르곤 – 회색   ② 염소 – 백색
③ 아세틸렌 – 황색   ④ 탄산가스 – 청색

해설 **용기도색**
①청탄산 ②산록에서 ③황아체 안주삼아 ④수주잔 높이들고 ⑤백암산바라보니
⑥염소는 갈색으로 보이고 ⑦쥐들은 기타를 치더라.
① 탄산가스 : 청색   ② 산소 : 녹색   ③ 아세틸렌 : 황색
④ 수소 : 주황   ⑤ 암모니아 : 백색 ⑥ 염소 : 갈색
⑦ 기타 : 회색(쥐색)

해답
51. ④ 52. ③ 53. ②

문제 54

서브머지드 아크 용접법의 설명 중 잘못된 것은?

① 용융속도와 용착속도가 빠르며, 용입이 깊다.
② 비소모식이므로 비드의 외관이 거칠다.
③ 개선각을 작게하여 용접의 패스 수를 줄일 수 있다.
④ 용접선이 짧거나 불규칙한 경우 수동에 비해 비능률적이다.

해설 서브머지드 아크용접법
① 용융속도와 용착속도가 빠르며 용입이 깊다.
② 개선각을 작게하여 용접의 패스수를 줄일 수 있다.
③ 용접선이 짧거나 불규칙한 경우 수동에 비해 비능률적이다.
④ 기계적 성질이 우수하다.
⑤ 비드외관이 매우 아름답다.
⑥ 유해광선이나 퓸(fume)등이 적게 발생되어 작업환경이 깨끗하다.
⑦ 와이어 중에 저항열이 적게 발생되어 고전류 사용이 가능하다.
⑧ 작업능률이 수동에 비해 판두께 12mm에서 2~3배, 25mm에서 5~6배, 50mm에서 8~12배 정도가 높다.

문제 55

15℃ 15기압에서 아세톤 1리터에 대하여 아세틸렌 가스 몇 리터가 용해 되는가?

① 285
② 325
③ 375
④ 420

해설 1기압에서 아세톤이 25배 녹으므로
$15 \times 25 = 375l$

문제 56

철심을 움직여 그로 인하여 발생하는 누설 자속을 변동시켜 전류를 조절하는 용접기는?

① 탭전환형
② 가동철심형
③ 가동코일형
④ 가포화리액터형

해설 **가동철심형** : 철심을 움직여 그로인하여 발생하는 누설 자속을 변동시켜 전류를 조절하는 용접기
가포화리액터형 : 조작이 간단하고 원격제어가 되고 가변저항의 변화로 용접전류 조정

54. ② 55. ③ 56. ②

2022년도 시행

문제 57 탄산가스 아크용접에 대한 설명 중 올바르지 못한 것은?
① 전류 밀도가 높아 용입이 깊고 용접속도를 빠르게 할 수 있다.
② 가시(可視) 아크이므로 시공이 편리하다.
③ 특수한 용제를 사용하므로 용접부에 슬래그 섞임이 없고 용접후의 처리가 간단하다.
④ 용착금속의 기계적 성질 및 금속학적 성질이 우수하다.

해설 탄산가스 아크용접
① 가시아크이므로 시공이 편리하다.
② 용착금속의 기계적 성질 및 금속학적 성질이 우수하다.
③ 전류밀도가 높아 용입이 깊고 용접속도를 바르게 할 수 있다.
④ 용입이 깊고 용접속도를 빠르게 할 수 있다.
⑤ 아크시간을 길게 할 수 있다.
⑥ 용제를 사용하지 않아 슬래그 혼입이 없고 용접후 처리가 간단하다.

문제 58 용접부 외부에서 주어지는 열량을 용접입열(weld heat input)이라 하는데, 용접입열이 충분하지 못할 때 발생하는 용접 결함은?
① 용입불량(lack of penetration) ② 선상조직(ice flower structure)
③ 용접균열(welding crack) ④ 은점(fish eye)

해설 용접입열이 충분하지 못할 때 발생하는 용접결함 : **용입불량**

문제 59 가스용접에서 산화 불꽃은 어떤 금속 용접에 가장 적합한가?
① 황동 ② 연강
③ 모넬메탈 ④ 스텔라이트

해설 불꽃의 종류 – 불꽃은 한자로 炎(불꽃"염 ")이다.
① 아세틸렌 불꽃

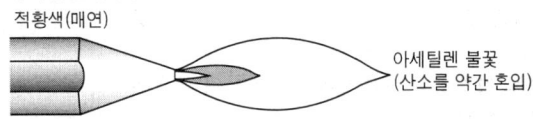

② 탄화불꽃(탄화염)

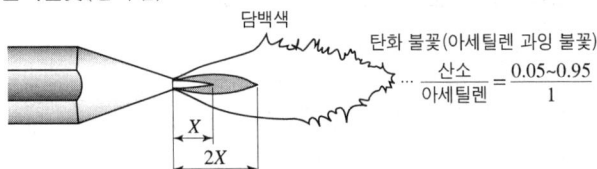

해답
57. ③ 58. ① 59. ①

- 아세틸렌 과잉불꽃이라 하며 속불꽃과 겉불꽃사이에 백색의 제3불꽃 즉 아세틸렌페더가 있다.
- 스테인레스, 스텔라이트, 모넬메탈 등의 용접에 사용.

③ 산화불꽃(산화염)

산화 불꽃(산소 과잉 불꽃)

$$\cdots \frac{산소}{아세틸렌} = \frac{1.15\sim1.70}{1}$$

- 산소 과잉불꽃이라고 한다.
- 구리, 황동용접에 사용

문제 60

탄산가스(CO_2)아크 용접에서 O_2의 해를 방지하기 위하여 와이어에 Mn을 첨가하여 용접한다. 이때의 반응식 중 올바른 것은?

① $2FeO + Mn = Fe + MnO_2$
② $Mn + 2FeO_3 = 2Fe + MnO_6$
③ $Mn + FeO = Fe + MnO$
④ $FeO_2 + Mn = FeO + MnO$

해답
60. ③

2022년 5월 CBT 시행

본 문제는 복원 기출문제입니다. 실제 문제와 다를 수 있으니 양해바랍니다.

제 1 과목　용접야금 및 용접설비제도

문제 01 피복 배합제의 성분에서 슬래그 생성제로 사용되는 것이 아닌 것은?
① 탄산바륨($BaCO_3$)
② 이산화망간(MnO_2)
③ 석회석($CaCO_3$)
④ 산화티탄(TiO_2)

해설 피복배합제의 종류
① 슬래그생성제 : 용융점이 낮은 가벼운 슬래그를 만들어 산화나 질화방지
　㉠ 이산화망간　㉡ 산화철　㉢ 산화티탄　㉣ 형석
　㉤ 석회석　㉥ 일미나이트　㉦ 장석　㉧ 규사
② 아크안정제
　㉠ 석회석　㉡ 산화티탄　㉢ 규산칼륨　㉣ 규산나트륨
　㉤ 자철광　㉥ 적철광
③ 탈산제 : 용융금속중의 산화물을 탈산정련하는 작용
　㉠ 페로망간(Fe-Mn)　㉡ 페로크롬(Fe-Cr)
　㉢ 페로티탄(Fe-Ti)　㉣ 페로바나듐(Fe-V)
　㉤ 페로실리콘(Fe-Si)
④ 가스발생제 : 아크열에 분해하여 일산화탄소 수증기 등의 가스를 발생하며 용융금속을 대기로부터 보호
　㉠ 녹말　㉡ 톱밥　㉢ 석회석　㉣ 탄산바륨
　㉤ 셀룰로오스
⑤ 합금첨가제 : 합금제는 용접의 여러 성질을 개선하기 위해 피복제에 첨가하는 것
　㉠ 페로망간　㉡ 페로크롬　㉢ 페로바나듐　㉣ 페로실리콘
　㉤ 구리　㉥ 산화몰리브덴

문제 02 탄소강의 물리적 성질 변화에 탄소량의 증가에 따라 증가 되는 것은?
① 비중
② 열팽창계수
③ 열전도도
④ 전기저항

해설 탄소량의 증가시
① 인장강도, 경도, 항복점, 전기저항 증가
② 비중, 열전도, 연신율, 충격값 감소

해답　01. ①　02. ④

문제 03 일반적으로 열이 전달되기 쉬운 정도를 표시할 때 열전도율이 사용되고 있다. 용접 입열이 일정할 경우 냉각속도가 가장 느린 것은?

① 연강
② 스테인리스강
③ 알루미늄
④ 구리

해설 열전도율이 좋을수록 냉각속도 빠르다.
Ag > Cu > Au > Al > Mg > Ni > Fe > Pb

문제 04 탄소강에 포함된 원소 중 실온에서 충격치를 저하시켜 상온취성의 원인이 되며 결정립을 조대화 시키는 것은?

① P
② S
③ Mn
④ Au

해설 **상온취성**(청열취성) : P(인) (200~300℃)
적열취성 : 황 (900℃ 이상)

문제 05 일반적인 금속의 공통적인 특성 설명으로 틀린 것은?

① 이온화하면 양(+)이온이 된다.
② 열과 전기의 양도체이다.
③ 전성과 연성이 좋다.
④ 강도, 경도, 비중이 비교적 적다.

해설 **일반적인 금속의 공통적인 특징**
① 전성과 연성이 좋다.
② 열과 전기의 양도체이다.
③ 이온화하면 (+) 이온이 된다.(양이온)
④ 고유의 광택이 있다.
⑤ 강도, 경도, 비중이 크다.

문제 06 동일 금속일 경우 재결정 온도가 낮아지는 원인과 가장 거리가 먼 것은?

① 가공도가 작을수록
② 가공시간이 길수록
③ 금속의 순도가 높을수록
④ 가공 전의 결정입자가 미세할수록

해설 **재결정온도가 낮아지는 원인**
① 가공시간이 길수록
② 금속의 순도가 높을수록
③ 가공전의 결정입자가 미세할수록

참고 **재결정온도** : 일정온도에서 응력이 없는 새로운 결정이 생기는 것

03. ② 04. ① 05. ④ 06. ①

문제 07
2개 성분의 금속이 용해된 상태에서는 균일한 용액으로 되나 응고 후에는 성분 금속이 각각 결정이 되어 분리되며, 2개의 성분금속이 고용체를 만들지 않고 기계적으로 혼합 될 수 있는 조직은?

① 공정조직 ② 공석조직
③ 포정조직 ④ 포석조직

해설 공정조직 : 2개성분의 금속이 용해된 상태에서는 균일한 용액으로 되나 응고후에는 성분금속이 각각 결정이 되어 분리되며 2개의 성분금속이 고용체를 만들지 않고 기계적으로 혼합될 수 있는 조직

문제 08
철강을 순철, 강, 주철로 분류할 경우 기준이 되는 것은?

① 황(S)함유량 ② 탄소(C)함유량
③ 망간(Mn)함유량 ④ 규소(Si)함유량

해설 철강을 순철, 강, 주철로 분류할 경우 기준 : **탄소함유량**

문제 09
금속의 열전도율이 큰 순서로 나열된 것은?

① Cu〉Ag〉Al〉Au ② Ag〉Cu〉Au〉Al
③ Ag〉Al〉Au〉Cu ④ Au〉Cu〉Ag〉Al

해설 **열전도율이 큰 순서**
Ag > Cu > Au > Al > Mg > Ni > Fe > Pb (은,구,금,알,마,니,철,납)

문제 10
주철의 용접이 곤란하고 어려운 이유에 대한 설명으로 틀린 것은?

① 주철은 연강에 비하여 여리며 주철의 급랭에 의한 백선화로 수축이 많아 균열이 생기기 쉽기 때문이다.
② 주철 속에 기름, 흙, 모래 등이 있는 경우에 용착이 불량하거나 모재와의 친화력이 나빠지기 때문이다.
③ 일산화탄소 가스가 발생하여 용착 금속에 기공이 생기기 쉽기 때문이다.
④ 크롬 탄화물이 결정입계에 석출하기 쉽기 때문이다.

해설 **주철용접이 어렵고 곤란한 이유**
① 수축이 많아 균열이 생기기 쉽다.
② 주철의 급랭에 의한 백선화로 기계가공이 곤란
③ 연강에 비해 여리다.
④ 모재전체를 500~600℃의 고온에서 예열, 후열할 수 있는 설비가 필요

07. ① 08. ② 09. ② 10. ④

⑤ 일산화탄소 가스가 발생하여 용착금속에 기공이 생기기 쉽다.
⑥ 장시간 가열로 조직이 조대화된 경우 기름, 흙, 모래 등이 있는 경우 용착 불량하거나 모재와의 친화력이 나쁘다.

문제 11 KS 규격에서 평면형 평행 맞대기 이음 용접을 의미하는 기호는?

① ⏉⏊   ② ||
③ V   ④ ✕

해설 KS용접기호
① 양면 V형 : ✕
② 베벨형 : V
③ 부분용입 한쪽면 V형 : Y
④ 평면형 평형 맞대기 이음 : ||

문제 12 특별한 도시 방법에서 도형 내의 특정한 부분이 평면이란 것을 표시할 필요가 있을 경우에 나타내는 표시 방법으로 가장 적합한 것은?
① 정사각형기호(□)를 사용한다. ② R 기호를 사용한다.
③ P 기호를 사용한다. ④ 가는 실선의 대각선을 긋는다.

해설 ⊠ 가는 실선의 대각선을 그어 평면을 뜻하는 기호

문제 13 제3각법의 그림 기호 표시를 올바르게 나타낸 것은?

① 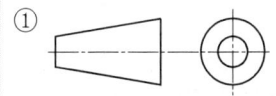   ②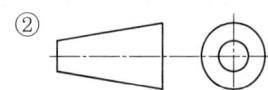

③ 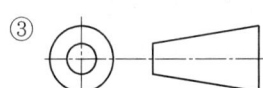   ④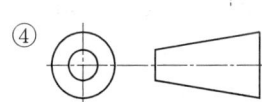

문제 14 정투상법의 제3각법에서 투상하여 보는 순서는?
① 눈 → 물체 → 투상면   ② 눈 → 투상면 → 물체
③ 물체 → 투상면 → 눈   ④ 물체 → 눈 → 투상면

해설 제1각법 : 눈 → 물체 → 투상면
제3각법 : 눈 → 투상면 → 물체

해답 11. ② 12. ④ 13. ④ 14. ②

문제 15 기계나 장치 등의 실체를 보고 프리핸드로 그린 도면은?
① 배치도
② 기초도
③ 장치도
④ 스케치도

해설 스케치도 : 기계나 장치등의 실체를 보고 프리핸드로 그린 도면

문제 16 현장용접 보조기호 표시를 올바르게 표현한 것은?
① 🚩
② ○
③ ⚲
④ ◐

해설 현장 용접보조기호 : 🚩

문제 17 도면의 분류에서 설명도의 용도로 가장 적합한 것은?
① 주문자 또는 기타 관계자의 승인을 얻기 위한 도면이다.
② 사용자에게 물품의 구조, 기능, 성능 등을 알려주기 위한 도면이다.
③ 지역 내의 건물 위치나 공장 내부에 기계 등의 설치 위치의 상세한 정보를 나타낸 도면이다.
④ 견적 내용을 나타낸 도면이다.

해설 설명도의 용도 : 사용자에게 물품의 구조, 기능, 성능을 알려주기 위한 도면

문제 18 제도의 목적을 달성하기 위한 기본 요건으로 틀린 것은?
① 대상물의 도형이 있으면 필요로 하는 크기, 모양, 자세, 위치의 정보를 포함하지 않아야 한다.
② 애매한 해석이 생기지 않도록 표현상 명확한 뜻을 갖고 있어야 한다.
③ 무역 및 기술의 국제 교류의 입장에서 국제성을 갖고 있어야 한다.
④ 기술의 각 분야에 걸쳐 가능한 한 정확성, 보편성을 갖고 있어야 한다.

해설 제도의 목적을 달성하기 위한 기본요건
① 기술의 각 분야에 걸쳐 가능한 한 정확성, 보편성을 갖고 있어야 한다.
② 무역 및 기술의 국제교류의 입장에서 국제성을 갖고 있어야 한다.
③ 애매한 해석이 생기지 않도록 표현상 명확한 뜻을 갖고 있어야 한다.
④ 대상물의 도형이 있으면 필요로 하는 크기, 모양, 자세, 위치의 정보를 포함하여야 한다.

해답 15. ④ 16. ① 17. ② 18. ①

문제 19

KS규격에서 용접부 및 용접부의 표면 형상 보조기호 설명으로 틀린 것은?

① ─── : 평면(동일한 면으로 마감처리 함)
② ⌣ : 토우(끝단부)를 오목하게함.
③ M : 영구적인 이면 판재를 사용함.
④ MR : 제거 가능한 이면 판재를 사용함.

해설 KS용접보호기호

용접부 및 용접부 표면의 형상	기호
평면(동일 평면으로 다듬질)	───
볼록(凸)형	⌢
오목(凹)형	⌣
끝단부를 매끄럽게 함	⌣
영구적인 덮개판을 사용	M
제거가능한 덮개판을 사용	MR

문제 20

선의 종류에 따른 용도 설명으로 틀린 것은?

① 외형선 : 대상물의 보이는 부분의 모양을 표시하는 선
② 지시선 : 기초, 기술 등을 표시하기 위하여 끌어내는데 쓰이는 선
③ 파단선 : 그 절단 위치를 대응하는 그림에 표시하는 선
④ 해칭 : 도형의 한정된 특정 부분을 다른 부분과 구별하는데 사용하는 선

해설 선의 종류

명 칭	선의 용도	선의 종류
외형선	대상물이 보이는 부분의 모양 표시	굵은 실선
치수선	치수기입하기 위해	가는 실선
치수보조선	치수를 기입하기 위해 도형으로부터 끌어내는 선	
파단선	대상물의 일부를 파단한 경계표시	
해칭선	도형의 한정된 특정부분을 다른 부분과 구별	
중심선	도면의 중심을 표시	가는 일점쇄선
기준선	위치결정의 근거가 된다는 것 명시	
피치선	되풀이하는 도형의 피치를 취하는 기호	
절단선	절단위치를 대응하는 그림에 표시	가는 일점쇄선
가상선	인접부분 참고표시, 공구위치 참고표시, 가공전·후표시	가는 이점쇄선

19. ②   20. ③

제 2 과목　용접구조설계

문제 21

가접시 주의해야 할 사항으로 틀린 것은?

① 본 용접자(者)와 동등한 기량을 갖는 용접자가 가접을 시행한다.
② 가접 위치는 부품의 끝 모서리나 각 등과 같이 응력이 집중되는 곳은 피한다.
③ 본 용접과 같은 온도에서 예열을 한다.
④ 용접봉은 본 용접 작업시에 사용하는 것보다 약간 굵은 것을 사용한다.

해설 **가접시 주의해야할 사항**
① 용접봉의 지름은 가는것을 사용하고 너무 짧게하지 않는다.
② 본용접과 같은 온도에서 예열을 한다.
③ 가접위치는 부품의 끝모서리나 각등과 같이 응력이 집중되는 곳은 피한다.
④ 본용접자와 동등한 기량을 갖는 용접자가 가접을 시행한다.
⑤ 가접용 지그 등을 사용하여 부재의 형상을 유지
⑥ 시・종단에는 엔드탭을 설치하기로 한다.

문제 22

용접부의 부근을 냉각시켜서 용접변형을 방지하는 냉각법의 종류에 해당 되지 않는 것은?

① 석면포 사용법　　　　② 피닝법
③ 살수법(撒水法)　　　　④ 수냉동판 사용법

해설 **용접변형을 방지하는 냉각법의 종류**
① 수냉동판사용법　② 석면포사용법　③ 살수법

문제 23

용접부 인장시험에서 최초의 길이가 40mm이고, 인장시험편의 파단 후의 거리가 50mm 일 경우에 변형율 C는?

① 10%　　　　　　　② 15%
③ 20%　　　　　　　④ 25%

해설 변형율 $= \dfrac{50-40}{40} \times 100 = 25\%$

해답　21. ④　22. ②　23. ④

문제 24 일반적인 용접순서를 결정하는 유의사항 설명으로 틀린 것은?

① 용접 구조물이 조립되어 감에 따라 용접작업이 불가능한 곳이니 곤란한 경우가 생기지 않도록 한다.
② 용접물의 중심에 대하여 항상 대칭으로 용접을 해 나간다.
③ 수축이 작은 이음을 먼저 용접하고 수축이 큰 이음(맞대기 등)은 나중에 용접한다.
④ 용접 구조물의 중립축에 대하여 용접 수축력의 모멘트의 합이 0(영)이 되게 한다.

해설 일반적인 용접순서를 결정하는 유의사항
① 수축이 큰 이음을 먼저 용접하고 수축이 작은 이음을 나중에 용접한다.
② 용접물의 중심에 대하여 항상 대칭으로 용접을 해나간다.
③ 용접구조물이 중립축에 대하여 용접수축력의 모멘트의 합이 0이 되게 한다.
④ 용접구조물이 조립되어 감에 따라 용접작업이 불가능한 곳이나 곤란한 경우가 생기지 않도록 한다.
⑤ 리벳과 같이 쓸 때는 용접을 먼저 한다.

문제 25 판의 홈 용접에서 용접의 진행과 더불어 이동하는 열원의 전방 홈 간격이 열렸다 닫혔다 하는 현상으로 주로 열원이동 중에 있어서 용융지 부근 모재의 용접선 방향에의 열팽창에 기인하여 생기는 용접변형은?

① 회전변형
② 세로 굽힘변형
③ 팽창변형
④ 비틀림변형

해설 회전변형(비틀림변형) : 용융지부근 모재의 용접선 방향에 열팽창에 기인하여 생기는 용접변형

문제 26 본 용접하기 전에 적당한 예열을 함으로서 얻어지는 효과 설명으로 가장 적당한 것은?

① 예열을 하게 되면 용접성은 좋아지나 용접결함을 수반한다.
② 변형과 잔류 응력이 많이 발생한다.
③ 용접부의 냉각속도를 느리게 하여 균열 발생이 적게 된다.
④ 용접부의 냉각속도가 빨라지고 높은 온도에서 큰 영향을 받는다.

해답 24. ③ 25. ① 26. ③

문제 27 용접 후처리에서 노치인성의 설명으로 옳은 것은?
① 수소량이 적어지면 연성의 저하가 심해지는 성질
② 용접 전, 굽힘 가공하여 용접부에 균열이 생기는 성질
③ 강의 저온, 충격 하중 또는 노치의 응력 집중 등에 대하여 견딜 수 있는 성질
④ 강의 고온 충격 하중 또는 노치의 응력 분산 등에 의해서 메지게 되는 성질

해설 **노치인성** : 강이저온, 충격하중 또는 노치의 응력집중 등에 대하여 견딜 수 있는 성질

문제 28 두 부재 사이의 휨 부분을 용접하는 것으로 용접부 형상이 V형, X형, K형 등이 있는 용접은?
① 플러그 용접
② 슬롯 용접
③ 플랜지 용접
④ 플레어 용접

해설 **플레어용접** : 두 부재사이의 휜부분을 용접하는 것으로 용접부형상이 V형, X형, K형 등이 있다.

문제 29 응력 제거 풀림에 의해 얻어지는 효과에 해당 되지 않는 것은?
① 용접 잔류 응력이 제거된다.
② 응력 부식에 대한 저항력이 증대된다.
③ 용착 금속 중의 수소제거에 의한 연성이 증대된다.
④ 충격저항이 감소하고 크리프 강도가 향상된다.

해설 **풀림에 의해 얻어지는 효과**
① 용착금속중의 수소제거에 의한 연성이 증대된다.
② 응력부식에 대한 저항력이 증대된다.
③ 용접잔류응력이 제거된다.

문제 30 그림과 같이 폭 60mm 두께 12mm의 강판을 60mm안을 겹쳐서 전둘레 필릿용접을 한다. 여기에 9000kgf의 하중을 작용시킨다면 필릿용접의 치수는 약 몇 mm 인가? (단, 용접의 허용응력은 1000kgf/cm² 으로 한다.)
① 5.3
② 9.2
③ 12.1
④ 16.4

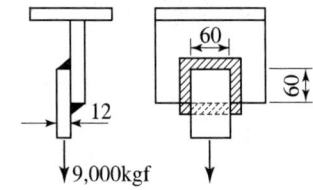

해답 27. ③ 28. ④ 29. ④ 30. ①

해설 $\sigma = \dfrac{1.414 \times p}{h}$

$h = \dfrac{1.414 \times p}{\sigma} = \dfrac{1.414 \times \dfrac{9000}{(2 \times 6 + 2 \times 6)}}{1000} = 0.53\,cm = 5.3\,mm$

문제 31

계산 또는 필릿 용접의 치수 이상으로 표면 위에 용착된 금속은?
① 이면비드   ② 덧붙이
③ 개선 홈   ④ 용접의 루트

해설 덧붙이 : 계산 또는 필릿용접의 치수 이상으로 표면위에 용착된 금속

문제 32

용접 이음의 설계를 할 때의 주의 사항으로 틀린 것은?
① 용접작업에 지장을 주지 않도록 공간을 둔다.
② 용접 이음을 한쪽으로 집중되게 접근하여 설계하지 않도록 한다.
③ 용접선은 될 수 있는 한 교차하도록 한다.
④ 가능한 한 아래보기 용접을 많이 하도록 한다.

해설 용접이음설계시 주의사항
① 용접작업에 지장을 주지 않도록 공간을 둔다.
② 용접선은 될수 있는 한 교차하지 않도록 한다.
③ 가능한 아래보기 용접을 많이 하도록 한다.
④ 용접이음을 한쪽으로 집중되게 접근하여 설계하지 않도록 한다.
⑤ 큰구조물은 구조물의 중앙에서 끝으로 향하여 용접
⑥ 수축이 큰 맞대기 이음을 먼저하고 다음에 필렛 용접을 한다.
⑦ 용접이 불가능한곳이 없도록 한다.
⑧ 용접선에 대하여 수축력의 합이 0이 되도록 한다.

문제 33

아래 그림과 같은 필릿 용접부의 종류는?
① 연속 병렬 필릿용접
② 연속 지그재그 필릿용접
③ 단속 병렬 필릿용접
④ 단속 지그재그 필릿용접

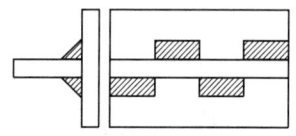

해답
31. ② 32. ③ 33. ④

문제 34

KS규격에서 E4340 용접봉의 피복제의 계통으로 맞은 것은?

① 일미나이트계 ② 고산화타탄계
③ 저수소계   ④ 특수계

해설 피복제의 계통
① E4301 : 일미나이트계   ② E4303 : 라임티탄계
③ E4311 : 고셀룰로오스계 ④ E4313 : 고산화티탄계
⑤ E4316 : 저수소계   ⑥ E4324 : 철분산화티탄계
⑦ E4326 : 철분저수소계   ⑧ E4327 : 철분산화철계
⑨ E4340 : 특수계

문제 35

맞대기 용접이음의 가접 또는 첫 층에서 보이는 세로균열의 일종으로 약200℃ 이하의 저온에서 발생하는 균열은?

① 설퍼 균열   ② 라미네이션 균열
③ 루트 균열   ④ 헤어 균열

해설 저온균열의 유형
① 루트균열 : 가접 또는 첫층에서 보이는 세로균열의 일종으로 약 200℃이하의 저온에서 발생
② 힐균열 : 필릿시 루트부분에 발생하는 저온균열이며 모재의 수축팽창에 의한 뒤틀림이 주요원인
③ 라멜라티어균열 : T이음, 모서리이음 등에서 강의 내부에 평행하게 층상으로 발생되는 균열
④ 토우균열 : 맞대기이음, 필렛이음의 경우에 비드표면과 모재의 경제부에 발생되며, 용접시 부재에 회전변형을 무리하게 구속하거나 용접후 각 변경을 주면 발생, 가장큰 요인은 언더컷

문제 36

맞대기 용접 이음에서 강판의 두께 6mm이고 용접길이 200mm, 인장하중 6000kgf 작용시 용접 이음부에 발생하는 인장응력은 몇 kgf/mm²인가?

① 4   ② 5
③ 6   ④ 7

해설 인장응력 $= \dfrac{p}{tl} = \dfrac{6000}{6 \times 200} = 5 \, \text{kg/mm}^2$

해답
34. ④ 35. ③ 36. ②

문제 37

용접봉의 선택 기준으로 가장 거리가 먼 것은?

① 모재의 재질
② 제품의 형상
③ 용접 자세
④ 사용 보호구

해설 용접봉 선택의 기준
① 용접자세 ② 모재의 재질 ③ 제품의 형상

문제 38

잔류 응력이 존재하는 용접구조물에 어떤 하중을 걸어 용접부를 약간 소성변형 시킨 다음 하중을 제거하면 잔류응력이 감소하는 현상을 이용하는 방법은?

① 국부 응력 제거법
② 저온 응력 완화법
③ 피닝법
④ 기계적 응력 완화법

해설 잔류응력제거
① 저온응력완화법 : 용접선 양측을 가스불꽃에 의하여 나비 약150mm를 150~200℃정도의 비교적 낮은온도로 가열한 다음 곧 수냉하는 방법
② 기계적응력완화법 : 잔류응력이 있는 제품에 하중을 주어 용접부에 약간의 소성변형을 일으킨 다음 하중을 제거
③ 피닝법 : 특수한 구면상의 선단을 해머로서 용접부를 연속적으로 타격해 줌으로서 용접표면에 소성변형을 생기게 하는 것
④ 국부풀림법 : 제품이 커서 노내에 넣을 수 없을 때 또는 설비, 용량 등으로 노내풀림을 바라지 못할 경우
⑤ 노내풀림법 : 응력제거 열처리법에서 가장 널리 이용 제품전체를 가열로 안에 넣고 적당한 온도에서 일정시간 유지한 다음 노내에서 서냉

문제 39

일반적인 용접변형 교정방법의 종류가 아닌 것은?

① 얇은 판에 대한 점 수축법
② 형재에 대한 직선 수축법
③ 변형된 부위를 줄질하는 법
④ 가열 후 해머링하는 법

해설 용접변형 교정 방법
① 얇은판(박판)에 대한 점수축법
② 형재에 대한 직선수축법
③ 가열후 해머링 하는 방법
④ 피닝법
⑤ 롤러에 거는법
⑥ 절단하여 정형후 재용접하는 경우

해답
37. ④ 38. ④ 39. ③

문제 40 용접작업에서 지그 사용시 얻어지는 효과로 틀린 것은?

① 대량생산의 경우 용접 조립 작업을 단순화 시킨다.
② 제품의 마무리 정밀도를 향상 시킨다.
③ 용접 변형을 억제하고 적당한 역 변형을 주어 정밀도를 높인다.
④ 용접작업은 용이하나 작업능률이 저하된다.

해설 지그 사용시 얻어지는 효과
① 용접작업이 용이하고 작업능률이 향상된다.
② 용접변형을 억제하고 적당한 역변형을 주어 정밀도를 높인다.
③ 제품의 마무리 정밀도를 향상시킨다.
④ 대량생산의 경우 용접조립작업을 단순화시킨다.

제 3 과목 용접일반 및 안전관리

문제 41 아크 용접 작업에서 전격의 방지대책으로 가장 거리가 먼 것은?

① 절연 홀더의 절연부분이 파손되면 즉시 교환 할 것
② 접지선은 수도 배관에 할 것
③ 용접작업을 중단 혹은 종료 시에는 즉시 스위치를 끊을 것
④ 습기 있는 장갑, 작업복, 신발 등을 착용하고 용접작업을 하지 말 것

해설 전격방지대책
① 2차측 단자의 한쪽과 용접기케이스는 반드시 접지할 것
② 절연홀더의 절연부분이 파손되면 즉시 교환할 것
③ 습기 있는 장갑, 작업복, 신발 등을 착용하고 용접작업을 하지 말 것
④ 용접작업을 중단 혹은 종료시에는 즉시 스위치를 끌 것

문제 42 냉간압접의 장점에 해당 되지 않는 것은?

① 접합부가 가공 경화된다.
② 접합부에 열영향이 없다.
③ 압접기구가 간단하다.
④ 접합부의 전기저항은 모재와 거의 비슷하다.

해답 40. ④ 41. ② 42. ①

해설 냉간압접의 장점
① 접합부에 열영향이 없다.
② 압접기구가 간단하다.
③ 접합부의 저항은 모재와 거의 비슷하다.

문제 43

피복 아크 용접봉에 사용하는 피복제의 주된 역할이 아닌 것은?

① 아크를 안정시킨다.
② 용착금속의 탈산(脫酸) 장련 작용을 한다.
③ 용착 금속의 용적을 미세화하여 용착 효율을 낮춘다.
④ 스패터의 발생을 적게 한다.

해설 피복제의 주된 역할
① 용착금속의 용적을 미세화하여 용착효율을 높인다.
② 용착금속의 탈산정련작용을 한다.
③ 아크를 안정시킨다.
④ 스패터의 발생을 적게 한다.
⑤ 전기절연작용을 한다.
⑥ 산화, 질화방지
⑦ 합금원소 첨가

문제 44

탄산 가스 아크 용접에서 중독 및 질식사고의 원인이 되는 가스는?

① 수소(H_2)
② 암모니아(NH_3)
③ 일산화탄소(CO)
④ 아세틸렌(C_2H_2)

해설 탄산가스아크용접에서 중독 및 질식사고의 원인 : **일산화탄소**

문제 45

본 용접 전 가접에서의 주의사항 설명으로 틀린 것은?

① 본 용접보다도 지름이 굵은 용접봉을 사용한다.
② 강도상 중요한 부분에는 가접을 피한다.
③ 용접의 시점 및 종점이 되는 끝 부분은 가접을 피한다.
④ 본 용접과 비슷한 기량을 가진 용접사에 의해 실시하는 것이 좋다.

해설 가접에서의 주의사항
① 본용접보다 지름이 작은 용접봉을 사용한다.
② 강도상 중요한 부분에는 가접을 피한다.
③ 용접의 시점 및 중점이 되는 끝부분은 가접을 피한다.
④ 본용접과 비슷한 기량을 가진 용접사에 의해 실시하는 것이 좋다.
⑤ 응력이 집중하는 곳을 피한다.
⑥ 홈안에 가접은 피하고 불가피한 경우 본용접전에 갈아낸다.

해답 43. ③ 44. ③ 45. ①

문제 46

다음 보기 중 용접의 자동화에서 자동제어의 장점에 해당 되는 사항으로만 조합한 것은?

[보기] ㉠ 제품의 품질이 균일화되어 불량품이 감소된다.
㉡ 원자재, 원료 등이 증가된다.
㉢ 인간에게는 불가능한 고속작업이 가능하다.
㉣ 위험한 사고의 방지가 불가능하다.
㉤ 연속작업이 가능하다.

① ㉠,㉡,㉣
② ㉠,㉢,㉣
③ ㉠,㉢,㉤
④ ㉠,㉡,㉢,㉣,㉤

해설 용접의 자동화에서 자동제어의 장점
① 연속작업이 가능하다.
② 인간에게는 불가능한 고속작업이 가능하다.
③ 제품의 품질이 균일화되어 불량품이 감소된다.

문제 47

서브머지드 아크용접 장치의 구성 및 종류에 관한 설명으로 틀린 것은?
① 용접 전류는 용접 전원으로부터 용접 전극을 통하여 공급된다.
② 용접 능률의 향상을 위해 2개 이상의 전극을 동시에 사용하는 다전극 용접기가 실용화 되고 있다.
③ 용접전원으로는 직류가 시설비가 싸고 자기불림 현상이 매우 커서 많이 사용된다.
④ 와이어 송급장치, 전압제어장치, 콘택트 조, 후락스 호퍼를 일괄하여 용접머리(welding head)라고 한다.

해설 서브머지드 아크용접 장치의 구성 및 종류
① 와이어 송급장치, 전압제어장치, 콘택트조. 후락스호퍼를 일괄하여 용접머리라고 한다.
② 용접전원으로는 직류시설비가 비싸고 자기불림현상이 없다.
③ 용접전류는 용접전원으로부터 용접 전극을 통하여 공급된다.
④ 용접능률의 향상을 위해 2개 이상의 전극을 동시에 사용하는 다전극 용접기가 실용화되고 있다.

문제 48

용접부의 안전율을 나타낸 것으로 맞는 것은?

① 안전율 $= \dfrac{\text{인장강도}}{\text{허용응력}} \times 100\%$
② 안전율 $= \dfrac{\text{인장응력}}{\text{굽힘응력}} \times 100\%$
③ 안전율 $= \dfrac{\text{허용응력}}{\text{굽힘강도}} \times 100\%$
④ 안전율 $= \dfrac{\text{인장응력}}{\text{피로응력}} \times 100\%$

해답 46. ③ 47. ③ 48. ①

해설 안전율 = 인장강도 / 허용응력

문제 49 용접기의 유지보수 및 점검시에 지켜야 할 사항으로 틀린 것은?
① 용접기는 습기나 먼지가 많은 곳은 가급적 설치를 하지 말아야 한다.
② 2차축 단자의 한쪽과 용접기 케이스는 접지를 확실히 해둔다.
③ 탭 전환의 전기적 접속부는 자주 샌드페이퍼 등으로 잘 닦아 준다.
④ 용접기는 어떤 부분에도 주유해서는 안 된다.

해설 **용접기의 유지보수 및 점검시 지켜야 할 사항**
① 탭전환의 전기적 접속부는 자주 샌드페이퍼 등으로 잘 닦아 준다.
② 2차 측단자의 한쪽과 용접기케이스는 접지를 확실히 해둔다.
③ 용접기는 습기나 먼지가 많은 곳은 가급적 설치를 하지 말아야 한다.

문제 50 용접법의 분류에서 압접, 단접, 전기저항 용접을 압접이라고 하는데, 아크용접, 가스용접 및 테르밋용접을 무엇이라 하는가?
① 가압접   ② 에네르기법
③ 열용접   ④ 융접

해설 **융접** : 접합부분을 용융 또는 반용융상태로 하고 여기에 용접봉 즉 용가재를 첨가하여 접합하는 방법
[종류] ① 아크용접   ② 가스용접   ③ 테르밋용접
④ 피복아크용접   ⑤ 이산화탄소 아크용접   ⑥ 서브머지드용접
⑦ 일랙트로슬랙 및 일렉트로가스용접   ⑧ 가스용접

문제 51 CO_2가스 아크 용접장치에 해당 되지 않는 것은?
① 용접 토치   ② 보호가스 설비
③ 제어 장치   ④ 플럭스 공급장치

해설 **CO_2가스 아크용접장치** : ① 용접토치   ② 제어장치   ③ 보호가스설비

문제 52 피복 아크 용접시 아크 쏠림 방지 대책이 아닌 것은?
① 용접봉 끝을 아크 쏠림 반대 방향으로 기울인다.
② 직류 용접으로 하지 말고 교류 용접으로 한다.
③ 접지점은 될 수 있는 대로 용접부에서 멀리 한다.
④ 긴 아크를 사용한다.

49. ④   50. ④   51. ④   52. ④

해설 아크쏠림 방지대책
① 용접봉 끝을 아크쏠림 반대방향으로 기울인다.
② 직류용접으로 하지 말것 교류용접으로 한다.
③ 접지점은 될수 있는대로 용접부에서 멀리한다.
④ 짧은 아크를 사용한다.

문제 53 피복 아크 용접에서 용접 전류가 너무 높거나 낮을 때 발생하는 용접 결함의 종류와 가장 거리가 먼 것은?
① 용입불량　　　　② 선상조직
③ 오버랩　　　　　④ 언더컷

해설 전류가 너무 낮거나 높을 때 발생하는 용접 결함
① 언더컷　② 용입불량　③ 오버랩　④ 내부가공　⑤ 슬래그 혼입

문제 54 아세틸렌 압력조정기의 구비조건 설명으로 틀린 것은?
① 가스의 방출량이 많아도 유량이 안정되어 있어야 한다.
② 조정압력은 용기 내의 가스량이 변해도 항상 일정해야 한다.
③ 조정압력과 방출압력과의 차이가 클수록 좋다.
④ 얼어붙지 않고 동작이 예민해야 한다.

해설 아세틸렌 압력 조정기의 구비조건
① 조정압력과 방출압력차이가 없어야 한다.
② 얼어붙지 않고 동작이 예민하여야 한다.
③ 조정압력은 용기내의 가스량이 변해도 항상 일정해야 한다.
④ 가스방출량이 많아도 유량이 안정되어 있어야 한다.

문제 55 1차 압력이 30KVA인 피복 아크 용접기에서 전원 전압이 200V라면 퓨즈의 용량은 몇 A가 가장 적합한가?
① 75　　　　　　② 100
③ 150　　　　　 ④ 300

해설 퓨즈용량 $= \dfrac{30 \times 1000}{200} = 150\,A$

해답 53. ② 54. ③ 55. ③

문제 56 KS 규격에서 E4324 용접봉의 피복제의 계통으로 맞는 것은?
① 저수소계
② 철분산화티탄계
③ 특수계
④ 일루미나이트계

해설 용접봉 피복제의 계통
① E4301 : 일미나이트계
② E4303 : 라임티탄계
③ E4311 : 고셀룰로오스계
④ E4313 : 고산화티탄계
⑤ E4316 : 저수소계
⑥ E4324 : 철분산화티탄계
⑦ E4326 : 철분저수소계
⑧ E4327 : 철분산화철계
⑨ E4340 : 특수계

문제 57 가스압접의 특징 설명으로 틀린 것은?
① 장치가 복잡하고 설비비, 보수비가 비싸다.
② 이음부에 탈탄층이 거의 없다.
③ 작업이 거의 기계적이다.
④ 용가재 및 용제가 필요 없다.

해설 가스압접의 특징
① 이음부에 탈탄층이 거의 없다.
② 작업이 거의 기계적이다.
③ 용가제 및 용제가 필요 없다.

문제 58 가스용접시 팁 끝이 순간적으로 막히면 가스 분출이 나빠지고 토치의 가스 혼합실까지 불꽃이 그대로 전달되어 토치가 빨갛게 달구어지는 현상은?
① 역류
② 난류
③ 인화
④ 역화

해설 인화 : 가스용접시 팁 끝이 순간적으로 막히면 가스분출이 나빠지고 토치의 가스혼합실까지 불꽃이 그대로 전달되어 토치가 빨갛게 달구어지는 현상

문제 59 다음 설명에서 A, B에 들어갈 값으로 맞는 것은?

용해 아세틸렌가스는 15℃에서 (A) kgf/cm^2로 충전하며, 15℃, 1 kgf/cm^2에서 1 l 아세톤은 (B) l의 아세틸렌가스를 용해한다.

① A = 1.5, B = 10
② A = 25, B = 35
③ A = 15, B = 25
④ A = 10, B = 15

해답 56. ② 57. ① 58. ③ 59. ③

해설 용해아세틸렌가스 15℃에서 15kg/cm² 로 충전하며 15℃ 1kg/cm² 에서 1*l*의 아세톤은 25배의 아세틸렌가스를 용해시킨다.

문제 60 접합할 모재를 용융시키지 않고 모재보다 용융점이 낮은 금속을 사용하여 두 모재 간의 모세관 현상을 이용하여 금속을 접합하는 것은?
① 특수용접   ② 납땜
③ 아크용접   ④ 압접

해설 납땜 : 접합할 모재를 용융시키지 않고 모재보다 용융점이 낮은 금속을 사용하여 두모재간의 모세관 현상을 이용하여 금속을 접합

해답
60. ②

2022년 8월 CBT 시행

본 문제는 복원 기출문제입니다. 실제 문제와 다를 수 있으니 양해바랍니다.

제 1 과목 용접야금 및 용접설비제도

문제 01 잔류 응력 제거 방법으로서 용접선의 양측을 가스 불꽃으로 나비 약 150mm에 걸쳐서 150~200℃로 가열한 다음 곧 수냉하는 방법은?

① 기계적 응력 완화법 ② 피닝법
③ 저온 응력 완화법 ④ 확산 풀림법

해설 잔류응력 제거법
① 저온응력완화법 : 용접선의 양측을 가스불꽃으로 나비 약 150mm에 걸쳐서 150~200℃로 가열한 다음 곧 수냉하는 방법
② 기계적응력완화법 : 잔류응력이 있는 제품에 하중을 주어 용접부에 약간의 소성변형을 일으킨 다음 하중을 제거하는 방법
③ 피닝법 : 해머로써 용접부를 연속적으로 때려 용접표면에 소성변형을 주는 방법
④ 노내풀림법 : 응력제거 열처리법에서 가장 널리 이용되며 제품 전체를 가열로 안에 넣고 적당한 온도에서 일정시간 유지한 다음 노내에서 서냉
⑤ 국부풀림법 : 제품이 커서 노내에 넣을 수 없을 때 또는 설비, 용량 등으로 노내 풀림을 바라지 못할 경우 용접부 근처만 국부풀림할 때도 있다.

문제 02 피복 아크 용접시 용융 금속 중에 침투한 산화물을 제거하는 탈산제로 쓰이지 않는 것은?

① 망간철 ② 규소철
③ 산화철 ④ 티탄철

해설 탈산제
① 페로실리콘(Fe-Si) ② 페로티탄(Fe-Ti)
③ 페로바나듐(Fe-V) ④ 페로망간(Fe-Mn)
⑤ 페로크롬(Fe-Cr) ⑥ 알루미늄

해답 01. ③ 02. ③

문제 03 맞대기 용접 이음의 가접 또는 첫층에서 루트 근방의 열영향부에서 발생하여 점차 비드속으로 들어가는 균열은?
① 토 균열
② 루트 균열
③ 세로 균열
④ 크레이터 균열

해설 저온균열의 유형
① 루트균열(root crack) : 맞대기용접의 가접, 첫층 용접의 루트 근방의 열영향부에 발생하는 균열
② 라멜라티어균열(lamella tear crack) : T이음, 모서리이음 등에서 강의 내부에 평행하게 층상으로 발생되는 균열
③ 힐균열(hell crack) : 필릿시 루트부분에 발생하는 저온균열이며 모재의 수축, 팽창에 의한 뒤틀림이 주요원인
④ 토우균열(toe crack) : 맞대기이음, 필렛이음 등의 경우에 비드표면과 모재의 경제부에 발생되며 반드시 떨어져 있기 때문에 침투탐상시험으로 검출, 용접시 부재에 회전변형을 무리하게 구속하거나 용접후 각변형을 주면 발생한다.

문제 04 포정반응 설명으로 가장 적합한 것은?
① 하나의 고용체에 다른 액체가 작용하여 다른 고용체를 형성하는 반응
② 2종 이상의 물질이 고체 상태로 완전히 융합되는 것
③ 하나의 액체에서 고체와 다른 종류의 액체를 동시에 형성하는 반응
④ 하나의 액체를 어떤 온도로 냉각시키면서 동시에 2개 또는 그 이상의 종류의 고체를 생기게 하는 반응

해설 포정반응 : 하나의 고용체에 다른 액체가 작용하여 다른 고용체를 형성하는 반응

문제 05 면심입방격자(FCC)에서 단위격자 중에 포함되어 있는 원자의 수는 몇 개인가?
① 2
② 4
③ 6
④ 8

해설 금속원자의 단위 결정격자 종류
① 체심입방격자(B.C.C) : 원자수 2개
  금속 : V, Mo, W, Cr, K, Na, Pb, Ba, $\alpha-Fe$, $\delta-Fe$
② 면심입방격자(F.C.C) : 원자수 4개
  금속 : Ag, Cu, Au, Al, Ni, Pb, Pt, Ce, $\gamma-Fe$
③ 조밀육방격자(C.H.P) : 원자수 4개

해답 03. ② 04. ① 05. ②

문제 06 철강의 용접시 열 영향부에 대한 설명으로 틀린 것은?
① 탄소의 함량이 많을수록 경화 현상이 발생하기 쉽다.
② 오스테나이트까지 가열된 조직은 급냉으로 마텐자이트 조직이 된다.
③ 조직이 마텐자이트가 되면 경도가 증가한다.
④ 조직이 마텐자이트가 되면 연신율이 증가한다.

해설 철강용접시 열영향부에 대한 설명
① 조직이 마아텐자이트가 되면 연신율이 감소한다.
② 조직이 마아텐자이트가 되면 경도, 강도 증가된다.
③ 오스테나이트까지 가열된 조직은 급랭으로 마아텐 조직이 된다.
④ 탄소함유량이 많을수록 경화현상이 발생하기 쉽다.

문제 07 주철의 용접성으로 틀린 것은?
① 수축이 많아 균열이 생기기 쉽다.
② 일산화탄소 가스가 발생하여 용착금속에 기공 발생이 적다.
③ 500~600℃의 예열 및 후열이 필요하다.
④ 주철 속에 기름, 흙, 모래 등이 있는 경우에 용착이 불량하거나 모재와의 친화력이 나쁘다.

해설 주철의 용접성
① 수축이 많아 균열이 생기기 쉽다.
② 일산화탄소가스가 발생하여 용착금속에 기공이 생기기 쉽다.
③ 500~600℃의 예열 및 후열이 필요하다.
④ 주철속에 기름, 흙, 모래 등이 있는 경우에 용착이 불량하거나 모재와의 친화력이 나쁘다.
⑤ 주철의 급랭화에 의한 백선화로 기계가공이 곤란하다.
⑥ 연강에 비하여 여리다.

문제 08 일반적인 금속 원자의 단위 결정격자의 종류가 아닌 것은?
① 체심입방격자　　　② 정밀입방격자
③ 면심입방격자　　　④ 조밀육방격자

문제 09 저수소계 피복 아크 용접봉의 건조 조건으로 가장 적절한 것은?
① 70~100℃, 1시간　　② 200~250℃, 30분
③ 300~350℃, 1~2시간　④ 400~450℃, 30분

06. ④　07. ②　08. ②　09. ③

해설 **저수소계 피복아크용접봉의 건조 조건**
① 온도 : 300~350℃
② 시간 1~2시간

문제 10 금속을 가열한 다음 급속히 냉각시켜 재질을 경화시키는 열처리 방법은?
① 풀림
② 뜨임
③ 불림
④ 담금질

해설 **담금질** : 급랭시켜 재질을 경화시킨다. 강을 A3 변태 및 A1선 이상 30~50℃로 가열한 후 물 또는 기름으로 급랭하는 방법

문제 11 다음 용접기호의 설명으로 옳은 것은?
① 플러그 용접
② 뒷면 용접
③ 스폿 용접
④ 심 용접

해설 **용접기호**

	실제 모양	기호 모양
플러그 용접 : 플러그 또는 슬롯 용접		⊓
스폿 용접		○
심용접		⊖

문제 12 치수 기입 방법에서 치수선과 치수 보조선에 대한 설명으로 틀린 것은?
① 치수선과 치수 보조선은 가는 실선으로 긋는다.
② 치수선은 원칙적으로 치수 보조선을 사용하여 긋는다.
③ 치수선은 원칙적으로 지시하는 길이 또는 각도를 측정하는 방향으로 평행하게 긋는다.
④ 치수 보조선은 지시하는 치수의 끝에 해당하는 도형상의 점 또는 선의 중심을 지나 치수선에 평행으로 긋는다.

해설 **치수선과 치수보조선**
① 치수보조선은 지시하는 치수의 끝에 해당하는 도형상의 점 또는 선의 중심을 지나 치수선에 직각으로 긋는다.

10. ④ 11. ① 12. ④

② 치수선은 원칙적으로 지시하는 길이 또는 각도를 측정하는 방향으로 평행하게 긋는다.
③ 치수선은 원칙적으로 치수보조선을 사용하여 긋는다.
④ 치수선과 치수보조선은 가는실선으로 긋는다.

문제 13

도면의 보관방법 및 출고에 대한 설명으로 가장 거리가 먼 것은?

① 원도는 화재나 수해로부터 안전하도록 방재 처리를 한 도면 보관함에 격리하여 보관한다.
② 도면 보관함에는 도면보호, 도면크기 등을 표시하여 사용이 쉽게 한다.
③ 복사도에는 출고용 도장을 찍지 않아도 사용이 가능하며, 도면이 심하게 파손되었을 때는 현장에서 즉시 태워 버린다.
④ 원도는 도면을 변경하고자 하는 이외에는 출고하지 않으며, 곧바로 생산 현장에 출고할 때는 복사도를 출고한다.

해설 도면의 보관방법 및 출고
① 복사도에는 반드시 출고용 날인이 되어 있어야 하며 훼손시 폐기할 때는 관련 부서에서 하여야 한다.
② 도면보관함에는 도면번호, 도면크기 등을 표시하여 사용을 쉽게 한다.
③ 원도는 화재나 수해로부터 안전하도록 방재처리를 한 후 도면보관함에 격리하여 보관한다.
④ 원도는 도면을 변경하고자 하는 이외에는 출고하지 않으며 곧바로 생산현장에 출고할 때는 복사도를 출고한다.

문제 14

도면의 분류에서 내용에 따른 분류에 해당하지 않는 것은?

① 전개도   ② 부품도
③ 기초도   ④ 조립도

해설 도면의 분류
① 내용에 따른 분류 : ㉠ 조립도 ㉡부품도 ㉢ 공정도 ㉣ 기초도
                    ㉤ 배선도(조부공기배)
② 목적에 따른 도면 분류 : ㉠ 주문도 ㉡ 제작도 ㉢ 계획도 ㉣ 승인도
                        ㉤ 설명도 ㉥ 견적도(주제계승설견)

문제 15

대상물의 보이지 않는 부분을 표시하는데 쓰이는 선의 종류는?

① 굵은 실선   ② 가는 파선
③ 가는 실선   ④ 가는 이점쇄선

해설 가는 파선 : 대상물이 보이지 않는 부분을 표시

13. ③   14. ①   15. ②

문제 16 경사면부가 있는 대상물에서 그 경사면의 실형을 나타낼 필요가 있는 경우에 그리는 투상도는?

① 보조투상도 ② 부분투상도
③ 국부투상도 ④ 회전투상도

해설 투상도
① 보조투상도 : 경사면부가 있는 대상물에서 그 경사면의 실형을 나타낼 필요가 있는 경우
② 국부투상도 : 대상물의 구멍, 홈등과 같이 한부분의 모양 도시
③ 등각투상도 : X, Y, Z(3축)이 120°의 등각이 되도록 입체도로 투상
④ 사투상도 : 육면체의 세모서리는 경사측을 이루는 입체도를 투상한 것

문제 17 국가 및 기구에 대한 규격기호를 틀리게 연결한 것은?

① 국제표준화기구－ISO ② 미국－USA
③ 일본－JIS ④ 스위스－SNV

해설 국가 및 기구에 대한 규격기호
① 미국 : ANSI ② 스위스 : SNV ③ 일본 : JIS
④ 독일 : DIN ⑤ 프랑스 : NF ⑥ 영국 : BS
⑦ 한국 : KS ⑧ 국제전기기준 : IEC ⑨ 국제표준화기구 : ISO

문제 18 CAD 인터페이스 종류 중 소프트웨어 인터페이스가 아닌 것은?

① GKS(Graphical Kernel System)
② IGES(Initial Graphics Exchange Specifition)
③ RS－230C
④ DXF(Date Exchange File)

해설 소프트웨어 인터페이스
① RS-232C
② IGES(Initial Graphics Exchange Specifition)
③ GKS(Graphical Kemel System)

문제 19 용접 기본기호 중 맞대기 이음 용접 기호가 아닌 것은?

① II ② V
③ Y ④ L

해답 16. ① 17. ② 18. ③ 19. ④

문제 20 정 투상법에서 제3각법은 (①) → (②) → (③)순서로 투상한다. ( )속의 번호에 들어갈 용어로 맞는 것은?

① ① 눈 ② 물체 ③ 투상면
② ① 눈 ② 투상면 ③ 물체
③ ① 물체 ② 눈 ③ 투상면
④ ① 투상면 ② 물체 ③ 눈

해설 제1각법 : 눈 → 물체 → 투상면
제3각법 : 눈 → 투상면 → 물체

제 2 과목 용접구조설계

문제 21 용접 전 예열을 하는 목적에 대한 설명으로 틀린 것은?

① 용접부와 인접된 모재의 수축 응력을 증가시키기 위하여 예열을 실시한다.
② 임계온도를 통과하여 냉각될 때 냉각속도를 느리게 하여 열영향부와 용착금속의 경화를 방지하고 연성을 높여 준다.
③ 약 200℃의 범위를 통과하는 시간을 지연시켜 용착 금속내의 수소의 방출 시간을 줌으로서 비드 밑 균열을 방지 한다.
④ 온도 분포가 완만하게 되어 열응력의 감소로 변형과 잔류응력 발생을 적게 한다.

해설 용접전 예열을 하는 목적
① 온도분포가 완만하게 되어 열응력의 감소로 변형과 잔류응력발생을 적게 한다.
② 약 200℃의 범위를 통과하는 시간을 지연시켜 용착금속내의 수소를 방출시간을 줌으로서 비드밑 균열방지
③ 용접부와 인접된 모재의 수축력을 감소시키기 위해 예열을 실시한다.
④ 임계온도를 통과하여 냉각될 때 냉각속도를 느리게하여 열영향부와 용착금속의 경화를 방지하고 연성을 높여준다.

문제 22 특수한 구면상의 선단을 갖는 해머(hammer)로 용접부를 연속적으로 타격해줌으로써 표면의 소성변형을 주어 잔류응력을 제거하는 방법은?

① 기계적 응력 완화법
② 저온 응력 완화법
③ 피닝법
④ 응력제거 풀림법

해설 문제 1번 참조

해답 20. ② 21. ① 22. ③

문제 23

맞대기 용접 및 필릿 용접 이음시 각 변형을 교정할 때 이용하는 이면담금질 방법은?

① 점가열법
② 송엽가열법
③ 선상가열법
④ 격자가열법

해설 **가열방법의 종류**
① 선상가열법 : 맞대기 용접 및 필릿용접이음시 각변형(가로굽힘)을 교정시 이용하는 이면담금질 방법
② 점가열법 : 수축력이 큰 6mm이하의 박판교정에 사용
③ 격자형 가열법 : 큰 변형교정에 사용되나 표면이 타서 상하기 쉽기 때문에 주의를 요한다.
④ 고리형가열 : 마무리가 우수한 방법으로 효과적인 가열방법

문제 24

연강의 맞대기 용접 이음에서 용착 금속의 기계적 성질중 인장강도가 40kgf/mm², 안전율이 5 라면 용접이음의 허용응력(kgf/mm²)는 얼마인가?

① 0.8
② 8
③ 20
④ 200

해설 허용응력 = $\dfrac{\text{인장강도}}{\text{안전율}} = \dfrac{40}{5} = 8\,\text{kg/mm}^2$

문제 25

자기 탐상 검사가 되지 않는 금속재료의 용접부 표면 검사법으로 가장 적합한 것은?

① 외관 검사
② 침투 탐상 검사
③ 초음파 탐상 검사
④ 방사선 투과 검사

해설 **표면검사** : 자분검사법(자기검사법), 침투탐상검사(침투법)
내부검사 : 방사선검사법, 초음파탐상검사

문제 26

필릿 용접 이음의 수축 변형에서 모재가 용접선에 각을 이루는 경우를 각(角)변형이라고 하는데, 각(角)변형과 같이 쓰이는 용어는?

① 가로 굽힘
② 세로 굽힘
③ 회전 굽힘
④ 원형 굽힘

해답

23. ③ 24. ② 25. ② 26. ①

문제 27 인장시험 결과 시험편의 파단 후의 단면적 20mm² 이고, 원단면적 25mm² 일때 단면수축률은?

① 20%   ② 30%
③ 40%   ④ 50%

해설 단면수축율 = $\frac{25-20}{25} \times 100 = 20\%$

문제 28 용접경비를 적게 하고자 할 때 유의할 사항으로 가장 관계가 먼 것은?

① 용접봉의 적절한 선정과 그 경제적 사용방법
② 재료 절약을 위한 방법
③ 용접 지그의 사용에 의한 위보기 자세의 이용
④ 용접사의 작업 능률의 향상

해설 용접경비를 적게하고자 할 때 유의사항
① 용접사의 작업능력향상
② 재료절약을 위한 방법
③ 용접봉의 적절한 선정과 그 경제적 사용방법

문제 29 그림과 같은 겹치기 이음의 필릿 용접을 하려고 한다. 허용응력을 5kgf/mm² 라 하고 인장하중을 5000kgf, 판두께 12mm 이라고 할 때, 필요한 용접 유효 길이는 약 몇 mm인가?

① 83
② 73
③ 69
④ 59

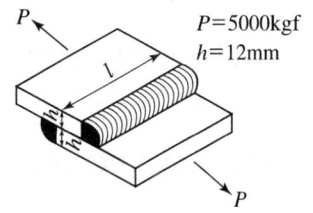

해설 $\sigma = \frac{1.414p}{(h_1+h_2)l}$ ∴ $l = \frac{1.414p}{\sigma \times (h_1+h_2)} = \frac{1.414 \times 5000}{5 \times (12+12)} = 58.916\,\text{mm}$

문제 30 용접 이음을 설계할 때 주의사항이 아닌 것은?

① 가급적 아래보기 용접을 많이 하도록 한다.
② 용접 작업에 지장을 주지 않도록 공간을 두어야 한다.
③ 용접 이음을 한쪽으로 집중되게 접근하여 설계하지 않도록 한다.
④ 맞대기 용접은 될 수 있는 대로 피하고 필릿 용접을 하도록 한다.

해답 27. ① 28. ③ 29. ④ 30. ④

해설 **용접이음의 설계시 주의사항**
① 가급적 아래보기 용접을 많이 하도록 한다.
② 용접작업에 지장을 주지 않도록 공간을 두어야 한다.
③ 맞대기 용접을 될수 있는대로 먼저하고 다음에 필릿용접을 한다.
④ 용접이음을 한쪽으로 집중되게 접근하여 설계하지 않도록 한다.
⑤ 용접선에 대해 수축력의 화가 0이 되도록 한다.
⑥ 리벳과 같이 쓸 때는 용접을 먼저 한다.

문제 31 설계 단계에서의 일반적인 용접 변형 방지법 중 틀린 것은?
① 용접 길이가 감소 될 수 있는 설계를 한다.
② 용착 금속을 감소시킬 수 있는 설계를 한다.
③ 보강재 등 구속이 작아지도록 설계를 한다.
④ 변형이 적어질 수 있는 이음 부분을 배치한다.

해설 **설계단계에서 일반적인 용접변형 방지법**
① 변형이 적어질 수 있는 이음부분을 배치한다.
② 용착 금속을 감소시킬 수 있는 설계를 한다.
③ 용접길이가 감소될 수 있는 설계를 한다.

문제 32 동일한 길이를 용접하는 경우라도 판 두께, 용접 자세, 작업장소 등이 변동되면 용접에 소요하는 작업량도 변하게 되는데 이 작업량에 영향을 주는 것을 각기 계수로 표시하고 이 계수를 실제의 용접길이에 곱한 것을 무슨 용접길이라고 하는가?
① 도면상의 용접길이   ② 환산 용접길이
③ 돌림 용접길이   ④ 가공 후 용접길이

해설 **환산용접길이** = 계수 × 실제용접길이

문제 33 다음 그림과 같은 용접이음의 형상기호 종류는?
① 필릿용접 X형
② 플러그용접 K형
③ 모서리용접 V형
④ 플레어용접 X형

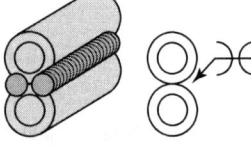

해설 플레어용접 X형이다.

해답 31. ③   32. ②   33. ④

문제 34 용접 시공에 의한 변형 경감법에 해당 되지 않는 것은?
① 대칭법
② 후진법
③ 스킵법
④ 도열법

해설 용접시공에 의한 변형 경감법
① 전진법 ② 후진법 ③ 대칭법 ④ 스킵법
⑤ 빌드업법 ⑥ 케스케이드법 ⑦ 블록법

문제 35 용접부에 발생하는 기공(blow hole)이나 피트(pit)와 같은 결함의 원인이 될 수 없는 것은?
① 이음부에 녹이나 이물질 부착
② 용접봉 건조 불량
③ 용접 홈 각도의 과대
④ 용접속도의 과대

해설 기공 및 피트의 원인
① 수소 또는 일산화탄소의 과잉
② 용접속도가 너무 빠를 때
③ 아크길이, 전류 조작의 부적당
④ 기름, 페인트 등이 모재에 묻어 있을 때
⑤ 용접부의 급속한 응고
⑥ 모재가운데 황함유량 과대
⑦ 용착금속의 냉각속도가 빠를 때

언더컷의 원인
① 전류가 너무 높을 때
② 아크길이가 길 때
③ 용접속도가 너무 빠를 때
④ 부적당한 용접봉 사용시

용입불량
① 홈각도가 좁을 때
② 용접속도가 너무 빠를 때
③ 용접전류가 낮을 때

문제 36 가용접(tack welding)시 주의해야 할 사항이 아닌 것은?
① 본 용접자와 동등한 기량을 갖는 용접자가 가용접을 시행할 것
② 본 용접과 같은 온도에서 예열을 할 것
③ 가용접 위치는 부품의 끝 모서리나 각 등과 같이 응력이 집중되는 곳을 피할 것
④ 용접봉은 본 용접 작업시에 사용하는 것보다 약간 굵은 것을 사용할 것

해설 가용접시 주의해야 할 사항
① 용접봉은 본용접시 사용하는 것보다 가는 것을 사용한다.
② 본용접과 같은 온도에서 예열할 것
③ 본용접자와 동등한 기량을 갖는 용접자가 가용접을 할 것
④ 가용접의 위치는 부품의 끝모서리나 각 등과 같이 응력이 집중되는 곳은 피할 것
⑤ 시·종단에 엔드탭을 설치한다.

34. ④ 35. ③ 36. ④

문제 37 용접구조물의 수명과 가장 관련이 있는 것은?
① 작업 태도
② 아크 타임율
③ 피로 강도
④ 작업율

해설 용접구조물의 수명과 가장관련이 있는 것 : **피로강도**

문제 38 용접이음 중에서 접합하는 2부재 사이에서 양쪽 면에 홈을 파고 용접하는 양쪽면 홈이음 형은?
① I형 홈
② J형 홈
③ H형 홈
④ V형 홈

해설 접합하는 2부재사이에서 양쪽면에 홈을 파고 용접 : **H형홈**

문제 39 레이저 용접장치의 기본형에 속하지 않는 것은?
① 고체 금속형
② 가스 방전형
③ 반도체형
④ 에너지형

해설 **레이져 용접장치의 기본형**
① 반도체형 ② 가스방전형 ③ 고체금속형

문제 40 용접변형 방지법에 역변형법의 설명에 해당 되는 것은?
① 공작물을 가접 또는 지그로 고정하여 변형의 발생을 방지하는 법
② 용접 금속 및 모재의 수축에 대하여 용접 전에 반대방향으로 굽혀 놓고 용접 작업하는 법
③ 비드를 좌우대칭으로 놓아 변형을 방지하는 법
④ 용접 진행 방향으로 띔 용접을 하여 변형을 방지 하는 법

해설 **역변형법** : 용접금속 및 모재의 수축에 대하여 용접전에 반대방향으로 굽혀 놓고 용접작업하는 방법

해답 37. ③ 38. ③ 39. ④ 40. ②

제 3 과목 용접일반 및 안전관리

문제 41

교류 아크 용접기 부속장치 중 아크 발생시 용접봉이 모재에 접촉하지 않아도 아크가 발생되는 것은?

① 핫 스타트장치　② 원격 제어장치
③ 전격 방지장치　④ 고주파 발생장치

해설 **교류용접기 부속장치**
① 핫스타트장치(아크부스터) : 순간적인 대전류를 흘려서 아크의 초기안정을 도모하는 장치
② 전격방지기 : 감전의 위험으로부터 작업자를 보호하기 위하여 2차 무부하전압을 20~30V로 유지하는 장치
③ 고주파발생장치 : 아크의 안정을 확보하기 위해 고전압 3,000~4,000V를 발생하여 용접전류를 중첩시키는 방식

문제 42

아세틸렌이 접촉하면 화합물을 만들어 맹렬한 폭발성을 가지게 되는 것이 아닌 것은?

① Fe　② Cu
③ Ag　④ Hg

해설 아세틸렌은 폭발성 화합물인 동아세틸라이드 생성
① $C_2H_2 + 2Cu \rightarrow Cu_2C_2 + H_2$
② $C_2H_2 + 2Ag \rightarrow Ag_2C_2 + H_2$
③ $C_2H_2 + 2Hg \rightarrow Hg_2C_2 + H_2$

문제 43

피복 아크 용접시 아크 길이가 너무 길 때 발생하는 현상이 아닌 것은?

① 스패터가 심해진다.
② 용입 불량이 나타난다.
③ 아크가 불안정 된다.
④ 용융 금속이 산화 및 질화되기 어렵다.

해설 **아크길이가 너무 길 때 발생하는 현상**
① 용융금속이 산화 및 질화되기 쉽다.
② 아크가 불안정하게 된다.
③ 용입불량이 나타난다.
④ 스패터가 심해진다.

해답　41. ④　42. ①　43. ④

문제 44

교류 용접기에서 무부하 전압 80V, 아크전압 25V, 아크 전류 300A 이며, 내부 손실 3kW라 하면 이때 용접기의 효율은 약 몇 %인가?

① 71.4
② 70.1
③ 68.3
④ 66.7

해설

효율 = $\dfrac{\text{아크출력}}{\text{소비전력}} \times 100 = \dfrac{7.5\text{kW}}{10.5\text{kW}} \times 100 = 71.4\%$

아크출력 = 아크전압 × 정격2차전류 = 25 × 300 = 7.5kW
소비전력 = 아크출력 + 내부손실 = 3 + 7.5 = 10.5kW

문제 45

교류 용접기에 역률 개선용 콘덴서를 사용하였을 때의 이점(利點) 설명으로 틀린 것은?

① 입력 kVA가 많아지므로 전력 요금이 싸진다.
② 전원 용량이 적어도 된다.
③ 배전선의 재료가 절감된다.
④ 전압 변동율이 적어진다.

해설 교류용접기의 역률개선용 콘덴서 사용시 이점
① 입력 KVA가 적어지므로 전력요금이 싸진다.
② 전압변동율이 적어진다.
③ 배전선의 재료가 절감된다.
④ 전원용량이 적어도 된다.
⑤ 역률이 개선된다.

문제 46

스터드 용접(Stud welding)법의 특징 중 잘못된 것은?

① 아크열을 이용하여 자동적으로 단시간에 용접부를 가열 용융하여 용접하는 방법으로 용접변형이 극히 적다.
② 대체적으로 모재가 급열, 급냉되기 때문에 저탄소강에 용접하기가 좋다.
③ 용접 후 냉각속도가 비교적 느리므로 용착 금속부 또는 열영향부가 경화되는 경우가 적다.
④ 철강 재료 외에 구리, 황동, 알루미늄, 스테인리스강에도 적용이 가능하다.

해설 스터드용접법의 특징
① 철강재료외에 구리, 황동, 알루미늄, 스텐레스강에도 적용이 가능하다.
② 대체적으로 모재가 급열, 급냉되기 때문에 저탄소강에 용접하기가 좋다.
③ 아크열을 이용하여 자동적으로 단시간에 용접부를 가열 용융하여 용접하는 방법
④ 용제를 채워 탈산 및 아크를 안전화함.
⑤ 스터드주변에 페룰(가이이)를 사용함

44. ①   45. ①   46. ③

문제 47

TIG, MIG, 탄산가스 아크 용접시 사용하는 차광렌즈 번호는?

① 12~13
② 8~10
③ 6~7
④ 4~5

해설 TIG, MIG 탄산가스 아크용접시 사용하는 차광렌즈번호 : 12~13

문제 48

아크 용접용 로봇에 사용되는 것으로 동작기구가 인간의 팔꿈치나 손목 관절에 해당하는 부분의 움직임을 갖는 것으로 회전→선회→선회운동을 하는 로봇은?

① 극 좌표 로봇
② 관절 좌표 로봇
③ 원통 좌표 로봇
④ 직각 좌표 로봇

해설 관절 좌표 로봇 : 아크용접용 로봇에 사용되는 것으로 동작기구가 인간의 팔꿈치나 손목, 관절에 해당하는 부분의 움직임을 갖는 것으로 회전→선회→선화운동을 하는 로봇

문제 49

두 개의 모재에 압력을 가해 접촉시킨 후 회전시켜 발생하는 열과 가압력을 이용하여 접합하는 용접법은?

① 스터드 용접
② 마찰용접
③ 단조용접
④ 확산용접

해설 마찰용접 : 두개의 모재에 압력을 가해 접촉시킨 후 회전시켜 발생하는 열과 가압력을 이용 접합

문제 50

탄산가스 아크 용접에 관한 설명 중 틀린 것은?

① MIG 용접과 같이 비철금속, 스테인리스강을 쉽게 용접할 수 있다.
② MIG 용접에서 불활성 가스 대신 탄산가스를 사용한다.
③ 전자동 용접과 반자동 용접이 주로 이용되고 있다.
④ MIG 용접에 비하여 비드 표면이 깨끗하지 못하다.

해설 탄산가스 아크용접
① 일반적으로 플럭스코드가 많이 사용되며 연강용접에 주로 사용
② MIG용접에 비해 비드표면이 깨끗하지 못하다.
③ MIG용접에 비해 불활성가스 대신 탄산가스 사용
④ 전자동 용접과 반자동 용접이 주로 이용되고 있다.
⑤ 아크시간을 길게할 수 있다.
⑥ 용입이 깊고 용접속도를 빠르게 할 수 있다.
⑦ 용착금속의 기계적 성질 및 금속학적성질이 우수하다.
⑧ 용제를 사용하지 않아 슬래그 혼입이 없고 용접후의 처리가 간다.

47. ① 48. ② 49. ② 50. ①

문제 51

아세틸렌가스의 성질에 대한 설명으로 틀린 것은?

① 순수한 아세틸렌가스는 무색, 무취의 기체이다.
② 각종 액체에 잘 용해되며 알코올에는 25배가 용해된다.
③ 비중이 0.906으로 공기보다 약간 가볍다.
④ 산소와 적당히 혼합하여 연소시키면 약 3000~3500℃의 높은 열을 낸다.

해설 아세틸렌가스의 성질
① 각종액체에 잘 용해되며 알콜에는 6배, 아세톤에는 25배가 용해된다.
② 비중이 0.906으로 공기보다 가볍다.
③ 산소와 적당히 혼합하여 연소시키면 약 3,000~3,500℃의 높은 열을 낸다.
④ 순수한 아세틸렌가스는 무색, 무취의 기체이다.
⑤ 15℃ $1kg/cm^2$에서의 아세틸렌 $1l$의 무게는 $1.176g/l$이다.
⑥ 인화수소, 황화수소, 암모니아 같은 불순물을 포함하고 있어 악취가 난다.

문제 52

산업용 용접 로봇의 일반적인 분류에 속하지 않는 것은?

① 지능 로봇
② 시퀀스 로봇
③ 평행좌표 로봇
④ 플레이백 로봇

해설 산업용로봇의 일반적인 분류
① 지능로봇 ② 시컨스로봇 ③ 플레이백로봇

문제 53

용접구조물의 제작에 가장 많이 사용되는 대표적인 용접이음의 종류에 해당 되는 것으로만 구성된 것은?

① 맞대기 이음, 필릿 이음
② 수직 이음, 원형이음
③ I형 이음, J형 이음
④ 플러그 이음, 슬롯 이음

해설 용접구조물 제작에 가장 많이 사용되는 대표적인 용접이음
① 맞대기이음 ② 겹치기이음 ③ 필릿이음

문제 54

불활성 가스 텅스텐 아크 용접의 직류 역극성 용접에서 사용 전류의 크기에 상관없이 정극성 때보다 어떤 전극을 사용하는 것이 좋은가?

① 가는 전극 사용
② 굵은 전극 사용
③ 같은 전극 사용
④ 전극에 상관없음

해설 직류역극성일 때는 모재(-), 전극(+)이므로 전극에서 열이 많이 발생하므로 굵은 전극을 사용한다.

해답
51. ② 52. ③ 53. ① 54. ②

문제 55
가스 용접 토치에 대한 설명 중 틀린 것은?

① 토치는 손잡이, 혼합실, 팁으로 구성되어 있다.
② 가스 용접 토치는 사용되는 산소 가스의 압력에 따라 저압식, 중압식, 고압식으로 분류된다.
③ 토치의 구조에 따라 불변압식과 가변압식으로 분류
④ 불변압식 토치는 분출 구멍의 크기가 일정하고 팁의 능력도 일정하기 때문에 불꽃의 능력을 변경할 수 없다.

해설 가스용접토치
① 토치의 구조에 따라 가변압식과 불변압식으로 구분한다.
② 불변압식 토치는 분출구멍의 크기가 일정하고 팁의 능력도 일정하기 때문에 불꽃의 능력을 변경할 수 없다.
③ 토치는 손잡이, 혼합실, 팁으로 구성되어 있다.

문제 56
전극 물질이 일정할 때 모재와 용접봉 사이의 아크전압에 대한 설명으로 맞는 것은?

① 전류의 증가와 더불어 감소한다.   ② 아크의 길이와 더불어 증가한다.
③ 아크의 길이에 관계없다.   ④ 전류의 증가와 더불어 증가한다.

해설 전극 물질이 일정할 때 모재와 용접봉사이의 아크전압 : 아크의 길이와 더불어 증가한다.

문제 57
용접 설비의 점검 및 유지에 관한 설명 중 틀린 것은?

① 회전부와 가동부분에 윤활유가 없도록 한다.
② 용접기가 전원에 잘 접속되어 있는가를 점검한다.
③ 전환 탭은 사포를 사용해서 깨끗이 청소한다.
④ 용접기는 습기나 먼지 많은 곳에 설치하지 않도록 한다.

해설 용접설비의 점검 및 유지
① 회전부와 가동부분에 윤활유가 있도록 한다.
② 용접기는 습기나 먼지 많은 곳에 설치하지 않도록 한다.
③ 용접기기 전원에 잘 접속되어 있는가 점검한다.
④ 전환탭은 사포를 사용해서 깨끗이 청소한다.

해답
55. ② 56. ② 57. ①

문제 58

가스용접에서 판 두께를 t(mm)라면 용접봉의 지름 D(mm)를 구하는 식으로 옳은 것은? (단, 모재의 두께는 1mm 이상인 경우이다.)

① $D = t + 1$
② $D = \dfrac{t}{2} + 1$
③ $D = \dfrac{t}{3} + 2$
④ $D = \dfrac{t}{4} + 2$

해설 용접봉지름 $D = \dfrac{t}{2} + 1$

문제 59

피복 아크용접에서 용융 금속의 이행 형식에 속하지 않는 것은?
① 단락형
② 스프레이형
③ 글로뷸러형
④ 리액터형

해설 피복아크용접에서 용융금속의 이행형식
① 단락형 ② 스프레이형 ③ 글로뷸러형

문제 60

피복아크 용접에 비해 가스 용접의 장점이 아닌 것은?
① 가열할 때 열량 조절이 비교적 자유롭다.
② 가열범위가 커서 용접응력이 크다.
③ 전원설비가 없는 곳에서도 쉽게 설치할 수 있다.
④ 유해 광선의 발생이 적다.

해설 피복아크용접에 비해 가스용접의 장점
① 유해광선의 발생이 적다.
② 가열시 열량조절이 비교적 자유롭다.
③ 전원설비가 없는 곳에서도 쉽게 설치할 수 있다.
④ 박판용접에 적당
⑤ 용접장치의 설비비가 전기용접에 비해 싸다.
⑥ 불꽃을 조절하여 용접부의 가열범위를 조정하기 쉽다.

해답 58. ② 59. ④ 60. ②

용접산업기사

필기

2023

2023년 3월 CBT 시행

본 문제는 복원 기출문제입니다. 실제 문제와 다를 수 있으니 양해바랍니다.

제 1 과목 용접야금 및 용접설비제도

문제 01 이종의 원자가 결정격자를 만드는 경우 모재원자보다 작은 원자가 고용할 때 모재원자의 틈새 또는 격자결함에 들어가는 경우의 구조는?
① 치환형고용체   ② 변태형고용체
③ 침입형고용체   ④ 금속간고용체

해설 **침입형고용체** : 이종의 원자가 결정격자를 만드는 경우 모재원자보다 작은원자가 고용할 때 모재원자의 틈새 또는 격자결함에 들어가는 경우의 구조

문제 02 연강용 피복 아크 용접봉의 심선에 주로 사용되는 것은?
① 주강   ② 합금강
③ 저탄소림드강   ④ 특수강

해설 **연강용 피복아크용접봉의 심선에 주로 사용** : 저탄소림드강

문제 03 철-탄소 합금에서 6.67% C를 함유하는 탄화철 조직은?
① 시멘타이트   ② 레데브라이트
③ 페라이트   ④ 오스테나이트

해설 철탄소합금에서 6.67% 탄소를 함유하는 탄화철조직 : 시멘타이트

문제 04 강의 기계적 성질 중에서 온도가 상온보다 낮아지면 충격치가 감소되는 현상은?
① 저온취성   ② 청열인성
③ 상온취성   ④ 적열인성

해설 **탄소강에 생기는 취성**
① 적열취성 : 고온 900℃ 이상에서 물체가 빨갛게 되어 메지는 것. 원인은 황(S)이다.

해답 01. ③   02. ③   03. ①   04. ①

② 청열취성 : 강이 200~300℃로 가열되면 강도가 최대로 되고 연신율, 단면수축률은 줄어들게 되어 메지는 것, 원인은 인(P)이다.
③ 상온취성(냉간취성) : 충격, 피로 등에 대하여 깨지는 성질

문제 05

주철의 종류 중 칼슘이나 규소를 첨가하여 흑연화를 촉진시켜 미세 흑연을 균일하게 분포시키거나 백주철을 열처리하여 연신율을 향상시킨 주철은?

① 반 주철
② 회 주철
③ 구상 흑연 주철
④ 가단 주철

해설 가단주철 : 주철의 종류중 칼슘이나 규소를 첨가하여 흑연화를 촉진시켜 미세흑연을 균일하게 분포시키거나 백주철을 열처리하여 연신율을 향상시킨 주철

문제 06

공구강이나 자경성이 강한 특수강을 연화 풀림 하는데 적합한 방법은?

① 응력 제거 풀림
② 항온 풀림
③ 구상화 풀림
④ 확산 풀림

해설 항온풀림 : 공구강이나 자경성이 강한 특수강을 연화풀림하는데 사용

문제 07

가공경화에 의해 발생된 내부응력의 원자배열 상태는 변하지 않고 감소하는 현상은?

① 편석
② 회복
③ 재결점
④ 조질

해설 회복 : 가공경화에 의해 발생된 내부응력의 원자배열상태는 변하지 않고 감소되는 현상
편석 : 용착금속이 응고시 불순물이 한곳으로 모이는 현상

문제 08

KS 규격의 연강용 피복 아크 용접봉 중 철분 산화 티탄계는?

① E4311
② E4324
③ E4327
④ E4316

해설 **KS규격 연강용 피복 아크용접봉**
① E4301 : 일미나이트계
② E4303 : 라임티탄계
③ E4311 : 고셀룰로오스계
④ E4313 : 고산화티탄계
⑤ E4316 : 저수소계
⑥ E4324 : 철분산화티탄계
⑦ E4326 : 철분저수소계
⑧ E4327 : 철분산화철계
⑨ E4340 : 특수계

해답 05. ④ 06. ② 07. ② 08. ②

문제 09

금속재료를 일정 온도에서 일정 시간 유지 후 냉각시킨 조직이며 주조, 단조, 기계가공 및 용접 후에 잔류응력을 제거하는 풀림방법은?

① 연화 풀림
② 구상화 풀림
③ 응력제거 풀림
④ 항온 풀림

해설 응력제거풀림 : 금속재료를 일정온도에서 일정시간 유지후 냉각시킨 조직이며 주조, 단조, 기계가공 및 용접후에 잔류응력을 제거하는 풀림

문제 10

피복 아크 용접에서 용접입열(weld heat input)을 표시하는 식 중 옳은 것은?
[단, H : 용접입열(Joule/cm), E : 아크전압(V), I : 아크전류(A), V : 용접속도(cm/min)]

① $H = \dfrac{60EI}{V}$
② $H = \dfrac{80EI}{V}$
③ $H = \dfrac{100EI}{V}$
④ $H = \dfrac{120EI}{V}$

해설 용접입열 $H = \dfrac{60EI}{V}$

여기서, H : 용접입열(Joule/cm), E : 아크전압(V), I : 아크전류(A)
V : 용접속도(cm/min)

문제 11

다음 용접기호에서 보조기호 도시는?

① 필릿 용접기호
② 원둘레 용접기호
③ 현장 용접기호
④ 플러그 용접기호

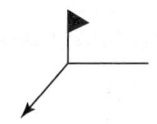

해설 현장용접기호

온둘레용접 :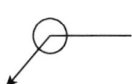

문제 12

건설 또는 제조에 필요한 정보를 전달하기 위한 도면으로 제작도가 사용되는데, 이 종류에 해당되는 것으로 만 조합된 것은?

① 계획도, 시공도, 견적도
② 설명도, 장치도, 공정도
③ 상세도, 승인도, 주문도
④ 상세도, 시공도, 공정도

해답 09. ③ 10. ① 11. ③ 12. ④

해설 제작도의 종류
① 상세도 ② 시공도 ③ 공정도

문제 13

용접 보조기호 없이 기본기호로만 표시하는 경우 보조기호가 없는 것의 가장 가까운 의미는?

① 기본 기호의 조합으로써 용접부 표면 형상을 나타내기가 어렵다는 의미이다.
② 보조기호와 기본기호의 중복에 의해 보조기호를 생략한 경우이다.
③ 용접부 표면을 자세히 나타낼 필요가 없다는 것을 의미한다.
④ 필요한 보조 기호화가 매우 곤란한 경우임을 의미한다.

해설 보조기호가 없는 경우의 가장 가까운 의미 : 용접부 표면을 자세히 나타낼 필요가 없다는 것

문제 14

다음 용접부 기호를 올바르게 설명한 것은?

① 화살표 반대쪽 한면 V형 맞대기 용접한다.
② 화살표 쪽의 이면비드를 기계절삭에 의한 가공을 한다.
③ 화살표 반대쪽에 제거 가능한 이면 판재를 사용한다.
④ 화살표 반대쪽에 영구적인 덮개판을 사용한다.

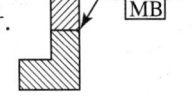

해설 화살표 반대쪽에 제거 가능한 이면 판재를 사용

문제 15

KS의 부문별 분류기호 중 B에 해당하는 분야는?

① 기본 ② 기계
③ 전기 ④ 조선

해설 KS분류기호
① KSA : 기본 ② KSB : 기계
③ KSC : 전기 ④ KSD : 금속
⑤ KSV : 조선 ⑥ KSF : 토건
⑦ KSG : 식료 ⑧ KSH : 일용품

해답
13. ③ 14. ③ 15. ②

문제 16 도면에서 해칭하는 방법을 올바르게 설명한 것은?

① 해칭은 주된 단면도의 주된 중심선에 대하여 55°로 가는 실선의 등간격으로 긋는다.
② 해칭은 주된 단면도의 주된 중심선에 대하여 35°로 가는 실선의 등간격으로 긋는다.
③ 해칭은 주된 중심선 또는 단면도의 주된 외형선에 대하여 35°로 가는 점선의 등간격으로 긋는다.
④ 해칭은 주된 중심선 또는 단면도의 주된 외형선에 대하여 45°로 가는 실선의 등간격으로 긋는다.

해설 해칭하는 방법 : 해칭은 주된 중심선 또는 단면도의 주된 외형선에 대하여 45°로 가는 실선의 등간격으로 긋는다.

문제 17 CAD 시스템의 도입에 따른 일반적인 적용효과에 해당되지 않는 것은?

① 품질 향상   ② 원가 절감
③ 경쟁력 강화   ④ 신뢰성 약화

해설 CAD시스템의 도입에 따른 일반적인 작업효과
① 원가절감   ② 경쟁력강화   ③ 품질향상

문제 18 도면의 양식 및 도면 접기에 대한 설명 중 틀린 것은?

① 도면의 크기 치수에 따라 굵기 0.5mm 이상의 실선으로 윤곽선을 그린다.
② 도면의 오른쪽 아래 구석에 표제란을 그리고 도면번호, 도명, 기업명, 책임자 서명, 도면 작성년 월 일, 척도 및 투상법을 기입한다.
③ 도면은 사용하기 편리한 크기와 양식을 임의대로 중심마크를 설치한다.
④ 복사한 도면을 접을 때 그 크기는 원칙으로 210×297(A4의 크기)로 한다.

해설 도면양식 및 도면접기에 대한 설명
① 복사한 도면을 접을 때 그 크기는 원칙으로 210×297(A4 크기)로 한다.
② 도면의 오른쪽 아래 구석에 표제란을 그리고 도면번호, 도명, 기업명 책임자서명, 도면작성 년, 월, 일 척도 및 투상법을 기입한다.
③ 도면의 크기 치수에 따라 굵기 0.5mm 이상의 실선으로 윤곽선을 그린다.

해답 16. ④   17. ④   18. ③

문제 19 | 다음 용접부를 기호로 표시한 것이다. 용접부의 모양으로 옳은 것은?
① 한쪽 플랜지형
② I형
③ 플러그
④ 필릿

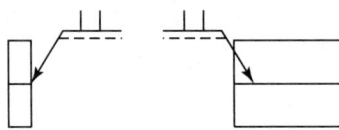

문제 20 | 정투상에서 투상면에 수직한 직선과 평면은 평화면에 어떤 투상으로 나타나는가?
① 직선은 점으로, 평면은 직선으로 나타난다.
② 직선은 실제길이로, 평면은 단축되어 나타난다.
③ 직선은 실제길이보다 짧게, 평면은 실체형태로 나타난다.
④ 직선은 점으로, 평면은 단축되어 나타난다.

[해설] 직선은 점으로 평면은 직선으로 나타낸다.

제 2 과목   용접구조설계

문제 21 | 다음 그림과 같은 용접부에 인장하중이 5000kgf 작용할 때 인장응력은 몇 kgf/mm² 인가?
① 20
② 25
③ 30
④ 35

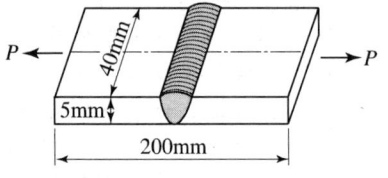

[해설] $\sigma = \dfrac{p}{tl} = \dfrac{5000}{5 \times 40} = 25 \, \text{kgf/mm}^2$

문제 22 | 용접봉 종류 중 피복제에 석회석이나 형석을 주성분으로 하고 용착금속 중의 수소 함유량이 다른 용접봉에 비해서 1/10 정도로 현저하게 낮은 용접봉은?
① E4301　　　　② E4303
③ E4311　　　　④ E4316

[해답] 19. ②   20. ①   21. ②   22. ④

해설 연강봉 피복아크 용접봉의 특징
① E4301(일미나이트계) : 일미나이트를 30%이상 함유 광석, 사철등을 주성분으로 한 슬래그생성제로 기계적 성질이 우수하고, 용접성이 우수하다.
② E4303(라임티탄계) : 산화티탄을 약 30%이상 함유한 용접봉 비드의 외관이 아름답고, 언더컷이 발생되기 어렵다.
③ E4311(고셀룰로오스계) : 좁은 홈의 용접, 수직상진, 수직하진 및 위보기 용접에서 우수한 용접 피복제에 다량의 유기물이 함유되어 보관시 습기가 발생되므로 기공 발생
④ E4316(저수소계) : 피복제에 석회석이나 형석을 주성분으로 하고 용착금속 중의 수소함유량이 다른 용접봉에 비해서 $\frac{1}{10}$ 정도로 현저하게 낮은 용접봉

문제 23 용접 후 열처리(PAHT)의 목적이 아닌 것은?
① 용접 열영향부의 경화
② 파괴인성의 향상
③ 함유가스의 제거
④ 형상치수의 안정

해설 용접 후 열처리 목적
① 열응력제거
② 파괴인성의 향상
③ 함유가스의 제거
④ 형상치수의 안정

문제 24 탐촉자를 이용하여 결함의 위치 및 크기를 검사하는 비파괴시험법은?
① 방사선투과시험
② 초음파탐상시험
③ 침투탐상시험
④ 자분탐상시험

해설 초음파 탐상시험 : 탐촉자를 이용하여 결함의 위치 및 크기를 검사하는 방법

문제 25 용융금속의 이행은 용적의 이행상태로 분류하는데 이에 속하지 않는 것은?
① 글로뷸러형
② 스프레이형
③ 단락형
④ 원자형

해설 용적의 이행상태
① 스프레이형 ② 단락형 ③ 글로뷸러형

해답 23. ① 24. ② 25. ④

문제 26

용접이음에서 취성파괴의 일반적 특징에 대한 설명 중 틀린 것은?

① 온도가 높을수록 발생하기 쉽다.
② 항복점 이하의 평균응력에서도 발생한다.
③ 파괴의 기점은 응력변형이 집중하는 구조적 및 형상적인 불연속부에서 발생한다.
④ 거시적 파면상황은 판표면에 거의 수직이다.

해설 취성파괴의 특징
① 온도가 낮을수록 발생하기 쉽다.
② 거시적 파면 상황은 판표면에 거의 수직이다.
③ 항복점이하의 평균응력에서도 발생한다.
④ 파괴의 기점은 응력 변형이 집중하는 구조 및 형상적인 불연속부에서 발생

문제 27

용접선이 교차를 피하기 위하여 부재에 파 놓은 부채꼴의 오목 들어간 부분을 무엇이라고 하는가?

① 스켈롭(scallop)
② 노치(notch)
③ 오손(pick up)
④ 너깃(nugget)

해설 스켈롭(Scallop) : 용접선이 교차를 피하기 위하여 부재에 파놓은 부채꼴의 오목 들어간 부분을 스켈롭이라 한다.
너깃 : 용접 중 접합면의 일부가 녹아 바둑알 모양의 단면으로 용접이 되는 것

문제 28

겹쳐진 2부재의 한쪽에 둥근 구멍 대신에 좁고 긴 홈을 만들어 놓고 그 곳을 용접하는 용접법은?

① 겹치기용접
② 플랜지용접
③ T형 용접
④ 슬롯용접

해설 슬롯용접 : 겹쳐진 2부재의 한쪽에 둥근 구멍 대신에 좁고 긴 홈을 만들어 놓고 그 곳을 용접하는 용접법

문제 29

설계자는 구조물의 설계뿐만 아니라 제작공정의 제반사항을 알아야 용접비용과 품질을 좌우하는 용접요령을 지시할 수 있는데, 설계자가 알아야 할 요령 중 맞지 않는 것은?

① 용접기의 1차 및 2차 케이블의 용량이 충분할 것
② 가능한 아래보기 자세로 용접하도록 할 것
③ 가능한 짧은 시간에 용착량이 많게 용접할 것
④ 가능한 낮은 전류를 사용할 것

해답
26. ① 27. ① 28. ④ 29. ④

해설 설계자가 알아야 할 요령
① 가능한 짧은시간에 용착량이 많게 용접할 것
② 가능한 아래보기 자세로 용접하도록 할 것
③ 용접기의 1차 및 2차 케이블의 용량이 충분할 것

문제 30

용접제품의 정밀도와 신뢰성을 향상시키고 용접 작업능률을 높이기 위하여 사용되는 일종의 용접용 고정구를 무엇이라고 하는가?
① 컴비네이션 셋 ② 핫 스타트 장치
③ 엔드 탭 ④ 지그

해설 지그 : 용접제품의 정밀도와 신뢰성을 향상시키고 용접작업능률을 높이기 위하여 사용되는 고정구

문제 31

용접작업시 용접 길이를 짧게 나누어 간격을 두면서 용접하는 방법으로 피 용접물 전체에 변형이나 잔류 응력이 적게 발생하도록 하는 용착법은?
① 대칭법 ② 도열법
③ 비석법 ④ 후진법

해설 용착법
① 비석법 : 용접길이를 짧게 나누어 간격을 두면서 용접하는 방법으로 피용접물 전체에 변형이나 잔류응력이 적게 발생하도록 하는 용착법
② 대칭법 : 이음의 전길이를 분할하여 이음중앙에 대하여 대칭으로 용접을 실시하는 방법
③ 후진법 : 용접진행 방향과 용착방법이 반대로 되는 방법 두꺼운 판의 용접에 사용되며 잔류응력을 균일하게 하여 변형을 적게 할 수 있으나 능률이 좀 나쁘다.
④ 도열법 : 용접부 주위에 물을 적신 석면, 동판을 대어 열을 흡수 시키는 방법

문제 32

용접 후 언더컷의 결함보수 방법으로 적합한 것은?
① 단면적이 작은 용접봉을 사용하여 보수 용접한다.
② 정지 구멍을 뚫어 보수 용접한다.
③ 절단하여 다시 용접한다.
④ 해머링 하여준다.

해설 언더컷의 결함보수방법
① 지름이 작은 용접봉을 사용하여 보수용접 한다.
② 정지구멍을 뚫어 보수용접 한다.
③ 절단하여 다시 용접한다.
④ 해머링하여 준다.

30. ④ 31. ③ 32. ①

문제 33 판재의 두께 8mm를 아래보기 자세로 15m, 판재의 두께 15mm를 수직 맞대기 용접자세로 8m 용접하였다. 이때 환산 용접길이는 얼마인가? (단, 아래보기 맞대기 용접의 환산계수는 1.32 이고 수직 맞대기 용접의 환산 계수는 4.32이다.)

① 44.28m
② 48.56m
③ 54.36m
④ 61.24m

해설 환산용접길이 = $(15 \times 1.32 + 8 \times 4.32) = 54.36m$

문제 34 용접 시공 전에 준비해야 할 사항 중 틀린 것은?

① 이음 면이 정확히 되어있나 확인한다.
② 덧붙임 용접시는 가열부분을 제거하지 않고, 그대로 이용하여 용접한다.
③ 시공 면에 기름, 녹 등을 제거한다.
④ 습기는 가열하여 제거한다.

해설 용접시공전 준비사항
① 습기는 가열하여 제거한다.
② 시공면에 기름, 녹 등을 제거한다.
③ 이음면이 정확히 되었나 확인한다.
④ 덧붙임 용접시는 마멸부분을 제거하고 용접한다.

문제 35 용접전류가 과대하고, 아크길이가 길며 운봉속도가 빠른 용접일 때 가장 일어나기 쉬운 용접결함은?

① 언더컷
② 오버랩
③ 융합불량
④ 용입불량

해설 용접결함
① 언더컷   : ㉠ 전류가 너무 높을 때   ㉡ 아크길이가 너무 길 때
             ㉢ 용접속도가 너무 빠를 때   ㉣ 운봉속도가 빠를 때
② 오버랩   : ㉠ 전류가 너무 낮을 때   ㉡ 용접속도가 너무 느릴 때
             ㉢ 운봉방법이 나쁠 때
③ 용입불량 : ㉠ 홈각도가 좁을 때   ㉡ 용접전류가 낮을 때
             ㉢ 용접속도가 너무 빠를 때
④ 기공 및 피트 : ㉠ 수소, 산소, 일산화탄소가 너무 많을 경우
               ㉡ 용접봉 또는 용접부에 습기가 많을 경우
               ㉢ 이음부에 기름, 페인트, 녹 등이 부착해 있을 경우
               ㉣ 용접부가 급랭할 경우

해답 33. ③ 34. ② 35. ①

문제 36

용접 순서를 결정하는데 기준이 되는 유의사항으로 틀린 것은?

① 수축이 작은 이음은 먼저하고 수축이 큰 이음은 가급적 뒤에 한다.
② 같은 평면 안에 많은 이음이 있을 때에는 수축은 가급적 자유단으로 보낸다.
③ 용접물의 중심에 대하여 항상 대칭으로 용접을 진행시킨다.
④ 용접물의 중립축을 생각하고 그 중립축에 대하여 용접으로 인한 수축력 모멘트의 합이 0이 되도록 한다.

해설 용접순서를 결정하는데 기준이 되는 유의사항
① 수축이 큰 이음을 먼저하고 수축이 작은 이음을 나중에 한다.
② 용접물 중심에 대하여 항상 대칭으로 용접을 진행시킨다.
③ 같은 평면안에 많은 이음이 있을 때에는 수축은 가급적 자유단으로 보낸다.
④ 용접물의 중립축을 생각하고 그 중립축에 대하여 용접으로 인한 수축모멘트의 합이 0이 되도록 한다.
⑤ 가능한 아래보기 용접을 할 수 있도록 한다.
⑥ 용접전 용접이 불가능한 곳이 없도록 충분히 검토한다.

문제 37

그림과 같은 V형 맞대기 용접에서 굽힘 모멘트(M_b)가 10000kgf·cm 작용하고 있을 때, 최대 굽힘 응력은 몇 kgf/cm²인가? (단, l = 150mm, t = 20mm 이고 완전 용입일 때이다.)

① 10
② 1000
③ 100
④ 10000

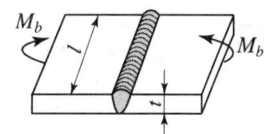

해설 최대굽임응력 = $\dfrac{6M}{t^2 l} = \dfrac{6 \times 10{,}000}{2^2 \times 15} = 1{,}000 \, \text{kg/cm}^2$

문제 38

다음과 같은 필릿 용접 이음부에 하중 P가 작용할 때 용접부에 발생하는 응력의 크기를 구하는 식은? (단, 필릿 용접부에 작용하는 응력은 같다.)

① $\dfrac{\sqrt{2}\,P}{(h_1 + h_2)L}$

② $\dfrac{P}{\sqrt{2}\,h_1 L}$

③ $\dfrac{2P}{(h_1 + h_2)L}$

④ $\dfrac{P}{(h_1 + h_2)L}$

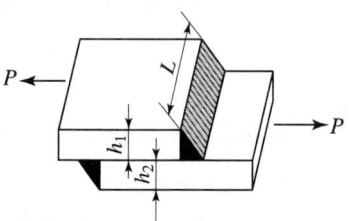

해답 36. ① 37. ② 38. ①

해설 응력의 크기 = $\dfrac{\sqrt{2}\,P}{(h_1+h_2)L}$

문제 39

그림과 같은 V형 맞대기 용접에서 각부의 명칭 중에서 옳지 못한 것은?

① A는 홈 각도
② B는 루트 면
③ C는 루트 간격
④ D는 오버랩

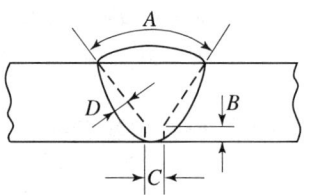

해설 용접 홈의 명칭

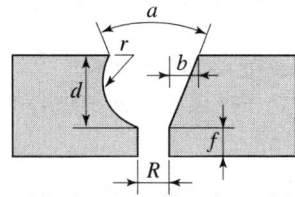

① a : 홈 각도 ② d : 홈 깊이 ③ R : 루트 간격
④ r : 루트 반경 ⑤ f : 루트 면 ⑥ b : 베벨각

문제 40

파괴시험 방법의 종류 중에서 기계적 시험에 속하지 않는 것은?

① 인장 시험
② 굽힘 시험
③ 충격 시험
④ 파면 시험

해설 기계적 시험
① 인장시험 ② 굽힘시험 ③ 충격시험

제 3 과목 용접일반 및 안전관리

문제 41

모재를 녹이지 않고 접합하는 것은?

① 가스 용접
② 피복 아크 용접
③ 서브머지드 아크 용접
④ 납땜

해설 납땜 : 모재를 녹이지 않고 용접하는 방법

해답 39. ④ 40. ④ 41. ④

문제 42 가스용접에서 아세틸렌이 과잉으로 된 불꽃은?

① 중성산화불꽃 ② 탄화불꽃
③ 산화불꽃   ④ 중성불꽃

해설 불꽃의 종류
① 탄화불꽃(탄화염)

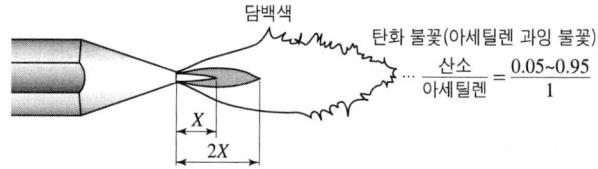

- 아세틸렌 과잉불꽃이라 하며 속불꽃과 겉불꽃사이에 백색의 제3불꽃 즉 아세틸렌페더가 있다.
- 스테인레스, 스텔라이트, 모넬메탈 등의 용접에 사용.

② 중성불꽃(중성염)

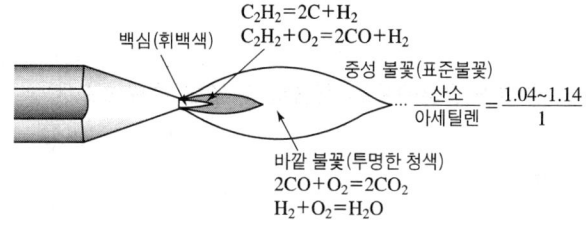

- 표준불꽃이라고 한다.

③ 산화불꽃(산화염)

- 산소 과잉불꽃이라고 한다.
- 구리, 황동용접에 사용

문제 43 가스용접에서 전진법과 후진법의 비교 설명으로 가장 올바르지 않은 것은?

① 용접속도는 후진법이 전진법보다 빠르다.
② 열이용률은 후진법이 전진법보다 좋다.
③ 소요 홈 각도는 후진법이 전진법보다 크다.
④ 용접변형은 후진법이 전진법보다 작다.

해설 전진법과 후진법의 비교
① 소요 홈각도는 전진법이 후진법보다 크다.
② 용접속도는 후진법이 전진법보다 빠르다.
③ 열이용률은 후진법이 전진법보다 좋다.
④ 용접변형은 후진법이 전진법보다 작다.

해답 42. ② 43. ③

문제 44 가스 용접에서 팁이 막혔을 때 뚫는 방법 중 옳은 것은?
① 철판위에 가볍게 문지른다.   ② 내화 벽돌위에 가볍게 문지른다.
③ 팁 클리너로 제거한다.   ④ 가는 철사로 제거한다.

해설 가스용접에서 팁이 막혔을 때 뚫는 방법 : **팁클리너로 제거**한다.

문제 45 가스 절단 작업시 예열불꽃 세기의 영향을 맞게 설명한 것은?
① 예열불꽃이 강할 때 절단면이 거칠어진다.
② 예열불꽃이 강할 때 드래그가 증가한다.
③ 예열불꽃이 강할 때 절단속도가 늦어진다.
④ 예열불꽃이 강할 때 슬래그 중의 철 성분의 박리가 쉽다.

해설 예열불꽃이 강할 때 절단면이 거칠어진다.

문제 46 아세틸렌가스 공급관로에 사용할 수 없는 재료는?
① 주철   ② 스테인리스강
③ 연강   ④ 구리

해설 **아세틸렌가스 공급관로에 사용하는 재료**
 ① 스텐레스강 ② 연강 ③ 주철

문제 47 다전극 서브머지드 아크 용접시 두 개의 전극 와이어를 각각 독립된 전원에 연결하는 방식은?
① 횡병렬식   ② 횡직렬식
③ 퓨즈식   ④ 텐덤식

해설 **텐덤식** : 다전극 서브머지드 아크용접시 두 개의 전극와이어를 각각 독립된 전원에 연결하는 방식

문제 48 용접봉 홀더 200호로 접속할 수 있는 최대 홀더용 케이블의 도체 공칭 단면적은 몇 mm^{2}인가?
① 22   ② 30
③ 38   ④ 50

해답
44. ③   45. ①   46. ④   47. ④   48. ③

해설 용접봉 홀더 200호로 접속할 수 있는 최대 홀더용 케이블의 도체공칭단면적 38mm²이다.

문제 49

용착속도(rate of deposition)를 올바르게 설명한 것은?

① 용접심선이 10분간에 용융되는 길이
② 용접심선이 1분간에 용융되는 중량
③ 용접봉 혹은 심선의 소모량
④ 단위시간에 용착되는 용착금속의 량

해설 **용착속도** : 단위시간에 용착되는 용착금속의 양

문제 50

용접 흄(fume)에 대해서 서술한 것 중 올바른 것은?

① 용접 흄은 인체에 영향이 없으므로 아무리 마셔도 괜찮다.
② 실내 용접 작업에서는 환기설비가 필요하다.
③ 용접봉의 종류와 무관하며 전혀 위험은 없다.
④ 용접 흄은 입자상 물질이며, 가제마스크로 충분히 차단할 수가 있음으로 인체에 해가 없다.

문제 51

정격 2차 전류 200[A], 정격사용율 50%인 아크 용접기로 실제 150[A]의 전류로 용접할 경우 허용사용율은 약 몇 % 인가?

① 69　　② 78
③ 89　　④ 95

해설 허용사용율 = $\dfrac{(정격2차전류)^2}{(실제용접전류)^2} \times 정격사용율 = \dfrac{200^2}{(150)^2} \times 50 = 88.888\%$

문제 52

일렉트로 슬래그 용접법의 원리는?

① 가스 용해열을 이용한 용접법　② 전기 저항열을 이용한 용접법
③ 수중 압력을 이용한 용접법　　④ 비가열식을 이용한 용접법

해설 **일렉트로 슬래그 용접법의 원리** : 전기저항열을 이용한 용접법

49. ④　50. ②　51. ③　52. ②

문제 53 가스 절단 작업에서 프로판가스와 아세틸렌가스를 사용하였을 경우를 비교한 사항 중 옳지 않은 것은?

① 포갬 절단 속도는 프로판 가스를 사용하였을 때가 빠르다.
② 슬래그 제거가 쉬운 것은 프로판가스를 사용하였을 경우이다.
③ 후판 절단시 절단 속도는 프로판 가스를 사용하였을 때가 빠르다.
④ 산소는 아세틸렌가스가 프로판가스보다 약간 더 필요하다.

해설 산소는 프로판 가스가 더 필요하다.
$C_2H_2 + 2.5O_2 \rightarrow 2CO_2 + H_2O$ ∴ 산소비 : 아세틸렌 2.5, 프로판 5
$C_3H_8 + 5O_2 \rightarrow 3CO_2 + 4H_2O$ ∴ 프로판이 2배정도 더 필요

문제 54 스테인리스나 알루미늄 합금의 납땜이 어려운 가장 큰 이유는?

① 적당한 용제가 없기 때문에
② 강한 산화막이 있기 때문에
③ 용점이 높기 때문에
④ 친화력이 강하기 때문에

해설 스텐레스나 알루미늄합금의 납땜이 어려운 가장 큰 이유 : 강한 산화막이 있기 때문에

문제 55 역류, 역화, 인화 등을 막기 위해 사용하는 수봉식 안전기 취급시 주의사항이 아닌 것은?

① 수봉관에 규정된 선까지 물을 채운다.
② 안전기가 얼었을 경우 가스토치로 해방 시킨다.
③ 한 개의 안전기에는 반드시 한 개의 토치를 설치한다.
④ 수봉관의 수위는 작업 전에 반드시 점검한다.

해설 수봉식 안전기 취급시 주의사항
① 안전기가 얼었을 경우 열습포 또는 40℃ 이하의 물로 녹인다.
② 수봉관에 규정된 선까지 물을 채운다.
③ 수봉관의 수위는 작업전에 반드시 점검한다.
④ 한 개의 안전기에는 반드시 1개의 토치를 사용한다.

문제 56 무부하 전압 80V, 아크 전압 30V, 아크 전류 200A까지의 아크용접기의 역률을 계산하면? (단, 내부손실은 4kW이다.)

① 80%
② 62.5%
③ 90%
④ 72.5%

해답 53. ④ 54. ② 55. ② 56. ②

해설 역률 $= \dfrac{\text{소비전력}}{\text{전원입력}} \times 100 = \dfrac{10\text{kW}}{16\text{kW}} \times 100 = 62.5\%$

소비전력 = 아크출력 + 내부손실 = 30 × 200 + 4 = 10kW
전원입력 = 무부하전압 + 정격2차전류 = 80V × 200A = 16,000 = 16kW

문제 57 CO_2 아크 용접에서 인체 유해성분에 가장 영향을 미치는 가스는?

① 일산화탄소가스　　② 황산가스
③ 질소가스　　　　　④ 메탄가스

해설 CO_2아크용접에서 인체유해성분 : CO(일산화탄소)

문제 58 TIG용접에 사용되는 전극의 조건 중 틀린 것은?

① 고 용융점의 금속　　② 전자 방출이 잘되는 금속
③ 열 전도성이 좋은 금속　　④ 전기 저항률이 큰 금속

해설 TIG용접에 사용되는 전극의 조건
① 전기저항율이 작은 금속　　② 열전도성이 좋은 금속
③ 고용융점의 금속　　　　　④ 전자방출이 잘 되는 금속

문제 59 용접 전의 일반적인 준비사항에 해당되지 않는 것은?

① 제작 도면을 잘 이해하고 작업내용을 충분히 검토한다.
② 용착금속과 홈의 선택에 대하여 이해한다.
③ 예열, 후열의 필요성 여부는 중요하지 않으므로 검토를 안해도 된다.
④ 용접전류, 용접순서, 용접조건을 미리 정해둔다.

해설 용접전 일반적인 준비사항
① 예열, 후열의 필요성 여부검토
② 용착금속과 홈의 선택에 대하여 이해한다.
③ 제작도면을 잘 이해하고 작업내용을 충분히 검토한다.
④ 용접전류, 용접순서, 용접조건을 미리 정해둔다.

문제 60 아크 기둥의 전압을 올바르게 설명한 것은?

① 아크 기둥의 전압은 아크 길이에 거의 관계가 없다.
② 아크 기둥의 전압은 아크 길이에 거의 정비례하여 증가다.
③ 아크 기둥의 전압은 아크 길이에 거의 반비례하여 감소한다.
④ 아크 기둥의 전압은 아크 길이에 거의 반비례하여 증가한다.

해설 아크기둥의 전압 : 아크기둥의 전압은 아크길이에 거의 정비례하여 증가한다.

해답 57. ①　58. ④　59. ③　60. ②

2023년 5월 CBT 시행

본 문제는 복원 기출문제입니다. 실제 문제와 다를 수 있으니 양해바랍니다.

제 1 과목 용접야금 및 용접설비제도

문제 01 탄소 이외의 원소가 강의 성질에 미치는 영향 중 황(S)의 함유량이 많을 경우 발생하기 쉬운 결함은?
① 적열취성   ② 청열취성
③ 저온취성   ④ 뜨임취성

해설 강의 성질에 미치는 영향
① 적열취성 : 황(S)
② 청열취성, 상온취성 : 인(P)
③ 저온취성 : 수소(H)
④ 뜨임취성 방지 : 몰리브덴(Mo)

문제 02 다음 중 탄소공구강의 구비 조건으로 틀린 것은?
① 가격이 저렴할 것   ② 강인성 및 내충격성이 우수할 것
③ 내마모성이 작을 것   ④ 상온 및 고온경도가 클 것

해설 탄소공구강의 구비조건
① 내마모성이 클 것
② 상온 및 고온강도가 클 것
③ 가격이 저렴할 것
④ 강인성 및 내충격성이 우수할 것
⑤ 내식성이 클 것

문제 03 가스용접봉을 선택할 때 고려하여야 할 조건에 대한 설명으로 맞지 않는 것은?
① 가능한 모재와 동일한 재질로서 모재를 강화시킬 수 있어야 한다.
② 용접봉의 용융온도가 모재보다 높아야 한다.
③ 용접부의 기계적 성질에 나쁜 영향을 주어서는 안된다.
④ 용접봉의 재질 중에 불순물을 포함하지 않아야 한다.

해설 가스용접봉 선택시 고려할 사항
① 용접봉의 용융온도가 모재보다 낮아야 한다.
② 용접부의 기계적 성질에 나쁜 영향을 주어서는 안 된다.
③ 가능한 모재와 동일한 재질로서 모재를 강화시킬 수 있다.
④ 용접봉의 재질중에 불순물을 포함하지 않아야 한다.

해답 01. ①   02. ③   03. ②

문제 04

피복 아크 용접봉의 플럭스(flux)에 함유되어 있는 탈산제가 아닌 것은?

① Fe-Mn
② Fe-Si
③ Fe-Ti
④ Fe-Cu

해설 피복배합제의 종류
① 탈산제 : ㉠ 알루미늄 ㉡ 마그네슘 ㉢ 페로망간
            ㉣ 페로크롬 ㉤ 페로바나듐 ㉥ 페로실리콘(Fe-Si)
            ㉦ 페로티탄
② 슬래그생성제 : ㉠ 이산화망간 ㉡ 산화철 ㉢ 산화티탄
                ㉣ 형석 ㉤ 석회석 ㉥ 일미나이트
                ㉦ 규사 ㉧ 장석
③ 아크안정제 : ㉠ 규산나트륨 ㉡ 규산칼륨 ㉢ 석회석
              ㉣ 자철광 ㉤ 적철광 ㉥ 산화티탄

문제 05

다음 중 용강 중의 질소 함유량을 나타내는 시버츠의 법칙으로 맞는 것은? (단, [N] : 용강 중의 질소의 활량, K_N : 평형정수, P_{N2} : 기상 중의 질소의 분압이다.)

① $[N] = K_N\sqrt{P_{N2}}$
② $[N] = \dfrac{1}{K_N}\sqrt{P_{N2}}$
③ $[N] = K^3_N\sqrt{P_{N2}}$
④ $[N] = \dfrac{1}{K^3_N}\sqrt{P_{N2}}$

해설 시버츠의 법칙 $N = KN\sqrt{PN_2}$
여기서, N : 용강중의 질소함량 PN_2 : 기상중의 질소의 분압 KN : 평형정수

문제 06

탄소강에서 탄소(C)의 함유량이 증가할 경우에 해당하는 것은?

① 경도증가, 연성감소
② 경도감소, 연성감소
③ 경도증가, 연성증가
④ 경도감소, 연성증가

해설 탄소함유량 증가시
① 강도, 경도증가
② 연신율, 연성감소

해답 04. ④ 05. ① 06. ①

문제 07 브리넬 경도계의 경도 값의 정의는 무엇인가?
① 시험하중을 압입자국의 깊이로 나눈 값
② 시험하중을 압입자국의 높이로 나눈 값
③ 시험하중을 압입자국의 표면적으로 나눈 값
④ 시험하중을 압입자국의 체적으로 나눈 값

해설 브리넬 경도계의 경도값 = $\dfrac{\text{시험하중}}{\text{압입자국의 표면적}}$

문제 08 재열 균열을 방지하기 위한 방법으로 옳은 것은?
① 입열을 최소화 하여 결정립의 조대화를 억제한다.
② Al, Pb등을 첨가하여 HAZ부의 조대화를 촉진시킨다.
③ 용접시 용접부 구속을 증가시켜 비틀림을 방지한다.
④ 후열처리 시 최고가열 온도를 모재의 Tempering 온도 이상으로 한다.

해설 재열균열을 방지하기 위한 방법 : 입열을 최소화하여 결정립의 조대화를 억제한다.

문제 09 용접 전에 적당한 온도로 예열하는 목적으로 틀린 것은?
① 수축 변형을 감소시키기 위하여
② 냉각속도를 빠르게 하기 위하여
③ 잔류응력을 경감시키기 위하여
④ 연성을 증가시키기 위하여

해설 용접전 적당한 온도로 예열하는 목적
① 냉각속도를 느리게 하기 위해서
② 연성을 증가시키기 위해서
③ 수축, 변형을 감소시키기 위해서
④ 잔류응력을 경감시키기 위하여

문제 10 다음 중 체심입방격자를 갖는 금속이 아닌 것은?
① W
② Mo
③ Al
④ V

해설 **금속원자의 단위결정 격자의 종류**
① 체심입방격자(B.C.C) : 원자수 2개
　[금속] V(바나듐), Mo(몰리브덴), W(텅스텐), Cr(크롬), K(칼륨), Na(나트륨)
　　　　Ta(탈륨), Ba(바륨), α-Fe, δ-Fe(바몰텅크칼나탈바)
② 면심입방격자(F.C.C) : 원자수 4개
　[금속] Ag(은), Cu(구리), Au(금), Al(알루미늄), Pb(납), Ni(니켈), Pt(백금)
　　　　Ce(세늄), γ-Fe(은,구,금,알,납,니,백,세)

07. ③　08. ①　09. ②　10. ③

문제 11
특수한 용도의 선으로 얇은 부분의 단면도시를 명시하는데 사용하는 선은?
① 아주굵은실선 ② 가는 1점 쇄선
③ 파단선 ④ 가는 2점 쇄선

해설 특수한 용도의 선으로 얇은 부분의 단면도시를 명시하는데 사용하는 선 : **아주 굵은 실선**

문제 12
출력하는 도면이 많거나 도면의 크기가 크지 않을 경우 도면이나 문자들을 마이크로필름화를 하는 장치는?
① CIM 장치 ② CAE 장치
③ CAT 장치 ④ COM 장치

해설 **COM장치** : 출력하는 도면이 많거나 도면의 크기가 크지 않을 경우 도면이나 문자들을 마이크로필름화를 하는 장치

문제 13
다음 그림과 같은 용접 보조기호를 올바르게 설명한 것은?
① 오목하게 처리한 필릿 용접
② 용접한 그대로 처리한 필릿 용접
③ 볼록하게 처리한 필릿 용접
④ 매끄럽게 처리한 필릿 용접

해설 매끄럽게 처리한 필릿용접

문제 14
도면에 마련해야 하는 양식에 관한 설명 중 틀린 것은?
① 비교 눈금은 도면 용지의 가장자리에서 가능한 한 윤곽선에 겹쳐서 중심마크에 대칭으로, 나비는 최대 5mm로 배치한다.
② 윤곽선은 최소 0.5mm 이상의 실선으로 그리는 것이 좋다.
③ 도면을 마이크로필름으로 촬영하거나 복사할 때 편의를 위하여 중심마크를 표시한다.
④ 부품란에는 도면번호, 도면명칭, 척도, 투상법 등을 기입한다.

해설 **도면에 마련해야 하는 양식**
① 부품란에 기재해야할 사항은 품명, 수량재질, 무게, 품번
② 표제란에 기재해야할 사항은 도면번호, 도면명칭, 소속단체명, 척도, 투상법, 책임자서명, 작성연월일
③ 도면을 마이크로필름으로 촬영하거나 복사할 때 편의를 위하여 중심마크표시

해답
11. ① 12. ④ 13. ④ 14. ④

④ 윤곽선은 최소 0.5mm이상의 실선으로 그리는 것이 좋다.
⑤ 비교눈금은 도면용지의 가장자리에서 가능한 한 윤곽선에 겹쳐서 중심마크에 대칭으로 나비는 최대 5mm로 배치한다.

문제 15 다음 그림과 같은 용접기호를 올바르게 설명한 것은?
① 화살표 쪽의 심(seam)용접
② 화살표 반대쪽의 필릿(fillet)용접
③ 화살표 쪽의 스폿(spot)용접
④ 화살표 쪽의 플러그(plug)용접

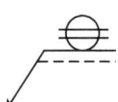

문제 16 용접 기본기호 중 점 용접 기호는?

①   ②
③   ④

해설 용접 기본기호
① 플러그용접 : 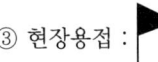   ② 시임용접 :
③ 현장용접 :   ④ 온둘레용접 :
⑤ 점용접 :   ⑥ 가장자리 용접 : ∣∣∣
⑦ 서페이싱이음 :

문제 17 다음 용접 기호를 설명한 것으로 틀린 것은?
① 목 두께가 a인 지그재그 단속 필릿 용접이다.
② n은 용접부의 개수를 말한다.
③ l은 용접부의 길이로 크레이터부를 포함한다.
④ (e)는 인접한 용접부 간의 거리를 표시한다.

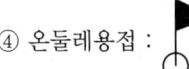

해설 l은 용접부의 길이로(크레이터를 포함하지 않음)

해답 15. ① 16. ② 17. ③

문제 18 가는 1점 쇄선의 용도에 의한 명칭이 아닌 것은?

① 중심선　　② 기준선
③ 피치선　　④ 숨은선

해설 용도에 따른 선의 종류

선의 종류	용 도
가는 일점쇄선	㉠ 중심선 ㉡ 기준선 ㉢ 피치선
가는 이점쇄선	㉠ 가상선
굵은 일점쇄선	㉠ 특수지정선(특수한 가공을 하는 부분)
가는 실선	㉠ 치수선 ㉡ 치수보조선 ㉢ 파단선 ㉣ 해칭선
굵은 실선	㉠ 외형선

문제 19 다음 그림에서 용접부 기호의 명칭으로 옳은 것은?

① 필릿용접
② 점용접
③ 플러그용접
④ 이면용접

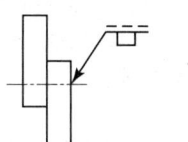
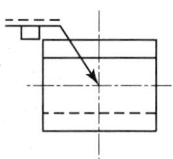

문제 20 핸들이나 바퀴 등의 암 및 리브, 훅, 축, 구조물의 부재등의 절단면을 표시하는데 가장 적합한 단면도는?

① 부분 단면도　　② 회전도시 단면도
③ 조합에 의한 단면도　　④ 한쪽 단면도

해설 투상도의 표시방법
① 국부투상도 : 대상물의 구멍, 홈 등과 같이 한부분의 모양을 도시
② 부분단면도 : 일부분을 잘라내고 필요한 내부모양을 그리기 위한 방법
③ 회전단면도 : 핸들이나 바퀴, 암 및 리브, 훅, 축, 구조물의 부채 등의 절단면을 표시하는데 가장 적합.
④ 보조투상도 : 경사면에 맞서는 위치에 도시

18. ④　19. ③　20. ②

제 2 과목 용접구조설계

문제 21 가 용접시 주의 하여야 할 사항으로 맞는 것은?
① 가 용접은 본 용접에 비해 중요하지 않으므로 대충 용접한다.
② 가 용접에 사용되는 용접봉은 본 용접보다 굵은 용접봉을 사용한다.
③ 본 용접자와 동등한 기량을 갖는 용접자로 하여금 가접하게 한다.
④ 가 용접의 위치는 부품의 끝, 모서리, 각 등과 같이 응력이 집중되는 곳에서 한다.

해설 **가용접시 주의해야할 사항**
① 본용접과 동일한 기량을 갖는 용접자로 하여금 가접하게 한다.
② 본용접과 같은 온도에서 예열을 한다.
③ 가접의 위치는 부품의 끝, 모서리, 각등과 같이 단면이 급변하여 응력이 집중되는 곳은 가급적 피한다.
④ 용접봉의 지름은 가는것을 사용하여 본용접이 용이하게 하여 너무 짧게 하지 않는다.
⑤ 시, 종단에 엔드탭을 설치하기도 한다.

문제 22 연강 맞대기 용접의 완전용입 이음에서 모재 인장강도에 대한 용접 시험편 인장강도의 이음 효율은 보통 얼마인가?
① 100% ② 80%
③ 60%   ④ 40%

해설 모재의 인장강도에 대한 용접시험된 인장강도의 이음효율은 100%이다.

문제 23 용접시공시 관리의 기본 회로(circle)를 설명한 것으로 가장 적당한 것은?
① 확인→계획→실시→행동   ② 계획→확인→실시→행동
③ 계획→실시→행동→확인   ④ 계획→실시→확인→행동

해설 **용접시공시 관리의 기본회로** : 계획 → 실시 → 확인 → 행동

해답
21. ③   22. ①   23. ④

문제 24 특수강 용접 시 용접봉의 선택에서 가장 먼저 고려해야 할 것은?

① 작업성(사용하기 쉬운가의 여부)
② 용접성(용접한 부분의 기계적 성질)
③ 환경성(작업의 조건 및 안전한가 여부)
④ 경제성(제반 경비 단가)

해설 특수강 용접시 용접봉의 선택에서 가장 먼저 고려할 사항 : 용접성(용접한 부분의 기계적 성질)

문제 25 다음 그림의 용접이음 중 적은 하중이나 충격 또는 반복하중을 받지 않는 곳에 사용하는 이음형상은?

① 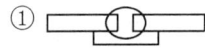   ②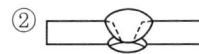
③    ④

문제 26 용접지그를 선택하는 기준 설명 중 틀린 것은?

① 청소하기 쉬워야 한다.
② 용접변형을 억제할 수 있는 구조이어야 한다.
③ 피용접물과의 고정과 분해가 어려운 구조이어야 한다.
④ 작업 능률이 향상되어야 한다.

해설 용접지그를 선택하는 기준
① 용접변형을 억제할 수 있는 구조이어야 한다.
② 청소하기 쉬워야 한다.
③ 작업능률이 향상되어야 한다.
④ 피용접물과의 고정과 분해가 쉬운 구조이어야 한다.

문제 27 연강을 인장시험으로 측정할 수 없는 것은?

① 항복점   ② 연신율
③ 재료의 경도   ④ 단면수축률

해설 인장시험으로 측정
① 연신율   ② 단면수축율   ③ 항복점

해답
24. ②   25. ③   26. ③   27. ③

문제 28
용접이음의 안전율에 영향을 미치는 주요 인자(因子)로 고려할 사항으로 가장 적절하게 나열한 것은?
① 모재의 기계적 성질, 모재의 보관방법, 용접기의 종류, 용착금속의 기계적 성질, 파괴시험
② 재료의 가격성, 용접사의 기능, 용접자세, 하중의 형상 모재의 보관방법
③ 용착금속의 기계적 성질, 작업장소, 용접자세, 용접기의 종류, 하중의 형상
④ 모재의 기계적 성질, 재료의 용접성, 용접방법, 하중의 종류, 용접자세

해설 용접이음의 안전율에 영향을 미치는 주요인자
① 모재의 기계적 성질 ② 용접자세 ③ 재료의 용접성
④ 하중의 종류 ⑤ 용접방법

문제 29
용접부 결함의 종류중 구조상의 결함이 아닌 것은?
① 기공
② 슬래그 섞임
③ 융합불량
④ 변형

해설 구조상 결함
① 오우버랩 ② 용입불량 ③ 내부기공
④ 슬래그혼입 ⑤ 언더컷

문제 30
무부하 전압이 80V, 아크전압 35V, 아크전류 400A이라 하면 교류 용접기의 역률과 효율은 각각 약 몇 %인가? (단, 내부손실 4kW이다.)
① 역률 : 51 효율 : 72
② 역률 : 56 효율 : 78
③ 역률 : 61 효율 : 82
④ 역률 : 66 효율 : 88

해설 역률 $= \dfrac{\text{소비전력}}{\text{전원입력}} \times 100 = \dfrac{18}{32} \times 100 = 56.25\%$

소비전력 = 아크출력 + 내부손실 = 아크전압 × 정격2차전류 + 내부손실
 $= 35 \times 400 + 4 = 18\text{kW}$

전원입력 = 무부하전압 + 정격2차전류 = $80 \times 400 = 32\text{kW}$

효율 $= \dfrac{\text{아크출력}}{\text{소비전력}} = \dfrac{14\text{kW}}{18\text{kW}} \times 100 = 77.77\%$

해답 28. ④ 29. ④ 30. ②

문제 31

용접이음을 설계할 때 일반적인 주의 사항으로 틀린 것은?

① 강도가 약한 필릿 용접은 될 수 있는 대로 피하고 맞대기 용접을 하도록 한다.
② 용접작업에 지장을 주지 않도록 충분한 공간을 준다.
③ 용접이음이 한 곳으로 집중되거나, 접근되도록 한다.
④ 가급적 능률이 좋은 아래보기 용접을 많이 하도록 한다.

해설 용접이음설계시 일반적인 주의사항
① 가급적 능률이 좋은 아래보기 용접을 많이 하도록 한다.
② 용접작업에 지장을 주지 않도록 충분한 공간을 둔다.
③ 강도가 약한 필릿용접은 될 수 있는 대로 피하고 맞대기 용접을 한다.
④ 수축이 큰 맞대기이음을 먼저하고 다음에 필릿용접
⑤ 용접선에 대하여 수축력의 화가 0이 되도록 한다.
⑥ 용접이 불가능한 곳이 없도록 한다.

문제 32

맞대기 용접 이음의 홈의 종류가 아닌 것은?

① I형 홈   ② V형 홈
③ T형 홈   ④ U형 홈

해설 맞대기 용접이음의 홈의 종류
① I형   ② V형   ③ U형   ④ J형
⑤ X형   ⑥ K형   ⑦ 양면 U형   ⑧ 양면 J형

문제 33

피복 아크 용접에서 용접부의 균열 방지대책으로 맞지 않는 것은?

① 적당한 예열과 후열을 한다.   ② 염기도가 적은 용접봉을 선택한다.
③ 적절한 속도로 운봉을 한다.   ④ 저수소계 용접봉을 사용한다.

해설 피복아크용접에서 용접부의 균열방지책
① 저수소계 용접봉을 사용한다.
② 적절한 속도로 운봉을 한다.
③ 적당한 예열과 후열을 한다.

문제 34

초음파 탐상법의 종류에 속하지 않는 것은?

① 투과법   ② 펄스반사법
③ 공진법   ④ 관통법

해답
31. ③   32. ③   33. ②   34. ④

해설 초음파 탐상법의 종류
① 펄스반사법 ② 투과법 ③ 공진법

참고 자기검사법 종류 : ① 축통전법 ② 직각통전법 ③ 관통법 ④ 코일법 ⑤ 극간법

문제 35 용접 홈의 형상 중 V형 홈에 대한 설명으로 옳은 것은?
① 판 두께가 대략 6mm 이하의 경우 양면 용접에 사용한다.
② 양쪽 용접에 의해 완전한 용입을 얻으려고 할 때 쓰인다.
③ 판 두께 3mm 이하로 루트 간격 없이 한쪽에서 용접할 때 쓰인다.
④ 보통 판 두께 20mm 이하의 판에서 한쪽 용접으로 완전한 용입을 얻고자 할 때 쓰인다.

해설 용접 홈의 형상 중 V형 홈에 대한 설명 : 보통 판두께 20mm 이하의 판에서 한쪽 용접으로 완전한 용입을 얻고자 할 때 쓰인다.

문제 36 AW-400인 용접기 50대를 설치하고자 할 때 전원 변압기는 어느 정도 용량을 설비해야 하는가? (단, 용접기의 평균전류는 200A, 무부하 전압은 80V, 사용율은 70%이다.)
① 320kVA ② 420kVA
③ 460kVA ④ 560kVA

해설 변압기용량 = $(200 \times 80 \times 0.7) \times 50 = 560{,}000\,\text{VA} = 560\,\text{kVA}$

문제 37 플러그 용접(plug Welding)의 설명으로 알맞은 것은?
① 고진공 중에서 고속전자 방출에 의한 충격 발열을 이용하여 접합하는 용접방법
② 접합하는 부재 한쪽에 원형 구멍을 뚫고 판의 표면까지 가득하게 용접하고 다른 쪽 부재와 접합하는 용접방법
③ 겹친 모재를 전극의 선단에 끼워놓고 전류를 집중시켜 국부적으로 가열과 동시 가압하는 용접방법
④ 맞대기 저항용접의 일종이며 접합부를 충분히 가열한 다음 큰 압력으로 면을 접합하는 용접방법

해설 플러그 용접의 설명 : 접합하는 부재 한쪽에 원형 구멍을 뚫고 판의 표면까지 가득하게 용접하고 다른쪽 부재와 접합하는 용접방법

해답 35. ④ 36. ④ 37. ②

문제 38 각 변형의 방지대책에 관한 설명 중 틀린 것은?
① 개선 각도는 작업에 지장이 없는 한도 내에서 작게하는 것이 좋다.
② 용접속도가 빠른 용접법을 이용한다.
③ 구속지그를 활용한다.
④ 판 두께와 개선형상이 일정할 때 용접봉 지름이 작은 것을 이용하여 패스의 수를 늘인다.

해설 **각변형의 방지법**
① 구속지그를 사용한다.
② 용접속도가 빠른 용접법을 이용한다.
③ 개선각도는 작업에 지장이 없는 한 도내에서 작게 하는 것이 좋다.
④ 역변형의 시공법을 사용한다.
⑤ 판두께가 얇을수록 첫 패스측의 개선깊이를 크게 한다.

문제 39 용착부의 인장응력이 5kgf/mm², 용접선 유효길이가 80mm이며, V형 맞대기로 완전 용입인 경우 하중 8000kgf에 대한 판 두께는 몇 mm 인가? (단, 하중은 용접선과 직각 방향임)
① 10
② 20
③ 30
④ 40

해설 $\sigma = \dfrac{p}{tl}$　　$t = \dfrac{p}{\sigma \times l} = \dfrac{8,000}{5 \times 80} = 20\,\text{mm}$

문제 40 용접부 내부에 모재표면과 평행하게 층상으로 형성되어 있는 균열은?
① 라멜라테어 균열
② 라미네이션 균열
③ 재열 균열
④ 힐 균열

해설 **저온균열의 유형**
① 라멜라티어균열 : 용접부 내부에 모재표면과 평행하게 층상으로 형성되어 있는 균열(T이음, 모서리이음)
② 힐균열 : 필릿시 루트부분에 발생하는 저온균열, 모재의 수축, 팽창에 의한 뒤틀림이 주요원인
③ 루트균열 : 맞대기용접의 가접, 첫층 용접의 루트 근방의 열영향부에 발생하는 균열

해답　38. ④　39. ②　40. ①

제 3 과목 용접일반 및 안전관리

문제 41 산소와 아세틸렌 가스용기 취급시 주의 할 점으로 틀린 것은?
① 산소용기는 직사광선을 피하고 60℃ 이하에서 보관한다.
② 아세틸렌 용기는 반드시 세워서 사용해야 한다.
③ 산소병을 운반시는 반드시 캡을 씌워 이동한다.
④ 가스누설 점검은 수시로 실시하며 비눗물로 한다.

해설 산소와 아세틸렌 가스용기 취급시 주의사항
① 산소용기는 직사광선을 피하고 40℃이하에서 보관한다.
② 아세틸렌 용기는 반드시 세워서 사용해야 한다.
③ 산소병을 운반시는 반드시 캡을 씌워 이동한다.
④ 가스누설점검은 수시로 실시하며 비눗물로 한다.
⑤ 산소용기는 유지류, 석유류 글리세린유 취급금지

문제 42 용해 아세틸렌을 용기에 15℃, 15기압으로 충전할 때 아세틸렌은 1l의 아세톤에 몇 l가 용해되는가?
① 375   ② 200
③ 250   ④ 275

해설 아세틸렌은 15℃ 1기압에서 아세톤에 25배가 용해되므로
∴ $15 \times 25 = 375l$

문제 43 아크 발생열에 의하여 피복제가 분해되어 일산화탄소, 이산화탄소, 수증기 등의 가스 발생제가 되는 가스실드식 피복제의 성분은?
① 규산나트륨   ② 셀룰로오스
③ 규사   ④ 일미나이트

해설 셀룰로오스 : 아크발생열에 의하여 피복제가 분해되어 일산화탄소, 이산화탄소, 수증기 등의 발생제가 되는 가스실드식 피복제

해답 41. ①   42. ①   43. ②

문제 44 용접기의 보수 및 점검시 지켜야 할 사항으로 틀린 것은?

① 2차축 단자의 한쪽과 용접기 케이스는 접지해서는 안된다.
② 가동부분, 냉각팬을 점검하고 회전부 등에는 주유를 해야 한다.
③ 탭 전환의 전기적 접속부는 자주 샌드페이퍼 등으로 잘 닦아준다.
④ 용접 케이블 등의 파손된 부분은 절연 테이프로 감아야 한다.

해설 용접기 보수 및 점검시 지켜야 할 사항
① 2차 측단자의 한쪽과 용접기 케이스는 접지한다.
② 용접케이블 등의 파손된 부분은 절연테이프로 감아야 한다.
③ 탭전환의 전기적 접속부는 자주 샌드페이퍼 등으로 잘 닦아 준다.
④ 가동부분, 냉각팬을 점검하고 회전부 등에는 주유를 한다.

문제 45 가스절단에서 절단용 산소의 순도가 낮은 것을 사용하였을 때의 설명으로 맞는 것은?

① 슬래그 박리성이 양호하다.
② 절단속도가 느리고, 전단면이 거칠어진다.
③ 절단시간이 단축된다.
④ 절단 홈의 폭이 좁아지고, 절단효율과는 무관하다.

해설 절단용산소의 순도가 낮은 것을 사용시 절단속도가 느리고 절단면이 거칠어진다.

문제 46 잠호 용접기에서 용접전류는 직류 또는 교류가 사용되고 아크의 복사열에 의해 모재를 가열 용융시켜 용접을 행하며 용입이 얕은 관계로 스테인리스강 등의 덧붙이 용접에 잘 쓰이는 다 전극 방식은?

① 횡 병렬식
② 횡 직렬식
③ 텐덤식
④ 다전원 연결 텐덤식

해설 횡직렬식 : 스테인레스강 등의 덧붙이 용접에 잘 쓰임.

문제 47 점(Spot) 용접의 3대 요소가 아닌 것은?

① 가압력
② 전류의 세기
③ 통전시간
④ 도전율

해설 점용접의 3대 요소
① 가압력 ② 통전시간 ③ 전류의 세기

해답 44. ① 45. ② 46. ② 47. ④

문제 48
아크길이에 따라 전압이 변동하여도 아크전류는 거의 변하지 않는 특성은?
① 아크 부특성
② 수하 특성
③ 정전류 특성
④ 정전압 특성

해설 용접기 특성
① 수하특성 : 부하전류가 증가하면 단자전압이 낮아지는 특성
② 정전류특성 : 부하전압이 변하여도 단자전류는 거의 변화하지 않는 특성
③ 정전압특성 : 부하전류가 변하여도 단자전압은 거의 변화하지 않는 특성
④ 상승특성 : 전류의 증가에 따라서 전압이 약간 높아지는 특성

문제 49
용접 작업을 하지 않을 때에는 용접기의 2차 무부하 전압을 약 25V 이하로 유지하고 용접봉을 모재에 접촉하는 순간에만 릴레이가 작동하여 용접이 가능토록 한 장치는?
① 원격 제어 장치
② 전격 방지 장치
③ 핫 스타트 장치
④ 고주파 발생 장치

해설 교류아크용접기의 부속장치
① 전격방지장치 : 용접작업을 하지 않을 때에는 용접기의 2차무부하 전압을 20~30V 이하로 유지하고 무부하전압이 85~95V로 비교적 높은 교류아크 용접기는 감전재해의 위험이 있기 때문에 용접사를 보호하기 위해 사용
② 핫스타트장치 : 아크가 발생하는 초기에 용접봉과 모재가 냉각되어 있어 입열이 부족하여 아크가 불안정하기 때문에 아크 초기만 용접전류를 특별히 크게 하기 위해서
③ 고주파발생장치 : 교류아크 용접기에 고주파를 병용시키면 아크가 안정되므로 작은 전류로 얇은 판이나 비철금속을 용접할 때 아크가 불안정하게 되기 쉬울 때 이용

문제 50
연강용 피복아크 용접봉에서 피복제의 편심율은 몇 %이내 이어야 하는가?
① 10%
② 15%
③ 30%
④ 3%

해설 연강용 피복아크 용접봉에서 피복제의 편심율은 3% 이내

해답 48. ③ 49. ② 50. ④

문제 51

용접의 장점에 관한 일반적인 설명으로 틀린 것은?

① 이종(異種)재료도 접합시킬 수 있다.
② 수밀성과 기밀성이 좋다.
③ 재료의 두께에 제한을 받는다.
④ 보수와 수리가 용이하다.

해설 용접의 장점
① 보수와 수리 용이하다.　　② 수밀성과 기밀성이 좋다.
③ 이종재료도 접합할 수 있다.　　④ 재료의 두께에 제한을 받지 않는다.
⑤ 작업공정이 단축되며 경제적이다.　　⑥ 용접의 자동화 용이
⑦ 이음효율이 높다.　　⑧ 제품의 성능과 수명이 향상된다.

문제 52

안전·보건표지의 색채, 색도기준 및 용도에서 정한 파란색의 용도로 맞는 것은?

① 금지　　② 경고
③ 안내　　④ 지시

해설 KS안전색채
① 녹색 : 진행, 유도, 안전, 위생, 구호
② 파란색 : 지시
③ 적색 : 방화금지, 고도의 위험
④ 진한보라색 : 방사 등 위험 표시
⑤ 노랑 : 충돌, 추락, 전도 등의 주의
⑥ 황적색 : 위험, 항해, 항공의 보안시설

문제 53

납땜 작업 시 용제가 갖추어야 할 조건이 아닌 것은?

① 땜납의 표면장력을 맞추어서 모재와의 친화력이 낮을 것
② 납땜 후 슬래그 제거가 용이할 것
③ 청정한 금속면의 산화를 방지할 것
④ 모재나 땜납에 대한 부식작용이 최소한 일 것

해설 납땜 작업시 용제가 갖추어야 할 조건
① 청정한 금속면의 산화를 방지할 것
② 납땜 후 슬래그 제거가 용이할 것
③ 모재나 납땜에 대한 부식작용이 최소한 일 것
④ 모재와의 친화력이 높을 것

해답　51. ③　52. ④　53. ①

문제 54 탄소 아크 절단에 압축공기를 병용하여 전극 홀더의 구멍에서 탄소 전극봉에 나란히 분출하는 고속의 공기를 분출시켜 용융금속을 불어내어 홈을 파는 방법은?

① 가스 가우징
② 스카핑
③ 산소창 절단
④ 아크에어 가우징

해설 특수절단 및 가공
① 아크에어가우징 : 탄소아크절단에 압축공기를 병용하여 전극홀더의 구멍에서 탄소전극봉에 나란히 분출하는 고속의 공기를 분출시켜 용융금속을 불어내어 홈을 파는 방법
② 가스가우징 : 용접부분의 뒷면을 따내든지 U형, H형의 용접 홈을 가공하기 위해서 깊은 홈을 파내는 가공법
③ 스카핑 : 강괴, 강편, 슬래그 기타표면의 균열이나 주름탈탄층 등의 표면 결함을 불꽃가공에 의해 제거하는 방법

문제 55 산소 – 아세틸렌가스의 혼합비가 1 : 1정도이고, 표준불꽃 이라고도 하는 것은?

① 산화불꽃
② 탄화불꽃
③ 중성불꽃
④ 산소과잉 불꽃

문제 56 아르곤 가스는 1기압 하에서 약 6500l의 양이 약 몇 기압으로 용기에 충전되어 공급하는가?

① 15
② 25
③ 140
④ 180

해설 아르곤 가스는 140기압으로 충전

문제 57 저항용접에 의한 압접에서 전류 20A, 전기저항 30Ω, 통전시간 10sec일 때 발열량은 몇 cal 인가?

① 14400
② 28800
③ 48800
④ 24400

해설 $Q = 0.24I^2RT = 0.24 \times 20^2 \times 30 \times 10 = 28,800 \, cal$

해답
54. ④ 55. ③ 56. ③ 57. ②

문제 58

일렉트로 슬래그 용접에서 사용되는 수냉식 판의 재료는?
① 알루미늄   ② 니켈
③ 구리   ④ 연강

해설 일렉트로 슬래그용접에서 사용되는 수냉식 판의 재료 : **구리**

문제 59

용해 아세틸렌의 이점에 해당되지 않는 것은?
① 아세틸렌 발생기와 부속기구가 필요하다.
② 운반이 비교적 용이하다.
③ 발생기를 사용하지 않으므로 폭발의 위험성이 적다.
④ 순도가 높아 불순물에 의해 용접부의 강도가 저하되지 않는다.

해설 **용해 아세틸렌의 이점**
① 운반이 비교적 용이하다.
② 발생기를 사용하지 않으므로 폭발의 위험성이 적다.
③ 아세틸렌발생기와 부속기구가 필요하지 않다.
④ 순도가 높아 불순물에 의해 용접부의 강도가 저하되지 않는다.

문제 60

가스용접이나 절단에 사용되는 연료가스가 가져야 할 성질 중 틀린 것은?
① 불꽃의 온도가 높을 것
② 연소 속도가 느릴 것
③ 발열량이 클 것
④ 용융금속과 화학반응을 일으키지 않을 것

해설 **연료가스가 가져야 하는 성질**
① 연소속도가 빠를 것
② 불꽃의 온도가 높을 것
③ 용융금속과 화학반응을 일으키지 않을 것
④ 발열량이 클 것.

58. ③   59. ①   60. ②

2023년 9월 CBT 시행

본 문제는 복원 기출문제입니다. 실제 문제와 다를 수 있으니 양해바랍니다.

제 1 과목 용접야금 및 용접설비제도

문제 01 다음 보기를 공통적으로 설명하고 있는 표면경화법은?

[보기]
- 강을 NH₃ 가스 중에서 500~550℃로 20~100시간정도 가열한다.
- 경화 깊이를 깊게 하기 위해서는 시간을 길게 하여야 한다.
- 표면층에 합금 성분인 Cr, Al, Mo 등이 단단한 경하층을 형성하며, 특히 Al은 경도를 높여주는 역할을 한다.

① 질화법 ② 침탄법
③ 크로마이징 ④ 화염경화법

해설 질화법
① 강을 NH₃가스 중에서 500~550℃로 20~100시간 정도 가열한다.
② 표면층에 합금성분이 Al, Cr, Mo 등이 단단한 경화층을 형성하며 특히 Al은 경도를 높여주는 역할을 한다.
③ 경화깊이를 깊게 하기 위해서는 시간을 길게 하여야 한다.

문제 02 결정입자의 크기와 형상에 대한 설명 중 맞는 것은?
① 냉각속도가 빠르면 결정핵 수는 많아진다.
② 냉각속도가 빠르면 입자는 조대화 된다.
③ 냉각속도가 느리면 결정핵 수는 많아진다.
④ 냉각속도가 느리면 입자는 미세해 진다.

해설 냉각속도가 빠르면 결정핵 수는 많아진다.
냉각속도가 빠르면 입자는 미세해진다.

문제 03 강의 용접 열영향부 조직 중 가열온도 범위가 900~1100℃이고 재결정으로 인해 미세화, 인성 등 기계적 성질이 양호한 것은?
① 조립역 ② 세립역
③ 모재원질역 ④ 취화역

해답
01. ① 02. ① 03. ②

해설 **세립역** : 가열온도범위가 900~1100℃이고 재결정으로 인해 미세화 인성 등 기계적 성질이 양호

문제 04 피복 아크 용접봉에 습기가 많을 때 나타나는 것은?
① 아크가 안정해 진다.
② 용접부에 기공이나 균열이 생기기 쉽다.
③ 용접 비드 폭이 넓어지고 비드가 깨끗해진다.
④ 용접 후 각 변형이 작아진다.

해설 **피복아크용접봉에 습기가 많을 때 나타나는 현상** : 용접부에 기공이나 균열이 생기기 쉽다.

문제 05 다음 중 강자성체에 속하는 것은?
① Fe, Co, Ni   ② Fe, Ag, Zn
③ Fe, Sb, Ni   ④ Fe, Co, Cu

해설 **강자성체 속하는 금속** : Fe(철), Ni(니켈), Co(코발트)

문제 06 탄소강의 물리적 성질 변화에서 탄소량의 증가에 따라 증가 되는 것은?
① 비중   ② 열팽창계수
③ 열전도도   ④ 전기저항

해설 **탄소강의 증가에 따라 증가되는 것** : 경도, 강도, 전기저항 증가

문제 07 철을 서냉하면 910℃에서 단위격자의 특성이 다르게 된다. 이를 무엇이라고 하는가?
① 금속간 화합   ② 치환
③ 변태   ④ 공간격자

해설 **변태** : 철을 서냉하면 910℃에서 단위격자의 특성이 다르게 되는 것

문제 08 금속재료에 포함된 원소 중 용접부의 균열에 가장 큰 영향을 미치는 원소는?
① 크롬(Cr)   ② 규소(Si)
③ 황(S)   ④ 니켈(Ni)

04. ② 05. ① 06. ④ 07. ③ 08. ③

해설 **탄소강에 생기는 취성**
① 적열취성 : 고온 900℃이상에서 물체가 빨갛게 되어 메지는 것
② 청열취성 : 강인 200~300℃로 가열하면 강도가 최대로 되고 연신율 단면수축률은 줄어들게 되어 메지는 것
③ 상온취성(냉간취성) : 충격, 피로 등에 의해 깨지는 성질

문제 09 용접부의 노내 응력 제거 방법 중 가열부를 노에 넣을 때 및 꺼낼 때의 노내 온도는 몇 ℃ 이하로 하는가?
① 300℃
② 400℃
③ 500℃
④ 600℃

해설 용접부의 노내응력 제거방법 중 가열부를 노에 넣을 때 및 꺼낼 때의 노내온도는 300℃ 이하

문제 10 피복 배합제의 성분 중 슬래그 생성제의 역할에 대한 설명으로 틀린 것은?
① 기공이나 내부 결함을 방지한다.
② 용융점이 높은 무거운 슬래그를 만든다.
③ 용접부의 표면을 덮어 산화와 질화를 방지한다.
④ 용착금속의 냉각속도를 느리게 한다.

해설 **피복배합제**
① 슬래그생성제 : 용융점이 낮은 슬래그를 만든다.
② 탈산제 : 용융금속중의 산화물을 탈산 정련하는 작용
③ 고착제 : 심선에 피복제를 고착시키는 역할
④ 합금첨가제 : 합금제는 용접의 여러 성질을 개선하기 위하여 피복제에 첨가

문제 11 다음 그림 중 모서리 이음을 나타낸 것은?

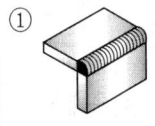
①

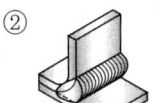
②

③

④

해답
09. ① 10. ② 11. ①

해설 이음의 종류

   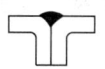

문제 12
스케치 방법 중 평면으로 복잡한 윤곽을 갖고 있는 부품의 경우 그 면에 광명단 등을 바르고 스케치용지에 찍어 그 면의 실형을 얻는 것은?
① 프리핸드법 ② 본뜨기법
③ 프린트법   ④ 사진촬영법

해설 스케치방법
① 프린트법 : 평면으로 복잡한 윤곽을 갖고 있는 부품의 경우 그 면에 광면단 등을 바르고 스케치 용지에 찍어 실제 형상으로 모양을 만드는 방법
② 프리핸드법 : 손으로 직접 그리는 방법
③ 사진촬영법 : 사진기로 실물을 직접 찍어서 도면을 그리는 방법
④ 본뜨기법 : 실제부품을 용지위에 올려놓고 본을 뜨는 방법과 부품표면을 납선으로 본을 떠서 이를 용지에 옮기는 방법

문제 13
KS의 부문별 분류기호에서 V는 어느 부문을 뜻하는 것인가?
① 금속 ② 기계
③ 조선 ④ 광산

해설 KS부분별 분류기호
① KSB : 기계   ② KSD : 금속
③ KSV : 조선   ④ KSC : 전기
⑤ KSF : 토건   ⑥ KSG : 식료
⑦ KSH : 일용품 등

문제 14
표제란의 척도란에 척도 값을 「1 : 2」, 「1 : 5」 등과 같이 기입하는 척도의 종류로 맞는 것은?
① 현척 ② 배척
③ 실척 ④ 축척

해설 축척 : 표제란의 척도란에 척도값을 [1 : 2], [1 : 5]등과 같이 기입하는 척도

12. ③ 13. ③ 14. ④

문제 15

아래 그림의 화살표 쪽의 인접부분을 참고로 표시하는데 사용하는 선의 명칭은?

① 외형선
② 숨은선
③ 파단선
④ 가상선

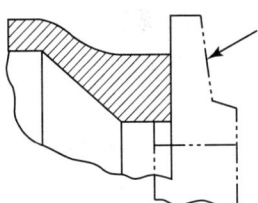

문제 16

기계재료의 표시기호 SM 25C에서 25C가 뜻하는 것은?

① 재료의 최저 인장강도
② 재료의 용도표시
③ 재료의 탄소함유량
④ 재료의 제조방법

해설 25C : 재료의 탄소함유량

문제 17

보기의 용접기호 설명 중 가장 적절하지 않은 것은?

① 루트 반지름 14[mm]
② 루트 간격 5[mm]
③ 홈(그루브)각도 35°
④ 루트 깊이 32[mm]

[보기]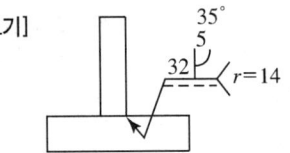

해설 용접기호 설명
① 루트길이 32mm ② 루트간격 5mm
③ 홈각도 35° ④ 루트반지름 14mm

문제 18

외형도에 있어서 필요로 하는 요소의 일부분만을 오려서 국부적으로 단면도를 표시한 도면을 무슨 단면도라고 하는가?

① 한쪽단면도
② 온단면도
③ 부분단면도
④ 회전도시 단면도

해설 단면도의 종류
① 부분단면도 : 일부분만을 오려서 국부적으로 단면도를 표시한 도면
② 회전단면도 : 핸들 벨트풀림, 바퀴의 암, 후크의 절단한 단면 모양을 90°회전시킨다.
③ 전(온)단면도 : 대칭형 물체의 $\frac{1}{2}$를 잘라낸다.
④ 반단면도 : 대칭형 물체의 $\frac{1}{4}$를 잘라낸다.

해답

15. ④ 16. ③ 17. ④ 18. ③

문제 19

CAD의 특징에 대한 설명으로 틀린 것은?

① 점, 선 및 원 등을 이용하여 도형을 정확하게 그릴 수 있다.
② 필요에 따라 도면을 확대, 축소, 이동 등이 가능하다.
③ 도형을 2차원적으로만 그리고 입체적으로는 그릴 수 없다.
④ 방대한 자료를 컴퓨터에 저장하여 데이터베이스를 구축하여 설계의 생산성을 향상 시킬 수 있다.

해설 CAD의 특징
① 도형을 2차원적으로 그리고 입체적으로도 그릴 수 있다.
② 방대한 자료를 컴퓨터에 저장하여 데이터베이스를 구축하여 설계의 생산성을 향상시킬 수 있다.
③ 필요에 따라 도면을 확대, 축소, 이동 등이 가능하다.
④ 점, 선 및 원 등을 이용하여 도형을 정확하게 그릴 수 있다.

문제 20

KS에 의한 용접 보조기호()의 명칭을 올바르게 설명한 것은?

① 평면 마감 처리한 V형 맞대기 용접
② 이면 용접이 있으며 표면 모두 평면 마감 처리한 볼록 양면 V형 용접
③ 이면 용접이 있으며 표면 모두 평면 마감 처리한 오목 필릿 용접
④ 이면 용접이 있으며 표면 모두 평면 마감 처리한 V형 맞대기 용접

해설 이면용접이 있으며 표면 모두 평면 마감 처리한 V형 맞대기 용접

제 2 과목 용접구조설계

문제 21

용접이음 설계시 충격하중을 받는 연강의 안전율로 적당한 것은?
① 3
② 5
③ 8
④ 12

해설 연강의 안전율
① 정하중 : 3
② 동하중(단진응력) : 5
③ 동하중(교번응력) : 8
④ 충격하중 : 12

19. ③ 20. ④ 21. ④

문제 22 용접이 완료된 후에 발생되는 응력부식의 원인으로 맞는 것은?

① 과다한 탄소함량
② 담금질 효과
③ 뜨임효과
④ 잔류응력의 증가

해설 응력부식의 원인 : 잔류응력의 증가

문제 23 두께가 6.4mm인 두 모재의 맞대기 이음에서 용접이음부가 4536kgf의 인장하중이 작용할 경우 필요한 용접부의 최소허용길이(mm)는 약 얼마인가? (단, 용접부의 허용인장응력은 14.06kgf/mm²이다.)

① 50.4mm
② 40.3mm
③ 30.1mm
④ 20.7mm

해설 $\sigma = \dfrac{p}{tl} \qquad l = \dfrac{p}{\sigma \times t} = \dfrac{4,536}{6.4 \times 14.06} = 50.40\,\text{mm}$

문제 24 금속의 응고 과정에서 방출된 기체가 빠져 나가지 못하여 생긴 결함을 무엇이라고 하는가?

① 슬래그
② 설퍼 프린트
③ 홀인
④ 기공

해설 **기공** : 금속의 응고과정에서 방출된 기체가 빠져나가지 못하여 생긴 결함.
[원인] ① 수소, 산소, 일산화탄소가 너무 많을 경우
② 이음부에 기름, 페인트 녹등이 부착해 있을 경우
③ 용접봉 또는 용접부에 습기가 많을 경우
④ 과대전류 사용시

문제 25 용접선에 따라 응력을 제거할 목적으로서 압축응력 부분을 가스불꽃으로 가열한 직후에 수냉하여 그 부위를 소성 변형시켜 잔류응력을 감소시키는 것은?

① 억제법
② 역 변형법
③ 도열법
④ 저온응력 완화법

해설 **잔류응력제거**
① 저온응력완화법 : 용접선 양측을 가스불꽃에 의하여 나비 약150mm를 150~220℃정도의 비교적 낮은 온도로 가열한 다음 곧 수냉하는 방법
② 기계적응력완화법 : 잔류응력이 있는 제품에 하중을 주어 용접부에 약간의 소성 변형을 일으킨 다음 하중을 제거

22. ④ 23. ① 24. ④ 25. ④

③ 피닝법 : 해머로서 용접부를 연속적으로 때려 용접표면에 소성변형을 주는 방법
④ 노내풀림법 : 제품 전체를 가열로 안에 넣고 적당한 온도에서 일정시간 유지한 다음 노내에서 서냉

문제 26

용접구조물을 제작할 때 피로강도를 향상시키기 위한 방법을 올바르게 설명한 것은?

① 가능한 응력 집중부에는 용접부가 집중되도록 한다.
② 열처리 또는 기계적인 방법으로 용접부 잔류응력을 완화시킬 것
③ 냉간가공 또는 야금적 변태를 이용하여 기계적 강도를 완화시킬 것
④ 표면가공, 다듬질 등에 의하여 단면이 급변하게 할 것

해설 피로강도를 향상시키기 위한 방법 : 열처리 또는 기계적인 방법으로 용접부 잔류응력을 완화시킬 것

문제 27

용접지그 사용 시 장점에 대한 설명으로 틀린 것은?

① 용접작업을 용이하게 한다.
② 제품의 정도를 균일하게 향상시킨다.
③ 작업능률이 향상되므로 변형이 생긴다.
④ 공정수를 절약하므로 작업능률이 좋다.

해설 용접지그 사용시 장점
① 공정수를 절약하므로 작업능률이 좋다.
② 작업능률이 향상된다.
③ 용접작업을 용이하게 한다.
④ 제품의 정도를 균일하게 향상시킨다.

문제 28

용접부에 발생하는 잔류응력 완화법이 아닌 것은?

① 응력제거어닐링법 ② 피닝법
③ 고온응력완화법 ④ 기계적응력완화법

해설 잔류응력완화법
① 노내풀림법 ② 피닝법 ③ 기계적응력완화법
④ 국부풀림법 ⑤ 저온응력완화법

26. ② 27. ③ 28. ③

문제 29 용접비용을 줄이기 위한 방법으로 고려해야 할 사항 중 틀린 것은?

① 대기시간을 길게 한다.
② 용접이음부가 적은 경제적인 설계를 한다.
③ 재료의 효과적인 사용계획을 세운다.
④ 용접지그를 활용 한다.

해설 용접비용을 줄이기 위한 방법
① 용접지그를 활용한다.
② 대기시간을 짧게 한다.
③ 재료의 효과적인 사용계획을 세운다.
④ 용접이음부가 적은 경제적인 설계를 한다.

문제 30 용접이 교차하는 곳에는 응력집중이 생기기 쉬워 부채꼴 오목부를 붙인다. 이것을 무엇이라 하는가?

① 빌드업(buildup)
② 스켈롭(scallop)
③ 블록(block)
④ 캐스케이드(cascade)

해설 용접작업
① 스켈롭(Scall lop) : 용접이 교차하는 곳에 응력집중이 생기기 쉬워 부채꼴 오목부를 붙이는것
② 빌드업법 : 용접전 길이에 대해서 각층을 연속하여 용접하는 방법, 능률은 좋지만 한랭시나 구속이 클 때, 판두께가 두꺼울 때에는 첫 층에 균열발생의 우려가 있다.
③ 케스케이드법 : 한 부분에 대해 몇층을 용접하다가 다음 부분의 층으로 연속시켜 용접

문제 31 I형 맞대기 이음 용접에서 용착금속의 최대 인장응력이 100kgf/mm²이고 안전율이 5 이라면 이음의 허용응력은 몇 kgf/mm²인가?

① $10 kgf/mm^2$
② $20 kgf/mm^2$
③ $40 kgf/mm^2$
④ $500 kgf/mm^2$

해설 허용응력 = $\dfrac{\text{인장강도}}{\text{안전율}} = \dfrac{100}{5} = 20 kg/mm^2$

해답 29. ① 30. ② 31. ②

문제 32

용접순서를 결정할 때의 주의사항으로서 틀린 것은?

① 수축은 자유단으로 보낸다.
② 대칭으로 용접한다.
③ 수축이 큰 이음은 먼저 용접한다.
④ 리벳과 용접을 병용할 때 리벳을 먼저 한다.

해설 용접순서 결정시 주의사항
① 리벳과 용접을 병용시 용접을 먼저 한다.
② 수축은 자유단으로 보낸다.
③ 수축이 큰 이음을 먼저 용접한다.
④ 대칭으로 용접한다.
⑤ 용접이 불가능한 곳이 없도록 한다.
⑥ 용접작업에 지장을 주지 않도록 충분한 공간을 둔다.

문제 33

자분 탐상 검사의 자화방법이 아닌 것은?

① 축통전법
② 관통법
③ 극간법
④ 원형법

해설 자분탐상법의 자화방법
① 축통전법 ② 관통법 ③ 직각통전법 ④ 코일법 ⑤ 극간법

문제 34

용접 길이를 짧게 나누어 간격을 두면서 용접하는 방법으로 피 용접물 전체에 변형이나 잔류응력이 적게 발생하도록 하는 용착법은?

① 전진법
② 후진법
③ 블록법
④ 비석법

해설 용착법
① 비석법 : 용접길이를 짧게 나누어 간격을 두면서 용접하는 방법으로 피용접 물 전체에 변형이나 잔류응력이 적게 발생하도록 하는 방법
② 전진법 : 이음의 한쪽 끝에서 다른쪽 끝으로 용접을 진행하는 방법
③ 후진법 : 용접진행방향과 용착방법을 반대로 하는 방법
④ 스킵법 : 이음의 전길이에 대해서 뛰어넘어서 용접하는 방법으로 용접시작부분과 끝나는 부분에 결함이 생길 때가 많다.

해답 32. ④ 33. ④ 34. ④

문제 35
본 용접하기 전에 적당한 예열을 함으로서 얻어지는 효과가 아닌 것은?
① 예열을 하게 되면 기계적 성질이 향상된다.
② 용접부의 냉각속도를 느리게 하여 균열 발생이 적게된다.
③ 용접부 변형과 잔류 응력을 경감시킨다.
④ 용접부의 냉각속도가 빨라지고 높은 온도에서 큰 영향을 받는다.

해설 용접전 적당한 예열을 함으로서 얻어지는 이점
① 용접부의 냉각속도가 느려진다.
② 용접부의 변형과 잔류응력을 경감시킨다.
③ 기계적 성질이 향상된다.
④ 균열발생이 적게 된다.

문제 36
다음 그림과 같은 필릿 용접에서 이론 목두께는?
① 약 8.5mm
② 약 17mm
③ 약 24mm
④ 약 12mm

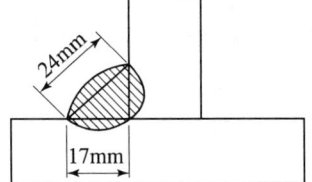

문제 37
피복 아크 용접에서 언더컷(under cut)의 발생 원인이 아닌 것은?
① 용접 속도가 부적당할 때
② 용접전류가 너무 높을 때
③ 부적당한 용접봉을 사용할 때
④ 용착부가 급냉될 때

해설 언더컷의 발생원인
① 부적당한 용접봉 사용시
② 용접전류가 너무 높을 때
③ 용접속도가 부적당할 때
④ 아크길이가 너무 길 때

문제 38
용접의 장점에 대한 설명으로 틀린 것은?
① 이음효율이 높다.
② 수밀, 기밀, 유밀성이 우수하다.
③ 저온취성이 생길 우려가 없다.
④ 재료의 두께에 제한이 없다.

해설 용접의 장점
① 재료의 두께에 제한이 없다.
② 기밀, 수밀 유밀성이 우수하다.
③ 이음효율이 높다.
④ 중량이 가벼워진다.
⑤ 보수와 수리가 용이하다.
⑥ 이종재료도 접합할 수 있다.
⑦ 용접의 자동화가 용이
⑧ 제품의 성능과 수명이 향상

해답 35. ④ 36. ④ 37. ④ 38. ③

문제 39 피닝(peening)에 대한 설명으로 맞는 것은?
① 특수해머로 용착부를 1번 정도 때려 용착부의 균열을 점검한다.
② 특수해머로 용착부를 1번 정도 때려 용착부의 굽힘응력을 완화시킨다.
③ 특수해머로 용착부를 연속으로 때려 용착부의 기공을 점검한다.
④ 특수해머로 용착부를 연속으로 때려 용착부의 인장응력을 완화시킨다.

해설 피닝법 : 특수해머로 용착부를 연속으로 때려 용착부의 인장응력완화

문제 40 필릿 용접이음부의 보수에 관한 설명으로 옳지 않은 것은?
① 간격이 1.5mm 이하인 경우 그대로 규정된 다리길이로 용접한다.
② 간격이 1.5~4.5mm의 경우에는 6mm 정도의 뒷댐판을 대고 용접한다.
③ 간격이 4.5mm이상인 경우 라이너(Liner)를 넣고 용접한다.
④ 간격이 4.5mm이상인 경우 부족한 판을 300mm이상 잘라내어 교환한 후 용접한다.

해설 필릿용접 이음부의 보수
① 간격이 1.5mm 이하인 경우 그대로 규정된 다리 길이로 용접한다.
② 간격이 4.5mm의 경우 라이너를 넣고 용접한다.
③ 간격이 4.5mm 이상인 경우 부족한 판을 300mm 이상 잘라내어 교환후 용접한다.

제 3 과목　용접일반 및 안전관리

문제 41 맞대기 저항용접에 해당하는 것은?
① 스폿용접　　　　　　② 매시 심 용접
③ 프로젝션 용접　　　　④ 업셋용접

해설 맞대기저항용접 : ① 업셋용접　② 플래쉬용접　③ 퍼커션용접
　　　겹치기저항용접 : ① 점용접　② 시임용접　③ 프로젝션용접

39. ④　40. ②　41. ④

문제 42

용접을 장시간 하게 되면 용접 흄 또는 가스를 흡입하게 되는데 그 방지대책 및 주의사항으로 가장 적당하지 않은 것은?

① 아연 합금, 납 등의 모재에 대해서는 특히 주의를 요한다.
② 환기 통풍을 잘한다.
③ 절연형 홀더를 사용한다.
④ 보호 마스크를 착용한다.

해설 **방지대책**
① 보호마스크를 착용한다.
② 환기통풍을 잘한다.
③ 아연합금, 납 등의 모재에 대해서는 특히 주의를 요한다.

문제 43

교류아크 용접에서 전원전류는 몇 사이클 마다 극성이 변하는가?

① 1/2   ② 1/3
③ 1/4   ④ 1/5

해설 교류아크용접에서 전원 전류는 $\frac{1}{2}$ 사이클마다 극성이 변한다.

문제 44

피복 금속 아크 용접봉의 피복 배합제의 주요 성분이 아닌 것은?

① 고착성분   ② 슬래그생성 성분
③ 아크안정 성분   ④ 전기도체 성분

해설 **피복배합제의 주요성분**
① 슬래그생성성분 ② 고착성분   ③ 아크안정성분
④ 가스발생성분   ⑤ 탈산성분   ⑥ 합금첨가성분

문제 45

다음 중에서 용접기의 수하특성과 가장 관련이 깊은 것은?

① 저항 – 열의특성   ② 전류 – 전력의 특성
③ 전압 – 전류의 특성 ④ 전력 – 저항의 특성

해설 **수하특성** : 부하전류가 증가하면 단자전압이 낮아지는 특성
전압 – 전류의 특성

해답
42. ③   43. ①   44. ④   45. ③

문제 46 가스절단에서 예열불꽃이 약할 때 일어나는 현상으로 가장 거리가 먼 것은?

① 절단 속도가 늦어진다.
② 드래그가 증가한다.
③ 절단이 중단되기 쉽다.
④ 절단면의 위 기슭이 녹아 둥글게 된다.

해설 예열불꽃이 약할 때 일어나는 현상
① 절단이 중단되기 쉽다.
② 드래그가 증가하다.
③ 절단속도가 늦어진다.

문제 47 카바이드 취급 시 주의사항으로 틀린 것은?

① 운반 시 타격, 충격, 마찰 등을 주지 말 것
② 카바이드 통에서 카바이드를 꺼낼 때에는 모넬메탈이나 목재공구를 사용할 것
③ 카바이드는 개봉 후 잘 닫아 안전상 습기가 침투하도록 보관 할 것
④ 저장소 가까이에 인화성 물질이나 화기를 가까이 하지 말 것

해설 카바이트 취급시 주의사항
① 운반시 타격, 충격, 마찰을 주지 말 것
② 카바이트 통에서 카바이트를 꺼낼 때에는 모넬메탈이나 목재공구를 사용할 것
③ 저장소 가까이에는 인화성물질이나 화기를 가까이하지 말 것
④ 승인된 장소에 저장한다.
⑤ 아세틸렌발생기 주변에 물이나 습기가 없어야 한다.
⑥ 카바이트통 개봉시는 충격을 주지 말고 가위사용

문제 48 TIG용접에서 아크 스타트를 쉽게 하고, 아크가 안정화 되도록 용접기에 설비하는 것은?

① 콘덴서
② 가동철심
③ 고주파발생기
④ 리액터

해설 고주파발생기 : TIG용접에서 아크스타트를 쉽게 하고 아크가 안정화되도록 용접기에 설비하는 것

해답 46. ④ 47. ③ 48. ③

문제 **49** 소화 작업에 대한 설명 중 틀린 것은?
① 화재가 발생하면 화재 경보를 한다.
② 화재 시는 가스밸브를 조이고 전기 스위치를 끈다.
③ 전기배선 시설의 수리 시는 전기가 통하는지 여부를 확인한다.
④ 유류 및 카바이드에 붙은 불은 물로 끄는 것이 좋다.

문제 **50** 자동용접에 필요한 기구 중 대형파이프를 원주용접 할 때 사용하는 기구는?
① 용접 포지셔너(Welding positioner)
② 턴테이블(Turn table)
③ 매니플레이터(manipulator)
④ 터닝롤러(Turning roller)

[해설] 터닝쿨러 : 대형파이프를 원주 용접할 때 사용하는 기구

문제 **51** 가스용접에 사용되는 가연성 가스의 완전 연소식의 화학식으로 틀린 것은?
① $C_2H_2 + 2\frac{1}{2}O_2 = 2CO_2 + H_2O$
② $H_2 + \frac{1}{2}O_2 = H_2O$
③ $C_3H_8 + 5O_2 = 3CO_2 + 2H_2O_2$
④ $CH_4 + 2O_2 = CO_2 + 2H_2O$

[해설] 완전연소 반응식
① $2C_2H_2 + 5O_2 \rightarrow 4CO_2 + 2H_2O$
② $2H_2 + O_2 \rightarrow 2H_2O$
③ $C_3H_8 + 5O_2 \rightarrow 3CO_2 + 4H_2O$
④ $CH_4 + 2O_2 \rightarrow CO_2 + 2H_2O$

문제 **52** 교류용접기와 비료한 직류용접기 특징 설명으로 맞는 것은?
① 아크의 안정성이 우수하다.
② 전격의 위험이 많다.
③ 용접기의 고장이 적다.
④ 용접기의 가격이 저렴하다.

[해설] **직류용접기와 교류용접기의 특성**

비교	직 류	교 류
아크안정	안정	불안정
극성변화	가능	불가능
무부하전압	40~60V	70~80V
정격위험	적다	크다
구조	복잡	간단
고장	많다	작다
역률	우수	떨어짐

49. ④ 50. ④ 51. ③ 52. ①

문제 53 분말절단법 중 플럭스(flux)절단에 주로 사용되는 재료는?
① 스테인리스 강판 ② 알루미늄 탱크
③ 저합금 강판 ④ 강관

해설 분말절단법 중 플러스절단에 주로 사용되는 재료 : **스텐레스강관**

문제 54 핀치효과에 의해 열에너지의 집중도가 좋고 고온이 얻어지므로 용입이 깊고 비드 폭이 좁은 접합부가 형성되며, 용접속도가 빠른 것이 특징인 용접은?
① 플라스마 아크 용접 ② 테르밋 용접
③ 전자빔 용접 ④ 원자 수소 아크 용접

해설 **플라즈마아크용접** : 핀치효과에 의해 열에너지의 집중도가 좋고, 고온이 얻어지므로 용입이 깊고 비드폭이 좁은 접합부가 형성되며 용접속도가 빠름
 [장점] ① 각종 재료의 용접이 가능
  ② 수동용접도 쉽게 할 수 있다.
  ③ 용입이 깊고, 비드폭이 좁으며, 용접속도가 빠르다.
  ④ 1층으로 용접할 수 있으므로 능률적이다.
 [단점] ① 설비비가 많이 든다.
  ② 무부하전압이 높다.

문제 55 서브머지드 아크 용접 시 사용하는 용융형 용제의 특징에 대한 설명으로 틀린 것은?
① 흡습성이 높아 재건조가 필요하다.
② 비드 외관이 아름답다.
③ 용제의 화학적 균일성이 양호하다.
④ 미용융 용제는 재사용이 가능하다.

해설 **서브머지드 아크용접 특징**
 ① 비드의 외관이 아름답다.
 ② 용재의 화학적 균일성이 양호하다.
 ③ 미용융 용제는 재사용이 가능하다.
 ④ 기계적 성질이 우수하다.
 ⑤ 개선각을 적게하여 용접패스 수를 줄일 수 있다.
 ⑥ 용입이 깊다.
 ⑦ 장비의 가격이 고가이다.
 ⑧ 개선홈의 정밀을 요한다.
 ⑨ 용접재료에 제약을 받는다.

53. ① 54. ① 55. ①

문제 56 산소 및 아세틸렌용기 취급에 대한 설명 중 올바른 것은?
① 산소병은 60℃이하, 아세틸렌 병은 30℃이하의 온도에서 보관한다.
② 아세틸렌 병은 눕혀서 운반하되 운반도중 충격을 주어서는 안된다.
③ 아세틸렌 병은 폭발의 위험을 방지하기 위하여 산소병과 5m 이상 간격을 두고 설치한다.
④ 산소병 내에 다른 가스를 혼합해서는 안 되며 누설시험시는 비눗물을 사용한다.

문제 57 연강용 피복 아크 용접봉 중 가스 실드계의 대표적인 용접봉으로 피복제 중에 유기물을 20~30% 정도 포함하고 있는 것은?
① 라임티타니아계
② 저수소계
③ 철분산화철계
④ 고셀룰로오스계

해설 **고셀룰로오스계** : 가스실드계의 대표적인 용접봉으로 피복제중에 유기물을 20~30%정도 포함

문제 58 이산화탄소(CO_2)아크 용접법의 특징을 설명한 것 중 옳은 것은?
① 적용 재질이 비철계통으로 한정되어 있다.
② 용착금속의 기계적 성질이 나쁘다.
③ 용입이 깊고 용접속도를 빠르게 할 수 있다.
④ 아크를 볼 수 없으므로 시공이 불편하다.

해설 **이산화탄소 아크용접봉의 특징**
① 용입이 깊고 용접속도를 빠르게 할 수 있다.
② 아크시간을 길게 할 수 있다.
③ 가시아크이므로 시공이 편리하다.
④ 용착금속의 기계적 성질 및 금속학적 성질이 우수
⑤ 용제를 사용하지 않아 슬래그 혼입이 없고 용접후의 처리가 간단하다.

문제 59 저항용접에 의한 압접은 전기저항 열로써 모재를 용융상태로 만들고 외력을 가하여 접합하는 용접법이다. 이때 발생하는 저항열을 구하는 식은? [단, Q : 저항열, I : 전류, R : 전기저항, t : 통전시간(초)]
① $Q = 0.24IR^2t$
② $Q = 0.24I^2Rt$
③ $Q = 0.24I^2R^2t$
④ $Q = 0.24I^2Rt^2$

56. ④ 57. ④ 58. ③ 59. ②

해설 $Q = 0.24I^2RT$
여기서, Q : 저하열 I : 전류(A) R : 전기저항 t : 통전시간(sec)

문제 60

용접용어 중 용착부를 만들기 위하여 녹여서 첨가하는 금속을 무엇이라고 하는가?
① 용제   ② 용접금속
③ 용가재   ④ 덧살

해설 **용가제** : 용착부를 만들기 위하여 녹여서 첨가하는 금속

60. ③

용접산업기사

필기

2024

2024년 2월 CBT 시행

본 문제는 복원 기출문제입니다. 실제 문제와 다를 수 있으니 양해바랍니다.

제 1 과목 용접야금 및 용접설비제도

문제 01 용접재료 중 고장력강의 경우 용접에 있어서 균열을 예방하는 방법으로 올바른 것은?

① 예열과 후열 처리를 한다.
② 높은 경도의 재질을 선택한다.
③ 고산화티탄계 용접봉을 사용한다.
④ 용접부의 구속력을 크게 하여 용접한다.

해설 용접재료 중 고장력강의 경우 용접에 있어서 균열을 예방하는 방법 : 예열과 후열 처리를 한다.

문제 02 탄소강의 표준조직이 아닌 것은?

① 페라이트
② 마텐자이트
③ 펄라이트
④ 시멘타이트

해설 탄소강의 표준조직
① 시멘타이트
② 페라이트
③ 펄라이트

문제 03 용접분위기 중에서 발생하는 수소의 원(源)이 아닌 것은?

① 플럭스 중의 유기물
② 결정수를 포함한 광물
③ 플럭스에 흡수된 수분
④ 모재의 성분

해설 용접분위기 중에서 발생하는 수소의 원(源)
① 결정수를 포함한 광물
② 플럭스 중의 유기물
③ 플럭스에 흡수된 수분

해답 01. ① 02. ② 03. ④

문제 04
용접 후 열처리의 목적으로 틀린 것은?

① 수소 등의 가스 흡수
② 용접 열영향 경화부의 연화
③ 용접부의 연성 및 인성 향상
④ 잔류 응력의 완화와 치수 안정화

해설 용접 후 열처리 목적
① 잔류응력의 완화와 치수 안정화
② 용접부의 연성 및 인성 향상
③ 용접 열영향 경화부의 연화

문제 05
15℃에서 15기압을 하면 아세톤 1리터에 대하여 아세틸렌가스 몇 리터가 용해되는가?

① 285
② 350
③ 375
④ 420

해설 15℃ 1기압에서 $25l$가 용해되므로 $15 \times 25 = 375l$

문제 06
시멘타이트를 구상화하는 구상화 풀림의 효과로 옳은 것은?

① 인성 및 절삭성이 개선된다.
② 잔류응력이 커진다.
③ 조직이 조대화 되며 취성이 생긴다.
④ 별로 변화가 없다.

해설 시멘타이트를 구상화하는 구상화 풀림의 효과 : 인성 및 절삭성이 개선된다.

문제 07
고장력강의 용접 시 일반적인 주의사항으로 잘못된 것은?

① 용접봉은 저수소계를 사용한다.
② 용접 개시 전 이음부 내부를 청소한다.
③ 위빙 폭을 크게 하지 말아야 한다.
④ 아크 길이는 최대한 길게 유지한다.

해설 고장력강 용접 시 일반적인 주의사항
① 아크 길이는 짧게 한다.
② 위빙 폭을 크게 하지 말아야 한다.
③ 용접 개시 전 이음부 내부 청소를 한다.
④ 용접봉은 저수소계를 사용

04. ① 05. ③ 06. ① 07. ④

문제 08 강의 충격시험시의 천이온도에 대해 가장 올바르게 설명한 것은?
① 재료가 연성 파괴에서 취성 파괴로 변화하는 온도 범위를 말한다.
② 충격 시험한 시편의 평균 온도를 말한다.
③ 천이온도가 낮은 강을 노치강도가 날카롭다고 한다.
④ 천이온도가 높은 강을 노치인성이 풍부하다고 한다.

해설 **천이온도** : 재료가 연성 파괴에서 취성 파괴로 변화하는 온도 범위

문제 09 특수 황동의 종류에 속하지 않는 것은?
① 에드미럴티 황동   ② 네이벌 황동
③ 쾌삭 황동   ④ 코어손 황동

해설 **특수 황동의 종류**
① 네이벌 황동   ② 쾌삭 황동
③ 에드미럴티 황동 ④ 델타메탈 황동

문제 10 다음 금속 중 면심입방격자(FCC)에 속하는 것은?
① 니켈   ② 크롬
③ 텅스텐 ④ 몰리브덴

해설 • **체심입방격자** : 바나듐, 몰리브덴, 텅스텐, 크롬, 칼륨, 나트륨, 바륨, 탈륨(바몰텅크칼나바탈)
• **면심입방격자** : 은, 구리, 금, 알루미늄, 납, 니켈, 백금, 세슘(은구금알납니백세)
• **조밀입방격자** : 티탄, 마그네슘, 아연, 코발트, 지르코늄, 베릴륨(티마아코지베)

문제 11 대상물의 보이는 부분의 모양을 표시하는 데 쓰이는 외형선의 종류는?
① 굵은실선   ② 가는실선
③ 굵은 1점 쇄선 ④ 은선

해설 대상물의 보이는 부분의 모양을 표시하는 데 쓰이는 외형선 : **굵은실선**

문제 12 재료의 조절도 기호에서 풀림상태(연질)를 표시하는 기호는?
① H   ② A
③ B   ④ 1/2H

해답 08. ① 09. ④ 10. ① 11. ① 12. ②

문제 13 | CAD 시스템의 도입에 따른 적용 효과가 아닌 것은?
① 시제품 제작을 현저히 줄일 수 있는 방법을 제공한다.
② 설계에서의 수정 사항에 대한 신속한 대응이 가능하다.
③ 설계 오류에 따른 검증 절차가 분산되어 정보를 제공한다.
④ 생산성 향상 및 대외 신뢰도의 향상이 가능하다.

해설 CAD 시스템의 도입에 따른 적용 효과
① 생산성 향상 및 대외 신뢰도의 향상이 가능하다.
② 설계에서의 수정 사항에 대한 신속한 대응이 가능하다.
③ 시제품 제작을 현저히 줄일 수 있는 방법을 제공한다.

문제 14 | 그림과 같은 용접기호의 설명으로 올바른 것은?
① 이음의 화살표 쪽에 용접을 한다.
② 양쪽에 용접을 한다.
③ 화살표 반대쪽에 용접을 한다.
④ 어느 쪽에 용접을 해도 무방하다.

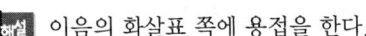

해설 이음의 화살표 쪽에 용접을 한다.

문제 15 | KS에서 일반구조용 압연강재의 종류를 나타내는 기호는?
① SS400　　　② SM45C
③ SWS400　　　④ SPC

해설
- **SS400** : 일반구조용 압연강재
- **SM45C** : 기계구조용 탄소강재
- **SWS400** : 용접구조용 압연강재

문제 16 | 도면에 사용하는 윤곽선의 굵기로 가장 적합한 것은?
① 0.2mm　　　② 0.25mm
③ 0.3mm　　　④ 0.5mm

해설 **도면에 사용하는 윤곽선의 굵기** : 0.5mm

해답　13. ③　14. ①　15. ①　16. ④

문제 17 프로젝션(projection) 용접의 단면치수는 무엇으로 하는가?

① 너깃의 지름
② 구멍의 바닥 치수
③ 다리길이 치수
④ 루트 간격

해설 프로젝션 용접의 단면치수는 너깃의 지름으로 표시

문제 18 용접 기호 중에서 스폿 용접을 표시하는 기호는?

해설 용접기호
① 스폿용접 : ○
② 서페이싱이음 : ═
③ 플러그용접 : ▢
④ 시임용접 : ⊖

문제 19 면이 평면으로 가공되어 있고, 복잡한 윤곽을 갖는 부품인 경우에 그 면에 광명단 등을 발라 스케치 용지에 찍어 그 면의 실형을 얻는 스케치 방법은?

① 프리핸드법
② 프린트법
③ 모양뜨기법
④ 사진촬영법

해설 프린트법 : 면이 평면으로 가공되어 있고, 복잡한 윤곽을 갖는 부품인 경우에 그 면에 광명단 등을 발라 스케치 용지에 찍어 그 면의 실형을 얻는 스케치 방법

문제 20 복사한 도면을 접었을 경우에 어느 부분이 표면으로 나오게 하여야 하는가?

① 표제란이 있는 부분
② 부품란이 있는 부분
③ 정면도가 있는 부분
④ 조립도가 있는 부분

해설 복사한 도면을 접었을 경우에 어느 부분이 표면으로 나오게 하는가 : 표제란이 있는 부분

해답 17. ① 18. ③ 19. ② 20. ①

제 2 과목 용접구조설계

문제 21

완전 맞대기 용접이음이 단순굽힘모멘트 M_b=9800N·cm을 받고 있을 때, 용접부에 발생하는 최대굽힘응력은? (단, 용접선길이=200mm, 판 두께=25mm이고, 굽힘응력방향은 용접선에 수직이다.)

① 196.0N/cm²
② 470.4N/cm²
③ 376.3N/cm²
④ 235.2N/cm²

해설 $\sigma = \dfrac{6M}{t^2 l} = \dfrac{6 \times 9800}{2.5^2 \times 20} = 470.4\text{N/cm}^2$

문제 22

다음 그림에서 용접 홈(Groove)의 각부 명칭을 올바르게 설명한 것은?

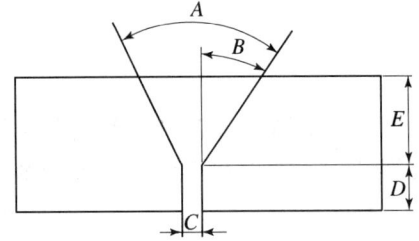

① A : 베벨각도, B : 홈 각도, C : 루트간격, D : 루트면, E : 홈 깊이
② A : 홈 각도, B : 베벨각도, C : 루트면, D : 루트간격, E : 홈 깊이
③ A : 홈 각도, B : 베벨각도, C : 루트면, D : 루트각도, E : 홈 깊이
④ A : 홈 각도, B : 베벨각도, C : 루트간격, D : 루트면, E : 홈 깊이

해설
① A : 홈 각도
② B : 베벨각도
③ C : 루트간격
④ D : 루트면
⑤ E : 홈 깊이

문제 23

가접 시 주의해야 할 사항으로 틀린 것은?

① 본용접자와 동등한 기량을 갖는 용접자가 가용접을 시행한다.
② 본용접과 같은 온도에서 예열을 한다.
③ 개선 홈 내의 가접부는 백치핑으로 완전히 제거한다.
④ 가접의 위치는 부품의 끝 모서리나 각 등과 같이 응력이 집중되는 곳에 한다.

해답

21. ② 22. ④ 23. ④

해설 가접시 주의사항
① 본용접사와 동등한 기량을 가져야 한다.
② 응력이 집중되는 곳은 피한다.
③ 본용접보다 훨씬 낮은 온도에서 예열
④ 시·종단에는 앤드탭을 설치하기도 한다.
⑤ 개선홈 내의 가접부는 백치핑으로 완전히 제거한다.

문제 24

용접이음의 피로강도에 대한 설명으로 틀린 것은?

① 피로강도에 영향을 주는 요소는 이음형상, 하중상태, 용접부 표면상태, 부식환경 등이 있다.
② S-N 선도를 피로선도라 부르며, 응력 변동이 피로한도에 미치는 영향을 나타내는 선도를 말한다.
③ 일반적으로 용접 구조물이 받는 응력은 정응력 보다도 반복응력을 받는 경우가 적다.
④ 하중, 변위 또는 열응력이 반복되어 재료가 손상(균열의 발생이나 파단 등)하는 현상을 피로라고 한다.

해설 용접이음의 피로강도
① 일반적으로 용접 구조물이 받는 응력은 정응력 보다도 반복응력을 받는 경우가 많다.
② 하중, 변위 또는 열응력이 반복되어 재료가 손상하는 현상을 피로라 한다.
③ 피로강도에 영향을 주는 요소는 이음형상, 하중상태, 용접부 표면상태, 부식환경 등이 있다.
④ S-N 선도를 피로선도라 하며, 응력 변동이 피로한도에 미치는 영향을 나타내는 선도를 말한다.

문제 25

끝이 구면인 특수한 해머로써 용접부를 연속적으로 때려 용접표면상에 소성변형을 주어 잔류응력을 완화하는 방법은?

① 구속법 ② 스킵법
③ 가열법 ④ 피닝법

해설 피닝법 : 끝이 구면인 특수한 해머로서 용접부를 연속적으로 때려 용접표면상에 소성변형을 주어 잔류응력을 완화하는 방법

해답 24. ③ 25. ④

문제 26

용접시공 시 용접순서에 관한 설명으로 가장 옳은 것은?
① 용접물 중립축에 대하여 수축력 모멘트의 합이 최대가 되도록 한다.
② 동일 평면 내에 많은 이음이 있을 때에는 수축은 가능한 한 중앙으로 보낸다.
③ 용접물의 중심에 대하여 항상 대칭으로 용접을 진행시킨다.
④ 수축이 작은 이음을 가능한 한 먼저 용접하고, 수축이 큰 이음은 나중에 용접한다.

해설 용접시공 시 용접순서
① 같은 평면 안에 많은 이음이 있을 때에는 수축은 자유단으로 보낸다.
② 응력이 집중될 우려가 있는 곳은 피한다.
③ 본용접사와 동등한 기량을 갖는 용접사가 가접시행
④ 가용접시는 본용접때보다 지름이 약간 가는 용접봉 사용
⑤ 대칭으로 용접실시
⑥ 큰 구조물에서는 구조물의 중앙에서 끝으로 향하여 용접실시
⑦ 조립순서는 수축이 큰 맞대기 이음을 먼저 용접하고 다음에 필릿 용접을 한다.
⑧ 용접물의 중립축에 대하여 용접으로 인한 수축력 모멘트의 합이 0이 되도록 한다.

문제 27

다음 그림과 같이 S_1, S_2의 다리길이가 다를 때 필릿 용접부의 단면적의 공식으로 맞는 것은?

① 단면적 $= \dfrac{S_1 + S_2}{4}$
② 단면적 $= S_1 \times S_2$
③ 단면적 $= \dfrac{S_1 + S_2}{2}$
④ 단면적 $= \dfrac{(S_1 \times S_2)}{2}$

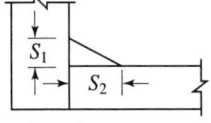

문제 28

맞대기 용접에서 변형이 가장 적은 홈의 형상은?
① V형 홈
② U형 홈
③ X형 홈
④ 한쪽 J형 홈

해설 맞대기 용접에서 변형이 가장 적은 홈의 형상 : X형 홈
한쪽 방향의 완전한 용입을 얻고자 할 때 : V형 홈
맞대기 용접에서 가장 얇은 박판에 사용 : I형 홈

해답
26. ③ 27. ④ 28. ③

문제 29

용접경비를 산출하는 경우 가공부의 크기, 부재의 상태, 용접시간 등 많은 사항을 고려해야 하는데 보통 용접경비를 산출하는 것으로 가장 적당한 것은?

① 용접 길이 1m당의 제(諸)자료에 의하여 산출한다.
② 2시간당 들어가는 제반 비용에 의하여 산출한다.
③ 용접봉 10kg 사용량을 기준으로 산출한다.
④ 용접 홈의 길이와 높이 폭을 감안한 용접부피를 기준으로 산출한다.

해설 보통 용접경비를 산출하는 것 : 용접 길이 1m당의 제 자료에 의하여 산출한다.

문제 30

다음 그림과 같이 완전용입의 평판 맞대기 용접이음에 인장하중 $P=10000N$ 일 때 인장응력은? (판 두께 $t=10mm$, 용접선 길이 $l=200mm$)

① $20N/mm^2$
② $15N/mm^2$
③ $10N/mm^2$
④ $5N/mm^2$

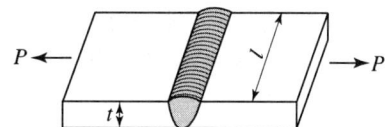

해설 인장응력 $= \dfrac{P}{tl} = \dfrac{10000}{10 \times 200} = 5N/mm^2$

문제 31

용접의 결함 중 기공의 발생 원인으로 틀린 것은?

① 이음부에 기름, 페인트 등 이물질이 있을 때
② 용접 이음부가 서냉 될 때
③ 아크 분위기 속에 수소가 많을 때
④ 아크 분위기 속에 일산화탄소가 많을 때

해설 기공 발생원인
① 용접 이음부의 급냉시
② 이음부에 기름, 페인트 등의 이물질 있을 때
③ 아크분위기 속에 일산화탄소가 많을 때
④ 아크분위기 속에 수소가 많을 때
⑤ 과대전류사용 시
⑥ 용접봉 또는 용접부에 습기가 많을 경우

해답 29. ① 30. ④ 31. ②

문제 32

용접 후 잔류응력을 제거 또는 경감시킬 필요가 있을 때 사용하는 응력제거 방법이 아닌 것은?

① 피닝법
② 노 내 풀림법
③ 고온응력완화법
④ 기계적응력완화법

해설 용접 잔류응력 제거법
① 피닝법 : 해머로써 용접부를 연속적으로 때려 용접표면에 소성변형을 주는 방법
② 기계적응력완화법 : 잔유응력이 있는 제품에 하중을 주어 용접부에 약간의 소성변형을 일으킨 다음 하중을 제거
③ 저온응력완화법 : 용접선 양측을 가스불꽃에 의해 나비 약 150mm를 150~200℃ 정도의 비교적 낮은 온도로 가열한 다음 곧 수냉하는 방법
④ 국부풀림법 : 제품이 커서 노내에 넣을 수 없을 때 또는 설비, 용량 등으로 노내풀림을 바라지 못할 경우에 용접부 근처만을 풀림
⑤ 노내풀림법 : 제품 전체를 가열로 안에 넣고 적당한 온도에서 일정시간 유지한 다음 노내에서 서냉

문제 33

아크 용접 시 6mm 이상 두꺼운 강판용접의 용접 홈의 형상으로 거리가 먼 것은?

① I형
② U형
③ 양면 J형
④ H형

해설 맞대기 홈의 형태
① I형 : 6mm 이하
② X형, K형, 양면 J형 : 12mm 이상
③ V형, 베벨형, J형 : 6mm 이상 19mm 까지
④ U형 : 16mm 이상 50mm 미만
⑤ H형 : 50mm 이상

문제 34

용접부의 노치인성(notch toughness)을 조사하기 위해 시행되는 시험법은?

① 맞대기용접부의 인장시험
② 샤르피 충격시험
③ 저사이클 피로시험
④ 브리넬경도시험

해설 용접부의 노치인성을 조사하기 위해 시행되는 시험법
① 샤르피식충격시험
② 아이조드식충격시험

해답 32. ③ 33. ① 34. ②

문제 35

용접 결함부 보수용접에서 균열부를 용접 시 균열의 진행을 방지하기 위해 사용하는 방법으로 가장 적당한 것은?

① 엔드탭을 사용한다. ② 살포법을 사용한다.
③ 스톱 홀을 뚫는다. ④ 백비드를 낸다.

문제 36

용착법 중에서 일명 비석법이라고도하며 용접 길이를 짧게 나누어 간격을 두면서 용접하는 방법으로 변형이나 잔류응력을 비교적 적게 발생하는 용착방법은?

① 스킵법 ② 대칭법
③ 덧살 올림법 ④ 전진블록법

해설
- 스킵법(비석법) : 이음 전 길이에 대해서 뛰어 넘어서 용접하는 방법
- 대칭법 : 이음의 수축에 따른 변형이 서로 대칭이 되게 할 경우 사용
- 전진블록법 : 한 개의 용접봉을 살을 붙일 만한 길이로 구분해서 홈을 한 부분씩 여러 층으로 쌓아 올린 다음 다른 부분으로 진행하는 용착법
- 빌드업법(덧살올림법) : 다층용접에서 각 층마다 전체의 길이를 용접하면서 쌓아올리는 용접 방법

문제 37

용접작업에서 급열, 급냉에 의한 열응력이나 변형, 균열을 방지하는 방법으로 가장 올바른 것은?

① 용접 전 칸막이를 하고 용접한다.
② 용접 전 모재를 예열한다.
③ 용접부 앞면에 냉각수를 뿌리며 용접한다.
④ 용접 전용장치를 선택하여 사용한다.

문제 38

그림과 같은 용착시공 방법은?

① 띄움법
② 캐스케이드법
③ 살붙이법
④ 전진블록법

[용접 중심선 단면도]

해설
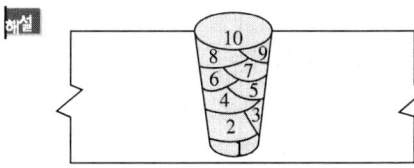
[빌드업법]

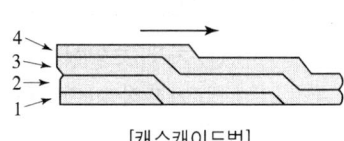
[캐스케이드법]

35. ③ 36. ① 37. ② 38. ②

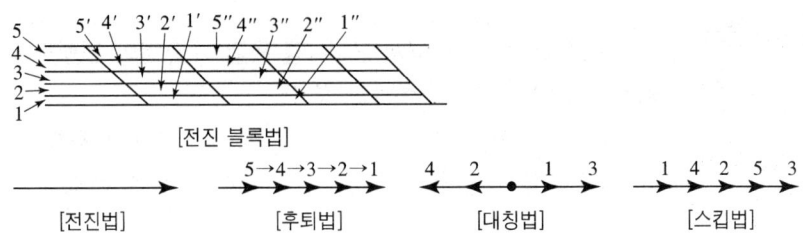

문제 39

V형에 비하여 홈의 폭이 좁아도 되고 또한 루트간격을 "0"으로 해도 작업성과 용입이 좋으며 한 쪽에서 용접하여 충분한 용입을 얻을 필요가 있을 때 사용하는 이음 형상은?

① I형
② U형
③ X형
④ K형

해설 ① I형 : 맞대기 용접에서 가장 얇은 박판에 사용
② V형 : 맞대기 용접에서 한쪽 방향의 완전한 용입을 얻고자 할 때
③ H형 : X형 홈과 같이 양면 용접이 가능한 경우에 용착금속의 양과 패스수를 줄일 목적으로 사용되며 모재가 두꺼울수록 유리한 홈의 형상
④ X형 : 이음홈 형상 중에서 판 두께에 대하여 가장 변형이 적게 설계된 것

문제 40

로크웰 B스케일에서 시험하중에 의한 압입깊이와 기준 하중에 의한 압입깊이의 차를 h 라 할 때 경도 값을 구하는 공식으로 맞는 것은?

① $HRB = 100 - 500h$
② $HRB = 130 - 400h$
③ $HRB = 130 - 500h$
④ $HRB = 100 - 400h$

해설 $HRB = 130 - 500h$

제 3 과목 용접일반 및 안전관리

문제 41

원격제어 방식이 뛰어난 교류 아크 용접기는?

① 가동 코일형
② 가동 철심형
③ 가포화 리액터형
④ 탭 전환형

해답 39. ② 40. ③ 41. ③

해설 교류아크용접기
① 가포화리액터형　㉠ 가변저항의 변화로 용접 전류 조정
　　　　　　　　　　㉡ 원격제어가 되고 조작이 간단
② 가동철심형　　　㉠ 현재 가장 많이 사용
　　　　　　　　　　㉡ 미세한 전류조정이 가능
　　　　　　　　　　㉢ 가동철심으로 누설자속을 가감하여 전류조정
　　　　　　　　　　㉣ 광범위한 전류조정이 어렵다.
③ 가동코일형　　　㉠ 누설 리액턴스 값을 변화시킴.
　　　　　　　　　　㉡ 1,2차 코일 중의 하나를 이동하여 누설자속을 변화하여 전류 조정

문제 42 냉간(冷間)압접 시 주의해야 할 점이 아닌 것은?
① 표면을 깨끗이 한다.　　② 표면산화 방지에 유의한다.
③ 손으로 접촉면을 만지지 않는다.　④ 작업 전 모재를 0℃ 이하로 한다.

문제 43 피복 아크 용접작업 시 주의할 사항으로 옳지 못한 것은?
① 용접봉은 건조시켜 사용할 것
② 용접전류의 세기는 적절히 조절할 것
③ 앞치마는 고무복으로 된 것을 사용할 것
④ 습기가 있는 보호구를 사용하지 말 것

해설 피복 아크 용접시 주의사항
① 용접봉은 건조시켜 사용할 것
② 용접전류의 세기는 적절히 조절할 것
③ 앞치마는 불에 타지 않는 것을 사용할 것
④ 습기가 있는 보호구를 사용하지 말 것

문제 44 다음 용접법 중 압접이 아닌 것은?
① 마찰용접　　② 플래시 맞대기 용접
③ 초음파용접　　④ 전자빔용접

해설 압접
유도가열용접 / 단접 / 초음파용접 / 가압테르밋용접 / 마찰용접 / 냉간압접 / 저항용접
　저항용접 ─ 겹치기용접 ─ 점용접
　　　　　　　　　　　　 ─ 시임용접
　　　　　　　　　　　　 ─ 프로젝션용접
　　　　　　　 맞대기용접 ─ 플래쉬
　　　　　　　　　　　　 ─ 포일시임
　　　　　　　　　　　　 ─ 퍼커션
　　　　　　　　　　　　 ─ 업셋

42. ④　43. ③　44. ④

문제 45 아크 용접기의 바깥 케이스를 어스 시키는 가장 중요한 이유는?
① 용접기에 과잉전류가 흐르는 것을 방지하기 위하여
② 누전되었을 때 작업자의 감전을 방지하기 위하여
③ 용접기의 과열을 방지하기 위하여
④ 용접기의 효율을 높이기 위하여

해설 **용접기의 바깥 케이스를 어스 시키는 이유** : 누전되었을 때 작업자의 감전을 방지하기 위해

문제 46 불활성 가스 금속 아크 용접의 특징 설명으로 틀린 것은?
① TIG 용접에 비해 용융속도가 느리고 박판 용접에 적합하다.
② 각종 금속 용접에 다양하게 적용할 수 있어 응용범위가 넓다.
③ 보호 가스의 가격이 비싸 연강 용접의 경우에는 부적당하다.
④ 비교적 깨끗한 비드를 얻을 수 있고 CO_2 용접에 비해 스패터 발생이 적다.

해설 **불활성 가스 금속 아크 용접**(MIG용접)
① TIG 용접에 비해 용융속도가 빠르고 후판 용접에 적합
② 각종 금속 용접에 다양하게 적용할 수 있어 응용범위가 넓다.
③ 보호 가스의 가격이 비싸 연강 용접의 경우 부적당
④ 비교적 깨끗한 비드를 얻을 수 있고 CO_2 용접에 비해 스패터 발생이 적다.

문제 47 산업 · 보건표지의 색채, 색도기준 및 용도에서 파란색 또는 녹색에 대한 보조색으로 사용되는 색채는?
① 빨간색   ② 흰색
③ 검은색   ④ 노란색

문제 48 땜의 용제가 갖추어야 할 조건에 대한 설명으로 틀린 것은?
① 용제의 유효온도 범위와 납땜 온도가 일치할 것
② 모재와 납땜에 대한 부식 작용이 최소한 일 것
③ 전기 저항 납땜에 사용되는 것은 비전도체일 것
④ 침지땜에 사용되는 것은 수분을 함유하지 않을 것

해설 **납땜의 용제가 갖추어야 할 조건**
① 전기 저항 납땜에 사용되는 것은 전도체일 것
② 용제의 유효온도 범위와 납땜 온도가 일치할 것
③ 침지땜에 사용되는 것은 수분을 함유하지 않을 것
④ 모재와 납땜에 대한 부식 작용이 최소한 일 것

해답
45. ② 46. ① 47. ② 48. ③

문제 49 산소용기의 각인 표시에서 내용적을 표시하는 기호와 단위가 각각 올바르게 구성된 것은?

① 기호 : DT, 단위 : kgf
② 기호 : TP, 단위 : MPa
③ 기호 : V, 단위 : L
④ 기호 : LT, 단위 : kg/h

해설 용기의 각인
① TP(내압시험압력) kgf/cm^2
② FP(기밀시험압력) kgf/cm^2
③ W(용기중량) kgf
④ V(용기내용적) l

문제 50 서브머지드 아크 용접법 중 다전극의 일종으로서, 두전극에서 아크가 발생되고 그 복사열에 의해 용접이 이루어지므로 비교적 용입이 얕아 주로 스테인리스강 등의 덧붙이 용접에 흔히 사용하는 용접 방식은?

① 텐덤식(tandem process)
② 횡병렬식(parallel transverse process)
③ 횡직렬식(series transverse process)
④ 데버식(dever process)

문제 51 가스절단에서 산소 중에 불순물이 증가될 때 나타나는 결과에 대한 설명으로 틀린 것은?

① 절단 속도가 늦어진다.
② 산소의 소비량이 적어진다.
③ 절단면이 거칠어진다.
④ 슬래그의 이탈성이 나빠진다.

해설 가스절단 시 산소 중에 불순물이 증가 시 나타나는 현상
① 산소의 소비량이 많아진다.
② 절단속도가 늦어진다.
③ 슬래그의 이탈성이 나빠진다.
④ 절단면이 거칠어진다.

문제 52 중압식 가스용접 토치에서 사용되는 아세틸렌가스의 압력으로 적당한 것은?

① 0.001~0.007MPa
② 0.007~0.13MPa
③ 0.13~0.25MPa
④ 0.25MPa 이상

해설 아세틸렌가스 압력
① 저압식 가스용접토치 : $0.07kg/cm^2$ 미만(0.007MPa 미만)
② 중압식 가스용접토치 : $0.07~1.3kg/cm^2$ 미만(0.007~0.13MPa 미만)
③ 고압식 가스용접토치 : $1.3kg/cm^2$ 이상(0.13MPa 이상)

49. ③ 50. ③ 51. ② 52. ②

문제 53 아크용접 작업에서 전류가 인체에 미치는 영향 중 몇 mA 이상인 전류가 인체에 흐르면 심장마비를 일으켜 사망할 위험이 있는가?

① 50
② 30
③ 20
④ 10

해설 아크용접작업에서 전류가 인체에 미치는 영향 중 30mA 이상인 전류가 인체에 흐르면 심장마비를 일으켜 사망의 위험

문제 54 가연성 가스 등이 있다고 판단되는 용기를 보수 용접하고자 할 때 안전사항으로 가장 적당한 것은?

① 고온에서 점화원이 되는 기기를 갖고 용기 속으로 들어가서 보수 용접한다.
② 용기 속을 고압산소를 사용하여 환기하며 보수 용접한다.
③ 용기속의 가연성 가스 등을 고온의 증기로 세척을 한 후 환기를 시키면서 보수 용접한다.
④ 용기속의 가연성 가스 등이 다 소모되었으면 그냥 보수 용접한다.

해설 보수용접 시 안전사항 : 용기속의 가연성 가스 등을 고온의 증기로 세척을 한 후 환기를 시키면서 보수 용접한다.

문제 55 돌기 용접(projection welding)의 특징 중 틀린 것은?

① 용접부의 거리가 작은 점용접이 가능하다.
② 전극 수명이 길고 작업 능률이 높다.
③ 작은 용접점이라도 높은 신뢰도를 얻을 수 있다.
④ 한 번에 한 점씩만 용접할 수 있어서 속도가 느리다.

해설 프로젝션용접(돌기용접)의 특징
① 작은 용접점이라도 높은 신뢰도를 얻을 수 있다.
② 전극 수명이 길고 작업 능률이 높다.
③ 용접부의 거리가 작은 점용접이 가능하다.

문제 56 탄소전극과 모재사이에서 발생된 아크에 의해 금속을 용융함과 동시에 고압의 압축공기를 전극과 평행으로 분출시켜 용융 금속을 불어내어 홈을 파는 방법은?

① 스카핑
② 산소아크 절단
③ 아크에어 가우징
④ 플라스마 아크 절단

해답 53. ① 54. ③ 55. ④ 56. ③

해설 아크에어 가우징 : 탄소아크절단 장치에다 압축공기(5~7kg/cm²)를 병용하여서 아크열로 용융시킨 부분을 압축공기로 불어 날려서 홈을 파내는 작업
[장점] ㉠ 용접결함부의 발견이 쉽다.
㉡ 작업능률이 2~3배 높다.
㉢ 용융금속을 순간적으로 불어내어 모재에 악영향 주지 않음.
㉣ 응용범위가 넓고 경비가 저렴

문제 57 직류 아크용접 중의 전압분포에서 양극 전압강하 V_1, 음극 전압강하 V_2, 아크 기둥 전압강하 V_3로 분류할 때, 아크전압 V_a는 어떻게 표시되는가?

① $V_a = V_1 - V_2 + V_3$　　② $V_a = V_1 - V_2 - V_3$
③ $V_a = V_1 + V_2 + V_3$　　④ $V_a = V_1 + V_2 - V_3$

해설 아크전압(V_a) = $V_1 + V_2 + V_3$

문제 58 정격 2차 전류 400A, 정격 사용율이 50%인 교류 아크 용접기로서 250A로 용접할 때 이 용접기의 허용 사용율은?

① 128%　　② 122%
③ 112%　　④ 95%

해설 허용사용률 = $\dfrac{(정격2차전류)^2}{(실제용접전류)^2} \times 정격사용율 = \dfrac{400^2}{250^2} \times 50 = 128\%$

문제 59 피복아크 용접봉에 탄소(C)량을 적게 하는 가장 주된 이유는?

① 스패터 방지　　② 용락방지
③ 산화방지　　④ 균열방지

해설 피복아크 용접봉에 탄소량을 적게 하는 주된 이유 : 균열방지

문제 60 가스 절단이 곤란한 주철, 스테인리스강 및 비철금속의 절단부에 용제를 공급하며 절단하는 방법은?

① 특수절단　　② 분말절단
③ 스카핑　　④ 가스 가우징

해설 특수절단
① 분말절단 : 스테인리스강, 비철금속, 주철 등은 가스절단이 용이하지 않으므로

해답
57. ③　58. ①　59. ④　60. ②

철분 또는 연속적으로 절단용 산소에 혼합 공급함으로서 그 산화열 또는 용제의 화학작용을 이용 절단
② 수중절단 : 물에 잠겨 있는 침몰선의 교량의 교각, 개조, 댐, 항만 방파제 등의 공사에 사용되며 수중작업 시 예열가스의 양은 공기 중에서 4~8배, 절단산소의 압력 1.5~2배 이다.
③ 산소아크절단 : 중공의 피복 용접봉과 모재 사이에 아크를 발생시키고 중심에서 산소를 분출시키며 절단
④ 산소창절단 : 두꺼운판, 주강의 슬랙덩어리, 암석의 천공 등의 절단에 이용

2024년 5월 CBT 시행

본 문제는 복원 기출문제입니다. 실제 문제와 다를 수 있으니 양해바랍니다.

제 1 과목 용접야금 및 용접설비제도

문제 01 알루미늄의 성질을 설명한 것으로 틀린 것은?

① 비중이 가벼워 경금속에 속한다.
② 전기 및 열의 전도율이 좋다.
③ 산화 피막의 보호 작용으로 내식성이 좋다.
④ 염산에 아주 강하다.

해설 **알루미늄의 성질**
① 주물, 다이캐스팅, 전선 등에 쓰임.
② 무기산 염류에 침식된다. 특히 염산중에서는 빠르게 침식된다.
③ 비중 2.7, 용융점 650℃ 열 및 전기의 양도체이다.
④ 알루미늄 합금 인공시효 온도는 160℃ 이다.
⑤ 주조성이 용이하고 다른 금속과 잘 융합
⑥ 전, 연성이 풍부하여 400~500℃에서 연신율이 최대이다.
⑦ 알루미늄은 광석보크사이트로부터 제련한다.
⑧ 알루미늄의 전도도는 구리의 약 65%이다.
⑨ 가볍고 내식성 및 가공성이 좋다.

문제 02 저 융점의 FeS가 결정입계에 개재하여 발생하는 취성으로 Mn을 첨가하여 이것을 방지하는 것은?

① 청열 취성   ② 적열 취성
③ 뜨임 취성   ④ 저온 취성

해설 Mn : 적열취성방지, 황의 해를 제거, 고온에서 결정립 성장 억제

문제 03 금속재료의 용접에서 용접변형을 일으키는 가장 큰 원인은?

① 용접자세   ② 금속의 수축과 팽창
③ 용접 홈의 모양   ④ 용접속도

해설 용접에서 용접변형을 일으키는 가장 큰 원인 : 금속의 수축과 팽창

 01. ④ 02. ② 03. ②

문제 04 저온응력 완화법은 용접선 양측을 일정속도로 이동하는 가스불꽃에 의하여 약 150mm를 가열한 다음 수냉하는 방법이다. 이때 일반적인 가열온도는?

① 50~100℃ ② 100~150℃
③ 150~200℃ ④ 200~300℃

해설 용접 잔류응력 제거법
① 저온 응력 완화법 : 용접선 양측을 가스불꽃에 의하여 나비 약 150mm를 150~200℃ 정도의 비교적 낮은 온도로 가열한 다음 곧 수냉하는 방법
② 기계적 응력 완화법 : 잔류응력이 있는 제품에 하중을 주어 용접부에 약간의 소성변형을 일으킨 다음 하중을 제거하는 방법
③ 피닝법 : 해머로서 용접부를 연속적으로 때려 용접표면에 소성 변형을 주는 방법

문제 05 용접에 의한 경화가 가장 현저한 스테인리스강은?

① 마텐자이트 스테인리스강 ② 페라이트 스테인리스강
③ 오스테나이트 스테인리스강 ④ 2상 스테인리스강

해설 각 조직의 경도순서
마텐자이트 > 트루스타이트 > 솔바이트 > 펄라이트 > 오스테나이트 > 페라이트

문제 06 열영향부(HAZ)의 기계적 특성을 향상시키기 위하여 가장 많이 취하는 방법은?

① 특수한 용가재를 사용한다.
② 용접부를 피닝 한다.
③ 용접부의 냉각속도를 빠르게 한다.
④ 용접부를 예열과 후열을 한다.

해설 열영향부의 기계적 특성을 향상시키기 위해 가장 많이 취하는 방법 : 용접부를 예열과 후열을 한다.

문제 07 고장력강의 용접열영향부 중에서 경도 값이 가장 높게 나타나는 부분은?

① 세립역 ② 조립역
③ 중간역 ④ 입상펄라이트역

해설 고장력강의 용접열영향부 중에서 경도 값이 가장 높게 나타나는 부분 : 조립역

04. ③ 05. ① 06. ④ 07. ②

문제 08

서브머지드 아크 용접 시 용융지에서 금속정련 반응이 일어날 때 용접금속의 청정도 및 인성과 매우 깊은 관계가 있는 것은?

① 플럭스(flux)의 염기도
② 플럭스(flux)의 소결도
③ 플럭스(flux)의 입도
④ 플럭스(flux)의 용융도

해설 서브머지드 아크 용접 시 용융지에서 금속정련 반응이 일어날 때 용접금속의 청정도 및 인성과 매우 관계가 깊은 것 : 플럭스(flux)의 염기도

문제 09

다음 조직 중 순철에 가장 가까운 것은?

① 펄라이트
② 오스테나이트
③ 소르바이트
④ 페라이트

해설 순철에 가까운 조직 : 페라이트

문제 10

면심입방격자(FCC)에서 단위격자 중에서 포함되어 있는 원자의 수는 몇 개 인가?

① 2
② 4
③ 6
④ 8

해설 원자수
① 체심입방격자 : 4개
② 면심입방격자 : 4개
③ 조밀입방격자 : 2개

문제 11

도면의 윤곽선의 규정된 간격을 그려야 한다. 도면을 철하는 부분의 경우 A3용지의 가장자리에서 부터의 최소 간격은?

① 10mm
② 20mm
③ 25mm
④ 30mm

해설 도면을 철하는 부분의 경우 A3용지의 가장자리에서 부터의 최소 간격은 25mm 이다.

문제 12

도면의 명칭에 관한 용어 중 구조물, 장치에 있어서의 관의 접속·배치의 실태를 나타낸 계통도는?

① 공정도
② 배선도
③ 배관도
④ 계장도

해답 08. ① 09. ④ 10. ② 11. ③ 12. ③

해설 **배관도** : 구조물, 장치에 있어서의 관의 접속·배치의 실태를 나타낸 계통도

문제 13 핸들이나 바퀴 등의 암 및 림, 리브, 훅 등의 절단부취를 90° 회전시켜서 그 투상도에 그린 단면도는?

① 온 단면도 ② 한쪽 단면도
③ 부분 단면도 ④ 회전도시 단면도

해설 **단면도**
① 회전도시 단면도 : 핸드, 벨트풀리, 바퀴의 암, 후크의 절단한 단면모양을 90° 회전시킨다.
② 부분단면도 : 일부분을 잘라내고 필요한 내부모양을 그리기 위한 방법
③ 온단면도 : 대칭형 물체의 $\frac{1}{2}$을 잘라낸다.
④ 한쪽단면도 : 대칭형 물체의 $\frac{1}{4}$을 잘라낸다.
⑤ 전개도
　㉠ 입체의 표면을 하나의 평면 위에 놓은 도형
　㉡ 상관선은 상관체에서 입체가 만난 경계선을 말한다.
　㉢ 자동차 부품상자, 책꽂이, 닥트 등

문제 14 기계재료의 표시 방법에서 기호 설명으로 옳지 않은 것은?

① B – 봉 ② C – 주조품
③ F – 강 ④ P – 판

해설 **기계재료의 표시 방법**
① B : 봉 　② C : 주조품 　③ S : 강 　④ P : 판

문제 15 CAD 시스템을 사용하여 얻을 수 있는 장점이 아닌 것은?

① 도면의 품질이 좋아진다.
② 도면작성 시간이 단축된다.
③ 수치결과에 대한 정확성이 증가한다.
④ 설계제도의 규격화와 표준화가 어렵다.

해설 **CAD 시스템을 사용하여 얻을 수 있는 장점**
① 수치결과에 대한 정확성이 증가한다.
② 도면작성 시간이 단축된다.
③ 도면의 품질이 좋아진다.
④ 설계제도의 규격화와 표준화가 쉽다.

해답 13. ④　14. ③　15. ④

문제 16
실형의 물건에 광면단 등 도료를 발라 용지에 찍어 스케치 하는 방법은?
① 사진촬영법　　② 본뜨기법
③ 프리핸드법　　④ 프린트법

해설 프린트법 : 실형의 물건에 광면단 등 도료를 발라 용지에 찍어 스케치 하는 방법

문제 17
다음 중 가는 실선으로만 구성된 것이 아닌 것은?
① 치수선 – 지시선 – 치수보조선　　② 지시선 – 회전단면선 – 치수보조선
③ 치수선 – 회전단면서 – 절단선　　④ 수준면선 – 치수보조선 – 치수선

해설 선의 종류
① 가는실선 : ㉠ 파단선　　㉡ 해칭선　　㉢ 치수선
　　　　　　㉣ 치수보조선　㉤ 지시선　㉥ 회전단면선
② 가는일점쇄선 : ㉠ 중심선　㉡ 절단선　㉢ 기준선
　　　　　　㉣ 피치선
③ 굵은실선 : 외형선
④ 가는이점쇄선 : 가상선

문제 18
그림과 같은 용접기호가 심(seam)용접부에 도시되어 있다. 다음 중 설명이 잘못된 것은?

① 심 용접부의 폭은 3mm이다.
② 심 용접부의 길이는 50mm이다.
③ 심 용접부의 거리는 30mm이다.
④ 심 용접부의 두께는 5mm이다.

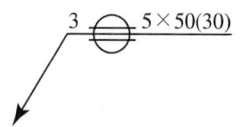

해설 시임용접부의 갯수 5개

문제 19
도면 크기의 종류 중 호칭방법과 치수(A×B)가 맞지 않는 것은? (단, 단위는 mm 이다.)
① A0 = 841 × 1189　　② A1 = 594 × 841
③ A3 = 297 × 420　　④ A4 = 220 × 297

해설 도면의 크기

용지	세로	가로	용지	세로	가로
A0	841	1189	A3	297	420
A1	594	841	A4	210	297
A2	420	594			

16. ④　17. ③　18. ④　19. ④

문제 20 다음과 같은 용접 기본기호의 명칭으로 맞는 것은?
① 개선 각이 급격한 V형 맞대기 용접
② 가장자리 용접
③ 필릿 용접
④ 일면 개선형 맞대기 용접

[기호]

제 2 과목 용접구조설계

문제 21 맞대기 용접시에 사용되는 엔드탭(end tab)에 대한 설명으로 틀린 것은?
① 용접 시작부와 끝부분에 가접한 후 용접한다.
② 용접 시작부와 끝부분에 결함을 방지한다.
③ 모재와 다른 재질을 사용해야 한다.
④ 모재와 같은 두께와 홈을 만들어 사용한다.

해설 엔드탭에 대한 설명
① 모재와 같은 두께와 홈을 만들어 사용한다.
② 모재와 같은 재질을 사용해야 한다.
③ 용접 시작부와 끝부분에 결함을 방지한다.
④ 용접 시작부와 끝부분에 가접한 후 용접한다.

문제 22 인장강도 P, 사용응력 σ, 허용응력 σ_a 라 할 때, 안전율 공식으로 옳은 것은?
① 안전율= $P/(\sigma \cdot \sigma_a)$
② 안전율= P/σ_a
③ 안전율= $P/(2 \cdot \sigma)$
④ 안전율= P/σ

해설 안전율= $\dfrac{\text{인장강도}}{\text{허용응력}}$

문제 23 한쪽 모재 구멍을 이용하여 구멍안쪽과 다른 모재의 표면을 용접하는 것은?
① 플러그 용접
② 마찰 용접
③ 플랜지 용접
④ 플레어 용접

해설 플러그용접 : 한쪽 모재 구멍을 이용하여 구멍안쪽과 다른 모재의 표면을 용접

해답 20. ④ 21. ③ 22. ② 23. ①

문제 24 필릿 용접이음의 파면시험은 시험편을 파단 시킨 후 용접부를 검사하는 방법이다. 다음 중 파면시험으로 검사할 수 없는 것은?

① 용입불량 ② 슬래그잠입
③ 라미네이션 균열 ④ 기공

해설 파면시험으로 검사
① 기공 ② 슬래그혼입
③ 용입불량 ④ 선상조직
⑤ 은점

문제 25 용접봉에 용착효율은 용접봉의 소요량을 산출하거나 용접 작업시간을 판단하는데 필요하다. 용착효율(%)을 나타내는 식으로 맞는 것은?

① 용착효율(%) = $\dfrac{\text{피복제의 중량}}{\text{용착금속의 중량}} \times 100$

② 용착효율(%) = $\dfrac{\text{용착금속의 중량}}{\text{피복제의 중량}} \times 100$

③ 용착효율(%) = $\dfrac{\text{용착금속의 중량}}{\text{용접봉 사용 중량}} \times 100$

④ 용착효율(%) = $\dfrac{\text{용접봉 사용 중량}}{\text{용착금속의 중량}} \times 100$

해설 용착효율(%) = $\dfrac{\text{용착금속의 중량}}{\text{용접봉 사용 중량}} \times 100$

문제 26 용접부 시험법 중 파괴시험법에 해당되는 것은?

① 와류 시험 ② 현미경 조직 시험
③ X선 투과 시험 ④ 형광 침투 시험

해설 비파괴시험법
① RT : 방사선투과시험(X선 투과시험) ② UT : 초음파 시험
③ PT : 침투시험(형광침투시험) ④ MT : 자분검사시험(자기시험)
⑤ LT : 누설시험 ⑥ VT : 육안시험
⑦ ET : 와류시험

해답 24. ③ 25. ③ 26. ②

문제 27 용접입열이 일정한 경우 열전도율(λ)이 큰 것 일수록 냉각속도가 크다. 다음 금속 중 냉각속도가 가장 빠른 것은?

① 연강
② 스테인리스강
③ 알루미늄
④ 동(銅)

해설 **열전도율이 큰 순서**(열전도율이 클수록 냉각속도도 빠르다.)
은>구리>금>알루미늄>마그네슘>아연>니켈>철>납

문제 28 용접구조물에서 파괴 및 손상의 원인으로 가장 거리가 먼 것은?

① 재료 불량
② 사용 불량
③ 설계 불량
④ 시공 불량

해설 **용접구조물에서 파괴 및 손상의 원인**
① 재료불량   ② 설계불량   ③ 시공불량

문제 29 다음 그림과 같은 맞대기 용접 이음에서 강판의 두께를 10mm로 하고 최대 2500N의 인장하중을 작용시킬 때 필요한 용접 길이는? (단, 용접부의 허용인장응력은 10N/mm² 이다.)

① 25mm
② 23mm
③ 20mm
④ 18mm

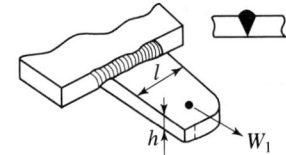

해설 $\sigma = \dfrac{P}{tl}$

$l = \dfrac{P}{\sigma t} = \dfrac{2500}{10 \times 10} = 25\text{mm}$

문제 30 용착금속 중의 수소량과 산소량이 가장 적은 용접봉은?

① 라임티타니아계
② 고셀룰로오스계
③ 일루미나이트계
④ 저수소계

해설 **용착금속 중의 수소량과 산소량이 가장 적은 용접봉** : 저수소계(E4316)

해답 27. ④ 28. ② 29. ① 30. ④

문제 31 용접용어 중 아크 용접의 비드 끝에서 오목하게 파진 곳이라고 정의하는 것은?
① 스패터(Spatter) ② 크레이터(Crater)
③ 피트(Pit) ④ 오버랩(Overlap)

해설
- **크레이터** : 아크용접의 비드 끝에서 오목하게 파진 곳
- **스패터** : 아크용접이나 가스용접 시 비산하는 슬래그

문제 32 용접이음 설계 시 일반적인 주의사항으로 틀린 것은?
① 가급적 능률이 좋은 아래보기 용접을 많이 할 수 있도록 할 것
② 가급적 용접선을 교차시키도록 할 것
③ 용접작업에 지장을 주지 않도록 충분한 공간을 갖도록 할 것
④ 용접 이음을 1개소로 집중시키거나 너무 접근 시키지 않을 것

해설 용접설계 시 일반적인 주의사항
① 가급적 용접선을 교차하지 않도록 할 것
② 용접 이음을 1개소로 집중시키거나 너무 접근 시키지 않을 것
③ 가급적 능률이 좋은 아래보기 용접을 많이 할 수 있도록 할 것
④ 용접작업에 지장을 주지 않도록 충분한 공간을 갖도록 할 것

문제 33 용접부에 인장, 압축의 반복하중 30 ton이 작용하는 폭 600mm인 두 장의 강판을 I형 맞대기 용접 하였을 때, 두 강판의 두께가 약 몇 mm 이면 견딜 수 있는가? (단, 허용응력 $\sigma_a = 6.3 \text{kg.mm}^2$로 한다.)
① 1mm ② 2mm
③ 6mm ④ 8mm

해설 $\sigma = \dfrac{P}{tl}$ $t = \dfrac{P}{\sigma l} = \dfrac{30 \times 1000}{6.3 \times 600} = 7.936$

문제 34 가접 시 주의해야 할 사항으로 옳은 것은?
① 본 용접자(者)보다 용접 기량이 낮은 용접자가 가접을 시행한다.
② 가접 위치는 부품의 끝 모서리나 각 등과 같이 응력이 집중되는 곳에 가접한다.
③ 가접 간격은 일반적으로 판 두께의 150~300배 정도로 하는 것이 좋다.
④ 용접봉은 본 용접 작업 시에 사용하는 것보다 가는 것을 사용한다.

해답 31. ② 32. ② 33. ④ 34. ④

해설 가접시 주의사항
① 용접봉은 본 용접 작업 시에 사용하는 것보다 가는 것을 사용
② 본 용접자와 같은 기량을 가진 용접자가 가접
③ 가접 위치는 부품의 끝 모서리나 각 등과 같이 응력이 집중되는 곳은 피한다.

문제 35

레이저 용접의 특징 설명으로 틀린 것은?
① 좁고 깊은 용접부를 얻을 수 있다.
② 대입열 용접이 가능하고, 열영향부의 범위가 넓다.
③ 고속 용접과 용접 공정의 융통성을 부여할 수 있다.
④ 접합되어야 할 부품의 조건에 따라서 한 방향의 용접으로 접합이 가능하다.

해설 레이저 용접의 특징
① 접합되어야 할 부품의 조건에 따라서 한 방향의 용접으로 접합이 가능
② 고속 용접과 용접 공정의 융통성을 부여할 수 있다.
③ 좁고 깊은 용접부를 얻을 수 있다.

문제 36

용접변형 방지법 중 냉각법에 속하지 않는 것은?
① 살수법   ② 수냉동판 사용법
③ 비석법   ④ 석면포 사용법

해설 용접변형 방지법 중 냉각법
① 석면포 사용법
② 수냉동판 사용법
③ 살수법

문제 37

용접 후 잔류응력 제거를 목적으로 일반적으로 판 두께가 25mm인 용접 구조용 압연강재 또는 탄소강의 경우 노 내 풀림 시 온도로 가장 적당한 것은?
① 325±25℃   ② 425±25℃
③ 625±25℃   ④ 825±25℃

해설 노내풀림 및 국부풀림의 유지온도와 시간
① 일반구조용 압연강재, 용접구조용 압연강재 : 625±25℃, 판 두께 25mm에 대해 1시간
② 고온, 고압배관용 강관 : 725±25℃, 판 두께 25mm 대해 2시간

해답 35. ② 36. ③ 37. ③

문제 38 구조용 강재 용접부의 피로강도에 영향을 주는 인자로 가장 거리가 먼 것은?
① 이음 형상
② 용접결함의 존재
③ 용접구조상의 응력집중
④ 용접선 길이

해설 용접부의 피로강도에 영향을 주는 인자
① 용접구조상의 응력집중
② 이음 형상
③ 용접결함의 존재

문제 39 용접부의 잔류응력을 제거하는 방법에 해당되지 않는 것은?
① 노 내 풀림법
② 국부 풀림법
③ 피닝법
④ 코킹법

해설 용접부의 잔류응력 제거법
① 노내풀림법 : 제품 전체를 가열로 안에 넣고 적당한 온도에서 일정시간 유지한 다음 노내에서 서냉
② 국부풀림법 : 제품이 커서 노내에 넣을 수 없을 때 또는 설비, 용량 등으로 노내 풀림을 바라지 못할 경우에 용접부 근처만 풀림
③ 저온응력완화법 : 용접선 양측을 가스불꽃에 의해 나비 약 150mm를 150~200℃ 정도의 비교적 낮은 온도로 가열한 다음 곧 수냉하는 방법
④ 기계적응력완화법 : 잔유응력이 있는 제품에 하중을 주어 용접부에 약간의 소성변형을 일으킨 다음 하중을 제거
⑤ 피닝법 : 해머로서 용접부를 연속적으로 때려 용접표면에 소성변형을 주는 방법

문제 40 용접시공에서 예열을 하는 목적을 잘못 설명한 것은?
① 용접부와 인접한 모재의 수축응력을 감소하고 균열을 방지하기 위하여 예열을 한다.
② 냉각속도를 지연시켜 열영향부와 용착금속의 경화를 방지하기 위하여 예열을 한다.
③ 냉각속도를 지연시켜 용접금속 내에 수소성분을 배출함으로서 비드 및 균열(under bead crack)을 방지한다.
④ 탄소성분이 높을수록 임계점에서의 냉각속도가 느리므로 예열을 할 필요가 없다.

해설 탄소성분이 높을수록 임계점에서의 냉각속도가 느리므로 예열을 하여야 한다.

해답 38. ④ 39. ④ 40. ④

제 3 과목 용접일반 및 안전관리

문제 41

다음 중 필릿 용접을 나타낸 그림은?

① 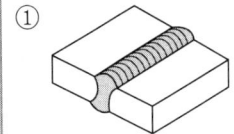 ②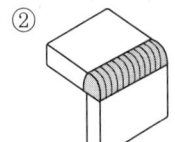

③ 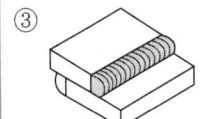 ④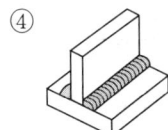

해설 이음의 종류

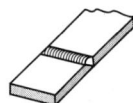 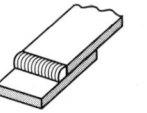

① 맞대기 이음   ② 겹치기 이음   ③ 모서리 이음

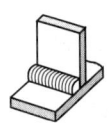  

④ T 이음   ⑤ 끝단 이음   ⑥ 양면 덮개판 이음

문제 42

TIG 용접에 관한 사항 중 올바른 것은?
① 직류는 TIG 용접기에 사용할 수 없다.
② 직류 역극성은 직류 정극성에 비해 비드 폭이 좁다.
③ 두꺼운 모재일수록 직류 정극성으로 한다.
④ 교류는 TIG 용접기에 사용할 수 없다.

해설 TIG 용접
① 직류는 TIG 용접기에 사용할 수 있다.
② 직류 역극성은 직류 정극성에 비해 비드 폭이 넓다.
③ 두꺼운 모재일수록 직류 정극성으로 한다.
④ 교류는 TIG 용접기에 사용할 수 있다.

해답

41. ④   42. ③

문제 43

용접기는 아크의 안정을 위하여 아크 용접전원의 외부 특성 곡선이 필요하다. 관련이 없는 것은?

① 수하 특성 ② 정전압 특성
③ 상승 특성 ④ 과부하 특성

해설 용접기 특성
① 수하특성 : 부하전류가 증가하면 단자전압이 낮아지는 특성
② 정전압특성
  ㉠ 부하전류가 변하여도 단자전압은 거의 변화하지 않는 특성
  ㉡ MIG 또는 CO_2 용접 등에 적합한 특성으로 일명 CP특성이라고 함.
③ 정전류특성 : 부하전압이 변하여도 단자전류는 거의 변화하지 않는 특성
④ 상승특성 : 전류의 증가에 따라서 전압이 약간 높아지는 특성

문제 44

가스용접 작업 시 전진법과 후진법의 비교 중 전진법의 특징이 아닌 것은?

① 열 이용률이 양호하다.
② 용접속도가 느리다.
③ 용접변형이 크다.
④ 용접가능한 판 두께가 5mm 정도로 얇다.

해설 전진법의 특징
① 용접변형이 크다.   ② 홈의 각도가 크다.
③ 열 이용률이 나쁘다.   ④ 용접속도가 느리다.
⑤ 박판용접에 적합   ⑥ 비드표면이 매끈하다.

문제 45

초음파 용접의 특징 설명 중 옳지 않은 것은?

① 냉간압접에 비하여 주어지는 압력이 작으므로 용접물의 변형이 적다.
② 용접 입열이 적고 용접부가 좁으며 용입이 깊어 이종 금속의 용접이 불가능 하다.
③ 용접물의 표면처리가 간단하고 압연한 그대로의 재료도 용접이 가능하다.
④ 얇은 판이나 필름(film)의 용접도 가능하다.

해설 초음파 용접의 특징
① 얇은 판이나 필름의 용접도 가능하다.
② 용접물의 표면처리가 간단하고 압연한 그대로의 재료도 용접이 가능하다.
③ 냉간압접에 비해 주어지는 압력이 작으므로 용접물의 변형이 적다.

해답
43. ④ 44. ① 45. ②

문제 46
심(seam)용접에서 용접법의 종류가 아닌 것은?
① 플래시 심 용접(flash seam welding)
② 맞대기 심 용접(butt seam welding)
③ 매시 심 용접(mash seam welding)
④ 포일 심 용접(foil seam welding)

해설 심용접에서 용접법의 종류
① 맞대기 심 용접
② 매시 심 용접
③ 포일 심 용접

문제 47
피복 아크 용접에서 정극성과 역극성의 설명으로 옳은 것은?
① 용접봉을 (−)극에, 모재에 (+)극을 연결하면 정극성이라 한다.
② 정극성일 때 용접봉의 용융속도는 빠르고 모재의 용입은 얕아진다.
③ 역극성일 때 용접봉의 용융속도는 빠르고 모재의 용입은 깊어진다.
④ 박판의 용접은 주로 정극성을 이용한다.

해설 ① **직류정극성**
　㉠ 모재(+) 70%, 용접봉(−) 30%　　㉡ 용입이 깊다.
　㉢ 용접봉의 녹음이 느리다.　　㉣ 비드 폭이 좁다.
　㉤ 후판용접 가능
② **직류역극성**
　㉠ 용접봉(+) 70%, 모재(−) 30%　　㉡ 용입이 얕다.
　㉢ 용접봉의 녹음이 빠르다.　　㉣ 비드 폭이 넓다.
　㉤ 박판용접 가능

문제 48
MIG 용접의 특징에 대한 설명으로 틀린 것은?
① 반자동 또는 전자동 용접기로 용접속도가 빠르다.
② 정전압 특성 직류용접기가 사용된다.
③ 상승특성의 직류용접기가 사용된다.
④ 아크 자기 제어 특성이 없다.

해설 MIG 용접의 특징
① 아크 자기 제어 특성이 있다.
② 상승특성의 직류용접기가 사용된다.
③ 정전압 특성 직류용접기가 사용된다.
④ 반자동 또는 전자동 용접기로 용접속도가 빠르다.

해답
46. ①　47. ①　48. ④

문제 49 표피효과(skin effect)와 근접효과(proximity effect)를 이용하여 용접부를 가열 용접하는 방법은?

① 초음파 용접(ultrasonic welding)
② 마찰 용접(friction pressure welding)
③ 폭발 압접(explosive welding)
④ 고주파 용접(high-frequency welding)

해설 **고주파 용접** : 표피효과와 근접효과를 이용하여 용접부를 가열하는 용접

문제 50 가스절단 방법의 종류에 해당되지 않는 것은?

① 가스 시공　　　　② 보통가스 절단
③ 분말 절단　　　　④ 플라스마 제트 절단

해설 **가스절단 방법의 종류**
① 분말 절단
② 가스 시공
③ 보통가스 절단

문제 51 TIG 용접 중 직류정극성을 사용하여 용접했을 때 용접효율을 가장 많이 올릴 수 있는 재료는?

① 스테인리스강　　　② 알루미늄합금
③ 마그네슘합금　　　④ 알루미늄주물

해설 **TIG 용접 중 직류정극성을 사용하여 용접시 용접효율을 가장 많이 올릴 수 있는 재료** : 스테인리스강

문제 52 40kVA의 교류아크 용접기의 전원전압이 200V일 때 전원스위치에 넣을 퓨즈의 용량은 몇 A 인가?

① 50　　　　　　　② 100
③ 150　　　　　　　④ 200

해설 퓨즈용량 $= \dfrac{40 \times 1000}{200} = 200$

49. ④　50. ④　51. ①　52. ④

문제 53 연강용 피복 아크 용접봉의 종류와 피복제의 계통이 서로 맞게 연결된 것은?

① E4301 : 일루미나이트계
② E4303 : 저수소계
③ E4311 : 라임티타니아계
④ E4313 : 고셀룰로오스계

해설 피복제 계통
① E4301(일미나이트계)
② E4303(라임티탄계)
③ E4311(고셀룰로오스계)
④ E4313(고산화티탄계)
⑤ E4316(저수소계)
⑥ E4324(철분산화티탄계)
⑦ E4326(철분저수소계)
⑧ E4327(철분산화철계)
⑨ E4340(특수계)

문제 54 정격출력전류가 180A인 교류 아크 용접기의 최고 무부하전압으로 맞는 것은?

① 30V 이하
② 50V 이하
③ 80V 이하
④ 100V 이하

해설 정격출력전류가 180A인 교류 아크 용접기의 최고 무부하전압 : 80V 이하

문제 55 가스절단면에서 절단면에 생기는 드래그라인(drag line)에 관한 설명으로 틀린 것은?

① 절단속도가 일정할 때 산소 소비량이 적으면 드래그 길이가 길고 절단면이 좋지 않다.
② 가스 절단의 양부를 판정하는 기준이 된다.
③ 절단속도가 일정할 때 산소 소비량을 증가시키면 드래그 길이는 길어진다.
④ 드래그 길이는 주로 절단속도, 산소 소비량에 따라 변화한다.

해설 절단속도가 일정할 때 산소 소비량을 증가시키면 드래그 길이는 짧아진다.

문제 56 용접 중 아크 빛으로 인하여 눈이 혈안이 되고 붓는 수가 있는데 이때 우선 취해야 할 조치로 가장 적절한 것은?

① 밖에 나가 먼 산을 바라본다.
② 눈에 소금물을 넣는다.
③ 안약을 넣고 계속 작업한다.
④ 냉습포를 눈 위에 얹고 안정을 취한다.

해설 냉습포를 눈 위에 얹고 안정을 취한다.

해답
53. ① 54. ③ 55. ③ 56. ④

문제 57
MIG용접 시 직류 역극성에 의한 용적 이행은?
① 핀치 이행
② 스프레이 이행
③ 입적 이행
④ 단락 이행

해설 MIG용접 시 직류 역극성에 의한 용적 이행 : 스프레이 이행

문제 58
교류아크 용접 시 아크시간이 6분이고 휴식시간이 4분일 때 사용율은 얼마인가?
① 40%
② 50%
③ 60%
④ 70%

해설 사용율 = $\dfrac{\text{아크시간}}{\text{아크시간} + \text{휴식시간}} \times 100 = \dfrac{6}{6+4} \times 100 = 60\%$

문제 59
피복아크 용접에서 전류가 인체에 미치는 영향 중 고통을 느끼고 강한 근육 수축이 일어나며 호흡이 곤란한 경우의 감전전류 값은 몇 mA 정도 인가?
① 1~5
② 20~50
③ 100~150
④ 200~300

해설 피복아크 용접에서 전류가 인체에 미치는 영향 중 고통을 느끼고 강한 근육 수축이 일어나며 호흡이 곤란한 경우의 감전전류 : 20~50mA

문제 60
피복 아크 용접봉에서 아크를 안정시키는 피복제의 성분은?
① 산화티탄
② 페로망간
③ 마그네슘
④ 알루미늄

해설 피복제성분

① 아크안정제
- (산) 산화티탄
- (석) 석회석
- (규) 규산나트륨 · 규산칼륨
- (자) 자철광
- (적) 적철광

② 슬래그생성제
- (이) 이산화망간
- (산) 산화티탄 · 산화철
- (형) 형석
- (석) 석회석
- (일) 일미나이트
- (알) 알루미나
- (장) 장석
- (규) 규사

③ 탈산제
- (바) 바나듐 — 페로바나듐 (Fe-V)
- (실) 실리콘 — 페로실리콘 (Fe-Si)
- (티) 티탄 — 페로티탄 (Fe-Ti)
- (크) 크롬 — 페로크롬 (Fe-Cr)
- (망) 망간 — 페로망간 (Fe-Mn)
- (알) 알루미늄 (Al)

해답 57. ② 58. ③ 59. ② 60. ①

2024년 7월 CBT 시행

본 문제는 복원 기출문제입니다. 실제 문제와 다를 수 있으니 양해바랍니다.

제 1 과목   용접야금 및 용접설비제도

문제 01 다음 중 감마철(γ-Fe)의 결정구조는?
① 면심입방격자   ② 체심입방격자
③ 조밀입방격자   ④ 사방입방격자

해설 **금속원자의 단위결정격자의 종류**
① 체심입방격자 : V, Mo, W, Cr, K, Na, Ba, Ta, $\alpha-Fe$, $\delta-Fe$
② 면심입방격자 : Ag, Cu, Au, Al, Pb, Ni, Pt, Ce, $\gamma-Fe$
③ 조밀입방격자 : Ti, Mg, Zn, Co, Zr, Be

문제 02 합금강에 첨가한 각 원소의 일반적인 효과가 잘못된 것은?
① Ni-강인성 및 내식성 향상   ② Ti-내식성 향상
③ Cr-내식성 감소 및 연성 증가   ④ W-고온강도 향상

해설 **특수원소의 영향**
① 니켈 : 인성증가, 저온충격저항 증가, 질화촉진, 주철의 흑연화 촉진, 내식성 향상
② 티탄 : 탄화물 생성용이, 결정입자의 미세화, 내식성 향상
③ 크롬 : 내식성, 내마모성 향상, 흑연화를 안정, 탄화물 안정
④ 텅스텐 : 고온강도 향상
⑤ 망간 : 적열취성방지, 황의 해를 제거, 고온에서 결정립성장 억제, 흑연화를 방해하여 백주철화 촉진

문제 03 오스테나이트계 스테인리스강에서 발생하는 응력부식 균열의 특징에 대한 설명 중 틀린 것은?
① 산소는 응력부식을 가속화시키는 작용을 한다.
② 초기의 균열이 발견되지 않는 잠복기를 거친 후 균열이 급격히 진행된다.
③ 외부에서 수축력이 작용하면 응력부식균열 저항성이 감소된다.
④ 완전 오스테나이트계 스테인리스강보다 오스테나이트상과 페라이트상이 혼합된 스테인리스강의 응력부식균열이 저항성이 더 높다.

해답 01. ① 02. ③ 03. ③

해설 외부에서 수축력이 작용하면 응력부식균열 저항성이 증가한다.

문제 04 용접한 오스테나이트 스테인리스강의 입간부식을 방지하기 위해 사용하는 탄화물 안전화 원소에 속하지 않는 것은?
① Ti   ② Nb
③ Ta   ④ Al

해설 탄화물 안정화 원소
① 티탄(Ti)   ② 네오데뮴(Nb)   ③ 탈륨(Ta)

문제 05 GA 46이라 표시된 연강용 가스 용접봉 규격에서 46은 무엇을 의미하는가?
① 용착금속의 최소 인장강도 수준   ② 용접봉의 표준 조직번호
③ 용착금속의 최소 연식율 구분   ④ 용접봉의 피복제의 종류

해설 GA 46 : 가스용접봉으로서 용착금속의 최소인장강도

문제 06 주철용접에서 예열을 실시할 때 얻는 효과 중 틀린 것은?
① 변형의 저감
② 열영향부 경도의 증가
③ 이종재료 용접시의 온도기울기 감소
④ 사용 중인 주조의 탄수화물 오염의 저감

해설 주철용접에서 예열을 실시할 때 얻는 효과
① 열영향부 경도의 감소
② 변형의 저감
③ 사용 중인 주조의 탄수화물 오염의 저감
④ 이종재료 용접시의 온도기울기 감소

문제 07 화살표가 지시하는 면의 밀러지수로 바른 것은? (단, x, y, z 축의 절편의 길이는 2, 1, 3이다.)
① (2 1 3)
② (2 3 6)
③ (3 1 2)
④ (3 6 2)

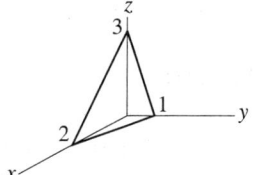

해답
04. ④   05. ①   06. ②   07. ④

문제 08 아크 분위기는 대부분이 플럭스를 구성하고 있는 유기물 탄산염 등에서 발생한 가스로 구성되어 있다. 다음 중 아크 분위기의 가스성분에 속하지 않는 것은?
① He
② CO
③ CO_2
④ H_2

해설 아크분위기의 가스성분 ① CO ② CO_2 ③ H_2

문제 09 가스 용접 산소(O_2)와 함께 연소되어 가장 높은 온도의 불꽃을 발생시키는 가스는?
① 수소(H_2)
② 프로판(C_3H_8)
③ 메탄(CH_4)
④ 아세틸렌(C_2H_2)

해설 불꽃온도
① 아세틸렌 : 3430℃   ② 수소 : 2900℃   ③ 부탄 : 2926℃
④ 프로판 : 2820℃   ⑤ 메탄 : 2700℃

문제 10 용접부의 연성시험 방법에 사용되는 굽힘시험 시 시험편의 외부에 적용되는 변형량을 산출하는 식으로 맞는 것은? (단, ϵ은 % 변형율, t는 굽힘시험편의 두께, R은 굽힘시험 시 내부의 반경이다.)

① $\epsilon = \dfrac{100t}{2R+t}$
② $\epsilon = \dfrac{100t}{2R}$
③ $\epsilon = \dfrac{100t}{4R+t}$
④ $\epsilon = \dfrac{100t}{4R}$

해설 변형량 산출식 $\epsilon = \dfrac{100t}{2R+t}$

여기서, ϵ : 변형율(%), t : 굽힘시험편의 두께, R : 굽힘시험 시 내부의 반경

문제 11 도형에 관한 용어 중 "대상물의 사면에 대향하는 위치에 그린 투상도"를 뜻하는 것은?
① 주 투상도
② 보조 투상도
③ 회전 투상도
④ 부분 투상도

해설 투상도
① 등각투상도 : 서로 120°를 이루는 3개의 기본 축에 정면, 평면, 측면을 하나의 투상면 위에서 동시에 볼 수 있도록 나타낸 입체도
② 보조투상도 : 경사면부가 있는 대상물에서 그 경사면의 실험을 나타낼 필요가 있는 경우에 그리는 투상도

해답 08. ① 09. ④ 10. ① 11. ②

③ 국부투상도 : 대상물의 구멍, 홈 등과 같이 한부분의 모양을 도시
④ 부분투상도 : 필요한 부분만을 투상하여 도시

문제 12 선에 관한 용어 중 "대상물의 일부분을 가상으로 제외했을 경우의 경계를 나타내는 선"을 뜻하는 것은?
① 절단선
② 피치선
③ 파단선
④ 무게중심선

해설 용도에 따른 선의 종류
① 파단선 : 대상물의 일부를 파단한 경계를 나타내는 선
② 해칭선 : 도형의 한정된 특정부분을 다른 부분과 구별
③ 외형선 : 대상물이 보이는 부분의 모양을 표시
④ 가상선 : 가공 전, 후 표시, 인접부분 참고 표시, 공구위치 참고 표시

문제 13 도면에는 도면의 크기에 따라 굵기 몇 mm 이상의 윤곽선을 그리는가?
① 0.2mm
② 0.25mm
③ 0.3mm
④ 0.5mm

해설 도면의 크기에 따라 0.5mm 이상의 윤곽선을 그림

문제 14 다음 보기와 같이 용접부 표면 또는 용접부 형상을 나타내는 기호에 대한 설명으로 옳은 것은?
① 동일한 면으로 마감 처리
② 영구적인 이면 판재 사용
③ 토우를 매끄럽게 함
④ 제거 가능한 이면 판재 사용

[보기] MR

해설 보조기호

용접부 및 용접부 표면의 형상	기호
평면(동일 평면으로 다듬질)	──
볼록(凸)형	⌒
오목(凹)형	⌣
끝단부를 매끄럽게 함	⌣
영구적인 덮개판을 사용	M
제거가능한 덮개판을 사용	MR

해답 12. ③ 13. ④ 14. ④

문제 15] 척도의 종류 중 축척(contraction scale)으로 그릴 때의 내용을 바르게 설명한 것은?

① 도면의 치수는 실물을 축척된 치수를 기입한다.
② 표제란의 척도란에 "NS"라고 기입한다.
③ 표제란의 척도란에 2 : 1, 2 : 1 등으로 기입한다.
④ 도면의 치수는 실물을 실제치수를 기입한다.

문제 16] X, Y, Z방향의 축을 기준으로 공간상에 하나의 점을 표시할 때 각축에 대한 X, Y, Z에 대응하는 좌표 값으로 표시하는 CAD 시스템의 좌표계의 명칭은?

① 직교좌표계
② 극좌표계
③ 원통좌표계
④ 구면좌표계

해설 각축에 대한 X, Y, Z에 대응하는 좌표 값으로 표시하는 CAD시스템의 좌표계의 명칭 : **직교좌표계**

문제 17] 일반적으로 부품의 모양을 스케치하는 방법이 아닌 것은?

① 프린트법
② 프리핸드법
③ 판화법
④ 사진촬영법

해설 부품의 모양을 스케치하는 방법
① 사진촬영법
② 프리핸드법
③ 프린트법

문제 18] 용접 시방서(WPS)에 반드시 표기해야 되는 내용이 아닌 것은?

① 후열처리 방법
② 모재 재질
③ 용접봉의 종류
④ 비파괴검사방법

해설 용접 시방서에 반드시 표기
① 모재 재질
② 후열처리 방법
③ 용접봉의 종류

해답
15. ④ 16. ① 17. ③ 18. ④

문제 19 다음의 용접기호를 바르게 설명한 것은?
① 화살표 쪽의 용접
② 양면대칭 부분용입의 용접
③ 양면대칭 용접
④ 화살표 반대쪽의 용접

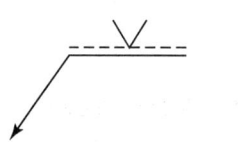

해설 화살표 반대쪽의 용접

문제 20 다음 그림에 대한 명칭으로 맞는 것은?
① 맞대기 용접
② 연속 필릿 용접
③ 슬롯 용접
④ 플랜지형 맞대기 용접

제 2 과목 용접구조설계

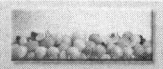

문제 21 일반적으로 양쪽 필릿 용접이음에서 다리길이는 판 두께의 몇 % 정도가 가장 적당한가?
① 60%
② 75%
③ 85%
④ 100%

해설 일반적으로 양쪽 필릿 용접이음에서 다리길이는 판 두께의 75% 정도

문제 22 맞대기 용접이음의 덧살은 용접이음의 강도에 어떤 영향을 주는가?
① 덧살은 보강 덧붙임으로서의 가치가 거의 없고 오히려 피로강도를 감소시킨다.
② 덧살을 크게 하면 강도가 증가하고 취성이 좋아진다.
③ 덧살을 작게 하면 응력집중이 커지고 강도가 좋아진다.
④ 덧살이 커지면 피로강도에는 영향하지 않는 것으로 생각해도 되나 정적강도에는 크게 영향을 미친다.

해답 19. ④ 20. ④ 21. ② 22. ①

해설 맞대기 용접이음의 덧살은 용접이음의 강도에 영향 : 덧살은 보강 덧붙임으로서의 가치가 거의 없고 오히려 피로강도를 감소시킨다.

문제 23 용접변형에서 수축변형에 영향을 미치는 인자로서 다음 중 영향을 가장 적게 미치는 것은?
① 판 두께와 이음형상
② 판의 예열온도
③ 용접입열
④ 용접 자세

해설 수축변형에 영향을 미치는 인자
① 판의 예열온도
② 용접입열
③ 판 두께와 이음형상

문제 24 TIG 용접 이음부 설계에서 I형 맞대기 용접이음의 설명으로 적합한 것은?
① 판 두께가 12mm 이상의 두꺼운 판 용접에 이용된다.
② 판 두께가 6~20mm 정도의 다층 비드용접에 이용된다.
③ 판 두께가 3mm 정도의 박판 용접에 많이 이용된다.
④ 판 두께가 20mm 이상의 두꺼운 판 용접에 이용된다.

해설 I형 맞대기 용접이음 : 판 두께가 3mm 정도의 박판 용접에 많이 이용

문제 25 설비에 사용되는 용접기가 결정되면 필요한 전원 변압기의 용량(Q)을 결정하는데, 용접기를 1대 설치하는 경우 필요한 전원 변압기의 용량(Q)을 구하는 식은? (단, α는 용접기 사용률, β는 용접기 부하율, P는 용접기 1대당 최대용량, n은 용접기 대수)
① $Q = \sqrt{\alpha} \cdot \beta \cdot P$
② $Q = \sqrt{n\alpha} \cdot \sqrt{(n-1)\alpha} \cdot \beta \cdot P$
③ $Q = \alpha \cdot \beta \cdot P$
④ $Q = n \cdot \alpha \cdot \beta \cdot P$

해설 전원 변압기 용량
$Q = \sqrt{\alpha} \cdot \beta \cdot P$
여기서, α : 용접기 사용률, β : 용접기 부하율, P : 용접기 1대당 최대용량

문제 26 본 용접이 용착법에서 용접방향에 따른 비드 배치법이 아닌 것은?
① 전진법과 후진법
② 대칭법
③ 스킵법
④ 펄스반사법

23. ④ 24. ③ 25. ① 26. ④

해설 용접방향에 따른 비드 배치법
① 전진법 ② 후진법
③ 대칭법 ④ 스킵법

문제 27

두께 10mm, 폭 20mm인 시편을 인장시험 한 후 파단된 부위를 측정하였더니 두께 8mm, 폭 16mm가 되었을 때 단면수축율은 얼마인가?

① 82%   ② 64%
③ 48%   ④ 36%

해설
$$단면수축율 = \frac{원래단면적 - 최종단면적}{원래단면적} \times 100$$
$$= \frac{200 - 128}{200} \times 100 = 36\%$$

참고 원래단면적 = 10 × 20 = 200mm²
최종단면적 = 8 × 16 = 128mm²

문제 28

용접 이음을 설계할 때 유의사항으로 틀린 것은?
① 용접 작업에 지장을 주지 않도록 공간을 남긴다.
② 가능한 한 아래보기 자세로 작업이 가능하도록 한다.
③ 용접선의 교차를 최대한도로 줄여야 한다.
④ 국부적인 열의 집중을 받도록 한다.

해설 용접 이음의 설계 시 유의사항
① 용접 작업에 지장을 주지 않도록 공간을 남긴다.
② 국부적인 열의 집중을 받지 않도록 한다.
③ 용접선의 교차를 최대한도로 줄여야 한다.
④ 가능한 한 아래보기 자세로 작업이 가능하도록 한다.

문제 29

용접직후 피닝(peening)을 하는 주목적으로 맞는 것은?
① 도료 및 산화된 부분을 없애기 위해서
② 응력을 강하게 하기 위해서
③ 용접 후 잔류응력을 방지하기 위해서
④ 용접이음 효율을 좋게 하기 위해서

해설 용접 후 피닝을 하는 주목적 : 용접 후 잔류응력을 방지하기 위해

27. ④ 28. ④ 29. ③

문제 **30** 맞대기 용접이음에서의 각 변형 방지대책이 아닌 것은?
① 개선 각도는 작업에 지장이 없는 한도 내에서 작게 하는 것이 좋다.
② 판 두께가 얇을수록 첫 패스측은 개선깊이를 크게 한다.
③ 용접속도가 느린 용접법을 이용한다.
④ 역변형의 시공법을 사용한다.

해설 맞대기 용접이음에서의 각 변형 방지대책
① 용접속도가 빠른 용접법을 이용한다.
② 역변형의 시공법을 사용한다.
③ 판 두께가 얇을수록 첫 패스측은 개선깊이를 크게 한다.
④ 개선 각도는 작업에 지장이 없는 한도 내에서 작게 하는 것이 좋다.

문제 **31** 다음과 같은 식에서 (A)에 들어갈 적당한 용어는?

$$(A) = \frac{용착금속무게}{사용된용접와이어(봉)의무게} \times 100\%$$

① 용접효율
② 재료효율
③ 가동율
④ 용착효율

해설 용착효율 = $\frac{용착금속무게}{사용된용접와이어 봉의 무게} \times 100\%$

문제 **32** 용접설계에서 허용응력을 올바르게 나타낸 공식은?
① 허용응력 = $\frac{안전율}{이완력}$
② 허용응력 = $\frac{인장강도}{안전율}$
③ 허용응력 = $\frac{이완력}{안전율}$
④ 허용응력 = $\frac{안전율}{인장강도}$

해설 허용응력 = $\frac{인장강도}{안전율}$

문제 **33** 플러그 용접의 전단강도는 구멍의 면적당 전 용착금속 인장강도의 몇 % 정도인가?
① 60~70%
② 80~90%
③ 40~50%
④ 20~30%

해설 플러그 용접의 전단강도는 구멍의 면적당 전 용착금속 인장강도의 60~70% 정도

해답 30. ③ 31. ④ 32. ② 33. ①

문제 34 표점거리가 50mm인 인장 시험편을 인장시험한 결과 62mm로 늘어났다면 연신율은 얼마인가?

① 12% ② 18%
③ 24% ④ 20%

해설 연신율 = $\frac{62-50}{50} \times 100 = 24\%$

문제 35 용접 절차 검증서(PQR)를 작성하기 위하여 PQ Test를 수행하는데 가장 적당한 사람은?

① 관리책임자
② 숙련된 용접사
③ 용접 절차서(WPS)에 의해 용접하는 용접사
④ 용접 초보자

해설 용접 절차 검증서를 작성하기 위하여 PQ Test를 수행하는데 숙련된 용접사가 적당

문제 36 다음 용접결함 중 용접사의 기량과 가장 관계가 없는 것은?

① 슬래그 잠입 ② 용입불량
③ 비드밑 터짐 ④ 언더컷

해설 용접사의 기량과 관계
  ① 언더컷 ② 용입불량 ③ 슬래그 잠입

문제 37 전 용접 길이에 X선 검사를 하여 결함이 1개도 발견되지 않았을 때 용접이음의 효율은?

① 85% ② 90%
③ 100% ④ 30%

해설 전 용접 길이에 X선 검사를 하여 결함이 1개도 발견되지 않았을 때 용접이음의 효율 : 100%

해답
34. ③ 35. ② 36. ③ 37. ③

문제 38 용접 이음에서 중판 이상의 두꺼운 판의 용접을 위한 홈 설계 시 고려하여야 할 사항으로 틀린 것은?

① 루트 간격의 최대치는 사용하는 용접봉의 지름을 한도로 한다.
② 루트 반지름은 가능한 크게 한다.
③ 홈의 단면적은 가능한 크게 한다.
④ 최소 10° 정도는 전, 후좌우로 용접봉을 움직일 수 있는 각도를 만든다.

해설 용접 이음에서 중판 이상의 두꺼운 판의 용접을 위한 홈 설계 시 고려할 사항
① 홈의 단면적은 가능한 적게 한다.
② 루트 반지름은 가능한 크게 한다.
③ 최소 10° 정도는 전, 후좌우로 용접봉을 움직일 수 있는 각도를 만든다.
④ 루트 간격의 최대치는 사용하는 용접봉의 지름을 한도로 한다.

문제 39 가용접(tack welding)을 할 때 주의할 사항으로 틀린 것은?

① 잔류응력이 남지 않도록 한다.
② 특히 용접순서를 고려해야 한다.
③ 본 용접을 하는 홈(groove)내에 용접을 한다.
④ 본 용접과 동일 정도의 기량을 가진 용접사가 해야 한다.

해설 가용접 시 주의사항
① 본 용접과 동일 정도의 기량을 가진 용접사가 해야 한다.
② 특히 용접순서를 고려해야 한다.
③ 잔류응력이 남지 않도록 한다.

문제 40 용접부의 가로방향 수축량을 계산하는 공식으로 옳은 것은? (단, Δt는 온도 변화량, L은 팽창한 길이, α는 선팽창계수, Δl은 수축량이다.)

① $\Delta l = \dfrac{\alpha}{\Delta t} \times L$
② $\Delta l = \dfrac{L^2}{\Delta t} \times \alpha$
③ $\Delta l = \alpha \times \Delta t \times L$
④ $\Delta l = \dfrac{\Delta t}{L} \times \alpha$

해설 용접부의 가로방향 수축량을 계산하는 공식
$\Delta l = \alpha \times L \times \Delta t$
여기서, α : 선팽창계수, L : 팽창한 길이, Δt : 온도 변화량

해답 38. ③ 39. ③ 40. ③

제 3 과목　용접일반 및 안전관리

문제 41 각종 용접법은 그 종류에 따라 다른 이름으로 불리워지고 있다. 틀리게 짝지워진것은?

① 퍼커션 용접-충돌용접　　② 서브머지드 아크용접-잠호용접
③ 버트용접-불꽃용접　　　　④ 프로젝션용접-돌기용접

해설 각종 용접법
① 퍼커션 용접-충돌용접　　② 서브머지드 아크용접-잠호용접
③ 버트용접-맞대기용접　　　④ 프로젝션용접-돌기용접

문제 42 내 균열성이 가장 좋은 피복 아크 용접봉은?

① 일루미나이트계　　　　　② 저수소계
③ 고셀룰로오스계　　　　　④ 고산화티탄계

해설 피복아크 용접봉의 특징
① E4316(저수소계)
　㉠ 석회석, 형석을 주성분으로 한 것
　㉡ 기계적 성질, 내균열성 우수
　㉢ 용착금속 중 수소함유량이 다른 피복봉에 비해 $\frac{1}{10}$ 정도로 매우 낮음.
　㉣ 300~350℃에서 1~2시간 건조
② E4313(고산화티탄계)
　㉠ 산화티탄을 35%정도 포함
　㉡ 비드 표면이 고우며 작업성이 우수
　㉢ 고온크랙을 일으키기 쉬움.
③ E4311(고셀룰로오스계)
　㉠ 비드표면이 거칠고 스패터가 많음.
　㉡ 셀룰로오스를 20~30% 정도 포함한 용접봉
　㉢ 좁은 홈의 용접
　㉣ 보관시 습기가 흡수되기 쉬우므로 건조 필요

문제 43 용접지그를 사용할 때의 이점으로 틀린 것은?

① 작업을 쉽게 할 수 있다.　　② 공정수를 절약하므로 능률이 좋다.
③ 제품의 제작 속도가 느리다.　④ 제품의 정도가 균일하다.

41. ③　42. ②　43. ③

해설 **용접지그 사용 시 이점**
① 작업을 쉽게 할 수 있다.　② 공정수를 절약하므로 능률이 좋다.
③ 제품의 정도가 균일하다.　④ 아래보기자세로 용접할 수 있다.
⑤ 용접부의 신뢰성을 높인다.　⑥ 동일제품을 다량 생산할 수 있다.

문제 44 다음 보기 중 용접의 자동화에서 자동제어의 장점에 해당되는 사항으로만 모두 조합한 것은?

[보기] ㉠ 제품의 품질이 균일화되어 불량품이 감소한다.
　　　㉡ 원자재, 원료 등이 증가된다.
　　　㉢ 인간에서는 불가능한 고속작업이 가능하다.
　　　㉣ 위험한 사고의 방지가 불가능하다.
　　　㉤ 연속작업이 가능하다.

① ㉠㉡㉣　　② ㉠㉢㉤
③ ㉠㉢㉤　　④ ㉠㉡㉢㉣㉤

해설 **용접 자동제어의 장점**
① 제품의 품질이 균일화되어 불량품이 감소한다.
② 인간에서는 불가능한 고속작업이 가능하다.
③ 연속작업이 가능하다.

문제 45 아크전류가 일정할 때 아크전압이 높아지면 용접봉의 용융속도가 늦어지고, 아크전압이 낮아지면 용융속도가 빨라지는 아크 특성은?

① 부저항 특성(부특성)　　② 아크길이 자기제어 특성
③ 절연 회복 특성　　　　④ 전압 회복 특성

해설 **아크길이 자기제어 특성** : 아크전류가 일정할 때 아크전압이 높아지면 용접봉의 용융속도가 늦어지고, 아크전압이 낮아지면 용융속도가 빨라지는 아크 특성

문제 46 피복 아크 용접봉의 피복제의 주된 역할에 대한 설명으로 맞는 것은?

① 용착금속의 탈산, 정련작용을 막는다.
② 용착금속에 적당한 합금원소의 첨가를 막는다.
③ 용착금속의 냉각속도를 느리게 하여 급랭을 방지한다.
④ 모재표면의 산화물의 제거를 방지한다.

해설 **피복제 역할**
① 아크 안정　　　　② 탈산정련작용
③ 스패터 발생을 적게 한다.　④ 합금원소 첨가

해답 44. ③　45. ②　46. ③

⑤ 공기 중 산화, 질화 방지 ⑥ 용착금속의 냉각속도를 느리게 하여 급랭방지
⑦ 전기절연작용 ⑧ 슬래그제거를 쉽게 한다.
⑨ 용착효율을 높인다.

문제 47

AW300 용접기의 정격사용률이 40%일 때 200A로 용접을 하면 10분 작업 중 몇 분까지 아크를 발생해도 용접기에 무리가 없는가?

① 3분 ② 5분
③ 7분 ④ 9분

해설 허용사용율 = $\dfrac{(정격2차전류)^2}{(실제용접전류)^2} \times 정격사용율 = \dfrac{300^2}{200^2} \times 40\% = 90\%$

∴ 10분 × 0.9 = 9분

문제 48

탄산가스 아크용접에서 기공이 발생하는 원인으로 가장 거리가 먼 것은?

① CO_2 가스 유량이 부족하다.
② 토치의 겨눔 위치가 부적당하다.
③ CO_2 가스에 공기가 혼입되어 있다.
④ 노즐에 스패터가 많이 부착되어 있다.

해설 탄산가스 아크용접에서 기공이 발생하는 원인
① 노즐에 스패터가 많이 부착되어 있다.
② CO_2 가스에 공기가 혼입되어 있다.
③ CO_2 가스 유량이 부족하다.

문제 49

아크 용접시 전격에 의해 몸에 근육수축을 가져오는 경우의 전류값으로 가장 적당한 것은?

① 10mA ② 20mA
③ 1mA ④ 5mA

해설 아크 용접시 전격에 의해 몸에 근육수축을 가져오는 경우의 전류 값 : 20mA

문제 50

불활성 가스 텅스텐 아크 용접의 직류 역극성 용접에서 사용 전류의 크기에 상관없이 정극성 때보다 어떤 전극을 사용하는 것이 좋은가?

① 가는 전극 사용 ② 굵은 전극 사용
③ 같은 전극 사용 ④ 전극에 상관없음

47. ④ 48. ② 49. ② 50. ②

해설 불활성 가스 텅스텐 아크 용접의 직류 역극성 용접에서 사용 전류의 크기에 상관없이 정극성 때보다 굵은전극사용

문제 51 저수소계 피복 금속 아크 용접봉은 사용 전에 몇 ℃정도에서 건조해야 하는가?
① 300~350℃
② 400~450℃
③ 500~550℃
④ 600~650℃

해설 300~350℃에서 1~2시간 건조시켜 사용

문제 52 용접기의 1차선에 비하여 2차선에 굵은 도선을 사용하는 이유는?
① 2차 전압이 1차 전압보다 높기 때문에
② 2차선의 방열을 좋게 하기 위해서
③ 2차 전류가 1차 전류보다 높기 때문에
④ 전선의 유연성을 좋게 하기 위해서

해설 **용접기의 1차선에 비하여 2차선에 굵은 도선을 사용하는 이유** : 2차 전류가 1차 전류보다 높기 때문에

문제 53 압력 조정기(pressure regulator)의 구비조건으로 틀린 것은?
① 동작이 예민해야 한다.
② 빙결(氷結)하지 않아야 한다.
③ 조정압력과 방출압력과의 차이가 커야 한다.
④ 조정압력은 용기 내의 가스량이 변화하여도 항상 일정해야 한다.

해설 **압력조정기의 구비조건**
① 조정압력은 용기 내의 가스량이 변화하여도 항상 일정해야 한다.
② 동작이 예민해야 한다.
③ 빙결하지 않아야 한다.

문제 54 점(spot) 용접시의 안전사항 중 틀린 것은?
① 보호 장갑을 착용하여야 한다.
② 용접기에 어스(earth)는 필요시에 따라 실시한다.
③ 판재의 기름을 제거한 후 용접한다.
④ 보호 안경을 착용 하여야 한다.

51. ① 52. ③ 53. ③ 54. ②

해설 점 용접 시의 안전사항
① 용접기에 어스는 반드시 해야 한다.
② 보호 안경을 착용해야 한다.
③ 판재의 기름을 제거한 후 용접한다.
④ 보호 장갑을 착용해야 한다.

문제 55 아크 용접 작업 중 아크쏠림(arc blow)현상이 가장 심하게 발생될 수 있는 조건은?
① 교류전원을 이용하여 와전류 발생
② 직류전원을 이용하여 아크쏠림 발생
③ 교류전원을 이용하여 아크쏠림 발생
④ 아크의 길이를 짧게 할 때 발생

해설 아크쏠림 현상이 가장 심하게 발생될 수 있는 조건 : 직류전원을 이용하여 아크쏠림 발생

문제 56 용해된 아세틸렌의 양은 50리터의 용기에서 21리터가 포화 흡수되어 있는데, 15℃, 15기압에서 아세톤 1리터에 아세틸렌 324리터가 용해되어 있다면 50리터 용기에서 아세틸렌 약 몇 리터를 용해시킬 수 있는가?
① 3246
② 1169
③ 4156
④ 6804

해설 용해 $= 21 \times 324 = 6804 l$

문제 57 서브머지드 아크 용접법의 설명 중 잘못 된 것은?
① 용융속도와 용착속도가 빠르며, 용입이 깊다.
② 비소모식이므로 비드의 외관이 거칠다.
③ 모재두께가 두꺼운 용접에서 효율적이다.
④ 용접선이 수직인 경우 적용이 곤란하다.

해설 서브머지드 아크 용접법
① 용융속도와 용착속도가 빠르며 용입이 깊다.
② 모재두께가 두꺼운 용접에서 효율적이다.
③ 용접선이 수직인 경우 적용이 곤란하다.
④ 콘텍트 팁에서 통전되므로 와이어 중에 저항열이 적게 발생되고 고전류 사용이 가능
⑤ 개선각을 적게하여 용접패스 수를 줄일 수 있다.
⑥ 비드외관이 아름답다.
⑦ 유해광선이 적게 발생되어 작업환경이 깨끗하다.

해답 55. ② 56. ④ 57. ②

문제 58 용접 용어 중 "아크 용접의 비드 끝에서 오목하게 파진 곳"을 뜻하는 것은?
① 크레이터   ② 언더컷
③ 오버랩   ④ 스패터

해설 크레이터 : 아크용접의 비드 끝에서 오목하게 파진 곳

문제 59 잠호용접의 자동이송장치에 대한 설명 중 틀린 것은?
① 판을 용접할 경우 암(ARM)이 자동으로 전진 또는 후퇴한다.
② 원형체일 경우 따로 설치한 로울러가 회전하여 자동이송이 된다.
③ 와이어의 송급장치, 제어장치, 콘택트 팁, 용제 호퍼를 일괄하여 용접헤드라고 한다.
④ 와이어의 송급은 전류제어장치에 의하여 와이어 롤러가 회전한다.

해설 서브머지드 아크용접(잠호용접)의 자동이송 장치
① 와이어의 송급장치, 제어장치, 콘택트 팁, 용제 호퍼를 일괄하여 용접헤드라고 한다.
② 원형체일 경우 따로 설치한 롤러가 회전하여 자동이송이 된다.
③ 판을 용접할 경우 암이 자동으로 전진 또는 후퇴한다.

문제 60 용접재는 판 두께를 측정하는 측정기로 가장 적당한 것은?
① 각장게이지   ② 버니어 캘리퍼스
③ 다이얼게이지   ④ 내경마이크로미터

해설 용접재의 판 두께를 측정하는 측정기 : 버니어 캘리퍼스

58. ① 59. ④ 60. ②

용접산업기사

필기

2025

2025년 2월 CBT 시행

본 문제는 복원 기출문제입니다. 실제 문제와 다를 수 있으니 양해바랍니다.

제 1 과목 용접야금 및 용접설비제도

문제 01 스테인리스강 중에서 내식성, 내열성, 용접성이 우수하여 대표적인 조성이 18Cr-8Ni인 계통은?
① 마텐자이트계
② 페라이트계
③ 오스테나이트계
④ 솔바이트계

해설 오스테나이트계 스테인리스강(18-8 스텐레스강)
① 내식, 내열, 용접성이 우수하다.
② 비자성체이며 보통강에 비해 전기전도도가 $\frac{1}{4}$ 정도
③ 선팽창계수가 강의 1.5배이다.
④ 염산, 황산, 염소가스등에 약하고 결정입계 부식발생

문제 02 용접금속의 파단면에 매우 미세한 주상정(柱狀晶)이 서릿발 모양으로 병립하고 그 사이에 현미경으로 보이는 정도의 비금속 개재물이나 기공을 포함한 조직이 나타나는 결함은?
① 선상조직
② 은점
③ 슬랙혼입
④ 용입불량

해설 **선상조직** : 용접금속의 파단면에 매우 미세한 주상정이 서릿발 모양으로 병립하고 그 사이에 현미경으로 보이는 정도의 비금속 개재물이나 기공을 포함한 조직
은점 : 용착금속의 파단면에 나타나는 은백색을 한 고기는 모양의 결함부
노치취성 : 흠이 없을 때는 연성을 나타내는 재료가 흠이 있으면 파괴 되는 것
용입 : 모재가 녹은 깊이
용융지 : 모재일부가 녹은 쇳물 부분

문제 03 용접부의 노내 응력 제거 방법에서 가열부를 노에 넣을 때 및 꺼낼 때의 노내 온도는 몇 ℃ 이하로 하는가?
① 180℃
② 200℃
③ 250℃
④ 300℃

해답 01. ③ 02. ① 03. ④

문제 04 Fe-C 평형상태도에서 순철의 용융온도는?

① 약 1530℃ ② 약 1495℃
③ 약 1145℃ ④ 약 723℃

해설 Fe-C 평형상태도에서 순철의 용융온도 : 1530℃

문제 05 황(S)의 해를 방지할 수 있는 적합한 원소는?

① Mn(망간) ② Si(규소)
③ Al(알루미늄) ④ Mo(몰리브덴)

해설 특수원소의 영향
① Mn(망간) : ㉠ 적열취성 방지   ㉡ 황의 해를 제거
　　　　　　　㉢ 흑연화를 방해하여 백주철화 촉진
　　　　　　　㉣ 고온에서 결정립 성장억제
② Mo(몰리브덴) : ㉠ 뜨임취성 방지   ㉡ 저온취성 방지
　　　　　　　㉢ 고온강도 개선
③ Cr(크롬) : ㉠ 내식성, 내마모성향상   ㉡ 흑연화안정
　　　　　　　㉢ 탄화물안정
④ P(인) : ㉠ 제강시 편석을 일으키기 쉽다.
　　　　　㉡ 상온취성, 청열취성원인
⑤ Ni(니켈) : ㉠ 인성증가   ㉡ 저온충격 저항증가
　　　　　　　㉢ 질화촉진

문제 06 합금공구강 강재 종류의 기호 중 주로 절삭공구강용에 적용되는 것은?

① STS 11 ② SM 55
③ SS330 ④ SC 350

해설 STS 11 : 절삭공구용강

문제 07 용접금속에 수소가 침입하여 발생하는 결함이 아닌 것은?

① 언더 비드 크랙 ② 은점
③ 미세균열 ④ 언더 필

해설 용접금속에 수소가 침입하여 발생하는 결함
① 은점 ② 미세균열 ③ 언더 비드 크랙

해답
04. ①　05. ①　06. ①　07. ④

문제 08

대상 편석이 고스트 선(ghost line)을 형성시키고 상온취성의 원인이 되는 원소는?

① Mn ② Si
③ S   ④ P

해설 P(인) : 상온취성의 원인, 청열취성의 원인 (200~300℃)
Si(규소) : 강의고온 가공성을 좋게한다. 단접성 및 냉간가공성 해침
Mn(망간) : 적열취성방지, 황의 해를 제거, 고온에서 결정립 성장억제
S(황) : 적열취성의 원인 (800~900℃)

문제 09

레데부라이트(ledeburite)를 옳게 설명한 것은?

① δ고용체의 석출을 끝내는 고상선
② cementite의 용해 및 응고점
③ γ고용체로부터 α고용체와 cementite가 동시에 석출되는 점
④ γ고용체와 Fe_3C와의 공정주철

해설 레데부라이트 : γ고용체와 Fe_3C와의 공정주철

문제 10

슬립에 의한 변형에서 철(Fe)의 슬립면과 슬립방향이 맞지 않는 것은?

① {110}, ⟨111⟩   ② {112}, ⟨111⟩
③ {123}, ⟨111⟩   ④ {111}, ⟨111⟩

해설 철의 슬립면과 슬립방향
① {110}, ⟨111⟩
② {112}, ⟨111⟩
③ {123}, ⟨111⟩

문제 11

한국산업표준(KS)의 분류기호와 해당 부문의 연결이 틀린 것은?

① KS K : 섬유   ② KS B : 기계
③ KS E : 광산   ④ KS D : 건설

해설 KS 분류기호
① KSA : 제도, 통칙 ② KSC : 전기   ③ KSB : 기계
④ KSD : 금속   ⑤ KSE : 광물   ⑥ KSF : 토건
⑦ KSG : 식료   ⑧ KSH : 일용   ⑨ KSL : 요업
⑩ KSK : 섬유   ⑪ KSM : 화학   ⑫ KSP : 의료
⑬ KSV : 조선   ⑭ KSW : 항공   ⑮ KSX : 정보산업

해답 08. ④ 09. ④ 10. ④ 11. ④

문제 12 다음 용접기호 표시를 올바르게 설명한 것은?

$$C \ominus n \times l \ (e)$$

① 지름이 C이고 용접길이 l인 스폿용접이다.
② 지름이 C이고 용접길이 l인 플러그 용접이다.
③ 용접부 너비가 C이고 용접개수 n인 심 용접이다.
④ 용접부 너비가 C이고 용접개수 n인 스폿 용접이다.

해설 용접기호
① 심용접부의 폭 : C
② 시임용접 : $\ominus$
③ 용접갯수 : n
④ 시임용접의 길이 : 50
⑤ 시임용접의 거리 : 30

문제 13 용접 보조기호 중 토우를 매끄럽게 하는 것을 의미하는 것은?

① ⌒   ② ⌴
③ MR   ④ M

해설 용접 보조기호

용접부 및 용접부 표면의 형상	기호
평면(동일 평면으로 다듬질)	─
볼록(凸)형	⌒
오목(凹)형	⌣
끝단부를 매끄럽게 함	⌴
영구적인 덮개판을 사용	M
제거가능한 덮개판을 사용	MR

문제 14 치수 문자를 표시하는 방법에 대하여 설명한 것 중 틀린 것은?

① 길이 치수문자는 mm 단위를 기입하고 단위기호를 붙이지 않는다.
② 각도 치수문자는 도(°)의 단위만 기입하고 분('), 초(")는 붙이지 않는다.
③ 각도 치수문자를 라디안으로 기입하는 경우 단위 기호 rad 기호를 기입한다.
④ 치수문자의 소수점은 아래쪽의 점으로 하고 약간 크게 찍는다.

해답
12. ③ 13. ② 14. ②

해설 치수 문자 표시방법
① 각도 치수문자는 도, 분, 초를 붙인다.
② 치수문자의 소수점은 아래쪽의 점으로 하고 약간 크게 찍는다.
③ 각도 치수문자를 라디안으로 기입하는 경우 단위 기호 rad 기호를 기입한다.
④ 길이 치수문자는 mm 단위를 기입하고 단위기호를 붙이지 않는다.

문제 15 도면 크기의 치수가 "841×1189"인 경우 호칭방법은?
① A0
② A1
③ A2
④ A3

해설 도면의 크기

용지	세로	가로
A0	841	1189
A1	594	841
A2	420	594
A3	297	420
A4	210	297

문제 16 그림과 같이 대상물의 사면에 대향하는 위치에 그린 투상도는?
① 회전 투상도
② 보조 투상도
③ 부분 투상도
④ 국부 투상도

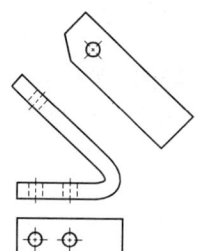

문제 17 다음 그림이 나타내는 용접 명칭으로 옳은 것은?
① 플러그 용접
② 점 용접
③ 심 용접
④ 단속 필릿 용접

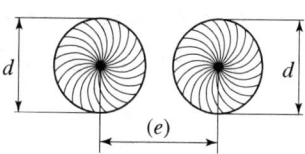

해답 15. ① 16. ② 17. ①

문제 18

도형내의 특정한 부분이 평면이라는 것을 표시할 경우 맞는 기입방법은?

① 가는 2점 쇄선으로 대각선을 기입
② 은선으로 대각선을 기입
③ 가는 실선으로 대각선을 기입
④ 가는 1점 쇄선으로 사각형을 기입

해설 도형내의 특정한 부분이 평면이라는 것을 표시할 경우 가는 실선으로 대각선을 기입

문제 19

전개도를 그리는 방법에 속하지 않는 것은?

① 평행선 전개법 ② 나선형 전개법
③ 방사선 전개법 ④ 삼각형 전개법

해설 **전개도를 그리는 방법**
① 평행선 전개법 ② 방사선 전개법 ③ 삼각형 전개법

문제 20

물체의 모양을 가장 잘 나타낼 수 있는 것으로 그 물체의 가장 주된 면, 즉 기본이 되는 면의 투상도 명칭은?

① 평면도 ② 좌측면도
③ 우측면도 ④ 정면도

해설 **정면도** : 물체의 모양을 가장 잘 나타낼 수 있는 것으로 그 물체의 가장 주된 면, 즉 기본이 되는 면의 투상도

제 2 과목 용접구조설계

문제 21

용접변형의 종류 중 박판을 사용하여 용접하는 경우 아래 그림과 같이 생기는 물결 모양의 변형으로 한번 발생하면 교정하기 힘든 변형은?

① 좌굴변형
② 회전변형
③ 가로 굽힘 변형
④ 가로 수축

해설 **좌굴변형** : 박판 사용시 물결 모양의 변형으로 한번 발생하면 교정하기 힘든 변형

 18. ③ 19. ② 20. ④ 21. ①

문제 22

용접이음 설계에서 홈의 특징을 설명한 것으로 틀린 것은?

① I형 홈은 홈 가공이 쉽고 루트 간격을 좁게 하면 용착금속의 양도 적어져서 경제적인 면에서 우수하다.
② V형 홈은 홈 가공이 비교적 쉽지만 판의 두께가 두꺼워지면 용착 금속량이 증대한다.
③ X형 홈은 양쪽에서의 용접에 의해 완전한 용입을 얻는 데 적합하다.
④ U형 홈은 두꺼운 판을 양쪽에서 용접에 의해서 충분한 용입을 얻으려고 할 때 사용한다.

해설 용접이음 설계시 홈의 특징
① I형 : 홈 가공이 쉽고 루트 간격을 좁게 하면 용착금속의 양도 적어져서 경제적인 면에서 우수하다. 가장 얇은 박판에 사용
② V형 : 홈 가공이 비교적 쉽지만 판의 두께가 두꺼워지면 용착 금속량이 증대한다. 맞대기 용접시 한쪽방향의 완전한 용입을 얻고자 할 때
③ X형 : 양쪽에서의 용접에 의해 완전한 용입을 얻는데 적합
④ U형 : V형에 비해 홈의 폭이 좁아도 되고 또한 루트간격을 0으로 해도 작업성과 용입이 좋으며 한쪽에서 용접하여 충분한 용입을 얻을 필요가 있을 때 사용
⑤ H형 : X형 홈과 같이 양면 용접이 가능한 경우에 용착금속의 양과 패스수를 줄일 목적으로 사용되며 모재가 두꺼울수록 유리한 홈의 형상

문제 23

용접부에 균열이 있을 때 보수하려면 균열이 더 이상 진행되지 못하도록 균열 진행 방향의 양단에 구멍을 뚫는다. 이 구멍을 무엇이라 하는가?

① 스톱 홀(stop hole)
② 핀 홀(pin hole)
③ 블로 홀(blow hole)
④ 피트(pit)

해설 스톱 홀 : 균열이 더 이상 진행되지 못하도록 균열 진행 방향의 양단에 구멍을 뚫는 것

문제 24

용접부 인장시험에서 최초의 길이가 50mm이고 인장시험편의 파단 후의 거리가 60mm일 경우에 변형율은?

① 10%
② 15%
③ 20%
④ 25%

해설 변형율 = $\dfrac{60-50}{50} \times 100 = 20\%$

22. ④   23. ①   24. ③

문제 25

기계나 용접구조물을 설계할 때 각 부분에 발생되는 응력이 어떤 크기 값을 기준으로 하여 그 이내 이면 인정되는 최대 허용치를 표현하는 응력은?

① 사용 응력
② 잔류 응력
③ 허용 응력
④ 극한 강도

해설 허용 응력 : 기계나 용접구조물을 설계할 때 각 부분에 발생되는 응력이 어떤 크기 값을 기준으로 하여 그 이내 이면 인정되는 최대 허용치

참고 허용응력 = $\dfrac{\text{인장강도}}{\text{안전율}}$

문제 26

미소한 결함이 있어 응력의 이상 집중에 의하여 성장하거나 새로운 균열이 발생될 경우 변형 개방에 의한 초음파기 방출하게 되는데 이러한 초음파를 AE검출기로 탐상함으로서 발생장소와 균열의 성장속도를 감지하는 용접시험 검사법은?

① 누설 탐상검사법
② 전자초음파법
③ 진공검사법
④ 음향 방출 탐상검사법

문제 27

겹쳐진 두 부재의 한쪽에 둥근 구멍 대신에 좁고 긴 홈을 만들어 놓고 그 곳을 용접하는 용접법은?

① 겹치기 용접
② 플랜지 용접
③ T형 용접
④ 슬롯 용접

해설 슬롯 용접 : 겹쳐진 두 부재의 한쪽에 둥근 구멍 대신에 좁고 긴 홈을 만들어 놓고 그 곳을 용접

문제 28

용접부에 발생한 잔류응력을 완화시키는 방법에 해당되지 않는 것은?

① 기계적 응력 완화법
② 저온 응력 완화법
③ 피닝법
④ 선상 가열법

해설 잔류응력 완화법
① 피닝법
② 저온 응력 완화법
③ 기계적 응력 완화법
④ 노내 풀림법
⑤ 국부 풀림법

25. ③ 26. ④ 27. ④ 28. ④

문제 29 용접 설계에 있어 일반적인 주의사항으로 틀린 것은?
① 용접에 적합한 구조의 설계를 할 것
② 반복하중을 받는 이음에서는 특히 이음 표면을 볼록하게 할 것
③ 용접이음을 한 곳으로 집중 근접시키지 않도록 할 것
④ 강도가 약한 필릿 용접은 가급적 피할 것

문제 30 맞대기 용접 이음에서 모재의 인장강도가 50N/mm²이고 용접 시험편의 인장강도가 25N/mm²으로 나타났을 때 이음 효율은?
① 40%
② 50%
③ 60%
④ 70%

해설 이음효율 $= \dfrac{25}{50} \times 100 = 50\%$

문제 31 다음 중 용접 균열성 시험이 아닌 것은?
① 리하이 구속 시험
② 휘스코 시험
③ CTS시험
④ 코메렐 시험

해설 **용접 균열성 시험**
① 휘스코 시험 ② CTS시험 ③ 리하이 구속 시험

문제 32 V형 홈에 비해 홈의 폭이 좁아도 되고 루트 간격을 "0"으로 해도 작업성과 용입이 좋으나 홈 가공이 어려운 단점이 있는 이음 형상은?
① H형 홈
② X형 홈
③ I형 홈
④ U형 홈

해설 문제 22번 참조

문제 33 용접이음의 내식성에 영향을 미치는 인자로서 틀린 것은?
① 이음 형상
② 플럭스(flux)
③ 잔류 응력
④ 인장 강도

해설 **용접이음의 내식성에 영향을 미치는 인자**
① 플럭스 ② 잔류 응력 ③ 이음 형상

29. ② 30. ② 31. ④ 32. ④ 33. ④

문제 34

쇼어 경도(H_S) 측정시 산출 공식으로 맞는 것은? (단, h_0 : 해머의 낙하 높이, h_1 : 해머의 반발높이)

① $H_S = \dfrac{10000}{65} \times \dfrac{h_0}{h_1}$
② $H_S = \dfrac{65}{10000} \times \dfrac{h_1}{h_0}$
③ $H_S = \dfrac{65}{10000} \times \dfrac{h_0}{h_1}$
④ $H_S = \dfrac{10000}{65} \times \dfrac{h_1}{h_0}$

해설 경도시험

① 쇼어 경도 : 소형의 추를 일정 높이에서 낙하시켜 튀어 오르는 높이에 의해 경도 측정

$$H_v = \dfrac{10000}{65} \times \dfrac{h}{h_0}$$

여기서, h_0 : 낙하물체의 높이
h : 낙하물체의 튀어오른 높이

② 비커스 경도 : 꼭지각이 $136°$인 다이아몬드 4각 추의 입자를 1~120kgf의 하중으로 시험편에 압입한 후 생긴 오목자국의 대각선을 측정

$$H_v = 1.8544 \times \dfrac{P}{D^2}$$

③ 로크웰 경도 : B스케일과 C스케일을 이용측정
④ 브리넬 경도 : 특수강구를 일정한 하중으로 시험편의 표면적을 압입한 후 이때 생긴 오목자국의 표면적을 측정

$$H_B = \dfrac{P}{\pi D t}$$

여기서, D(mm) : 강구의 지름 t(mm) : 눌린 부분의 깊이
d(mm) : 지름 P(kg) : 하중

문제 35

용접 구조 설계자가 알아야 할 용접 작업 요령으로 틀린 것은?

① 용접기 및 케이블의 용량을 충분하게 준비한다.
② 용접보조기구 및 장비를 사용하여 작업조건을 좋게 만든다.
③ 용접 진행은 부재의자유단에서 고정단으로 향하여 용접하게 한다.
④ 열의 분포가 가능한 부재 전체에 일정하게 되도록 한다.

해설 용접 진행은 부재의 고정단에서 자유단으로 향하여 용접

문제 36

노 내 풀림법으로 잔류 응력을 제거하고자 할 때 연강재 용접부 최대 두께가 25mm인 경우 가열 및 냉각속도 R이 만족시켜야 하는 식은?

① $R \leq 500(\text{deg/h})$
② $R \leq 200(\text{deg/h})$
③ $R \leq 300(\text{deg/h})$
④ $R \leq 400(\text{deg/h})$

해설 노 내 풀림법으로 잔류 응력을 제거하고자 할 때 연강재 용접부 최대 두께가 25mm인 경우 가열 및 냉각속도 R이 만족시켜야 하는 식 : $R \leq 200(\text{deg/h})$

34. ④ 35. ③ 36. ②

문제 37 피복 아크용접 결함 중 용입불량의 원인으로 틀린 것은?

① 이음 설계의 불량 ② 용접 속도가 너무 빠를 때
③ 용접 전류가 너무 높을 때 ④ 용접봉 선택 불량

해설 용입불량의 원인
① 용접 전류가 너무 낮을 때 ② 용접 속도가 너무 빠를 때
③ 이음 설계의 불량 ④ 용접봉 선택 불량

문제 38 설계 단계에서 용접부 변형을 방지하기 위한 방법이 아닌 것은?

① 용접 길이가 감소될 수 있는 설계를 한다.
② 변형이 적어질 수 있는 이음 부분을 배치한다.
③ 보강재 등 구속이 커지도록 구조설계를 한다.
④ 용착 금속을 증가시킬 수 있는 설계를 한다.

해설 설계 단계에서 용접부 변형을 방지하기 위한 방법
① 용착 금속을 감소시킬 수 있는 설계를 한다.
② 보강재 등 구속이 커지도록 구조설계를 한다.
③ 변형이 적어질 수 있는 이음 부분을 배치한다.
④ 용접 길이가 감소될 수 있는 설계를 한다.

문제 39 다음 그림과 같이 두께 $h = 10\text{mm}$인 연강판에 길이 $l = 400\text{mm}$로 용접하여 1000N의 인장하중(P)을 작용시킬 때 발생하는 인장응력(σ)은?

① 약 177MPa
② 약 125MPa
③ 약 250kPa
④ 약 125kPa

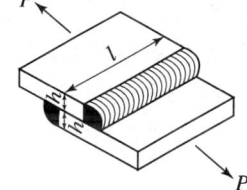

해설 1kgf = 9.8N

$x = 1000\text{N}$ $x = \dfrac{1\text{kgf} \times 1000\text{N}}{9.8\text{N}} = 102.04\text{kgf}$

$\sigma = \dfrac{102.04\text{kgf}}{1\text{cm} \times 400\text{cm}} = 2.55\text{kgf/cm}^2$

$1.0332\text{kgf/cm}^2 = 101.3\text{kPa}$

$2.55\text{kgf/cm}^2 = x$ $x = \dfrac{2.55 \times 101.3}{1.0332} = 250\text{kPa}$

해답 37. ③ 38. ④ 39. ③

문제 40 용접 시 탄소량이 높아지면 어떤 대책을 세우는 것이 가장 적당한가?

① 지그를 사용한다. ② 예열 온도를 높인다.
③ 용접기를 바꾼다. ④ 구속 용접을 한다.

해설 용접 시 탄소량이 높아지면 예열 온도를 높인다.

제 3 과목 용접일반 및 안전관리

문제 41 인체에 흐르는 전류의 값에 따라 나타나는 증세 중 근육운동은 자유로우나 고통을 수반한 쇼크(shock)를 느끼는 전류량은?

① 1mA ② 5mA
③ 10mA ④ 20mA

해설 근육운동은 자유로우나 고통을 수반한 쇼크를 느끼는 전류량 10mA

문제 42 스터드 용접(stud welding)법의 특징 설명으로 틀린 것은?

① 아크 열을 이용하여 자동적으로 단시간에 용접부를 가열 용융하여 용접하는 방법으로 용접변형이 극히 적다.
② 탭 작업, 구멍 뚫기 등이 필요없이 모재에 볼트나 환봉 등을 용접할 수 있다.
③ 용접 후 냉각속도가 비교적 느리므로 용착금속부 또는 열영향부가 경화되는 경우가 적다.
④ 철강 재료 외에 구리, 황동, 알루미늄, 스테인리스강에도 적용이 가능하다.

해설 스터드 용접의 특징
① 대체로 급열, 급냉을 받기 때문에 저탄소강에 좋음
② 철강 재료 외에 구리, 황동, 알루미늄, 스테인리스강에도 적용
③ 탭 작업, 구멍 뚫기 등이 필요없이 모재에 볼트나 환봉 등을 용접가능
④ 아크 열을 이용하여 자동적으로 단시간에 용접부를 가열 용융하여 용접

해답 40. ② 41. ③ 42. ③

문제 43
납땜부를 용제가 들어 있는 용융 땜 조에 침지하여 납땜하는 방법과 이음면에 땜납을 삽입하여 미리 가열된 염욕에 침지하여 가열하는 두 방법이 있는 납땜법은?

① 가스 납땜
② 담금 납땜
③ 노내 납땜
④ 저항 납땜

해설 **담금 납땜** : 납땜부를 용제가 들어 있는 용융 땜 조에 침지하여 납땜하는 방법과 이음면에 땜납을 삽입하여 미리 가열된 염욕에 침지하여 가열하는 방법

문제 44
아크 용접법과 비교할 때 레이저 하이브리드 용접법의 특징으로 틀린 것은?

① 용접속도가 빠르다.
② 용입이 깊다.
③ 입 열량이 높다.
④ 강도가 높다.

해설 **아크 용접법과 비교한 하이브리드 용접법의 특징**
① 입 열량이 낮다.
② 강도가 높다.
③ 용입이 깊다.
④ 용접속도가 빠르다.

문제 45
피복 아크 용접 작업 중 스패터가 발생하는 원인으로 가장 거리가 먼 것은?

① 전류가 높을 때
② 운봉이 불량할 때
③ 건조되지 않은 용접봉을 사용했을 때
④ 아크 길이가 너무 짧을 때

해설 **스패터가 발생하는 원인**
① 아크 길이가 너무 길 때
② 건조되지 않은 용접봉 사용 시
③ 운봉이 불량할 때
④ 전류가 높을 때

문제 46
피복 아크 용접에서 자기 쏠림을 방지하는 대책은?

① 접지점은 가능한 한 용접부에 가까이 한다.
② 용접봉 끝을 아크 쏠림 방향으로 기울인다.
③ 직류 용접 대신 교류 용접으로 한다.
④ 긴 아크를 사용한다.

해설 **자기 쏠림을 방지법**
① 직류 용접 대신 교류 용접을 한다.
② 짧은 아크를 사용한다.
③ 용접봉 끝을 아크 쏠림 반대방향으로 기울인다.
④ 접지점은 가능한 한 용접부보다 멀리 한다.

해답 43. ② 44. ③ 45. ④ 46. ③

문제 47

실드 가스로서 주로 탄산가스를 사용하여 용융부를 보호하여 탄산가스 분위기 속에서 아크를 발생시켜 그 아크 열로 모재를 용융시켜 용접하는 방법은?

① 테르밋 용접
② 실드 용접
③ 전자 빔 용접
④ 일렉트로가스 아크 용접

해설 **일렉트로가스 아크 용접** : 실드 가스로서 주로 탄산가스를 사용하여 용융부를 보호하여 탄산가스 분위기 속에서 아크를 발생시켜 그 아크 열로 모재를 용융시켜 용접

문제 48

가스도관(호스) 취급에 관한 주의사항 중 틀린 것은?

① 고무 호스에 무리한 충격을 주지 말 것
② 호스 이음부에는 조임용 밴드를 사용할 것
③ 한냉시 호스가 얼면 더운물로 녹일 것
④ 호스의 내부 청소는 고압 수소를 사용할 것

해설 **가스도관 취급에 관한 주의사항**
① 호스 내부 청소는 불연성 가스를 사용 할 것
② 한냉시 호스가 얼면 더운물로 녹일 것
③ 호스 이음부에는 조임용 밴드를 사용할 것
④ 고무 호스에 무리한 충격을 주지 말 것

문제 49

산소-아세틸렌 불꽃에 대한 설명으로 틀린 것은?

① 불꽃은 불꽃심, 속불꽃, 겉불꽃으로 구성되어 있다.
② 불꽃의 종류는 탄화, 중성, 산화불 으로 나눈다.
③ 용접작업은 백심 불꽃 끝이 용융금속에 닿도록 한다.
④ 구리를 용접할 때 중성 불꽃을 사용한다.

문제 50

100A 이상 300A 미만의 아크 용접 및 절단에 사용되는 차광유리의 차광도 번호는?

① 4~6
② 7~9
③ 10~12
④ 13~14

해설 **피복아크용접**
① NO.10 : 용접전류 100~200A, 용접봉 지름 2.6~3.2mm
② NO.11 : 용접전류 150~200A, 용접봉 지름 3.2~4.0mm
③ NO.10~11 : 용접전류 100A이상 300A 미만의 아크용접 및 절단용

해답 47. ④ 48. ④ 49. ③ 50. ③

문제 51
테르밋 용접에 관한 설명으로 틀린 것은?

① 테르밋 혼합제는 미세한 알루미늄 분말과 산화철의 혼합물이다.
② 테르밋 반응시 온도는 약 4000℃이다.
③ 테르밋 용접시 모재가 강일 경우 약 800~900℃로 예열시킨다.
④ 테르밋은 차축, 레일, 선미 프레임 등 단면이 큰 부재 용접시 사용한다.

해설 테르밋 용접
① 테르밋은 차축, 레일, 선미 프레임 등 단면이 큰 부재 용접시 사용
② 테르밋 용접시 모재가 강일 경우 약 800~900℃로 예열시킨다.
③ 테르밋 혼합제는 미세한 알루미늄 분말과 산화철의 혼합물이다.
④ 전력이 불필요하다.
⑤ 용접작업이 단순하고 용접결과 재현성 높다.
⑥ 용접하는 시간이 비교적 짧다.
⑦ 용접작업 후 변형이 적다.

문제 52
탄산가스(CO_2) 아크 용접에 대한 설명 중 틀린 것은?

① 전자세 용접이 가능하다.
② 용착금속의 기계적, 야금적 성질이 우수하다.
③ 용접전류의 밀도가 낮아 용입이 얕다.
④ 가시(可視)아크 이므로 시공이 편리하다.

해설 탄산가스 아크 용접
① 전자세 용접이 가능하다.
② 용착금속의 기계적, 야금적 성질이 우수
③ 용접전류의 밀도가 높아 용입이 깊다.
④ 가시아크 이므로 시공이 편리
⑤ 아크시간을 길게 할 수 있다.
⑥ 용제를 사용하지 않아 슬래그 혼입이 없고 용접 후의 처리가 간단하다.

문제 53
아크 용접 작업에서 전격의 방지대책으로 틀린 것은?

① 절단 홀더의 절연부분이 노풀되면 즉시 교체한다.
② 홀더나 용접봉은 절대로 맨손으로 취급하지 않는다.
③ 밀폐된 공간에서는 자동 전격방지기를 사용하지 않는다.
④ 용접기의 내부에 함부로 손을 대지 않는다.

해설 밀폐된 공간에서는 자동 전격방지기를 사용한다.

해답
51. ② 52. ③ 53. ③

문제 54 가스절단에 영향을 미치는 인자 중 절단속도에 대한 설명으로 틀린 것은?

① 절단속도는 모재의 온도가 높을수록 고속절단이 가능하다.
② 절단속도는 절단산소의 순도가 높을수록 정비례하여 증가한다.
③ 예열불꽃의 세기가 약하면 절단속도가 늦어진다.
④ 절단속도는 산소 소비량이 적을수록 정비례하여 증가한다.

해설 절단속도는 산소 소비량이 많을수록 정비례하여 증가한다.

문제 55 피복 아크 용접봉의 피복제 작용을 설명한 것으로 틀린 것은?

① 아크를 안정시킨다.
② 점성을 가진 무거운 슬래그를 만든다.
③ 용착금속의 탄산정련작용을 한다.
④ 전기절연 작용을 한다.

해설 피복제 역할(작용)
① 아크 안정   ② 탈산정련작용
③ 전기절연 작용 ④ 슬래그제거를 쉽게 한다.
⑤ 합금원소 첨가 ⑥ 용착 효율을 높인다.
⑦ 스패터 발생방지 ⑧ 공기로 인한 산화, 질화방지
⑨ 용착금속의 냉각속도를 느리게 하여 급랭방지

문제 56 상하 부재의 접합을 위해 한편의 부재에 구멍을 내어 이 구멍 부분을 채워 용접하는 것은?

① 플레어 용접   ② 플러그 용접
③ 비드 용접   ④ 피릿 용접

해설 플러그 용접 : 상하 부재의 접합을 위해 한편의 부재에 구멍을 내어 이 구멍 부분을 채워 용접

문제 57 절단하려는 재료에 전기적 접촉을 하지 않으므로 금속재료뿐만 아니라 비금속의 절단도 가능한 절단법은?

① 플라즈마(plasma) 아크 절단   ② 불활성 가스 텅스텐(TIG) 아크 절단
③ 산소 아크 절단   ④ 탄소 아크 절단

해설 플라즈마 아크 절단 : 전기적 접촉을 하지 않고 금속재료뿐만 아니라 비금속의 절단도 가능
산소 아크 절단 : 중공의 피복용접봉과 모재사이에 아크를 발생시키고 중심에서 산소를 분출시키면서 절단

해답
54. ④ 55. ② 56. ② 57. ①

문제 58

전기저항 용접시 발생되는 발열량 Q를 나타내는 식은?

① $Q = 0.24I^2Rt$
② $Q = 0.24IR^2t$
③ $Q = 0.24I^2R^2t$
④ $Q = 0.24IRt$

해설 Q(발열량) $= 0.24I^2Rt$
여기서, I : 전류[A], R : 저항[Ω], t : 시간[초]

 문제 59

이론적으로 순수한 카바이드 5kg에서 발생할 수 있는 아세틸렌 량은 약 몇 리터인가?

① 3480l
② 1740l
③ 348l
④ 34.8l

해설 $CaC_2 + 2H_2O \rightarrow Ca(OH)_2 + C_2H_2$
64kg　　　　　　　22.4m³
5kg　　　　　　　　x

$x = \dfrac{5kg \times 22.4m^3}{64kg} = 1.75m^3 \times 1000l/m^3$
$= 1750l$

문제 60

가스 실드계의 대표적인 용접봉으로 피복이 얇고 슬래그가 적으므로 좁은 홈의 용접이나 수직상진, 하진 및 위보기 용접에서 우수한 작업성을 가지 용접봉은?

① E4301
② E4311
③ E4313
④ E4316

해설 E4311(고셀룰로오스계) : 가스 실드계 대표적인 용접봉으로 피복이 얇고 슬래그가 적으므로 좁은 홈의 용접이나 수직상진, 하진 및 위보기 용접에서 우수한 작업성을 가지는 용접봉으로 셀룰로스를 20~30% 정도 포함
E4313(고산화티탄계) : 산화티탄을 35% 정도 포함한 것으로 비드 표면이 고우며 작업성이 우수
E4316(저수소계) : 석회석, 형석을 주성분으로 한 것으로 기계적 성질 내균열성 우수 300~350℃에서 1~2시간 건조

해답　58. ①　59. ②　60. ②

2025년 5월 CBT 시행

본 문제는 복원 기출문제입니다. 실제 문제와 다를 수 있으니 양해바랍니다.

제 1 과목 용접야금 및 용접설비제도

문제 01 용접후열처리의 목적이 아닌 것은?
① 용접 잔류응력 제거 ② 용접 열영향부 조직개선
③ 응력부식 균열방지 ④ 아크열량 부족보충

해설 **용접후열처리의 목적**
① 응력부식 균열방지 ② 용접 열영향부 조직개선 ③ 용접 잔류응력 제거

문제 02 2종이상의 금속원자가 간단한 원자비로 결합되어 본래의 물질과는 전혀 다른 결정격자를 형성할 때 이것을 무엇이라고 하는가?
① 동소변태 ② 금속간 화합물
③ 고용체 ④ 편석

해설 **금속간 화합물** : 2종 이상의 금속원자가 간단한 원자비로 결합되어 본래의 물질과는 전혀 다른 결정격자를 형성하는 것

문제 03 다음 중 적열취성을 일으키는 유화물 편석을 제거하기 위한 열처리는?
① 재결정 풀림 ② 확산 풀림
③ 구상화 풀림 ④ 항온 풀림

해설 **풀림**
① 확산 풀림 : 적열취성을 일으키는 유화물 편석을 제거하기 위한 열처리
② 항온 풀림 : A_1변태점 이하의 항온에서 변태를 완료시킨 것으로 가장 짧은 시간에 풀림할 수 있다.
③ 응력제거 풀림 : 냉간가공 및 열처리에 의해 발생된 응력을 제거하기 위해 450~600℃ 정도에서 냉각시키는 처리
④ 구상화 풀림 : 소성가공이나 절삭가공을 쉽게 하고 담금질 균열의 방지 및 기계적 성질을 개선할 목적으로 탄화물을 구상시키는 열처리
⑤ 완전 풀림 : 결정입자를 미세화시키기 위하여 오스테나이트 범위로 가열한 후 서랭하는 방법

해답 01. ④ 02. ② 03. ②

문제 **04** 냉간 가공한 강을 저온으로 뜨임하면 질소의 영향으로 경화가 되는 경우를 무엇이라 하는가?
① 질량효과
② 저온경화
③ 자기확산
④ 변형시효

해설 **변형시효** : 냉간 가공한 강을 저온으로 뜨임하면 질소의 영향으로 경화가 되는 경우
질량효과 : 재료의 내외부에 열처리효과 차이가나는 현상

문제 **05** 탄소강의 A2, A3 변태점이 모두 옳게 표시된 것은?
① A2=723℃, A3=1400℃
② A2=768℃, A3=910℃
③ A2=723℃, A3=910℃
④ A2=910℃, A3=1400℃

문제 **06** 저탄소강 용접금속의 조직에 대한 설명으로 맞는 것은?
① 용접 후 재가열하면 여러 가지 탄화물 또는 α상이 석출하여 용접성질을 저하시킨다.
② 용접금속의 조직은 대부분 페라이트이고 다층의 용접의 경우는 미세 페라이트이다.
③ 용접부가 급냉되는 경우는 레데뷰라이트가 생성한 백선조직이 된다.
④ 용접부가 급냉되는 경우는 세멘타이트 조직이 생성된다.

문제 **07** 피복 아크 용접시 용융 금속 중에 침투한 산화물을 제거하는 탈산제로 쓰이지 않는 것은?
① 망간철
② 규소철
③ 산화철
④ 티탄철

해설 **탈산제**
① Fe-V(페로마나듐)
② Fe-Mn(페로망간=망간철)
③ Fe-Si(페로규소=규소철)
④ Fe-Ti(페로티탄=티탄철)
⑤ Fe-Cr(페로-크롬=크롬철)

문제 **08** 용접 제품의 열처리 선택조건과 가장 관련이 적은 것은?
① 용접부의 치수
② 용접부의 모양
③ 용접부의 재질
④ 가공경화

04. ④ 05. ② 06. ② 07. ③ 08. ④

해설 용접 제품의 열처리 선택조건
① 용접부의 치수
② 용접부의 모양
③ 용접부의 재질

문제 09 응력 제거 풀림의 효과를 나타낸 것 중 틀린 것은?
① 용접 잔류응력의 제거
② 치수 비틀림 방지
③ 충격 저항 증대
④ 응력부식에 대한 저항력 감소

해설 응력 제거 풀림의 효과
① 충격 저항 증대
② 치수 비틀림 방지
③ 용접 잔류응력의 제거

문제 10 순철은 상온에서 어떤 조직을 갖는가?
① γ-Fe의 오스테나이트
② α-Fe의 페라이트
③ α-Fe의 펄라이트
④ γ-Fe의 마텐자이트

해설 순철은 상온에서 α-Fe의 페라이트 조직

문제 11 용접부 및 용접부 표면의 형상 보조기호 중 영구적인 이면 판재를 사용할 때 기호는?
① ───
② M
③ MR
④ ⌣

해설 보조기호

용접부 및 용접부 표면의 형상	기호
평면(동일 평면으로 다듬질)	───
볼록(凸)형	⌒
오목(凹)형	⌣
끝단부를 매끄럽게 함	⌣
영구적인 덮개판을 사용	M
제거가능한 덮개판을 사용	MR

09. ④ 10. ② 11. ②

문제 12 한국산업규격에서 냉간압연 강판 및 강대 종류의 기호 중 "드로잉용"을 나타낸 것은?

① SPCC
② SPCD
③ SPCE
④ SPCF

해설 냉간압연 강판 및 강대 종류 중 드로잉용 : SPCD

문제 13 선의 종류에 따른 용도에 의한 명칭으로 틀린 것은?

① 굵은 실선 – 외형선
② 가는 실선 – 치수선
③ 가는 1점 쇄선 – 기준선
④ 가는 파선 – 치수보조선

해설 선의 종류
① 가는 실선 : 파단선, 해칭선, 치수선, 치수보조선
② 굵은 실선 : 외형선
③ 가는 일점 쇄선 : 중심선, 절단선, 기준선, 피치선

문제 14 일반적으로 사용되는 용접부의 비파괴 시험의 기본기호를 나타낸 것으로 잘못 표기한 것은?

① UT : 초음파 시험
② PT : 와류 탐상 시험
③ RT : 방사선 투과시험
④ VT : 육안 시험

해설 비파괴 시험
① RT : 방사선 시험 ② UT : 초음파 시험
③ PT : 침투 시험   ④ VT : 육안 시험
⑤ MT : 자분 시험   ⑥ ET : 와류시험

문제 15 다음의 용접 보조 기호에 대한 명칭으로 옳은 것은?

① 볼록 필릿 용접
② 오목 필릿 용접
③ 필릿 용접 끝단부를 매끄럽게 다듬질
④ 한쪽면 V형 맞대기 용접 평면 다듬질

12. ② 13. ④ 14. ② 15. ②

문제 16 다음 용접기호 설명 중 틀린 것은?

① ∨ 는 V형 맞대기 용접을 의미한다.
② ◺ 는 필릿 용접을 의미한다.
③ ○ 는 점 용접을 의미한다.
④ ⌒ 는 플러그 용접을 의미한다.

해설 용접기호
① ⊖ : 시임 용접
② ○ : 점 용접
③ ◺ : 필릿 용접
④ ∨ : V형 맞대기 용접
⑤ ⊓ : 플러그 용접

문제 17 다음 그림은 용접 실제 모양을 표시한 것이다. 기호 표시로 올바른 것은?

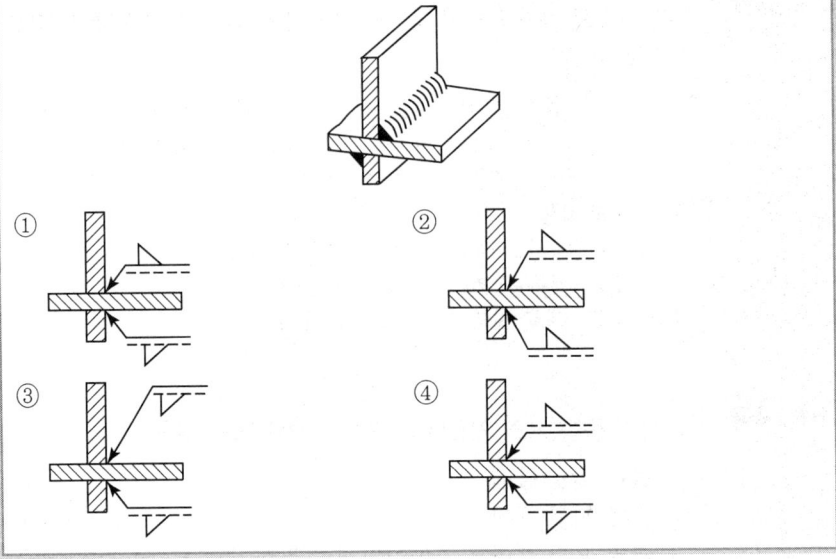

문제 18 다음 중 치수 보조기호의 설명으로 옳은 것은?
① S∅ – 원통의 지름
② C – 45°의 모떼기
③ R – 구의 지름
④ □ – 직사각형의 변

해답

16. ④ 17. ① 18. ②

해설 **치수의 표시법**
① 지름 : φ   ② 반지름 : R
③ 구의지름 : Sφ   ④ 구의반지름 : SR
⑤ 정사각형변 : □   ⑥ 판의 두께 : t
⑦ 45°모따기 : C   ⑧ 원호의길이 : ∩
⑨ 이론적으로 정확한 치수 : 123   ⑩ 참고치수 : ( )

문제 19 다음 그림과 같은 원뿔을 단면 M-N으로 경사지게 잘랐을 때 원뿔에 나타난 단면 형태는?

① 원
② 타원
③ 포물선
④ 쌍곡선

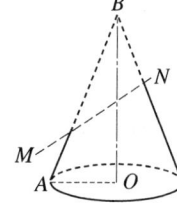

문제 20 다음 중 "복사도를 재단할 때의 편의를 위해서 원도(原圖)에 설정하는 표시"를 뜻하는 용어는?

① 중심마크   ② 비교눈금
③ 재단마크   ④ 대조번호

해설 **재단마크** : 복사도를 재단할 때의 편의를 위해서 원도에 설정하는 표시

제 2 과목   용접구조설계

문제 21 용접 잔류응력의 완화법인 응력제거 풀림에서 적정온도는 625±25℃(탄소강)를 유지한다. 이 때 유지시간은 판 두께 25mm에 대하여 약 몇 시간이 적당한가?

① 30분   ② 1시간
③ 2시간 30분   ④ 3시간

해설 625±25℃, 판 두께 25mm, 유지시간 1시간

해답
19. ② 20. ③ 21. ②

문제 22
탄소함유량이 약 0.25%인 탄소강을 용접할 때 예열온도는 약 몇 ℃ 정도가 적당한가?

① 90~150℃   ② 150~260℃
③ 260~420℃   ④ 420~550℃

해설 탄소강 용접시 탄소량에 따른 예열온도
① 탄소량이 0.2% 이하 : 90℃ 이하
② 탄소량이 0.2%~0.3% 이하 : 90~150℃
③ 탄소량이 0.3%~0.45% 이하 : 150~260℃
④ 탄소량이 0.45%~0.80% 이하 : 260~430℃

문제 23
용접성 시험 중 용접부 연성시험에 해당하는 것은?

① 로버트슨 시험   ② 카안 인열 시험
③ 킨젤 시험   ④ 슈나트 시험

해설 킨젤 시험 : 용접부 연성시험

문제 24
용접이음의 충격강도에서 취성파괴의 일반적인 특징이 아닌 것은?

① 항복점 이하의 평균응력에서도 발생한다.
② 온도가 낮을수록 발생하기 쉽다.
③ 파괴의 기점은 각종 용접결함, 가스절단부 등에서 발생된 예가 많다.
④ 거시적 파면상황은 판 표면에 거의 수평이고 평탄하게 연성이 큰 상태에서 파괴된다.

문제 25
용적 40리터의 아세틸린 용기의 고압력계에서 60기압이 나타났다면, 가변압식 300번 팁으로 약 몇 시간을 용접할 수 있는가?

① 4.5시간   ② 8시간
③ 10시간   ④ 20시간

해설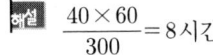

해답 22. ①   23. ③   24. ④   25. ②

문제 26

그림과 같은 용접 이음의 종류는?

① 전면 필릿 용접
② 경사 필릿 용접
③ 양쪽 덮개판 용접
④ 측면 피릿 용접

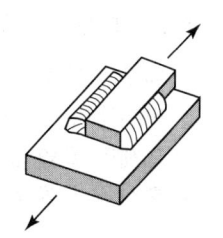

해설 용접이음

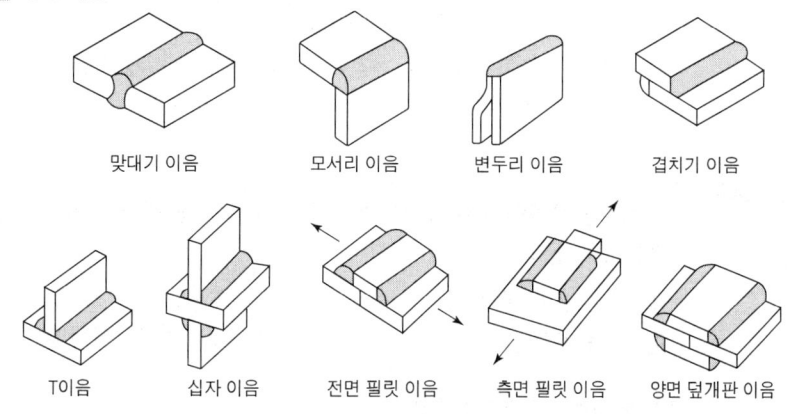

문제 27

용접이음의 부식 중 용접 잔류응력 등 인장응력이 걸리거나 특정의 부식 환경으로 될 때 발생하는 부식은?

① 입계부식
② 틈새부식
③ 접촉부식
④ 응력부식

해설 **응력부식** : 용접 잔류응력 등 인장응력이 걸리거나 특정의 부식 환경으로 될 때 발생

문제 28

용접구조의 설계상 주의사항에 대한 설명 중 틀린 것은?

① 용접이음의 집중, 접근 및 교차를 피한다.
② 용접치수는 강도상 필요한 치수 이상으로 하지 않는다.
③ 두꺼운 판을 용접할 경우에는 용입이 얕은 용접법을 이용하여 층수를 늘인다.
④ 판면에 직각방향으로 인장하중이 작용할 경우에는 판의 이방성에 주의한다.

해설 두꺼운 판을 용접할 경우는 용입이 깊은 용접법을 이용하여 층수를 늘인다.

26. ④ 27. ④ 28. ③

문제 29
방사선 투과 검사에 대한 설명 중 틀린 것은?
① 내부결함 검출이 용이하다.
② 라미네이션 검출도 쉽게 할 수 있다.
③ 미세한 표면 균열은 검출되지 않는다.
④ 현상이나 필름을 판독해야 한다.

해설 방사선 투과 검사
① 장점 : 필름에의해 내부의 결함, 모양, 크기 등을 관찰 할 수 있다. 결과의 기록이 가능하다. 내부결함 검출 용이
② 단점 : 장치가 크므로 가격이 비싸다. 취급상 신체의 방호가 필요하다. 두께가 두꺼운 개소에는 검출이 곤란하다. 선에 평행한 크랙은 찾기 힘들다.

문제 30
용접부를 연속적으로 타격하여 표면층에 소성 변형을 주어 잔류 응력을 감소시키는 방법은?
① 저온 응력 완화법
② 피닝법
③ 변형 교정법
④ 응력 제거 어닐링

해설 용접후 잔류응력 제거법
① 피닝법 : 용접부를 연속적으로 타격하여 표면층에 소성 변형을 주어 잔류 응력을 감소시키는 방법
② 저온 응력 완화법 : 용접선 양측을 가스 불꽃에 의하여 나비 약 150mm를 150~200℃ 정도의 비교적 낮은 온도로 가열한 다음 곧 수냉하는 방법
③ 기계적 응력 완화법 : 잔류응력이 있는 제품에 하중을 주어 용접부에 약간의 소성변형을 일으킨 다음 하중을 제거하는 방법

문제 31
서브머지드 아크용접에서 용접선의 전후에 약 150mm×150mm×판 두께 크기의 엔드 탭을 붙여 용접 비드를 이음끝에서 약 100mm 정도 연장시켜 용접완료 후 절단하는 경우가 있다. 그 이유로 가장 적당한 것은?
① 용접 후 모재의 급냉을 방지하기 위하여
② 루트간격이 너무 클 때, 용락을 방지하기 위하여
③ 용접시점 및 종점에서 일어나는 결함을 방지하기 위하여
④ 용접선의 길이가 너무 짧을 때, 용접 시공하기가 어려우므로 원활한 용접을 하기 위하여

해답 29. ② 30. ② 31. ③

문제 32 용착금속의 인장강도가 40kgf/mm²이고, 안전율이 5라면 용접이음의 허용응력은 얼마인가?

① 8kgf/mm²
② 20kgf/mm²
③ 40kgf/mm²
④ 200kgf/mm²

해설 허용응력 = $\dfrac{인장강도}{안전율} = \dfrac{40}{5} = 8\,kgf/mm^2$

문제 33 구조물 용접에서 용접선이 만나는 곳 또는 교차하는 곳에 응력 집중을 방지하기 위해 만들어 주는 부채꼴 오목부를 무엇이라 하는가?

① 스캘럽
② 포지셔너
③ 매니플레이터
④ 원뿔

해설 **스캘랩** : 구조물 용접에서 용접선이 만나는 곳 또는 교차하는 곳에 응력 집중을 방지하기 위해 만들어 주는 부채꼴 오목부

문제 34 잔류응력이 있는 제품에 하중을 주고 용접부에 약간의 소성변형을 일으킨 다음 하중을 제거하는 잔류응력 제거법은?

① 저온 응력 완화법
② 기계적 응력 완화법
③ 고온 응력 완화법
④ 피닝법

문제 35 용접구조물의 재료 절약 설계 요령으로 틀린 것은?

① 가능한 표준 규격의 재료를 이용한다.
② 재료는 쉽게 구입할 수 있는 것으로 한다.
③ 고장이 났을 경우 수리할 때의 편의도 고려한다.
④ 용접할 조각의 수를 가능한 많게 한다.

해설 **용접구조물의 재료 절약 설계 요령**
① 용접할 조각의 수를 가능한 적게 한다.
② 고장이 났을 경우 수리할 때의 편의도 고려한다.
③ 재료는 쉽게 구입할 수 있는 것으로 한다.
④ 가능한 표준 규격의 재료를 이용한다.

해답 32. ① 33. ① 34. ② 35. ④

문제 **36** 그림과 같은 맞대기 용접 이음 홈의 각부 명칭을 잘못 설명한 것은?

① A – 홈 각도
② B – 루트간격
③ C – 루트면
④ D – 홈 길이

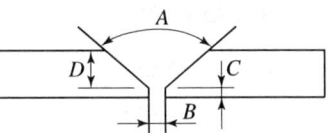

해설 용접 이음 홈의 각부 명칭
① A – 홈 각도   ② B – 루트간격
③ C – 루트면   ④ D – 홈 깊이

문제 **37** 두께가 6mm인 두 모재의 맞대기 이음에서 용접이음부가 5000kgf의 인장하중이 작용할 경우 필요한 용접부의 최소허용길이(mm)는 얼마인가? (단, 용접부의 허용인장응력 20kg/mm²이다)

① 22
② 53
③ 30
④ 42

해설 $\sigma = \dfrac{P}{tl} \qquad l = \dfrac{P}{\delta \times t} = \dfrac{5000}{20 \times 6} = 41.67\,mm$

문제 **38** 용접금속의 균열에서 저온균열의 루트크랙은 실험에 의하면 약 몇 ℃ 이하의 저온에서 일어나는가?

① 200℃ 이하
② 400℃ 이하
③ 600℃ 이하
④ 800℃ 이하

해설 저온균열의 루트크랙은 실험에 의하면 약 200℃ 이하의 저온에서 일어남

문제 **39** 용접 제품의 설계자가 알아야 하는 용접 작업 공정의 제반 사항 중 맞지 않는 것은?

① 용접기 및 케이블의 용량은 충분하게 준비한다.
② 홈 용접에서 용접 품질상 첫패스는 뒷댐판 없이 용접한다.
③ 가능한 높은 전류를 사용하여 짧은 시간에 용착량을 많게 용접한다.
④ 용접 진행은 부재의 자유단으로 향하게 한다.

해설 홈 용접에서 용접 품질상 첫패스는 뒷댐판 대고 용접한다.

해답 36. ④ 37. ④ 38. ① 39. ②

문제 40 용접후열처리 중 응력제거 열처리의 목적과 가장 관계가 없는 것은?
① 응력부식균열 저항성의 증가
② 용접변형을 방지
③ 용접열영향부의 연화
④ 용접부의 잔류응력 완화

해설 응력제거 열처리 목적
① 용접부의 잔류응력 완화
② 용접열영향부의 연화
③ 응력부식균열 저항성의 증가

제 3 과목   용접일반 및 안전관리

문제 41 구리 및 구리합금의 가스용접용 용제에 사용되는 물질은?
① 중탄산소다
② 염화칼슘
③ 붕사
④ 호아산칼륨

해설 가스용접용 용제
① 구리 및 구리합금 : 붕사 + 염화리튬
② 주철 : 중탄산소다 + 붕사 + 탄산소다
③ 반경강 : 중탄산소다 + 탄산소다
④ 연강 : 사용하지 않음

문제 42 가스용접에서 전진법에 비교한 후진법의 설명으로 틀린 것은?
① 열이용률이 좋다.
② 용접속도가 빠르다.
③ 용접변형이 크다.
④ 후판에 적합하다.

해설 후진법 특징
① 용접변형이 적다.
② 후판에 적합하다.
③ 용접속도가 빠르다.
④ 열이용률이 높다.

문제 43 피복 아크 용접에서 아크 길이가 긴 경우 발생하는 용접결함에 해당되지 않는 것은?
① 선상조직
② 스패터
③ 기공
④ 언더컷

해답 40. ②   41. ③   42. ③   43. ①

해설 아크 길이가 긴 경우 발생하는 용접결함
① 기공 ② 언더컷 ③ 스패터

문제 44 테르밋 용접에서 테르밋제란 무엇과 무엇의 혼합물인가?
① 탄소와 붕사 분말
② 탄소와 규소의 분말
③ 알루미늄과 산화철의 분말
④ 알루미늄과 납의 분물

해설 테르밋제 : 알루미늄과 산화철의 분말

문제 45 피복 아크 용접시 안전홀더를 사용하는 이유로 맞는 것은?
① 자외선과 적외선 차단
② 유해가스 중독 방지
③ 고무장갑 대용
④ 용접작업 중 전격예방

해설 피복 아크 용접시 안전홀더를 사용하는 이유 : 용접작업 중 전격예방

문제 46 MIG용접시 사용되는 전원은 직류의 무슨 특성을 사용하는가?
① 수하 특성
② 통전류 특성
③ 정전압 특성
④ 정극성 특성

해설 MIG용접시 사용되는 전원은 직류의 정전압 특성 사용

문제 47 피복 아크 용접봉에서 피복제의 편심률은 몇 % 이내이어야 하는가?
① 3%
② 6%
③ 9%
④ 12%

해설 피복 아크 용접에서 피복제의 편심률은 3% 이내

문제 48 피복 아크 용접에서 피복제의 주된 역할 중 틀린 것은?
① 전기 절연작용을 한다.
② 탈산 정련작용을 한다.
③ 아크를 안정시킨다.
④ 용착금속의 급냉을 돕는다.

해설 피복제의 역할
① 아크 안정
② 탈산 정련작용
③ 합금원소 첨가
④ 스패터발생을 적게 한다.
⑤ 용착금속의 냉각속도를 느리게 한다.
⑥ 전기 절연작용
⑦ 용착효율을 높인다.

  해답
44. ③ 45. ④ 46. ③ 47. ① 48. ④

문제 49 아크 용접기의 사용률을 구하는 식으로 옳은 것은?

① 사용률(%) = $\dfrac{\text{아크시간} + \text{휴식시간}}{\text{아크시간}} \times 100$

② 사용률(%) = $\dfrac{\text{아크시간}}{\text{아크시간} + \text{휴식시간}} \times 100$

③ 사용률(%) = $\dfrac{\text{휴식시간}}{\text{아크시간}} \times 100$

④ 사용률(%) = $\dfrac{\text{아크시간}}{\text{휴식시간}} \times 100$

해설 사용률 = $\dfrac{\text{아크시간}}{\text{아크시간} + \text{휴식시간}} \times 100$

문제 50 연강용 피복 아크 용접봉의 피복제 계통에 속하지 않는 것은?

① 철분산화철계   ② 철분저수소계
③ 저셀룰로오스계 ④ 저수소계

해설 피복제 계통
① E4301(일미나이트계)   ② E4303(라임티탄계)
③ E4311(고셀룰로오스계) ④ E4313(고산화티탄계)
⑤ E4316(저수소계)   ⑥ E4324(철분산화티탄계)
⑦ E4326(철분저수소계)   ⑧ E4327(철분산화철계)
⑨ E4340(특수계)

문제 51 탄산가스 아크 용접의 특징에 대한 설명으로 틀린 것은?

① 전류밀도가 높아 용입이 깊고 용접속도를 빠르게 할 수 있다.
② 적용 재질이 철 계통으로 한정되어 있다.
③ 가시 아크이므로 시공이 편리하다.
④ 일반적인 바람의 영향을 받지 않으므로 방풍장치가 필요 없다.

해설 탄산가스 아크 용접의 특징
① 바람의 영향을 받으므로 방풍장치 필요
② 가시 아크이므로 시공이 필요
③ 적용 재질이 철 계통으로 한정되어 있다.
④ 전류밀도가 높아 용입이 깊고 용접속도를 빠르게 할 수 있다.

해답 49. ② 50. ③ 51. ④

문제 52
연납에 대한 설명 중 틀린 것은?
① 연납은 인장강도 및 경도가 낮고 용융점이 낮다
② 연납의 흡착작용은 주로 아연의 함량에 의존되며 아연 100%의 것이 가장 좋다.
③ 대표적인 것은 주석 40%, 납 60%의 합금이다.
④ 전기적인 접합이나 기밀, 수밀을 필요로 하는 장소에 사용된다.

해설 연납
① 주석 40% + 납 60%의 합금이다.
② 전기적인 접합이나 기밀, 수밀을 필요로 하는 장소에 적합
③ 연납은 인장강도 및 경도가 낮고 용융점이 낮다

문제 53
용접용 케이블 이음에서 케이블을 홀더 끝이나, 용접기 단자에 연결하는 데 쓰이는 부품의 명칭은?
① 케이블 티그
② 케이블 태그
③ 케이블 러그
④ 케이블 form

해설 케이블 러그 : 용접용 케이블 이음에서 케이블을 홀더 끝이나, 용접기 단자에 연결하는 데 쓰임

문제 54
직류와 교류 아크 용접기를 비교한 것으로 틀린 것은?
① 아크 안정 : 직류용접기가 교류용접기 보다 우수하다.
② 전격의 위험 : 직류용접기가 교류용접기 보다 많다.
③ 구조 : 직류용접기가 교류용접기 보다 복잡하다.
④ 역률 : 직류용접기가 교류용접기 보다 매우 양호하다.

해설 교류 아크 용접기와 비교한 직류아크 용접기 특성

비교	교류	직류
아크안정	불안정	안정
극성변화	불가능	가능
무부하전압	70~80V	40~60V
구조	간단	복잡
고장	적다	많다
역율	떨어짐	우수
가격	저가	고가
판	후판	박판

52. ② 53. ③ 54. ②

문제 55
연강용 피복 아크 용접봉 종류 중 특수계에 해당하는 용접봉은?
① E4301　　② E4311
③ E4324　　④ E4340

문제 56
TIG, MIG, 탄산가스 아크 용접 시 사용하는 차광렌즈 번호로 가장 적당한 것은?
① 12~13　　② 8~9
③ 6~7　　④ 4~5

해설 TIG, MIG, 탄산가스 아크 용접 시 사용하는 차광렌즈 번호 : 12~13

문제 57
점용접의 3대 요소에 해당되는 것은?
① 가압력, 통전시간, 전류의 세기　　② 가압력, 통전시간, 전압의 세기
③ 가압력, 냉각수량, 전류의 세기　　④ 가압력, 냉각수량, 전압의 세기

해설 **점용접의 3대 요소**
① 가압력
② 통전시간
③ 전류의 세기(통전전류)

문제 58
아크용접용 로봇에서 용접작업에 필요한 정보를 사람이 로봇에게 기억(입력)시키는 장치는?
① 전원장치　　② 조작장치
③ 교시장치　　④ 머니플래이터

해설 **교시장치** : 용접작업에 필요한 정보를 사람이 로봇에게 기억시키는 장치

문제 59
TIG 용접기에서 직류 역극성을 사용하였을 경우 용접 비드의 형상으로 맞는 것은?
① 비드 폭이 넓고 용입이 깊다.　　② 비드 폭이 넓고 용입이 얕다.
③ 비드 폭이 좁고 용입이 깊다.　　④ 비드 폭이 좁고 용입이 얕다.

해설 **직류 역극성**(DCRP)
① 비드 폭이 넓다.　　② 용입이 얕다.
③ 용접봉의 녹음이 빠르다.　　④ 산화피막을 제거하는 청정작용이 있다.
⑤ 박판용접 가능

55. ④　56. ①　57. ①　58. ③　59. ②

문제 60| 직류 아크 용접기에서 발전형과 비교한 정류기형의 특징 설명으로 틀린 것은?

① 소음이 적다.
② 취급이 간편하고 가격이 저렴하다.
③ 교류를 정류하므로 완전한 직류를 얻는다.
④ 보수 점검이 간단하다.

해설 **직류 아크 용접기의 발전형과 비교한 정류기형의 특징**
① 소음이 적다.
② 취급이 간편하고 가격이 저렴하다.
③ 보수 점검이 간단하다.
④ 완전한 직류를 얻지 못한다.

해답
60. ③

2025년 8월 CBT 시행

본 문제는 복원 기출문제입니다. 실제 문제와 다를 수 있으니 양해바랍니다.

제 1 과목 용접야금 및 용접설비제도

문제 01 맞대기 용접 이음의 가접 또는 첫 층에서 루트 근방의 열영향부에서 발생하여 점차 비드속으로 들어가는 균열은?

① 토 균열 ② 루트 균열
③ 세로균열 ④ 크레이터 균열

해설 저온균열의 유형
① 루트균열 : 맞대기 용접이음의 가접 또는 첫 층에서 루트 근방의 열영향부에서 발생하여 점차 비드속으로 들어가는 균열
② 라멜라티어균열 : T이음, 모서리이음 등에서 강의 내부에 평행하게 층상으로 발생하는 균열
③ 라이네이션균열 : 모재의 재질결함으로서 강괴일 때 기포가 압연되어 생기는 것으로 설퍼밴드와 같은 층상으로 편재해 있어 강재 내부의 노취를 형성하는 균열
④ 토우균열 : 맞대기 이음, 필릿이음 등의 경우에 비드표면과 모재의 경계부에서 발생
⑤ 힐균열 : 될릿시 루트부분에 발생하는 저온균열이며 모재의 수축, 팽창에 의한 뒤틀림이 주요원인

문제 02 2성분계의 평형상태도에서 액체, 고체 어떤 상태에서도 두 성분이 완전히 융합하는 경우는?

① 공정형 ② 전율포정형
③ 편정형 ④ 전율고용형

해설 전율고용형 : 2성분계의 평형상태에서 액체, 고체 어떤 상태에서도 두 성분이 완전히 융합하는 경우

문제 03 용접 결함 중 비드 밑(under bead) 균열의 원인이 되는 원소는?

① 산소 ② 수소
③ 질소 ④ 탄산가스

해설 비드 밑 균열의 원인이 되는 원소 : 수소

01. ② 02. ④ 03. ②

문제 04 일반적으로 고장력강은 인장강도가 몇 N/mm² 이상일 때를 말하는가?
① 290
② 390
③ 490
④ 690

해설 고장력강은 인장강도가 490N/mm² 이상 시

문제 05 오스테나이트계 스테인리스강의 용접시 유의사항으로 틀린 것은?
① 예열을 한다.
② 짧은 아크 길이를 유지한다.
③ 아크를 중단하기 전에 크레이터 처리를 한다.
④ 용접 입열을 억제한다.

해설 예열을 하지 않는다.

문제 06 응력제거 열처리법 중에서 노내 풀림시 판 두께가 25mm인 일반구조용 압연강재, 용접구조용 압연강재 또는 탄소강의 경우 일반적으로 노내 풀림 온도로 가장 적당한 것은?
① 300± 25℃
② 400± 25℃
③ 525± 25℃
④ 625± 25℃

해설 일반구조용 압연강재, 용접구조용 압연강재 : 625± 25℃, 25mm, 1시간

문제 07 다음 중 산소에 의해 발생할 수 있는 가장 큰 용접 결함은?
① 은점
② 헤어크랙
③ 기공
④ 슬랙

해설 산소에 의해 발생할 수 있는 가장 큰 용접 결함 : 기공

문제 08 제품이 너무 크거나 노내에 넣을 수 없는 대형 용접 구조물은 노내 풀림을 할 수 없으므로 용접부 주위를 가열하여 잔류 응력을 제거하는 방법은?
① 저온 응력 완화법
② 기계적 응력 완화법
③ 국부 응력 제거법
④ 노내 응력 제거법

해설 **용접잔류응력 제거법**
① 국부 응력 제거법 : 제품이 커서 노내에 넣을 수 없을 때, 또는 설비, 용량 등으로 노내 풀림을 바라지 못할 경우에 용접부 주위를 가열하여 잔류응력 제거

해답 04. ③　05. ①　06. ④　07. ③　08. ③

② 노내 응력 제거법 : 제품전체를 가열로 안에 넣고 적당한 온도에서 일정시간 유지한 다음 노내에서 서냉
③ 저온 응력 완화법 : 용접선 양측을 가스불꽃에 의하여 나비 약 150mm를 150~200℃ 정도의 비교적 낮은 온도로 가열한 다음 곧 수냉하는 방법
④ 기계적 응력 완화법 : 잔류 응력이 있는 제품에 하중을 주어 용접부에 약간의 소성변형을 일으킨 다음 하중을 제거
⑤ 피닝법 : 해머로서 용접부를 연속적으로 때려 용접표면에 소성변형을 주는 방법

문제 09 주철의 용접시 주의사항으로 틀린 것은?
① 용접 전류는 필요 이상 높이지 말고 지나치게 용입을 깊게 하지 않는다.
② 비드의 배치는 짧게 해서 여러 번의 조작으로 완료한다.
③ 용접봉은 가급적 지름이 굵은 것을 사용한다.
④ 용접부를 필요 이상 크게 하지 않는다.

해설 용접봉은 가급적 지름이 가는 것을 사용한다.

문제 10 동일 강도의 강에서 노치 인성을 높이기 위한 방법이 아닌 것은?
① 탄소량을 적게 한다.
② 망간을 될수록 적게 한다.
③ 탈산이 잘 되도록 한다.
④ 조직이 치밀하도록 한다.

해설 **노치 인성을 높이기 위한 방법**
① 망간을 될수록 많게 한다.
② 탄소량을 적게 한다.
③ 조직이 치밀하도록 한다.
④ 탈산이 잘 되도록 한다.

문제 11 용접의 기본기호 중 가장자리 용접을 나타내는 것은?

①
②
③ |||
④ =

해설 **KS 용접기호**

가장 자리 용접	|||
서페이싱	⌒
서페이싱 이음	=
뒷면공정이 없는 기호	\/

해답 09. ③ 10. ② 11. ③

문제 **12** 건설 또는 제조에 필요한 정보를 전달하기 위한 도면으로 제작도가 사용되는데, 이 종류에 해당되는 것으로만 조합된 것은?

① 계획도, 시공도, 견적도
② 설명도, 장치도, 공정도
③ 상세도, 승인도, 주문도
④ 상세도, 시공도, 공정도

해설 제작도의 종류
① 상세도 ② 시공도 ③ 공정도

문제 **13** 용접 도면에서 기호의 위치를 설명한 것 중 틀린 것은?

① 화살표는 기준선이 한쪽 끝에 각을 이루며 연결된다.
② 좌우 대칭인 용접부에서는 파선은 필요 없고 생략하는 편이 좋다.
③ 파선은 연속선의 위 또는 아래에 그릴 수 있다.
④ 용접부(용접면)가 이음의 화살표 쪽에 있으면 기호는 파선 쪽의 기준선에 표시한다.

문제 **14** 다음 중 도면용지 A0의 크기로 옳은 것은?

① 841×1189
② 594×841
③ 420×594
④ 297×420

해설 도면의 크기

용지	세로	가로
A0	841	1190
A1	594	841
A2	420	594
A3	297	420
A4	210	297

문제 **15** 용접부 및 용접부 표면의 형상 보조기호 중 제거 가능한 이면 판재를 사용할 때 기호는?

①
② ⌒
③ ☐M
④ ☐MR

해답
12. ④ 13. ④ 14. ① 15. ④

해설 보조기호

용접부 및 용접부 표면의 형상	기호
평면(동일 평면으로 다듬질)	—
볼록(凸)형	⌒
오목(凹)형	⌣
끝단부를 매끄럽게 함	⌣
영구적인 덮개판을 사용	M
제거가능한 덮개판을 사용	MR

문제 16 용접부의 비파괴시험 기호로서 "RT"로 표시하는 비파괴 시험 기호는?

① 초음파 시험
② 자분탐상 시험
③ 침투탐상 시험
④ 방사선 투과 시험

해설 비파괴 검사
① RT : 방사선 검사 ② UT : 초음파 검사
③ PT : 침투 검사 ④ MT : 자분 검사
⑤ VT : 육안 검사 ⑥ LT : 누설 검사
⑦ ET : 와류 검사

문제 17 그림과 같이 치수를 둘러싸고 있는 사각(□)이 뜻하는 것은?

① 정사각형의 한 변의 길이
② 이론적으로 정확한 치수
③ 판 두께의 치수
④ 참고치수

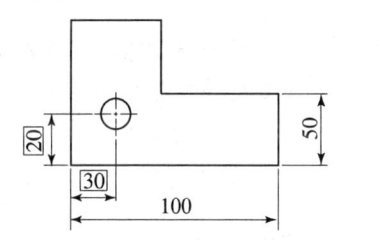

해설 이론적으로 정확한 치수 : $\boxed{123}$
참고치수 : ( )
정사각형 변 : □

해답 16. ④ 17. ②

문제 18 제도에서 사용되는 선의 종류 중 가는 2점 쇄선의 용도를 바르게 나타낸 것은?

① 물체의 가공 전 또는 가공 후의 모양을 표시하는데 쓰인다.
② 도형의 중심선을 간략하게 나타내는데 쓰인다.
③ 특수한 가공을 하는 부분 등 특별한 요구사항을 적용할 수 있는 범위를 표시하는데 쓰인다.
④ 대상물의 실제 보이는 부분을 나타낸다.

해설 가는 이점 쇄선의 용도
① 가공 전 · 후 표시
② 인접부분 참고 표시
③ 공구위치 참고 표시

문제 19 도면을 그리기 위하여 도면에 설정하는 양식에 대하여 설명한 것 중 틀린 것은?

① 윤곽선 : 도면으로 사용된 용지의 안쪽에 그려진 내용을 확실히 구분되도록 하기 위함
② 도면의 구역 : 도면을 축소 또는 확대했을 경우, 그 정도를 알기 위함
③ 표제란 : 도면 관리에 필요한 사항과 도면 내용에 관한 중요한 사항을 정리하여 기입하기 위함
④ 중심 마크 : 완성된 도면을 영구적으로 보관하기 위하여 도면을 마이크로 필름을 사용하여 사진 촬영을 하거나 복사하고자 할 때 도면의 위치를 알기 쉽도록 하기 위하여 표시하기 위함

문제 20 주로 대칭 모양의 물체를 중심선을 기준으로 내부 모양과 외부 모양을 동시에 표시하는 단면도는?

① 회전 단면도
② 부분 단면도
③ 한쪽 단면도
④ 전단면도

해설 단면도
① 한쪽 단면도(반단면도) : 주로 대칭 모양의 물체를 중심선을 기준으로 내부 모양과 외부 모양을 동시에 표시
② 부분 단면도 : 일부분을 잘라내고 필요한 내부모양을 그리기 위한 방법
③ 회전 단면도 : 핸들, 벨트풀리, 바퀴의 암, 후크의 절단한 단면모양을 90° 회전시킨다.

해답 18. ① 19. ② 20. ③

제 2 과목 용접구조설계

문제 21

맞대기 용접 이음에서 이음 효율을 구하는 식은?

① 이음 효율 = $\dfrac{\text{모재의 인장강도}}{\text{용접시험편의 인장강도}} \times 100\%$

② 이음 효율 = $\dfrac{\text{용접시험편의 인장강도}}{\text{모재의 인장강도}} \times 100\%$

③ 이음효율 = $\dfrac{\text{허용 응력}}{\text{사용 응력}} \times 100\%$

④ 이음효율 = $\dfrac{\text{사용 응력}}{\text{허용 응력}} \times 100\%$

해설 이음 효율 = $\dfrac{\text{용접시험편의 인장강도}}{\text{모재의 인장강도}} \times 100\%$

문제 22

용접 이음을 설계할 때 주의사항으로 옳은 것은?
① 용접 길이는 되도록 길게 하고, 용착금속도 많게 한다.
② 용접 이음을 한 군데로 집중시켜 작업의 편리성을 도모한다.
③ 결함이 적게 발생하는 아래보기 자세를 선택한다.
④ 강도가 강한 필릿 용접을 주로 선택한다.

해설 용접 이음의 설계
① 결함이 적게 발생하는 아래보기 자세 선택
② 맞대기 용접을 주로 한다.
③ 용접 이음을 한 군데로 집중 시키지 말고 작업의 편리성을 도모
④ 용접 길이는 되도록 짧게 하고, 용착금속은 적게 한다.

문제 23

응력제거 열처리법 중에서 가장 잘 이용되고 있는 방법으로써 제품 전체를 가열로 안에 넣고 적당한 온도에서 일정시간 유지한 다음 노내에서 서냉 시킴으로써 잔류 응력을 제거하는데 연강류 제품을 노내에서 출입시키는 온도는 몇 도를 넘지 않아야 하는가?

① 100℃   ② 300℃
③ 500℃   ④ 700℃

해설 노내 응력 제거법에서의 노내 출입온도 : 300℃ 이내

 21. ② 22. ③ 23. ②

문제 24

다음 그림과 같은 용접이음 명칭은?

① 겹치기 용접
② T 용접
③ 플레어 용접
④ 글러그 용접

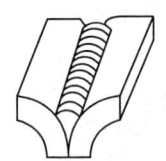

해설 용접이음

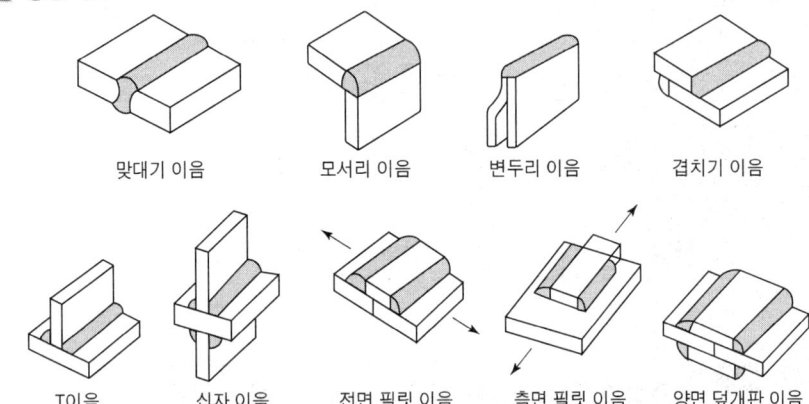

맞대기 이음　모서리 이음　변두리 이음　겹치기 이음

T이음　십자 이음　전면 필릿 이음　측면 필릿 이음　양면 덮개판 이음

문제 25

꼭지각이 136°인 다이아몬드 사각추의 압입자를 시험하중으로 시험편에 압입한 후 측정하여 환산표에 의해 경도를 표시하는 시험법은?

① 로크웰 경도 시험
② 브리넬 경도 시험
③ 비커스 경도 시험
④ 쇼어 경도 시험

해설 경도시험

① 비커스 경도 : 꼭지각이 136°인 다이아몬드 사각추의 압입자를 1~120kgf의 하중으로 시험편에 압입한 후 생긴 오목자국의 대각선을 측정

$$H_v = 1.8544 \times \frac{P}{V^2}$$

② 쇼어 경도 : 소형의 추를 일정 높이에서 낙하시켜 튀어 오르는 높이에 의하여 경도를 측정
③ 브리넬 경도 : 특수 강구를 일정한 하중 (500, 750, 1000, 3000kgf)로 시험편의 표면적을 압입한 후 이 때 생긴 오목자국의 표면적을 측정
④ 로크웰 경도 : B스케일과 C스케일을 이용 경도측정

해답

24. ③　25. ③

문제 26

용접부의 피로강도 향상법으로 맞는 것은?

① 덧붙이 크기를 가능한 최소화한다.
② 기계적 방법으로 잔류 응력을 강화한다.
③ 응력 집중부에 용접 이음부를 설계한다.
④ 야금적 변태에 따라 기계적인 강도를 낮춘다.

해설 용접부의 피로강도 향상법 : 덧붙이 크기를 가능한 최소화한다.

문제 27

용접 열영향부에서 생기는 균열에 해당되지 않는 것은?

① 비드 밑 균열(under bead crack)
② 세로 균열(longitudinal crack)
③ 토 균열(toe crack)
④ 라멜라테어 균열(lamella tear crack)

해설 저온균열
① 토 균열 ② 힐 균열 ③ 비드 밑 균열
④ 라멜라테어 균열 ⑤ 루트균열

문제 28

용접이음에서 취성파괴의 일반적 특성에 대한 설명 중 틀린 것은?

① 온도가 높을수록 발생하기 쉽다.
② 항복점 이하의 평균응력에서도 발생한다.
③ 파괴의 기점은 응력과 변형이 집중하는 구조적 및 형상적인 불연속부에서 발생하기 쉽다.
④ 거시적 파면상황은 판 표면에 거의 수직이다.

해설 취성파괴의 특징
① 거시적 파단상황은 판 표면에 거의 수직이다.
② 항복점 이하의 평균응력에서도 발생한다.
③ 파괴의 기점은 응력과 변형이 집중하는 구조적 및 형상적인 불연속부에서 발생하기 쉽다.

문제 29

다음 그림과 같은 순서로 하는 용착법을 무엇이라고 하는가?

① 전진법
② 후퇴법
③ 캐스케이드법
④ 스킵법

해답
26. ① 27. ② 28. ① 29. ④

해설 **용착법**
① 스킵법(비석법) : 1 → 4 → 2 → 5 → 3
② 대칭법 : 4 ← 2 ↔ 1 → 3
③ 후퇴법 : 5 → 4 → 3 → 2 → 1
④ 전진법 : →

문제 30 용접구조물의 수명과 가장 관련이 있는 것은?
① 작업 태도
② 아크 타임율
③ 피로강도
④ 작업율

해설 용접구조물의 수명과 가장 관련이 있는 것은 피로강도이다.

문제 31 잔류 응력을 제거하는 방법이 아닌 것은?
① 저온 응력 완화법
② 기계적 응력 완화법
③ 피닝법(peening)
④ 담금질 열처리법

해설 **잔류 응력을 제거하는 방법**
① 피닝법
② 저온 응력 완화법
③ 기계적 응력 완화법
④ 국부 줄임법
⑤ 노내 풀림법

문제 32 그림과 같은 필릿 용접에서 목 두께를 나타내는 것은?
① ①
② ②
③ ③
④ ④

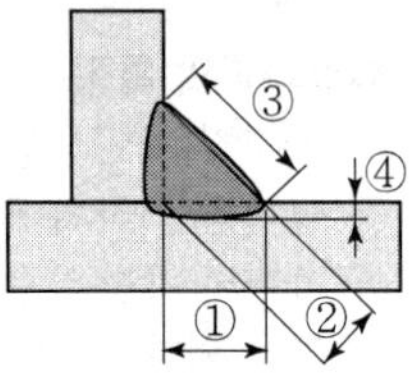

해설 목두께 : ②   각장 : ③

문제 33 용접부의 파괴 시험법 중에서 화학적 시험방법이 아닌 것은?
① 함유수소시험
② 비중시험
③ 화학분석시험
④ 부식시험

해답
30. ③   31. ④   32. ②   33. ②

해설 화학적 시험법
① 부식시험 ② 화학분석시험 ③ 함유수소시험

문제 34 2매의 판이 100°의 각도로 조립되는 필릿 용접 이음의 경우 이론 목두께는 다리 길이의 약 몇 %인가?
① 70.7%
② 65%
③ 50%
④ 55%

해설 2매의 판이 100°의 각도로 조립되는 필릿 용접 이음의 경우 이론 목두께는 다리 길이의 65%이다.

문제 35 연강을 0℃ 이하에서 용접할 경우 예열하는 방법은?
① 이음의 양쪽 폭 100mm 정도를 40℃~75℃로 예열하는 것이 좋다.
② 이음의 양쪽 폭 150mm 정도를 150℃~200℃로 예열하는 것이 좋다.
③ 비드 균열을 일으키기 쉬우므로 50℃~350℃로 용접홈을 예열하는 것이 좋다.
④ 200℃~400℃ 정도로 홈을 예열하고 냉각속도를 빠르게 용접한다.

해설 **연강을 0℃ 이하에서 용접할 경우 예열하는 방법** : 이음의 양쪽 폭 100mm 정도를 40℃~75℃로 예열하는 것이 좋다.

문제 36 용접부의 시점과 끝나는 부분에 용입 불량이나 각종 결함을 방지하기 위해 주로 사용되는 것은?
① 엔드 탭
② 포지셔너
③ 회전 지그
④ 고정 지그

해설 **엔드 탭** : 용접부의 시점과 끝나는 부분에 용입 불량이나 각종 결함을 방지하기 위해 사용

문제 37 65%의 용착효율을 가지고 단일의 V형 홈을 가진 20mm 두께의 철판을 3m 맞대기 용접했을 때, 필요한 소요 용접봉의 중량은 약 몇 kgf 인가? (단, 20mm 철판의 용접부 단면적은 2.6cm²이고, 용착금속의 비중은 7.85이다.)
① 7.42
② 9.42
③ 11.42
④ 13.42

해답 34. ② 35. ① 36. ① 37. ②

해설 용접봉의 중량 = $\dfrac{\text{단면적} \times \text{비중} \times \text{용접길이}}{\text{용착효율}} = \dfrac{2.6 \times 7.85 \times 3 \times 100}{0.65} = 9.42\,\text{kgf}$

문제 38 용접 제품을 제작하기 위한 조립 및 가접에 대한 일반적인 설명으로 틀린 것은?
① 강도상 중요한 곳과 용접의 시점과 종점이 되는 끝부분을 주로 가접한다.
② 조립 순서는 용접 순서 및 용접 작업의 특성을 고려하여 계획한다.
③ 가접시에는 본 용접보다도 지름이 약간 가는 용접봉을 사용하는 것이 좋다.
④ 불필요한 잔류응력이 남지 않도록 미리 검토하여 조립순서를 정한다.

해설 용접 제품을 제작하기 위한 조립 및 가접에 대한 일반적인 설명
① 불필요한 잔류응력이 남지 않도록 미리 검토하여 조립순서를 정함
② 가접시에는 본 용접보다도 지름이 약간 가는 용접봉을 사용하는 것이 좋다.
③ 조립 순서는 용접 순서 및 용접 작업의 특성을 고려하여 계획한다.

문제 39 그림과 같이 강판 두께(t) 19mm, 용접선의 유효길이(l) 200mm, h_1, h_2가 각각 8mm, 하중(P) 7000kgf가 작용할 때 용접부에 발생하는 인장응력은 약 몇 kgf/mm^{2}인가?
① 0.2
② 2.2
③ 4.8
④ 6.8

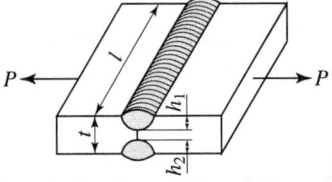

해설 인장응력 = $\dfrac{P}{(h_1+h_2)l} = \dfrac{P}{(8+8) \times 200} = \dfrac{7000}{(8+8) \times 200} = 2.1875\,\text{kgf/mm}^2$

문제 40 용접작업에서 지그 사용시 얻어지는 효과로 틀린 것은?
① 용접 변형을 억제하고 적당한 역변형을 주어 변형을 방지한다.
② 제품의 정밀도가 낮아진다.
③ 대량생산의 경우 용접 조립 작업을 단순화 시킨다.
④ 용접작업은 용이하고 작업능률이 향상된다.

해설 용접작업시 지그 사용시 얻어지는 효과
① 용접작업은 용이하고 작업능률이 향상된다.
② 대량생산의 경우 용접 조립 작업을 단순화 시킨다.
③ 용접 변형을 억제하고 적당한 역변형을 주어 변형 방지

해답 38. ① 39. ② 40. ②

제 3 과목 용접일반 및 안전관리

문제 41 교류 아크 용접기의 용접 전류 조정 방법에 의한 분류에 해당하지 않는 것은?
① 가동 철심형   ② 가동 코일형
③ 탭 전환형   ④ 발전형

해설 교류 아크 용접기의 특징
① 가동 철심형 : ㉠ 광범위한 전류조정이 어렵다.
　　　　　　　㉡ 가동철심으로 누설자속을 가감하여 전류조정
　　　　　　　㉢ 미세한 전류 조정가능
　　　　　　　㉣ 현재 가장 많이 사용
② 가포화리액터형 : ㉠ 원격제어가 되고 가변저항의 변화로 용접 전류조정
　　　　　　　　㉡ 조작이 간단
③ 가동 코일형 : ㉠ 누설리액턴스 값을 변화시킴
　　　　　　　㉡ 1차, 2차 코일중의 하나를 이동하여 누설자속을 변화하여 전류조정
④ 탭전환용 : ㉠ 주로 소형에 사용
　　　　　　㉡ 코일의 감 감긴수에 따라 전류조정
　　　　　　㉢ 무부하 전압이 높아져 전격위험 크다.

문제 42 정격 2차 전류 3000A의 용접기에서 실제로 200A의 전류로서 용접한다고 가정하면 허용 사용률은 얼마인가? (단, 정격 사용률은 40%라고 한다.)
① 80%   ② 85%
③ 90%   ④ 95%

해설 허용사용율 = $\dfrac{(\text{정격2차전류})^2}{(\text{실제용접전류})^2} \times \text{정격사용율} = \dfrac{(300)^2}{(200)^2} \times 40 = 90\%$

문제 43 탄산가스 아크용접 장치에 해당되지 않는 것은?
① 용접 토치   ② 보호 가스 설비
③ 제어 장치   ④ 플럭스 공급 장치

해설 탄산가스 아크용접 장치
① 보호 가스 설비 ② 제어 장치 ③ 용접 토치

해답 41. ④ 42. ③ 43. ④

문제 44 피복 아크 용접법이 가스 용접법보다 우수한 점이 아닌 것은?
① 열의 집중성이 좋다.   ② 용접 변형이 적다.
③ 유해 광선의 발생이 적다.   ④ 용접부의 강도가 크다.

해설 **피복 아크 용접의 장점**
① 용접부의 강도가 크다.   ② 용접 변형이 적다.
③ 열의 집중성이 좋다.   ④ 제작이 용이하다.
⑤ 기밀, 수밀이 좋다.   ⑥ 작업 공정이 단축된다.

문제 45 서브머지드 아크 용접의 다전극 방식에 의한 분류 중 같은 종류의 전원에 두 개의 전극을 접속하여 용접하는 것으로 비드 폭이 넓고, 용입이 깊은 용접부를 얻기 위한 방식은?
① 탠덤식   ② 횡병렬식
③ 횡직렬식   ④ 종직렬식

해설 **횡병렬식** : 같은 종류의 전원에 두 개의 전극을 접속하여 용접하는 방법으로 비드 폭이 넓고, 용입이 깊은 용접부를 얻기 위한 방식

문제 46 가스용접으로 주철을 용접할 때 가장 적당한 예열온도는 몇 ℃ 인가?
① 300~400℃   ② 500~600℃
③ 700~800℃   ④ 900~1000℃

해설 가스용접으로 주철을 용접시 가장 적당한 예열온도 : 500~600℃

문제 47 용접기에서 떨어져 작업을 할 때 작업 위치에서 전류를 조정할 수 있는 장치는?
① 전자 개폐 장치   ② 원격 제어 장치
③ 전류 측정기   ④ 전격 방지 장치

해설 **원격제어장치** : 용접기에서 떨어져 작업을 할 때 작업위치에서 전류를 조정할 수 있는 장치

문제 48 공업용 아세틸렌 가스 용기도 도색은?
① 녹색   ② 백색
③ 황색   ④ 갈색

해답
44. ③ 45. ② 46. ② 47. ② 48. ③

해설 공업용 용기도색

<u>청</u>탄산 <u>산</u>녹에서 <u>황</u>아체 안주삼아 <u>수</u>주잔 높이 들고 <u>백</u>암산 바라보니
① ② ③ ④ ⑤
<u>염</u>소는 <u>갈</u>색으로 보이고 <u>쥐</u>들은 <u>기</u>타를 치더라.
⑥ ⑦

① 탄산가스 : 청색   ② 산소 : 녹색   ③ 아세틸렌 : 황색
④ 수소 : 주황   ⑤ 암모니아 : 백색   ⑥ 염소 : 갈색
⑦ 기타 : 쥐색(회색) (프로판, 아르곤, 네온 등)

문제 49
이음부의 루트 간격 치수에 특히 유의하여야 하며 아크가 보이지 않는 상태에서 용접이 진행된다고 하여 잠호 용접이라고도 부르는 용접은?

① 피복 아크 용접
② 서브머지드 아크 용접
③ 탄산가스 아크 용접
④ 불활성가스 금속 아크 용접

해설 서브머지드 아크 용접 : 잠호용접, 유니온 멜트용접 이라고도 함.

문제 50
산소 용기의 취급상의 주의사항으로 잘못된 사항은?

① 운반이나 취급에서 충격을 주지 않는다.
② 가연성 가스와 함께 저장하여 누설되어도 인화되지 않게 한다.
③ 기름이 묻은 손이나 장갑을 끼고 취급하지 않는다.
④ 운반시 가능한 한 운반 기구를 이용한다.

해설 가연성 가스와 조연성가스는 함께 저장하지 못한다.

문제 51
중량물의 안전운반에 관한 설명 중 잘못된 것은?

① 힘이 센 사람과 약한 사람이 조를 짜며 키가 큰 사람과 작은 사람이 한 조가 되게 한다.
② 화물의 무게가 여러 사람에게 평균적으로 걸리게 한다.
③ 긴 물건은 작업자의 같은 쪽 어깨에 메고 보조를 맞춘다.
④ 정해진 자의 구령에 맞추어 동작 한다.

문제 52
용접법의 분류에서 용접에 속하는 것은?

① 테르밋 용접
② 단접
③ 초음파 용접
④ 마찰 용접

해답
49. ② 50. ② 51. ① 52. ①

해설 융접법
① 아크용접 ─ 서브머지드 아크용접(TIG, MIG)
  (*서스탄*) ─ 스터드용접
         ─ 탄산가스아크용접
② 가스용접 ─ 산소-아세틸렌
  (*산공산*) ─ 공기-아세틸렌
         ─ 산소-수소
③ 특수용접 ─ 일렉트로 슬래그용접
  (*일테전*) ─ 테르밋 용접
         ─ 전자빔용접

문제 53 피복 아크 용접봉의 피복제 중에 포함되어 있는 주성분이 아닌 것은?
① 아크 안정제 ② 가스 억제제
③ 슬래그 생성제 ④ 탈산제

해설 피복배합제
① 아크안정제 : **산 석 규 자 적 탄**
              화 회 산 철 철 산
              티 석 칼 광 광 소
              탄   륨   다
② 슬래그생성제 : **이 산 형 석 일 알 장 규**
               산 화 석 회 미 루 석 사
               화 철   석   나 미
               망   이   나
               간   트
③ 탄산제 : 페 페 페 페 페
         로 로 로 로 로
         바 실 티 크 망 알
         나 리 탄 롬 간 루
         듐 콘   미
                            늄
④ 고착제 : **해 당 아 카 규**
         초 밀 교 제 산
              인 칼
                 륨

문제 54 냉간 압접의 일반적인 특징으로 틀린 것은?
① 용접부가 가공 경화된다.
② 압접에 필요한 공구가 간단하다.
③ 접합부의 열 영향으로 숙련이 필요하다.
④ 접합부의 전기저항은 모재와 거의 동일하다.

해답
53. ② 54. ③

해설 냉간 압접의 일반적인 특징
① 접합부의 전기저항은 모재와 거의 동일하다.
② 압접에 필요한 공구가 간단하다.
③ 용접부가 가공 경화된다.

문제 55 용가재인 전극 와이어를 와이어 송급 장치에 의해 연속적으로 보내어 아크를 발생시키는 용극식 용접방식은?
① TIG용접
② MIG용접
③ 탄산가스 아크용접
④ 마찰용접

해설 미그용접 : 용가재인 전극 와이어를 송급 장치에 의해 연속적으로 보내어 아크를 발생시켜 용접

문제 56 금속과 금속의 원자간 거리를 충분히 접근시키면 금속원자 사이에 인력이 작용하여 그 인력에 의하여 금속을 영구 결합시키는 것이 아닌 것은?
① 용접
② 압접
③ 납땜
④ 리벳이음

해설 인력에 의하여 금속을 영구 결합시키는 것
① 용접 ② 압접 ③ 납땜

문제 57 연강용 피복 아크 용접봉 중 내균열성이 가장 좋은 용접봉은?
① 로셀룰로오스계
② 일미나이트계
③ 고산화티탄계
④ 저수소계

해설 저수소계(E4316) : 기계적성, 내균열성 우수, 석회석, 형석이 주성분, 용접봉 건조 온도와 시간은 300~350℃에서 1~2시간

문제 58 연강의 가스 절단시 드래그(drag) 길이는 주로 어느 인자에 의해 변화하는가?
① 예열과 절단 팁의 크기
② 토치 각도와 진행 방향
③ 예열 불꽃 및 백심의 크기
④ 절단 속도와 산소소비량

해설 가스 절단시 드래그의 길이는 주로 절단 속도와 산소소비량에 의해 변화

55. ② 56. ④ 57. ④ 58. ④

문제 59 피복 아크 용접봉의 단면적 1mm²에 대한 적당한 전류 밀도는?
① 6~9A
② 10~13A
③ 14~17A
④ 18~21A

해설 피복 아크 용접봉의 단면적 1mm²에 대한 적당한 전류 밀도는 10~13A이다.

문제 60 이음 형상에 따른 저항용접의 분류 중 맞대기 용접이 아닌 것은?
① 플래시 용접
② 버트심 용접
③ 점 용접
④ 퍼커션 용접

해설 저항용접
① 겹치기 용접 : 점용접, 시임용접, 프로젝션용접
② 맞대기용접 : 포일시임용접, 퍼커션용접, 플래쉬용접, 업셋용접, 버트심용접

해답
59. ② 60. ③

용접산업기사 필기

초판 발행	2011년 2월 25일
개정2판 발행	2012년 3월 20일
개정3판 발행	2013년 1월 10일
개정4판 발행	2014년 1월 20일
개정5판 발행	2015년 1월 10일
개정6판 발행	2016년 1월 10일
개정7판 발행	2017년 2월 25일
개정8판 발행	2018년 1월 15일
개정9판 발행	2019년 1월 15일
개정10판 발행	2021년 3월 30일
개정11판 발행	2022년 1월 10일
개정12판 발행	2023년 1월 10일
개정13판 발행	2024년 1월 15일
개정14판 발행	2025년 1월 5일
개정15판 발행	2026년 1월 10일

우수회원인증	
닉네임	
신청일	

필히 (**파랑, 빨강**)볼펜 사용. **화이트** 사용 금지

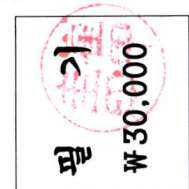

지은이 ▪ 최갑규
펴낸이 ▪ 홍세진
펴낸곳 ▪ 세진북스

주소 ▪ (우)10207 경기도 고양시 일산서구 산율길 56(구산동 145-1)
전화 ▪ 031-924-3092
팩스 ▪ 031-924-3093
홈페이지 ▪ http://www.sejinbooks.kr

출판등록 ▪ 제 315-2008-042호(2008.12.9)
ISBN ▪ 979-11-5745-754-0 13580

값 ▪ 35,000원

- 이 책의 출판권은 도서출판 세진북스가 가지고 있습니다.
- 이 책의 일부 또는 전체에 대한 무단 복제와 전재를 금합니다.

 세진북스에는 당신과 나 그리고 우리의 미래가 있습니다.